Prospects for a Sustainable Dairy Sector in the Mediterranean

Les Filières Lait en Méditerranée: Enjeux pour un Futur Durable

The EAAP series is published under the direction of Dr. P. Rafai

Organized by :

EAAP - European Association for Animal Production

CiHEAM - International Center for Advanced Mediterranean Agronomic Studies

FAO - Food and Agriculture Organization

Participating Organisations

Livestock and Pasture Office	(OEP)
National Agronomic Institute of Tunisia	(INAT)
European Association for Animal Production	(EAAP)
International Centre for Advanced Mediterranean Agronomic Studies	(CIHEAM)
Food and Agriculture Organization	(FAO)
Lux – Development	(LUX)
Centre International de Ressources et de Valorisation de l'information dans les Filières Laitières des petits ruminants	(CIRVAL)
International Committee for Animal Recording	(ICAR)
Arab Organization for Agricultural Development	(AOAD)

The European Association for Animal Production wishes to express its appreciation to the *Ministero per le Politiche Agricole* and the *Associazione Italiana Allevatori* for their valuable support of its activities

Prospects for a Sustainable Dairy Sector in the Mediterranean

Les Filières Lait en Méditerranée: Enjeux pour un Futur Durable

Proceedings of the joint EAAP – CIHEAM - FAO Symposium on Prospects for a Sustainable Dairy Sector in the Mediterranean

Hammamet, Tunisia, October 26 – 28, 2000

EAAP publication No. 99

Editors:
M. Djemali & M. Guellouz

Wageningen Academic
Publishers

CIP-data Koninklijke Bibliotheek,
Den Haag

ISBN 9074134920 hardbound
ISSN 0071-2477
NUGI 835

Subject headings:
Livestock production
Sustainability
Mediterranean region

First published, 2003

Wageningen Academic Publishers
The Netherlands, 2003

The organisation of the Symposium was made possible by the kind support of the following scientists and structures, who are kindly acknowledged.

Tunisian Organizing Committee
M. Guellouz (OEP)
M. Arous (OEP)
M. Zitouni (OEP)
S. Allalout (OEP)
R. Garoui (OEP)
A. Sakly (OEP)
R. Lahsoumi (OEP)
M. Bouzidi (OEP)
T. Hablani (OEP)
B. Zitouni (OEP)
H. Ismail (OEP)
A. Majdoub (INAT)
M. Djemali (INAT)
S. Mejri (INAT)
K. Laroussi (INAT)
M. Labidli (INAT)
H. Guenaoui (INAT)
R. Raddadi (INAT)

Person Resources

M. T. Belhaj	MOA (ex. P.D.G. OEP – P.D.G. O.C)
M. Ben Dhia	MOA (ex. P.D.G. OEP – P.D.G. SOTAVI)
A. Mougou	MOA (President of IRESA)
M. Harrabi	MOA (Director of INAT)

Tunisian Scientific Committee
M. Djemali (INAT)
A. Majdoub (INAT)
K. Gley (INAT)
M. Ben Mrad (INAT)
C. Kayouli (INAT)
B. Haddad (INAT)
S. Mejri (INAT)
M. Arous (OEP)
M. Zitouni (OEP)
S. Allalout (OEP)

Symposium Secretariat
C/O : Monsieur Mustapha Guellouz
Directeur GénéralPrésident du Conseil d'Entreprise
Office de l'Elevage et des Pâturages
30, Rue Alain Savary – 1002 Tunis – Tunisie
E-mail: dg.oep@email.ati.tn
Fax: (216.1) 793 603
Tél : (216.1) 782 960; (216.1) 790 795; (216.1) 787 813

International Scientific Committee
J. Boyazoglu (EAAP)
F. Guessous (Morocco)
D. Gabiña (CIHEAM)
J. C. Flamant (France)
C. Thomas (G. Britain)
P. Morand-Fehr (France)
A. Nardone (Italy)
M. Guellouz (Tunisia)
M. Djemali (Tunisia)
C. Kayouli (Tunisia)

Table of contents

Page

Preface 1

Préface 2

Session 1. Milk: a food, a raw material and a means of economic development

Main Papers

Changes in the livestock composition and milk production of Turkey in the last century 5
M. Ilaslan, A. Koc, H. Akcay & A. Ergin Okan

Le lait et les produits laitiers dans le régime alimentaire méditerranéenne 14
S. Benjelloun

Improving the health characteristics of milk fat 23
N.W. Offer

Milk production systems in rural development: the case of goat cheese making at the Eastern Alpujarras 34
J. Calatrava & S. Sayadi

Défis et enjeux du développement de la production de lait dans les pays méditerranéens. Esquisses de scénarios du futur 44
Jean-Claude Flamant

Posters

Facteurs de variation de la production laitiere des vaches de la region de Castilla y Leon (Espagne) 57
J.C. Boixo, M. Kaabi, M. Alvarez, B. Abroug, L.F. de la Fuente, E. Anel & L. Anel

Production et composition du lait de chamelle elevee dans le sud Tunisien 62
H. El-Hatmi1, T. Khorchani1, M. Hammadi1, M. Abdennebi1 & H. Attia

Effect of a dairy education program on management practices of participating and non-participating dairy women in Albania 69
R.O. Kellems & R. Balogh

Le buffle dans l'agriculture et le développement rural en Tunisie 77
U. Francia, M. Fioretti & A. Rosati

Ratios of calcium : phosporus, sodium : potassium ions and aldosterone concentration as affected by stage and parity of lactation in buffalo 79
G. Ashour & L.R. Hassan

Session 2. Milk marketing channels and production systems

Main Papers

Dairy farming systems: critical analysis and identification of the factors limiting their development in the Mediterranean area 89
A. Nardone

L'élevage laitier en Tunisie 96
M. Djemali & C. Kayouli

Mixed livestock production 106
S. M. Yener, H. Mansour & F. Cedden

Intensification des systèmes de production de lait en conditions non favorables. Expérience dans la Vallée des Pedroches (Cordoue, Espagne) 114
A. Gómez-Cabrera

Non–intensive dairy farming systems in Mediterranean basin: Trends and limitations 125
G. Zervas, K. Dardamani & H. Apostolaki

Nomadic small ruminants and camel production systems 133
A. El Aich & M.T. Benyoussef

Témoignage sur les qualités désirées par les consommateurs de produits laitiers 142
S. Ventura

L'intégration a l'intérieur de la filière lait en Tunisie 146
M.Guellouz, A. Brahmia & B. Zitouni

A short note on the importance and strategic significance of the PDOs, PGIs and TGSs in Europe. A position paper 156
S. Ventura

La filière lait au Maroc 160
A. Bentouhami & A. Benlekhal

Posters

Dynamique et fragilités des petits et moyens élevages laitiers en zone intermédiaire au Maroc 171
B. Legagneux, J. Metge & A. Kabbali

A stochastic frontier analysis of technical efficiency of dairy production in northern Tunisia ... 178
L. Lachaal, M. Lahmar, F. Gharb & R. Bouraoui

Characterization of milk production systems in Tunisia: the case of the Ariana region ... 188
M. Lahmar, R. Bouraoui, L. Lachaal & J. Toumi

Caractérisation de systèmes d' élevage bovin laitier intensif et prive dans la région de Zaghouan ... 193
S. Snoussi

Evaluation of the factors restricting the development of the dairy industry in Turkey ... 200
N. Demirbas & Ý. Kaya

Evaluation de la qualité du lait a la Nouvelle Utique ... 205
H. Abdouli, H. Rouissi, B. Rekik, A. Ben Gara & K. Mechergui

Essais industriels de fabrication du fromage frais marocain "Jben" à partir du lait recombiné ... 209
A. Hamama, M. Zahar, Y. Mahfoud & M. Loudiyi

Rennet-curd firmness variability among italian friesian herds and its relations with the casein content of milk ... 216
F. Martuzzi, A. Summer, A.L. Catalano, S. Sandri & P. Mariani

Effet d'un levain mesophile producteur de bacteriocine sur *Listeria monocytogenes* dans le lben Marocain ... 220
N. Benkerroum & Y. Ghouati

Session 3. Alternatives offered by technology for improving the sustainability of systems

Main Papers

Evaluation de la productivité de la vache laitière importée par les petits éleveurs du sud de la Méditerranée et possibilités d'amélioration du rendement du système ... 231
A. Guerouali, & S. Benaich

Supplementing high producing cows in early lactation with soybean oil. Effects on milk production and composition ... 238
M. Lahmar, A. Majdoub & F. Mensi

The MAST-O-TEST® and MASTOP-H® in identification and treatment of sub-clinical bovine mastitis in dairy herds ... 244
S.Q. Lafi

Role and evolution of dual-purpose breeds in Mediterranean areas. The case of the Central Pyrenees 252
A. Gibon & R. Revilla

The role of dual purpose breeds in the evolution of the cattle milk production sector in Greece 262
A. Georgoudis, Ch. Ligda, K. Fragos, A. Baltas & J. Boyazoglu

Alternatives offered by technology for improving the sustainability of Mediterranean dairy sheep systems 271
L. Oregui, S. Sanna & F. Barillet

A review on goat production in the East and South Mediterranean region 279
A.P. Mavrogenis & E. Sinapis

Développement durable des systèmes laitiers ovins et caprins dans le bassin méditerranéen: des besoins identifiés d'innovation et d'information 289
J.-P. Dubeuf

Systèmes de production de lait de chèvre dans le bassin Méditerranéenne 300
P. Morand-Fehr, J.P. Dubeuf, A. Falagan, J.C. Le Jaouen & J. Boyazoglu

Posters

Effet du stress thermique sur certains paramètres de reproduction chez la vache frisonne conduite dans les conditions tunisiennes 317
R. Bouraoui, A. Majdoub, M. Djemali & M. Lahmar

L'élevage laitier dans la région de Mahdia: caractéristiques techniques 323
K. Kraïem & R. Aloulou

Devenir et performances de génisses laitières importées au Maroc 331
M.T. Sraïri & M. Baqasse

Future prospects of goats as a source of milk to decrease the milk gap in Egypt. Two potential advantages of dairy goats 337
K.A. Soryal & H.R. Metawi

Systeme d'elevage et performances technico-economiques de la race laitiere lacaune en Tunisie 344
S. Snoussi

A sustainable feed resource for dairy buffaloes, milk yield and quality 351
S.A. Attia-Ismail

Relation entre la prolificite et la production laitiere dans la race ovine Churra 356
M. Kaabi, J.C. Boixo, M. Alvarez, L.F. de la Fuente, E. Anel & L. Anel

The influences on somatic cell count in goat milk in Slovenia 360
A. Komprej & D. Kompan

Contribution à l'etude de la matière grasse du lait de dromadaire 365
N. Kherouatou, M. Hammami & H. Attia

Session 4. Milk consumption, market and regulations, policies to support

Main papers

Consommation des produits laitiers dans le bassin méditerranéen.
Variabilité, contraintes et perspectives 373
N. Benkerroum

An overview on technological trends and hygienic issues 381
R. Giangiacomo

Adéquation de l'offre et de la demande des produits laitiers en Tunisie:
une analyse micro-econometrique 392
M. S. Bachta & A. Laajimi

Les marchés internationaux des produits laitiers: évolution passée et perspectives 401
M. Padilla

Les politiques d'appui au développement de la filière lait en Tunisie 412
A. Brahmia, M.Guellouz & B. Zitouni

Posters

Note sur les ossibilités de réduction des coûts dans la filière tunisienne de lait 421
A. Aoun & C. Thabet

Table Ronde

Quelle coopération pour quel développement
durable des filières laitières en Méditerranée ? 425

Round Table

What Co-operation for what sustainable development
of the dairy sectors in the Mediterranean area? 431

Conclusions and recommendations 439

Preface

The International Symposium on "Prospects for a sustainable dairy sector in the Mediterranean" was held in Hammamet, Tunisia on October 26-28, 2000. The Symposium was a remarkable event when eminent scientists, specialists in a variety of associated fields and policy decision-makers described the historic achievements of the dairy sector to the present time and identified the challenges which it faces in the Mediterranean Region in the future.

It was revealed during the extensive range of presentations and discussions that the Mediterranean Basin is endowed with a production potential that is sufficient to meet almost all future demands for dairy products. This potential needs to be secured through well-targeted research and training programmes enabling the dairy sector to contribute fully to the sustainable development of regional livestock within the harmonious management of natural resources.

Bringing this publication into being was not easy. The effort of all our colleagues who reviewed a great number of papers and edited the English and French abstracts is deeply appreciated including: Professor J-L.Tisserand and Professor John Hodges.

Special thanks are due to Professor A. Aumaitre (President) and Professor J. Boyazoglu (Executive Vice President) of EAAP for their support and commitment.

The Editors

Préface

Le Symposium International sur les "Filières Lait en Méditerranée: Enjeux pour un futur durable", organisé en octobre 26-28, 2000 à Hammamet (Tunisie) a été une occasion de rencontre, où des éminents scientifiques, professionnels et décideurs politiques, ont souligné les réalisations obtenues dans le secteur laitier de la région, et identifié les futurs défis.

Il est largement rappelé à travers les différentes présentations et discussions qui ont eu lieu que le Bassin Méditerranéen dispose d'un potentiel lui permettant de répondre à toute demande future en produits laitiers. Cet avantage devrait être maintenu par une coopération ciblée dans la Région; en particulier dans le domaine de la formation et de la recherche permettant au secteur laitier de jouer pleinement son rôle pour un développement durable respectueux de l'environnement.

La réalisation de cette publication n'a pas été une opération facile. Que toutes les personnes ayant revu les articles et corrigé les résumés en anglais et en français trouvent ici nos expressions de reconnaissance. Nos vifs remerciements aux Prof. A. Aumaitre (Président de la FEZ), Prof. J. Boyazoglu (Vice-Président Exécutif de la FEZ), Prof. J.L. Tisserand et Prof. J. Hodges pour leur suivi et soutien inconditionnels.

Les Editeurs.

Session 1. Milk: a food, a raw material and a means of economic development

Main Papers

Changes in the livestock composition and milk production of Turkey in the last century

M. Ilaslan, A. Koc, H. Akcay & A. Ergin Okan

ADU Faculty of Agriculture, Department of Animal Science, 09100 Aydin, Turkey

Abstract

The number of livestock in Turkey is 48.7 million. The livestock population is mainly composed of sheep (60.44%), cattle (22.65%), goats (16.55%) and buffaloes (0.36%). After reaching its maximum number (84.6 m) in 1980, a considerable decrease has occurred in the last two decades in the population of Angora goats (85.4%), buffalo (83%), hair goat (51.1%), sheep (39.5%) and cattle (30.6%). Total milk production in Turkey, on the other hand, has increased from 2.84 m ton to 9.97 m ton in the last century. The contribution of buffalo, goat and sheep milk in the total production has also decreased. The share of total sheep, goat and buffalo milk is now only 11.4%, compared to the 88.6% contribution of cattle milk in total production.

Research to improve the livestock production genetically and environmentally have been continued since the establishment of the Turkish Republic. In addition to semen importation, a huge number of pure-bred exotic cattle were imported as pregnant heifers in the last two decades. The proportions of native, crossbred and exotic cattle in the population are 45 %, 30.1% and 24.9%, respectively. Sheep, goat and buffalo populations mainly consist of native breeds. About 15 native cattle breeds and two native sheep breeds became extinct in the last century because of heavy cross-breeding without well-organised genetic improvement and genetic conservation programs. The changes in composition of livestock populations in milk production and milk consumption in the last century are reviewed in this article.

Key words: livestock composition, milk production, milk consumption.

Résumé

Le nombre de la population animale en Turquie est de 54.9 millions de têtes. Il est principalement composé d'ovins (61.5 %) bovins (21.5 %) caprins (16.5 %) et de buffles (0.5 %). Du fait de l'évolution socio-économique après avoir atteint en 1980 un maximum de 84.6 millions de têtes nous avons constaté une importante diminution au cours des deux dernières décades: chèvres angora (80 %) buffles (75 %) chèvres lainières (45 %) moutons (30 %) et bovins (25 %). Par ailleurs la production laitière totale en Turquie était augmentée de 5.5 millions de tonnes à 10.6 millions de tonnes dans le même temps. Compte tenu de la réduction de leur nombre la contribution des buffles, caprins et ovins dans la production laitière a chuté jusqu'à 4 %, 9 % et 12.2 % respectivement. La part du lait de moutons, chèvres et buffles dans la production totale est de 12.5 % comparée à 87.5 % pour le lait de bovins. Il y eut une augmentation importante de la proportion de sujets laitiers dans la population bovine entre 1938 et 1995. La recherche pour améliorer l'élevage tant du point de vue génétique qu'environnemental a été développée depuis la mise en place de la République Turque. Un nombre très important de génisses gestantes de race pure at été importé au cours des deux dernières décades. Les proportions de bovins locaux, croisés et importés sont de 45.1 %, 40.5 % et 14.4 % respectivement. Les populations d'ovins, caprins et de buffles sont principalement locales. Environ quinze races bovines et deux races ovines indigènes ont disparues au siècle dernier du fait de croisement intensif sans programme de conservation des gènes. Les modifications de la composition de l'élevage, de la production et de la consommation de lait sont développées dans cet article.

Mots clés: Composition de l'élevage, production laitière, consommation en lait.

Introduction

Milk is one of the most important nutrients for human consumption in Turkey. In a balanced diet the proportion of animal source protein needs to be at least 50% of the total daily requirements, which is about 35 gr. In most developing countries the proportion of animal protein is below this amount. Albayrak (1999) reported that the percentage of animal protein in the diet is about 27% in Turkey while, in France the proportion is about 66%. In The Netherlands 64% and 60% in Spain. Akman *et al.* (2000) reported that daily animal source protein consumption per person in Turkey is 25.9 gr.

In Turkey, milk is produced mainly from cattle. The share of cattle milk in the total production is 88.6%. The rest of milk production is obtained from sheep, goat and buffalo (Anonymous, 1998). The share of cattle milk in total production has increased regularly in the last century. There have also been some important changes in the composition of the livestock population in Turkey especially in the last few decades. In this article, changes in milk production, composition of livestock populations and milk consumption in Turkey in the last century are reviewed.

Changes in livestock composition and milk production

Some important changes in the livestock composition and total livestock population of Turkey have occurred in the last few decades. The total livestock population reached its highest number (84.6 m) in 1980 (Table 1). Following that year, at first sharp then gradual decreases occurred in the total population reaching 48.7 m in 1998. About 57.69% of goat population (85.4% of the Angora goat, 51.1% of the hair goat) and about 83.03% of the buffalo population were lost in the last two decades. There were also about 30.60% and 39.47% reductions in the cattle and the sheep populations in Turkey, respectively (Anonymous, 1995, 1998).

Milk is produced mainly from cattle, sheep, goat and buffalo in Turkey. There was an increase in the total milk production of Turkey during the last century. Milk production reached to 10 m ton at end of the century. There was a gradual increase in the production of milk in Turkey until 1980. Then, the total milk production is increased sharply in 1985 (9.67 m ton) and kept this level at the end of the century.

The proportion of sheep, goat and buffalo milk in the total production decreased from 2.05 m ton (37.47%) in 1980 to 1.14 m ton (11.4%) in 1998, due to the reduction in the population numbers (Anonymous, 1998). On the other hand, cattle milk production was increased from 3.42 m ton (62.5%) in 1980 to 8.83 m ton (88.6%) in 1998 (Table 1, Figure 1). The increase in total production was due firstly to changes in the system of estimating used by the Turkish State Institutes in 1984 (Vardarli *et al.*, 1993) and secondly to the increases in exotic cattle genotypes in the population.

Table 1. Number of livestock populations (000 heads) and milk production (000 ton) of Turkey in the last century.

Year	Cattle Pop.	Cattle Milk Pr.	Sheep Pop.	Sheep Milk Pr.	Goat Pop.	Goat Milk Pr.	Buffalo Pop.	Buffalo Milk Pr.	Total Livestock Pop.	Total Milk Pr.
1938	9.311	1.220	23.140	678	15.825	594	886	351	49.162	2.843
1940	9.759	1.161	26.280	713	16.895	614	948	381	53.882	2.869
1945	9.810	835	23.385	400	16.245	376	848	235	50.288	1.846
1950	10.123	1.382	23.082	668	18.464	746	948	378	52.617	3.174
1955	11.059	1.642	26.444	800	21.033	799	1.056	239	59.592	3.480
1960	12.435	2.241	34.463	882	24.663	812	1.140	258	72.701	4.193
1965	13.203	2.446	33.382	780	20.805	639	1.216	293	68.606	4.158
1970	12.756	2.551	36.471	859	19.483	613	1.117	279	69.827	4.302
1975	13.751	2.855	41.366	1.074	18.763	633	1.051	283	74.931	4.845
1980	15.894	3.421	48.630	1.147	19.043	630	1.031	273	84.598	5.471
1985	12.466	7.994	42.500	1.073	13.336	364	551	240	68.853	9.671
1990	11.377	7.962	40.553	1.145	10.977	338	371	174	63.278	9.619
1995	11.789	9.276	33.791	935	9.111	278	255	115	54.946	10.604
1998	11.031	8.832	29.435	815	8.057	246	175	79	48.698	9.972

Source: Anonymous, 1966; 1968; 1975; 1995; 1998.

Cattle

The highest cattle population in Turkey was seen in 1980 (15.8m) which then diminished to 11m in 1998 (Table 1). The population is composed of native breeds (45.0%), exotic breeds (24, 9%) and crosses between native and exotic breeds (30.1%) (Akman *et al.*, 2000). Currently, there are five native cattle breeds existing in Turkey. These are Native-Black (NB), Steppe-Grey (SG), Eastern-Anatolian-Red (EAR), Southern-Red (SR) and Zavot (Z).

Exotic cattle breeds have been brought to Turkey since 1925. Black-White (BW), Brown-Swiss (BS), Jersey (J) and Simmental (S) breeds are mainly imported breeds. With the aim of the genetic improvement of native cattle breeds of Turkey, some of these exotic cattle breeds were kept in state farms for pure breeding, crossbreeding and to give service to some private farms. Some pure-bred and crossbred bulls produced in the state farms were delivered to some village herds and private farms for genetic improvement as well (Evrim, 1993). There are also a small number of Montbeliard, Charolais, Brangus and Limousin cattle in Turkey. Between 1986 and 1996, 265,260 imported exotic cattle as pregnant heifers (BW, BS, J, S) were delivered to thousands of farms (Anonymous, 1997). It has been reported that BW genotypes (as purebred and crossbred) are currently more than three million (Akman and Kumlu, 1999). In other words the BW population is more than 25% of the total cattle population in Turkey.

The proportion of the exotic cattle genotypes (BW, BS, J and S) in the population has also been increasing due to AI. About 14.6% of total cows are inseminated artificially in Turkey (Ilaslan *et al.*, 1998). AI service is given intensively in exotic cattle breeding regions.

Ilaslan *et al.* (1998) reported that approximately 0.2% of the cattle population and 1% of exotic cattle are registered in Turkey. The majority of the cattle population is kept on smallholder farms. The average number of cattle per farm is about four (Güne° and Giray, 1993; Ertugrul *et al.*, 1997; Akman *et al.*, 2000). This small number of cattle per farm is one of the most important constraints to establish an effective and extensive breeding program in the country.

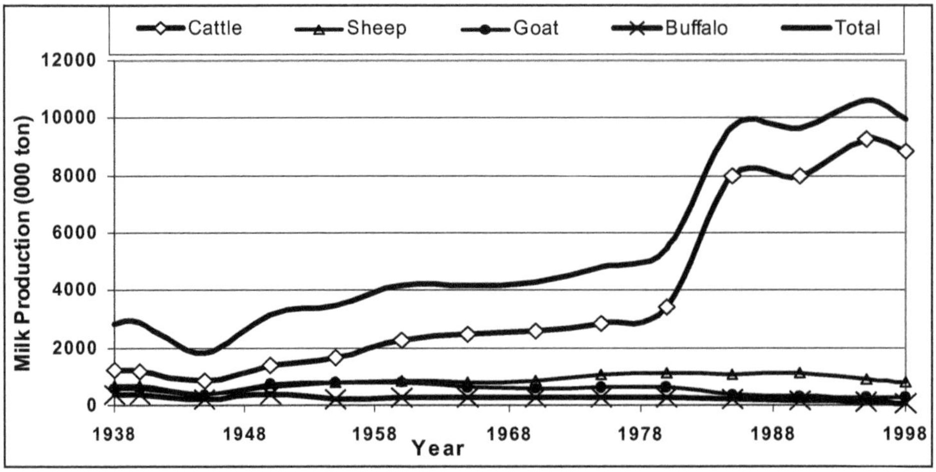

Figure 1. Changes in milk production by livestock species (000 ton).

On the other hand, because of heavy crossbreeding, a decrease in the number of farmers and their difficulties with adaptation to other regions, the number of extinct native cattle breeds in Turkey has increased to 16 (Ertugrul and Askin, 1988; Scherf, Undated; Ertugrul *et al.*, 2000). Ertugrul and Askin (1988) and Ertugrul *et al.* (2000) reported that five existing native breeds in Turkey, NB, SG, EAR, SR and Z are also under the threat of extinction.

The proportion of cattle milked in the population is about 50 % (Anonymous, 1995). It was reported that average milk production per cow in Turkey increased from 579 kg in 1970 to about 2.000 kg (Ilaslan *et al.*, 1998; Akman *et al.*, 2000). This increase is mainly due to the increase of the exotic breeds and their crosses in the population. Milk production among native breeds ranges from 836 kg to 2.294 kg (Table 2). The production levels for the exotic cattle breeds at state and private farms are between 3.080 and 5.667 (Table 3). Southern Red (Kilis) among natives, BW among exotics is the highest milk producer in the conditions of Turkey.

Purebred and crossbred exotic dairy cattle production dominates the western and coastal regions of Turkey; on the other hand inland and in the highlands BS and S exotic breeds and native cattle production is seen. Most of the farmers at Marmara, Aegean and in the Mediterranean regions raise BW but, at the Black Sea region Jersey cattle dominate. In the region of South-Eastern Anatolia (GAP), the proportion of exotic cattle breeds has increased due to the improvement in fodder production and other feed materials. This region could be an important milk and meat production

Table 2. Milk yield of Turkish native cattle breeds.

Native Cattle Breeds	No. of Research	Lac. Milk Yield (kg)
Native-Black (NB)	12	836
Eastern-Red (ER)	6	1.048
Southern-Red (Kilis) (SR)	7	2.294
Steppe-Grey (SG)	3	1.052
Zavot (Z)	3	1.580

Source: Ilaslan *et al.* (1998).

Table 3. Milk yield of Turkish exotic cattle breeds at state farms and Turkish Holstein-Friesian Cattle Breeders Association (HFCBA) farms.

Breed	Type of Farm	No. of Farm	No. of Lactation	305-d Milk Yield (kg)
Brown Swiss	State farm in 1996	13	1.594	4.192
Jersey	State farm in 1996	1	244	3.080
Simmental	State farm in 1996	2	175	3.875
Black and White	State farm in 1996	18	3.188	5.667
Black and White	HFCBA farm*	1.207	22.295	5.592

* Data of Turkish Holstein-Friesian Cattle Breeders Association (HFCBA) farms (Kumlu and Akman, 1999).

area in the future. BW x Kilis crosses may be a good option for this region. To improve milk as well as meat production in Turkey, in addition to BS and BW, the number of Simmental genotypes in the population could be increased. Dairy cattle breeding is recommended for the coastal regions of Turkey. But for the inland of Turkey dual purpose (milk + meat) cattle raising seem to be the most suitable options.

Sheep

Sheep population in Turkey is 29.4m heads (Anonymous, 1998). The population is composed of native breeds (96%), exotic breeds and crosses (Ertugrul *et al.*, 1997). The average herd size is 11 heads (Gunes and Giray, 1993; Ertugrul *et al.*, 1997). The highest population number was seen in 1980 accounting for 48.6m head. Yalcin (1986) reported that depending on the tail shape, there are four types of sheep in Turkey. Most of the population is composed of fat tailed breeds such as White Karaman, Red Karaman, Southern Karaman, Daglic, Awassi, Karakul, Herik and Odemis. There are also five thin-tailed native breeds exist in Turkey. These are Kivircik, Karayaka, Turkish Merino, Imroz and Hemsin. A semi fat-tailed native breed called Sakiz in the southwest coastal regions and a fat-rumped native breed called Tuj in northeast part of Turkey are raised locally. While fat-tailed breeds are mostly distributed inland, while thin-tailed breeds are raised in the coastal regions. Three types of production systems (sedentary, transhumant and nomadic) are in operation in Turkey (Yalcin, 1986; Ertugrul *et al.*, 1997).

For the improvement of native sheep genetically, crossbreeding with exotic and within native breeds has been made. Crossbreeding with exotic breeds was firstly aimed to increase the quantity and quality of fine wool production by using Merino sheep in 1930s (Ertugrul *et al.*, 1997). Meat, then, became the main product of sheep in Turkey for almost every region. In 1970s, research has concentrated on increasing meat and also milk production by crossbreeding using some exotic breeds.

Ost Friz, Awassi and Sakiz sheep were used in the crossbreeding programs to increase the milk production of native breeds. Sakiz sheep produces about 210-220 kg milk at village conditions and its litter size is between 1.7 and 2.3 (Ertugrul *et al.*, 1997). By using some exotic breeds and native breeds, a few new types such as Turkish Merino, Tahirova, Türkgeldi, Acipayam, Asaf, Ramlic sheep were developed. It was reported that except for Sakiz, the twinning rate of Turkish native sheep is quite low but a new developed type, called Tahirova (1/4 Kivircik x 3/4 Ost Friz) has a high fertility rate, milk production and live weight (Askin *et al.*, 1983; Kaymakcý and Sonmez, 1992) and has been used to develop new types such as Menemen and Sonmez sheep (Kaymakcý and Sonmez, 1992). Except for some local regions in Turkey the main product from sheep should be meat. So, crossbreeding research should be conducted on improving meat production and litter size of native sheep population.

About 8.17% of the total milk is produced from sheep and average milk production per ewe is 48.5 kg (Anonymous, 1998). About 57 % of the population (19.3 m) is milked and 97.6% of total sheep milk is produced from native breeds (Anonymous, 1995).

Depending on the changes in the production system, decreasing numbers of farms and uncontrolled crossbreeding Halkali and Karakacan native sheep breeds are now extinct. Some other native breeds such as Sakiz, Southern Karaman, Daglic, Herik, Tuj, Kivircik, Hemsin and Odemis sheep breeds are under serious treat of extinction (Ertugrul and Askin, 1988; Scherf, Undated; Ertugrul *et al.*, 2000).

Goat

The goat population in Turkey is 9.1 m. The share of goat milk in the total milk production is 2.47% (Anonymous, 1998). Native goat breeds in Turkey are mainly Hair (Kil) or Ordinary goat and Angora goat. There is also small numbers of dairy goat existing in Turkey such as Kilis, Malta, Halep and White-goat (G1 crosses of Saanen and Kilis) (Ertugrul, 1996; Yalcin, 1986). Hair goat is raised for meat and milk production, but Angora goat for mohair production on the central Anatolian plains (Yalcin, 1986).

After a gradual increase in the goat population up to 1960s, the number started to diminish from 24.7m to 8.06 m in 1998 (Table 1). A very dramatic decrease was seen in the population of Angora goat. The percentage of Angora goats in the total goat population decreased from 24.3% in 1960 to 7.8 % in 1995. In other words, 85.4% of the Angora goat population was lost during the last two decades.

Areas not suitable for cultivation and cattle and sheep production are generally used for goat production in Turkey. Goat production in Turkey dominates in the highlands and mountainous regions. In these areas goat milk is mainly used for the feeding the farmers and their families and in some regions, it is used for goat chess production.

In order to increase the milk production of native goats, it was reported that Saanen, Toggenburg, German White-Black, and Malta goat have been suggested for crossbreeding (Ertugrul *et al.*, 1997). Sengonca *et al.* (1998) stated that in crossbreeding and adaptation researches, Saanen goat could be used for the genetic improvement of Turkish Hair goats. A recently developed type, Saanen x Kilis crosses called White goat (Akkeci) has a high milk yield and fertility (Askin *et al.*, 1983; Ertugrul, 1996; Ertugrul *et al.*, 1997).

About 54.1% of the Hair goat (4.6 m) and 50.8% of Angora goat (0.36 m) population are milked and milk production per animal is 59.4 kg and 21 kg, respectively (Anonymous, 1995). Milk production of Kilis goat, Malta goat and White goat is 280 kg, 225 kg and 450 kg, respectively (Ertugrul, 1996). Most of the goat milk in Turkey is produced from the Hair goats.

Due to decrease in the number of goat population for last few decades, Malta, Norduz and Angora goat breeds are under the treat of extinction (Ertugrul *et al.*, 2000). For other breeds because of their adaptation to the harsh conditions, there is no treat of extinction (Ertugrul and Askin, 1988).

Buffalo

Another dramatic decrease as can be seen in Table 1 is in the Buffalo population. The number of the population in Turkey was reduced from 1.2m in 1965 to 0.18m in 1998. Buffaloes are raised locally in Turkey. About 47.8% of the population is milked and production per animal is about 943 kg (Anonymous, 1995). The share of buffalo milk in the total production is 0.79% (Anonymous, 1998).

Milk consumption

Total milk production of Turkey is 9.97m ton and milk consumption per person in Turkey is currently about 157 kg (Anonymous, 1998). A fluctuation is seen in the milk consumption per person in the last century (Table 3). Consumption was about 98 kg in 1945, increased to 191 kg in 1985 and then reduced to 157 kg in 1998. Compared with Western European countries, milk consumption per person is rather low. Kumlu and Eraktan (1998) reported that the amount is about 280 kg/year/person in the EU.

Table 3. Changes in human population, milk production and milk consumption per person in Turkey during in the last century.

Year	Population (000.000)	Milk Production (000 ton)	Milk Consumption (kg/person/year)
1940	17.7	2.869	162
1945	18.9	1.846	98
1950	20.8	3.174	153
1955	23.8	3.480	146
1960	27.5	4.193	152
1965	31.2	4.158	133
1970	35.3	4.302	122
1975	40.1	4.845	121
1980	44.7	5.471	122
1985	50.7	9.671	191
1990	56.5	9.619	170
1995	61.6	10.604	172
1998	63.7	9.971	157

Source: Anonymous, 1966; 1968; 1975; 1995; 1998.

Conclusions

Like most of the other countries, cattle are the main milk producers in Turkey. Vardarli *et al.* (1993) reported that the projects should be concentrated on increasing the production per cow by improving the genotype as well as its environment. Farms located at the western and coastal regions of Turkey should concentrate on pure dairy cattle production, but for highland and for mountainous regions, crossbreeding of natives with dual purpose cattle could be suggested. Additionally, the number of cows inseminated artificially should be increased. For each region a progeny-testing programme needs to be established. Production of fodder crops and the area left for feed production (2%) should be increased in the country, too. Without having any cattle importation, by using its potential, Turkey can obtain enough breeding materials by itself.

It is reported that production per animal especially for sheep and goats has not been increasing due to lack of recording, registration and selection in addition to the grazing lands being planted for crops for growing human population (Bhattacharya, 1980).

Small herd sizes and farm land areas make the investments, registration and record-keeping difficult in the cattle production of Turkey. Developing suitable organisations and establishing new breeding programs in the village bases may overcome some of these difficulties.

Milk production from sheep may be economic in some local regions, but the main product from sheep should be meat in Turkey. Crossbreeding with high productive dairy breeds could increase milk production of goat population.

References

Akman, N., K. Ozkutuk, S. Kumlu and S.M. Yener. 2000. Cattle breeding and its future in Turkey. TMMOB Ziraat Mühendisleri Odasý V. Türkiye Ziraat Mühendisliði Teknik Kongresi. 17-21 Ocak 2000. Milli Kütüphane, Ankara. II. Cilt.

Albayrak, M. 1999. A Review of the changes in the consumption ways for animal products in Turkey. National Livestock'99 Congress. 21-24 Sep. Izmir Turkey.

Akman, N. and S. Kumlu. 1999. Developments in the numbers of Turkish Holstein breeding cattle. National Livestock'99 Congress. 21-24 Sep. Izmir Turkey.

Anonymous, 1966. The Summary of Agricultural Statistics. Republic of Turkey Prime Ministry State Institutes of Statistics. Publication No: 526.

Anonymous, 1968. Trends in the Developments of Turkish Agriculture. Graphs and Statistics. T.C. Ministry of Agriculture, Head of Planing and Economic Researches Office. No: 31. Ankara. Turkey.

Anonymous, 1975. The Summary of Agricultural Statistics. Republic of Turkey Prime Ministry State Institutes of Statistics. Publication No: 781.

Anonymous, 1995. The Summary of Agricultural Statistics. Republic of Turkey Prime Ministry State Institutes of Statistics. Publication No: 1889.

Anonymous, 1997. TUGEM-GTZ Project Statistics. Republic of Turkey. Ministry of Agriculture.

Anonymous, 1998. The Summary of Agricultural Statistics. Republic of Turkey Prime Ministry State Institutes of Statistics. Publication No: 2275.

Askin, Y., N. I°ik and M. Kaymakci. 1983. Studies in Turkey on increasing reproductive performances in sheep and goats. International Symposium on Production of Sheep and Goat in Mediterranean Area. 17-21 October. Ankara. Turkey.

Bhattacharya, A.N. 1980. Research on Goat Nutrition and Management in Mediterranean Middle East and Adjacent Arab Countries. J. Dairy Sc. 63:1681-1700.

Ertugrul, M. and Y. ASKIN. 1988. Preservation of animal genetic resources. Seminars for the 50th Years of Prof. Dr. Orhan Düzgünes in Agriculture. Ankara Uni. Fac. of Agri. Depart. of Animal Sci., Ankara. Turkey.

Ertugrul, M. 1996. Sheep and Goat Husbandry Practice. Second Press. Ankara Uni. Fac. of Agri. Publication No: 1446. Textbook No: 426.

Ertugrul, M., N. Akman, Y. Askin, F. Cengiz, C. Firatli, M. Turkoglu and S.M. Yener. 1997. Animal Husbandry (Breeding). Second Press. Ankara Uni. Fac. of Agri. Depart. of Animal Sci. Ankara. Turkey.

Ertugrul, M., N. Akman, G. Dellal and T. Goncagul. 2000. Preservation of animal genetic resources and animal gene resources of Turkey. TMMOB Ziraat Mühendisleri Odasý V. Türkiye Ziraat Mühendisliði Teknik Kongresi. 17-21 Ocak 2000. Milli Kütüphane, Ankara. I. Cilt.
Evrim, M. 1993. Genetic improvement policies. LIVESTOCK-2000. "Turkish Livestock towards to 2000 Congress" Papers. 9-10 June. Ankara. Turkey.
Gunes, T. and F.H. Giray. 1993. Marketing, organisation and subvention policies animal production. LIVESTOCK-2000. "Turkish Livestock towards to 2000 Congress" Papers. 9-10 June. Ankara. Turkey.
Ilaslan, M., A. Koc, A.E. Okan, K. Kizilkaya and H. Akcay. 1998. Genetic Improvement Potential of Turkish Cattle Population. ADU Fac. Of Agri. Depart. of Animal Sci. Aydin. Turkey.
Kaymakci, M. and R. Sonmez. 1992. Sheep Breeding. Hasad Publication. PK 1086. Sirkeci, Istanbul.
Kumlu, S. and G. Eraktan. 1998. Avrupa birligi ile iliskiler cercevesinde Turkiye hayvancýlýgýnýn sorunlarý. II. National Zootcny Scientific Congress. 22-25 Sep., 1998. Bursa. Turkey.
Scherf, B.D. Undated. The state of animal genetic diversity in the Mediterranean Region. Animal Genetic Resources Group, FAO of United Nations, Via delle Term di Caracalla, 00100-Rome, Italy.
Sengonca, M., M. Kaymakci, E. Kizilay and T. Taskin. 1998. A model project advised for the Turkish goat genetic improvement researches. 2nd National Zootecny Scientific Congress. 22-25 Sep. Bursa. Turkey.
Vardarli, D., A. Altiner and M. Ozder. 1993. Milk production in 2000s in Turkey. LIVESTOCK-2000. "Turkish Livestock towards to 2000 Congress" Papers. 9-10 June. Ankara. Turkey.
Yalcýn, B.C. 1986. Sheep and Goats in Turkey. FAO Animal Production and Health Paper.

Le lait et les produits laitiers dans le régime alimentaire méditerranéenne

S. Benjelloun

Institut Agronomique et Vétérinaire Hassan II, BP 6202, Rabat, Maroc

Résumé

Le lait et ses dérivés occupent une bonne place dans le régime alimentaire méditerranéen révélée par leur présence parmi les groupes d'aliments à consommation quotidienne. Cependant, les niveaux de consommation manifestent une grande disparité entre les pays de la rive européenne où ils sont parmi les plus élevés au monde et ceux de la rive afro-asiatique où ils sont parmi les plus faibles. Vu la ressemblance dans les habitudes alimentaires dans l'ensemble des pays méditerranéens, il est pensé que cette disparité émane des différences dans les situations socio-économiques entre ces deux groupes de pays. Partant de ceci, les changements prévus dans les pays de la rive afro-asiatique et qui annoncent une forte croissance de l'urbanisation accompagnée d'amélioration de niveau de vie laissent augurer d'une augmentation de la consommation de ses produits par les populations dans ces pays. Les facteurs qui interviennent dans ces changements sont discutés dans le papier.

Key words: milk products, consumption, Mediterranean, food pyramid.

Summary

Dairy products enjoy a good image in the Mediterranean diet as revealed by their position in the food pyramid among the group of foods eaten daily. However, levels of consumption show a great disparity between the countries of the European coast where they are among the highest in the world and the countries of the Afro-Asiatic coast where they are among the lowest. Since food habits are very similar on both coasts, this disparity is thought to originate in the different socio-economic conditions in the two groups of countries. Based on this contrast, further changes may be expected in the Afro-Asiatic countries which show continued urbanisation and a growing standard of living. Associated with these changes one can anticipate an expansion in consumption of dairy products. Factors which contribute to this expected change are discussed in this paper.

Mots clés: produits laitiers, consommation, méditerranéen, pyramide alimentaire.

Introduction

La relation entre le régime alimentaire et l'état de santé des populations n'est plus à démontrer. Les études épidémiologiques et de laboratoire qui se sont penchées sur cette relation et sur les mécanismes qui la sous-tendent sont unanimes sur la supériorité du régime alimentaire méditerranéen, étant associé avec les prévalences les plus faibles de maladies cardio-vasculaires et de certains types de cancer. Ces résultats ont conduit les autorités médicales dans les pays du nord de l'Europe et de l'Amérique du Nord à recommander ce régime à leurs populations. L'explication réside dans la grande diversification alimentaire dans ce régime avec une présence importante de céréales, de légumes et fruits, d'huile d'olive, de poisson et de vin. S'ajoute à ceci le mode de vie méditerranéen qui comprend l'activité physique, le loisir, le plaisir et la fête.

Concernant les produits laitiers, ils sont présents dans le régime méditerranéen, comme sera discuté ci-après, avec une fréquence quotidienne, essentiellement sous forme de dérivés du lait (Le présent papier essaie d'examiner la place qu'occupent ces produits dans les pays du contour de la Méditerranée et examine le potentiel d'amélioration de leur consommation dans les pays de la rive sud. Un rappel sur la valeur nutritive de ces produits précède cette analyse.

Bienfaits nutritionnels des produits laitiers

Les produits laitiers sont des aliments a haute densité nutritive, contenant plusieurs nutriments et en grande quantité par rapport à leur contenu énergétique. Une masse importante d'études expérimentales sur les animaux de laboratoire et sur les humains ainsi que des études épidémiologiques étayent l'effet bénéfique du lait et ses dérivés, sur la santé des os, particulièrement grâce à leur contenu calcique. Il est même considéré difficile d'atteindre le besoin recommandé en calcium sans les produits laitiers (Fontenot, 1999).

Plus récemment, d'autres composants du lait paraissent avoir un rôle dans la prévention de certains types de cancer. Tel est le cas de l'acide linoléique conjugué, de la sphingomyeline et de l'acide butyrique, tous des composants de la partie lipidique du lait (Parodi, 1997). Les protéines du lait et particulièrement du petit lait ont, elles aussi, été reconnues pour leurs propriétés anticarcinogéniques, probablement pour la présence des acides aminés soufrés, la cystéine et la méthionine et du glutathion (McIntosh *et al.*, 1995). Les bactéries lactiques dans les laits fermentés peuvent aussi protéger contre le cancer en relation avec leur effet sur la réponse immunitaire.

Cependant, si le lait et ses dérivés ont acquis depuis quelques décennies une image négative, c'est à cause de leur composition élevée en acides gras saturés et en cholestérol, associés avec les maladies cardio-vasculaires et en lactose qui cause une intolérance chez plusieurs populations. Ces deux inconvénients ont pu être contournés par l'industrie laitière à travers la fabrication de laits à différentes teneurs en lipides, de laits à teneur réduite en lactose ainsi que des fromages et des yaourts qui sont mieux tolérées.

Controverse

On ne peut pas parler des bienfaits nutritionnels des produits laitiers sans aborder la controverse en cours et dans laquelle des groupes, essentiellement de protection des animaux, attaquent ces produits. Ils prétendent que les pays où la consommation du lait est très faible (Afrique Centrale et plusieurs régions asiatiques) ne connaissent pas l'ostéoporose. Or, dans ces pays, l'espérance de vie est tellement basse qu'elle ne permet pas à l'ostéoporose de se manifester. En plus, les techniques de diagnostic de cette maladie sont peu accessibles à ces populations et donc les statistiques concernant la prévalence sont peu fiables (Minne, 2000).

Ces antagonistes avancent aussi que la nature a créé le lait pour l'espèce bovine et non pour l'espèce humaine et appuient ceci par les fortes prévalences de l'intolérance au lactose parmi plusieurs populations dans le monde. Si cet argument devait être pris en compte, les œufs, la viande et le poisson devraient aussi être éliminés du régime alimentaire. Or les êtres humains ont su très tôt dans leur existence tirer le meilleur profit des sources nutritionnelles disponibles. Pour ce qui est de l'intolérance au lactose, les sociétés traditionnelles productrices de lait ont su contourner cette difficulté en le transformant en des dérivés bien acceptés par leur organisme comme les fromages et les yaourts. Il est dommage que des arguments d'ordre dogmatique soient utilisés pour priver la population d'aliments à haute valeur nutritive.

Les antagonistes des produits laitiers soutiennent leur campagne en constatant que certaines études défendant les bienfaits de ces produits ont été financées par des corporations laitières, ce qui à, leur avis, remet en cause leur crédibilité.

En tant que chercheurs, il est impératif de garder l'objectivité scientifique nécessaire au maintien de la crédibilité auprès des consommateurs. Par exemple, il faut reconnaître les dangers associés avec certaines pratiques utilisées en élevage des animaux laitiers comme l'utilisation des antibiotiques et des hormones de croissance. La filière laitière doit absolument éviter ces dangers si elle veut préserver une image positive de ses produits.

Consommation des produits laitiers dans les pays méditerranéens

Pyramide alimentaire

La pyramide du régime alimentaire méditerranéen traditionnel[1] est présentée dans la Figure 1. Elle présente les groupes d'aliments consommés par jour, par semaine et par mois. Les produits laitiers (fromage et yaourt) apparaissent en haut de la partie de la pyramide comprenant les aliments pris quotidiennement. Ainsi, les produits laitiers constituent un élément important dans ce régime. Si le lait (liquide) n'apparaît pas sur la pyramide, c'est par ce qu'il est faiblement consommé en tant que tel par les populations de la région. Ces dernières sont classées parmi les populations à intolérance au lactose: Italie du sud (64%), Grèce (68%), Liban (74%), Jordanie (76%) et Egypte (73%) (Scrimshaw et Murray, 1988).

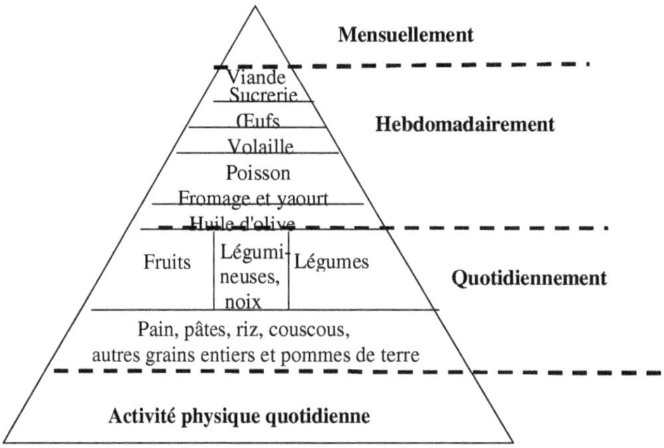

Figure 1. Pyramide du régime alimentaire méditerranéen traditionnel. (Source: Site Web «Oldways Preservation & Exchange Trust»)

[1]Le régime considéré dans les études est celui qui prévalait dans la région au début des années soixante. L'alimentation actuelle dans la région commence à subir les effets de la "mondialisation", notamment à travers les chaînes de fast-food et les modes de vie sédentaires.

Les disponibilités à la consommation humaine

Les niveaux de consommation des produits laitiers varient considérablement d'une région du monde à l'autre. Alors que dans les pays de la rive européenne, ces produits constituent une partie fondamentale du régime et sont consommés au moins une fois par jour par la plupart des ménages, dans les pays de la rive afro-asiatique, ils sont inaccessibles économiquement pour la majorité de la population et sont donc quasi-absents de leur alimentation (Griffin, 1999).

Les données de la FAO sur le lait disponible à la consommation humaine (moyenne de 1995 à 1998) pour les pays du contour méditerranéen, montrent qu'il est, en moyenne, de 149,8 Kg par personne et par an (FAO, 2000) avec un minimum au Maroc (33 kg/p/an) et un maximum en Albanie (290,2 kg/p/an). La variation est telle que la déviation standard est de 82,1, soit un coefficient de variation de 54,8%. Cette variation reflète la grande disparité dans les niveaux de consommation entre les pays de la rive européenne et ceux de la rive afro-asiatique. Ceci est clair dans la distribution montrée dans la Figure 2. En effet, les pays dont la consommation se trouve en dessous de la moyenne sont ceux situés géographiquement entre le Maroc et la Turquie (sauf Israël).

Ce sont, en effet, les niveaux élevés de la consommation du lait sur la rive européenne de la Méditerranée qui rend la moyenne de la région supérieure à celle de l'échelle mondiale (77 kg/p/an) et à celles des pays en voie de développement (42,8 kg/p/an) ou des pays à bas revenu (50,4 kg/p/an).

De même, comparée à l'échelle des continents, la moyenne méditerranéenne est bien placée puisque supérieure à celle de l'Afrique, de l'Asie, de l'Amérique Centrale et de l'Amérique du Sud (Figure 3). Cependant, si l'on considère les deux rives séparément, la consommation sur la rive afro-asiatique, bien que supérieure à celles en Asie et en Afrique, reste voisine de la moyenne mondiale

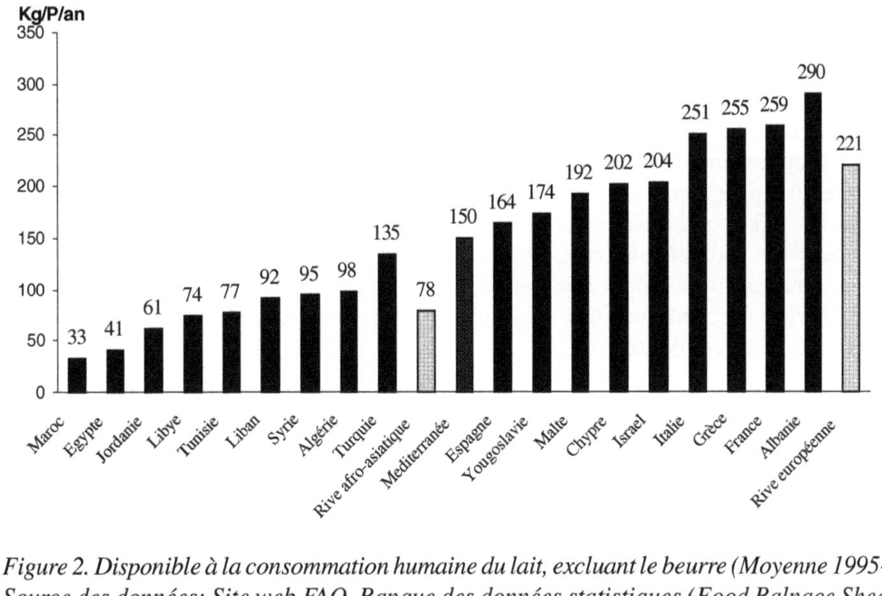

Figure 2. Disponible à la consommation humaine du lait, excluant le beurre (Moyenne 1995-98). Source des données: Site web FAO. Banque des données statistiques (Food Balnace Sheets)

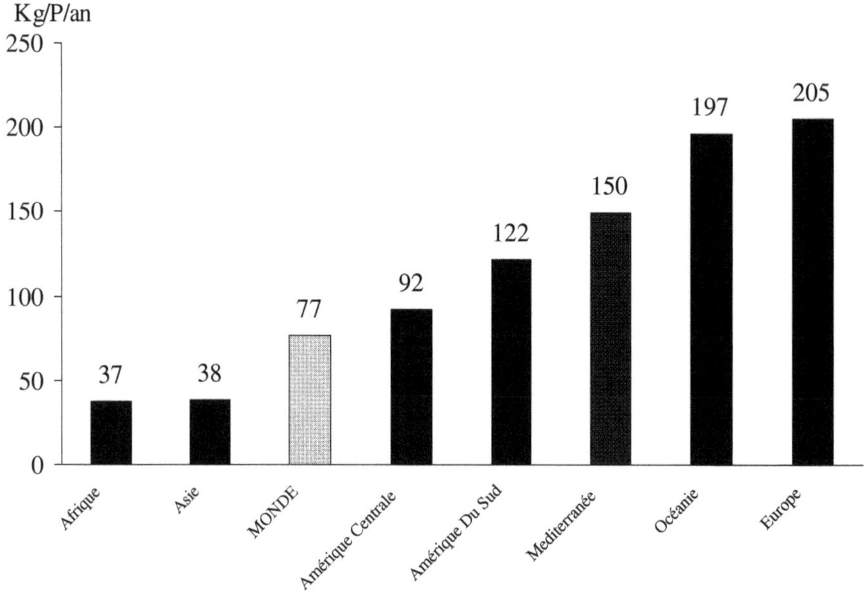

Figure 3. Disponibles à la consommation humaine du lait (excluant le beurre) (Moyennes 1995-98)

et bien inférieure à celles des autres continents. Par comparaison, celle de la rive européenne est presque le triple de la moyenne mondiale et est supérieure à celle de l'Océanie (qui comprend l'Australie, seconde mondiale après les USA).

Il est donc clair, que la Méditerranée en tant qu'entité géographique ne constitue pas une région homogène pour ce qui est de la consommation du lait et produits laitiers. Ainsi, bien que dans l'ensemble de ses pays, règne le régime alimentaire dit "méditerranéen", la place des produits laitiers dans ce régime varie considérablement entre les deux rives. Le facteur principal qui régit cette variation est celui du revenu. En effet, le lait et ses dérivés étant des produits d'origine animale, leurs niveaux de consommation augmentent avec le revenu. Cette hétérogénéité de la consommation est à l'image de celle observée à l'échelle mondiale qui varie de 300 kg en équivalant lait en Europe à presque zéro en Chine (Jachnick, 1999).

Le potentiel de développement de la consommation des produits laitiers

Les projections de la FAO prévoient une expansion lente de la demande de lait et produits laitiers à l'échelle mondiale, entre 1995 et 2005 avec les taux d'augmentation les plus élevés en Asie et Amérique Latine (Griffin, 1999). On considère que les niveaux de consommation ont atteint leur limite dans les pays riches. Dans les autres pays, le potentiel pour l'augmentation de la demande existe et ce potentiel est basé sur un ensemble de facteurs qui sont discutés ci-dessous.

Croissance des populations et urbanisation)

Les pays de la rive afro-asiatique dont la consommation en produits laitiers est faible actuellement sont ceux dans lesquels la population continue à croître en même temps qu'elle s'urbanise. En effet, le taux d'accroissement démographique dans ces pays se situe entre 1.4 et 3.0% à l'échelle nationale et entre 1.6 et 4.3% en milieu urbain (UNFPA, 2000) L'urbanisation rapide des populations entraîne un changement quantitatif et qualitatif dans la demande alimentaire. Ce changement est en faveur de l'augmentation de la consommation des produits laitiers et ce pour plusieurs raisons. D'abord, l'urbanisation est généralement accompagnée par l'élévation du niveau de vie qui entraîne l'augmentation de la demande pour les produits animaux y compris les produits laitiers (Griffin, 1997).

L'urbanisation permet également la concentration des populations et facilite ainsi la distribution des produits alimentaires. Parmi ces derniers, le cas des produits laitiers constitue un bon exemple. En effet, étant périssables pour la plupart, ils sont plus facilement distribués via les magasins disposant de systèmes de réfrigération qui sont généralement disponibles seulement en milieu urbain où l'accès à l'électricité est généralisé.

Enfin, l'urbanisation entraîne le changement des habitudes alimentaires, en particulier, l'augmentation de la consommation en dehors du foyer. Par exemple, il a été observé que le développement de la restauration rapide a contribué à l'induction de la consommation du fromage dans des pays où il n'était pas consommé auparavant (Griffin, 2000). Ainsi, l'essor des chaînes de fast-food (pizza et sandwich) dans les pays de l'Asie du sud-est a permis de changer l'image du fromage chez le consommateur d'une image très négative («sent mauvais», «de mauvais goût» et même «empoisonné») à une image positive au moins pour les fromages doux.

Reconnaissance de l'importance des produits laitiers pour la santé

Avec l'amélioration du niveau d'éducation dans les pays de la rive afro-asiatique et l'accès des populations aux connaissances en matière de nutrition, ces populations augmenteront leur demande pour les produits laitiers à haute valeur nutritive. Ceci est d'autant plus vrai que les autorités scientifiques ne cessent d'insister sur l'importance de la présence dans le régime alimentaire de produits laitiers pour la couverture des besoins en calcium dont les apports faibles peuvent conduire à l'ostéoporose. En effet, les besoins en calcium ne cessent d'être relevés et l'importance des produits laitiers dans la couverture de ces besoins confirmée (Weinsier. and. Krumdieck, 2000).

Dans les pays Arabes, la promotion de la consommation du lait est effectuée et par les gouvernements et par le secteur privé (Griffin, 1997). Par exemple, en Algérie, le lait a été désigné comme la principale source de protéines animales pour la population). Au Maroc, une société scientifique de pédiatres, la Société Marocaine de Néonatologie, appuie directement la campagne publicitaire d'une marque de yaourt produit par une industrie laitière privée passe.

Système de distribution

Traditionnellement, la distribution alimentaire se faisait au travers des ou par les magasins de détail dont plusieurs ne disposent pas d'espace suffisant pour le stockage et l'exposition des produits laitiers. Alors que ce système continue à exister, un système moderne de distribution dans les magasins équipés et les grandes surfaces se développe rapidement dans la plupart des pays de la Méditerranée (Griffin, 1997). Au Maroc, les enseignes de grande distribution ne cessent de se multiplier. Rien que pour la chaîne des supermarchés Marjane, actuellement au nombre de 8, l'Etat vient de signer un marché avec l'opérateur français Auchan pour créer 33 autres supermarchés au cours des cinq prochaines années (L'Economiste, 2001).

La première conséquence de ce développement est la diversification des produits disposés pour la vente. En effet, les supermarchés disposent d'une capacité bien plus grande que les magasins du quartier et peuvent donc étaler une gamme plus large de produits laitiers différents. D'autre part, par rapport aux petits magasins, les grandes surfaces offrent une plus grande visibilité aux produits vendus. La disposition attractive des produits sur ces surfaces est de nature à persuader les consommateurs les plus indécis à l'achat, sans parler de l'effet sur les enfants qui influencent souvent les décisions d'acquisition des parents dans ces sociétés en voie de modernisation.

Essor du marketing

Le secteur laitier a considérablement bénéficié des progrès réalisés ces dernières décennies dans le domaine du marketing. En effet, les campagnes de publicité élaborées pour les produits laitiers ont su profiter de ces progrès en ciblant les tranches de la population séparément et sur les nouveaux comportements alimentaires liés au changement des modes de vie. Par exemple, alors que la nourriture était dans les sociétés traditionnelles prise la plupart du temps en famille, aujourd'hui le nouveau mode de vie donne lieu à des prises de repas ou de collation entre copains. Se basant sur ce constat, la publicité du fromage à tartiner, par exemple, le présente comme un objet de divertissement à manger avec les amis. Les personnages de dessins animés sont utilisés sur les emballages pour attirer les enfants.

Au Liban, le lait en poudre se trouve parmi les 10 premiers produits passés en publicité en matière de dépense et de fréquence (Frenn, 1997). Au Maroc, une chaîne privée de radio a consacré 22% de son marché publicitaire aux produits alimentaires alors que la deuxième chaîne de télévision leur a consacré 35% (Régie 3, 2000).

Cependant, si l'industrie laitière a réussi à promouvoir les dérivés du lait, en particulier les fromages et les yaourts, elle n'a pas encore réussi à présenter le lait liquide sous des formes qui attireraient les jeunes séduits généralement par les autres boissons. Le lait liquide rencontre une compétition forte des autres boissons, en particulier les boissons gazeuses qui apparaissent plus rafraîchissantes. Une conférence internationale organisée en Afrique du Sud en 1998, sur la consommation du lait en milieu scolaire a noté le déclin de cette consommation et souligné le danger que ceci peut entraîner sur le plan nutritionnel. D'ailleurs la FAO n'a pas manqué, suite à cette conférence, d'attirer l'attention de l'industrie laitière sur ce fait l'implorant même d'adopter une stratégie de marketing plus agressive afin de rendre le lait plus attractif parmi les enfants des écoles (FAO, 1998).

Diversification des produits

La demande pour les produits laitiers varie d'un pays à l'autre et d'une tranche de la population à une autre. Certains consommateurs demandent les produits bon marché alors que d'autres sont prêts à mettre le prix pour des produits de qualité et uniques (Griffin, 2000). En réponse à ces demandes variées, l'industrie laitière entreprend des efforts pour la diversification des produits fabriqués et distribués. Ainsi, on trouve sur le marché des produits laitiers pour tous les goûts et/ou exigences de santé. On parle de produits laitiers à valeur ajoutée qui sont vendus à des prix plus élevés. Des laits aromatisés aux laits à lipides réduits, une vaste gamme de lait et produits laitiers est aujourd'hui présentée aux consommateurs dans la plupart des pays, aux enfants, aux adolescents, aux femmes enceintes, et aux personnes âgées. Ceci a poussé certains à appeler les produits laitiers "les cartes de vœux de l'industrie alimentaire", il y en a pour chaque âge et chaque occasion (Griffin, 2000). Couplée avec les fortes campagnes de marketing abordées plus haut, cette diversification est de nature à propulser la demande pour les produits laitiers.

Conclusion

Le régime alimentaire méditerranéen est reconnu par les autorités scientifiques internationales pour être associé avec les faibles prévalences des maladies cardio-vasculaires. Dans ce régime, les produits laitiers sont quotidiennement présents. Cependant, leurs niveaux de consommation varient beaucoup entre les deux rives de la Méditerranée, étant plus élevées chez les européens. Plusieurs indicateurs laissent prédire que ces niveaux connaîtront un essor important dans les pays de la rive afro-asiatique dans les décennies à venir. Parmi ces indicateurs, la croissance et l'urbanisation des populations, la hausse du niveau de vie et l'amélioration du niveau d'éducation favoriseraient l'augmentation de la demande pour ces produits. La filière laitière devrait profiter de cette évolution et proposer aux consommateurs de la région des produits diversifiés et de bonne qualité nutritive et de santé. Le sérieux avec lequel elle s'attellera à cette tâche permettra de privilégier une image positive des produits laitiers tout en démantelant l'argumentation croissante des antagonistes de ces produits.

Références bibliographiques

FAO, 1998; Noting decline in milk consumption among children, international conference calls for increased milk advertising aimed at school children. FAO Press Releases. FAO Web Site.

FAO, 2000; Site Web FAO. Bases des données statistiques.

Fontenot, Beth, 1999; Executive Summary of the book: Much ado about milk (second edition). The American Council on Science and Health, New York, USA.

Frenn Georges A. 1997. Consommation et marketing alimentaires au Liban. CIHEAM. Projet d'article. Institut Agronomique Méditerranéen Montpellier.

Griffin, Michael, 1997; Trends in demand for dairy products: the Middle East and North Africa. Paper presented at: International Dairy Foundation, Commission C Conference «Major changes in the international dairy trade», Reykjavik, Iceland, 27 August 1997.

Griffin, Michael, 1999; Outlook for the dairy sector to the year 2005. Paper presented at: International symposium on international prospects for dairying in the next WTO negotiating round, 3-4 June 1999, Buenos Aires, Argentina.

Griffin, Michael, 2000; Value added dairy products: an international perspective. Paper presented at: North Atlantic Treaty Organisation advanced research workshop on «economics of the dairy industry in Central and Eastern Europe», 5-7 June 2000. Rydzyna, Poland.

Jachnik, Philippe, 1999; The world dairy situation: a world of challenge for the dairy industry. Paper presented at: International symposium on international prospects for dairying in the next WTO negotiating round. 3-4 June 1999, Buenos Aires, Argentina.

L'Economiste, 2001. Marjane Tanger sera opérationnel en avril 2002. Article du quotidien marocain L'Economiste. Edition 1073 du 3 août 2001.

McIntosh, G. H., Regester G. O., Le Leu R. K., Royle P. J., Smithers G. W., 1995; Dairy proteins protect against dimethylhydrazine-induced intestinal cancer in rats. J. Nutr. 125:809-816

Minne, Helmut W. 2000; International Osteoporosis Foundation Position statement: Milk products and osteoporosis. IOF News. Site Web de la Fédération Internationale de l'Ostéoporose.

Parodi P. W., 1997; Cows' milk fat components as potential anticarcinogenic agents. J. Nutr. 127: 1055-1060.
Régie 3, 2000. Chiffres communiquée par un responsable de la société de communication Régie 3, Casablanca. Juin 2000.
Scrimashaw Nevin S. and Edwina B. Murray, 1988; The acceptability of milk and milk products in populations with a high prevalence of lactose intolerence. Am. J. Clin. Nutr. (suppl) 48(4): 1083-1159.
UNFPA, 2000. The State of World Population 2000. UNFPA. New York, NY.
Weinsier Roland L. and Carlos L. Krumdieck, 2000. Dairy foods and bone health: examination of the evidence. Am. J. Clin. Nutr. 72(3): 681-689.

Improving the health characteristics of milk fat

N.W. Offer

Food systems Division, SAC, Scotland, KA6 5HW, UK

Summary

The poor health image of dairy foods is a major reason for the decline in their consumption in many countries and is largely due to the level and composition of dairy fat. The sustainability of dairying systems can be enhanced by improving the fatty acid composition of dairy fat. The fatty acid balance can be improved by manipulations of the cow's diet. The discovery of the anticarcinogenic properties of conjugated linoleic acid (CLA), and its presence in dairy fat, is the most positive development in the dairy industry for many years. The improved fatty acid profile of milk from grazing cows, compared to that from those receiving conserved forages, is a significant finding for the industry. Better understanding of the factors affecting the production of individual isomers of CLA and *trans* fatty acids and their biological activities in man is needed. There should be more focus on the production, by consumer-acceptable methods, of added-value milk and dairy products with improved health characteristics.

Keywords: milk fatty acids, health, CLA, PUFA, trans fatty acids.

Résumé

La mauvaise image santé des aliments laitiers est une raison majeure de la baisse de leur consommation dans de nombreux pays et est largement dû à la composition des matières grasses du lait. La durabilité des systèmes laitiers peut être améliorée par une meilleure composition en acides gras des lipides du lait. La composition en acides gras du lait peut être améliorée par des modifications de l'alimentation des vaches. La mise en évidence des propriétés anticarcinogèniques des acides linoléiques conjugués (CLA) et leur présence dans les acides gras du lait constitue le développement le plus positif de l'industrie laitière pour de nombreuses années. L'amélioration du profil des acides gras du lait des vaches pâturant par rapport à celui des sujets consommant des fourrages conservés est très significative pour cette industrie. Une meilleure connaissance est nécessaire tant des facteurs qui déterminent la production des isomères des CLA et des acides gras trans que de leur rôle biologique chez l'homme. Il faut plus nous attacher à la production, par des méthodes acceptables par la consommation, de lait et de produits laitiers plus favorables à la santé.

Mots clés : acides gras du lait, santé, CLA, PUFA, acides gras trans.

How healthy is milk fat?

The consumption of milk and dairy products in many countries has declined substantially over the past twenty years. This trend has been a reaction to health advice (e.g. COMA 1994) that consumers should reduce their fat intake and particularly the intake of saturated fat. This advice followed many studies relating diet to levels of blood lipids and to incidence of coronary heart disease in man (CHD). In broad terms, these showed dietary mono-unsaturated fatty acids (MUFA) and very long chain (>=C20, *n-3*) polyunsaturated fatty acids (*n-3* LCPUFA) to be beneficial causing lowered cholesterol levels in blood low density lipoproteins (LDL) and reduced incidence of CHD. By contrast, saturated fatty acids (SFA), especially those of medium chain length C14 and C16, had opposite effects and are generally considered to be harmful to health. The evidence for the health effects of (*n-6*) and (*n-3*) PUFA with 18 or less carbon atoms is less clear, and they are now generally considered to be approximately neutral in this respect. When judged against these criteria, milk fat has a very undesirable fatty acid profile (Figure 1) which is the basis for the advice from a range of nutritional advisory bodies to reduce dairy fat consumption. Although dairy fat consumption has fallen substantially in the UK, the proportion of energy derived from dietary fat has fallen by only two or three percent over the past twenty years. Consumers have substituted other fats, especially those in manufactured foods, for dairy fats. For a number of reasons, outlined in this paper, it is arguable that this shift in the type of fat consumed has been detrimental to human health.

Evidence linking milk fat consumption to heart disease

In spite of its apparently undesirable profile of major fatty acids, the evidence linking dairy fat consumption and cardiovascular disease is weak. The Scottish Heart Health Study concluded in 1992 that "milk consumption appears to have little independent effect on the prevalence of CHD in the Scottish population". Similar findings were reported by Shaper *et al.* (1991) in the British Regional Heart Study. Other studies have shown inverse relationships between consumption of whole milk and plasma cholesterol concentrations (Staehelin, 1992; Stoll *et al.*, 1991 and Micheli *et al.* 1982). The reasons why milk fat does not appear to have the expected effect on blood lipids and CHD are not well understood but the presence in milk of a range of minor constituents with beneficial physiological

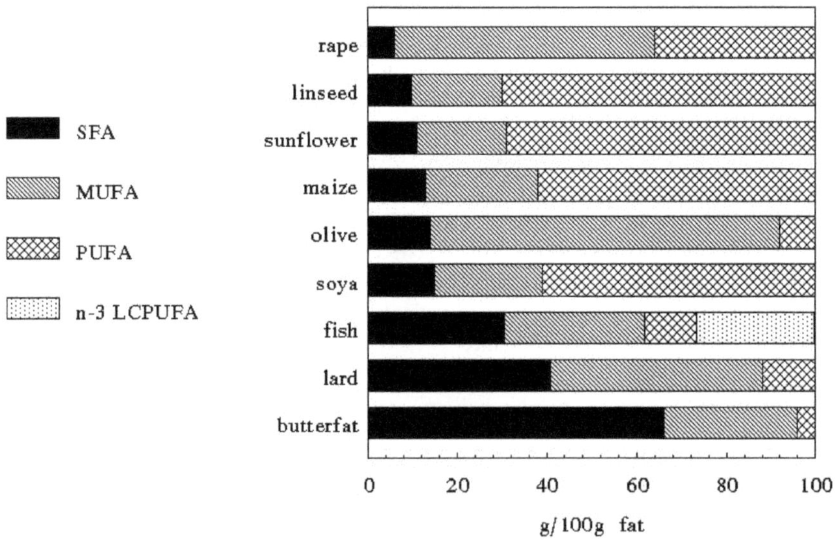

Figure 1. Fatty acid profiles of common fats, grouping fatty acids according to their atherogenic effects.

properties may be the explanation. Examples are orotic acid – an inhibitor of cholesterol synthesis (Buonopane *et al.*, 1992); specific peptides – inhibitors of platelet aggregation (Caen *et al.*, 1991, Sollier *et al.* 1996) and conjugated linoleic acid (CLA) – possible inhibitor of atherosclerosis, (Lee *at al.* 1994).

Altering the major fatty acid proportions of milk fat

The manipulation of the profile of the major fatty acids in milk by alteration of the diet of the ruminant has been intensively researched over many years (see Palmquist *et al.*, 1993, Grummer, 1991 and Mansbridge and Blake, 1997 for reviews). Two problems are encountered when dietary supplements of unsaturated oils are given to ruminants. Firstly, they interfere with the normal functioning of the rumen microbial population reducing rates of fibre digestion, forage intake and altering production of volatile and *trans* fatty acids leading to marked depressions in milk fat content (Griinari *et al.*, 1997a and 1997b; Newbold *et al.*, 1998). Secondly, the transfer of unsaturated fatty acids from diet to milk is generally poor because of their extensive biohydrogenation in the rumen. Lipid supplements, encapsulated (or protected) in some way so that effects on rumen microbes are minimised, provide a partial solution to these problems. The most effective technique is the use of formaldehyde-treated casein to coat dietary fat particles. The originators of this technique were able to increase the level of linolenic acid (C18:3) from 3 to 30 g/100g milk fat by this technique (Scott *et al.*, 1971). However, the reliability of the method in practice is poor and many evaluations of commercial products have shown a low degree of protection. The use of the "natural" protection of the unsaturated oils in oilseeds has proved a more practical and cost-effective technique (Kennelly, 1996). The precise effects of oil supplements on milk fat composition are complicated, not only by the rumen-level effects described above, but also by effects on mammary *de novo* fatty acid synthesis and desaturase activity.

Target fatty acid profile

Using these methods, it is possible to shift the composition of milk fat significantly towards a more "healthy" profile in terms of known effects of fatty acids on CHD The following targets are easily achievable in practice: C14:0+C16:0 reduced from >45% to <35%, C16:1+C18:1 increased from <20% to >25% and C18:2+C18:3 increased from <2.5% to >3.5%. Lower human blood LDL cholesterol levels have been demonstrated for subjects given dairy products modified in this way compared to those receiving conventional dairy fat (Noakes *et al.* 1996.). Greater changes in the content of PUFA in butterfat have adverse effects on processing and sensory attributes and reduce shelf life although these effects may be reduced by increasing levels of antioxidants in the cow's diet (McDonald *et al.*, 1977; Focant *et al.*, 1997. The milk fat from grazing cows shows lower contents of the medium chain length SFA and higher levels of MUFA compared to those receiving silage (Figure 2). This fact (and the benefits for CLA – see later) should be exploited and could contribute substantially to the sustainability of extensive production systems.

Altering proportions of the important minor fatty acids of milk fat

A number of fatty acids present in milk fat at low levels have been found to have biological properties which have important implications for human health. Increasing levels of beneficial fatty acids, without adversely affecting other components, or processing or sensory attributes, is an important way to improve the health properties of milk.

Increasing the levels of (n-3) long chain poly-unsaturated fatty acids

The *(n-3)* long chain poly-unsaturated fatty acids (*n-3* LCPUFA) such as $C_{22:6}$ *(n-3)* - docosahexaenoic acid (DHA) or $C_{20:5}$ *(n-3)* - eicosapentaenoic acid (EPA). have well-documented beneficial effects with respect to the vascular system and heart disease, immune and inflammatory responses and in early development (COMA, 1994, Nettleton, 1994). These fatty acids derived from marine oils or algae but are present at very low levels in normal milk fat. However, raising levels of *(n-3)* LCPUFA in bovine milk is difficult because the efficiency of transfer from diet to milk is low (see review by Palmquist *et al.*, 1993). Recently, Offer *et al.* (1999) found that a supplement of 250 g/day of fish oil added to diet of the cow increased total *n-3* LCPUFA from 0.19 to 0.49 g/100g total milk fat (a transfer efficiency of only 3%). Assuming an average (for the UK) intake of dairy fat of 25g/day, this represents an additional intake of 76mg/day of *n-3* LCPUFA) which is equivalent to the consumption of 0.36g/day of cod liver oil. Whether this would have real benefits for human health is debatable, although it would provide between 38 and 76% of the estimated minimum human requirement for EPA and DHA) (100-200 mg/day, Farrell, 1998).

Transfer of n-3 LCPUFA from diet to milk

The poor transfer to milk increases the amount of supplement needed to achieve a worthwhile increase in milk concentration of *(n-3)* LCPUFA. This increases the cost, especially if expensive alternatives

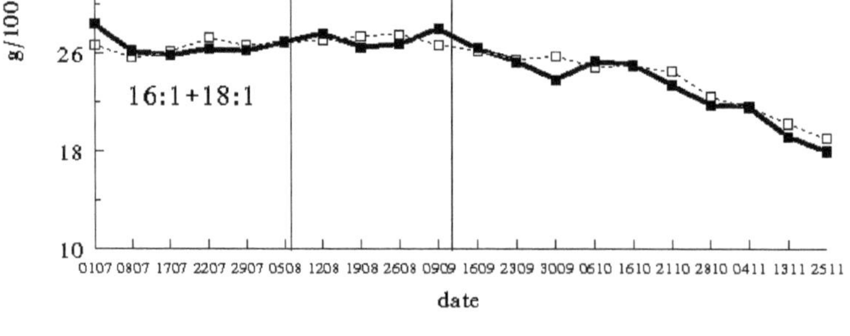

Figure 2. Levels of medium chain length (C14:0 + C16:0) saturated fatty acids and mono-unsaturated fatty acids (C16:1 + C18:1) in milk from two Scottish herds during summer and autumn (solid lines - low concentrate input, broken lines – high concentrate input).

to fish oil, such as algae are used. Also, high levels of fish oil depress butterfat levels in milk as a result of increased production of *trans* fatty acids in the rumen, inhibit digestion and depress intake (Pennington and Davis, 1975; Selner and Schultz, 1980; Wonsil *et al.*, 1994; Gaynor *et al.* 1995; Griinari *et al.*, 1997a and 1997b).

The low efficiency of transfer of *(n-3)* LCPUFA from diet to milk may be caused by: (i) biohydrogenation in the rumen; (ii) their transport in plasma lipoproteins which are ineffective in delivering them to the mammary gland; (iii) low specificity of the relevant enzymic systems to *(n-3)* LCPUFA. Biohydrogenation is probably a major cause although the literature is equivocal on this point. Several studies suggest that *(n-3)* $C_{20\text{-}22}$ PUFAS are relatively resistant to this process (Ashes *et al.,* 1992; Palmquist and Kinsey, 1994; Gulati *et al.,* 1999) whereas other work supports the view that these fatty acids are extensively biohydrogenated (Doreau and Chilliard, 1997; Wachira *et al.,* 1998). The second explanation appears unlikely to be important. Offer *et al.* (2000) have shown that the concentrations (mg/l of plasma) of *n-3* LCPUFA in the triglyceride fraction of the VLDL of bovine plasma (the main source of lipid for milk fat synthesis in the mammary gland) increased ten-fold when the cows received 300g/day of fish oil. There is thus the possibility that the third explanation may be important.

Increasing levels of CLA in milk fat

The biological effects of CLA

CLA has been shown to have a wide range of biological activities and is the subject of intense current research activity (see Parodi, 1997 and Bessa *et al.*, 2000 for reviews). CLA is a powerful anticarcinogen that has been proved effective in several chemically-induced animal cancer models (epidermal, mammary and gastro-intestinal). Physiological concentrations inhibit proliferation of several human cancer cell lines *in vitro*. Anticarcinogenic responses appear to be dose-related over the range 0.1 to 1% of the diet which is only slightly greater than estimates of CLA intake for people in the USA (Ip *et al.* 1994). Short-term feeding of CLA during the post-weaning and peripubertal periods appears to afford protection from mammary tumours later in life which has implications for the diet of children and adolescents. Human epidemiological studies in France and Finland have shown inverse relationships between CLA levels in breast tissue or plasma and risk of breast cancer (Bougnoux and Lavillonniere 1999; Aro *et al.*1999).

There are a large number of possible isomers of CLA and many experiments have been conducted with synthetic sources containing variable mixtures of isomers (mainly *cis*-9, *trans*-11; *trans*-10, cis-12; *cis*-8, *trans*-10; *cis*-10, *trans*-12 and cis-11, *trans*-13). Currently, the precise effects of each isomer are unknown but it is likely that the balance of isomers is important in terms of effects on human health and metabolism. It seems likely that the *cis*-9, *trans*-11 isomer of CLA has the main anticarcinogenic potency. Other activities of CLA, including anti-atherogenic properties, modulation of the immune system and effects on fat to lean partitioning are probably mainly caused by the other isomers. The latter effect, demonstrated in pigs and rodents results from both reduced lipogenesis and increased lipolysis leading to protein deposition at the expense of fat (Dugan *et al.*, 1997; Chin *et al.* 1994). Recently, Baumgard *et al.* (2001) showed that abomasal infusions of *trans*-10, *cis*-12 isomer of CLA causes large reductions in milk fat content through inhibition of *de novo* synthesis and delta-9 desaturase activity in the mammary gland.

Strategies for increasing CLA intake

Milk, dairy products and meat from ruminant animals are the main source of CLA in the human diet. Levels of CLA in human plasma have been shown to be related to intake of milk fat (Jiang *et al.*, 1999). CLA-enhanced butter has been shown to have substantially improved anticarcinogenic properties when given to rats (Ip *et al.*, 1999). The human epidemiological studies referred to earlier show an association between consumption of dairy products and CLA levels in tissues. There is rapidly growing evidence that consumption of dairy fat helps protect people from cancer and that this effect could be increased by raising CLA levels in milk fat. However, research is urgently needed to increase understanding of the precise effects of the different isomers of CLA and also the *trans* acids associated with CLA formation. CLA levels in dairy fat may be increased by manipulation of the cow's diet or possibly by selective breeding. Other approaches are to add synthetic preparations of CLA directly to dairy products or to use specific CLA-synthesising starter culture organisms during processing. The problem of the former approach is that many synthetic CLA sources contain a wide mixture of isomers and impurities and their addition means that the products can no longer be described as natural dairy products. Jiang *et al.* (1998) found two strains of *Propionibacteria* capable of converting linoleic acid to extracellular CLA and this approach shows substantial promise.

Relationships between CLA and trans fatty acids

Until recently, CLA in bovine milk was thought to be formed entirely in the rumen from incomplete microbial biohydrogenation of polyunsaturated fatty acids (PUFA). However, there is now evidence that cows can synthesis CLA from *trans*-11 C18:1 (vaccenic acid) which is also an intermediate in biohydrogenation of PUFA in the rumen (Figure 3 Griinari *et al.* 1998; Ip *et al.* 1999). Milk usually contains mainly the *cis*-9, *trans*-11 isomer of CLA but this may be affected by the balance of individual *trans* C18:1 isomers formed in the rumen. Salminen *et al.* (1998) showed that CLA levels in human serum are positively related to intake of *trans* fatty acids and Adlof *et al.* (2000) have recently confirmed the synthesis of *cis*-9, *trans*-11 isomer of CLA from *trans*-11 C18:1 in man. It is therefore likely that the balance of individual isomers of CLA in man depends on the proportions of individual *trans* fatty acids in the human diet as well as on CLA directly consumed. These effects are important because of the currently mainly undefined effects of different *trans* C18:1 and CLA isomers on human health. There is strong epidemiological evidence linking *trans* fatty acid intake and increased risk of heart disease and cancer (e.g. Hu *et al.*, 1997). If all *trans* C18:1 isomers are equally harmful, this would preclude the use of dietary manipulation of the diet of the dairy cow to enhance CLA levels in milk, since concentrations of CLA and *trans* C18:1 isomers always show a strong positive correlation. However, there is some evidence that the harmful effects of *trans* fatty acids are caused by isomers other than *trans*-11 C18:1 (Willett *et al.*, 1993) but this needs to be confirmed.

Dietary factors affecting milk CLA levels

Levels of CLA in milk fat can be increased by adding unsaturated fatty acids to the cow's diet. The precise mechanisms of responses are not fully understood but probably involve complex effects on the rumen microbial population and its metabolism as well as the supply of additional linoleic acid substrate for biohydrogenation. Dhiman *et al.* (1999) found that inclusion of extruded whole soya or cotton seeds increased CLA levels in milk and cheese by 109% and by 77%. Kelly *et al*, (1998) found that supplements of sunflower oil were more effective than peanut or linseed oil, producing a

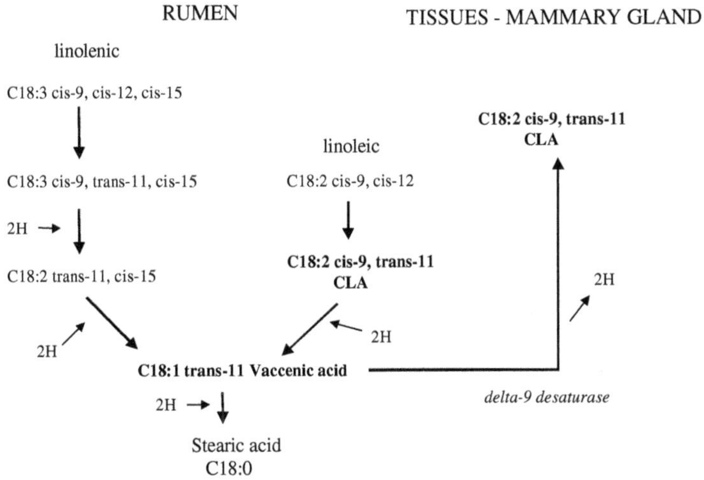

Figure 3. Synthesis of CLA in the ruminant.

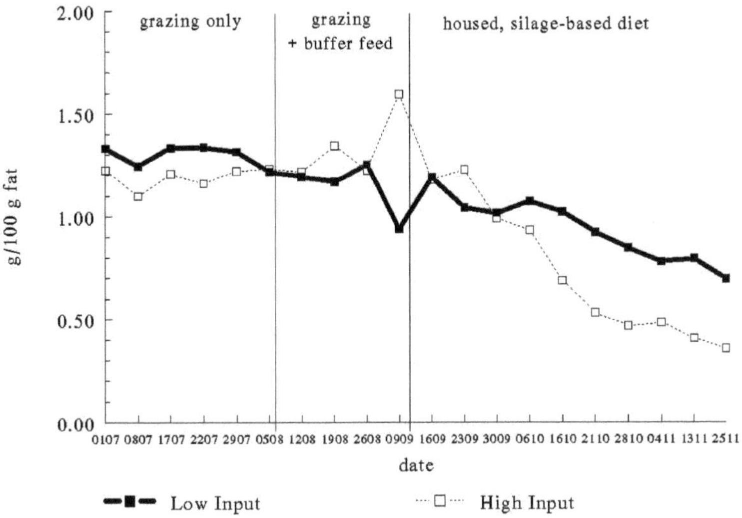

Figure 4. CLA levels in milk from two Scottish herds (low and high concentrate inputs) during summer and autumn.

four to five-fold increase in CLA levels in milk fat. Fish oils provide very little additional linoleic acid but have proved the most effective supplements. Offer *et al.* (1999) measured an approximately ten-fold increase in CLA content of milk fat from a daily supplement of 250g/day of fish oil. A consistent finding has been that milk CLA levels are higher for animals grazing fresh pasture (Stanton *et al.*, 1997; Jahreis *et al.* 1997). Figure 4 shows levels of CLA in milk from two herds of cows over summer and autumn as grass silage replaced fresh grass in the cow's diet. The losses of PUFA during wilting of grass (Dewhurst and King, 1998) do not appear to be large enough to explain all of this effect and other unknown mechanisms are probably important. Diets with high fibre contents (low starch) give rise to milk in which *trans*-11 C18:1 and *cis*-9, *trans*-11 isomers are the predominant *trans* monoene and CLA isomers respectively. However, diets containing high levels of starch and PUFA also cause elevated levels of *trans*-10 C18:1 and trans-10, cis-12 CLA, which explains the large depression in milk fat content associated with these diets (Griinari *et al.* 1998). Thus, manipulation of the cow's diet affects both the level and pattern of *trans* monoene and CLA isomers.

Conclusions

Increasingly, food "quality" is perceived by the consumer not just as the avoidance of harmful constituents in the product, but additionally, that it should have positive attributes for health and well-being. Manipulation of the composition of milk fat provides an opportunity to reverse its negative health image, to add value to dairy products and to make a real contribution to the health of the consumer.

References

Adlof, R.O., Duval, S. and Emken, E.A. 2000. Biosynthesis of conjugated linoleic acid in humans. Lipids, 35, 131-135.

Aro, A., Mannisto, S., Salminen, I, Ovaskainen, M-L., Kataja, V and Uusitupa, M. 1999. CLA and risk of breast cancer. Proceedings of European Concerted Action on CLA, No. 3 (abstract) CERIN, Paris, France.

Ashes, J.R., Siebert, B.D., Gulati, S.K., Cuthbertson, A.Z. and Scott, T.W. 1992. Incorporation of (n-3) fatty acids of fish oil into tissue and serum lipids of ruminants. Lipids: 27:629-631.

Baumgard L.H., Sangster J.K., Bauman D.E. 2001. Milk fat synthesis in dairy cows is progressively reduced by increasing supplemental amounts of trans-10, cis-12 conjugated linoleic acid (CLA) Journal of Nutrition 131 (6): 1764-1769.

Bessa, R.J.B., Santos-Silva, J., Ribeiro, J.M.R, and Portugal, A.V. 2000. Reticulo-rumen biohydrogenation and the enrichment of ruminant edible products with linoleic acid conjugated isomers. Livestock Production Science, 63:201-211.

Bougnoux, P and Lavillonniere, F. 1999. CLA, mammary carcinogenesis and breast cancer. Proceedings of European Concerted Action on CLA, No. 2 (abstract) CERIN, Paris, France.

Buonopane, G.J., Kilara, A. and Smith, J.S. 1992. Effect of skim milk supplement on blood cholesterol concentration, blood pressure and triglycerides in a free-living human population. Journal of the American College of Nutrition, 11:56-67.

Caen JP, Sollier C.B.., Mazoyer E., Drouet, L., Jolles, P., Fiat, A.M. 1991. Antithrombotic peptides derived from milk proteins. A link between therapy and diet. M S-Medicine Sciences 7: (5) 500-501 MAY 1991.

Chin, S.F., Storkson, J.M., Albright, K.J., Cook, M.E. and Pariza, M.W. 1994. Conjugated linoleic acid is a growth factor for rats as shown by enhanced weight gain and improved efficiency. Journal of nutrition, 124: 2344-2349.

COMA 1994. Committee on Medical Aspects of Food. Report on health and social subjects No. 46.

Dewhurst, R.J. and King, P.J. 1998 Effects of extended wilting, shading and chemical additives on the fatty acids in laboratory grass silages. Grass and Forage Science 53:219-224.

Dhiman, T.R., Anand, G.R., Satter, L.D. and Pariza, M.W. 1999. Conjugated linoleic acid content of milk from cows fed different diets. Journal of Dairy Science 82: 2146-2156.

Doreau, M. and Chilliard, Y. 1997. Effects of ruminal or postruminal fish oil supplementation on intake and digestion in dairy cows. Reproduction Nutrition Development 37:113-124.

Dugan, M.E.R., Aalhus, J.L., Schaefer, A.L., and Kramer, J.K.G. 1997. The effect of conjugated linoleic acid on fat to lean repartitioning and feed conversion in pigs. Canadian Journal of Animal Science, 77: 723-725.

Farrell, D.J. 1998. Enrichment of hen eggs with n-3 long-chain fatty acids and evaluation of enriched eggs in humans. American Journal of Clinical Nutrition, 68:538-544.

Focant, M., Mignolet, E., Marique, M., Clabots, F., Breyne, T., Dalemans, D.and Larondelle, Y. 1997. The effect of vitamin E supplementation of cow diets containing rapeseed and linseed on the prevention of milk fat oxidation. Journal of Dairy Science 81: 1095-1101.

Gaynor, P.J., Waldo, D.R., Capuco, A.V., Erdman, R.A., Douglass, L.W. and Teter, B.B. 1995. Milk fat depression, the glucogenic theory and trans-$C_{18:1}$ fatty acids. Journal of Dairy Science 78:2008-2015.

Griinari, J.M., Nurmela, K.V.V. and Bauman, D.E. 1997a. Trans-10 isomer of octadecenoic acid corresponds with milk fat depression. Journal of Dairy Science Suppl. 1 80:204 abstract.

Griinari, J.M., Chouinard, P.Y. and Bauman, D.E. 1997b. Trans fatty acid hypothesis of milk fat depression revised. Proceedings Cornell Nutrition Conference 1997, pp 208-216.

Griinari, J.M., Nurmella, K.V.V., Cori, B.A., Chouinard, P.Y. and Bauman, D.E. 1998. The endogenous synthesis of milk fat conjugated linoleic acid (CLA) from absorbed vaccenic acid in dairy cows. AOCS 1998 Annual Meeting, Abstracts: p.21 (abs.).

Grummer, R. R. 1991. Effect of feed on the composition of milk fat. Journal of Dairy Science. 74: 3244-3257.

Gulati, S.K., Ashes, J.R. and Scott, T.W. 1999. Hydrogenation of eicosapentaenoic and docosahexaenoic acids and their incorporation into milk fat. Animal Feed Science and Technology 79:57-64.

Hu. F.B., Stampfer, M.J., Manson, J.E., Rimm, E., Colditz, G.A., Rosner, B.A., Hennekens, C.H., and Willett, W.C. 1997. Dietary fat intake and the risk of coronary heart disease in women. New England Journal of Medicine 337: 1491-1499.

Ip, C., Scimeca, J.A. and Thompson, H.J. 1994. Conjugated linoleic acid. A powerful anticarcinogen from animal fat sources. Cancer 74: 1050-1054.

Ip, C., Banni, S., Angioni, E., Carta, G., McGinley, J, Thompson, H.J., Barbano, D. and Bauman, D. 1999. Conjugated linoleic acid-enriched butter fat alters mammary gland morphogenesis and reduces cancer risk in rates. Journal of Nutrition 129: 2135-2142.

Jahreis, G., Fritsche, J., Steinhart, H. 1997. Conjugated linoleic acid in milk fat: high variation depending on production system. Nutrition research 17:1479-1484.

Jiang, J., Bjorck, L. and Fonden, R. 1998 Production of conjugated linoleic acid by dairy starter cultures. Journal of Applied Microbiology 85:95-102.

Jiang, J., Wolk, A. and Vessby, B. 1999. Relation between the intake of milk fat and the occurrence of conjugated linoleic acid in human adipose tissue. American Journal of Clinical Nutrition 70: 21-27.

Kelly, M.L., Berry, J.R., Dwyer, D.A., Griinari, J.M., Chouinard, P.Y., VanAmburgh, M.E. and Bauman, D.E. 1998. Dietary fatty acid sources affect conjugated linoleic acid concentrations in milk from lactating cows. Journal of Nutrition, 128:881-885.

Kennelly, J.J. 1996. The fatty acid composition of milk fat as influenced by feeding oilseeds. Animal Feed Science and Technology, 60: 137-152.

Lee, K.N., Kritchevsky, D. and pariza, M.W. 1994. Conjugated linoleic acid and atherosclerosis in rabbits. Atherosclerosis 108:19-25.

Mansbridge, R.J., Blake, J.S. 1997. Nutritional factors affecting the fatty acid composition of bovine milk. British lJournal of Nutrition 78: Suppl. 1. S37-S47.

McDonald, I.W. and Scott, T.W. 1977. Foods of ruminant origin with elevated content of polyunsaturated fatty acids. Wld. Rev. Nutr. Diet 26:144-207.

Micheli, H., Stahelin, H.B., Bachmann, C. and Junod, B. 1982. Plasma cholesterol in four Swiss cities. Relationships with alcohol and milk consumption. In: G.Noseda *et al.* (Eds). Lipoproteins and Coronary Atherocslerosis. Amsterdam: Elsevier.

Nettleton, J.A. 1994. In: Omega-3 fatty acids and Health. Chapman and Hall, New York, USA.

Newbold, J.R., Robertshaw K.L. and Morris, H.W. 1998. Associations between concentrations of fat and intermediates of ruminal biohydrogenation in milk of dairy cows. Proceedings of the British Society of Animal Science 1998 pp224 abstract.

Noakes, M., Nestel, P.J. and Clifton, P.M. 1996. Modifying the fatty acid profile of dairy products through feedlot technology lowers plasma cholesterol of humans consuming the products. American Journal of Clinical Nutrition, 63: 42-46.

Offer, N.W., Marsden, M., Dixon, J., Speake, B.K. and Thacker, F.E. 1999. Effect of dietary fat supplements on levels of (n-3) polyunsaturated fatty acids, trans acids and conjugated linoleic acid in bovine milk. Animal Science 69: 613-625.

Offer, N.W., Speake, B. K., Dixon, J. and Marsden, M. 2000. Effect of fish oil supplementation on levels of (n-3) poly-unsaturated fatty acids in the lipoprotein fractions of bovine plasma. Animal Science (in press).

Palmquist, D.L. and Beaulieu, A.D and Barbano, D.M. 1993. Feed and animal factors affecting milk fat composition. Journal of Dairy Science. 76:1753-1771.

Palmquist, D.L. and Kinsey, D.J. 1994. Lipolysis and biohydrogenation of fish oil by ruminal micro organisms. Journal of Animal Science 72 (Suppl. 1):350 (Abstr).

Parodi, P.W. 1997. Cows' milk fat components as potential anticarcinogenic agents. Journal of Nutrition 127:1055-1060.

Pennington, J.A. and Davis, C.L. 1975. Effects of intraruminal and intra-abomasal additions of cod-liver oil on milk fat production in the dairy cow. Journal of Dairy Science 58: 49-55.

Salminen, I., Mutanen, M., Jauhiainen, M. and Aro, A. 1998. Dietary trans fatty acids increase conjugated linoleic acid levels in human serum. Journal of Nutritional Biochemistry, 9:93-98.

Scott, T.W., Cook, L.J. and Mills, S.C. 1971. Protection of dietary polyunsaturated fatty acids against microbial hydrogenation in ruminants. Journal of the American Oil Chemists Society,48:358-364.

Selner, D.R. and Schultz, L.H.. 1980. Effects of feeding oleic acid or hydrogenated vegetable oils to lactating cows. Journal of Dairy Science 63: 1235-1241.

Shaper AG, Wannamrthee, G. and Walker, M. 1991 Milk, butter and heart disease. British Medical Journal, 302 (6779), 785-786.

Sollier CB, Drouet L, Pignaud G, Chevallier C, Caen J, Fiat AM, Izquierdo C, Jolles P. 1996. Effect of kappa-casein split peptides on platelet aggregation and on thrombus formation in the guinea pig Thrombosis Research 81: (4) 427-437

Staehelin, H.B., 1992. Nutritional factors correlating with cardiovascular disease: Results of the Basel Study. Bibliotheca Nutritio et Dieta 49: 24-35.

Stanton, C., Lawless, F., Kjellmer, G., Harrington, D., Devery, R, Connolly, J.F. and Murphy, J. 1997. Dietary influences on bovine milk cis-9, trans-11 conjugated linoleic acid. Journal of Food Science 62:1083-1086.

Stoll, P, Gutzwiller, A., Jost, M., Schneeberger, H., Sieber, R., Stahelin, H.B., Steffen, C. and Ritzel, G. 1991. Short-term effect of whole milk and milk fermented by Pseudomonas Fluorescens on plasma-lipids in adult boars. British Journal of Nutrition, 66: 129-138.

Wachira, A.M., Sinclair, L.A., Wilkinson, R.G., Hallett, K., Enser,M. and Wood, J.D. 1998. Proceedings of the British Society of Animal Science 1998 pp36 abstract.

Willett, C.W., Stampfer, M.J., Manson, J.E., Colditz, G.A., Speizer, F.E., Rosner, B.A., Sampson, L.A. and Hennekens, C.H. 1993. Intake of trans fatty acids and risk of coronary heart disease among women. Lancet 341: 581-585.

Wonsil, B.J., Herbein, J.H. and Watkins, B.A. 1994. Dietary and ruminally derived trans-$C_{18:1}$ fatty acids alter bovine milk lipids. Journal of Nutrition 124:556-565.

Milk production systems in rural development: the case of goat cheese making at the Eastern Alpujarras

J. Calatrava & S. Sayadi

Department of Agricultural Economics and Rural Sociology, CIFA, Apdo. 2027, 18080 Granada, Spain

Summary

The paper starts with some considerations on the multifunctional role played by small ruminant milk production systems in rural development processes in Mediterranean mountainous areas, taking into account not only their direct and indirect productive functions but also their territorial, environmental and aesthetic ones. After these comments, an analysis is made of the specific case of milk production from goats in the area of the Eastern Alpujarras (south-eastern Spain), and the traditional goat cheese factory based on it which is located in the village of Valor. The success of this local initiative is analysed and, in closing, some conclusions are drawn.

Keywords: milk production systems, rural development, multifunctional role of farming systems

Résumé

Le rôle multifonctionnel joué par les systèmes de production laitière de petits ruminants dans le développement rural des zones méditerranéennes de montagne est décrit en prenant en compte non seulement les fonctions de productions directes et indirectes mais aussi les aspects territoriaux, environnementaux et esthétiques. Puis une analyse est faite dans le cas de la production laitière caprine dans la zone Est Alpujarras (Sud Est de l'Espagne) avec la production de fromage de chèvre traditionnel dans le village de Valor. La réussite de cette initiative locale est analysée en en tirant certaines conclusions.

Mots clés: système de production laitière, développement rural, rôle multifonctionnel des systèmes d'élevage.

Introduction

Any consideration of the potential of a farming system to contribute to a local development process in rural areas must be approached from a multifunctional point of view, in which, in addition to the agrarian activity's productive functions, its territorial and environmental functions must also be considered. This consideration is especially important in economically depressed and mountainous areas, where the development processes currently underway and which quite often focus on tourist activities, do not always take agriculture or livestock rearing into account. Further they do they accord it an active role which occurs, not because its importance is not recognised, but because of the difficulty in elaborating short-to mid-term strategies to boost and to modernise traditional farming systems. These systems are frequently in a state of prostration and crisis, the causes of which can be physical (slopes, erosion, aridity, etc.), socio-demographic (rural exodus, population ageing, etc.) or economic (marginality, lack of productive efficiency and adaptation to the new markets, etc.).

Mountain livestock systems in general, and those based on rearing small ruminants in particular, are a good example of this crisis, which has caused livestock rearing, once the mainstay in many cases of mountain communities' economies, to become marginal in the context of the local socio-economic system; and consequently all livestock activities are in regression.

In spite of the crisis, there have recently been several attempts on the part of the local communities to maintain and develop the mountain livestock sector, especially through the upgrading of its milk products and derivatives.

After presenting a few considerations regarding the multiple functions that livestock rearing systems have in Mediterranean mountain areas, the study comments on the potential role that milk production can play in the development of these areas. Next, the specific case of goat's milk production in the Upper Eastern Alpujarras zone, in the mountainous south-eastern corner of Spain, is studied, with the creation and operation of the Central Lechera Alpujarreña (Alpujarran Milk Dairy Factory), dedicated to handicraft goat cheese production.

Multiple functions of milk production systems in Mediterranean mountain zones. Their role in rural development

Milk production systems in Mediterranean mountain zones are primarily non-stabled, small ruminant shepherding production systems, where the production and sale of the animals' milk is usually complementary to that of their meat. These systems may be part of a mixed agriculture-livestock farm or a strictly livestock one in which a lease is paid on pastures: at any rate, its dependency on the land is, either directly or indirectly, total. The functional levels of a livestock system attached to the land are the following (Calatrava, 1997):

- Primary productive function: the milk production from herds under Mediterranean mountain-zone conditions is generally not very high yield, taking into account that it is seasonal in nature and is often a complementary product of meat (Yener, 1989).
- Secondary productive function: the potential for transforming the milk into cheese or other milk products industrially has traditionally been an important element in the cultural wealth of rural areas, and it constitutes a functional possibility of great relevance in goat's and sheep's milk production (Devendra, 1987).
- Tertiary productive function: apart from the impact that the two productive functions, mentioned above, can have on the tertiary sector (transport, building, etc.), milk production systems possess an important recreational potential. Sayadi & Calatrava (1997) and Sayadi (1998) have demonstrated how, in an environment of diversified activities within the agrarian exploitation, the live experience of dealing with the animals (shepherding, milking, etc.), of observing the handicraft cheese making processes, etc., are features that are highly appreciated by visitors to these mountainous regions in south-eastern Spain. Likewise, the aesthetic function, introduced below, can in itself be an important element in recreational supply, in the same way that the sale of handicraft dairy products usually constitutes part of what the region has to offer gastronomically.
- Socio-cultural function: both the rearing of livestock and the handicraft production of milk-derived products are an integral part of the socio-cultural system in many areas. Promoting traditional livestock rearing activities usually has, therefore, a positive impact on the conservation and exploitation of the socio-cultural wealth of the rural community.

- Environmental balance function: maintaining livestock attached to the land contributes to the environmental balance, and to the sustainability of development processes.
- Aesthetic function: sheep flocks and goad herds grazing on the mountain slopes, the preservation of natural grazing zones and small surfaces dedicated to growing cereals or legumes for foraging hay are basic landscape components. Sayadi *et al*, (2000) have demonstrated that in the mountain areas of south-eastern Spain, the most highly valued elements by the tourists in the countryside landscape are those relating to irrigated land and, in some way, to livestock rearing.
- Health and nutritional value and food security function: although this function may not be viewed as very important among the rural communities of highly developed countries, in many rural areas of countries that are still in their developing stages this can be a decisive function, due to the enormous nutritional value of milk and other dairy products, which are part of the local community's diets.

When the potential is analysed of a livestock rearing system to contribute to a rural development process, one must take into account not only how important its productive functions are, but also how important its territorial and environmental externalities are as well.

Case study: the production of goat's milk and handicraft cheese in the Upper Eastern Alpujarras of Granada

The area

The Alpujarras district is made up of a series of mountain valleys and gorges located in the easternmost area of the Penibetica mountain range, in south-eastern Spain (see fig. 1). Most of the district is located within the province of Granada, where it occupies 117.151 Has. The district presents large altitude gradients (practically from sea level to 3,500 metres at the Sierra Nevada summits), and, naturally, steep inclines, which are one of the traditional impediments in the development of its farming systems. The district's aridity diminishes from west to east. Information on the district's demographics, climate, and agrarian activities can be seen in Calatrava & Molero (1983) and in Sayadi & Calatrava (1995). The present study deals exclusively with the production of goat's milk and the handicraft making of cheese by the Central Lechera Alpujarreña (C.L.A.), located in the village of Valor (altitude

Figure 1. The Alpujarras' location.

1,000 metres), and whose area of influence and of milk collecting (the boundaries of which will be specified further down) is in the eastern half of the Alpujarras.

The rearing of small ruminants in The Alpujarras

Parallel to what happened in other mountain regions in Spain (Calatrava, 1982; Morand-Fehr, 1982 and Abella, 1988), in the Alpujarras region livestock rearing as a whole has suffered a strong decline, which, in the case of smaller ruminants has been considerably buffered in recent times by European subsidies. Sayadi & Calatrava (1995) and Sayadi (1998) explain in full detail the evolution of the livestock systems in the district, and analyse their present situation.

The flocks of small ruminants are made up of sheep, goats, or quite frequently both. A preponderance of one of the two species 150 sheep (or goats) to 60 goats (or sheep) is the modal sized flock, with a preponderance of sheep (goat) as studied in detailed by Sayadi (1998) for this area. The sheep are reared exclusively for their meat; the milk, if collected, is not marketed. In the case of goats, the products obtained are both meat and milk, and the milk is marketed somewhere between 3 and 5 months a year only. The number of goats in the flock or herd is usually small, between 40 and 400 animals, averaging about 100.

Goat herding in Spain was once much a more abundant activity than it is today. It has suffered a steady decline, especially since the early rural exodus times, in the mid-fifties. From the mid-eighties on, with the help of European subsidies (Diez & Trueba 1997), this decline has been arrested, particularly in those areas classified as economically depressed or mountainous, such as the Alpujarras, through a supplement of subsidy for each animal. Figure 2 traces the evolution of the number of goats in Spain, and, in table 1, the distribution of goat herds inside the district is shown.

In recent times we observe, at the Alpujarras, a tendency for smaller herds to disappear, caused by different factors, among which we find the following: Inability to afford mechanical milking devices; problems in implementing the health controls required by law today; and the scanty appeal that agrarian activities have on the young which often determines the non-continuity of the ownership of the farm or herd. This lack of interest on the part of the younger generations in continuing the family goat-herding and shepherding activity is motivated not only by questions of profitability or hard working conditions, but also by the lack of social prestige attached to agrarian jobs; Calatrava & Navarro (1985) and Calatrava & Sayadi (1997 and 1999) show, through opinion polls of the local population, the low social esteem attached to the goat herder, and in general to all jobs connected with agrarian activities. However, the goat herder has gained in social esteem recently (Calatrava &

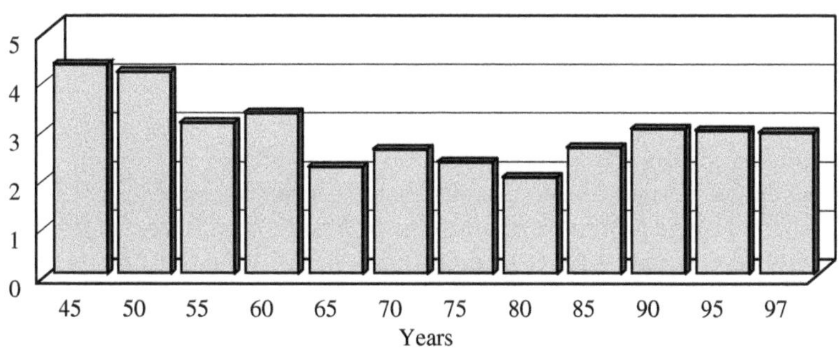

Figure 2. Evolution of the number of goats in Spain (millions of heads), 1997.

Table 1. Goat herds totals in the area of The Alpujarras of Granada, year 2000.

Num. of animals/herd	Num. of breeders	Total of animals
< 50	106	1 857
50 – 100	35	2 566
100 – 150	19	2 316
150 – 200	10	1 725
200 – 300	14	3 283
> 300	6	2 262
Total	190	14 009

Source: Own calculations from raw data of MAPA, 2000.

Sayadi, 1999) in relation to other activities connected with agriculture. In contrast to the disappearance of small herds, the younger generation, and not necessarily the children of farmers and breeders, has very recently shown an increased interest in livestock rearing. Among the reasons offered for this increased interest are the scarce job alternatives available to the young, and the fact that "becoming a herdsman" is quite easy, in the sense that it does not require land investments; thus, with a relatively low amount of money, normally advanced by the family, for the purchase of the initial animals, the youth can make a head start in his profession and, a few years down the road, can easily double the size of his herd. All this, logically, is made possible with the help of the subsidies from the European Union for this sort of activity.

The handicraft cheese production in the Upper Eastern Alpujarras of Granada

As stated above, in the mid-eighties the decline in the number of goats in Spain as a whole and in the Alpujarras in particular was arrested. The Eastern Alpujarras of Granada had enjoyed a long tradition of goat's milk production as a secondary product from their herds which was almost entirely bought up by dealers or intermediaries, although there existed also a certain tradition of cheese making for household and local consumption. Under these circumstances, the greatest problem in increasing and modernising the production derived from the growing number of goats related to the collection and commercialisation of the milk. To fill this need the Central Lechera Alpujarreña (C.L.A.) was created in the town of Valor, a municipality with three small villages totalling 2431 inhabitants. This society has four partner members, all born in the Alpujarras, although three of them had emigrated to urban areas of Granada and Madrid. The creation and development of this initiative, throughout its short fifteen years of existence, can be summarised in the following stages:

- Formation stage: from the society's outset to 1991.
- Beginning of cheese making for local and regional commercialisation.
- Expansion and search for extra-regional markets.
- Coming of age and commercial readjustment stage. Attempts at exporting.

During its first stage, the C.L.A. engaged exclusively in producing and collecting goat's milk in the area, which was then sold to a large dairy firm located far from the district. The firm used the district's name in the production of a cheese that combined goat's and cow's milk. This first stage began in the mid-eighties and ended in 1991, when the partners decided to start producing their own cheese. The greatest problem they faced in taking this new step was their lack of knowledge of the existing market demand, and of modern techniques that could be applied to the production of a handicraft-type cheese, to enable them to respond to that market demand. One of the partners went to Murcia, and later to Barcelona, to follow some cheese making training courses. One important step then was to choose the type of cheese they wanted to make, finally deciding on a goat cheese with different degrees of ageing, and shaped in a "manchego format" either in round plait, or with a Portuguese style smooth pattern, with aged crust and a very handicraft aspect. This following the line of the previously existing tradition and the local know-how, renouncing, from the outset the making of the typical French or Extremaduran soft goat cheeses which are neither characteristic nor known in the regional milieu and its surrounding areas at which market the supply was basically aimed. The cheese that was made continued, therefore, the traditional cheese types produced from ancient times in the zone, on a domestic scale, and mainly for family or purely local consumption. The C.L.A. modernised the production system, but without abandoning the handicraft confines. The use of machinery in the factory was restricted to the (mandatory) pasteurisation process, and the mechanical tasks of pressing and beating.

The second stage began with the setting up of a cheese factory to meet the area's milk production capabilities, as well as to its market demand. Construction took place before the Leader I Programme started in the district, so it was a private initiative which, notwithstanding, enjoyed initial subsidies from European funds amounting to almost one quarter of the total investment. The total investment was of about 30 million 1990 pesetas (approximately 180,000 Euros at present exchange rates). In May 1991 production and sale of cheese begins under the one sole trademark of Los Cortijuelos ("the little *cortijos* or farms") in the local market and in the bordering provinces of Granada and Almería. Regional goatherds' response to the initiative was positive. During the 1991-92 period the farm processed 655,000 litres of milk, 75% to 80% of it concentrated between April and July, when the company started processing up to of 4,000 litres per day. Four types of cheese are produced:

- Fresh: Produced only by request.
- Soft: One month of ageing.
- Semi-cured: 2 to 4 months' ageing.
- Cured: More than 4 months' ageing.

Ageing and "curing" times are relative, since they depend, logically, on the time of year in which production takes place, and on the milk quality. Therefore, there can be semi-cured cheeses with 5 to 6 months' ageing.

Fresh cheese requires 5 litres of milk per 1 kg. of cheese, and the other cheeses somewhere between 6 and 9 litres, depending on their degree of ageing, and, to an even greater extent, on the milk's fat content. During the ageing and curing process, the cheese suffers a loss of weight that can reach 25%.

During the 1991-92 period some 100,000 kgs. of cheese were produced, most of it soft or semi-cured. This cheese sold well initially, but with certain problems of slowness in accessing the market, so that stocks tended to accumulate in the warehouse. This was due to the logical inertia generated in the C.L.A.'s initial functioning stage, in the milk purchasing process, buying all the milk they could from same goatherds without any reductions in their purchases.

In the third phase the market expanded, owing not so much to sales outside the region as to the use of sales outlets different from the initial company's own, quite limited, distribution system. This search for new commercial channels had already begun back in the early days, during the previous stage, by timidly accessing the quality gourmet segment of the cheese market, both in the line of "company gifts", and through associates' sales networks (quality wines, for example). During this expansion phase the firm started selling to large department stores with a nation-wide distribution, offering the product primarily in their urban stores of the region (Granada, Almería, Málaga, etc.) and also in several of the greater national markets (basically in Madrid). It was in this stage that the programme LEADER was introduced in the district, and through it, the C.L.A. received some small economic aid to enhance their product presentation and labelling process.

During the last stage (the last three years) the company has reduced slightly its cheese production; this reduction has been caused not so much by a decrease in the supply of milk in its habitual buying zone, as by a deliberate policy of reducing stored stocks. Although it is true that there has been a reduction in the area's milk production, due to the disappearance of many of the smaller sheep/goat flocks, mentioned above, the firm could very well buy more milk from the surrounding areas, particularly from nearby areas in Almería, but the company considers that transforming the amount of milk presently produced in the area adequately meets its trade compromises without letting stocks accumulate.

In this final stage a new commercial strategy was adopted, seeking to obtain better prices and greater profit margins for the cheese produced. Thus, at present, four tendencies in the firm's commercial strategy can be identified:

- To maintain the strategy of accessing the national markets through large department stores.
- To reach the gourmet segment of the Spanish cheese market, within this strategy. C.L.A. cheese has been accepted, together with cheeses from other origins to be among the cheeses included in a well-known quality label[1] for food products marketed through several department stores, so that part of its cheeses will lose their own trademark (Los Cortijuelos) and will be marketed under that label's trademark.
- To reduce sales in the local market, the main initial target for its cheeses. This market, they claim, is excessively "contaminated" by cheeses either produced outside the area, or containing raw materials from the outside, which are often sold as an indigenous handicraft product and at reduced prices taking advantage of the enormous increase in local products demand caused by the huge number of tourists visiting the area.
- To try a hand at exporting the cheese. Shipments have successfully been sent abroad, under the assessment of the *Consorcio de Quesos Tradicionales de España* (Spanish Traditional Cheeses Consortium). Cheeses made by the C.L.A. have already been sold in Japan, Germany, and Canada.

At present the company is processing somewhat over half a million litres of milk, and producing between 80 and 90 thousand kilos of cheese, which are sold at an average price of 8 euros per kilo. This means an average annual income of 650-700,000 Euros, which, except for a part of the business benefits, all the rest remains in the zone, to be distributed among: the goatherds, for the sale of milk, the salaries of the four permanent employees at the factory, and the various operational expenses (collection and distribution of milk and cheese, and factory, warehouse, and vehicle amortisation payments, etc.)

30% of the company's revenues goes toward the purchase of milk from the almost 5,000 goats in the municipality of Valor and its surroundings[2]. Between 35 and 40% constitute regular expenses at the factory (expenditures in the collection and storage, paying for other inputs used in the cheese making process, water, electricity, wages, and losses due to loss of weight in the ageing and storage of the cheese, etc.). The remainder is spent on depreciations, business benefits, and fiscal expenses.

---

[1]It must be noted that this label usually only accepts, under its trademark, cheeses with a "Denomination of Origin" status, the C.L.A. cheese being the first that does not enjoy this status. This is ample confirmation that the company is earnestly seeking top quality consideration for its product.

In order to give an idea of the magnitude (relative to its socio-economic surroundings) of the C.L.A., it is interesting to consider that the income it brings to the town amounts to approximately 8% of the total incomes available to families in Valor[3], which are basically made up of incomes deriving from the tourist and related services, and from social capital transferences. This percentage could actually be twice as large, if it were applied to incomes generated by the township's economic system, and not from incomes available to families, since, according to recent estimates, (Sayadi, 1998), more than fifty percent of the areas' incomes available to families are from social capital transferences. All this shows us how very important, if not outright primordial, the C.L.A. is for the town's socio-economic system and its growth.

The very existence of the C.L.A., in the absence of any other initiatives, such as co-operative ones, for example, makes possible the maintenance of milk production in the area, and, to a certain extent, the existence of goat herding, which, besides constituting an interesting productive activity in itself, fulfils the above-mentioned functions of contributing to the quality of the area's recreational offerings, the landscape, the use of the territory, and the balance of the development process underway in the area.

Conclusions

- Livestock rearing systems that produce small ruminants' milk can be a development factor in Mediterranean mountain zones.
- These livestock rearing systems adapt to the multifunctional role that the new trends in rural development assign to farming systems.
- This adaptability occurs because the systems possess potential, both in their productive functions, and in the generation of externalities that have positive territorial, environmental, and aesthetic effects.
- In the specific case studied here, of a company that produces handicraft goat cheese in the Upper Eastern Alpujarras, some of the factors that turned out to be determining in its success were the following:
  - An existing tradition of goat's milk production in the area, although complementary to the production of meat.
  - A tradition of very rustic handicraft goat's cheese making, although restricted to family and local consumption.
  - Capital, entrepreneurial capability taken up by people who, being native born, had once emigrated, and were now back and willing to assume the financial risks.
  - A prior training programme to enrich the local know-how in handicraft cheese making with the application of modern technologies.

---

[2]The C.L.A. basically buys the milk produced in the municipality of Valor proper, and in those of Alpujarra de la Sierra, Cadiar, Nevada, Ugijar, Murtas and Albondon. European Union subsidies for a total of 4,614 goats were applied for in these municipalities for the 1999/2000 campaign (MAPA 2000). Additionally, the C.L.A. can eventually purchase milk from outside herds that in spring-summer are herded to the Alpujarras to feed on the fresh high mountain pastures. This seasonal trade contact is frequent with some herds from the coastal areas of the province of Almería.

[3]Data provided by La Caixa (2000), wich estimates an available per capita income in Valor of between 900.000 and one million de pesetas per year.

- A detailed study of existing market niches for these types of cheese.
- Clearly opting for quality as the best market strategy.
- Sizing of the company subject to market possibilities.

All the previous causes can be considered factors that were internal to the area and the company and which strongly determined its success. As far as external factors that may have created an adequate economic and institutional context, the following should be noted:

- A growing taste on the part of consumers for quality handicraft, natural products, and particularly for cheeses.
- Implementation in the area of European rural development policies (the Leader Plan).
- Granting of subsidies from the European Union to promote small ruminant livestock rearing.

The production of milk, through its later transformation into goat cheese, has become a relatively important activity in the socio-economic system of the area, as well as a relevant complementary factor in its present development process.

References

Abella, M.A. *et al*, 1988. Sistemas ganaderos de montaña. Rev. Agricultura y Sociedad 46: 119-190.

Caixa, La, 2000. Anuario Comercial de España. Servicio de Estudios.

Calatrava, J., 1982. La producción de queso de oveja y cabra como factor de desarrollo en zonas de agricultura marginal. I.T.E.A. 1: 63-110.

Calatrava, J., 1997. Socioeconomic instruments for agricultural and livestock systems research to guide rural development in disadvantaged areas. In INIA: "El papel de los sistemas de producción ganaderos en el desarrollo rural de zonas desfavorecidas". Informe de contenidos. Madrid. May 12th. 5 p.

Calatrava, J. & Molero, J., 1983. Consideraciones sobre la aplicabilidad de las directrices socioculturales agrarias de la CEE a la depresión Penibética de las Alpujarras. INIA. Serie Economía y Sociología Agraria 7: 119-163.

Calatrava, J. & Navarro, L. 1985. Actividad agraria y nivel de bienestar en las Alpujarras Granadinas. Congreso sobre Agricultura y Desarrollo Rural en zonas de montaña. November. Granada.

Calatrava, J. & Sayadi, S. 1997. Economic marginality, Social depreciation of Agriculture and the Disappearance of Farming in Depressed Areas in Southeastern Spain. International Conference of European Economists. California, USA. August.

Calatrava, J. & Sayadi, S. 1999. Agrarian crisis, farming abandonment and social regard for agriculture in depressed mountainous areas of southeastern Spain. Proceedings of the IX European Congress of Agricultural Economists (EAERE): European Agriculture Facing the 21st Century in a Global Context. 24 – 28 August. Warsaw. Poland.

Devendra, C. 1987. The role of goats in food production systems in industrialised and developing countries. In Proc. 4th International Conference on Goats. Vol.1. Departamento de Difusão de Tecnologia. Brasilia: 3-39.

Diez, E. & D. Trueba. 1997. El apoyo a la producción ganadera en las zonas desfavorecidas en la Política Agraria Común. Boletin Económico de la ICE num. 2560. November.

MAPA, 1997. Anuario de Estadística Agraria. Ministerio de Agricultura y Pesca

MAPA, 2000. Solicitudes de ayudas ganaderas. Ministerio de Agricultura y Pesca.

Morand-Fehr, P. 1982. Sistemas de producción de leche de cabra en los países de la Cuenca Mediterránea. I.T.E.A. 1: 116-136.

Sayadi, S., 1998. Análisis de Potencialidad de los Sistemas Agrarios en el Desarrollo Local de Zonas Rurales: El caso de La Alta Alpujarra. Instituto de Sociología y Estudios Campesinos (ISEC), Escuela Técnica Superior de Ingenieros Agrónomos y de Montes. Univeristy of Córdoba (Spain). Doctoral Dissertation. 657 pp.

Sayadi, S. & Calatrava, J., 1995. Evolución y transformación de los sistemas agrarios en la Alpujarra Alta Oriental Granadina. Junta de Andalucía. Consejería de Agricultura y Pesca. Documento de trabajo num. 46. Departamento de Economía y sociología Rural. DESA.-CIDA. Granada (Spain). 78 pp. + annexed materials.

Sayadi, S. & Calatrava, J. 1997. El potencial agroturístico: análisis preliminar de un sondeo en la Alpujarra Alta Oriental Granadina. Curso de Verano: Estrategias Turísticas y Desarrollo Rural: Oportunidades y limitaciones. University of Granada. Centro Mediterráneo. Guadix, Granada, September 8th.

Sayadi, S., M.C. Gonzalez Roa & J. Calatrava, 2000. Valuing Agrarian Landscape: an Application of Conjoint Analysis to Specially Sensitive Mediterranean Mountain Areas in Southeastern Spain. Proceedings AAE XXIVth Congress. August13th – 19th. (Berlin).

Yener, S.M. 1989. Milk production from goats. Option Méditerraneennes. Serie Séminaires. 6: 149-157.

Défis et enjeux du développement de la production de lait dans les pays méditerranéens. Esquisses de scénarios du futur

J.-C. Flamant

Unité de Recherches sur les Systèmes Agraires et le Développement, INRA Toulouse

Résumé

Les conditions naturelles des régions méditerranéennes ne sont pas globalement favorables à la production laitière intensive de masse. Alors que les systèmes d'élevage couvrent une très grande gamme de productivité, de nombreux facteurs de nature économique et sociale conditionnent leur développement. Prenant en considération cette situation complexe et les différentes orientations prises, ce papier explore les formes possibles de la politique publique du lait pour la consommation de masse, sous la forme de scénarios du futur élaborés selon les principes de l'analyse morphologique de l'école prospectiviste française.

Summary

The natural traits of the Mediterranean regions are not globally favourable to the mass intensive dairy production, even if it is observed a large spread of the productivity of the technical production systems. Nevertheless, numerous economic and social factors are involved in the dairy development. This paper, taking into account this complex situation and alternatives which could be followed, aims to design the possible forms of public policies focussed on the needs for mass consumption. Three main scenarios for the future are designed, according to the methodology of the «morphologic analysis» developed by the French prospectivist school: (1) «Providing the cities», «Producting for the cities», (3) Developing the rural areas».

Introduction

La question laitière dans les pays méditerranéens a été instruite à plusieurs reprises lors de divers Symposiums et Colloques organisés par la FEZ et le CIHEAM[1]. Depuis 10 ans, la situation a-t-elle changé? Ou bien est-elle toujours aussi insatisfaisante, de telle sorte qu'il nous faut poursuivre nos études et nos concertations? Ce Symposium d'Hammanet est une belle occasion de faire un état des lieux et d'explorer les voies possibles d'évolution. La présente note a pour préoccupation de décrire la logique de différents types de futurs possibles pour la production laitière dans les pays méditerranéens

[1]« Le lait dans la région méditerranéenne », Colloque du CIHEAM, Rabat, 1988, Options Méditerranéennes n° A-6 ; « Prospect of buffalo production in the Mediterranean and the Middle East », EAAP Publication n° 62, 1993 ; « Goat production systems in the Mediterranean », EAAP Publication n° 71, 1995 ; « Cattle in the Mediterranean », EAAP Publication n° 86, 1996.

en s'appuyant: (1) sur un bref rappel des caractéristiques spécifiques de la production de lait, (2) sur une évaluation des facteurs économiques et sociaux intervenant dans la transformation des activités laitières. La construction de scénarios exploratoires, décrivant différents types de futurs possibles, s'inspire de la méthode de l'analyse morphologique utilisée par l'école prospectiviste française (de Jouvenel, 1999).

Les caractéristiques spécifiques de la production de lait

Comme cela a été largement souligné et commenté lors de nombreux Symposiums, les systèmes laitiers méditerranéens sont marqués, par rapport aux situations de l'Europe atlantique, par la dominante de systèmes à base pastorale impliquant les petits ruminants, brebis et chèvres (El Aich *et al*, 1995, Zervas and Hatziminaoglou, 1996). Cependant, des races locales de vaches (Nardone, 1996) sont également concernés par la valorisation des surfaces pastorales dans les zones de montagnes et de collines. Ces systèmes, quoique à faible productivité quantitative, aboutissent à des produits à forte valeur culturelle, intimement liés aux savoir-faire traditionnels de cette région du monde. A côté de ces situations que l'on peut qualifier de «typiquement méditerranéennes», les questions relatives à la production de lait de vache de consommation courante, et en vue de fabrications industrielles de masse, se posent également dans des contextes économiques, sociaux et naturels différents de ceux des pays de climat atlantique. Ce papier s'attache à discuter de ce deuxième point, celui des conditions de la production laitière de masse en régions méditerranéennes.

Cependant, il n'est pas inutile de rappeler d'abord les traits qui font la spécificité de la production de lait par rapport à d'autres production animales:

1) Tout d'abord, sa base animale, essentiellement des espèces de ruminants domestiques, même si chevaux, ânes et chameaux sont également exploités dans certaines situations.
2) Un produit obtenu par l'exercice d'une pratique quotidienne, la traite, réalisée deux fois par jour sur chaque animal, toujours en petites quantités individuelles (quelques litres), dont l'accumulation peut aboutir à créer «un fleuve de lait». Mais également, une contrainte de travail forte dont la pénibilité peut être atténuée par la mécanisation.
3) Un produit périssable dans des conditions climatiques chaudes et hygiéniquement défectueuses. D'où l'importance donnée aux procès de conservation permettant la consommation au-delà de la journée: en liquide (stérilisation, pasteurisation, UHT), en poudre en vue d'une reconstitution ultérieure en liquide après transport, en produits dérivés obtenus par action physique (crème fraîche et beurre) ou par l'intervention de diverses fermentations (laits fermentés, yaourts, fromages).

Il faut pointer en outre l'importance simultanée des dimensions locale, nationale et mondiale.. Au niveau local: l'autoconsommation familiale, des pratiques artisanales et des organisations de commercialisation de proximité. Au niveau national: l'organisation de la collecte et de la distribution à l'échelle des territoires et le montage de filières industrielles. Au niveau mondial: l'implication dans les échanges commerciaux, notamment sous forme de poudre permettant la reconstitution du lait liquide, mais également sous forme de beurre et de fromages.

Les systèmes d'élevage sont également marqués par une grande diversité de formes dont Nardone (1996) a réalisé un inventaire particulièrement bien illustré pour les bovins méditerranéens. Je propose de décrire cette diversité en faisant appel à 3 critères: (1) la relation au territoire, (2) le niveau de productivité des élevages, (3) la nature des produits issus des systèmes de transformation. Chacune de ces 3 variables prend des valeurs qui s'alignent selon trois gradients particulièrement significatifs en région méditerranéenne:

- Premier gradient: la relation au sol par l'intermédiaire du système d'alimentation. Une des extrémités est constituée par la dominante du pâturage adaptée à la nature physiologique des animaux ruminants.

L'autre par des unités de production dites en «zéro-pâturage», avec une forte part de l'alimentation apportée par des compléments concentrés.

- Deuxième gradient: le niveau de productivité des élevages. Depuis les systèmes de production «mixtes», dans des unités familiales comprenant quelques vaches ou (et) quelques dizaines de brebis ou de chèvres, impliquant des races locales (ex: Brune de l'Atlas en Afrique du Nord, Baladi en Egypte), jusqu'à de grandes unités intensives de plusieurs centaines de vaches appartenant à des races sélectionnées d'expansion mondiale, principalement la Holstein.
- Troisième gradient: la nature des produits. D'une part les produits spécifiques issus des systèmes traditionnels de transformation, souvent destinés à la consommation locale, mais pouvant être plus largement diffusés et plus ou moins bien protégés par les systèmes d'appellation d'origine. D'autre part les produits destinés à la consommation de masse et provenant des systèmes industriels.

En prenant en compte ces facteurs de description des systèmes laitiers, on peut remarquer que seules les vaches, et peut-être les bufflesses, sont impliquées dans des filières industrialisées pour la consommation de masse, avec des systèmes d'élevage «hors-sol» et des niveaux de production individuels élevés obtenus avec des types génétiques spécialisés. Certes les chèvres et les brebis peuvent également être élevées dans des systèmes intensifs, mais ceux-ci ne concernent pas la consommation de masse. Inversement, toutes les espèces concernées, y compris les vaches, relèvent de systèmes traditionnels, extensifs et pastoraux, susceptibles aussi de générer des produits spécifiques pour des marchés de connaisseurs.

Les facteurs économiques et sociaux de transformation des activités laitières bovines

Cette deuxième partie est consacrée au cas du lait de vache, impliqué à la fois dans la satisfaction des besoins de la consommation de masse à destination urbaine et dans des productions spécifiques. Les pays méditerranéens présentent de grandes inégalités quant aux quantités moyennes consommées par habitant qui peuvent être interprétées soit en termes culturels (les habitudes alimentaires) soit en termes économiques (le pouvoir d'achat). Globalement, sur la base des disponibilités en ressources naturelles et des besoins des populations, le constat est généralement fait du déficit chronique des pays méditerranéens pour la production laitière et même de son aggravation au cours de la dernière décennie. Qu'en est-il pour le futur?

De manière aussi simple que dans le chapitre précédent, je sélectionne un nombre limité de facteurs, en retenant ceux qui sont susceptibles d'avoir une influence majeure sur l'évolution des activités laitières: (1) la métropolisation, (2) le développement rural, (3) la mondialisation, (4) l'organisation des filières laitières. Chacun de ces sujets constitue une «question-clé» à laquelle différentes réponses peuvent être données qui constituent comme autant de formes alternatives que peut prendre la production de lait dans le futur.

La métropolisation des populations

La concentration croissante de la population dans les mégapoles côtières des pays méditerranéens pose des problèmes accrus d'approvisionnement quotidien en lait frais dans le respect des conditions hygiéniques. Cette situation n'est pas propre au monde méditerranéen: les problèmes se posent en termes similaires au niveau mondial, ce qui justifie l'un des axes de travail de la FAO. Cependant, au niveau méditerranéen, les difficultés sont accentuées par les conditions climatiques à la fois pour les modes de production et pour les modes de conservation. De plus, cette métropolisation se traduit par des besoins en eau accrus, accentués par les activités de nature touristique, concentrés, elles aussi, en zone littorale (Laborie, 1997).

Comment assurer les niveaux de production suffisants et à un prix acceptable? Plusieurs voies sont à l'évidence mises en œuvre selon différentes formes de systèmes d'élevage laitier: (i) des élevages périurbains (principalement observés dans les pays de la rive méditerranéenne sud), (ii) la création d'unités intensives pour approvisionner des filières industrielles, (iii) le recours à l'importation (soit en frais soit en poudre).

Les conditions du développement rural

Classiquement, on fait appel d'abord à des observations de nature démographique pour faire ressortir le contraste entre les territoires ruraux des pays de la rive nord - singulièrement ceux de l'Union Européenne – avec une désertification humaine accentuée depuis 50 ans, et ceux des autres pays où la pression démographique reste forte. Ces deux situations contrastées ont des conséquences également contrastées sur l'évolution des couverts végétaux et plus généralement sur les ressources naturelles locales (Chassany et Flamant, 1996): développement des formations ligneuses dans les territoires humainement désertifiés avec des risques importants d'incendies; dégradation des sols, des formations végétales et des ressources en eau par surexploitation dans les territoires ruraux à forte densité de population et à fort déficit d'équipements publics.

Sur ces territoires ruraux, rappelons ici que les activités agricoles et les productions animales ont une double fonction: d'une part, la production de biens alimentaires, que ce soit pour l'approvisionnement de filières agro-alimentaires longues ou pour la consommation familiale et locale; d'autre part, la gestion des territoires pour assurer notamment la protection contre les conséquences des déséquilibres écologique, soit par déficit d'activité, soit par surexploitation.

Une deuxième grande caractéristique, liée aux conditions spécifiques méditerranéennes, réside dans la limitation des disponibilités en eau[1] , alors que les besoins sont évidemment importants pour assurer des niveaux de production laitière élevés à base de cultures fourragères. Localement, il peut donc y avoir des compétitions difficiles entre les besoins industriels ou domestiques et les besoins de l'agriculture. Mais les arbitrages à réaliser portent aussi sur les ressources en eau pour l'irrigation, entre les besoins de production de fourrages (luzerne et maïs), tel que cela peut être observé dans de grands périmètres dans les pays d'Afrique du nord, et les besoins des productions horticoles, légumières et fruitières, ou encore le coton et le riz: leurs débouchés économiques respectifs peuvent orienter les producteurs dans une direction ou une autre (Eddebbarh, 1996). L'expansion urbaine et la limitation des ressources en eau conduisent aussi à envisager le traitement des eaux usées par des pratiques agricoles, notamment en valorisant le rôle épuratoire de certaines cultures fourragères.

La mondialisation et l'ouverture au monde

Ce facteur est aujourd'hui majeur par ses conséquences sur l'évolution des conditions de production laitière. Les spécificités des régimes alimentaires méditerranéens qui donnent une place prédominante au lait transformé par rapport au lait nature (lait fermenté, produits frais, yaourts, fromages de différents types) et avec des cultures culinaires marquées par l'huile d'olive plutôt que par le beurre, sont

---

[1]Voir à ce sujet les travaux de prospective réalisés dans le cadre du « Plan Bleu » : Benblidia *et al.*, 1998

menacées par le développement d'un modèle alimentaire «occidental». Il faut cependant se garder à ce sujet de discours unificateurs et réducteurs. Il faut distinguer le cas des produits traditionnels et spécifiques de celui des produits industriels de masse

Pour les produits traditionnels et spécifiques

On peut d'abord pointer les menaces: l'évolution des sociétés traditionnelles rurales vers les modèles urbains entraînant une disparition des savoir-faire patrimoniaux, l'érosion génétique des races locales par croisement avec des races importées réputées plus productives pour le lait comme pour la viande, la poussée à la modernisation et l'intensification des systèmes d'élevage. Cependant, on peut aussi identifier les bénéfices que ces productions traditionnelles et typiques peuvent tirer d'une ouverture au monde: l'intérêt croissant d'une partie des consommateurs des sociétés industrialisées pour ces produits, le potentiel élevé de commercialisation au-delà des marchés locaux dont l'ampleur forcément réduite. Cette nouvelle donne pour les produits locaux s'accompagne aussi d'une pression en direction de la standardisation des produits et de l'adoption de normes de sécurité sanitaire lesquelles peuvent être contradictoires avec leurs qualités spécifiques (lait cru, nature des fermentations, conditions de maturation). Parallèlement, des dispositions se mettent en place pour éviter des concurrences déloyales, grâce à des procédures de protection des dénominations.

Pour les productions industrielles de masse

La mondialisation des échanges marchands peut se traduire de plusieurs manières:

- L'importation de poudre de lait disponible sur les marchés mondiaux à des prix de dumping résultant des excédents des élevages intensifs des pays industrialisés, ou encore l'achat de céréales disponibles pour les mêmes raisons et venant en complément, voire en substitution aux ressources fourragères locales.
- La tendance à la standardisation des produits laitiers de grande consommation.
- L'expansion de quelques races cosmopolites, notamment la Holstein, ce qui induit la problématique de son adaptation à des conditions climatiques et des régimes alimentaires qui ne sont pas ceux de ses territoires de sélection (Amérique du Nord, Europe occidentale): Eddebbarh, 1991; Flamant, 1991.
- La mise au point et l'expansion des technologies de l'intensification et l'évolution vers des systèmes «hors-sol» en zéro pâturage

L'organisation des filières laitières

La prise en compte du critère «organisation» signale que les facteurs techniques et économiques ne sont pas suffisants pour expliquer comment et pourquoi des évolutions se font et d'autres ne se font pas: les capacités humaines d'organisation et de gouvernance sont également déterminantes, et celles-ci sont souvent le produit d'une histoire. Mais de quoi parle-t-on lorsqu'on veut discuter «organisation»? Evoque-t-on des formes «spontanées» de développement selon des initiatives locales? Ou parle-t-on de l'action des pouvoirs publics?

L'action publique elle-même relève de plusieurs types de modalités. Tout d'abord sur quels facteurs agit-elle en matière de production laitière? Son action est-elle ciblée sur le développement rural ou bien s'intéresse-t-elle aux systèmes d'approvisionnement périurbain? Met-elle l'accent sur l'agriculture «pluviale» en sec, ou sur le développement de l'agriculture irriguée? Sur le développement des ressources fourragères locales ou sur la réduction des déficits en productions animales par des importations de céréales et autres aliments? Va-t-elle s'intéresser à la production locale de lait, ou bien sécuriser l'approvisionnement des consommateurs urbains, au motif de la «paix sociale», par des importations de lait en liquide ou en poudre?

La réponse à ces questions est fortement déterminée par la nature politique d'autres paramètres et par les capacités propres de développement des éleveurs et des industriels:

- La fixation des niveaux des prix payés aux producteurs et des prix payés par les consommateurs (niveaux des subventions et des aides, libéralisation plus ou moins grandes de l'économie);
- le niveau des investissements nécessaires pour la collecte, la conservation (la chaîne du froid), le conditionnement et la transformation du lait. Quelle sont, dans ces domaines, les niveaux possibles d'intervention des pouvoirs publics? Quelles sont les possibilités en capitaux du secteur privé?
- les dispositifs d'appui technique et de formation des producteurs eux-mêmes, dans une perspective à moyen et long terme de leur auto-organisation;
- l'établissement de conventions entre producteurs, industriels et distributeurs.

Les défis et les problématiques pour le futur

Une gamme ouverte de décisions

De l'inventaire réalisé ci-dessus se dégagent cinq grands enjeux à instruire pour raisonner le futur des «industries» laitières dans les pays méditerranéens:

- L'approvisionnement de masse des populations urbaines dont le poids quantitatif et politique est croissant par rapport aux populations rurales
- Les possibilités de développement rural, comme antidote aux risques des concentrations urbaines, prenant en compte les formes traditionnelles et l'atout des productions spécifiques, tout en assurant les services publics minimum en matière d'éducation et de santé
- L'importance quantitative des systèmes d'élevage mixtes par rapport aux systèmes spécialisés, avec l'atout de leur apport en production de viande rouge en sus de la production laitière (Benyoucef, 1996), alors que le phénomène majeur des 30 dernières années est l'accroissement considérable de la production avicole sur la base de produits céréaliers bon marché (Cunningham, 1989).
- L'exploration des possibilités de production intensive de lait sur la base des ressources végétales locales renouvelables, tenant compte aussi d'arbitrages pour l'utilisation de l'eau à d'autres fins que l'élevage.
- Les interrogations quant aux alternatives possibles aux animaux de type «Holstein» (El-Serafy and Shehatta, 1996; Berman, 1996).

Il est utile de montrer comment ces alternatives se concrétisent sur le terrain en termes de réponses concrètes ou de choix incertains:

- En Egypte, faut-il venir en appui au développement de la production de lait de grande consommation sur la base de la population locale de bufflesses, ou par croisement des vaches locales (Baladi) avec de la génétique importée? (Pirchner *et al*, 1989)
- Quel choix faire entre apporter un appui technique et économique aux nombreux éleveurs paysans, ou faciliter l'implantation de quelques grandes unités d'élevage intensives assurant l'approvisionnement d'unités industrielles de conditionnement et de transformation du lait?
- Mettre en place des programmes de développement rural (équipements publics, filières agricoles locales) ou satisfaire les besoins des populations urbaines à des prix aussi bas que possible?

Non seulement ces alternatives se posent de manière concrète, mais la réponse à ces questions n'est pas la même selon qui est à même de prendre des décisions et d'en avoir les moyens: la Banque Mondiale et les Agences internationales, les gouvernements, les organisations professionnelles d'éleveurs, les opérateurs industriels, les compagnies de la grande distribution, les organismes de recherche et les centres techniques.

Des scénarios pour le futur

Face à ces questions de diverses natures et à ces incertitudes, face aussi à la gamme ouverte des possibles en termes de décision, la démarche de la prospective exploratoire (de Jouvenel, 1999) a pour but d'éclairer les orientations à prendre pour aller vers le(s) futur(s) souhaité(s) et éviter le(s) futur(s) redouté(s).

Sur la base des éléments de discussion mobilisés précédemment, le schéma ci-joint retient 7 grands domaines d'incertitude concernant les champs de l'action publique en matière de production laitière: 1. Politique d'importations; 2. Politique des prix; 3. Politique des structures d'élevage; Politique d'organisation des filières laitières; Politique d'amélioration génétique; Politique de l'eau agricole; Politique du développement et d'aménagement du territoire. C'est en combinant les hypothèses retenues pour chacun de ces domaines que sont décrites 3 configurations pour une politique du lait dans les pays méditerranéens (voir Schéma). Ces 3 Scénarios sont construits de manière volontairement simplifiée, voire caricaturale, et décrivent les conséquences de 3 priorités différentes:

Scénario 1: «*Approvisionner les villes*»
Scénario 2: «*Produire pour les villes*»
Scénario 3: «*Développer les zones rurales*»

Scénario 1: «Approvisionner les villes»

L'option politique consiste clairement à pourvoir les populations urbaines en produits alimentaires à faible coût, en priorité par rapport aux besoins des populations rurales qui sont supposées disposer de ressources vivrières, et ceci dans un contexte de forte croissance démographique et d'instabilité politique. Ces besoins de consommation sont satisfaits en faisant largement appel aux importations sur le marché mondial. Aucune politique publique n'est conduite relative aux structures d'élevage, ou à l'organisation collective des producteurs. De fait, ce sont des unités industrielles de grande taille, créées avec des capitaux étrangers, et ayant recours à des vaches de type Holstein à haut niveau de productivité, qui peuvent trouver avantage à cette situation. Les productions horticoles apparaissent prioritaires dans l'usage de l'eau agricole, tandis que les priorités d'équipement public sont mises sur le niveau urbain.

Scénario 2: «Produire pour les villes»

Le souci reste celui des populations urbaines, mais en recherchant les possibilités d'un approvisionnement national, en limitant les importations de lait tout en bénéficiant d'un accès aux céréales et aliments du bétail au prix mondial, avec des arbitrages économiques à réaliser entre l'élevage des ruminants et l'élevage des monogastriques. Dans ce cadre, le principe économique adopté est celui du libre jeu du marché. Les grandes unités d'élevage intensif y trouvent leur compte, accompagnées d'un encouragement à l'utilisation de races spécialisées, avec des possibilités de croisements diffus et spontanés avec les races locales dans les petites unités d'élevage paysans, notamment en zone périurbaine. Une politique d'aide à l'organisation des filières de collecte et de transformation est mise en œuvre. Le jeu du marché entretient des prix favorables à la production laitière sur une base de fourrages irrigués, laquelle participe aussi dans une certaine mesure à l'utilisation des eaux usées issues des grandes villes. Toute ces dispositions sont des composantes d'une politique de la ville considérée comme prioritaire, mais avec des retombées positives possibles dans les zones rurales périurbaines.

Scénario 3: «Développer les zones rurales»

Les préoccupations de production de lait sont raisonnées dans le cadre d'une politique de développement rural. En conséquence, l'objectif poursuivi est celui de l'autosuffisance, avec à terme un arrêt des importations de céréales, d'aliments du bétail, de lait et de viande. Cette politique s'accompagne de mesures de soutien des prix des produits agricoles, privilégiant les petits producteurs, s'accompagnant de mesures d'appui technique et de formation, et d'organisation des filières par des réseaux de collecte et des investissements collectifs. Un programme raisonné d'amélioration génétique est mis en place, assurant à la fois une organisation de la sélection des races locales mixtes, tout en appuyant des dispositifs de croisements avec des races à plus haut niveau de productivité laitière. L'ensemble des espèces laitières est concernée par cette politique, et pas uniquement les bovins. La priorité, en termes d'aménagement du territoire, est mise sur le développement rural, conçu comme dispositif à long terme de limitation des risques liés à des concentrations urbaines incontrôlables.

Conclusion sous forme de constats

De cette approche volontairement schématique pour décrier sous forme de scénarios les voies possibles pour le développement de la production laitière, on peut retenir 3 choses:

1. Ces scénarios sont à prendre en considération comme des jalons pour la réflexion et non pas comme des modèles à suivre.
2. Certaines des orientations décrites par ces scénarios ont déjà été mises en œuvre. Derrière chacun d'entre eux, le lecteur pourra évoquer des situations réelles qui s'en approchent, dans tel ou tel pays du bassin méditerranéen. Il est donc possible d'en évaluer les conséquences.
3. Cependant, les scénarios qui seront effectivement réalisés à long terme combineront certainement ces situations caricaturales.

En conclusion, remarquons que la recherche zootechnique travaille seulement sur certains des domaines pris en compte pour caractériser les scénarios: l'amélioration génétique, le régime alimentaire, le contrôle de la reproduction par exemple. Ceci illustre que certaines orientations sectorielles données à la recherche scientifique, privilégiant par exemple la recherche d'une plus haute productivité par tête dans un nombre limité de races, ou alors mettant l'accent sur les systèmes pastoraux et les races locales, sont liées de fait à des politiques dont les enjeux sont bien plus larges que le progrès de la zootechnie. Leurs finalités et leur évaluation dépassent les niveaux de productivité individuelle des animaux et concernent les besoins globaux de la société et le développement durable des territoires.

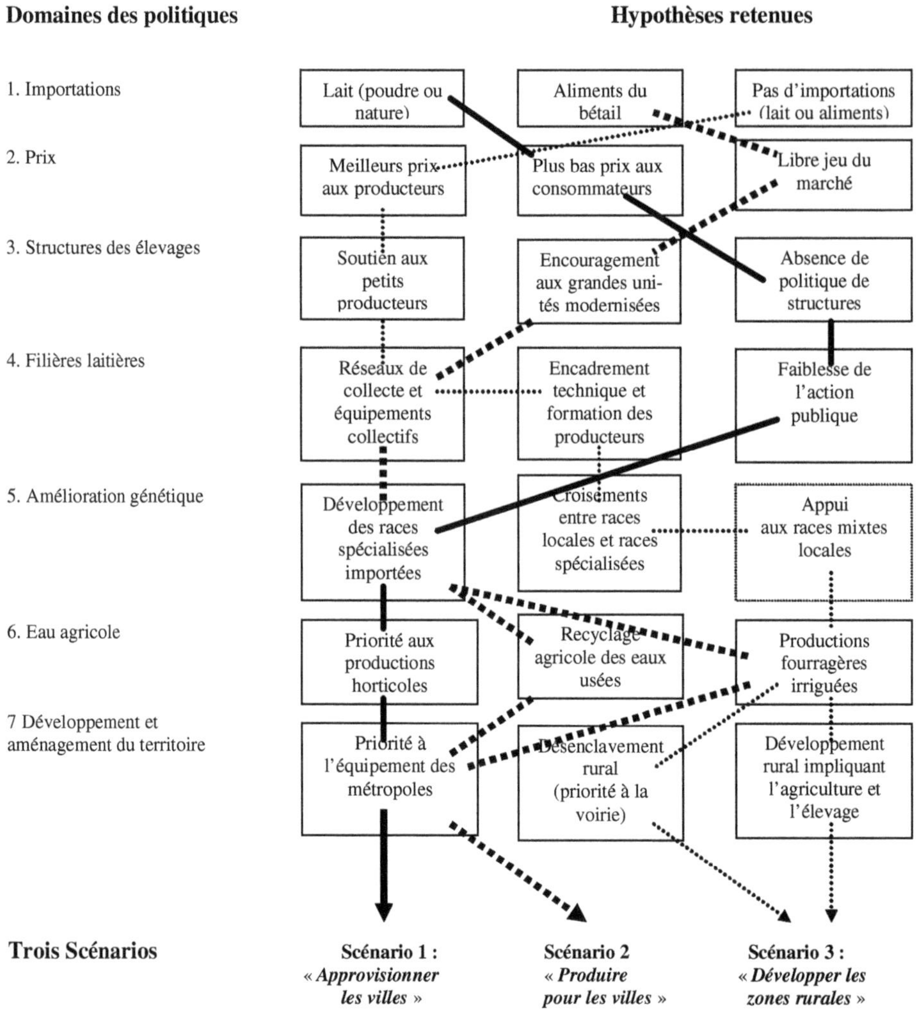

Figure 1. Récapitulatif des principales hypothèses retenues pour le futur des principales composantes des politiques publiques. Proposition de Scénarios exploratoires du futur selon les principes de l'analyse morphologique (de Jouvenel, 1999).

Bibliographie

Benbliadia M. Margat J, Vallée D., 1998. Pénuries d'eau prochaines en Méditerranée? Futuribles, 233 (juillet-août 1998), 5-29.

Benyoucef M.T., 1996. Situation actuelle et rôle futur des bovins dans les systèmes d'élevage mixtes: le cas de l'Afrique du Nord. In Flamant JC., Boyazoglu J., Nardone A. (Editors): «Cattle in the Mediterranean area», EAAP Publication n° 86, 69-86. Wageningen Pers Edit.

Berman A., 1996. System factors justifying the presence of only Holstein performing in the country: the cases of Cyprus, Israel and Malta. In Flamant JC., Boyazoglu J., Nardone A. (Editors): «Cattle in the Mediterranean area», EAAP Publication n° 86, 87-97. Wageningen Pers Edit.

Chassany J.P., Flamant J.C., 1996. Contexte économique, social et institutionnel de la question pastorale et des systèmes d'élevage extensif en régions méditerranéennes. In: Zervas N.P., Hatziminaoglou J. (Editors), «The exploitation of marginal Mediterranean areas by extensive ruminant production systems». Special edition of the official Journal of the Hellenic Society of Animal Production, EAAP Publication N° 83, 15 - 32.

Cunningham E.P., 1989. Modern advances in animal production techniques and their application in the Mediterranean basin. In Galal E.S.E., Aboul-Ela M.B., Shafie M.M., «Ruminant production in the dry subtropics: constraints and potentials», International Symposium, Cairo, Egypt, 5-7 November 1988. EAAP Publication n° 87-97. Pudoc Wageningen Edit.

De Jouvenel H., 1999. La démarche prospective. Un bref guide méthodologique. Futuribles, 247 (Novembre 1999), 47-68.

Eddebbarh A., 1991 Alternative breeding programs for dairy cattle in North Africa. In Ronchi B., Nardone A., Boyazoglu J.G.: «Animal husbandry in warm climates», 81-88. Proceedings of the International Symposium, Viterbo, Italy, 25-27 october 1990. EAAP Publication n° 55, Pudoc Wageningen.

Eddebbarh A, 1996. Systèmes intensifs de bovins laitiers dans le sud de la Méditerranée: évolution actuelle et évolution possible. In Flamant JC., Boyazoglu J., Nardone A. (Editors): «Cattle in the Mediterranean area», EAAP Publication n° 86, 27-37. Wageningen Pers Edit.

El Aich A., Landau S., Bourbouze A., Rubino R., Morand-Fehr P. (Editors), 1995. Goat production systems in the Mediterranean. EAAP Publication n° 71, 239 pages. Wageningen Pers Edit.

El-Serafy A.M., Shehata E., 1996. Is there a future for milk production from non-specialised cattle breeds in the Mediterranean area? In Flamant JC., Boyazoglu J., Nardone A. (Editors): «Cattle in the Mediterranean area», EAAP Publication n° 86, 39-47. Wageningen Pers Edit.

Flamant J.C., 1991. Problems associated with the transfer of genetic material from temperate to warm Mediterranean regions: consequences on the equilibration of the animal production systems. In Ronchi B., Nardone A., Boyazoglu J.G.: «Animal husbandry in warm climates», 48-54. Proceedings of the International Symposium, Viterbo, Italy, 25-27 october 1990. EAAP Publication n° 55, Pudoc Wageningen.

Laborie J.P., 2001. L'inexorable littoralisation: les logiques à l'œuvre. In Miossec J.M., Gabsi A. et Denoux P.: «Bassin méditerranéen. Tourisme et ville: politique de la ville, tourisme et extension urbaine». Actes du Colloque d'Hammamet (Tunisie), 25-27 octobre 1997. p. 61-70, Institut Catholique de Toulouse, Edit.

Nardone A. Analysis of cattle production systems in the Mediterranean area. In Flamant JC., Boyazoglu J., Nardone A. (Editors): «Cattle in the Mediterranean area», EAAP Publication n° 86, 5-26. Wageningen Pers Edit.

Pirchner F. Mostageer A., Morsy M.A., Nigm A.A., Rashad N.S., 1989. The potential of crossbreeding between native and European breeds for dairy production. In Galal E.S.E., Aboul-Ela M.B., Shafie M.M., «Ruminant production in the dry subtropics: constraints and potentials», International Symposium, Cairo, Egypt, 5-7 november 1988. EAAP Publication n° 38, 98-106. Pudoc Wageningen Edit.

Zervas N.P., Hatziminaoglou J. (Editors), «The exploitation of marginal Mediterranean areas by extensive ruminant production systems». Special edition of the official Journal of the Hellenic Society of Animal Production, EAAP Publication N° 83, 408 pages

Session 1. Milk: a food, a raw material and a means of economic development

Posters

Facteurs de variation de la production laitiere des vaches de la region de Castilla y Leon (Espagne)

J.C. Boixo[1], M. Kaabi[2], M. Alvarez[2], B. Abroug[3], L.F. de la Fuente[2], E. Anel[2] & L. Anel[1]

[1]Centre National de Sélection et Reproduction Animales (Junta Castilla y Leon), Espagne
[2]Reproduction Animale, Faculté Vétérinaire, Université de Leon 24071, Espagne
[3]Observatoire National Agricole, Ministère de l'Agriculture, 1002 Tunis, Tunisie

Résumé

Des données de 63.616 lactations standardisées à 305 jours, de vaches Holstein élevées dans 526 fermes de la région de "Castilla y Léon" (Nord de l'Espagne), ont été analysées pour la quantité de lait et les taux de protéine et de matière grasse par lactation en fonction des facteurs troupeau, année, mois, âge au vêlage et intervalle vêlage-vêlage. Les productions moyennes du lait, des matières protéiques et matière grasses étaient respectivement de 8.931, 278 et 320 Kg/lactation standard 305 jours. Une variabilité entre les différents troupeaux étudiés a été trouvée. Elle est due principalement au type de conduite. Des variabilités intra et interannuelles ont été enregistrées. Les meilleures productions laitières ont été réalisées par les vaches ayant eu leur vêlage durant la saison froide (Octobre-Avril) avec un maximum de production au mois de décembre. Les meilleurs pourcentages de protéines et de matières grasses ont été enregistrés durant la saison chaude où il y avait une diminution significative de la production laitière.

Mots clés: vache, bovin, lait, qualité, variation.

Summary

A total of 63,616 standardized lactations of 305 Days in Milk from Holstein cows from 526 farms in "Castilla y Léon" region in North Spain were analyzed for milk yield, protein and fat contents. Means of milk yield, protein and fat were 8,931 kg, 278 kg and 320 kg respectively per lactation. Variability among herds was found in the study due mainly to management differences. There was also variability intra and inter years of production. The optimum milk production was found for cows that calved during the period (October-April) with a maximum yield in December. The highest percent of fat and protein were found during the hot season.

Keywords: cow, cattle, milk, quality, variation.

Introduction

La production laitière constitue la branche la plus importante de l'activité agricole dans la quasi-totalité des pays de l'Union Européenne (UE) ainsi que dans toute l'UE où elle représente 18,4 % de la valeur totale de la production agricole. Sur la base des orientations de l'Agenda 2000 pour la réforme de la politique agricole commune (PAC), l'UE a stabilisé une serie de propositions pour améliorer le secteur laitier par l'abaissement du prix d'intervention, la stimulation de la compétitivité de ce secteur dans les marchés intérieurs et extérieurs tout en gardant la sécurité des revenus agricoles par le biais d'aides directes aux revenus des agriculteurs (Commission Européenne, 1997). L'augmentation de la compétitivité entre les éleveurs suppose une amélioration, non seulement dans la productivité des animaux, mais aussi dans la qualité des produits obtenus. Cela nécessite la connaissace et la maîtrise des facteurs de production d'une part, et ceux de variation dont ler contrôle est indispensable pour l'optimisation des systèmes de production d'autre part. Les facteurs de variation de la production et de la composition du lait chez les bovins, quoiqu'ils soient connus sur le plan théorique et pratique (Shama, 1988; Jarrige, 1988; Miladi, 1989; Kaabi et Abroug, 1995), sont très variables et présentent des interactions d'amplitudes variables selon les régions et les zones climatiques, d'où la nécessité de faire des études particulières dans chaque zone climatique afin de diagnostiquer chaque système de production et d'y mettre les solutions téchniques permettant d'augmenter la rentabilité des exploitations. Dans ce contexte, le présent travail vise à déterminer les principaux facteurs impliqués dans la variabilité de la production et la qualité du lait (taux butyreux et protéique) des vaches Holstein élevées dans la région de "Castilla y Leòn".

Matériel et méthodes

Pour étudier la variabilité de la production et de la qualité du lait, 63.616 lactations de vaches laitières de race Holstein élevées dans 526 fermes situées dans le Nord de l'Espagne dans la région de "Castilla y Leon" ont été analysées. Les quantités de lait et les taux de matières grasse et matières protéiques, standardisées à 305 jours, ont été obtenues du contrôle laitier durant la période 1993-1999. Une analyse de variance par la procédure GLM (General Linear Models) du logiciel SASÔ a été utilisée pour les caractères étudiés selon les facteurs de variation: Troupeau, Année, Mois, Age au vêlage et Intervalle vêlage-vêlage. A chaque facteur montrant un effet significatif, une comparaison des moyennes de ses différents niveaux a été faite avec la téchnique de moidres carrées (LSMEANS). On signale que le facteur numéro de lactation n'était pas introduit dans les différents modèles car il était fortement corrélé avec l'âge au vêlage ($r=0,85$; $p<0,0001$).

Résultats et discussion

La production laitière moyenne est de 8.931 kg/lactation en 305 j avec 3,60% de MG et 3,12% de MP. Les modèles utilisés ont expliqué 44,5; 46,0 et 34,9 % des variabilités de la production laitière et des taux de MG et MP, respectivement. Pour les trois caractères étudiés, tous les facteurs mis dans les modèles ont été hautement significatifs ($p<0,001$).

Effets Troupeau-Année-Saison (TAS)

Dans cette étude l'effet exploitation (TAS) a expliqué 72, 87 et 47 % des variabilités detectées respectivement pour la quantité du lait, le taux de MG et le taux de MP. Pour la production laitière l'effet " exploitation " est le plus important et coincide avec les résultats avancés par d'autres auteurs qui ont trouvé une variation aux alentour de 75% (Demple *et al.,* 1983, Kaabi *et al.,* 1999). Les différences quanti-qualitatives de production laitière entre les exploitations s'expliquent en partie par les différences climatiques qui se trouvent entre les différentes zones et par le dégré de gestion et le type de conduite qui diffèrent d'une exploitation à une autre. L'année de vêlage présente aussi un effet hautement significatif. L'irrégularité du climat et les variations interannuelles sont suffisantes pour provoquer des variations dans la production laitière aussi bien sur le plan quantitatif que qualitatif. Concernant la saison de vêlage, les résultats relatifs à la quantité du lait sont en accord avec ceux trouvés dans d'autres régions (Acacha, 1985; Miladi, 1989; Kaabi *et al.*, 1999). Les variations de production selon le mois de vêlage sont importantes et sont dues aux variations climatiques (pluviométrie, température, etc.) qui ont un effet direct sur la disponibilité des fourrages verts (aliments de grande importance dans l'alimentation des vaches laitières) et sur les dépenses énergétiques des animaux (Auriol, 1989). Comme observé dans le tableau (1), les meilleures productions s'obtiennent quand le vêlage est durant la saison froide (Octobre-Janvier) et les plus faibles s'obtiennent durant la saison chaude où les températures sont très élevées.

Contrairement à la production laitière, les taux de MG et MP sont plus élevés quand les vêlages sont realisés durant la saison chaude. Ce phénomène d'antagonisme entre la quantité et la qualité du lait s'observe surtout avec le taux protéique qui a une corrélation phénotypique négative avec la quantité du lait ($r = -0,15$; $p < 0,001$).

Age au vêlage

L'âge au vêlage et le numéro de lactation sont deux facteurs qui influent directement sur la production laitière (Demple *et al.*, 1983; Miladi, 1989; Kaabi *et al.*, 1999). Pour la comparaison des productions de vaches ayant des âges différents, une correction éventuelle de ces facteurs s'avère nécessaire. Dans cette étude, on a éliminé le facteur numéro de lactation vu qu'il est très corrélé avec le facteur âge. Les résultats (tableau 2) montrent que la production laitière augmente significativement avec l'âge de l'animal et que les maximuns de production s'obtiennent quand le vêlage a lieu entre 5 et 6 ans d'âge. Concernant la qualité du lait, le pourcentage de MG présente une variation inverse à celle de la production laitière et le pourcentage de MP diminue au fur et à mesure que les vaches sont plus vieilles.

Tableau 1. Variations de la quantité et de la composition du lait selon le mois de vêlage.

Mois	Production Laitière 305j moyenne ± es.	% Matière grasse moyenne ± es	% Matière Protéique moyenne ± es
Janvier	9053 ± 63 c	3,57 ± 0,018 de	3,10 ± 0,007 gf
Février	8958 ± 63 d	3,55 ± 0,018 f	3,09 ± 0,007 g
Mars	8928 ± 62 d	3,54 ± 0,018 f	3,10 ± 0,007 g
Avril	8910 ± 63 d	3,57 ± 0,018 e	3,12 ± 0,007 d
Mai	8816 ± 63 e	3,57 ± 0,018 de	3,13 ± 0,007 d
Juin	8752 ± 63 f	3,61 ± 0,018 b	3,15 ± 0,007 ab
Juillet	8754 ± 63 f	3,63 ± 0,018 ab	3,15 ± 0,007 a
Août	8667 ± 62 g	3,62 ± 0,018 b	3,15 ± 0,007 ab
Septembre	8921 ± 63 d	3,65 ± 0,018 a	3,14 ± 0,007 c
Octobre	9080 ± 62 bc	3,64 ± 0,018 a	3,14 ± 0,007 bc
Novembre	9126 ± 62 ab	3,60 ± 0,018 c	3,11 ± 0,007 e
Décembre	9174 ± 61 a	3,59 ± 0,018 cd	3,10 ± 0,007 f

Lettres différentes dans la même colonne indiquent des différences significatives ($p<0,05$).

Intervalle vêlage-vêlage

Après chaque vêlage, la vache présente une période non gravide plus ou moins longue qui détermine la longueur de l'intervalle entre vêlages. Cette étude montre que la production laitière et le taux de MG augmentent avec l'intervalle entre deux vêlages successifs (tableau 3).

Concernant les protéines, les meilleurs taux s'obtiennent quand la production laitière est faible et quand l'intervalle entre vêlages est plus court. Quoique les résultats soient en faveur des intervalles longs, ceci n'est pas conseillé, car un intervalle entre vêlages supérieur à un an ne permet pas de rentabiliser au maximum la présence des animaux dans l'étable.

Tableau 2. Variations de la quantité et de la composition du lait selon l'âge au vêlage.

âge (an)	Production Laitière 305js Moyenne ± es.	% Matière Grasse moyenne ± es	% Matière Protéique moyenne ± es
2	7869 ± 73 f	3,61 ± 0,021 b	3,14 ± 0,008 b
3	8249 ± 67 e	3,62 ± 0,019 a	3,16 ± 0,008 a
4	9174 ± 64 b	3,59 ± 0,018 bc	3,15 ± 0,007 b
5	9378 ± 64 a	3,58 ± 0,018 c	3,11 ± 0,007 c
6	9370 ± 65 a	3,58 ± 0,018 c	3,09 ± 0,007 d
7	9199 ± 66 b	3,59 ± 0,019 bc	3,08 ± 0,008 ef
8	9101 ± 69 c	3,60 ± 0,020 b	3,08 ± 0,008 e
9	8781 ± 71 d	3,59 ± 0,020 bc	3,07 ± 0,008 f

Lettres différentes dans la même colonne indiquent des différences significatives ($p<0,05$).

Conclusion

La variabilité des caractères de production laitière (lait, MG, MP) est une réalité à considérer dans les élevages laitiers de la région étudiée. Les vêlages durant la période des basses températures entrainent plus de production de lait et moins de % de MG et MP que ceux ayant lieu en été.

Références bibliographiques

Acacha M. (1985). Effet de la saison de vêlage sur les paramètres de production chez la Pie Noire. Memoire de fin d'études du 2ème cycle. INAT (Tunisie).

Tableau 3. Effets de l'intervalle entre vêlages sur la quantité et la composition du lait.

IVV (jours)	Production Laitière 305js moyenne ± es.	% Matière Grasse moyenne ± es	% Matière Protéique moyenne ± es
365	9157 ± 73 c	3,60 ± 0,018 b	3,14 ± 0,007 a
de 365 à 400	9322 ± 67 b	3,60 ± 0,018 b	3,12 ± 0,007 b
> à 400	9648 ± 64 a	3,66 ± 0,018 a	3,13 ± 0,007 b

Lettres différentes dans la même colonne indiquent des différences significatives

Auriol P. (1989). Situation laitière dans les pays du Maghreb et du Sud Est de la Méditerranée. Options Méditerranéennes n 6: 51-72.
Commission Européenne (1997). Agenda 2000. Pour une union plus forte et plus ample. Bulletin de l'union européenne. Suplement 5/97.
Demple L., Hagger C. et M. Schneeberger (1983). The estimation of genetic parameters via variance components. Génét. Sélect. Anim. 15;3: 425-444.
Jarrige R. (1988). Dépenses, besoins et capacité d'ingestion. Alimentation des bovins, ovins, caprins; 17-24. Edition INRA 147.
Kaabi M. et B. Abroug (1995). Contraintes et possibilités d'amélioration de l'élevage bovin laitier dans le Nord de la Tunisie. Memoire de fin d'études, cycle ingénieur; ESAM (Tunisie).
Kaabi M., Abroug B., Anel L., Alvarez M., E., de la Fuente F., Ben Hamouda M. et H. Rouissi (1999). Estimation de quelques facteurs de variation de la production laitière bovine dans le Nord de la Tunisie, VIII Journées sur la Prod. Anim., IAMZ (Espagne). ITEA, Vol. extra n 20, 780-782.
Miladi D. (1989). Caractéristiques productives des souches Frisonnes en Tunisie, calcul des coefficients de correction et estimation des paramètres génétiques.Memoire de fin d'études de cycle de spécialisation. INAT, Tunisie.
Shama Y. (1988). Interactions of climatic factors affecting milk yield and composition. J. Dairy. Scien., 71: 819-825.

Production et composition du lait de chamelle elevee dans le sud Tunisien

H. El-Hatmi[1], T. Khorchani[1], M. Hammadi[1], M. Abdennebi[1] & H. Attia[2]

[1]Institut des Régions arides, 4119 Medenine, Tunisie
[2]Ecole Nationale des Ingénieurs de Sfax, Tunisie

Résumé

En vue de déterminer l'évolution de la production laitière et de sa composition, 9 chamelles élevées sur un parcours halophyte et recevant individuellement 4 kg de concentré composé d'orge (50 %), son de blé (45%) et de CMV (5%), ont été suivies tous les 15 j depuis la mise-bas jusqu'au tarissement. La quantité du lait a été estimée par la traite de 2 quartiers le matin après 14 h de séparation du chamelon. Les teneurs en extrait sec (EST), en matières azotées totales (MAT), en matières grasses (MG), en sels et en lactose ont été déterminées par les méthodes de références. La production laitière moyenne a été de 3,9 l/j. Elle varie en fonction du stade de lactation. La production maximale a été enregistrée à 3,5 mois de lactation. Les teneurs moyennes du lait en EST, MG, MAT, lactose, sels et EST dégraissé ont été respectivement égales à 106,6; 20,2; 21,9; 41,3; 8,3 et 86,4 g/l. Le lait avait un pH moyen de 6,53, une acidité titrable de 17,78 (°D) et une densité de 1,031. A l'exception de la teneur en sels, les autres constituants du lait sont plus faibles pendant la saison estivale.

Mots clés: dromadaire, lait, parcours, complémentation.

Summary

The quantity and the quality of milk produced by a group of nine camels in arid pasture in the Medenine region was recorded, collected and analyzed every 15 days throughout one complete lactation period. The camels received 4 kg of concentrate feed/day/head composed of barely (50%), wheat bran (45%) and mineral vitamin supplement (5%). The total dry extract, protein level, mineral salt and fat levels were assayed according to reference analytical methods. The total quantity of milk produced was estimated from the two quarters in the morning after 14 h separation from the calf. The milk production averaged 3.9 1/d and varied with the stage of lactation. The maximum level was observed at 3.5 months of lactation. The average composition (g/l) of the milk was: fat 20.2; protein 21.9; lactose 41.3; ash 8.3; total solids 106.6 and solids-not-fat 86.4. The average pH was 6.53 and titratable acidity was 17.78 (°D). The density averaged 1,031. Except the ash content, other constituents were low in summer.

Keywords: camel, milk, pasture, supplement.

Introduction

La viande de dromadaire est bien appréciée par la population du sud tunisien et même par quelques personnes des grandes villes du centre, du Sahel et de la capitale. Elle reste à l'heure actuelle la principale production de cet élevage. Bien que la production laitière des chamelles dans leur système d'élevage soit limitée, ce produit dont la consommation est répandue parmi la population de pasteurs est aussi recherché par une fraction non négligeable de la population en raison de ses qualités thérapeutiques dans la médecine traditionnelle en plus de sa valeur nutritionnelle.

La présente étude se propose de déterminer le niveau de production et l'évolution de la qualité du lait de chamelle élevée sur un parcours de plantes halophytes et recevant une complémentation.

Matériel et méthodes

Neuf chamelles d'un troupeau de 60 têtes appartenant à l'Institut des régions arides de Médenine ont été utilisées dans cette étude. Parmi ces chamelles, 7 allaitaient 2 chamelons (un descendant + un chamelon adopté) en raison de la combinaison de la présente étude avec un essai d'adoption. La traite de 2 quartiers est effectuée, à un rythme semi mensuel, le matin en présence du chamelon et après sa séparation pendant 14 h. La production journalière est estimée, pendant 15 contrôles en ramenant à 24 h la quantité mesurée et en la multipliant par 2 puisque deux quartiers sur quatre peuvent être traits du fait que la chamelle ne donne son lait qu'en présence de son chamelon (Hammadi,1996).

Les chamelles passent 7 à 8 heures sur un parcours de plantes halophytes situé à Oued El-Fjé (Khorchani,1995). L'abreuvement du troupeau est quotidien. A leur retour du parcours, les chamelles ont reçu 4 kg de concentré (orge 50 %, son de blé 45 %, CMV 5%) par tête à partir de la mise bas.

La teneur en extrait sec total (EST) a été déterminée par séchage à 105 °C pendant 24 h. Celle en cendres totales a été déterminée par incinération du EST dans un four à moufle à 550 °C pendant 5 h. La teneur en matières grasses a été déterminée par la méthode Gerber et Vanglick (NF 04-206). Les protéines totales ont été déterminées par la méthode micro-Kjeldahl (NF03-050). La teneur en lactose a été analysée selon la méthode de Bertrand (NF 04-213).

Résultats et discussion

Production laitière

La production moyenne maximale (5,9 l/j) a été enregistrée après 63 j alors que la production moyenne minimale (2,7 l/j) a été obtenue après 243 j de lactation (Figure 1). La production laitière au cours des 15 contrôles a été de 3,9 l/j. Bien que les chamelles reçoivent 4 kg de concentré en plus de leur pacage sur un parcours de plantes salées, la production laitière reste limitée. L'apport de concentré ne semble donc pas assurer une amélioration nette de la production laitière de ces chamelles.

Composition du lait

Extrait sec total

L'extrait sec total (EST) est plus élevé au début et à la fin de la lactation. Sa valeur moyenne minimale a été enregistrée au mois d'août (Figure 1) soit après 5 mois de lactation en moyenne. La faible teneur du lait de dromadaire en EST pendant la saison chaude a été signalée par Warda (1989) surtout chez des dromadaires assoiffés. La teneur moyenne en extrait sec dégraissé a été de 86,4 g/l. Ce résultat se situe dans la fourchette des valeurs signalées par le même auteur chez des chamelles

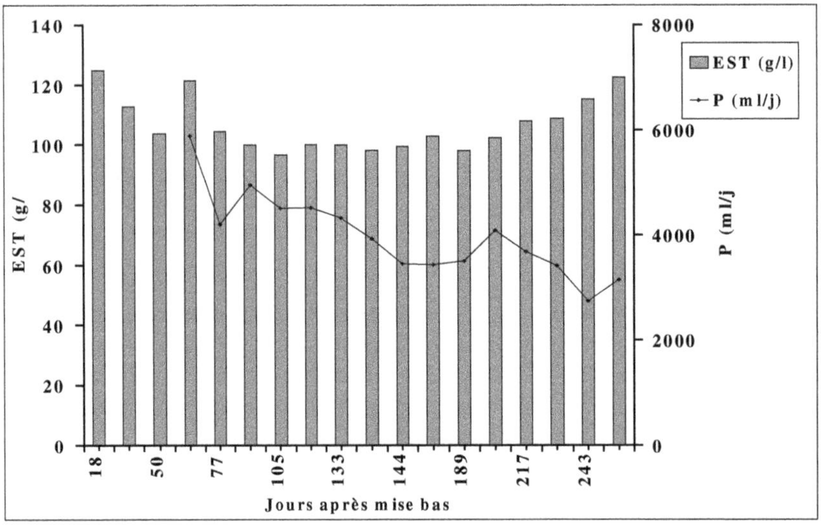

Figure 1. Evolution de la production du lait de chamelle et de l'extrait sec total en fonction du stade de lactation.

abreuvées, et est équivalent à celui signalé par El-Mayda (1999) mais plus élevé que la teneur signalée par Gnan *et al.* (1990).

Protéines totales

L'évolution de la teneur en protéines totales est relativement comparable à celle de EST (Figure 2). Elle est plus élevée en début et à la fin de la lactation. Les plus faibles valeurs ont été observées au mois d'août et septembre. La teneur moyenne enregistrée (21,9 g/l) est équivalente à celle enregistrée par Gnan *et al.*(1990). Cependant, elle est nettement plus faible que celle signalée par Warda (1989) chez des chamelles abreuvées (30-39 g/l) ou celle enregistrée par El-Mayda (1999) (28,5 g/l) mais elle est proche d'une valeur rapportée par ce dernier chez des animaux assoiffés (25 g/l).

Matières grasses

La teneur en matières grasses (MG) est plus fluctuante comparée à la plupart des autres composants (Figure 3). Leur valeur moyenne, qui a été de 20,2 g/l, étati plus faible que celles signalées par Gnan *et al.*(1990) (25,8 g/l), El-Mayda (1999) (31,2 g/l) et Warda (1989) (29-54 g/l). Cette différence pourrait s'expliquer par l'apport relativement important de concentré dans la ration et dont l'effet dépressif sur le contenu du lait en MG est établi chez d'autres espèces de ruminants.

Lactose

Durant la lactation, la variation de la teneur en lactose a été relativement limitée (Figure 4). La valeur moyenne, qui a été de 41,3 g/l, se situait dans la fourchette des valeurs signalées par Warda (1989) (33-58) chez des chamelles abreuvées mais elle était nettement plus élevée que celle obtenue chez

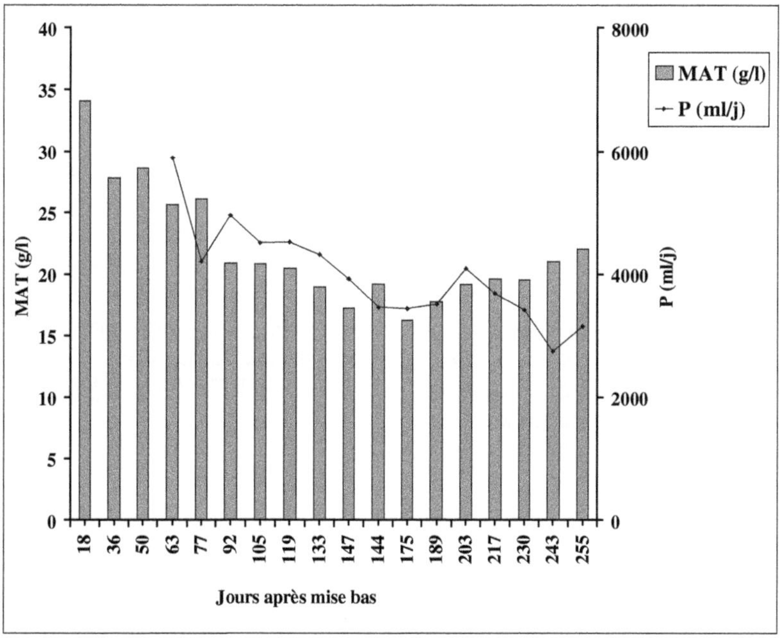

Figure 2. Evolution de la production laitière et de la teneur en matières azotées totales du lait de chamelle avec le stade de lactation.

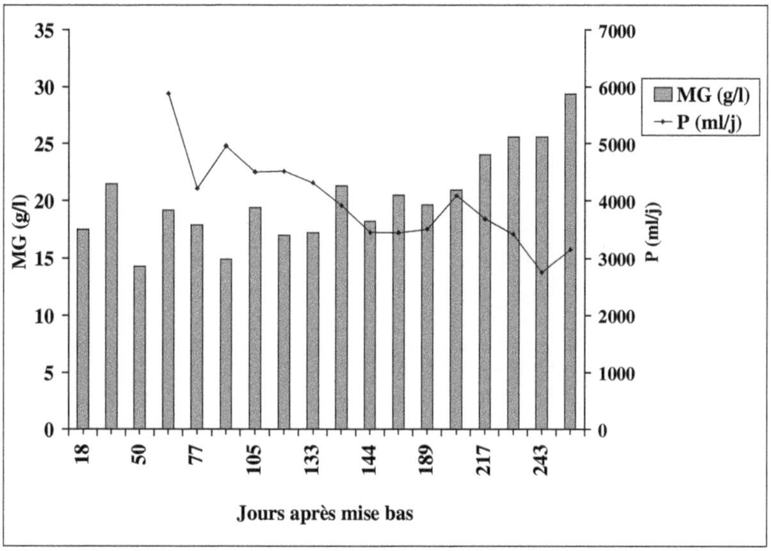

Figure 3. Evolution de la teneur en MG du lait de chamelle avec le du stade de lactation.

des chamelles assoiffées (29 g/l). Cependant, cette teneur étant plus faible que celle signalée par Gnan *et al.* (1990) (48,3 g/l).

Matières minérales

La teneur en matières minérales (MM) observée (8,35 g/l) dans la présente étude (Figure 5) est dans le même ordre de grandeur que celles signalées par Warda (1989) (6-8 g/l) chez des chamelles abreuvées et El-Mayda (1999), mais elle est plus élevée que la teneur signalée chez des chamelles assoiffées (3,5 g/l). Bien que les chamelles pâturent des espèces dont les teneurs en MM peuvent dépasser 30 % de leur matière sèche, ceci ne semble pas influencer le contenu du lait en cendres. Les cendres peuvent influencer les processus de transformation technologiques puisqu'elles peuvent affecter la taille des micelles. En effet, Attia *et al.* (2000) ont constaté que la micelle du lait de dromadaire élevé sur un parcours salé est plus riche en cendres que celle du lait de vache, soit 11,4 g contre 7,2 g/100 g de produit sec respectivement.

Conclusion

L'étude de la composition du lait de chamelle en fonction du stade de lactation a permis la mise en évidence de l'évolution de ces différents constituants en fonction du stade de lactation. Au cours de cette évolution la production laitière a atteint un maximum au début du 3ème mois de lactation. L'extrait sec total est plus élevé au début et à la fin de la lactation, la faible teneur est observée au cours de la

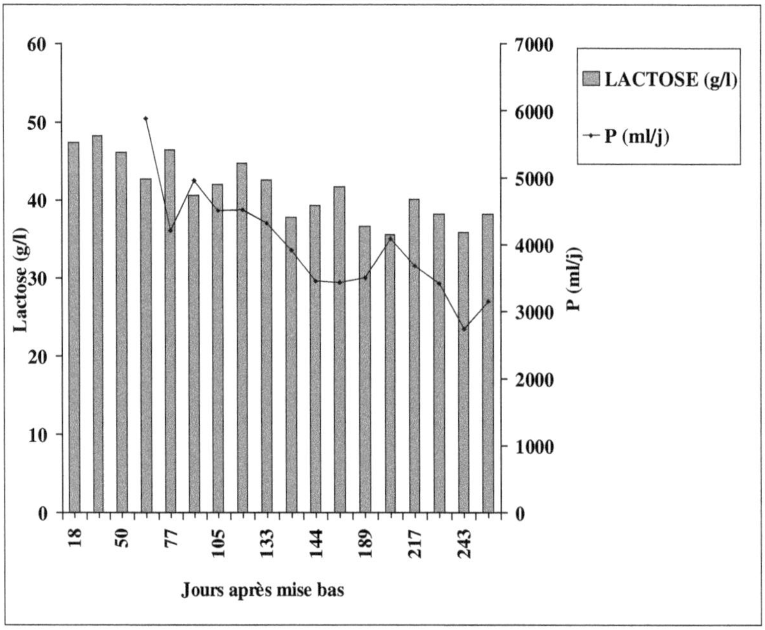

Figure 4. Evolution de la teneur en lactose et de la production du lait de chamelle avec le stade de lactation.

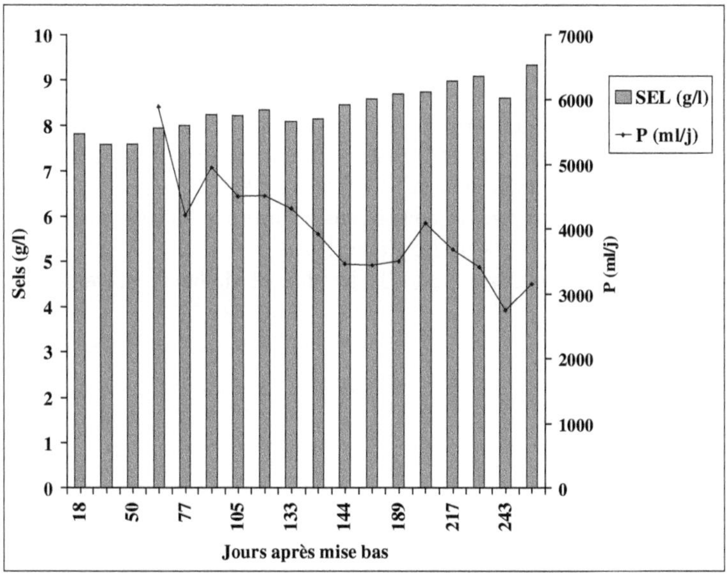

Figure 5. Evolution de la teneur en sels mineraux du lait de chamelle avec le stade de lactation.

saison chaude. L'évolution de la teneur en protéines totales est relativement comparable à celle de l'EST. La teneur en matières grasses est plus fluctuante, comparée à la plupart des autres composants. Durant la lactation, la variation de la teneur en lactose a été relativement limitée. La teneur en matières minérales est de l'ordre de 8,35 g/l.

Remerciement

Les auteurs remercient le Ministère de la Recherche et de la Technologie et l'Arab Center for the Studies of Arid zones and Dry Lands (ACSAD) pour leur soutien financier et l'Institut des Régions Arides Médenine (IRA) et l'Office de l'Elevage et des Pâturages (OEP) pour leur aide à la réalisation du présent travail.

Références

Attia H., Kherouatou N., Trigui N. and Khorchani T., 2000. Mise en évidence des proporiétés rhéologiques et structurales de la fraction colloïdale du lait de dromadaire. Microb. Hyg. Ali., vol 12 N°34.

El-Mayda E.,1999. étude du lait de chamelle et des possibilités de son utilisation dans la fabrication de fromage (arabe). Actes du Séminaire International sur la production des dromadaires en Syrie, Hama 14-15 Avril organisé par le Conseil Supérieur des Sciences et l'ACSAD, pp 173-180. Publication du Conseil Sup. des Sciences.

Gnan S.O., Mohammed M.O., Shareha M.A. and A.O.Igwegbe, 1990. A comparative study on the fermentability of camel's and cow's milk by lactic acid culture. In Shareha M.A. Résultats des recherches et des études réalisées dans le centre de Recherche et des Etudes sur le dromadaires (EL Assa Lybia) au cours de la période 1989-1990.210 p (en arabe)
Hammadi M., 1996. Effet d'une supplémentation par un aliment concentré sur les performances de production et de reproduction chez la chamelle (*Camelus dromaderius)* élevée sur parcours du sud tunisien. Mémoire du cycle de spécialisation de l'INATunisie, 96 p.
Khorchani T., 1995. Ingestion sur parcours et pouvoir tampon dans le rumen des dromdaires (*Camelus dromaderius*). Thèse PhD, Université de Gent (Belgique),191p.
Warda M.F.,1989. Arabian camels: origin, breeds and Husbandry. Al Mallah Publ. Damascus, Syria, 500 p

Effect of a dairy education program on management practices of participating and non-participating dairy women in Albania

R.O. Kellems[1] & R. Balogh[2]

[1]Animal Science Department, Brigham Young University, Provo, Utah, 84602, USA
[2]Land O'Lakes, International, Minneapolis, MN, 55440, USA

Summary

A survey was carried out to assess the impact that a dairy educational program had on the care and management of dairy cattle in Albania. The surveys were individually administered to 141 women in five regions of Albania - region name (number of women in the region): Shkoder (30), Korce (29), Lushnje (30), Kucove (30), and Tirana (22). The survey included 70 women participating in the dairy educational program and 71women living in the same villages that were non-participants. Statistical analysis was performed on all survey responses and differences are reported at the (P<.05) level. Survey results will be reported for participants and then non-participants, respectively. No differences in the number of cows per family 1.49 *vs.* 1.33 were observed. Participants had more replacement heifers 0.71 *vs.* 0.35. Quantity of milk produced was not different (12.6 *vs.* 12.1 kg/cow/day), but tended to be higher. Amount of concentrate fed was different (3.0 *vs.* 2.0 kg/cow/day). A higher percentage of participating women fed salt (84 % *vs.* 64 %). Physical condition of cows reported to be normal was different (76% *vs.* 47%). Heifer age at first breeding was not different (15.1 *vs.* 15.4 months of age). Number of cows dewormed was different (11% *vs.* 2.8%). Number of cows that calved during the last 12 months was different (77% *vs.* 47%). Cows reported to be fed differently during the dry period were different (99% *vs.* 86%). Number of cows having problems before or after calving was different (13% *vs.* 24%). Incidence of cows having retained placenta's during last three years was different (5.7% *vs.* 17%). Hypocalcaemia incidence during last year was different (2.9% *vs.* 6.9%). Women that changed management practices of their cows during the last year were different (61% *vs.* 4.2%). Results of the survey showed that women participating in the dairy education program were experiencing less problems and using better management practices than the women in the same village that were not participating.

Keywords: Education, Albania, Dairying, Women.

Résumé

Une enquête a été réalisée pour évaluer l'impact d'un programme de formation en élevage laitier sur les soins et la conduite des bovins laitiers en Albanie. Cette enquête porte individuellement sur 141 femmes dans cinq régions de l'Albanie (chaque région est suivie du nombre de femmes enquêtées Shkoder (30), Korce (29), Lushnje (30), Kucove (30) et Tirana (22)) L'enquête concerne 70 femmes participantes à un programme de formation et 71 femmes non participantes des mêmes villages. L'analyse statistique concerne l'ensemble des réponses et les différences sont évaluées au taux (P < 0.05) elle concerne séparément les participantes et les non participantes. Aucune différence n'a été observée dans le nombre de vaches par famille 1.49 contre 1.33. Les participantes avaient plus de génisses de remplacement 0.71 contre 0.35. La quantité de lait produit ne diffère pas (12.6 contre 12.1 kg/vache/jour) mais tend a être plus élevé. Les quantités de concentré étaient différentes (3.0 contre 2.0 kg/vache/jour). Un pourcentage plus élevé de participantes donnait des minéraux (84 % contre 64 %). Le nombre de vaches vermifugées était différent (11 % contre 2.8 %). Le nombre de vaches ayant vêlé durant douze derniers mois était différent (77 % contre 47 %). L'état corporel normal de vaches était différent (76 % contre 47 %). L'âge des génisses à la première insémination n'était pas différent (15.1 contre 15.4 mois d'âge). Le nombre de vaches nourris différemment durant le tarissement était différent (99 % contre 86 %). Le nombre de vaches ayant des problèmes avant ou après mise bas était différent (13 % contre 24 %). L'importance des vaches ayant eu des rétentions placentaires durant les trois dernières années était différente (5.7 % contre 17 %). L'incidence de l'hypocalcémie durant l'année précédente était différente (2.9 % contre 6.9 %). Le nombre de femmes ayant changé de pratique au cours de l'année précédente était différente (61 % contre 4.2 %). Les conclusions de cette enquête montrent que les femmcs ayant participé à un programme de formation ont eu moins de problèmes et ont de meilleures pratiques d'élevage que les femmes non participantes du même village.

Mots clés: éducation, Albanie, élevage laitier, femmes.

Introduction

There has been a renewed interest in developing educational programs for the agricultural sector in developing countries (Lugeye, 1989), (Gannon, 1991), (El-Alaoui, 1994), (Bandara, 1992), (Perdrizet, 1985), (Tamondong, 1987), (Jorge, 1994). Many educational programs have been implemented in different parts of the world in recent years (Borland, 1999), (Bachmann, 1990), (Lacadin, 1987). Several international organizations, such as, FAO (Food and Agricultural Organization of the United Nations) have resource materials available that are useful in the development of these educational programs. Dairy training and educational programs are important to the development of a viable and sustainable dairying sectors in various parts of the world. Numerous dairy educational programs have been established in various parts of the world (Sharma, 1999). (Vera, 1998). (Shalo, 1992). A recent survey was conducted to assess the educational needs of the dairy sector in Egypt and Turkey, as well as 16 other countries in the world and the results showed that there was a continued need for educational programs for the dairying sector (Shah, 1999).

The role of women in agricultural development has been assessed in several countries; Nepal (Acharya, 1995), India (Chasin, 1990), Tanzania (Tesha, 1999) and they were found to be playing an important role and an increasing role in the revitalization of local rural economies (Dei, 1994), (UN, 1993), (Snyder, 1995). A survey was conducted in several North Africa and Middle East countries and it found that women were making a significant contribution with respect to agricultural development in those countries (Jabbra, 1992).

In many countries of the world women have the primary responsibility for caring for the livestock and dairy cattle, so specific educational programs have been directed towards educating these women (Ferreira, 1998) (Kellems, 1998a), (Bhasin, 1994). Many early development projects were directed towards training the men, but it soon became apparent that women needed to become involved if the projects were going to be successful and sustainable (Martins, 1995).It was found that the role of women in agricultural development needs to be considered when developing effective agricultural training programs (Manilay, 1993). Now educational approaches are being developed that are targeting the primary care provides of livestock which are often women (Holcombe, 1988). Political and economic changes have occurred that have positively impacted women in many countries, such as

China in recent years (Davin, 1991), (Le-Thi, 1991). The United Nations has emphasized the role of women in the 1990's and UNIFEM was established to improve the situation of women. FAO has adopted a plan (1996-2001) with respect to the role of women in agricultural development (FAO, 1995).

Several factors have been found to affect how women participate in education programs. Even when training programs are open to women, it was found that their time constraints may partially explain why women had a low participation rate, since the women seemed to be involved in so many other things (child care, cooking, farming, etc.) that caused them to not have time to participate. The role women played in the agricultural sector of North and South Korea were compared and it was found that their role was more related to culture and customs of countries than to the type of government (Park, 1992). Organizing women into self-help groups at the village level has been shown to be an affective means of providing necessary support and training to women (Prasad, 1998), (Bhatt, 1995). Albania was one such country where women have the primary responsibility for caring for the dairy cattle and it was felt that they could benefit from participating in a dairy educational program (Kellems, 1998b).

Background information on Albania

In 1986 in Albania, the form of government started to change from a Marxist type of government upon the death of Enver Hoxha who had ruled Albania since 1944 to a more democratic type of government. These changes proceed slowly until 1991, when dramatic changes occurred. One of the major changes made in 1991 was the privatization of the agricultural sector, with the disbanding of the large State Cooperative Farms. Land and livestock were divided up and given to the people. Most of the individuals receiving land and livestock had worked on the State Farms. This brought about the rapid decentralization of the dairy sector in Albania. Each family received 2 to 3 dairy cattle and 1 to 2 hectares of land from which enough food, feed, and income needed to be generated to provide for their family members and animals they owned. Many of the people that received dairy cattle had no direct previous experience with dairy cattle, so there was a need for an educational program that would help them learn the things that they needed to know in order to take care of their dairy animals properly.

A Dairy Educational Project was implemented in 1993 in Albania. The project was funded by USAID (United States Agency for International Development) and managed by Land O'Lakes International. The objective of the project was to improve productivity and quality of milk being produced in the villages in Albania. Since women were the primary care providers for the dairy cows, the project targeted educating women. The educational program was targeted at small groups of 10 to 12 women that were formed in villages in five regions of Albania with a total of more than 2000 women participating in the educational program. A survey was conducted to assess the impact that the dairy educational program had in Albania. The survey was administrated to 141 women from five different regions of Albania, including both women who had participated in the educational project and those that had not participated but that lived in the same village. Results of the survey are summarized in this report.

Demographic results from previous survey

In a previous survey, 767 women consisting of three groups of women were surveyed in four regions of Albania (Tirana, Korce, Lushnja, Shkodra; 1) participants in dairy educational program, 2) non-participants living in the same village, and 3) non-participants living in villages that did not have an dairy educational program. All differences reported were significant at the (P<.05) level (Table 1).

The results from this survey showed that participants in the educational program produced more milk, sold more milk, received a higher price for their milk and the revenue generated from milk sales contributed more to their household income than the non-participating women living in villages without an educational program. Of the non-participating women that lived in the same village as the participating women, 84.6 % indicated that they had learned something from another woman that was participating in the educational program.

Table 1. Demographic results.

	Group 1	Group 2	Group 3
Average number of people living in home	5.6a	5.7a	5.9a
Number of children under 16 years old in home	1.65a	1.77a	1.85a
Average age of women surveyed, years	33.7a	37.7b	36.7b
Had electricity in home, %	95.3a	93.9a	92.2a
TV in home, %	90.2a	89.2a	86.1a
Refrigerator in home, %	75a	72a	60b
Previous dairy experience, %	45.8a	56.8a	50.9a
Previous experience with family owned cow, %	24a	37.8b	41b
Number of cows per household	1.37a	1.33a	1.21b
Number of dairy calves and heifers	1.11a	1.04a	0.80b
Percentage of women responsible for milking cows, %	95.4a	94.2a	93.3a
Daily milk production, kg/day	12.4a	12.0a	10.3b
Amount of milk sold per day, kg/day	7.1a	6.3a	3.5b
Average price received for milk sold, lec/liter	20.6a	17.2a	9.5b
Percentage of total household income coming from milk, %	31.8 % a	29.7 %a	13.2%b

References: Kellems, 1998a, Kellems 1998b.

Materials and methods

Dairy improvement education program for women caring for dairy cattle in Albania had been in place for 1 to 2 years at the time the survey was conducted. The organization of the educational program was as follows: 1) groups of 10 to 12 women were organized in cooperation with the leadership of villages in five regions of Albania (Shkoder (30), Korce (29), Lushnje (30), Kucove (30) and Tirana (22); 2) a key leader was selected from each group; 3) meetings were held for the key leaders where they received training from specialists on various topics relating to dairy production; 4) key leaders then taught the principles they had learned in their training session to the members of their respective groups. Results of this survey are presented below.

Data analyses and results

Statistical analyses were performed on all survey questions. Analyses of variance were performed on all of the questions that had a continuous variable response, such as amount of land, number of cows and heifers, etc. When differences were observed mean comparisons were performed using the Duncan Multiply Range Test. Questions with only two possible answers were assessed using the Chi-Square Test (Steel, 1980). SAS statistical software was used to perform the statistical evaluation (SAS, 1991). All differences reported were significant at the (P>.05) level (Table 2).

Table 2. Analyses of survey questions.

	Participating	Non-participating
Average number of cows	1.49a	1.33a
Average number of replacement heifers	0.71a	0.35b
Milk production (kg/day)	12.6a	12.1a
Fed salt to dairy animals, %	84a	64b
Reported cows to be in normal body condition, %	76a	39b
Amount of concentrate being fed to cows, kg/cow/day	3.0a	2.0b
Dewormed replacement heifers, %	11a	2.8b
Changed management practices in last 12 months, %	61a	4.2b
Heifers age at first breeding, months	15.1a	15.4a
Reported cows having a calf every 12 months or earlier, %	77a	47b
Average length of dry period for cows, weeks	8.04a	8.08a
Cows fed differently during dry period, %	99a	86b
Fed straw only to cows during dry period, %	30a	43b
Fed alfalfa and concentrate to cows during last two weeks of dry period, %	39a	8.3b
Cows having problems before and after calving, %	13a	24b
Cows having retained placentas, %	5.7a	17b
Cows having milk fever, %	2.9a	6.9b

Comments and discussion

Previous survey conducted in Albania had shown that women participating in the dairy educational program produced more milk and contributed more to their household income than non-participating women (Kellems, 1998b). The results from the current survey indicated that more women participating in a dairy education program fed salt and concentrates to their cows that the non-participates. There were a higher percentage of women participating in the educational program that dewormed their heifers. The non-participants reported a higher percentage of cows that had a lower than normal body condition. The percentage of women that had changed their management practices during the past 12 months was higher for the participating women. Higher percentage of women in the non-participating group fed their cows only straw and no concentrate during the dry period. A higher proportion of the participating women fed alfalfa and concentrate to their cows just prior to the time that they were to calve. The women participating in the educational program experienced fewer problems just before and after the cow calved.

These results show that women participating in the dairy education program were experiencing fewer problems and using better management practices than the women that were not participating. These results would again indicate that an educational program had a positive affect on the dairying sector in Albania.

References

Acharya, M. 1995. Twenty years of WID and rural women in Nepal, Asia Pacific Journal of Rural Development. 5(1)59.

Bachmann, M.R. 1990. Training for dairy development in developing countries. Dairy Education and Training Newsletter. No. 3 p 7-11.

Bandara, B.H.W.M.U.S. 1992. Present extension approaches for entrepreneurship development in the livestock sector of Sri Lanka. Agricultural Extension in Entrepreneurship Development. Sri Lanka p 25-27.

Bhasin, K. 1994. Let us look again at development, education and women. Convergence, Toronto. 27(4):5-14.

Bhatt, E., L. Dignard, L, Dignard, and J. Havet. 1995. Women and development alternatives: micro- and small-scale enterprises in India. Women in micro and small scale enterprise development, pp. 85-100. Westview Press, Inc. Boulder, CO, USA.

Borland, P.A. 1999. Innovative approaches to dairy education for developing countries. The Dairy Training Centre of Denmark, Denmark pages 87-93.

Chasin, B.H., 1990. Land reform and women's work in a Kerala village, Women in International Development, No. 207.

Davin, D. 1991. Chinese models of development and their implications for women. Women, development and survival in the third world, p 30, OQEH. Harlow, Essex, UK, Longman Group Limited.

Dei, G.J.S., 1994. The women of a Ghanaian village: a study of social change. African Studies Review. 1994. 37(2)121.

El-Alaoui, M. 1994. The Moroccan experience in agricultural extension-modernization- development and an analysis of farmers' participation Seminaire sur la Vulgarisation, Composante du Developpment en agriculture et problematique de la participation paysanne.

FAO, 1995. FAO plan of action for women in development. Food and Agricultural Organization; Rome, Italy.
Ferreira, F.M. 1998. Case study of women projects in community agricultural development/extension in the northern province (South Africa). Accountability in Extension and Rural Development, Proceedings of 32nd Conference of the South African Society for Agricultural Extension, Eastern Cape Province (South Africa). Pretoria (South Africa) SASAE. p 182.
Gannon, A. 1991. The global management approach to extension development, FAO 59 p.
Holcombe, S. H., 1988. Organizational constraints on strengthening rural women food producers: an example from Darfur Region, Sudan. WID-Working Paper, Harvard/MIT Women and International Development Group. No. 17 p 19. BIDS.
Jabbra, N.W. and J.G. Jabbra. 1992. Women and development in the Middle East and North Africa. Journal of Development Societies. 8(1) p 145.
Jorge, A.T.R. 1994. Indigenous education and social organization: case study of three ethnic groups in Colombia. Adult Education and Development. No. 42:187-203.
Kellems R.O. and Balogh, 1998a. Demographic assessment of Albanian dairy producers, The 8th World Conference on Animal Production, p182-183. Seuol, Korea.
Kellems R.O. and Balogh, 1998b. Assessment of technical knowledge of Albanian dairy producers, The 8th World Conference on Animal Production, p180-181, Seuol, Korea.
Lacadin, L.G. 1987. Agricultural practices, attitudes and aspirations of clientele farmers of Tarlac College of Agriculture, Philippine extension program as affected by their characteristics. Munoz, Nueva Ecija (Philippines). Jan 1987. 161 leaves
Le-Thi, N.T. and Thi, N.T. 1991. Women and their families in the movement for agricultural collectivization in Vietnam, Women, development and survival in the Third World, p 211, OQEH. Harlow, Essex, UK, Longman Group Limited.
Lugeye, S. 1989. Tanzania: reaching towards better training. The role of outreach in extension training. Bulletin University of Reading Agricultural Extension and Rural Development Department, United Kingdom, No. 26, p 16-22.
Manilay, M.C. 1993. Perception of extension program planners and field workers toward gender issues in agriculture in the province of Laguna (Philippines). College, Laguna (Philippines) May 1993. 153 leaves.
Martins, C. 1995. Women in development activities: animal production, World Farmers Times 10(4) 19.
Park, K.A. 1992. Women and change in South and North Korea: Marxist and liberal perspectives. Women in International Development, Michigan State University Institute of Technology No. 231.
Perdrizet, E. and B. Joliet 1985. Agricultural training and the third world, development education. Le developpement agricole et rural, une experience a partager. Paris, France. Vol. 2. p. 172-178.
Prasad, C.H. 1998. Implementation process of women Development Programme (IFAD): an experimental model, Journal of Rural Development Hyderabad. 17:4p 779.
SAS, 1991. Statistical Analysis System Institute, Inc., SAS user's guide, SAS Institute Inc., Cray, NC, USA.
Shah, N.P. 1999. Survey of present dairy education needs in developing countries. The Dairy Training Centre of Denmark, Denmark page 75-86.
Shalo, P.L. 1992. Dairy education in Kenya. Dairy Education and Training Newsletter. No. 4, pp. 1-3.

Sharma, R.S. 1999. Dairy education: an Indian experience with programmes fulfilling local needs. The Dairy Training Centre of Denmark, Denmark page 94-103.
Snyder, M. 1995. Transforming development: women, poverty and politics. Intermediate Technology Publications Ltd., London, UK.
Steel, R.G.D. and J.H. Torrie. 1980. Principles and procedures of statistics (2nd ed.) McGrew-Hill Book Company, NY, USA.
Tamondong, R.G. 1987. Correlates of agricultural extension training programs effectiveness in selected state universities in region 1 (Philippines). Munoz, Neva Ecija, Philippines. July. 142 leaves.
Tesha, N, F. Dolberg, and P.H. Petersen. 1999. Projects with women in agriculture. Women in agriculture and modern communication technology, Tune Landboskole, Denmark, pp. 87.
UN, 1993. Advancement of African women: forging a strategy for the 1990s, United Nations, Economic Commission for Africa, P.O. Box 3001, Addis Ababa, Ethiopia.
Vera, O.M.B., M.C. Amtmann, H.H. Magarinos, T.M. Raddatz 1998. Trained human resources in the Chilean dairy industry: needs and interests. Agro. Sur. 26(2)12-18.

Le buffle dans l'agriculture et le développement rural en Tunisie

U. Francia[1], M. Fioretti[2] & A. Rosati[2]

[1]*C. da Benedetti, 41, 02040 Tarano, Italie*
[2]*AIA, Italian Breeders' Association, Via Nomentana 134, 00162 Rome, Italie*

Résumé

Les buffles peuvent être une alternative économique pour produire dans des conditions difficiles. Leur capacité à valoriser des aliments riches en fibre, leur conduite facile et la qualité de leur lait pour la mozzarelle en font un animal de production potentiel pour l'avenir.

Mots clés: impact de l'élevage, buffle domestique, caractéristiques,

Summary

Buffaloes could be seen as an economical alternative to produce under harsh conditions. Their ability to convert feed rich in fiber easy manage and the quality of their milk for mozzarella cheese make them potential producing animals in the future.

Keywords: livestock impact, domestic buffalo, characteristics.

Introduction

Les caractéristiques d'adaptabilité à différentes conditions climatiques, les capacités d'utilisation des aliments et la production finale de la filière lait rendent le buffle un animal très intéressant dans l'agriculture de beaucoup des pays du monde et de la Méditerranée. L'élevage du buffle remonte à plus de 5.000 années A.C. dans les régions de la Chine et de l'Inde. De là il est venu en Europe à travers les Mongols et après il est arrivé dans la méditerranée par les arabes. Le buffle domestique (*Bubalus bubalis*) comprend: le type river (plus adapté à la production du lait) et le type swamp (plus adapté au travail). Dans le Sud-Est de l'Asie on élève surtout le type swamp. Dans le Bassin de la Méditerranée, en Europe et dans le reste du monde on élève le type river.

Le nombre des buffles élevés dans le monde est estimé à 153 millions (FAO, 1999) dont 65% son représentés par le type river qui donne les 90% de la production totale du lait de buffle dans le monde estimée à 52.000 MT (FAO, 1999). Dans le Bassin de la Méditerranée la FAO indique que les Pays producteurs de lait de buffle sont : l'Egypte avec 1.700 MT/année, la Turquie avec une production de lait de 100 MT/année et l'Italie avec une production de 110 MT/année.

En Italie dans les derniers années l'élevage du buffle s'est bien développé. Actuellement plus de 110.000 têtes sont élevées dans plusieurs régions du pays avec une évaluation génétique se basant sur la méthodologie BLUP – Modèle Animal.

Le nombre d'animaux contrôlés en 1977 était de 2.303 animaux, en 1999 le contrôle a touché 31.133 animaux. Les contrôles prennent en considération en plus de la morphologie:

- La production du lait.
- Le contenu de protéines et de matières grasses.
- Le rendement du lait produit en «mozzarella».

Un programme de testage a été réalisé récemment prenant en considération la morphologie et la production des filles.

Le développement de l'élevage du buffle en Italie est recherché à cause de l'absence des quotas pour la production du lait de bufflonne dans la Communauté Economique Européenne et de la particulière situation du marché du lait et de la « Mozzarella ».

Impact de l'élevage des buffles en Tunisie

En Tunisie les animaux d'élevage sont surtout les espèces ovines, caprins et bovines. Les bovins sont élevés, surtout pour la production du lait, dans le nord et le centre du Pays où les conditions climatiques sont plus favorables.

Le nombre des bovins élevés est estimé par la FAO à 750.000 dont 450.000 pour la production du lait avec une production moyenne de 1460 kg/lactation. La production estimée indique l'existence de facteurs qui agissent négativement sur la production du lait (matériel génétique, santé animal, alimentation, management, conditions climatiques).

L'élevage du buffle peut contribuer à l'amélioration de la production et des conditions socio-économiques des éleveurs surtout que l'actuelle situation du marché est particulièrement favorable à la production du lait de bufflonne et du produit final: la « mozzarella ». Il y'aura sans doute, une répercussion positive sur l'économie de l'élevage et des éleveurs. La globalisation des marchés et le développement technologique peut permettre aussi aux éleveurs Tunisiens d'entrer avec les produits de la filière lait de bufflonne dans le marché au niveau de l'Europe ou du Monde.

Conclusions

L'élevage du buffle est une activité possible à réaliser en Tunisie.

L'élevage du buffle pour la production du lait est capable aussi de donner à l'éleveur un revenu supérieur à l'élevage de la vache laitières parce qu'il valorise mieux les aliments riches en fibre.

Le marché global du lait est plus favorable à la bufflonne qu'à la vache. Le management de l'élevage du buffle est plus facile que celui des bovins.

Références

FAO, 1999. FAOSTAT Database Results. www.fao.org.

Ratios of calcium : phosporus, sodium : potassium ions and aldosterone concentration as affected by stage and parity of lactation in buffalo

G. Ashour[1] *& L.R. Hassan*[2]

[1]*Animal Production Department, Faculty of Agriculture, Cairo University, Giza, Egypt*
[2]*Buffalo Research Department, Animal Production Research Institute, Dokki, Egypt*

Summary

Fifteen Egyptian lactating buffalo throughout five lactations from the first to the fifth parity were used in this study. The pattern of change in Calcium (Ca), Phosphorus (P), Sodium (Na) and Potassium (K) ion concentrations in both milk and plasma alongside aldosterone level were studied at four stages of lactation for each buffalo, at 7 and 35 days (peak), at 5 months and close to the end of lactation. The overall averages of Ca, P, Na and K concentrations in plasma were 12.34, 5.91, 480.54 and 36.39 mg/100 ml, while the corresponding values in milk were 124.78, 93.88, 99.4 and 150.86, respectively. Concentrations in milk were greater than in plasma by 10, 16 and 4 times for Ca, P and K respectively, but Na was 5 times lower. The plasma and milk average Ca : P ratios were 2.1 and 1.3, whereas the Na : K ratios were 13.2 and 0.66 respectively. The total secreted amounts of Ca and K in milk were greater 1.3 and 1.6 times greater than P and Na respectively. The general average of aldosterone concentration was 21.0 pg/ml, the highest and lowest values being found at the 1st and 3rd stages of lactation, respectively. It is concluded that the ion concentrations in both milk and plasma are affected greatly and markedly by the stage of lactation while the effect of lactation parity was almost non-significant.

Keywords: Buffalo, lactation, blood, milk major ions and aldosterone.

Résumé

Cette étude porte sur cinq lactations de la première à la cinquième mise bas de quinze bufflonnes laitières égyptiennes. L'évolution de la concentration en ions Ca.P, Na.K dans le lait comme dans le plasma ainsi que le taux d'aldostérone sont étudiés à quatre stades de lactation 7 et 35 jours (pic) 5 mois et fin de lactation de chaque bufflonne. Les moyennes globales des concentrations de la Ca, P, Na, K dans le plasma étaient 12.34, 5.91, 480.54 et 36.39 mg/100 ml avec les valeurs correspondantes dans le lait 124.78, 93.88, 99.4 et 150.86 respectivement. Le lait contenant 10, 16 et 4 fois plus du Ca P.K. respectivement mais le Na était 5 fois plus faible que la concentration dans le plasma. Les moyennes dans le lait et le plasma du rapport Ca/P sont 2.1 et 1.3 tandis que celui de Na/K était 13.2 et 0.66 respectivement. Les quantités totales sécrétées du Ca et du K dans le lait étaient 1.3 et 1.6 fois plus élevées que celle du P et du Na. La moyenne générale de concentration d'aldostérone était de 21.0 pg/ml. Les valeurs les plus élevées et les plus basses étaient au 1er et 3ième stade de lactation respectivement. Il peut être conclu que la concentration en ion dans le lait et le plasma dépend fortement du stade de lactation alors que l'effet du rang de lactation reste le plus souvent négligeable.

Mots clés: buffles, lactation, sang, ions majeurs dans le lait, aldostérone.

Introduction

Although increasing attention has been focused recently upon the dairy buffalo which is the main dairy animal in Egypt, information about the distinctive buffalo milk secretion features is still scarce. The pattern of change of major ions in milk and blood has been studied previously (Daghash *et al.*, 1993 & Kobeisy & Ibrahim, 1993). However, there is no precise information on the effects of parity and stage of lactation on their pattern of change. The Na and K concentrations in milk of Egyptian buffaloes were found to be 178.00 and 116.84 respectively by Kobeisy & Ibrahim, 1993. The blood serum averages of Ca and P (mg/100 ml) in Egyptian lactating buffaloes were 9.70 and 4.18 (Daghash *et al.*, 1993) while in blood plasma they were 9.27 and 4.72 (Starvaggi Cucuzza *et al.*, 1997) respectively. The average concentrations of Na and K in blood plasma of buffaloes were 136.86 and 4.18 mmol/L (314.8 and 16.18 mg/100 ml) respectively (Starvaggi Cucuzza *et al.*, 1997). Aldosterone is secreted in response to Na deficiency and conserves supplies by reducing the amounts of Na in milk (Payne, 1977).

This study was carried out to assess the changes in Ca, P, Na and K as well as the relevant ratios in blood plasma and milk in relation to plasma aldosterone in different lactation stages and successive parities.

Materials and methods

Data from fifteen Egyptian lactating buffaloes were used being three buffaloes in each parity from the 1st to the 5th lactation. Green fodder was offered only during winter and spring seasons, where Egyptian clover (*Trifolium alexandinum*) was available for grazing *ad lib*itum. However, in summer and autumn the animals were fed on a balanced ration of concentrates, offered in two portions before milking, according to their body weight and milk yield. Rice straw was offered *ad lib*itum. Hand milking was practiced twice daily at 08:00 h and 16:00 h.

Milk and blood samples were taken at four stages of lactation postpartum, on the 7th day (1st stage, S_1), on the 35th day (2nd stage, S_2) representing, the peak of lactation, at 5 months (3rd stage, S_3) and close to the end of lactation when the daily milk yield was less than 1 kg, (4th stage, S_4). Milk yield for each buffalo was recorded on the day of sampling. Blood samples were taken for each buffalo immediately after morning milking on the same day of milk sampling.

Calcium (Ca), Phosphorus (P), Potassium (K) and Sodium (Na) concentrations were determined in both milk and plasma samples using atomic absorption spectrophotometry. Plasma aldosterone concentrations was determined by radioimmunoassay technique. Total output of Ca, P, Na and K secretion in milk/week was calculated by multiplying the weekly milk yield by the ion concentration.

Statistical analysis of data was carried out using SAS package (1995). Correlation coefficients among variables were determined.

Results and discussion

Calcium concentration

The overall average of Ca concentrations in both plasma (pCa) and milk (mCa) were 12.34±0.21 and 124.78±2.27 mg/100 ml, respectively. It is clear that mCa was greater ten times to that of pCa. The effect of stage of lactation on pCa was significant and more pronounced on mCa. Parity showed a general trend of increasing concentrations in both pCa and mCa, but was not significant (Tables 1 and 2). There was a negative correlation, also non-significant, between pCa and mCa.

The pCa decreased by advancing stage of lactation and the greatest decrease occurred at the third stage (S_3). The highest concentrations of mCa was found at the beginning of lactation (S_1), while the lowest value was at S_2 then it rose at S_3 and S_4. This result agrees with those reported by Abdel-Moeim *et al.* (1990). On the other hand, Ca concentrations tended to increase with parity in both plasma and milk. It is clear in Table (2) that in the fifth parity, the pCa decreased and the mCa increased. This may indicate a fast drainage of Ca from Ca resources (mainly, bones and nutrients) due to its augmented excretion in milk during the course of lactation.

Inorganic phosphorus concentration

The overall average concentrations of pP and mP were 5.91±0.16 and 93.88±1.49 mg/100 ml, respectively. The mP average equals about 16 times that of pP. These results denote that P is transported from plasma to milk against a concentration gradient. This transport mechanism is not affected directly by changes in concentrations of pP but is influenced by factors associated with milk yield, lactation number and month of calving (Forar *et al.*, 1982).

The effect of stage of lactation on mP was significant while it was not significant on pP. The effect of parity was not significant on either pP or mP. The concentrations of pP decreased with the increase of stage of lactation up to the S_3, then it increased to the greatest value at S_4, coinciding with a great drop in concentrations of mP (Table 1). The pP decreased from the greatest value in the 1st parity to the smallest value in the 5th parity, this being mostly due to the latter having the greatest milk yield. By contrast, the mP rose to the 3rd parity (the greatest value) followed by a clear drop in the 4th parity (the lowest value) and subsequent rise in the last parity (Table 2). This result agrees with the results reported by Abd El-Moniem *et al.* (1990). Forar *et al.* (1982) found that both pP and mP were higher in the first parity than in multiparious cows. The latter authors also found that pP concentrations increased as milk yields decreased and as mP concentrations decreased. It seems that there was no relation between mP and pP, the correlation value being -0.012. Forar *et al.* (1982) found that the correlation between inorganic P in milk and plasma was -0.15. There was highly significant and positive correlation between mP and mCa.

Ca: P ratio

The overall averages of Ca : P ratio were 2.1 in plasma and 1.3 in milk, this being due to relatively higher concentrations of Ca to P in plasma than in milk, (Table 1). The values of Ca: P ratio in plasma were almost equal between stages of lactation and parities. It ranged between 1.9 to 2.4 in plasma. It was nearly stable in milk, ranging from 1.2 to 1.4 (Table 3).

Table 1. Means±SE of Ca, P, Na and K concentrations (mg/100 ml) in blood plasma and milk at successive stages of lactation.

Stage	Ca	P	Na	K
Plasma				
1	13.08±0.23*	6.04±0.25	443.92±23.67*	31.59±1.95**
2	12.63±0.31*	5.63±0.27	452.25±29.16*	34.28±2.38**
3	11.57±0.46*	5.55±0.33	545.65±24.66*	41.54±3.20**
4	11.84±0.53*	6.28±0.39	503.31±22.82*	39.86±2.61**
Milk				
1	136.30±3.64**	100.20±1.97*	85.81±4.16**	150.00±4.92
2	115.82±4.20**	89.32±2.32*	109.75±15.47**	145.00±10.84
3	123.55±4.00**	92.23±3.80*	74.00±5.73**	134.90±12.35
4	122.86±4.40**	93.11±3.48*	119.80±6.29**	168.67±17.26

*Significant ($P \leq 0.05$). **Highly significant ($P \leq 0.01$).

Sodium concentration

The overall averages of Na concentrations in both plasma and milk were 480.54±13.46 and 99.40±5.32 mg/100 ml, respectively. The pNa concentrations were five times that of mNa. Ashour (1990) and Ashour and Shafie (1993) found that the concentrations of pNa ranged between 406.4 and 420.6 mg/100 ml in calves of the same Egyptian buffaloes. The effect of stage of lactation on pNa concentrations was significant (P>0.05), while it was highly significant (P>0.01) on mNa. These results reveal that the pNa remains higher in the descending phase of lactation curve (S_3 and S_4) than that of the ascending phase (S_1 and S_2), (Table 1). On the other hand, mNa had an inconsistent trend and showed the opposite trend to that of pNa. Contrasting with the effect of stage, parity had no significant effect on either pNa or mNa. There was a positive, but insignificant, correlation between pNa and mNa.

Potassium concentration

The overall averages of K concentrations in plasma and milk were 36.39±1.33 and 150.86±6.08 mg/100 ml, respectively. The average of mK was four times that of pK. Payne (1977) stated that milk contains 5-10 times higher concentrations of K than blood plasma. There was highly significant ($P<0.01$) effect of stage and parity of lactation on pK, but its effect on mK was not significant.

The values of pK were lower at the earlier stages (S_1 and S_2) of lactation compared with the higher values at the later stages (S_3 and S_4), particularly at S_3, where it reached the highest value. By contrast, the concentrations of mK were higher at S_1 than that at S_3, but lower than that at S_4, when it reached the highest value (Table 1).

The pK increased with parity up to the highest value at the 3rd lactation followed by a decline at the 4th and 5th parities. By contrast, mK decreased with parity until the 4th lactation when it reached the lowest value (Table 2). It is interesting to note that Na and K in both plasma and milk showed the highest and lowest values at the same stages and parities, the only exception being the values of mK as affected by parity (Tables 1 and 2).

Table 2. Means±SE of Ca, P, Na and K concentrations (mg/100 ml) in blood plasma and milk at successive parities of lactation.

Parity	Ca	P	Na	K
Plasma				
1	12.12±0.45	6.49±0.49	471.94±35.68	37.64±1.33**
2	12.11±0.38	5.84±0.25	464.09±25.73	32.72±2.65**
3	11.56±0.51	6.04±0.27	554.12±51.82	45.90±6.98**
4	13.17±0.46	6.06±0.35	477.96±22.47	34.44±1.05**
5	12.25±0.50	5.15±0.30	468.14±26.61	36.70±3.16**
Milk				
1	117.52±5.31	92.90±3.62	96.00±9.77	160.00±10.95
2	122.98±3.61	93.81±2.93	102.21±10.01	153.57±14.40
3	128.97±4.83	100.70±4.27	82.86±13.75	145.57±15.01
4	125.79±5.55	89.49±3.28	118.0±14.51	139.29±13.07
5	130.37±5.42	96.20±2.49	86.09±7.59	156.36±14.54

*Significant ($P \leq 0.05$). **Highly significant ($P \leq 0.01$).

Table 3. The ratio of Ca : P and Na : K at successive stages and parities of lactation.

	Ca : P		Na : K	
Stage	Plasma	milk	Plasma	milk
1	2.2	1.4	14.05	0.57
2	2.2	1.3	13.19	0.76
3	2.1	1.3	13.14	0.55
4	1.9	1.3	12.63	0.71
Parity				
1	1.9	1.2	12.54	0.60
2	2.1	1.3	14.18	0.67
3	1.9	1.3	12.07	0.57
4	2.2	1.4	13.88	0.85
5	2.4	1.4	12.76	0.55

Na : K ratio

The Na: K ratio in plasma decreased successively with progress of stages of lactation from the greatest value at S_1 to the lowest value at S_4 (Table 3). This ratio reflects the greater relative increase in K concentrations or the relative decrease in Na concentrations with the progress through the stages of lactation. (At the last stage concentrations were less for K (8.5, 21.2 and -4.0 % compared to 1.9, 20.7 and -7.8 % for Na). In milk, the lowest value of this ratio was observed at S_3 coinciding with the least concentrations of both elements at that stage (Tables 1 and 3). Concerning parity, there was no trend of this ratio either in plasma or milk (Table 3). The overall average of Na: K ratio was 0.66 in milk and 13.2 in plasma which equals 20 times that of milk. This ratio ranged between 12.07 to 14.18 in plasma and 0.55 to 0.85 in milk (Table 3).

Table 4. Average of milk production (kg/week) at successive stages of lactation within parities.*

Parity	Stage			
	1	2	3	4
1	62.00	73.67	-	44.00
2	61.00	63.75	57.50	18.00
3	65.00	70.00	62.33	21.67
4	46.00	68.67	59.33	13.34
5	64.67	79.33	43.67	4.00
Mean ± SE	59.81±4.22	70.63±3.10	55.55±3.08	21.13±5.02

*The week proceeding the day of blood and milk sampling for analysis.

Table 5. Calcium, phosphorus, sodium and potassium out-put in milk (g/week) at successive stages of lactation.

	Stage			
Ions	1	2	3	4
Calcium	81.52	81.80	68.63	25.96
Phosphorus	59.93	63.09	51.23	19.67
Sodium	51.32	77.52	41.11	25.31
Potassium	89.72	102.4	74.94	35.64

Table 6. Aldosterone concentrations (pg/ml) in blood plasma at successive stages and parities of lactation.

Parity	Stage			
	1	2	3	4
1	37.17	32.00	4.85	28.71
2	12.29	27.32	10.17	11.99
3	13.99	16.62	10.75	8.83
4	31.49	21.14	9.06	15.12
5	8.32	18.83	41.32	31.86
Mean ± SE	23.26±6.21	22.99±3.66	15.65±6.52	22.19±6.34

Ca, P, Na and K output in milk

The concentrations of ions in milk do not only show the dynamics of their balances with the concentrations in plasma. Their total output in milk, resulting from level of milk yield, is expected to be the effective cause. It is clear that the output was greatest at the peak stage (S_2, 35 days), (Table 5). Further, the high milk yield in S_1 and S_2 coincided with the lowest concentrations in plasma Na and K (Tables 4 and 5). This suggests rapid transport of both Na and K from plasma to milk, faster than replenishment of their pool in blood. The total secreted amounts of Ca and K in milk were 1.3 and 1.6 greater than those of P and Na - these increases equal 33 % and 55 %, respectively.

Aldosterone concentration

Aldosterone concentrations in this study showed great and striking individuality irrespective of stage or parity of lactation, ranging between 4.9 and 41.2 pg/ml with an average of 21.0 pg/ml. The mean plasma aldosterone concentrations (Table 6) agrees with the previous studies on buffalo calves by Ashour (1990) who found that this level was 13.1 and 22.6 pg/ml at summer and winter morning, respectively. Also, with those of Ashour & Shafie (1993) who found that the level of aldosterone was 2.6 and 32.2 pg/ml in hydrated and dehydrated buffalo calves.

It is evident from Table 1 that buffalo plasma had high concentrations of K particularly at S_3 compared to that obtained by Starvaggi Cucuzza *et al.* (1997). This high level of pK was expected to increase aldosterone secretion. But the highest concentrations of Na which coincided with the highest concentrations of K at the S_3 caused reduction in aldosterone secretion to its minimum value at that stage. It is probable that the present high level of pNa is the main controlling factor which leads to inactivation of the renin - angiotensin – aldosterone system resulting in the lower level of aldosterone. It is noticeable that the aldosterone concentrations showed an opposite trend to both plasma Na and K concentrations either in S_1 and S_3 (Tables 1 and 6). On the other hand, the lowest level of Aldo. concentrations at S_3 coincided with a low output of Na and K in milk due to the lowest concentrations of these elements (Table 1). The decrease of output seems to have preserved the content of Na and K in blood at a high level with lowered need for aldosterone intervention.

Conclusions

This preliminary study shows that the extent of output of Na and K in milk reflects their concentrations in blood plasma hence the level of the required activity of aldosterone hormone. The homeostatic balance of these ions in the body incorporates their input, nutritional load, and their output in urine and more precisely in milk. The effect of output of Ca and P on their level in plasma is more or less obscured by the integrated input through the calcium stores in the body. Although minerals do not comprise a very large proportion of milk, they are a factor affecting the stability of casein. Since most of the minerals are in true solution, they also affect the freezing point, boiling point, and osmotic pressure of milk (Foley *et al.*, 1973).

References

Abd El-Moneim, A. E.; A. I. Aboulnaga,; H. M. Gado & M. A. El-Ashry, 1990. Changes in some blood parameters as a function of stage and number of lactation in milking buffalo. Egyptian J. Anim. Prod., 27: 107-121.

Ashour, G., 1990. Water balance in bovine as related to heat regulation. Ph.D. Thesis, Fac. Agric., Cairo Univ., Giza, Egypt.
Ashour, G. & M. M. Shafie, 1993. Water balance in riverine buffaloes. I. Mobilization of body fluids under heat and dehydration stresses. EAAP Publication No., 62: 194-197
Daghash, H.; T. H. Abd El-All & F. Rhagheb, 1993. Some metabolic profiles during lactating and dry periods of buffaloes in Upper Egypt. EAAP Publication No., 62: 254-257
Foley, R. C.; D. L. Bath; F. N. Dickinson & H. A. Tucker, 1973. Dairy cattle: Principles, Practices, Problems and Profits. Lea and Febiger, Philadelphia, USA, 693 pp.
Forar, F. L.; R. L. Kincaid; R. L. Preston & J. K. Hillers, 1982. Variation of inorganic phosphorus in blood plasma and milk of lactating cows. J. Dairy Sci., 65: 760-673.
Kobeisy, M. & E. M. Ibrahim, 1993. Effect of dietary inclusion of live yeast culture on lactation performance and blood metabolites in buffaloes fed high roughage diet. EAAP Publication No. 62: 262-265
Payne, J. M., 1977. Metabolic Diseases in Farm Animals. William Heinemann Medical Books, London, 206 pp.
SAS, 1995. SAS User's Guide. Statistical Analysis System Institute, Inc., Cary, NC.
Starvaggi Cucuzza, A.; G. Quaranta; S. El-Fiky; E. El-Nahass; G. Sartore & G. Trucchi, 1997. Hematological parameters in milking Egyptian river buffalo. Proc. 5th World Buffalo Congress, Caserta, Italy, 957-960

Session 2. Milk marketing channels and production systems

Main Papers

Dairy farming systems: critical analysis and identification of the factors limiting their development in the Mediterranean area

A. Nardone

Istituto di Zootecnia, Università della Tuscia. Via de Lellis s.n.c., 01100 Viterbo, Italy

Summary

In the Mediterranean area sheep, goats, cattle and buffaloes produce respectively 63%, 25%, 15% and 4% of the world milk production of the corresponding species (Zervas *et al.*, 2000). Indigenous breeds largely prevail in the area for the sheep, goat and buffalo species. For cattle there is a different distribution among the 22 Mediterranean countries: cosmopolitan breeds are spread mostly in the North of the basin and Israel; indigenous breeds and crosses are in majority reared in the South (Yener *et al.*, 2000). In the southern countries more than 50% of the animals are reared in small farms (Djemali & Kayouli, 2000; Yener *et al.*, 2000). The main factors influencing dairy production systems are environment, technology and animal genotype. The combination and interaction of these factors, the different levels of management capacity of the farmers and the prevailing agro-political strategy determine several dairy production systems in the Mediterranean area. The systems are characterized by intensification or extensification, specialization or mixed farming for cattle, sheep, goats, buffaloes and camels. All of these systems can be categorized in three main groups: dependent, non-dependent and partially dependent on environmental factors. The constraints and expectations for those dependent on the environment (El Aich & Benyoussef, 2000), partially dependent ones (Zervas *et al.*, 2000, Yener *et al.*, 2000) and non-dependent systems (Gomez-Cabrera, 2000) are discussed. A possible future evolution of the systems is proposed in relation to the importance of the sustainability of the systems, animal selection, genetic diversity and milk production and quality.

Key words: dairy production, farming system, Mediterranean area.

Résumé

En Méditerranée l'élevage ovin, caprin, bovin et celui du buffle produisent respectivement 63%, 25%, 15% et 4% de la production mondiale pour chaque espèce (Zervas *et al.*, 2000). Les races autochtones sont prédominantes pour les ovins, les caprins et pour les buffles. La distribution ethnographique des bovins diffère beaucoup entre les 22 pays méditerranéens: la plu part des races cosmopolites sont dans le nord du bassin et les races autochtones et les croisements dans le sud (Yener *et al.*, 2000). Dans les pays du sud la majorité des animaux sont élevés dans des petits élevages (Djemali & Kayouli, 2000; Yener *et al.*, 2000). Les facteurs qui agissent le plus sur les systèmes de production sont l'environnement, la technologie et le génotype animal. La combinaison des différentes caractéristiques de ces facteurs, des différents niveaux de conduite des éleveurs et des choix politiques sont à la base de la présence de nombreux systèmes de productions laitières dans la zone méditerranéenne. Les systèmes sont caractérisés par l'intensification ou l' extensification, pour la spécialisation ou par des formes mixtes, pour chacune ou plusieurs des espèces bovines, caprines, ovines, buffles et chameaux. Tous ces systèmes peuvent être regroupés dans trois groupes principaux : a) conditionné par l'environnement, b) pas conditionné, c) conditionné partialement. Les limitations et les perspectives des trois groupes de systèmes sont analysés (Zervas *et al.*, 2000; Yener *et al.*, 2000; Gomez-Cabrera, 2000; El Aich & Benyoussef, 2000). L'évolution des systèmes pour améliorer la durabilité, regarder la diversité génétique et améliorer la qualité du lait sont évaluées.

Mots-clés: production de lait, systèmes de production, Méditerranéen.

Introduction

On the basis of climatic characteristics the Mediterranean Area (MA) is delimited by the 45° and 28° North parallels and by the 10° West meridian and the 40° East meridian (Nardone & Villa, 1992). Today that area includes 22 countries, and for some of those countries only a part of the total surface is included in the MA. 50% of dairy sheep, 25% of goats and 10% of the cattle of the world are reared in the MA. The 22 countries produce 63%, 22.7% and 15% of the total milk produced in the world for sheep, goat and cattle, respectively (Zervas *et al.*, 2000).

The human population of the 22 countries is nearly 440 million people. There are differences in food habits and preferences among countries and, in some cases, even within the same country. These differences are mainly due to the different traditions and cultures, and also to the different social and economic conditions and food availability. In particular, for milk consumption the different degree of intolerance to lactose could be one of the important causes to explain the differences in milk diet (Cavalli Sforza L. & F., 1983). Most of the differences among countries in the availability of animal products depends on different climatic conditions (Fig. 1; Nardone, 2000), technological level, different rules and regulations and agro-political decisions. Those factors strongly affect the agricultural and animal production systems in the MA. Many types of animal production systems have been described for the different species reared in the MA (Boyazoglu 1996; Flamant 1992; Nardone 1996). To make a global evaluation of the Mediterranean animal production systems it is possible to group them in three groups that differ for different levels:

i) dependent on natural environmental factors;
ii) employed technology;
iii) animal genetic value.

Two groups of animal production systems exist on the opposite sides of the intensification scale. One of the two groups is strongly dependant on natural environmental conditions; here the productive processes and the genetic type are determined by the direct and indirect effects of natural environmental conditions and the employment of very limited technology. The second group of animal production systems is almost totally independent of the natural environmental conditions, even when they are extreme; there is high employment of technology, selected genetic types and a great productive capacity. The third group is intermediate in respect to the other two and is characterized by a moderate employment of technology, which partly excludes the influence of environmental conditions; the genetic type is intermediate in comparison to those present in the other two groups.

Systems dependent on the environment

To contrast the effects of environment on plant numbers, composition and seasonal distribution, the animals of these areas must have the ability to:

i) consume feeds with a high fibre content;
ii) cover long distances in search for forage and drink water;

iii) overcome long periods of under nutrition
iv) recover quickly from the huge body weight decrease of the dry season following the vegetative resumption;
v) Show estrous at a time which permits birth at a favorable season.

These environmental effects not only act on animal selection but they also influence the other factors of the production systems. Because of plant seasonal distribution, flocks are forced to cover long distances. As a result it is difficult, or even impossible, to make use of permanent livestock housing, feed stocks or sophisticated technologies. Thus only extensive, nomadic and migratory systems can exist in these areas. Animal genetic type cannot be very productive, more so when the animals are milked. Meat is the main production in these systems. The cow, when milked, produces very moderately (200-300 liters per lactation). Goats are milked only for consumption on site (from 10 to 30 liters per head). In the mixed sheep-goat flocks, a nurse goat can be used for a couple of kids. Flocks are large; sheds can be used at nighttime (El Aich *et al.* 1995). The animal populations are not genetically improved. These extreme production systems are the joint nomadic small ruminants and camel production systems (Boyazoglu & Flamant, 1990). These systems are present in the countries of North Africa, which utilize from 50 to 100% of the desert and arid zones (El Aich & Benyoussef, 2000), and are characterized by the movement of flocks and breeding of several species (sheep, goat and camel) for better utilization of the variable environment and forages. Both nomadic and transhumant systems are characterized by low productivity and high grazing pressure in arid zones. The reduction of nomad breeding began with colonialism and today the prevalence of this type of breeding is very low. The use of modern means of transport to move the animals toward the pastures or to move the feeds to the animals is related to an increase in grazing pressure and an impairment of conditions of the arid and desert zones. (El Aich & Benyoussef, 2000).

Breeding activity is the main source of income for the nomadic populations. There is even a gradual movement to new activities. Today particular attention must be given to cultural values and to the traditional "techniques" used in the breeding systems within these populations. These values and techniques may suggest basic solutions for the survival of populations - located in many zones of the world – following natural or induced disasters of which humankind today understands the high risk. Even though milk production is low in these systems, it is an important and critical source of protein for these populations.

Systems independent of the environment

For these dependent systems to become independent of the environment, three main factors are important for adaptation to the needs of the type of animals used: feed; shelter and technology. All decisions are made to create conditions (microclimatic, technical, managerial, and alimentary) to enable the animal to express their fullest productive potential. The high costs of these actions force intensification and production specialization, as well as the use of highly selected animal genetic material. A recent example of this situation, besides the highly specialized chicken and swine systems, is the spread of intensive dairy farms, mainly with Holstein Friesian, in the MA and also milking cows even in subtropical zones (Nardone, 1996). Different elements have helped create this situation.

Holstein cattle average performances are higher than those of any other dairy breed. The selection of this genetic type in countries with advanced animal production technology produces animals with high genetic value. Breeding techniques are now uniform enough to be "exported" as a standard methodology (Nardone & Gibon, 1998). This is why the Holstein Friesian is the only truly "cosmopolitan"; the more numerous cattle breed today present in all MA countries (Nardone, 2000).

The relative weight of Holstein Friesian dairy cattle varies from one country to another in the MA. Within these populations, variation is greater on productive and reproductive parameters. The percentage of cows artificially inseminated varies from less than 3% to more than 90%. The national averages of milk yield go from less than 4000 to more than 10,000 kg/cow/year. Large variations are observed within and among herds where there is low productivity related to management. Feeding, mainly lack of forage, and unbalanced rations are major problems. While demand for milk and dairy products will continue to increase in the future, the economical context of production is changing in several countries. Large subsidies are being withdrawn. In such a context, technical competence of the farmers for higher productivity and market organisation are the keys for success (Eddebbarah, 1996).

Intensive systems for milk production are not only present in the fertile plains, but also in unfavourable environments such as the Vallée des Pedroches located at the Cordoba district in Spain (Gomez-Cabrera, 2000), in Israel and in Cyprus (Berman, 1996). In the MA the Holstein Friesian, because of its high average yields and for its better metabolic production/weight ratio (MPWR) is even preferred to the goat. (In Italy the milk yield per lactation for a Friesian cow is 14 times more that of a Saanen goat, AIA, 1999; MPWR is 62 *vs.* 27; Nardone, 2000) with a more adapted comfort zone to the climatic conditions of the southern Mediterranean basin (Johnson, 1987; Fig. 2). Intensive goat breeding, without the use of pasture, is present to the north (Portugal, Spain, Italy, France, Greece), to the south around towns (Morocco, Algeria, Tunisia) and to the east (Turkey, Israel) of the basin, with the use of selected animals or crossbreeds (El Aich *et al.* 1995). Their spread is however to be considered limited.

Intermediate systems in respect to the environment

The intermediate system types are those most present in the MA mainly in the south of the basin. To this category belong the non intensive systems (Zervas *et al.*, 2000) and mixed systems (Yener *et al.*, 2000). These systems can be categorized as:

a) non-specialized dairy cattle systems (milk, milk-meat, meat-milk);
b) Sheep breeding on permanent pasture or local grazing, largely integrated with the cereal cultivation and semi-intensive breeding of the Mediterranean sub-climate areas,
d) Dairy buffalo breeding in Egypt and a part of Italy (the other part of Italy can be considered as dairy cow intensive).

The animals raised in these systems primarily belong to indigenous breeds. Those breeds are predominant at the south of the Mediterranean basin. In particular, only 4% of cattle is of exotic origin in Egypt and 16% in Tunisia, while in Turkey exotic cattle are 40% of the total cattle population reared (Yener *et al.*, 2000; Djemali & Kaiouly, 2000). The indigenous breeds are prevalent or nearly 100%, for the other species (sheep, goat) in all of the 22 countries of the MA.

Real selection exists only for a limited number of breeds raised in the intermediate type of systems, while for most breeds the breeding animals are chosen based upon the direct observations of the breeder. This behavior permits basic selection towards the desired characters and selection is more effective when the character is heritable. The evolution of this intermediate system toward more intensive systems is conditioned by (Zervas *et al.*, 2000):

i) small farm size;
ii) high price of land;
iii) grazing regulation and policy;
iv) inadequate animal feeding;
v) low genetic value of the animals;
vi) difficulty in getting capital.

Interesting solutions to improve forage availability, mainly for the sheep breeding and as cover crops, come from the utilization of self-reseeding plants in semi-arid zones and from an integration between agriculture and livestock production systems (Ronchi, 2000). Monitoring physical-chemical-organoleptic characteristics of milk will increase in grazing dairy systems because of the effect that these milk characteristics have on the quality of cheeses in relation with the production zone. These differences are due to different terpenoids, fatty acids, phenol compounds etc. in the forages and genotypes of breeds. These facts are very important in Europe which already has specific rules concerning DOP, (Coulon, 1997). For these reasons more research is needed to study genetic differences among dairy breeds for the qualitative characteristics of milk.

In many zones of the Mediterranean basin, excluding those more disadvantaged, an increase is desirable in the use of the planning model on forage resources based on forecasts of the qualitative and quantitative changes of forage throughout the year (D'Urso *et al.*, 1996; Van Soest *et al.*, 2000). Recent advances in technology for land use evaluation with special reference to the geographic information system (GIS) and global positioning system (GPS), will be very useful in evaluating natural resources to determine forage land utilization (Ronchi & Bernabucci, 2000; Enne *et al.*, 2000).

Conclusions

All over the MA contrasting strengths affect dairy production systems. At the north of the basin the rules of the European Union have "stopped" the amount of dairy cattle milk production – even in the deficient zones. However, this fact did not stop the specialisation of dairy systems that allow for the rearing of more and more productive cows. It is thanks to the recent interest to sustainability and animal welfare, that dairy systems do not become even more intensive. On the other hand, the "stop" cows' milk production does not stimulate the spread of dairy production of other species (Zervas *et al.*, 2000).

In the south and east of the basin the increased rate of demographic growth, urbanization and consumption (Matassino *et al.* 1991), push specialized dairy systems toward new areas in the peri-urban zones in which water for forage production is in competition with vegetable and fruit production. Thus there is a great risk of a progressive impoverishment of the water table in the southern and the oriental areas of the MA, which already have the lowest world potential of renewable underground water resources per inhabitant (Fig. 3; Kempf 2000).

The necessity to use irrigation water efficiently will cause an even more urgent specialization and intensification. In fact, at an unchanged production level, even little modification in life parameters such as the age at first parturition and the replacement rate can determine considerable changes in the quantity of irrigation water per litre of milk produced (Nardone & Matassino 1989). The case of Israel, which breeds today the most productive Holsteins in the World for yield per lactation (ICBA, 1998), is an example of such necessity; but there are some negative consequences on milk quality and reproductive efficiency. To mitigate such extremes and to improve the sustainability of these systems mainly in the South of the basin, accurate assessment should be made of realistic options.

Transfer of animals with the aim of higher production must be balanced against knowledge of their adaptation to a hot environment (Nardone & Valentini, 2000; Lacetera *et al.*, 1996; Johnson *et al.*, 1988). There are fewer nomadic "traditional" production systems all over the MA and there will not be more in the future (El Aich & Benyoussef, 2000). The intermediate systems can combine the sustainability of the systems and the increase of milk production required by the growing human population in the south of the Mediterranean basin. This result can be obtained through the genetic improvement of the indigenous breeds and improving health and feeding of the animals (Zervas *et *al*., 2000). The high number and the complexity of the actions to reach these goals require less effort than to solve the damage of the unsustainable milk production systems. Moreover, a guarantee will even obtained to preserve the genetic diversity of all dairy species in the MA, which is one of the main sources of biodiversity in the world (Nardone and Valentini, 2000). This fact may be fundamental in the future to produce kinds of milk better suited to improved human health, nutrition and enjoyment.

Acknowledgements

This study was supported by MURST "Cofinanziamento 1999".

References

A.I.A., 1999. Controlli della produttività in Italia. Associazione Italiana Allevatori (Ed), Roma.

Berman A., 1996. System factors justifying the presence of only Holstein performing in the Country: the cases of Cyprus, Israel and Malta. EAAP Publ. N°86:87-97.

Boyazoglu J., 1996. Aspetti dell'ovinicoltura nel bacino del Mediterraneo. I Georgofili quaderni. 5:7-32.

Boyazoglu J. & J.C. Flamant, 1990. A note on Mediterranean systems of animal production. In: Galaty J.G. and Johnson D. (eds.). Pastoral Systems. Guilford Press, New York (USA), p.353-393.

Cavalli-Sforza, L. & F., 1983. Chi siamo. La storia della diversità umana. Arnoldo Mondadori Editore.

Coulon J.B., 1997. Effect de la nature des fouttages sur les caractéristiques physico-chimiques et organoleptiques du fromage. Fourrages. 152:429-436.

Djemali M. & C. Kayouli, 2000. L'élevage laitier en Tunisie. Proc. Int. Symp. Prospects for a sustainable dairy sector in the Mediterranean. Hammamet 26-28 October.

D'Urso G., M. Avondo, S. Bordonaro, D. Marletta & A.M. Guastella, 1996. Effetti di alcune variabili legate al pascolo, all'animale e al management sul comportamento alimentare di pecore al pascolo. Atti XII Congr. Naz. SIPAOC. 7-10.

Eddebbarh A., 1996. Systèmes intensifs de bovins laitieres dans le sud de la méditerranée: évolution actuelle et évolution possible. EAAP Publ. N°86:27-37.

El Aich A. & M.T. Benyoussef, 2000. Nomadic small ruminants and camel production systems. Proc. Int. Symp. Prospects for a sustainable dairy sector in the Mediterranean. Hammamet 26-28 October.

El Aich A., S. Landau, M. Napoleone & A. Bourbouze, 1995. Goat production systems in the Mediterranean: a comparative study. EAAP Publ. N°71:222-237.

Enne G., F. Previtali & C. Zucca, 2000. GIS techniques and land evaluation to prevent and mitigate the impacts of agropastoral activities in Mediterranean environments. Proc. XXXV Int. Symp. Società Italiana per il Progresso della zootecnia. 93-110

Flamant J.C., 1992. Les systèmes d'élevage méditerranéens dans leurs rapports aux systèmes céréaliers: diversité et évolution. EAAP Publ. N°49:30-44.

Gómez-Cabrera A., 2000. Intensification des systèmes de production de lait en conditions non favorables. Expérience dans la Vallée des Pedroches (Cordoue, Espagne). Proc. Int. Symp. Prospects for a sustainable dairy sector in the Mediterranean. Hammamet 26-28 October. Israel Cattle Breeders Association, 1998. Israeli Holstein Herdbook.

Johnson H.D., 1987. Bioclimate effects on growth, reproduction and milk production. In Johnson H.D. editor. Bioclimatology and the adaptation of livestock. Elsevier Publishers B.V., Amsterdam, NL, 35-57.
Johnson H.D., M.D. Shanklin & L. Hahn, 1988. Productive adaptability of Holstein cows to environmental heat. Res. Bull. N°1060. Univ. Missouri Coll. Agr., Agr. Exp. Station, USA.
Kempf H., 2000. La planète est menacée par de graves pénuries d'eau au XXIe siècle. Le Monde 17 mars; 2.
Lacetera N., U. Bernabucci, B. Ronchi & A. Nardone, 1996. Body condition score, metabolic status and milk production of early lactating dairy cows exposed to warm environment. Rivista di Agricoltura Subtropicale e Tropicale, 90(1),43-55.
Marigliano G., 2000. Personal communication.
Matassino D., G. Zucchi & D. Di Berardino, 1991. Management of consumption demand, supply and exchange. EAAP Publ. N°48:105-126.
Nardone A., 1996. Analysis of cattle production systems in the Mediterranean Area. EAAP Publ. N°86:5-26.
Nardone A., 2000. Weather conditions and genetics of breeding systems in the Mediterranean Area. Proc. XXXV Int. Symp. Società Italiana per il Progresso della zootecnia, 67-91.
Nardone A., & A. Gibon, 1998. Livestock Farming Systems, Research and Development Issues. Congresos y jornadas "Technical and Social Systems Approaches for Sustainable Rural Development", 45:85-102.
Nardone A. & D. Matassino, 1989. I sistemi di allevamento bovino per la produzione di latte nel subtropico arido: alcune ipotesi di intervento su larga scala. Prod. Anim.;2:III Serie:1-23.
Nardone A. & A. Valentini, 2000. The genetic amelioration of dairy cows in warm climates. EAAP Publ. N°94:185-191.
Nardone A. & E. Villa, 1992. Cattle resources in the Mediterranean area. EAAP Publ. N°49:149-155.
Ronchi B., 2000. Sistemi foraggieri sostenibili per l'allevamento ovi-caprino (in press).
Ronchi B. & U. Bernabucci, 2000. Application of spatial information technology (GIS and GPS) to the management of local grazing resources for dairy sheep production. Proc. XXXV Int. Symp. Società Italiana per il Progresso della zootecnia. 299-306.
Van Soest P.J., G.Licitra, S. Carpino & I Schadt., 2000. Grazing animals in the Mediterranean ecosystem of Southeastrn Sicily. Proc. XXXV Int. Symp. Società Italiana per il Progresso della zootecnia. 1-16.
Yener S.M., H. Mansour & F. Cedden, 2000. Mixed livestock production. Proc. Int. Symp. Prospects for a sustainable dairy sector in the Mediterranean. Hammamet 26-28 October.
Zervas G., K. Dardamani & H. Apostolaki, 2000. Non–intensive dairy farming systems in Mediterranean basin: trends and limitations. Proc. Int. Symp. Prospects for a sustainable dairy sector in the Mediterranean. Hammamet 26-28 October.

L'élevage laitier en Tunisie

M. Djemali & C. Kayouli

Institut National Agronomique de Tunisie, 43 Avenue Charles Nicole, 1082 Mahrajène Tunis, Tunisie

Résumé

Les encouragements qu'a connu le secteur de l'élevage en Tunisie durant les 20 dernières années ont conduit à la réalisation de l'autosuffisance en lait et presque en viandes rouges. Cependant, des transformations profondes ont eu lieu au niveau de la composition du cheptel national et des systèmes d'élevage établis. Le cheptel bovin est complètement modifié à la suite des importations de races laitières spécialisées en particulier la Frisonne-Holstein. Les vaches de race qui représentaient en 1977 uniquement 7% de l'effectif des bovins constituent actuellement 41% de l'effectif total des vaches. L'effectif des croisées représente 41% au moment où la locale voit perdre son effectif de l'ordre de 70 à 75%. La même remarque que pour la vache locale s'applique à l'unique race ovine laitière tunisienne (Sicilo-Sarde). La production laitière est assurée principalement par les bovins et les petits ruminants ne contribuent que par 2 à 5%. Il y'a eu une différence de 1039 kg par vache présente par rapport aux performances réalisées en début des années 80. La majorité des bovins, ovins et caprins est rencontrée chez les éleveurs de petites exploitations ou dans les systèmes d'élevage hors sol. Uniquement 1% des éleveurs ont des exploitations supérieures à 100 ha. Les éleveurs de petites exploitations (71%) détiennent 57% de l'effectif total des vaches avec 49%, 52% et 64% de vaches pures, croisées et locales, respectivement. Les éleveurs dont les exploitations sont entre 10 et 100 ha (28%) possèdent 34% de l'effectif total des vaches avec 31%, 40% et 34% des génotypes purs, croisés et local, respectivement. Les petits ruminants sont rencontrés en majorité chez les petits éleveurs qui ont tendance à élever les races Barbarine et Queue Fine alors que les grandes exploitations élèvent la Noire de Thibar et la Sicilo -Sarde. Le peu d'intégration de l'élevage-culture au niveau des grandes exploitations, combinée par la faiblesse des ressources alimentaires naturelle et cultivée et les besoins important d'un nouveau cheptel exigeant a entraîné une utilisation massive des aliments concentrés. Devant cette situation et avec l'appui d'une politique agricole favorable, il devient indispensable de réfléchir dans l'avenir en terme de durabilité des systèmes d'élevage existants sans perdre de vue la menace que représente la substitution continue d'un cheptel local et adapté par des races exotiques plus exigeantes.

Mots clés: élevage, lait, viande, durable, système.

Summary

The livestock sector in Tunisia has undergone deep changes during the last two decades which have resulted in noticeable shifts in both production systems and the breed composition of the cattle population. Specialized dairy cattle that earlier represented 7% in 1977 are now 41% of the total cattle population in the country. Crossbred animals have the same share (41%) while native cattle decreased from 93% in 1977 to 75%. Small ruminants contribute little to the total milk produced in the country (2-5%). Most cattle, sheep and goats are kept by owners with no land or with farms of less than 10 ha. Seventy one percent of these holders raise 49%, 52%, and 64% of pure, crossed and native cattle, respectively. Only 1% of livestock holders have farms of greater size than 100 ha. Livestock holders with farms between 10-100 ha (28%) raise 34% of the total cattle population with 31%, 40% and 34% pure, crossed and native animals, respectively. Small ruminants are raised by most categories of farmers with the exception that small holders have a tendency to raise more Barbarine (fat tail) and Thin Tail breeds and owners with large size farms raise the Sicilo sarde (dairy) and Black Thibar. The demand for animal products and the low level of integration of livestock with crops combined with the low input of natural feed resources have led to a massive use of concentrates and to the re-emergence of the landless livestock holders. The decrease of the local breeds in the cattle population and the shifts toward landless production systems and the high use of concentrates should be considered in the future in terms of production system durability.

Key words: milk, cattle, sheep, goats, production.

Introduction

La Tunisie, pays sud méditerranéen faisant partie de l'Afrique du Nord, possède une superficie de 16 millions d'hectares correspondant à cinq étages bioclimatiques: humide (800-1 300 mm), sub humide (600-800 mm), semi-aride (300-600 mm), aride (100-300 mm) et désertique (< 100 mm). Plus des deux tiers du territoire national sont dans l'aride et le désertique. Comme tout pays du bassin méditerranéen, la Tunisie est soumise à un climat caractérisé par des conditions de température et de pluie très variables d'une saison à une autre et souvent d'une année à une autre. L'hiver et le printemps sont relativement pluvieux alors que l'automne l'est beaucoup moins. L'été est pratiquement sec.

Le milieu naturel (environnement) en Tunisie présente des caractéristiques physiques et climatiques qui varient parfois considérablement d'une région à une autre lorsqu'on passe du Nord au Sud ou encore de l'Est à l'Ouest. Les productions agricoles, particulièrement celles réalisées en agriculture pluviale, subissent les caprices et aléas du climat et en souffrent durement durant les années difficiles où le déficit pluviométrique est important. Les céréales et l'élevage sont des activités agricoles qui ressentent le plus l'effet des fluctuations pluviométriques (Belhaj et Djemali, 1999).

La population tunisienne qui était de 4 millions en 1960 a atteint les 9 millions en 1998 et sera de 13 millions en 2025 avec un taux de croissance moyen de 2,2. Le pourcentage de la population rurale par rapport à la population totale a varié de 60% (1965) à 32% (1998); celui de la population active agricole par rapport à la population active totale a varié de 27% (1965) à 25% (1998). Ce dernier est légèrement inférieur à celui des pays sud méditerranéens (27%), nettement inférieur à celui des pays arabes (34%) et supérieur à celui des pays nord de la Méditerranée (18%). A l'échelle mondiale, ce taux est de l'ordre de 44,6%. Le rapport Produit Intérieur Brut Agricole/Produit Intérieur Brut a varié de 28% en 1991 à 26% en 1997 (MED AGRI, 2000).

La politique agricole et alimentaire en Tunisie a toujours constitué une composante essentielle des plans nationaux de développement économique et social. L'élevage laitier est un des sous secteurs de l'agriculture qui semble avoir plus profité des retombées positives du Programme d'Ajustement Structurel et Agricole (PASA) adopté en 1986 après la récession de 1980. Avant 1992 le secteur laitier posait problèmes à plusieurs niveaux et l'objectif d'atteindre l'autosuffisance en lait, qui était initialement proposé pour 2011, a été atteint en 1999-2000. Les objectifs de cette étude étaient de décrire les systèmes d'élevage rencontrés en Tunisie et d'identifier les contraintes qui risquent de freiner l'expérience tunisienne dans le domaine de l'élevage laitier.

Structures agraires

La Tunisie dispose d'une superficie de terres agricoles de 10 millions d'ha dont 5 millions d'ha sont des terres labourables. Ces derniers se répartissent en terres privées (95%) et terres étatiques (5%) (Ministère de l'Agriculture, 1995). Les superficies cultivées représentent 80% des terres labourables et le reste est une jachère. Les parcours couvrent une superficie totale de 4,5 millions d'ha et la forêt compte 0,6 millions d'ha (Ministère de l'Agriculture, 1995). Les parcours se répartissent au Nord (7%), au Centre (18%) et au Sud (75%). Les cultures fourragères touchent à peu près 336 000 ha dont 65%, 25% et 10% sont cultivées au Nord, Centre et Sud, respectivement. Les fourrages annuels représentent 64% et le reste constitue des fourrages pluriannuels comme la luzerne, le cactus et les arbustes fourragers. Quatre pour-cent seulement de la superficie cultivée en fourrage est réservée à l'ensilage.

L'analyse des structures agraires durant les trente dernières années montre un accroissement de 44% du nombre total des exploitations agricoles qui passent de 326 000 en 1961 à 471 000 en 1995 (Tableau 1). Cet accroissement est dû exclusivement à l'augmentation du nombre des petites exploitations, reflétant ainsi une tendance vers le morcellemment des terres au dépend de la moyenne exploitation. La superficie moyenne par exploitation est passée de 16 à 11 ha et la superficie agricole/ capita est passée de 1,2 à 0,6 ha.

L'enquête sur les structures des exploitations agricoles de 1994-95 dont les principaux résultats sont illustrés dans les tableaux 2 & 3, a montré que 71 % des éleveurs possèdent des exploitations de petites tailles < 10 ha. Cette catégorie d'éleveurs détient 57% de l'effectif total des vaches du cheptel national. Selon les types d'animaux, ces éleveurs gardent 49%, 52% et 64% des vaches pures, croisées et locales, respectivement. Une proportion de 28% des éleveurs bovins tunisiens a des exploitations entre 10 et 100 ha. Elle détient 34% du cheptel bovin avec 31%, 40% et 34% de chaque génotype pur, croisé et local, respectivement. Seulement 1% des éleveurs ont des exploitations dont les superficies dépassent les 100 ha. Douze pourcent des vaches de races pures sont rencontrées dans ces exploitations au moment où les vaches croisées et locales ne représentent que 9% et 3%, respectivement.

Tableau 1. Evolution du nombre des exploitations agricoles (1000).

Taille (ha)	1962		1995	
	N	%	N	%
<5	133	41	251	53
5-10	73	22	92	20
10-100	115	35	124	26
>=100	5	2	4	1
Total	326		471	

Tableau 2. Répartition des éleveurs de bovins et petits ruminants selon la taille de l'exploitation (%).

Année	Bovins	Ovins	Caprins
< 5	50	44	42
5-10	21	22	20
10-100	28	33	37
>= 100	1	1	1
Total (1000)	151	260	136

La même enquête a montré que 66% des élevages ovins sont dans les exploitations de petites tailles (<10ha) et possèdent 40% de l'effectif total des femelles ovines, 33% des éleveurs sont dans des moyennes exploitations (10-100 ha) et détiennent 48% de l'effectif national des brebis au moment où 1% des éleveurs ayant des exploitations de grande taille n'élèvent que 13 % de l'effectif total des femelles ovines (Tableau 3). Les races Barbarine et Queue Fine sont rencontrées surtout dans les petites et moyennes exploitations. La Noire de Thibar et la race laitière Sicilo-Sarde sont en majorité dans les grandes exploitations.

La même situation est vraie chez les caprins où la majorité de l'effectif est rencontrée dans les exploitations de petites et moyennes tailles. Accusé d'être destructeur des forêts et agent de dégradation des sols, l'élevage caprin a été amené à faire l'objet d'une interdiction dans le Nord et le Centre par une loi datant de 1958. Cette décision a porté un sérieux coup à ce type d'élevage dans le pays. Il a fallu attendre une autre loi apparue en 1970 qui autorise l'élevage caprin sur tout le territoire (Ben Dhifallah, 2000). L'effectif des caprins maintenu par les petits éleveurs (1 à 3 chèvres) représente 54% du cheptel total, celui détenu par les éleveurs de 4 à 20 chèvres représente 42% alors que les éleveurs de 20 chèvres et plus ne possèdent que 4%.

Systèmes d'élevage

En se basant sur le type de conduite et d'alimentation des ruminants, il se distingue 3 systèmes principaux d'élevage:

Le système extensif ou traditionnel

Ce système se base essentiellement sur les terres marginales et l'exploitation des races locales peu améliorées (bovins au Nord et petits ruminants au Centre et Sud). Les ressources alimentaires proviennent souvent de la végétation naturelle (régions montagneuses et parcours) et la complémentation, peu pratiquée dans le temps, commence à devenir fréquente. La production laitière est saisonnière et reste liée à la disponibilité alimentaire influencée le plus souvent par les pluies. La taille des troupeaux bovins varie de 1 à 5 vaches et celle des petits ruminants est souvent réduite. La main d'œuvre est familiale.

La transhumance, pratique courante il y'a deux décennies, est de plus en plus abandonnée par les éleveurs de mouton en raison des changements socio économiques et des possibilités offertes aujourd'hui de s'approvisionner en foins et en pailles produits au Nord du pays. La complémentation

Tableau 3. Répartition des Unités Femelles selon la taille de l'exploitation.

	Bovins				Ovins				
Taille (ha)	Total bovins (%)	Pures	croisées	locales	B	Q	N	S	Total ovins (%)
<5	37	32	33	42	25	21	5	6	24
5-10	20	17	19	22	16	17	2	1	16
10-100	34	31	40	34	47	52	22	12	48
>=100	10	21	9	3	12	10	71	81	13

B: Barbarine; Q: Queue Fine, N: Noire de Thibar; S: Sicilo-Sarde

en céréales est pratiquée surtout dans les périodes de sécheresse. Cette possibilité d'alimenter les animaux des ressources extérieures a entraîné l'augmentation du nombre des troupeaux dans les zones marginales. Cette dernière situation a eu pour conséquences le surpâturage et la fragilité de l'équilibre milieu-animal. La productivité de ce système est limitée, mais, il est bien adapté aux conditions locales du milieu.

Le système intensif intégré

Ce système représente surtout les unités bovines laitières ou d'engraissement intégrées à des surfaces agricoles réservées partiellement ou exclusivement à la production fourragère destinées aux animaux d'élevage. La taille de l'exploitation est très variable et ce type de système correspond aux élevages familiaux de 1 à 40 vaches et aux grandes exploitations agricoles de 100 vaches et plus. Les fourrages sont cultivés en sec ou en irrigué. La quantité souvent médiocre des fourrages cultivés entraîne l'utilisation massive des quantités d'aliments concentrés (Kayouli *et al.*, 1988). Presque la totalité des aliments concentrés sont achetés de l'extérieur et parfois quelques quantités de foin ou de paille sont aussi achetées.

Le système de production oasien rentre dans cette catégorie où l'élevage de la chèvre dans les oasis est basé sur l'exploitation des ressources alimentaires produites dans les oasis. L'objectif de ce système est de produire du lait pour l'auto consommation sans pour autant négliger la production de viande. Les troupeaux sont généralement de petite taille.

Le système semi intégré ou hors sol

Il s'agit surtout des élevages bovins laitiers de type familial en majorité dans les zones irriguées et péri urbains. Le nombre d'ha par vache varie de 0 à 0,3 ha (Kayouli, 1995). Tous les aliments (fourrages et concentrés) sont achetés. La main d'œuvre est familiale et les éleveurs ont souvent une autre source de revenu. Le nombre de vaches par troupeaux varie de 1 à 20. Ce type d'élevage a enregistré des performances de production laitière spectaculaires dans le Centre et le littoral (Sfax, Mahdia, Monastir et Sousse). Cette situation est similaire aux élevages péri urbains dans d'autres régions du pays (Tunis, Bizerte et le Cap Bon).

Ressources animales

Bovins

Le cheptel bovin national est constitué de la population bovine autochtone/locale, de la population bovine croisée (produit du croisement d'absorption) et des races spécialisées ou pures.

La population locale est constituée par la « Brune de l'Atlas » et la « Blonde du Cap Bon ». En 1977, Skouri et Ben Dhia ont rapporté que les bovins autochtones sont de type ibérique. Les animaux sont de couleur brune et possèdent des cornes courtes. La hauteur au garrot est en moyenne de 110 à 120 cm et le poids vif est de 300-350 kg pour les taurillons et de 200 kg pour les femelles.

Depuis le début du siècle, de nombreuses races ont été importées en vue du croisement avec la locale, notamment la Montbéliarde, la Brune des Alpes, la Tarentaise, la Frisonne, la Normande, la Charolaise, la Limousine et la Sahiwal. Toutes ces importations visaient à améliorer la croissance, la conformation et le rendement laitier des vaches locales. Skouri et Ben Dhia (1977) ont bien indiqué que dans certaines régions du pays certains types croisés spécifiques peuvent être distingués. A Mateur, on rencontre des animaux à forte infusion de sang Zébu et Tarentais, à Béja le sang Brune des Alpes a dominé. Quant à Bizerte (Ichkeul) c'est le sang Charolais qui est le plus répandu. Le résultat de cette infusion de gènes exotiques a fait de sorte que la population bovine autochtone est devenue un réservoir de mosaïque de gènes. Depuis les années soixante dix, un programme national d'amélioration des performances du cheptel bovin local a été mis en place. C'est un programme de croisement d'absorption par le biais de l'Insémination Artificielle et dans les zones à accès difficiles par les taureaux de la saillie naturelle. Les trois races retenues pour ce programme étaient la Frisonne, la Brune des Alpes et la Tarentaise (Djemali, 1992).

Les races bovines pures rencontrées actuellement en Tunisie sont représentées par :

- *la Frisonne-Holstein* qui forme un ensemble constitué de Holsteins pures importées d'Amérique du Nord ou d'Europe et de leurs descendances nées et élevées en Tunisie, de vaches Pie Noire avec une tendance nette vers la Holsteinisation importées d'Europe et de leurs descendances nées et élevées en Tunisie. C'est la catégorie la plus importante des bovins laitiers spécialisés dans le pays.
- *La Brune des Alpes* appelée aussi Shwytz en Tunisie avec une forte tendance actuelle vers la Brown Swiss des Etats Unis représente la deuxième race pure du point de vue effectif.
- *La Tarentaise* race française qui, après avoir été menacée de disparaître, semble regagner de l'importance grâce à une Association solide d'éleveurs, un produit typé et un schéma de sélection spécifique dans son berceau français.
- *La Pie Rouge* a été introduite en Tunisie au cours de ces dernières années mais son effectif reste toujours faible.

L'évolution des effectifs présentée dans le Tableau 4 montre que le cheptel bovin s'est accru de 18% durant la période 1974-1999 au moment où l'effectif des vaches locales et croisées a diminué de 26%. L'effectif des vaches de races pures a été multiplie par 7 pendant cette période. En effet la Tunisie a importé depuis l'année 1975 un total de 100,000 génisses pleines. La composition du cheptel bovin national se trouve alors modifiée par rapport à celle rapportée par Skouri et Ben Dhia en 1977 où les races pures représentaient 7% sur un ensemble de 410 000 bovins. Actuellement les vaches de races pures et les croisées représentent à part égale 41% de l'effectif total. Ceci démontre bien que la composition du cheptel national bovin a changé radicalement au profit des races pures et animaux croisés et au dépens de la locale qui semble d'après ces chiffres perdre 70 à 75 % de son effectif original. Les races pures rencontrées sont la Frisonne-Holstein représentant 95% de l'effectif des races pures, 4% Brune des Alpes (Brown swiss) et 1% Tarentaise et autres (DGPDIA, 1999).

Le changement au niveau de la composition du cheptel est aussi observé au niveau de sa répartition géographique. Les statistiques de 1995 du Ministère de l'Agriculture ont montré que 65,3% de cet

Tableau 4. Evolution des effectifs bovins (1000 Unités femelles).

Année	Total	Races pures	Locales et croisées
1974	407	24	383
1981	332	50	282
1984	336	73	263
1987	343	87	256
1990	350	100	250
1993	376	118	258
1996	408	143	265
1998	458	171	287
1999	480	195	285

effectif se trouvait au Nord du pays, 30,9% au Centre et 3,8% uniquement au Sud. Le centre regroupe les gouvernorats de Sousse, Monastir, Mahdia, Sfax, Kairouan, Kasserine et Sidi Bouzid. Les trois derniers ne comptent que 6,3% de l'effectif. En 1977, Skouri et Ben Dhia ont rapporté que 88% des bovins étaient concentrés dans le Nord. La distribution régionale des vaches locales et croisées montre que 88% de l'effectif se trouve au Nord, 12% au Centre et 0,2% au Sud.

Petits ruminants

Quatre races ovines locales principales sont élevées dans le pays: La Barbarine à grosse queue, La Queue Fine de l'Ouest, la Noire de Thibar et la Sicilo-Sarde. La dernière est à vocation laitière et les trois premières sont à viande. La Sicilo-Sarde est rencontrée presque exclusivement au Nord dans les régions de Béja et de Bizerte. L'implantation de l'élevage ovin laitier en Tunisie date de la période coloniale quand les Italiens ont introduit des races laitières, essentiellement la Sarde. Le cheptel sicilo-sarde est le résultat d'un croisement entre la race sarde et probablement la Comisana de Sicile. Depuis le démarrage de ce type d'élevage, le lait de brebis a été destiné presque totalement à la transformation industrielle en fromage (SOTULAIFROM) et artisanale (fromage sicilien et Rigotte). L'effectif de cette race est en diminution continue et sa conduite tend vers celle des races à viande (Djemali *et al.*, 1995).

Les élevages caprins sont constitués principalement de la chèvre locale pour la production de viande en extensif et de faibles proportions de chèvres nubiennes et maltaises. Cependant dans les systèmes de production oasiens une tendance vers la production laitière par des races spécialisées comme l'Alpine ou des croisées type local-exotiques est observée.

Les effectifs des petits ruminants ont connu une certaine stabilité ces dernières années avec une tendance légère vers l'augmentation (4 millions). Il est à signaler que cette situation est le résultat des efforts investis dans la sauvegarde du cheptel pendant les années difficiles (Belhaj et Djemali, 1999). En effet, il y'a trente ans, les élevages des petits ruminants connaissaient des fluctuations importantes en effectif en fonction des conditions climatiques avec diminution pendant les périodes de sécheresse et augmentation des effectifs à la suite des années pluvieuses (Ben Dhia, 1995)

Productions

En plus de sa nature comme source alimentaire, l'élevage, en général, joue des rôles économique et social considérables en Tunisie. En effet, il est présent dans toutes les étapes reliant la production à la consommation (élevage, collecte, transformation et commercialisation). Le lait et la viande ont enregistré en Tunisie une augmentation au fil des années. Les moyennes enregistrées pendant les périodes 1981-85 et 1991-95 de production des viandes rouges étaient de 114 000 tonnes (29 % d'origine bovine) et 151 000 tonnes (26% d'origine bovine), respectivement (MED AGRI, 2000).

Les moyennes de production laitière calculées sur des séquences de trois années de 1980 jusqu'en 1997 et rapportées par année médiane (1981 pour 1980, 81 et 82) etc. et les productions annuelles de 1998 et 99 figurent dans le tableau 5. Il se dégage qu'il y'a eu une augmentation de lait produit de 271% par rapport aux chiffres de 1980. Ceci correspond à une différence de 1039 kg de lait par vache présente entre les performances du début des années 80 et celles de 1999 au profit de cette dernière. Ces améliorations sont dues à l'augmentation des effectifs des vaches de races pures (+ 148 000), une augmentation du nombre de vaches croisées et une diminution des vaches locales (Tableau 6). Les petits ruminants ne contribuent en lait que par une faible proportion (2-5%).

En effet les encouragements qu'a connu le secteur de l'élevage sont multiples comme 1) l'exonération des éleveurs nationaux de la TVA sur les importations des vaches laitières de races pures, des équipements agricoles destinés à l'élevage et des semences animales. 2) La révision périodique de la prime d'incitation à la collecte de lait (15 Millimes, 1987), (25, 1991), (35, 1992), (40, 1994). 3) La révision périodique des prix à la production du lait en fonction de la qualité (240, 1987), (340, 1994). 4) Ouverture d'une ligne de crédit spécial. 5) Elimination de la subvention accordée aux intrants dans la production des aliments concentrés (mais, soja et orge) et 6) Instauration d'une taxe à l'importation de la poudre de lait.

Contraintes des systèmes d'élevage

Bien que le secteur de l'élevage ait enregistré des performances satisfaisantes durant cette dernière décennie, certains facteurs limitants pourraient être identifiés.

Superficies fourragères et intégration élevage-cultures limitées

Comme il a été indiqué dans cette étude, la majorité du cheptel se trouve chez les éleveurs qui n'ont pas assez de terre. L'intégration élevage-cultures est relativement limitée. Les superficies réservées aux cultures fourragères n'ont pas varié pendant plus que 15 ans et leur contribution à l'alimentation du cheptel est faible (Colson; 1995). Dans les zones irriguées, les cultures des fourrages est réservée à celle des fourrages d'été (sorgho, mais) ; mais pour des raisons purement économiques, les agriculteurs optent pour l'arboriculture et les cultures maraîchères. Les statistiques du Ministère de l'agriculture indiquent que la contribution des fourrages cultivés et des parcours (naturels, forestiers, améliorés et jachères) est respectivement de (10-15)% et (20-45)%, selon les conditions climatiques.

Tableau 5. Production laitière du cheptel national.

Année	Bovins lait (1000 tonnes)	Petits Ruminants (1000 tonnes)
1981	220	31
1984	285	22
1987	328	23
1990	375	24
1993	470	14
1996	599	13
1998	734	15
1999	817	17

Tableau 6. Répartition géographique du cheptel bovin.

Région	Vaches pures	Vaches croisées	Vaches locales
Nord	127 015	169 630	74 970
Centre	60 103	25 450	15 120
Sud	7 392	195 090	140
Total	194 510	390 170	90 230

Devant une telle situation, le recours aux aliments concentrés(maïs, orge, soja...) importés est devenu la règle de telle sorte qu'ils constituent la base de la ration et non le complément.

Les périodes de sécheresse que connaît le pays sont accompagnées par une diminution de la production céréalière et fourragère. Ceci a eu pour conséquence l'augmentation des prix de la paille et des foins et les grandes exploitations se sont ainsi orientées vers la spéculation de production de ces derniers loin des contraintes de l'élevage.

Absence de stratégies d'amélioration génétique cohérentes

Bien que des efforts soient investis dans différentes actions visant l'amélioration génétique du cheptel (contrôle des performances, IA), l'absence de stratégies appropriées et cohérentes dans ce domaine constitue un facteur limitant à l'optimisation de la gestion des ressources génétiques animales dans le pays. L'identification des objectifs de sélection selon les caractéristiques des races et en tenant compte des désirs des éleveurs et de la spécificité de chaque système de production apparaissent comme des voies à considérer dans l'avenir.

Organisation de la profession administrative

Les pouvoirs publics tunisiens ont, dès l'indépendance, cherché de plusieurs manières à favoriser l'organisation à la base des producteurs agricoles (groupements, coopératives de services agricoles, des associations d'intérêt collectif). Plusieurs formes de structure étatique ont été crées pour coiffer le développement de l'agriculture à l'échelle nationale et régionale. Toutes ces formes ont connu dans leur existence à un moment ou un autre une confusion dans leur rôle et de celui des autres institutions ce qui devient parfois une source de conflit. La dominance de l'aspect administration dans ces différentes organisations a freiné l'émergence réelle des associations d'éleveurs.

Conclusions

La plupart des indicateurs économiques enregistrés ces dernières années en agriculture plaident pour des transformations profondes au niveau du secteur de l'élevage dans les 20 prochaines années. Certains auteurs l'ont qualifié de « Révolution de l'élevage » en comparaison avec la « Révolution verte » avec une seule différence, c'est que cette dernière a été dictée par l'offre alors que celle de l'élevage est entraînée par la demande (Delgado *et al.*, 1999). Devant cette situation, il devient impératif, pour les pays qui n'ont pas encore développé leur élevage, de mieux réfléchir sur une stratégie ou des stratégies de gestion des ressources génétiques animales par système de production tout en encourageant la formation réelle d'éleveurs attachés à leurs races et se distinguant par un produit original et de qualité. Quant à la Tunisie, les réalisations dans le secteur laitier sont importantes; mais à quel prix ?. La perte des animaux locaux au profit d'animaux plus productifs va exercer davantage une pression sur les ressources alimentaires déjà limitées et entraînera le développement de l'élevage hors sol. La durabilité des systèmes d'élevage et la gestion des ressources génétiques locales apparaissent comme des éléments à considérer dans l'avenir.

Références

Ben Dhia, M. 1995. L'élevage ovin en Tunisie. Situation actuelle et perspectives d'avenir. Cah. Options Méditerr. Vol 6: 9-20.

Belhaj, T. & M. Djemali 1999. L'élevage et aléa climatique en Tunisie. Proceedings of the International Symposium on Livestock Uncertainty in the Mediterranean. EAAP, FAO CIHEAM: 35-42.

Ben Dhifallah, M., 2000. Situation de l'élevage caprin en Tunisie. Atelier de travail sur les caprins en Tunisie. Gabes 5-6 mai.

Colson, 1995.. Study of dairy cattle sector in Tunisia. FAO (April-May, 1995).

Djemali, M., I. Ben M'Sallem & R. Bouraoui, 1995. Effets du mois, mode et âge d'agnelage sur la production laitière des brebis Sicilo-Sarde en Tunisie. L'élevage ovins en zones arides et semi arides. Options Méditerranéennes 6: 111-117

Djemali, M., 1992. caractéristiques des populations bovines en Tunisie. Revue de l'INAT Vol 7(2): 137-144.

Delgado, C., M. Rosegrant, H. Steinfeld, S. Ehui & C. Courbois, 1999. Livestock to 2020. The next food revolution. IFPRI, FAO, ILRI: 1-14.

DGPDIA, 1999. Résultats de l'enquête sur le suivi de la campagne agricole.

Kayouli, C., M. Djemali & T. Belhaj, 1988. Situation de la production laitière bovine en Tunisie. Séminaire Méditerranéen, le lait dans la région Méditerranéenne. Options Méditerranéennes 6: 97-100.

Kayouli, C., 1995. Study of dairy cattle sector in Tunisia. FAO (April-May, 1995).

MED AGRI, 2000. Annuaire des économies agricoles et alimentaires des pays méditerranéens et arabes. CIHEAM, IAM de Montpellier.

Ministère de l'Agriculture, 1995. DGPDIA. Enquête sur les structures des exploitations agricoles 1994-95.

Skouri M. & M. Ben Dhia, 1977. Les races bovines et ovines en Tunisie. Etude la FAO: production et santé animale N°6.

Mixed livestock production

S. M. Yener[1]*, H. Mansour*[2] *& F. Cedden*[1]

[1]*Ankara Universitesi, Ziraat Fakültesi, Zootekni Bölümü, 06110 Ankara, Turkey*
[2]*Department of Animal Production, Faculty of Agriculture, Ain Shams University, Shoubra Al-Kheima, Cairo, Egypt*

Summary

The common characteristics of mixed livestock farms in Egypt, Tunisia and Turkey are that they are small both in land area and animal numbers. In Egypt 61 % of small farms keep both cows and buffaloes. In Turkey 75 % of the farms raise both cattle and small ruminants, the majority of the latter being sheep. In Tunisia 71 % of the cattle and 66 % of the sheep population are in farms smaller than 100 ha. The proportions of exotic cattle in the aforementioned countries are 3.9 %, 40 % and 15.7 % respectively in the total cattle population.

Key words: livestock production, mixed, characteristics.

Résumé

Une caractéristique commune des élevages mixtes en Egypte, Tunisie et Turquie réside dans la petite taille des élevages et des exploitations. En Egypte 61% des éleveurs de petite taille élèvent à la fois des vaches et des buffles. En Turquie 75% des fermes élèvent des bovins et des petits ruminants particulièrement des ovins. En Tunisie, 71% des bovins et 66% des ovins sont dans des exploitations dont la taille est inférieure à 100 da. Les proportions des bovins exotiques sont 3,9%, 40% et 15,7% respectivement en Egypte, Turquie et Tunisie.

Mots clés: système, production, élevage

Introduction

The evolution of animal production systems in the Mediterranean area, with special reference to small ruminants is treated comprehensively by Boyazoglu & Flamant (1990). A complete analysis of the cattle production systems was reported by Nardone (1996). A recent study and review on the influence of climate on livestock production systems in the Mediterranean area is also available (Nardone, 2000). In this paper, taking cattle as the main species, livestock production based on a combination of cattle with other species is described. The main sources of information used for Turkey are three Master of Science theses (Sahin, 1994; Tutkun 1999 & Ildýz, 1999) and one Doctorate thesis (Sahin, 2000). For Egypt, Morocco and Tunisia data were sent by H. Mansour, N. Rihani and M. Guellouz respectively.

Farm Structure

Farm structure was examined in terms of the size of farms, the level of production of forage crops, characteristics of housing, composition of livestock raised, and possession of tractor and milking machine.

Size of the farms and area devoted to forage crops

There are about four million farms in Turkey and 96% of these have mixed crop and livestock production (Ertugrul, 1997). About 75% of farms keep cattle - the average number being four animals and varying between averages of 2.5 in the South and 6.7 in the Northeast, (Akman & Yener, 1997). In some studies on the structure of cattle production in some regions of Turkey mean farm size changed between 59.4 da and 130.6 da with a general mean of 84.4 da (Table 1). In these studies, on average, 54% of the farms had 1-5 cattle in livestock units. The percentages of farm area allocated to forage crops have changed between 2.1-14.

In Turkey, almost all of the four million farms keep small ruminants, the mean number of animals being 12. About one half of the small ruminants are kept in farms having 20-99 da of land. Seventy-nine percent of the small ruminants are sheep (Anonymous, 2000). In Egypt the average numbers of cows and/or buffaloes are 1.4 in the Nile Delta and 4.6 in desert reclaimed areas. In Tunisia the average size of the farm land is 112 da and 73 % of the farms are smaller than 100 da. These farms keep 71 % of the cattle population and 66 % of the sheep population which means that there is only one cow/heifer per farm. The farms having a land area of 100 to 500 da own 26 % of the cattle population and 30 % of the sheep population. In these farms the number of cow/heifer per farm is also about one. In Morocco the main forage crops are alfalfa, berseem and the mixture of vetch & oats and they are cultivated in 3.6 % of the arable land.

Table 1. Size of farm and the level of forage production in dairy orientated farms in Turkey.

Forage crops cultivated (in % of farm land)	Western Black Sea[1]	Central Black Sea[2]	Southeastern Anatolia[3]	Central Anatolia[4]
Alfalfa	4.0	7.1	1.0	
Sainfoin	0.3	1.0	-	
Maize	1.3	5.4	-	
Vetch	0.9	0.5	1.2	
Oats	1.6	-	-	
Mean size Of farm land (da)	81	66.5	59.4	130.6
Area allocated to forage crops	8.1	14	2.2	2.1
Size of the farm with regard to cattle in livestock units	80 % 1-5 17 % 6-10	18 % 1-5 44 % 6-10	47 % 1-5 29 % 6-10	69 % 1-5 28 % 6-10

[1]Şahin (2000), [2] Ildız (1999), [3] Tutkun (1999), [4] Şahin (1994).

Housing

The overwhelming majority of cattle barns in Turkey are closed tie-stalls. The mean areas of the barns show a great variation. However 60-80 % has an area less than 100 m². The material used in building the barns are stone, concrete, wood or adobe depending on the region. The ranges for the lengths and widths of the stalls are 157-192 cm and 103-160 cm respectively. These dimensions generally don't conform to the standard values of 160-170 cm and 110-120 cm respectively (Akman, 1998). In Egypt also, in small farms, animals are usually tied in closed barns of 10-20 m². Such farms could accommodate 3-5 heads of sheep too.

Composition of raised livestock

It can be inferred from the information given above that about 75 % of the farms keep both cattle and sheep. Results of the research carried out in different regions of Turkey given in Table 2 agree with this conclusion. Cattle and sheep are generally kept together in the farms. Two to five goats, 1-7 bee-hives and some poultry are also found in most farms. Buffaloes are kept in some farms. When measured in terms of monetary values of animals 75 % are large ruminants, 24 % small ruminants and 1 % are poultry in Turkey (Erkus & Demirci, 1983).

Research results in small farms in Egypt show that the percentages of farms keeping buffaloes only, those keeping cows only and those keeping cows and buffaloes are 33 *vs.* 30, 5 *vs.* 2 and 62 *vs.* 60 respectively in the Nile Delta *vs.* desert reclaimed areas.

Table 2. Mean numbers of animals by different species in dairy orientated farms in Turkey.

Species	Western Black Sea	Central Black Sea	Southeaste rn Anatolia	Central Anatolia	Eastern Anatolia[1]	Turkey[2]
Cattle	7.0	15.1	10.9	6.4	17	74.7%[3,4]
Sheep	11.5	10.9	14.2	4.7	44[5]	24.3%[3,5]
Goat	5.2	2.2	1.7	3.1	-	-
Buffalo	-	0.53	0.07	-	-	-
Poultry	10.0	-	50.0	8.5	-	1.1
Bee-hives	5.3	0.77	3.6	1.4	7	-

[1]Tahtacıoğlu *et al.* (1998) [2]Erkus & Demirci (1983) [3]With regard to monetary values of animals [4]Large ruminants [5]Small ruminants

Table 3. The distribution (% of total) of breeds kept in the dairy orientated farms in Turkey.

Breed (Genotype)	Western Black Sea	Central Black Sea	Southeastern Anatolia	Central Anatolia
Holstein	24.1	18.6	31.3	75.7
Cross of Holstein	32.7	3.2	47.2	21.1
Brown	0.4	55.2	0.3	0.6
Cross of Brown	14.3	8.5	0.4	-
Native	19.7	7.7	20.8	2.0

Mechanization

To give an idea on the degree of mechanization in Turkey in the mixed livestock farms raising mainly cattle, the possession of tractor and of milking machine was examined. The proportion of farms having a tractor, changes from 36 % in the Southeast to 78 % in the central Black Sea region. The degree of ownership of milking machines changes from none in the Southeast to 59 % in Central Anatolia. In a large scale survey conducted in Egypt in 1002 farms each having more than 50 head of cattle/buffalo the percentage of farms using milking machines was found as 24.7 %.

Breeds (genotypes) raised

The total cattle population in Turkey is around 11 million and it is composed of exotic breeds (15.7 %), crossbreds (42.6 %) and native cattle (41.7 %). About 60 % of the exotic breeds are Holstein and 39 % of the domestic cattle are Native Black. The figures in Table 3 also indicate that major dairy cattle genotypes are Holstein and its crosses at the dairy orientated farms. In addition, native cattle are less frequent than the national average in these farms.

The total cattle population in Egypt is about 3.4 million consisting of local cattle (69.4 %), exogenous breeds (3.9 %) of mainly Friesians and crossbreds (26.7 %). Another important livestock species raised in Egypt is Buffalo with a population of about 3.3 million. In Morocco, 13 % of the cattle population are exotic breeds and the proportions of crossbreds and local breeds are 27 % and 60 % respectively. In Tunisia the total number of cows and heifers is 479820 of which 40 % is pure breeds and 60 % is native and crossbred cattle. The 95 % of pure breeds is Holstein.

Productive characteristics

In Tunisia and Turkey lactation milk yields as a national average in the native, crossbred and purebred (exotic) cows are in the range of 816-872 kg 1 960-2 448 kg and 3 584-4 080 kg respectively; the corresponding figures for days in milk are 205-218 days, 245-279 days and 256-297 days respectively (Tables 4 & 5).

In Egypt in small (mixed) farms lactation milk yields and lactation lengths in native and crossbred cows are 800 kg, 180 days and 1600 kg, 250 days respectively (Table 6). The buffalo cows in Egypt and Turkey produce 1 044-1 200 kg of milk in a lactation of 222-240 days. The main sheep and goat breeds in Turkey produce 40-55 kg and 60-70 kg of milk in a lactation of 140-160 days.

Artificial Insemination (AI)

In Turkey the proportion of breeding females in the cattle population which are artificially inseminated (AI) is around 14 % and the proportion changes from 28.5 % in the Aegean region to 0.9 % in the North Eastern region. In the farms giving more emphasis to dairy cattle production, except the Southeast, the extent of AI is two to three times more than the average in Turkey.

In Egypt the extent of AI in the whole cow population is 5 % as compared to 24.7 % in herds having more than 50 heads of cattle/buffalo. In Tunisia the rate of AI in the whole cow population is 31 % and it is 51 % in purebred cow population compared to 16.7 % in the local and crossbred cow population.

Data recording

In Turkey the number of cows production tested and recorded in herdbook is about 35 000 which is 0.6 % of the total cow population or 2.5 % of the exotic cow population.

In Egypt 5 % of the herds are production tested and recorded. In Tunisia 40 % of the exotic cattle are officially identified and recorded in herdbook. The percentage of the exotic cattle enrolled in the official production testing program is 12 %.

Milk marketing

The results of surveys reported in the four graduate theses reviewed for this paper, show that in Turkey 70-100 % milk produced is marketed in several ways. Milk can be sold to milk collectors working for factories or small milk processing units; some farmers sell it as milk products such as cheese, yogurt or butter.

In Tunisia 91 %, 70 % and 22 % of the milk produced by purebreds, crossbreds and local breeds respectively are marketed through milk collection centers, directly to dairy plants or at the mobile or fixed selling points. The rest of the milk is consumed at the farms.

Some valuable information given in the Egyptian data are that the percentage revenue from milk of buffaloes and exotic cattle breeds are 20-25 %, that from milk of crossbreds is 15-20 % and that from milk of local breeds is 10-15 %.

Grazing and feeding

In summer, in the coastal regions and central Anatolia, sometimes cows are grazed during the day as a village herd on a nearby pasture by a shepherd and housed overnight. In Eastern Anatolia all farmers graze their animals. Sheep and goats kept on the farms are shepherded usually as a village flock on village range, cereal stubble or fallow.

In general, no natural grazing is practiced in Egypt. In Tunisia grazing areas meet, depending on the climatic conditions 20-45 % of the feed requirements of livestock. In Morocco rangelands constitute about 35 % of the total feed inventory of the country.

Roughages fed

In Turkey in 19-84 % of the dairy orientated farms, straw is the only roughage used as reported in the studies reviewed. Other important roughages/roughage combinations are straw + alfalfa, alfalfa hay, alfalfa + vetch + vegetable residues + straw and straw + oats + vetch.

In Egypt rice straw and wheat bran are the main roughages. During winter, Berseem is the main green fodder in the country. In summer Berseem hay or green maize replace Berseem. The sources of roughages used in Tunisia are grazing areas, forage crops, stems, straw and by-products from olive trees and milk processing. The roughage sources available in Morocco for livestock feeding are by-products of crop production such as stem sand straw, forage crops cultivated at 3.6 % of the arable land.

Table 4. Some characteristics of major livestock breeds/genotypes raised in mixed farms in Turkey.

Trait	Cattle			Buffalo	Akkara-man[1]	Hair Goat
	Purebred	Cross-bred	Native			
Average milk yield(kg)	4 080	2 448	816	1 044	40-55	60-70
Days in milk	297	279	205	222	140-150	150-160
Lactations/ cow	4	5	5	7	7	7
Mature body weight						
Females	490	440	240	519	40-45	40-45
Males	833	739	307	600	50-60	55
Age at 1st parturition	31	31	36	34	23	23
Weaning age	3.5	3	2.5	7	2-3	2-3
Young mortality	14	12	12	12	10	12

[1]Native sheep breed having the largest population.

Sources: Alpan & Yener (1993), Anonymous (2000), Ertuğrul (1997), Yalçın (1986) and Yener (1989).

Table 5. Some characteristics of cattle raised in Tunisia.

Trait	Purebred	Crossbred	Local
Lactation milk yield (lt)	3 584	1 960	872
Days in milk	256	245	218
Preweaning calf mortality (%)	6.6	5.0	1.6
Postweaning calf mortality (%)	0.7	0.3	0.2

Table 6. Some characteristics of dairy cattle and buffalo in small farms in Egypt.

Trait	Baladi[1]	Buffalo	Crossbred
Total milk yield (kg)	800	1200	1600
Days in milk	180	240	250
Lactations/cow	3	6	6
Mature body weight			
Cows (kg)	300	450	350
Bulls (kg)	400	500	450
Age at first calving (mo)	36	37	35
Weaning age (mo)	3.5	1.5	3.5
Calf mortality (%)	20	28	20

[1]The native cattle breed.

Concentrates fed

In Turkey dairy concentrate, manufactured by feed factories is the only concentrate used by 28 to 95 % of the dairy orientated farms. Crushed barley and wheat, dairy concentrate + bran, and crushed barley are the other major concentrates.

In Egypt many breeders use a complete ration composed of 48 % decorticated cotton seed cake, 21 % wheat bran, 20 % maize, 4.5 % rice polish, 3 % molasses, 2 % limestone and 1 % sodium chloride. In Tunisia the concentrates used includes barley, concentrates produced by feed factories, by-products of flour mills such as bran and wheat residues. In Morocco, concentrates produced by the feed industry and by-products of agricultural industry such as bran, dried beet pulp and oilseed cakes are main sources of concentrates.

Constraints for improving productivity

In the dairy production working paper prepared in the framework of Turkish Livestock Strategy Study (Anonymous, 1994) the constraints for improving milk production from cattle were classified as follows:

1) Management constraints: Housing standards, feeding levels, cow husbandry practices.
2) Breeding constraints: Artificial insemination limitations, genetic resources.
3) Labour constraints: Labour availability.
4) Supporting service constraints: Extension services, animal health, credit, marketing.

The results of surveys, regarding the expectations of farmers from the state, reported in the four graduate theses and the research carried out in Eastern Anatolia coincide very well with the constraints listed above. In fact, farmers expect a balance between prices of feed and milk; increase the amount of credits, decrease interest rates; help in the marketing of milk. In Eastern Anatolia two major constraints limiting both cattle and sheep production are inadequacy of feed and inadequate veterinary services and hence diseases.

Proposals for improving sustainable milk production from mixed livestock farms

The key factors for improving milk production are providing adequate feeds, milk prices satisfactory for the farmers and efficient supporting services. For the production of adequate, quality roughage, arable land should be utilized in the best way possible. Technical principles need to be applied for the sustainable use of rangelands. It is suggested that the ratio of concentrate price/producer milk price should be realized around 2/1 and that of sterilized milk/producer milk price also around 2/1 (Anonymous, 2000). The extension service should be implemented through a system employing farm management consultants. Farmers need to be given help in marketing their milk.

References

Akman, N., 1998. Pratik Sığır Yetiştiriciliği. Türk Ziraat Mühendisleri Birliği Vakfı Yayını, 217 pp

Akman, N.& S.M.Yener, 1997. Sığır Yetiştiriciliği. In: Hayvan Yetiştirme (Yetiştiricilik), M. Ertuğrul (editor). Baran Ofset, Ankara, Turkey, 83-144.

Alpan, O. & S.M.Yener, 1993. Preliminary work for the Turkish livestock strategy study (unpublished).

Anonymous, 1994. Turkish livestock strategy study, Annex II, Livestock production. Ministry of Agriculture and Rural Affairs General Directorate of Production and Development, German Agency for Technical Cooperation, U.N. Food and Agricultural Organization, United Nations Development Programme Ankara March 1994.

Anonymous, 2000. Sekizinci 5. Yıllık Kalkınma Planı ve Hayvancılık Özel İhtisas Komisyonu Raporu. T.C. Başbakanlık Devlet Planlama Teşkilatı (Yayınlanmamış).

Boyazoglu, J. & J.C. Flamant, 1990. Mediterranean systems of animal production. In: The World of Pastoralism, John G. Galaty & Douglas L. Johnson (editors), The Guilford Press, New York, 353-393.

Erkuş, A. & R. Demirci, 1983. Ülkemizin Değişik Bölgelerindeki Tarım İşletmelerinde Hayvancılık Faaliyetleri ve Bu Faaliyetlerin İşletme Bünyesindeki Yeri. Ankara Üniversitesi, Ziraat Fakültesi, Ankara, Turkey, 20pp.

Ertuğrul, M., 1997. Türkiye'de hayvan yetiştiriciliği ve hayvansal üretim. In; Hayvan Yetiştirme (Yetiştiricilik), M. Ertuğrul (editor). Baran Ofset, Ankara, Turkey, 3-8.

Ildız, F., 1999. Tokat İli Merkez İlçesinde İthal Sığır Yetiştiren Tarım İşletmelerinin Yapısı. Ankara Üniversitesi Fen Bilimleri Enstitüsü Zootekni Anabilim Dalı. Yüksek Lisans tezi, Ankara.

Nardone, A., 1996. Analysis of cattle production systems in the Mediterranean area. In: Cattle in the Mediteranean Area, J.C. Flamant, J. Boyazoğlu & Nardone (editors), Wageningen Pers, Wageningen, The Netherlands, 5-26.

Nardone, A., 2000. Weather conditions and genetics of breeding systems in the Mediterranean area. In: Produzioni Animali Di Qualita Ed Impatto Ambientale Nel Sistema Mediterraneo, G. Enne, G.F. Greppi & G. Licitra (editors), MG scientific pub.s, Bergamo, Italy, 67-92.

Şahin, O., 1994. Ayaş İlçesine Bağlı Köylerdeki Süt Sığırcılığının Yapısı. Ankara Üniversitesi Fen Bilimleri Enstitüsü Zootekni Anabilim Dalı. Yüksek Lisans Tezi, Ankara.

Şahin, O., 2000. Bolu İlinde Sığır Yetiştiriciliğinin Yapısı. Ankara Üniversitesi Fen Bilimleri Enstitüsü Zootekni Anabilim Dalı. Doktora Tezi. Ankara.

Tahtacıoğlu, L., H. Şeker, Z. Göçmez & A.Kara, 1998. Erzurum'da hayvansal üretim sistemleri ve üretimi sınırlayan etmenler. In: Doğu Anadolu Tarım Kongresi Bildiri Kitabı I. cilt. Atatürk Üniversitesi Ziraat Fakültesi, Erzurum, Turkey, 717-726.

Tutkun, M., 1999. Diyarbakır İli Merkez İlçeye Bağlı Köylerdeki Süt Sığırcılığının Yapısı. Ankara Üniversitesi Fen Bilimleri Enstitüsü Zootekni Anabilim Dalı. Yüksek Lisans Tezi. Ankara.

Yalçın, B.C. 1986. Sheep and goats in Turkey, FAO Animal Production and Health paper 60, Food and Agriculture organization of the United Nations, Rome, Italy, 168pp.

Yener, S.M., 1989. International survey on buffalo production systems in Europe, in Mediterranean and Para-mediterranean area Country: Turkey (Draft questionnaire).

Intensification des systèmes de production de lait en conditions non favorables. Expérience dans la Vallée des Pedroches (Cordoue, Espagne)

A. Gómez-Cabrera

Département de Production Animale, UCO, Apdo. 3048, Cordoue, Espagne

Résumé

Dans cet exposé, nous analysons les facteurs propices à l'intensification des systèmes de production animale, en décrivant le processus d'industrialisation de l'élevage en Espagne et les circonstances du développement du secteur laitier dans une zone défavorisée.

Les facteurs qui conditionnent l'évolution des systèmes de production relatifs à l'élevage sont directement liés aux modifications que provoque le développement économique dans une société déterminée. Dans le milieu agraire, la production de lait est le système de production qui occupe le mieux la main-d'œuvre familiale. Pour le développement de ce secteur, l'existence d'un marché accessible au producteur s'avère indispensable.

Mots-clés: production de lait, systèmes intensifs, bovin, ovin, caprin.

Summary

In this paper we analyse the factors that promote the intensification of animal production systems, describing the process of industrialisation of livestock in Spain and the circumstances for the development of the dairy sector in an unfavourable region.

The factors that favour the evolution of animal production systems are directly related to the modifications that cause economic development in the same society. In the agrarian sector, the production of milk is based upon the system making best use of family labour. The development of this sector depends upon the existence of a market which is accessible to the producer.

Keywords: milk production, intensive systems, cow, sheep, goat.

Facteurs liés à l'intensification des systèmes de production extensifs

Facteurs de la extensification

En général, les systèmes de production extensifs traditionnels sont liés à des structures de production définies par l'utilisation de races locales peu productives, adaptées au milieu, alimentées au moyen des ressources naturelles et des résidus des récoltes traditionnelles, dans le Bassin Méditerranéen essentiellement céréalières (Flamant, 1992), comprenant des déplacements saisonniers vers d'autres lieux, plus ou moins proches. La saillie se réalise de façon naturelle, limitée à l'époque la plus en accord avec l'évolution saisonnière des ressources naturelles. La sélection se réalise à l'intérieur du troupeau, avec l'incorporation d'étalons provenant de troupeaux locaux. Les installations, quand elles existent, sont habituellement peu fonctionnelles et généralement très fermées, afin d'isoler les animaux du milieu extérieur. Les productions sont saisonnières et hétérogènes, sans garantie sanitaire. Le commerce, dans le cas du lait, couvre la propre consommation et l'approvisionnement de la population locale, ce qui laisse supposer des exploitations situées à proximité des centres de population.

Les bases de ce système sont :

- *Le commerce:* La structure sociale, majoritairement rurale, et le faible pouvoir d'achat de la population impliquent une consommation adaptée à la production (« on consomme ce que l'on produit »), et un important niveau de l'autoconsommation.
- *La vente du lait* se fait directement du producteur au consommateur. Les systèmes de production se situent près des centres de population et/ou on développe des systèmes artisanaux de conservation du produit ou des excédents saisonniers de production (production de fromages, dans le cas du lait).
- *La main-d'œuvre:* Celle-ci est abondante et bon marché, ce qui permet la garde directe du troupeau dans les zones de pâturage.

Facteurs déterminants du changement

Le développement économique dérivé de l'industrialisation du pays et/ou du développement du secteur services, comme le tourisme, et l'émigration de la main-d'œuvre vers d'autres pays, déterminent le déplacement (plus ou moins rapide) de la population rurale vers des centres de population urbaine. Ce changement dans la disponibilité de la main-d'œuvre rurale, avec l'accroissement de la population urbaine et du pouvoir d'achat, provoquent une modification du système de production traditionnel caractérisé par les éléments suivants :

- *Le marché:* La demande de produits d'origine animale augmente. Cette demande s'éloigne des centres traditionnels de production. On exige une plus grande qualité des produits et leur homogénéité, une régularité dans l'offre et la garantie sanitaire du produit.
- *Le système de production:* La production en fermes d'élevage intensif de volailles et de porcs augmente au détriment des ruminants. On introduit des races améliorantes pour les croiser avec les races autochtones. On intensifie la production et la conservation des fourrages, et la consommation d'aliments concentrés à travers la production d'aliments composés pour bétail, en réduisant ou annulant les déplacements saisonniers hors de l'exploitation, afin d'utiliser les ressources naturelles d'autres zones. Les jeunes animaux et/ou les plus productifs (animaux producteurs de lait en traite) cessent de paître dans les pâturages extensifs. La pratique de l'insémination artificielle s'accroît, surtout chez les bovins producteurs de lait. Les périodes où le bétail met bas s'allongent, puisqu'elles dépendent moins des ressources naturelles.

Dans les systèmes de production d'ovins et de caprins sont introduites des races améliorantes, dont le produit ne se trouve pas protégé par une appellation d'origine. Dans le cas des bovins, dans un premier temps, on cesse de traire les races locales à double ou triple aptitude pour introduire la race Frisonne. On tend à la stabulation libre au détriment de la stabulation fixe et/ou de la pâture à l'air libre. De la traite manuelle on passe à la traite mécanique. Initialement, on adapte les anciennes étables pour les utiliser pour la traite et on construit la salle de traite. Le ramassage du lait passe des bidons sans réfrigération à des citernes de réfrigération dans l'exploitation et au transport dans des camions isothermes.

On effectue le contrôle systématique des pathologies les plus significatives: tuberculose, brucellose On organise des systèmes d'appui vétérinaire (ADSG en Espagne; Hachaklait en Israël).

On essaie de rendre la production moins saisonnière et d'améliorer la qualité des produits, en incluant des systèmes de transformation et de commercialisation des produits. En ce sens, et en ce qui concerne la production de lait, on essaie d'abolir la vente directe en favorisant l'existence de Centrales Laitières.

Le principal élément qui affecte le développement de la production laitière, s'agissant d'un produit spécialement périssable, est constitué par la possibilité de commercialisation du dit produit; d'autres facteurs, comme ceux du milieu, étant les conditionnants du maintien du système. Ainsi, un élément important pour le maintien du système productif est l'absence d'autres alternatives d'emploi de la main-d'œuvre excédentaire, étant donné que la production laitière, surtout dans le cas de la production non saisonnière, représente un travail pénible qui nécessite une présence quotidienne sur l'exploitation, et ce tout au long de l'année. En relation avec le milieu, un élément qui permet l'intensification laitière (comme celle des autres productions d'élevage intensif), est constitué par l'absence de dépendance de la production d'aliments. Cette production, dans les milieux défavorables des zones sèches, est très variable au cours de l'année et aussi entre les différentes années. Cela suppose, en définitive, que cette alimentation puisse se réaliser en l'absence de base territoriale, facteur qui, par son coût, limite l'accès au secteur d'une partie de la main-d'œuvre compétente dans le maniement du bétail.

L'un des facteurs qui limite ce développement est le manque de capitaux pour faire face aux investissements nécessaires pour le commencement de l'activité et/ou pour son adéquation, tant pour les animaux (achat, assainissement) que pour les machines et les installations. En ce sens, l'appui de l'administration publique se traduit en un apport économique dans le but d'éradiquer les maladies, comme la brucellose, moyennant l'élimination des animaux affectés et le traitement préventif du lait. D'autre part, cet appui sert un objectif politique en évitant un exode massif de la population rurale.

Un autre de ces facteurs limitatifs est de type sociologique lié à la mentalité traditionnelle du paysan qui le fait résister aux changements. En ce sens, en principe, les activités de formation pour obtenir le changement du système de production doivent, de préférence, être proposées aux jeunes.

Evolution des systèmes productifs d'élevage en Espagne

Aspects generaux

A la fin des années 50 est mis en place un Plan de Développement Economique basé sur l'établissement de relations commerciales avec d'autres pays (spécialement avec les USA), le développement de l'industrie et, en particulier, celui du secteur touristique. Le développement de ces secteurs et le départ d'émigrants vers l'étranger, provoquent un exode massif de main-d'œuvre agricole, qui passe du taux de 42,3% de la population active en 1960 à celui de 18,9% en 1980; postérieurement, ce rythme descendant se ralentit et atteint le taux de 8,7% en 1995.

Quant à la production, l'élevage intensif des porcs et des volailles, basé sur l'intégration des exploitations aux usines d'aliments composés et/ou les abattoirs s'est développé. Simultanément s'est produite une baisse de la production d'ovins et de caprins, plus dépendants de la main-d'œuvre et sa substitution partielle par les bovins de boucherie. On abandonne l'utilisation des zones marginales peu productives et celles de montagne. Cette évolution, apparue principalement pendant la décade des années soixante et qui se prolonge tout au long de la décade suivante, donne lieu à un modèle dépendant et déséquilibré (Rodríguez Zúñiga *et al.*, 1980), dû à l'importation d'animaux de races d'amélioration et surtout d'aliments concentrés pour la fabrication de produits de nutrition animale, ainsi que par leur distribution géographique.

L'apparition de l' OPEP en 1973 et la crise énergétique qui s'en est suivie, loin de nuire à l'industrialisation du secteur en provoqua la consolidation. Ceci fut motivé, entre autres raisons, par le fait que l'augmentation du coût de la main-d'œuvre (480%) entre 1973 et 1981, principal composant du prix de revient dans les systèmes extensifs dépassa, de beaucoup, celui des produits de nutrition animale (230%), principal composant de la dépense dans les systèmes industrialisés (Blas *et al.*, 1984).

Les tentatives de correction de ce modèle de développement, réalisées par le Gouvernement de la Nation en 1979, basées sur des subventions aux systèmes extensifs (R.D. « Développement de l'élevage extensif et en zone de montagne »), n'eurent pas de succès, comme le constatent les travaux d'Abella *et al.* (1988) en décrivant ce qui est arrivé dans les systèmes productifs des zones de montagne.

La production de lait

La production de lait, localisée principalement dans les prairies atlantiques de la zone nord de l'Espagne, aux alentours des centres de population (villages et villes) et dans des exploitations avec possibilité d'irrigation pour la production de fourrages, dans le reste de l'Espagne sèche, se spécialise, abandonnant la traite des races autochtones dans les régions où elles étaient exploitées et qui sont substituées par la vache frisonne. Cette production se voit également affectée par la politique agricole commune de l'U.E. à partir de l'intégration de l'Espagne en 1985.

La production de lait de caprins, basée dans des exploitations familiales, avec peu de base territoriale et qui utilisent les résidus des cultures et des terrains marginaux, inaptes à la culture agricole, a connu une réduction drastique. Ce lait était directement utilisé dans les zones de production, ou pour la fabrication de fromages mélangé à celui de vache, dans la mesure où la présence fréquente de brucellose ne favorisait pas la production artisanale de fromages purs. Quand le pouvoir d'achat de la population a augmenté, on a vu se développer des industries productrices de fromages pur-chèvre ainsi que des exploitations en stabulation libre, malgré l'importante incidence des pathologies associées à ce système productif chez ce type d'animaux.

Dans un essai de compilation réalisé à l'Université de Cordoue au début des années 90 (Anonyme 1991) étaient recueillies les principales caractéristiques que présentait à cette époque-là, le secteur de production de lait de chèvre en Andalousie, principale zone de production en Espagne: la taille moyenne était de 100 chèvres par exploitation et seulement dans 0,6% de celles-ci se réalisaient le sevrage initial et la lactation artificielle des chevreaux. La traite mécanique n'intéressait que quelques exploitations (10-40% selon les zones). 7% seulement du lait était transporté préalablement réfrigéré et dans des camions isothermes.

L'un des facteurs les plus négatifs se référait à l'aspect saisonnier de la production (printemps - été d'une part, automne – hiver d'autre part) qui oscillait entre 2/1 (21%), 3/1 (14%), 4/1 (21%) et >4/1 (43%). Le bas prix perçu pour le lait et les problèmes du ramassage motivèrent l'association des éleveurs, appuyés pour la plus grande part (80% des cas) par des aides officielles. Cependant, l'activité de ces associations était majoritairement (80%) limitée au ramassage et à la vente du lait à d'autres entreprises. Les contrôles de qualité établis se limitaient à l'acidité et au pourcentage de graisse et seulement 7% incluaient le pourcentage en protéine. De même, seulement 6% établissaient des prix spéciaux pour corriger le caractère saisonnier de la production.

La production de lait d'ovin est liée à des zones déterminées et à l'utilisation de races sélectionnées à cette fin (Manchega, Churra ,...). chez lesquelles, après un sevrage précoce des agneaux (1 mois), on pratique la traite de la brebis pendant quelques mois. De plus, dans certains systèmes de production de viande avec des brebis Mérinos et de façon sporadique, on pratiquait des traites saisonnières de printemps pour profiter du fait qu'après le sevrage des agneaux, et grâce à l'abondance de l'herbe à ces moments-là, les brebis maintenaient une production de lait relativement élevée. Ce lait était utilisé pour la production artisanale de fromages très gras. Là où la production de fromage a été protégée par une appellation d'origine (c'est le cas du fromage «manchego»), la sélection s'était maintenue en race pure; par contre, quand ces restrictions n'existaient pas, il s'était produit une incorporation de races étrangères spécialisées dans la production de lait (ex: Awasi, Assaf, Lacaune).

Actuellement, on observe d'importants problèmes pour le maintien des systèmes d'attention continue au bétail, ce qui entraîne la recherche de systèmes de distribution automatique des aliments, même dans les systèmes les moins intensifs de production de viande (Caja et Conill, 1999).

Il est évident que l'évolution a été inégale et dépendante des facteurs qui ont affecté les différents systèmes de production. Pour pouvoir connaître avec plus de détails les caractéristiques d'un processus de développement durable de ce secteur dans un milieu *a priori* défavorable, nous allons prêter attention à ce qui s'est passé dans la zone de la Vallée des Pedroches (Cordoue), qui correspond à une zone type de terre non irrigable du Sud de l'Espagne.

Développement du secteur laitier dans une zone défavorisée: le cas de La Vallée des Pedroches

Les caratéristiques pedoclimatiques et socioeconomiques de la zone

La Vallée des Pedroches occupe une superficie de quelque 360000 hectares, au nord de la province de Cordoue (38°00' à 38°45' de latitude nord et 4°10' à 4°35' de longitude ouest). A une altitude moyenne de 600m (500m dans la partie occidentale et 700m dans l'orientale), sur un sol acide, superficiel, pauvre en apports nutritifs, principalement en phosphore.

La pluviométrie moyenne est de 570 mm, oscillant entre 430 dans la partie occidentale et plus de 800 dans la partie orientale (ceci étant dû à l'accumulation de nuages), distribuée de manière saisonnière selon les caractéristiques propres du climat méditerranéen, et avec une grande fluctuation entre les années, avec des oscillations qui vont de 250 à 970mm (Valle Buenestado, 1985), cette pluviométrie étant le principal facteur qui conditionne les productions. Les températures moyennes oscillent au long de l'année entre 7° et 26°, avec des maxima absolus qui avoisinent les 40° et des minima de -4°C, sachant que de 7 à 10 mois sont libres de gel.

Ces caractéristiques dessinent une zone consacrée à la production de pâturages pour le bétail, avec prédominance des ovins de boucherie dans la zone occidentale et le centre et des bovins de boucherie dans l'orientale et l'utilisation complémentaire des ressources, spécialement celle de la production arboricole existante, le chêne vert (*Quercus* spp.), avec le porc ibérique.

La zone se trouve éloignée des principaux centre de population et pendant longtemps a souffert d'un sous-équipement notoire en matière de communication. Cette région, éminemment rurale est encore sans ressources industrielles ni touristiques. Cette situation a provoqué l'abandon massif de la population lors de la décade du développement des années 60, passant de quelque 100 000 habitants à environ 50 000 (Pérez Yruela *et al.*, 2000).

Conséquences de la transformation

Au début de cette époque, un groupe de 23 éleveurs de cette région a initié une coopération en achetant en commun un camion de maïs. Le maintien de ces actions les ont conduits à la création de la «Cooperativa Ganadera del Valle de los Pedroches, COVAP» qui, en 1962, a construit une petite usine d´aliments composés pour bétail. Celle-ci fut complètement transformée en 1964 et réformée postérieurement en diverses occasions. En partant de la fourniture d'aliments concentrés aux éleveurs, la Coopérative a peu à peu créé de nombreuses activités dont les données les plus significatives sont reprises dans le tableau n°1:

Une partie significative des investissements réalisés, autant de la part de la Coopérative que des éleveurs, se sont réalisés avec l'appui des programmes nationaux et/ou européens de promotion du développement rural.

Actuellement, le secteur laitier de la Coopérative génère près de 50% des ventes, chiffrées actuellement à plus de 150 millions d'euros, participant avec 36% des bénéfices (6 millions d'euros). Son développement constitue un modèle au niveau de l'Espagne, par sa singularité, s'agissant d'un secteur important développé dans une contrée sans tradition spéciale dans ce genre de production, étant en outre une zone non irrigable, avec peu de ressources hydrauliques.

Cette activité a été entamée au milieu des années 60, avec le ramassage de l'excédent de lait qui se produisait au printemps par le troupeau bovin dans les potagers familiaux qui entourent les centres de population. Ce lait était transporté jusqu'à la Centrale Laitière (COLECOR), située à Cordoue (90 km), d'abord dans des bidons métalliques dans les camions qui allaient charger les produits pour la fabrication des aliments composés. Bien que, en certaines occasions, le lait n'arrivait pas en condition d'être utilisé, les possibilités de vente que supposait ce système provoqua une croissance rapide de la production, appuyée sur l'utilisation des aliments composés produits dans l'usine de la Coopérative.

Les difficultés initiales pour obtenir un produit de qualité suffisante et la rigidité de COLECOR déterminèrent l'établissement d'un accord avec la principale entreprise du secteur du sud de l'Espagne (UNIASA), située à Grenade, à 260 km et qui avait besoin d'importants apports de lait pour couvrir sa capacité d'expansion. Cet accord, basé sur une bonne entente personnelle des dirigeants des deux entreprises, a favorisé le développement de la production, le début de l'industrialisation et la vente même du lait aux consommateurs. Á l'origine, celle-ci était difficile en raison du système d'exclusivité établi en faveur des Centrales laitières installées dans une ville; ceci empêchait la vente à Cordoue (300000 habitants).

Au fil du temps, le système s'est peu à peu ouvert un chemin grâce à la vente des excédents à d'autres entreprises, en essayant toujours d'établir des relations stables qui ont progressivement développé différentes stratégies de collaboration, y compris la fabrication de la marque de l'entreprise collaboratrice, s'appuyant à certains moments sur la fabrication de marques «blanches» pour la

Tableau 1. Evolution des activités de la Coopérative COVAP.

Année initiale		1995	1996	1997	1998	1999
1959	Nombre de sociétaires	6495	7047	7700	8060	8800
1962	Employés	171	152	146	153	200
1962	Aliment composé (millions kg)	240	183	198	249	350
1992	Aliment mélange (millions kg)	-	50	56	63	91
1966	Lait de vache (millions kg)	118	123	130	133	142
1996	Lait de chèvre (millions kg)	-	0 ,98	0,98	1,16	1,4
1999	Lait de brebis (millions kg)	-	-	-	-	0,1
1986	Porc Ibérique	22150	9300[2]	8000	13500	20000
1973[1]/1996	Agneaux	-	17415	20000	36000	60000
1998	Veaux	-	-	-	2650	7000

[1]Complexe d'ovins: activité qui a d'abord connu un échec.
[2]Incendie de l'abattoir

vente par les grandes chaînes de distribution, bien que ce système présente peu d'intérêt. Au cours de ces dernières années des campagnes de promotion ont été réalisées à la télévision.

Pour atteindre le niveau actuel, il a fallu intégrer deux données conditionnant la production: la qualité du produit et son caractère saisonnier. Ceci a été rendu possible, entre autres moyens, par la politique de primes et de pénalités établie au long du processus, politique facilitée par le fait que ce sont les représentants du groupe laitier eux-mêmes qui proposent les systèmes de paiement. D'autres moyens ont été l'établissement initial, en 1976, de centres de ramassage (36) proches des exploitations, où le lait se refroidissait dans des citernes. Plus tard (1985), on a encouragé l'installation de citernes de réfrigération sur les propres exploitations à travers le système de primes à la qualité. L'application des différents critères de qualité a suivi la séquence suivante :

- Initialement = Acidité
- 1970 = Point cryoscopique
- 1975 = Graisse (initialement 2,9%; actuellement 3,7%)
- 1980 = Protéines (initialement 3%; actuellement 3,1%)
- 1985 = Extrait sec maigre (initialement 8,2%; actuellement 8,3%)
- 1985 = Prime au lait froid et avec moins de 200000 bactéries/ml
- 1988 = Contrôle d'antibiotiques
- 1990 = Niveau de bactéries (on ne ramasse plus que le lait froid sur les exploitations)
- 1992 = Cellules somatiques (on l'applique au prix à partir de 1997)

A côté de ces critères de qualité, le système fixe des niveaux plus élevés de prix pour le lait automne-hiver que pour celui de printemps-été, obtenant de cette façon une grande régularité dans les livraisons à travers les saisons.

Evolution du système de production

Le secteur a été utilisé par une partie importante de la main-d'œuvre agricole avec peu de capacité pour l'acquisition de terres, comme moyen d'emploi de la main-d'œuvre, propre et familiale. L'évolution des caractéristiques des exploitations est résumée dans le tableau n°2

Lors des contrôles réalisés par les Services Techniques de la Coopérative au cours de l'année 2000, sur un total de 415 exploitations, on a obtenu des valeurs moyennes de 55 vaches par exploitation, avec une production annuelle livrée à la Coopérative de 288.000 litres de lait. La superficie consacrée à la production fourragère était de 36 hectares, dont la moité appartenait au propriétaire et l'autre moitié était en location; la dite superficie étant basiquement constituée par des terres non irriguées (3% en zones d'irrigation).

Plus de 90 % des exploitations existant à l'heure actuelle ont initié leur activité à partir des années 60, le maximum étant atteint au début des années 80. De ces exploitations 61% ont débuté avec un nombre variant entre 3 et 8 vaches; seulement 10% dépassaient alors les 17 vaches. Dans les années 80 a commencé une intense campagne d'assainissement afin d'éradiquer la tuberculose et la brucellose, ce qui, ajouté aux problèmes de mammite existant sur beaucoup d'exploitations, provoqua l'abandon de beaucoup d'entre elles. Celles qui sont restées ont profité de l'élimination des animaux affectés pour les substituer par des génisses importées d'Allemagne et elles ont initié l'usage systématique de l'insémination artificielle. Le processus de concentration des exploitations s'est accéléré du fait de l'entrée de l'Espagne dans l'UE et de l'établissement du système de quotas et de primes favorisant l'abandon de la production laitière.

A partir de 1983 et encouragée par les Services Techniques de la Coopérative, s'est initiée la transformation des systèmes traditionnels de stabulation fixe en stabulation libre, avec séparation de

Tableau 2. Evolution des caractéristiques des exploitations liées à COVAP.

				Dimension (vaches/exploitation)						
Année	N° expl	N°total vaches	Lait livrée/ expl/année (litres)	Moyenne vache/expl	1-10 (%)	10-20 (%)	20-30 (%)	30-40 (%)	40-50 (%)	>50 (%)
1975*	1181	6377	17922	5,4	--	--	--	--	--	--
1980*	1371	12882	34245	9,4	65,8	24,7	5,7	3,2		0,6
1995	519	21724	226000	42	3,1	13,8	25,8	22,3	11,4	23,6
1999	489	25900	244832	50	0,7	5,1	13,1	19,6	15,3	46,2

*Sala Castell & Gómez Cabrera (1982)a,b.

la salle de traite, car initialement la traite se faisait dans l'étable même., Actuellement, la proportion des différents systèmes de traite est de 16% en marmite portative et 25% en circuit, (les deux systèmes en étables), et 59% en salle de traite, face aux pourcentages repectivement de 33%, 21,5% et 45,5%, dans l'ensemble de l'Espagne. (López Garrido, 2000). Les autres services prêtés par la Coopérative étaient: vente de produits vétérinaires et de presque tous les matériaux nécessaires à l´exploitation; appui technique pour la modification des installations; contrôle de la machine à traire; appui pour la demande de subventions de la PAC (animaux, cultures, exploitations prioritaires...). Un effort spécial a été réalisé par le contrôle des mammites, forcé initialement par les exigences légales étblies en 1998 (Décret sur l'Homologation des Exploitations Laitières). Ceci a supposé passer d'un taux de 30% de lait avec des contenus inférieurs à 400.000 cellules somatiques en 1996, à celui de 80%, à la fin de 1997. Des contrôles techniques ont été mis en place dans les exploitations, en commençant par le contrôle de la reproduction, réalisé actuellement sur 10% des exploitations et qui, en 1999, présentait un intervalle de 412 jours entre parturitions, avec 85% des services par insémination artificielle et 2,1 services par parturition.

Indépendamment de ces services, la prestation la plus importante de la coopérative, à part la commercialisation du lait, se réfère à l'alimentation. Le manque de base fourragère s'est vu partiellement compensé par l'utilisation de paille de céréale et une forte proportion d´aliments composés puisque l'éleveur réglait mensuellement à la Coopérative le prix de ces aliments par le prix du lait livré. Ce système s'est peu à peu amélioré avec l'incorporation de divers sous-produits: drêches de brasserie, pulpe de betteraves et d´agrumes déshydratée, graine de coton et l'achat de fourrages déshydratés (luzerne). Ces sous-produits s'acquièrent à la Coopérative et sont même fournis aux éleveurs mélangés entre eux ou avec des forrages, de sorte que 20% seulement des exploitations réalisent leurs propres mélanges, bien que ce soit toujours avec des aliments obtenus à travers la Coopérative dans plus de 95% des cas.La solution la plus radicale est basée sur l'utilisation de mélanges complets produits par l'Unité de Mélanges de la Coopérative qui sont servis quotidiennement aux vaches dans 14% des exploitations comme unique aliment («service de traiteur pour vaches»). Cette même solution est en train d'être employée pour le développement des secteurs laitiers de chèvres et de brebis, avec l'ouverture, en l'an 2000, d'une nouvelle Unité de Mélanges consacrée en priorité aux ovins. Dans ces exploitations il y a une surveillance technique exercée par la coopérative, pour les questions vétérinaires et d'alimentation.

Ce système de production, semblable à celui qui se pratique en Israël, se trouve compétitif face à celui qui se pratique dans le reste de l'Espagne (Pérez Almero *et al.*, 1999; López Garrido, 2000).

Concept	Paramètre	Valle Pedroches	España
Productivité	Vaches/UTA	30,4	23
	Litres lait/UTA	213554	135489
	Kg concentré/vache	4826	2694
	Kg paille/vache	1375	1115
Alimentation	Kg foin/vache	2003	1419
	Kg ensilage/vache	778	3748
	Kg concentré/l lait	0,69	0,5
	Recettes totales (ptas/litre lait)	54,7 (48,8[1])	53,5 (45,7[1])
	Coûts variables (ptas/litre)	33,2 (27,2[2])	27,7 (15,3[2])
Bilan economique	Frais fixes (ptas/litre)	7,4	10,2
	Coûts opportunité (ptas/litre)	6,4	19
	Marge nette (ptas/litre)	14,1	15,7
	Bénéfice (ptas/litre)	7,7	-3,3

[1]Prix de vente du lait (ptas /litre)
[2]Coût des aliments achetés (ptas /litre)

Leurs caractéristiques étaient

Le coût plus élevé des aliments se trouve compensé par la plus grande productivité des animaux (plus de 7000 litres par lactation) et le moindre coût de la main-d'œuvre qui est uniquement familiale dans plus de 90% des exploitations.

Ce même modèle de production est en train de se développer dans le secteur caprin, lequel, malgré le manque de tradition dans la contrée, ne se trouve pas concerné par la limitation de production existant dans le secteur bovin. Actuellement, il existe déjà 36 exploitations intégrées dans la Coopérative, avec une moyenne de 158 chèvres par exploitation. Ce secteur est en expansion bien qu'il ne soit pas exempt de multiples problèmes, déjà résolus dans le cas des bovins. Un processus semblable débute dans le secteur ovin, encouragé par le succès commercial remporté par les fromages à pâte grasse provenant de la brebis Mérinos.

Considérations pour conclure

Dans les conclusions de la table ronde du Symposium célébré à Agadir sur "Production Animale et Incertitude Climatique dans les Pays Méditerranéens" (Guessous *et al*, 2000) ont été établis quatre scénarios possibles de l'action publique pour le développement de ces systèmes de production:

- L'interventionnisme, dans l'action des Pouvoirs Publics.
- Le Développement Anti-Risque, centré dans les Organisations d'Éleveurs.
- La Mutation Libérale, comme conséquence du Marché Global.
- Le Développement Durable, intégré dans le territoire.

En réalité, ces scénarios ne s'excluent pas les uns les autres, de sorte que, dans une plus ou moins grande mesure, ils interviennent simultanément dans toutes les situations possibles. Dans le cas que nous avons décrit, le système a été mis en fonctionnement par l'action endogène de la Coopérative, qui a créé la structure pour faciliter les services nécessaires aux producteurs, et qui, surtout, a facilité l'industrialisation et la commercialisation de la production, incorporant la valeur ajoutée à la contrée.

Cependant, ceci n'aurait pas été possible sans l'action des Pouvoirs Publics, qui ont facilité des subventions et aides diverses, qui ont amélioré les infrastructures et favorisé la formation des éleveurs et des techniciens qui ont directement agi.

D'autre part, le système a fait usage des ressources alimentaires et techniques que facilite le marché Global, ce qui a permis de surmonter les limitations productives du milieu. Ici réside peut-être l'inconvénient qui pourrait se comprendre comme la principale limitation du système et qui le rendrait moins soutenable face au futur. Cependant, le Territoire n'est pas un concept qui se limite au milieu agricole, mais à l'ensemble de ses moyens. C'est ainsi que le modèle de développement a utilisé la principale ressource disponible, la ressource Humaine, une population avec à tradition d'élevage et avec peu d'autres alternatives. Il est très difficile de former une main d'oeuvre pour travailler dans le secteur de l'élevage et en même temps, il est très difficile de l'y maintenir, s'il existe d'autres alternatives de travail. De cette façon on peut comprendre que le système soit, non seulement compétitif mais aussi soutenable.

Dans tous les cas, il faut comprendre que le modèle exposé n'est pas exportable sans plus à d'autres zones agricoles similaires, mais avec d'autres conditions sociales, politiques et économiques et que chacun doit découvrir son propre chemin en fonction de ses propres conditions.

Bibliographie

Abella, M.A., F. Fillat, A. Gómez, T. Lasanta, E. Manrique, C. Méndez, R. Revilla, J.P. Ruiz & M. Ruiz, 1988. Sistemas ganaderos de montaña. Agricultura y Sociedad 46: 119-190.

Anonime, 1991. Estudio del sector caprino andaluz. Consejería de Agricultura y Pesca (Editor), Junta de Andalucía, Sevilla, España, Serie Estudios Sectoriales, 248pp.

Blas, J.C. de, C. Buxadé & M.J. Carabaño, 1984. Dependencia exterior de la ganadería española. Situación actual y perspectivas. En: Nuevas Fuentes de Alimentos para la Producción Animal II, A. Gómez, J.E. Guerrero & A. Garrido (Editors), Publicaciones Universidad de Córdoba, Córdoba, España, Acta nº 3: 9-24.

Caja, G. & C. Conill, 1999. Sistemas intensivos de alimentación para ovejas: Recursos alimenticios y equipos de distribución de raciones completas. En: Producción ovina y caprina, J. Ciria & B. Asenjo (Editors), XXIV Jornadas SEOC, Soria, España, 83-87.

Flamant, J.C., 1992. Les systèmes d´élevage méditerranéens dans leurs rapports aux systèmes céréaliers: Diversité et évolution. Dans: Livestock in the Mediterranean cereal production systems, F. Guessous, A. Kabbali & H. Narjisse (Editors), Pudoc Scientific Pub., Wageningen, The Netherlands, EAAP nº 49: 30-44.

Gómez Cabrera, A., M.L. Martínez Blánquez, M. Hernández García & C. Sánchez García, 2000 Controles para la mejora de la reproducción en vacuno de leche. Nuestra Cabaña nº 297: 6-11.

Guessous, F., N. Rijani & A. Ilham, 2000 Livestock production and climatic uncertainty in the Mediterranean. Wageningen Pers, EAAP publication nº 94: 285-393.

López Garrido, C, 2000 Estudio comparativo de los costes de producción de leche de diferentes comunidades autónomas españolas. INIA. Ministerio de Agricultura, Pesca y Alimentación. Madrid. 81pp.

Pérez Almero, J.L., J. Palacios Guillén, A. Gómez Cabrera, R. Martín Coleto & A. Navarro García, 1999. Características técnico-económicas de las explotaciones de vacuno lechero de Andalucía. Consejería de Agricultura y Pesca (Editor), Junta de Andalucía, Sevilla, España. Informaciones Técnicas 63: 99pp.

Pérez Yruela, M., J.Mª. Sumpsi, I. Bardají & Mª.M. Gimenez Guerrero, 2000 La nueva concepción del desarrollo rural: Estudio de casos. C.S.I.C. Colección Politeya nº 14: 189-224.

Rodríguez Zúñiga, M., J. Ruiz Huerta & R. Soria Gutiérrez, 1980. El desarrollo ganadero español: un modelo dependiente y desequilibrado. Agricultura y Sociedad, 14: 165-195.

Sala Castell, J. & A. Gómez Cabrera, 1982$_a$. El sector vacuno lechero en Córdoba. Evolución y estructura de las explotaciones. Agricultura 599: 109-117.
Sala Castell, J. & A. Gómez Cabrera, 1982$_b$. El sector vacuno lechero en Córdoba. II Aspectos estructurales de la producción y comercialización de la leche. Agricultura 599: 461-466.
Valle Buenestado, B., 1985. Geografía agraria de los Pedroches. Diputación Provincial de Córdoba (Editor), Córdoba, España, 600pp.

Non–intensive dairy farming systems in Mediterranean basin: Trends and limitations

G. Zervas, K. Dardamani & H. Apostolaki

Dept. of Animal Nutrition, Faculty of Animal Sciences, Agricultural University of Athens, Iera Odos 75, T.K. 118 55, Athens, Greece

Summary

This paper attempts to give an overview of the practiced non–intensive specialized dairy cow, buffalo, sheep and goat farming systems in contemporary Mediterranean agriculture, and to underline their characteristics, potentials, limitations and their current and future trends. This type of farming is an economically viable operation of significant socio-economic importance for the Mediterranean countries and therefore support measures should be taken for a more balanced approach to rural development taking into account the broad spectrum of social, cultural and educational needs of the farming communities.

Keywords: dairy cow, buffalo, sheep, goats, farming systems, milk production

Resumé

Cet article essaie de donner un point de vue général des systèmes de production animale, non intensives, spécialisés dans la vache laitière, le buffle, la mouton et la chèvre, pratiqués par l'agriculture Méditerranéenne contemporaine, et de souligner leur caractéristiques, potentiel et limitations, et leurs tendances, courantes et futures. Ce type d'élevage est une entreprise économiquement viable et d'importance socio-économique significative pour les pays Méditerranéens, donc, des mesures de soutien doivent être prises pour une approche plus adaptée au développement rural, en considérant le spectre vaste des besoins sociaux, culturaux et éducatives des communautés des éleveurs.

Mots clés: vache, lait, buffle, ovins, caprins, production, système

Introduction

The commonest form of traditional farming in the Mediterranean basin is extensive rearing of sheep and goats for milk and / or meat, and beef cattle (Hatziminaoglou *et al.*, 1995). However, dairying as an activity remains an important part of total economic activity in the above area. The urbanization of farming communities in Mediterranean has had a much greater effect on the production of ruminant animals than on other systems of farming (Zervas, 1995). In the last 30-35 years, farming in the more fertile plains has moved towards more specialized use of land for more profitable crops and more intensive use of pasturelands. At the same time, there has been a devaluation of the nutritional potential of the marginal areas (degradation of mountain grasslands and overgrazing of poor pastures), accompanied by a depopulation of the more difficult rural regions (Boyazoglu *et al.*, 1985; Beaufoy *et al.*, 1994).

In the developed countries the intensive livestock sector provides today as much as 75% of all proteins of animal origin. On the other hand, in the developing countries this percentage is not more than 30%. Fortunately, in both developed and developing countries traditional and industrialized animal husbandry farming systems are still sufficiently balanced not to result in the elimination of the former (Boyazoglu, 1998).

Ruminant stock numbers – milk and meat production

The numbers of milking (dairy or dual purpose) cows, sheep and goats, kept in the Mediterranean basin and Middle East, are shown in Table 1, while Table 2 shows the total milk produced from cows, buffaloes, sheep and goats. The meat produced from sheep and goats is shown in Table 3.

Table 1. Milking cow, sheep and goat numbers (in '000 head) in the Mediterranean basin and the Middle East (FAO, 1999).

Country	Cows	Sheep	Goats
AFRICA			
Algeria	800	5260	1680
Egypt	1253	1860	1190
Libya	112	1550	420
Morocco	1300	760	1200
Tunisia	490	245	430
To tal	*3955*	*9675*	*4920*
ASIA			
Cyprus	25.5	150	162
Iran	3542.88	20028	13264.85
Iraq	370	2950	670
Israel	135	170	56
Jordan	39	720	275
Lebanon	61	227	305
Syria	425	10000	793.65
Turkey	5700	16000	4124
Total	*10298.38*	*50245*	*19650.5*
EUROPE			
Albania	432	1435	796
Bulgaria	430	2200	780
France	4373.51	1337.7	928
Greece	168	6800	3830
Italy	2110	6720	950
Malta	8.6	11	7,5
Portugal	355	2360	362
Romania	1600	6100	-
Spain	1350	13750.3	2112
Total	*6827.11*	*40710*	*9766.5*
TOTAL	21080.49	100630	34336

The milking animals of this area represent 30%, 43% and 51% of the total cattle, sheep and goats kept respectively, or the 9.1%, 53.2% and 24.4% of the world total milking cows, sheep and goats respectively, which produce the 15%, 63.5%, 22.7%, and 4% of the total world milk production from cows, sheep, goats and buffaloes respectively and the 9.2%, 26%, and the 10.5% of the total world meat production from buffaloes, sheep and goats respectively. The total number of ruminants has increased during the last five years by 1.6% for cattle, 4.5% for sheep and 6% for goats. There is also a respective proportional increase in milk production and a significant increase, by 37%, in sheep and goat meat for the same period.

Non-intensive livestock production systems

The term "extensive" applied to agricultural production is defined in the Oxford Dictionary as "depending on extension of area". Clearly, in the scenario we are considering here, this implies some reduction in

Table 2. Cow, buffalo, sheep and goat milk production (in '000 MT) in the Mediterranean basin and the Middle East (FAO, 1999).

Country	Cows	Buffaloes	Sheep (ewes)	Goats (Does)
AFRICA				
Algeria	1040	-	220	143
Egypt	1352	2050	23	15
Libya	135	-	54.25	15.12
Morocco	1130	-	27.3	35
Tunisia	800	-	17	12
Total	*4457*	*2050*	*341.55*	*220.12*
ASIA				
Cyprus	129	-	19,8	27
Iran	4403	176.3	549	396
Iraq	278	24.5	148	47
Israel	1186	-	18.5	14
Jordan	125	-	25	15
Lebanon	201	-	24	38
Syria	1120	0.8	585	80
Turkey	9000	71.40	756	233
Total	*16442*	*273*	*2125.3*	*850*
EUROPE				
Albania	761	7	73	73
Bulgaria	1375	11	115	176
France	24609	-	244	483
Greece	770	0.045	670	460
Italy	11236	88.8	780	131
Malta	41	-	1.5	3.2
Portugal	1750	-	97	4.2
Romania	4450	-	345	-
Spain	6300	-	305	317
Total	*51292*	*106.845*	*2630.5*	*1685.2*
TOTAL	72191	2429.845	5097.35	2755.32

Table 3. Buffalo, sheep and goat meat production and average carcass weight of the slaughtered sheep and goats in the Mediterranean basin and the Middle East (FAO, 1999).

Country	Buffalo	Meat in MT Sheep	Goat	Average carcass weight in kg Sheep	Goats
AFRICA					
Algeria	-	163224	12251	17.0	10.0
Egypt	262000	66000	57000	24.6	19.7
Libya	-	72000	15600	15.0	15.0
Morocco	-	120000	21000	18.9	14.0
Tunisia	-	50000	8000	12.5	9.8
Total	*262000*	*471224*	*113851*		
ASIA					
Cyprus	-	4300	5650		
Iran	10650	293600	104000	16.0	14.0
Iraq	2000	18400	7200	16.0	12.0
Israel	-	5400	820	20.0	16.1
Jordan	-	14000	3500	27.5	21.4
Lebanon	-	8844	7290	22.0	18.0
Syria	144	155700	6000	18.0	16.5
Turkey	4650	317000	57000	15.7	15.4
Total	*17444*	*817244*	*191460*		
EUROPE					
Albania	-	11700	6400	9.1	8.0
Bulgaria	1300	46000	7300	20.4	12.6
France	-	131200	8000	17.6	6.7
Greece	-	78500	46000	10.8	10.0
Italy	1460	67600	3400	9.4	9.0
Malta	-	40	10	16.0	10.0
Portugal	-	22800	2900	9.9	8.1
Romania	-	50000	4000	9.1	8.5
Spain	-	231100	17900	11.5	10.3
Total	*2760*	*638940*	*95910*		
TOTAL	282204	1927408	401221		

inputs that would require an increase in area to support the same number of sheep, goats or cattle or, alternatively, a reduction in the number of animals if inputs are reduced and the main area held constant. A third alternative could be to reduce inputs but maintain stocking rates and accept lower levels of individual animal performance. Extensification obviously has different meanings depending upon the starting point, i.e. a system where cattle, sheep and goats are housed continuously allowing them some access to pasture may be considered extensification. At the other end of the scale in the uplands and mountain areas, in a system where sheep and goats may roam freely over large areas, extensification may be achieved by reducing inputs and increasing the area of land available per head or decreasing production per animal.

Extensive production systems, world-wide, range from those making optimal use of specific advanced technology and scientific knowledge, to systems use of traditional production practices based on indigenous knowledge. Many of these traditional forms of livestock farming (e.g. sheep and goat raising in the Mediterranean basin) were and in many cases still are either based upon extensive grazing, if not transhumant and even nomadic operations, or mixed farming on small holdings. They are tend to demonstrate the benefit of optimal and efficient use of local resources in a marginal agro-ecological environment (Galaty and Johnson, 1990).

An original and interesting attempt of comparatively and quantifying livestock production systems (LPS) world-wide was undertaken by Seré and Steinfeld (1996), even though it does not take in consideration the relevant social and cultural factors influencing production systems. A typology for LPS has also described by Boyazoglu (1998) and Bignal (2000).

Characteristics, limits and constraints

The plant life in the "grazing areas" of the Mediterranean basin includes grass, shrubs, shrubs and forest undergrowth, and forest with grass undergrowth. Thus, a proportion of this area is more suited for sheep and cattle grazing, while other parts are better suited to goats (as browsers). Furthermore, some land is usually left fallow for one or more years and is used for grazing, usually by sheep. Arable systems are often combined with seasonal grazing by sheep on stubbles and fallow land. In many regions, extensive LPS make use of (or even depend upon) some form of common or public grazing land, usually of low productivity. The sources of forage include not only pasture, grass meadows and coarser forms of semi-natural vegetation, but also woodland in some areas. Some systems involve the cultivation of certain forage crops such as alfalfa and vetch (for hay-making), and traditional cereals (barley, oats, etc). Maize forage is usually associated with more intensive systems (for silage-making).

There are certain environmental, socioeconomic and technical limitations in Mediterranean countries (MC) which are, to some extent, the main constraints upon success and which also explain the current trends in animal production practices. The percentage of Utilized Agricultural Area (UAA) suitable for grassland is less than 50% in MC, with an output at farm level of an average up to 1,000 Kg DM/ha, while in Northern European Countries (NEC) this percentage is over 50%, with 8,000 Kg DM/ha. This yield potential reflects extensive and intensive pasture use at farm level in MC and NEC respectively. Thus, the estimated share of grassland in meeting the total energy requirements of ruminant animals in MC is much lower (from 30 to 55%), compared with that of NEC (from 45 to 100%).

Climatic and environmental factors, such as precipitation, temperature, and soil / land conditions, combined with fertilization of the grassland, are the major yield determinants. The permanent grazing areas of the MC are subject to moisture stress with low annual production (per animal and hectare of land), zero use of fertilizers, very short grazing period and variable (usually very low) stocking rates. Overgrazing has been identified as a severe problem, particularly in the lowlands, while in other areas, undergrazing can be a problem, particularly in mountain regions where livestock numbers are falling. The biomass produced in these undergrazed, or even ungrazed, regions has become a significant fire hazard. In other areas, abandonment of rangelands permits erosion and arid-like landscape.

The main factors which limit the possibilities of expansion and make these non intensive Mediterranean small holdings suffer most severe financial constraints are:

- Existing farm structures (small flock and farm size, poor housing conditions, wide spread of farms etc);
- Frequent high price of land (competition of land from more economically viable crops);
- State ownership of rangelands with the current legislation of land tenure;
- Low genetic potential (low productivity of some traditional breeds still used);

- Inadequate nutrition (nutritional fluctuations and imbalances, and lack of enough low-cost local feed resources);
- Relatively limited use of advanced technology and fossil energy;
- Inefficiency or lack of co-operative ventures between rural production and retailing enterprises;
- Inadequate value-adding activities, such as regional and eco-labeling, on-farm processing and marketing, combined with an inefficient milk processing industry and poorly-organized markets.

Evolution and trends of the non intensive LPS

The limited availability of fodder makes farmers with ruminants more dependant on conserved forage feeds, and more reliant on supplementary feeding, which consequently makes it hard to achieve satisfactory economic performance. In many pastoral areas which previously were grazed on a seasonal basis, there has been a tendency toward more sedentary systems for many years. This development often involves an overall increase in stocking density over the course of a year, achieved either by intensification of fodder production on the holding, or as a result of increasing dependence on purchased feeds. The use of supplementary feeds often permits farmers to carry more stock during the winter, which may lead to local overgrazing. On the other hand, the decline in transhumance has resulted in an overall reduction in grazing pressure in the traditional summer pastures in mountain regions. In some countries, like France, Italy and Spain a reduction of extensive pasture use by dairy sheep is taking place in certain parts with a respective increase of use by meat and dual purpose sheep.

The hard working conditions imposed by the production systems for sheep and goat farming have negative implications for this profession. Consequently, young farmers are reluctant to follow that profession which causes a significant problem of succession. In addition, the head-owners of these farms tend to be aging, which explains the unwillingness of the sheep and the goat farmers to improve their system especially if no succession prospects exist (Goussios *et al.*, 1989).

Economic results obtained from extensive farming have not so far been encouraging, and farmer's income depends largely on subsides, regardless of stocking rate (Hadjigeorgiou *et al.*, 1998). In most cases, intensive exploitation, located in the lowlands, with its high level of specialization and integration of productive and well-organized process, gives better economic results and leaves little room for extensification, as any change in one or more production factors would affect the economic return. On the other hand, extensive cattle, sheep and goat husbandry, operating under conditions with pronounced traditional characteristics, do not require excessive capital for feeding and housing, have the advantage of mobility and flexibility, and are to a considerable degree independent of expensive borrowed money. Such systems thus meet the farmers needs better during difficult periods, and under unstable market conditions.

Extensification not only affects animal performance and output, but also has implications for the development of diversity of flora and fauna, landscape management and obviously socio-economic consequences. The objectives of some management systems are changing. At a national level there is no longer a drive towards higher levels of output, although efficiency of production is still of prime importance. There is public concern about the impact of agriculture on the environment, in terms of maintaining or increasing biodiversity, on landscape value and recreation use of land, on pollution and water quality, and on animal welfare. In the MC, some of which are EU members, there are limits on the number of sheep, goats and cattle which are eligible for subsidy, and preclude increase in animal numbers. Thus increases in stocking rates are no longer a means of increasing farm business output and profitability. Indeed in some specific areas there are financial incentives to reduce stocking rates.

To increase profitability there is a need to adopt more cost effective methods of production with lower inputs.

Improving economic sustainability

The best economic management of non-intensive LPS and farm enterprises can be influenced and achieved by :

a. Increasing flock / herd size to the optimum in each case level, by keeping the available indigenous traditional know-how as an important human resource, and improving the labour productivity.
b. Using the appropriate genotypes in terms of the market requirements and the production system. There is a need therefore to access breeding objectives and to design selection programs for genetic improvement (as well as better rearing and feeding techniques) for non – intensive systems of production (Nardone and Valfré, 1998). It is particularly important that the choice of breeding female is appropriate in relation to both maternal traits e.g. reproductive performance, milk yield, calving or lambing difficulty etc. and traits which are required in the carcass i.e. weight, fatness and conformation.
c. Improving the management and quality of nature resources. The first step is to match flock/herd requirements and fodder recourses. Different animal species can be used in sequence to manipulate sward composition. In more extensive systems there is probably scope for more mixed grazing, because the more extensive the system, the more heterogeneity in the vegetation and therefore the greater opportunity for different animal species to occupy different niches.
   The greater nature conservation value will occur at intermediate stocking rates. However, the optimum stocking rates in terms of biodiversity will vary according to the seasonal pattern of grazing and to the plant community being grazed (Beaufoy *et al.*, 1994; Wright *et al.*, 1995).
d. Reducing the animal losses which cause huge financial losses and constitute an animal welfare problem. Research into the causes of these losses and ways of reducing it could lead to significant increases in the financial returns from these systems.
e. Ensuring consistency of quality as a major feature of demand from consumers. There is a. fundamental problem with extensive systems in this regard. The low levels of input inevitably lead to greater variation in output (both quantity and quality). Research needs to be undertaken to identify ways in which consistency of production can be achieved. The prediction of within - flock variation in performance and output has recently become a major issue in New Zealand (Pleasants *et al.*, 1995). Farmers must plan their systems in order to have regular sales, aiming for high quality and labeled products, and selling an image of land occupancy systems with natural rearing in order to justify higher prices for the consumer.

Conclusions

Non – intensive dairy farming in the Mediterranean is considered as an economically viable operation with an overall objective to preserve natural resources, while simultaneously producing enough food to satisfy the demands of a growing human population. These systems should improve economic sustainability with the involvement of genetics, nutrition and more efficient management of the farms. The social dimensions which are associated with the non – intensive LPS in rural areas should also be taken into account because sheep and goat farming, in particular, is likely to continue to be the driving force to support the existence and livelihoods of human populations in less favored areas.

References

Beaufoy, G., Baldock, D. & Clark, J. 1994. The Nature of Farming: Low Intensive FarmingSystems in Nine European Countries. Institute for European Environmental Policy, London

Bignal, E., 2000. The environmental impact of dairy production in the EU" practical options for the improvement of the environmental impact. European Commission (DGXI) CEAS 1179/BDB

Boyazoglu, J. G., N. Zervas & J. Hatjiminaoglou, 1985. Sheep production and breeding in the Mediterranean basin: strategies for the future. In: International Arid Lands Research and Development Conference (Animal Resources Section), Tuscon, Arizona

Boyazoglu, J., 1998. Livestock farming as a factor of environmental, social and economic stability with special reference to research. Liv. Prod. Sci., 57:1-14

Galaty, J. G. & Jonshon, D. (Eds.), 1990. Pastoral systems. Guilford Press, New York, USA, 436pp.

Goussios, P., Anthopoulou, Th., Katsaros, D., Nikolaidis, E. and Feggitis, D., 1989. Animal Production in Greece and its socioeconomic dimensions. Mediterranean Studies Foundation, Occassional Publications, Athens, pp. 478 (in Greek).

Hadjigeorgiou, I., Vallerand, F., Tsiboukas, K. and Zervas, G., 1998. The socio-economics of sheep and goat farming in Greece, and the implications for future rural development. Proceedings of the 2nd Inter. Conference of the Livestock Systems in Integrated Rural Development (Ed. J. Laker and J. Milne) pp. 17-23.

Hatziminaoglou, I., Zervas, N. and Boyazoglu, I., 1995. Goat production systems in the Mediterranean area.: the case of Greece. In: Goat Production Systems in the Mediterranean (Ed. El Aich *et al.*). EAAP Publication No 71, pp. 82-109.

Nardone A. and Valfré, F., 1998. Effects of changing production methods on the quality of milk, meat and eggs. Proc. 8th World Conf. On Animal Prod. Seoul (KR), June, PS 1, 246

Pleasants, A.B., McCall, D.G., and Sheath, G. W., 1995. The management of pastoral grazing under biological and environmental variation. Agricultural Systems, 48: 179-192

Seré, C., Steinfeld, H., 1996. World livestock production systems, current status, issues and trends. FAO An. Prod. And Health Paper, No. 127, 82pp.

Wright, I., Lowman, B. G., Penning, P. D. and Milne, J. A., 1995. Extensification of beef and sheep production in the UK- Research requirements. In: Extensification of Beef and Sheep Production on Grassland. (ed. M. G. Meane and A. Pflinfin), pp 285-304.

Zervas, G., 1995. Beef, sheep and goat production systems and extensification in Greece. In: Extensification of Beef and Sheep Production on Grassland. (Ed. M. G. Meane and A. Pflinfin), pp 285-304. Occasional Publication No.2, Paris, 1995. Teagasc, Grange Res. Centre, Dunsany, Co. Meath, Ireland.

Nomadic small ruminants and camel production systems

A. El Aich[1] *& M.T. Benyoussef*[2]

[1]*Institut Agronomique et Vétérinaire Hassan II, BP 6202, Rabat Instituts, Morocco*
[2]*Institut National Agronomique, Avenue Hassen Badi 16200, El Harrach, Algeria*

Summary

Nomadic systems are most prevalent in arid and desert regions in the Maghreb. Pastoral nomadic systems are changing in response to the new socio-economic and ecological contexts. This paper aims to analyse nomadic sheep, goat and camel production systems. A brief description of nomadic production systems in the Maghreb is presented. A case study taken from Morocco is used to illustrate the transformations of these systems.

Keywords: nomadic systems, arid, desert, pastoral, sheep.

Résumé

Les systèmes nomades sont les plus dominants dans les zones arides à désertiques au Maghreb. Ces systèmes, très anciens et qui ont résisté à la succession de plusieurs civilisations, connaissent des changements profonds. Ce papier reprendra brièvement les systèmes nomades à l'échelle régionale avec une illustration du cas du système nomade de la zone de Goulmim au Maroc pour déboucher sur une analyse des transformations de ce système de production.

Mots clés: systèmes nomades, aride, désertique, ovins.

Introduction

Nomadic systems prevail in arid and desert regions. The percentage of land area which is arid and desert is 96.1% in Algeria, 100% in Egypt, 98.2% in Libya, 69.0% in Morocco and 47.3% in Tunisia (Boyazoglu and Flamant 1990). Nomadic systems rely on two strategies – mobility and diversification of activity and herd composition - to cope with highly variable and harsh environments. Mobility is of two types. The first type of mobility, called "transhumance", is a movement between two poles defined by the amount of precipitation. The second type of mobility, called "nomadic" is an adaptive response to severe climatic conditions which make producers move their flock over large areas. Discussion of these ecosystems usually revolves round problems of low productivity, overstocking, overgrazing, drought, range deterioration and dying livestock (Ellis and Swift, 1988). This paper aims to analyse the nomadic sheep, goat and camels production systems. To do this we present briefly nomadic production systems in the Maghreb, illustrate by a case study taken from Morocco and finally discuss the transformations of these systems. We limit ourselves to the nomadic ecosystems.

Nomadic animal production systems in the Maghreb

Historically in the Maghreb, before colonisation, the nomadic farming was the dominant production system that resisted all the dynasties that ruled the region, especially the Ottoman. Nomadic livestock, essentially composed of small ruminants and camels, constitute the economic basis of subsistence of pastoral nomads (Dahl and Hjort, 1990).

Nomad pastoralists move among complementary areas and make agreements with other ethnic groups for mutual benefits including grazing and protection against attacks (Naciri, 1988). The relationship between a nomadic herding group and its natural environment is not only via the intermediary of the flock. Most nomads have some interest in agriculture and engage in cultivation. Multiple species livestock enterprises also reduce risk since sheep, goats and camels have different water requirements, different feed preferences and different reproductive rates. Another form of diversification for the pastoral nomad is to have secondary occupation, to engage in trade, or in migrant labour.

These pastoral societies started to change with the arrival of French colonization in Tunisia, Algeria and Morocco and with the Italian colonization in Libya. Indeed, colonization reduced the mobility of the nomads by creating new boundaries that did not consider the tribal delineation and initiated a decline in the collective power of the group that had formerly managed the pastures. There are numerous examples of this. In Morocco, the position of the "chief of the grass" was abolished during colonization (Gilles and Gefu 1990). In Tunisia during colonization the imposition of a payment for grazing land outside the tribe territory, "Achaba", restricted the herds' movements (Attia 1980). Moreover, the forced localization of the pastoral societies was emphasized by the colonial administrations for two purposes: 1) to provide enough land for the colonists and 2) to ensure available labour for the colonists' farms. After independence of the Maghreb countries, local administrations continued and reinforced the delineation started by the colonization. As a result, nomadic and transhumant production systems are confined in the arid and desert regions. In the following section, we present an illustration of nomadic small ruminant and camel production systems taken from the Moroccan desert, Goulmim and Assa-Zag area.

Case study: the Goulmim nomadic production system

Goulmim, called the gate of the Sahara is located in the Southern part of Morocco at 210 km from Agadir. Sheep and goat and camel nomadic production systems dominate (Charney *et al.*, 1975). These systems are based on movements among pastures within and outside the Goulmim and Assa-Zag territory. Animal species populations are: 122 000 sheep, 192 000 goats and 21 000 camels. In addition to raising livestock, nomads cultivate some cereals in the inundated zones where runoff converges ("maaders" are inundated areas where cereal crops are cultivated). The average area cultivated by nomads is 5.8 ha (s=7.71) with great variation among nomads. Those who are close to the large "maaders" cultivated more (El Meskini 1997). In the same study, El Meskini (1997) found that most nomads are equipped with a tank and truck or four wheel drive vehicles to cope with shortage of water for animals.

Animal husbandry

Herd size, according to El Meskini (1997), averages 275 (s = 104.6) sheep and goats and 40 (s=68.66) camels with large variation among herd owners. The distribution of camel herds is quite similar to that reported in the M'Hamid El Ghozlane area (province of Ouarzazate); 48% and 9.5% herds presents sizes higher than 50 and 110 camels respectively (Moumen 1991). Most herds are managed by their owners; only 18% of the camel owners engage herders for a monthly salary that varies between 600 and 1000 dirhams (10 dirhrams = 1 dollar) Raising camels is constrained by the lack of herders which lead nomads to replace camels with goats (Moumen 1991). Sheep and goat husbandry is marked by non-controlled reproduction, lower fecundity of small ruminant herds (74% and 62% for sheep and goats, respectively), high abortion (22% and 13% for sheep and goats respectively), mortality among young animals at less than 3 months of age is high (25 and 19% for sheep and goats respectively), mortality among adult animals remains high (12% for sheep and 7% for goats). Animals' feeding comes primarily from the pastures. Little supplementation is provided for sheep and goats during the lambing period from November to January. The productivity of small herds is low; the annual gain per animal unit does not exceed 6 and 7 kg of live-weight for goats and sheep respectively.

Camel keeping is fundamentally a high risk undertaking due to the animals' very low reproductive rate. Indeed, first calving occurs at an age of 5 to 6 years with a calving interval that ranges from 18 to 24 months (Ahouate, 1993). Fecundity in Camels is less than 50%. Camel feeding comes entirely from pastures and the diet consists mainly of shrubs (Moumen 1991). During droughts, three feed resources may constitute the basis for supplementation; barley, straw and cactus. Straw and barley are bought from neighbouring "souks" (weekly markets). Cacti from aged plantations that are replaced are purchased by nomads from sedentary farmers to feed their camels. Oral agreements pass between nomads and sedentary farmers on the manner in which the cactus should be cut and the period that the cutting should last (El Aich, 1996 and El Aich and Bourbouze, unpublished). Cacti plantations have increased in recent years because of these plants have many important roles. In addition to the occupation of the land (first step to appropriation), cacti are used by animals during droughts and the fruit provides some cash money. Feed complements are provided to camels during watering days once every two to three days. From camels the main food product is milk which females produces milk in useful quantities. Camel milk production varies among species in the range of 0.75 to 3.5 litres per day for a lactation that lasts from 8 to 18 months (Moumen, 1991). Overall, productivity of camel per animal unit averages 198 kg of live weight meat and 580 kg of milk (Moumen, 1991).

Rangelands exploitation

These rangelands, extending to 2.3 millions hectares support vegetation dominated by *Euphorbia spp*, *Argania spinosa*, *Acacia spp*, xerophitic plants and some annual herbaceous species. Rangelands of Goulmim and Assa-Zag are diversified and the following factors determine their utilisation.

Rainfall

Rainfall pattern varies considerably from the North (around 140 mm) to South (less than 70 mm) from year to year (with one good year every six to seven years). Even within one year rain is unevenly distributed. This fluctuation in rainfall induces fluctuations in carrying capacity of rangelands. In fact, the abundance of precipitation determines the extent of the livestock movements.

Vegetation

Vegetation type determines the movement of herds since animal species have different feed preferences. Camels and goats are browsers and are less affected by annual fluctuations in grass production which make them less vulnerable to annual fluctuations in rainfall.

Animal species

Animal species raised have different water requirements, different feeding preferences and different reproductive rates. Therefore, nomads are obliged to separate small stock from camels. With small stock, daily distances of travel never exceed 10 to 12 km and they have to return to their camp. Camels have the ability to travel long distances that may reach 50 km/day without returning back to the camp.

Water sources

Water resources determine the pattern of the movements and the time of the year different pastures are grazed. The water resources distinguish between winter and summer grazing areas.

Animal diseases (parasites)

Mobility is also needed to avoid hygienic problems and tick infestation. Camel calves are highly vulnerable to ticks and as countermeasure the pastoral camp should not remain more than ten days at the same place. Moumen (1991) reported that some nomads are obliged to move away from the Oued Draa pasture because of parasite infestations.

Cropping

There are large plains (called "maaders") where rainfed cultivation of cereals is practised. These zones are found along the rivers which capture most of the runoff water. The stubble of these "maaders" after harvesting provides good collective grazing areas to which all nomads converge.

Utilization of grazing areas

Based on the highly influential factors discussed above, five grazing blocks were defined. To the South and the East, there are Lahmada and Betana which are two plateaus. The dominant vegetation, Acacia radiana, is associated with some chameaphytic species. Phytomass production is less than 10 UF/ha. This block of pastures is utilised between October and March when animals' requirements of water are low since water resources in Lahmada and Betana are low and these areas are very hot during summer. The second block of pastures is the littoral basin where the dominant vegetation includes *Salsola spp*, *Euphorbia spp*, and *Argania spinosa*. The pastures of this block lack water resources for watering animals because of the quality of water (high salinity) and are, therefore, utilised during the humid season when animal requirements for water are low. Mountainous rangelands constitute another block of pastures with *Argania spinosa*, *Zizyphus lotus* and some chameaphytic species as dominated vegetation. These rangelands are utilised right after the harvest of the neighbouring cereal crops until the first autumnal precipitation. Water resources for animals are available. The Oued Draa provides a diversified (diversified vegetation plus stubble from some "maaders") grazing area with adequate water. The Oued Draa pastures can be used right after leaving the winter grazing areas (Lahmada and Betana). The fifth grazing area is the stubble of the large "maaders".

Movements of livestock in the Goulmim Assa-Zag area depend upon the highly variable weather conditions and the water resources. Combining these two variables, El Aich (1996) defined three patterns of livestock movements:

1) good rainfall pattern in the North and South of the Goulmim and Assa-Zag territory;
2) good rainfall pattern in the Northern part (round Goulmim); and
3) bad weather conditions in the whole Goulmim and Assa-Zag territory (drought situation).

Good rainfall pattern

During a normal year with good weather conditions, nomads move South to the winter grazing areas (Lahmada and Betana) and camp from October to March-April. Some nomads with camel herds prefer to migrate during the same period to the littoral grazing area because of the abundance of shrubby and halopytic vegetation. Nomads explain the migration to these pastures where water is not adequate by the low demand of animals for water and the high plant content of water. Once it gets hot, nomads leaves the winter grazing areas to the pastures close to their cereal crops. This migration depends on the cultivation area of the different tribe sub-fractions. Once the harvest finished, herds started utilising collectively the stubbles (May through July). Right after finishing grazing the stubble they move to the mountain rangelands where they stay until October and wait for the autumnal rainfall to decide about the next movement.

Good rainfall pattern the Northern part (round Goulmim)

During a year where only the Northern part receive enough rain, nomads remain during the winter in the surrounding pastures of Goulmim or they move North or East to other close provinces with destination determined by tribal preferences. During May nomads return to harvest their crops and graze stubbles. They move after grazing stubbles of the "madders" to the mountain pastures.

Drought situation

Finally, if there is not enough rainfall in the whole Goulmim area, nomads leave the province of Goulmim and Assa-Zag to different destinations. The most popular destinations are:

1) in the South, rangelands close to Laayoune, Smara, Dakhla and Boujdoure;
2) to the East, visited pastures are those of Tata and Aka; and
3) to the North, visited grazing areas are those close to Agadir, Essaouira and Marakkech.

These long amplitude migrations vary between 100 and 1000 km.

In conclusion, in the Goulmim and Assa-Zag area where the productivity of pastures is highly variable, nomads must expand the spatial scale of rangelands exploitation, especially during stress periods. This traditional strategy is more and more constrained by many factors of different nature, both socio-economic and ecological and this is what we will discuss in the following section.

Transformations of nomadic small ruminants and camel production systems

Traditionally nomadic sheep, goats and camel production systems last for such a long time under some conditions that are hardly met these days. As has been discussed earlier, nomads relied on mobility and diversification as strategies to cope with the harsh environment. Traditional mobility of livestock has strong cultural and native conservation value and ensured the ecological integrity of these pastoral systems. The context, both ecological and socio-economical, is changing leading to profound modifications. The power of the group and the institutions for managing the resources are being modified by a variety of innovations including: individual initiatives replacing groups, nomad movements being restricted, rangelands areas are reduced, nomads acceptability by sedentary farmers is reduced, highly cost mobility is taking place, nomads settlements are increasing, the succession of climatic patterns and associated resources are changing and depleted.

Decline of traditional institutions

Mobility on collective land was managed by institutions that elaborated high land use for conservation of standing forage as "Agdal" in the Atlas Mountains of Morocco (Bourbouze and El Aich, 2000) or the "Hima" system in the Arabian Peninsula (Draz, 1990 and Shoup 1990). Mobility was decided by the group in large tribal space where reciprocal exploitation of rangelands was practiced. These institutions have been weakened by numerous factors such as new delimitations imposed by administrations that is not in concordance with the tribal ones and that can lead to social conflicts. Generalization of cultures where it is possible is another factor. The decline of these traditional institutions results in conversion of ecosystems to open access systems. As a consequence of the decline in the power of the institutions elaborated by the collective, movements are no longer decided collectively, but rather by individuals or small group of relatives. Therefore, movements are influenced by preferences of individuals to decide where and when to move. Individual properties involve familiarity with a particular region, personal preferences and physical status (age, family size, social status) as well as the means of production (labour and financial possibilities).

Restriction on nomadic movements

The causes of this restriction are political and socio-economical. The most illustrative political cause is the establishment as well as the reinforcement of national boundaries which split the grazing areas of pastoral groups between two or more nation states. Nomads attribute the decease in camel population to the restriction of movements that penalized more camel mobility. In fact, nomadic camel systems used to be subject to completely different movements. Historically, before 1963, in the Southern part of Morocco, nomads and their herds used to migrate during spring to the South, South-East and the East to reach the Hamada of Algeria, the North of Mali, the North-West of Mauritania and Senegal (Moumen, 1991). The conflict in the Southern Sahara of Morocco where the horizontal movement of nomads had been interrupted since the late seventies, furnished another example. In Algeria, Ouled Belkbeir (1992) described different forms of raising camels. The first one, called "H'mil" is practiced during dry seasons and consisted of leaving camels on their own without herders; the camels are free grazing. The second grazing system is "semi H'mil" consisting of looking after the animals from November to March during the reproduction period. The practice of "H'mill" had been abandoned.

Restriction of rangelands areas and their resources are severely diminished

Pastoral territories have been reduced by the expansion of the cultivated areas as result of the increasing sedentary population pressure for land. Lands suited for crop production are often among the best pastures. Such restrictions reduce the diversity of ecosystems available to herders. In the Middle

Atlas, double transhumance between the mountain pastures and the lowlands disappeared once the cultivation of the low lands territories had been generalized. The consequence of the break-down in this mobility was increased in duration of grazing of mountainous rangelands. In addition to restriction of rangelands, nomads' livestock numbers did not decrease, but rather increased leading to an overgrazing of the remaining fragile areas. Overgrazing associated to other factors responsible of rangelands degradation, reported in Table 1, resulted in a reduction of their carrying capacity. For instance, in Algeria, between 1971 and 1985, the carrying capacity was reduced from 0.18 to 0.09 ewe per ha. In Iran heavy overstocking is estimated to exceed carrying capacity by 4 times (BSTID 1990). As result of the reduction in carrying capacity, small ruminants depend on external feed resources. In Algeria, as is the case in most tropical and subtropical countries, rangelands contribute little to meet small ruminants' requirements, less than 20%, while the remaining feed is brought as barley grain, straw and bran (Boutonnet, 1989).

Decrease in the acceptability of nomads

Nomads are perceived as predators by sedentary farmers because of the damage they cause to crops and trees. In the Southern part of Morocco, camels caused a lot of damage to the Argan trees to the point that some tribes refuse to accept nomads. As we mentioned before cactus plantations are expanding in the Goulmim area. Cactus is planted over all watershed surrounding the sedentary villages and constitutes a buffer and in the same time limits for the villages territories.

Nomads settlements

The number of nomads is decreasing. Shoup (1990) reported that only 50 000 of Syria's 350 000 Bedu are still fully nomadic. In Algeria, the number of nomads dropped by more than 50% in these last years (Benyoussef and Bouzgag, personnal communication). Among the reasons for settlements, the government programmes are prominent for which sedentarization is top priority. The aspiration of nomads for better life status (school for kids, hospital ...) is another motive. The most prevailing cause is that nomads are forced to become sedentary when their flock sizes are dramatically reduced after severe destocking due to long periods of drought. Discussions with nomads revealed that if a camel owner is struck by misfortune and left with a minimal number of camels or none at all, rebuilding the herd is very slow process since breeding animals are very expensive to buy. For small stock such as sheep and goats, rebuilding the herds is rapid because of their higher reproduction

Table 1. Major causes of rangelands degradation in selected countries.

	Causes of degradation					
Countries	Overgrazing	Burning	Wood cutting	Uprooting shrubs	Water points	Cultivation
Cameroon	++++	++++				
Zambia	++++					
Sudan	++++		++++	++++		++++
Somalia	++++					
Morocco	++++			++++		++++
Syria	++++			++++	++++	
Yemen	++++		++++			
Iran	++++		++++			++++

Source: World Agriculture Toward 2010, FAO 1992.

rates. Multiple drought years made the build up of the small stock very difficult to achieve. Nomad settlements result in an increase in the grazing pressure on rangelands surrounding villages and water points while distant pastures are abundant; further there is a loss of cultural heritage in knowing how to run livestock in desert areas.

Highly cost mobility is taking place

The introduction of motorized vehicles (pick up and track) is changing completely the traditional mobility (Bourbouze and El Aich 2000). Herd movements among pastures are done quickly and further grazing areas are reached. Motorized vehicles make the feed resources and water go to the animals and not the opposite as it used to be. Delivery of water to animals could be achieved by different means depending on the financial status of the nomad; some nomads use tanks (400 litres maximum) pulled by animal traction, others use trucks and large tanks (3000 to 4000 litres) and the last group who can not afford to track water, buy it from truck water sellers. In the middle Atlas one barrel of 200 litres costs 12 dirhams. Under special circumstances (drought), the ministry services provide a truck with a large tank to deliver water to herders, especially the small producers. For feed, the state ensures transportation for producers or groups of producers during years of drought. The introduction of the motorized vehicles has led to the appearance of new leaders who are financially strong and who maintain close relationships with local authorities which enables them to take advantage of all state support and help. Ecological consequences following the introduction of motorized vehicles are:
1) the unlimited increase in the grazing pressure since water and feed resources can be tracked; and
2) the increase in the duration of grazing on pastures.

Conclusions

As result of all changes outlined above, we conclude that strategies such as mobility are changing and the balance between pastoralists and their natural environment can no longer be ensured. Pastoral nomads are becoming inefficient and therefore environmentally a destructive force in their strategy for exploitation of natural resources. Pastoralists have avoided large scale extinctions by moving to new areas after degrading previously occupied environments or by changing strategies to accommodate the new but somewhat degraded environmental state. Pastoral management is adaptive and rational from the perspective of human survival, but does not incorporate environmental conservation. Any development procedure should take into consideration the cultural heritage that maintains the ecological integrity of these pastoral nomad ecosystems.

References

Ahouate, L., 1993. Croissance, Production Laitière et Comportement Alimentaire du Dromadaire à la Station Cameline de Laayoune. Mémoire de troisième cycle présenté pour l'obtention du diplôme d'ingénieur d'état, Institut Agronomique et Vétérinaire Hassan II, BP 6202, Rabat.

Attia, H. 1980. Les hautes steppes tunisiennes de la société pastorale à la société paysanne, Tunisie-CNRS, Vol; 2.

Bourbouze, A. and A. El Aich, 2000. Gestion des Parcours et des Troupeaux en Régions Steppiques et Réponse à l'Aléa Climatique, pp. 307-321. In Livestock Production and Climatic Uncertainty in the Mediterranean, EAAP Publication N° 94, 2000, 393 pp.

Boutonnet, J. P., 1989. La speculation ovine en Algérie. I.N.R.A., Série Notes et Documents No 90.

BSTID, 1990. The improvement of tropical and subtropical rangelands, Board on Science and Technology for International Development Office of International Affairs, National Council. National Academy Press, Washington DC, 379 pp.

Boyazoglu, J. and J.C. Flamant. 1990. Mediterranean Systems of Animal Production, pp. 353-392, In The World of Pastoralism, (Eds) John G. Galaty and Douglas L. Johnson. The Guilford Press, 417 pp.

Charney, J. G., P.H. Stone and W.J. Quirk. 1975. Drought in the Sahara: a biophysical feedback mechanism. Science 187: 434-435.

Dahl, G. and A., Hjort. 1990. Case Study 4: Camel Pastoralism in Africa and Arabia. In The Improvement of Tropical and Subtropical Rangelands, pp: 261-273, (Ed.) Board on Science and Technology for International Affairs, National Research Council, pp 379, National Academic Press, Washington DC.

Draz, O. 1990. The Hema System in the Arabian Peninsula. in The Improvement of Tropical and Subtropical Rangelands. Board on Science and Technology for International Development Office of International Affairs National Research Council, National Academy Press, Washington, DC, pp 321.

Ellis, J. E. and D. M. Swift. 1988. Stability of African pastoral ecosystems: Alternative paradigms and implication for development. Journal of Range Management, 41 (6), 450-459.

El Aich, A. 1996. Inventaire des ressources pastorales et des systèmes animaux dans les province de Goulmim et Assa-Zag. Rapport du Projet PNUD/MOR/93/004 pour la Direction de l'Elevage, Ministère de l'Agriculture et de la Réforme Agraire, 47 pp.

El Meskini, M. 1997. Utilisation et Gestion des Ressources Pastorales et Caractérisation des Systèmes de Production dans les Provinces de Guelmim et Assa-Zag. Mémoire de troisième cycle présenté pour l'obtention du diplôme d'ingénieur d'état, Institut Agronomique et Vétérinaire Hassan II, BP 6202, Rabat.

Gilles, J. L. and J. Gefu, 1990. Nomads, Ranchers and the State: The Sociocultural Aspects of Pastoralism, pp 99-118. In, The World of Pastoralism, Herding Systems in Comparative Perspective, (Eds) John G. Galaty and Douglas L. Johnson, The Guilford Press, 417 pp.

Moumen, D. 1991. Système d'Elevage et Comportement Alimentaire du Dromadaire dans La Province de Ouarzazate. Mémoire de troisième cycle présenté pour l'obtention du diplômed'ingénieur d'état, Institut Agronomique et Vétérinaire Hassan II, BP 6202, Rabat.

Naciri, M. 1988. L'Aménagement et le Développement des Montagnes au Maroc, Population/Environnement, Projet MOR/88/P09, pp 115.

Ouled Belkbeir, 1992. Les systèmes d'élevage et les paramètres de production et reproduction des races de dromadaires du Nord du Sahara algérien, Mémoire d'Ingénieur d'Etat, I.N.FS/A.S.Ouargla, 89 pp.

Shoup, J. 1990. Middle Eastern Sheep Pastoralism and Hima System, pp: 195-215, In The World of Pastoralism, Herding Systems in Comparative Perspective, (Eds) John G. Galaty and Douglas L. Johnson, The Guilford Press, 417 pp.

Sweet, L. E. 1965. Camel raiding of North Arabian Bedouin: A Mechanism of Ecological Adaptation. American Anthropologist 67: 1132-1150.

Témoignage sur les qualités désirées par les consommateurs de produits laitiers

S. Ventura

Avenue du Vieux Moutier, 18, B – 1640 Rhode-Saint-Genèse, Belgium

Summary

Quality is the most significant competitive factor for milk products. Farmers, industries, traders, retailers and consumers have different kinds of bases to judge the quality. However, quality can only be achieved if all the actors in the production chain are committed to common goals. The key factor for a quality strategy is the capacity to meet the consumers' needs (sensory and nutritional characteristics, safety, convenience). That require research, studies and cooperation. Moreover, consumers must have access to information on the products' real composition, origin and method of production.

1. J'avais envisagé de donner une réponse à une question bien précise et finalement j'ai l'impression que mon intervention va déboucher sur d'autres questions.
   On pourrait se poser l'interrogation suivante: de quels producteurs laitiers avons-nous besoin ? Et aux producteurs laitiers on pourrait poser la question: de quelle filière avez-vous besoin ? La réponse à ces deux questions nous permettra de saisir le profil du consommateur de produits laitiers.

2. Avant d'aborder plus en détail les quelques points que je voudrais développer, je dois dire que le problème réside au départ, dans la définition de la qualité. Or, il y a autant de qualités que d'objectifs. La qualité, ce n'est pas un objectif, ce n'est pas un but en soi, c'est un moyen d'atteindre un objectif.
   Les définitions que l'on donne de la qualité sont - comme vous le savez - nombreuses, mais on s'accorde généralement pour souligner trois notions: on parle de qualité d'*hygiène*, de qualité en tant que *régularité* et de qualité par référence à l'*origine* et au *goût* des produits.
   Il faut aller plus loin: il y a autant de qualités que d'objectifs et les objectifs sont multiples dans une filière aussi complexe que la filière des produits laitiers. Ces produits se rapprochent de plus en plus des produits industriels en ce qui concerne leur production, leur mise sur le marché et leur acceptation de la part du consommateur.
   On peut même parler de qualité *initiale*, de qualité *intermédiaire* et de qualité *finale*. En effet, ce qui est une qualité pour l'agriculteur, n'est pas forcément telle pour l'industrie de transformation, pour le distributeur ou pour le consommateur. La qualité est une notion relative.
   Elle est une notion relative non seulement dans l'espace mais aussi dans le temps. Nous n'avons pas aujourd'hui la même appréciation de la qualité des produits alimentaires qu'il y a cinquante ans.

3. Si la qualité n'est pas toujours bien appréciée, cela est dû au fait qu'il n'y a pas de transparence dans la filière de commercialisation. L'information du consommateur est souvent partielle, voire même déformée et déformante.
D'où l'exigence d'une promotion institutionnelle de la qualité et non d'une promotion de marques. Aujourd'hui le consommateur est devenu adulte. Depuis la crise déclenchée par la guerre du Golfe Persique, le consommateur s'oriente de moins en moins en fonction de la marque et de plus en plus en fonction de la valeur d'usage des produits alimentaires. Depuis 1991 on assiste à une déflation des produits de grande consommation. La structure même de la consommation des ménages a changé grâce au développement des achats de haut de gamme et de bas de gamme. Cette évolution rend encore plus évidente la nécessité d'une promotion institutionnelle à laquelle le consommateur pourra croire si elle est bien faite, si elle est honnête.

4. Qu'est-ce que le lait ? Un produit alimentaire.
Aujourd'hui les produits alimentaires se rapprochent de plus en plus des produits industriels. Pourquoi ? Parce qu'aujourd'hui un produit alimentaire n'est pas seulement un moyen de satisfaire un besoin alimentaire, mais aussi un moyen d'assurer un ensemble de services.
Le consommateur attend des produits laitiers qu'il satisfassent non seulement à leur fonction de biens de consommation mais aussi à une autre fonction, celle de contribuer au bien-être, à cette sensation de bien-être à laquelle le consommateur est de plus en plus sensible.
C'est cette deuxième fonction qui prend la place dominante et à laquelle il faut songer lorsqu'on veut vendre au consommateur des produits alimentaires et notamment des produits laitiers.
Dans ce qu'on appelle le «système agro-alimentaire» il y a des activités, des «composantes» agricoles et non agricoles, mais toutes ces activités, qu'elles soient agricoles ou non, en amont ou en aval de l'agriculture, débouchent vers l'alimentation. Donc, je pense que l'on peut parler à juste titre de «système». De ce système fait partie également le comportement du consommateur. Il en fait partie intégrante, il est même l'élément le plus important du système: l'évolution des habitudes du consommateur détermine l'évolution, le développement du système agro-alimentaire.

5. Tous les anneaux de la filière alimentaire, que ce soit le producteur agricole, l'industriel ou le distributeur, doivent bâtir une stratégie en fonction des besoins du consommateur. Dans ce cadre, le rôle de l'industrie de transformation est très important en vue d'adapter les produits aux besoins réels des consommateurs.
C'est pour cela que je mets en garde l'industrie de transformation qui, souvent, ne voit que son intérêt à court terme. Elle veut gagner le maximum dans le minimum de temps possible.
Les marges peuvent être très élevées à court terme mais, à la longue, le consommateur se lasse et l'industrie se trouve en difficulté parce qu'elle n'a pas su préserver l'avenir de la consommation. Voilà donc une suggestion que j'adresse à l'industrie de transformation: n'essayez pas de tricher avec le consommateur !

6. Dans la filière agro-alimentaire le rôle de la distribution a de plus en plus de poids.
Les statistiques des différents Etats membres de la Communauté européennes le prouvent. Si on prend le *chiffre d'affaires* de la filière alimentaire en général, on constate que la part de la distribution est, en moyenne, de 45 %. Cette part est passée, de 1985 à 1995, de 30 à 45 %. Et alors que l'industrie a amélioré légèrement sa position, l'agriculture a perdu des points d'une manière importante ! Elle a perdu 10 à 15 points suivant les pays, au cours de ces dix ans, dans le volume du chiffre d'affaires de la filière.

Il faut réfléchir à cela. Même si l'on prend un autre indice, la *valeur ajoutée*, là aussi le taux de croissance de l'agriculture est le plus bas, tandis que le taux de croissance de la distribution est le plus élevé.
Cela est dû aux mutations de la consommation. Le consommateur veut des services! Ceux-ci vont de l'emballage à la facilité d'utilisation, puisque la vie d'aujourd'hui exige que le temps passé en cuisine soit très court. Il y a d'autres exigences aussi: la présentation joue un rôle très important également. Tout cet ensemble de services doit être rémunéré, d'où le taux de croissance élevé de la valeur ajoutée et du chiffre d'affaires de la distribution.

7. Ces données, bien entendu, sont des données globales, qui masquent des sensibles différences de région à région. Mais, dans l'ensemble, on peut dire que l'évolution de la consommation a affaibli le rôle économique de l'agriculture et, dans une moindre mesure, de l'industrie de transformation, par rapport à la distribution.
Or, ce phénomène risque d'être dramatique s'il y a, demain, un trop fort affaiblissement de l'agriculture car les autres anneaux de la filière vont aussi s'affaiblir. Dans des pays où l'agriculture a presque disparu, où le nombre d'agriculteurs est très faible, où le rôle de l'activité agricole est marginal, les autres anneaux de la filière s'affaiblissent également. Donc, il y a la nécessité d'arriver à un équilibre. Les différentes parties de la filière doivent être en équilibre.

8. En ce qui me concerne, je conteste la thèse soutenue par certains économistes qui parlent, au niveau de la filière, de la priorité de l'offre. Je ne crois pas à cette thèse. La filière aujourd'hui est pilotée par la demande, par les consommateurs.
Aujourd'hui, les batailles publicitaires ne se font pas sur les prix mais sur l'aptitude à intégrer les besoins du consommateur. Il faut vraiment être dans la tête du consommateur, il faut que l'industriel et le distributeur fassent une recherche approfondie de ce que veut le consommateur.
Malheureusement, cette recherche est parfois faussée par des attitudes malhonnêtes de l'industrie ou de la distribution. Il y a eu des cas, ce ne sont pas des cas isolés, où on a vraiment essayé de manipuler les consommateurs.
Je prends un cas que je connais bien: pendant dix ans on a essayé d'imposer les produits laitiers dits «allégés». Je crois que cette mode est en perte de vitesse. Les consommateurs qui, au début, ont pu être manipulés par la publicité, finiront par ne plus consommer ces produits allégés qui se révèlent, à terme, trop chers compte tenu de leurs qualités intrinsèques, de leur composition.
Donc, il faut que cette recherche tendant à découvrir les réelles exigences des consommateurs soit sérieuse, qu'elle ne soit pas fondée seulement sur l'élément profit. Cet élément, tout à fait légitime, ne doit pas être l'élément prédominant. S'il devient l'élément prédominant, à long terme cela ne paie pas.

9. Au fond, la stratégie de la filière doit être simplement d'avoir le marché comme objectif et la qualité comme instrument pour atteindre cet objectif. Il faut, à la fois, connaître et créer le marché:
- *connaître le marché* signifie savoir localiser l'offre et la demande
- *créer le marché* signifie adapter l'offre aux réels besoins de la demande.

Cependant, la stratégie n'est pas exactement la même pour tous les anneaux de la filière. Chaque anneau doit forger sa stratégie et je dirais même que dans chaque anneau, selon les régions, selon le moment, il peut y avoir des stratégies différentes. Il faut s'adapter. Les besoins du marché sont changeants. Le marché n'est pas statique.

10. Je reviens au point de départ: pour cet objectif qu'est le marché, l'instrument de la qualité est essentiel. On peut en donner la définition que l'on veut, mais la qualité est nécessaire en tout cas. Aujourd'hui l'industrie alimentaire qui ne fait pas un produit de qualité risque de perdre son marché. Certains consommateurs sont plus sensibles à la standardisation, d'autres à l'origine, et l'industriel doit connaître le consommateur, lui donner la qualité qu'il souhaite.
Donc, la politique de la qualité a une importance vitale pour la filière alimentaire et notamment pour celle des produits laitiers. A cet égard, il y a, selon moi, au moins trois directives à suivre:
   a) ne pas tricher sur la composition du produit. Conscient des risques de sophistication, le consommateur s'oriente de plus en plus vers des produits conditionnés à l'origine et dont la composition est clairement indiquée sur l'étiquette;
   b) mettre l'accent sur les aspects positifs du lait et des produits laitiers, en tant que tels, sans vouloir sacrifier tout à la politique de marque. Le consommateur n'est pas idiot! Il peut suivre une marque mais ce n'est pas la marque qui le décide, c'est ce qu'il y a derrière et, donc, il vaut mieux mettre en exergue ce qu'il y a derrière la marque plutôt que la marque elle-même;
   c) finalement il faut restructurer, améliorer continuellement la capacité compétitive dont on dispose, en réduisant les coûts de production, sans pour autant mettre en cause la qualité des produits.

11. Je voudrais insister aussi - même si ceci déborde le thème de mon intervention - sur le fait que l'industrie et le commerce devront de moins en moins compter sur l'intervention publique. Ce n'est plus la peine de dépenser des millions pour telle ou telle aide aux entreprises alors que celles-ci ne sont pas viables.
Je prends un exemple concret tiré de l'expérience de la Communauté européenne: combien de coopératives agricoles de transformation ou de commercialisation ont-elles fait faillite ou sont en difficulté et pourquoi ?
D'une manière générale, ce n'est pas parce que la capacité des dirigeants était en cause, mais parce que la base était mauvaise ! Les structures agricoles étaient faibles. Il faut d'abord renforcer les structures agricoles. Le fermier est le point de départ de tout. Si l'élément de base fait défaut parce qu'il est trop faible, l'association, la coopération agricole ne peut pas réussir.
En conclusion, la filière est viable si, au départ, il y a une bonne structure agricole et, à l'arrivée, un consommateur dont on a compris les besoins.

L'intégration a l'intérieur de la filière lait en Tunisie

M.Guellouz[1], A. Brahmia[2] & B. Zitouni[1]

[1]Office de l'Elevage et des Pâturages, 1002 Tunis, Tunisie
[2]Groupement Interprofessionnel du Lait, 1004 Tunis, Tunisie

Résumé

Le secteur laitier en Tunisie est un secteur stratégique. Il a contribué en 1998 à concurrence de 8% de la valeur totale de la production agricole, de 22.5% de la valeur de la production animale et de 7% de la valeur de la production agro-alimentaire. Cette évolution de la production est due essentiellement à l'accroissement de l'effectif et à l'amélioration génétique du cheptel. Pour cela, le programme a été basé en première phase sur l'importation des génisses de race pure à haut potentiel génétique, la mise en place d'un programme de croisement d'absorption de la race locale, le développement et le renforcement de l'insémination artificielle. Durant une deuxième phase, la stratégie a consisté à encourager la production des génisses nées et élevées en Tunisie. Vu l'accroissement de l'effectif, des mesures incitatives ont été prises afin d'améliorer les ressources alimentaires pour les animaux et ce par l'extension et l'intensification des surfaces fourragères et particulièrement celles en irrigué.

Parallèlement à l'augmentation de la production, la collecte a évolué de 22600 T en 1987 à 385000 T en 1999. Cette évolution s'est réalisée grâce au développement du réseau de collecte sous l'impulsion de l'Office de l'Elevage et des Pâturages et sa prise en charge par les structures professionnelles et les privés. En aval de la filière, l'industrie laitière a connu un grand développement. En effet, la production de lait de boisson (lait frais et régénéré) a évolué de 177600 T en 1987 à 268000 T en 1999. Concernant la transformation à partir du lait régénéré, elle est en diminution (de 177000 T en 1987 à 4000 T en 1999) alors que la production de lait usiné à partir du lait frais est en augmentation (de 600 T en 1987 à 264000 T en 1999). Ainsi l'autosuffisance a été atteinte en 1999. Cependant, aujourd'hui que cet objectif est atteint, et en raison de la mondialisation, de l'ouverture des frontières, de la concurrence qui est de plus en plus féroce et des consommateurs qui deviennent de plus en plus exigeants, on s'est rendu compte qu'on doit faire face à un nouveau défi qui est la qualité. Ainsi la stratégie adoptée en septembre 1998 s'est appuyée sur un ensemble de programmes visant l'amélioration de la qualité, la maîtrise des coûts et l'organisation de la filière afin de lui assurer un développement harmonieux et une compétitivité suffisante garantissant sa durabilité.

Mots clés: Production, collecte, transformation, autosuffisance, qualité, durabilité, filière.

Summary

In Tunisia the dairy sector is strategic. In 1998 it contributed 8% to the whole value of the agricultural production which itself consists of 22, 5% value in animal production and 71% value of agro-alimentary. In recent years many encouraging measures contributed to the boom of the dairy sector between 1987 and 1999. Production increased from 356 000 metric tons in 1987 to 817 140 metric tons in 1999. This movement is due to increases in the number of cows and to the genetic improvement of livestock. Firstly, the programme consisted of importing pure-bred heifers of high genetic potential, introducing the programme of absorption by crossing local animals with pure-bred breeds and by enhancing the development of artificial insemination. Later, it consisted of encouraging production of locally born pure-bred heifers. The collection of fresh milk increased from 22 600 metric tons in 1987 to 38 5000 metric tons in 1999. The production of processed liquid milk passed from 177 600 metric tons in 1987 to 268 000 metric tons in 1999. Thus we achieved self sufficiency and now daily quality is the key to more progress.

Key words: production, collect, processing, self-sufficiency, quality, dairy sector.

Introduction

Le secteur laitier a contribué en 1998 à concurrence de 8% de la valeur totale de la production agricole, de 22,5% de la valeur de la production animale et de 7% de la valeur de la production agro-alimentaire. La notion de filière dans le secteur lait en Tunisie n'a vu le jour que récemment. En effet les différentes composantes de la filière agissaient indépendamment l'une de l'autre ou étaient pratiquement inéxistantes (exp: la collecte). Ce n'est que lorsque des mesures incitatives concernant tout le secteur prises en harmonie l'une par rapport à l'autre et dans les délais requis que l'intégration des différentes composantes de la filière a commencé à voir le jour.

Evolution de la filière

Evolution de la production laitière nationale

La production laitière nationale n'a pas cessé d'évoluer depuis le VIIème plan. En effet, elle est passée de 356.000 T à 420.000 T durant le VIIème plan (1987-1991) et de 450.000 T à 618.000 T durant le VIIIème plan (1992-1996). En 1999, elle a atteint 817.14 T et selon les prévisions elle atteindrait en l'an 2000, 894.480 T (Figure 1) (Skouri. A, 1999; Ministère de l'Agriculture, 1998)

Evolution de la consommation (Tous produits laitiers confondus)

L'évolution de la consommation est variable selon les années, du fait qu'elle est tributaire de deux paramètres indépendants qui sont l'effectif de la population et le niveau de la consommation individuelle. La consommation totale est passée de 728.000 T en 1990 à 781.020 T en 1999. Selon les prévisions en l'an 2000, elle atteindrait 792.460 T (Ministère de l'Agriculture, 1998).

Evolution des importations de lait et ses dérivés

L'importation du lait et ses dérivés est en diminution depuis l'année 1990. En effet, l'importation totale de la poudre de lait (0% et 26% MG.) est décroissante, passant de 19714,2 T en 1990 à 7021,7 T on 1996. Concernant celle du lait concentré (sucré et non sucré), elle est fluctuante selon les années évoluant de 2177,5 T en 1990 à 3179,7 T en 1996.

Pour l'importation du beurre, la diminution est remarquable et elle est passée de 6360,5 T en 1990 à 814,1 T en 1996. Il en est de même pour celle des fromages et des caillebottes, variant de 420,7 T en 1990 à 178,3 T en 1996 (Ministère de l'Agriculture, 1998; Ministère de l'Agriculture et INS, 1996).

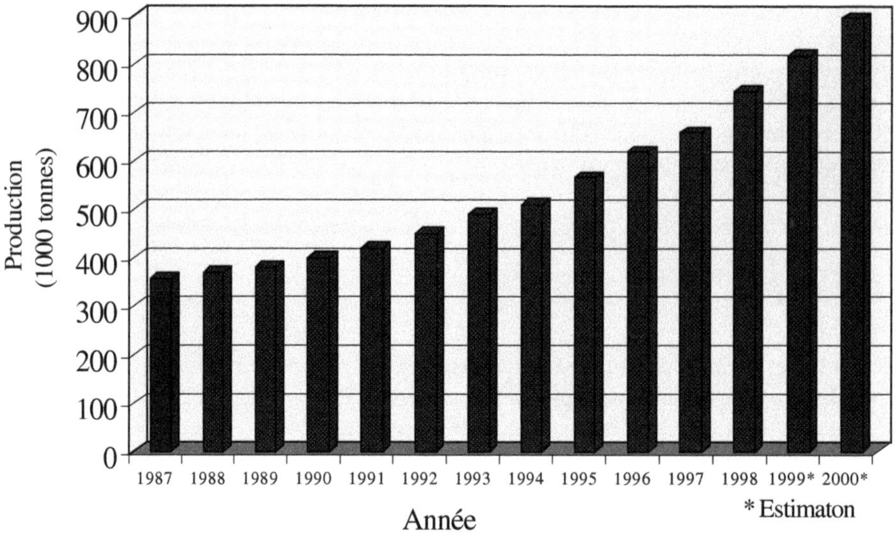

Figure 1. Evolution de la Production laitière nationale (1000tonnes).

Evolution du déficit et de l'excédent

Le déficit est passé de 328.000 T en 1990 à 26.230 T en 1998. De ce fait le taux d'autosuffisance est passé de 54,94% en 1990 à 96,59% en 1998. L'autosuffisance a été atteinte en 1999. De ce fait la filière est passée d'une phase de déficit à une phase où on enregistre des excédents saisonniers qui deviendront par la suite des excédents structurels.

Durant la phase de l'excédent saisonnier correspondant à la période de haute lactation, il y a eu le stockage du lait de boisson par les industriels pour la première fois en juillet 1998, et il a atteint 21,3 millions de litres (en dehors du stock technique qui a été de l'ordre de 7,2 millions de litres). Le Gouvernement a appuyé financièrement cette opération en accordant aux industriels une prime de stockage. Toutefois, le stockage n'est qu'une solution temporaire étant donné que l'écart entre la production et la consommation devient de plus en plus important. Durant la phase d'excédent structurel, il y a d'autres mécanismes de régulation dont on cite la diversification des produits laitiers et le démarrage de l'industrie de séchage du lait (Ministère de l'Agriculture: DGPDIA, 1995; Skouri. A, 1999).

Mesures incitatives. Impact sur l'intégration

Structure des exploitations et taille des élevages

Sur le plan structurel, l'élevage est détenu en sa majorité par des éleveurs possédant des petites exploitations dont la superficie est comprise entre 0 et 10 ha d'une part et l'élevage bovin est caractérisé par des petits élevages étant donné qu'en 1999, 68,1% du cheptel est constitué de troupeaux de moins de 10 têtes d'autre part.

Cette structure de l'élevage a eu des effets sur le système d'élevage pratiqué et sur le choix des techniques d'amélioration génétique utilisées (Ministère de l'Agriculture: DGPDIA,1996).

Systèmes d'élevage de bovin laitier

Système intensif intégré

C'est un système où la plus grande partie des fourrages grossiers est produite sur place. Il est observé dans le nord du pays. Il comprend des exploitations du type familial (1 à 40 vaches) et les grandes fermes (du secteur organisé: > 100 vaches). La race élevée est la race pure Holstein (Ministère de l'Agriculture: DGPDIA, 1995).

Système intensif hors sol

C'est un système disposant de superficies agricoles très limitées (par rapport au cheptel) allant de 0 à 0,3 ha/vache. La plupart des aliments (grossiers et concentrés) sont achetés. La taille de ces élevages est variable pouvant aller de 1 à 20 vaches.

Ce système est répandu surtout dans les régions du centre littoral (Sfax, Mahdia, Monastir, et Sousse) et il est présent dans d'autres régions du pays (Ministère de l'Agriculture: DGPDIA, 1995).

Programme de développement

Amélioration et développement des ressources alimentaires

La surface fourragère totale a évolué de 270.384ha en 1991-1992 à 284.697 ha en 1997-1998.

La surface fourragère en sec est passée de 240.155ha en 1991-1992 à 235.644ha en 1997-1998. Parallèlement à ceci on note une augmentation de celle en irrigué qui a évolué de 30.229 ha en 1991-1992 à 49.053 T en 1997-1998 (Ministère de l'Agriculture: DGPA, 1998). Cette extension des périmètres irrigués peut être expliquée par les avantages financiers relatifs à la réalisation d'investissements permettant l'économie d'eau (APIA, Octobre 1999). Elle peut être aussi expliquée par l'augmentation des surfaces irriguées par les eaux usées (diminution du prix du m^3 d'eau assainie de 50 à 20 millimes, APIA, Juillet 99 et APIA, Octobre 99).

Amélioration génétique

Ce programme a commencé depuis les années 70 avec l'importation des génisses pleines de race pure (La Pie Noire: y compris la souche Holstein). L'importation des génisses était variable selon les années et on note une diminution depuis 1997. En effet, le nombre est passé de 7291 unités femelles en 1997 à 3000 unités femelles en 1999, et il est prévu qu'il atteindra 500 unités femelles en 2002 (Ministère de l'Agriculture: DGPDIA, 1995, Ministère de l'Agriculture: OEP, 1999).

Etant donné que l'importation constitue un fardeau pour l'économie nationale, il y a eu la formulation d'une stratégie qui encourage l'élevage des génisses (race pure) nées en Tunisie. Cette stratégie vise la diminution de l'importation des génisses. Cet encouragement a été fait par le biais de crédits et de subventions. Les petits éleveurs qui sont financièrement incapables ou techniquement inaptés à élever leurs propres velles de race pure sont encouragés à les vendre à des éleveurs possédant des centres d'élevage de génisses à la place des bouchers. Une prime de 40D/Tête leur est ainsi accordée. Le Centre de collecte est aussi encouragé à faire la collecte des jeunes velles, de race pure par une prime égale à 20D/tête.

La stratégie formulée en 1997 a permis une augmentation du crédit par génisse née et élevée en Tunisie de 900DT à 1200DT. Les efforts sont actuellement orientés vers le développement d'un noyau de race pure à partir des reproductrices déjà installées en Tunisie et ceci à travers les encouragements à la création et au développement des centres d'élevage. Cet encouragement se fait aussi par l'attribution d'une subvention qui varie entre 100 et 300DT à la vente de chaque génisse (selon la race, la qualité génétique, l'inscription au herd-book…) (Ministère de l'Agriculture: OEP, 1999). La deuxième orientation récente consiste en l'introduction de la race mixte pour améliorer notre production de viande d'une part, et au contrôle de la production du lait d'autre part (Skouri, A, 1999). De ce fait l'effectif des génisses nées et élevées en Tunisie est passé de 45500 têtes en 1997 à 54.800 têtes en 1998. Et comme prévisions il atteindrait 62100 têtes en 2002 (avec un excédent réalisé depuis l'an 2000: 13.200 têtes). Cependant ces génisses doivent répondre à des critères énoncés dans un cahier des charges selon une qualité bien déterminée. Ceci n'est pas souvent le cas (Ministère de l'Agriculture: OEP, 1999).

L'insémination artificielle est pratiquée principalement pour le maintien de la pureté des races pour l'amélioration de la population bovine locale par le biais des croisements d'absorption et pour l'augmentation du potentiel génétique du cheptel par la création de générations génétiquement supérieures. Le mode d'intervention de l'insémination artificielle varie en fonction des races et des zones de concentration des animaux. En ce qui concerne les races pures, l'insémination artificielle est réalisée avec de la semence de géniteurs testés sur descendance. La semence est importée selon un cahier des charges qui précise les conditions sanitaires et zootechniques. Quant à la race locale et croisée, l'insémination est réalisée en utilisant la semence collectée sur des géniteurs choisis dans les élevages tunisiens de la base de sélection selon leur ascendance (Ministère de l'Agriculture: DGPA, 1997).

Un des principaux problèmes est l'inadéquation du service d'insémination fourni par les services publics à cause du manque de motivation du personnel et du caractère administratif du service. De ce fait il y a eu des mesures de réorganisation de l'activité ces dernières années à savoir :

- La concentration de toutes les activités d'insémination artificielle sous un seul responsable: l'O.E.P à partir de 1995 ;
- La privatisation progressive des services d'insémination artificielle (Ministère de l'Agriculture: DGPDIA, 1995).

Ce programme de privatisation et de réorganisation de la profession a constitué une amélioration du système. Des mesures complémentaires ont été également prévues pour favoriser le développement de l'insémination artificielle dans un cadre privé ou coopératif telle que l'organisation de formation pour des inséminateurs professionnels (Ministère de l'Agriculture: DGPA 1997).

Il est à signaler que la répartition des circuits d'insémination artificielle selon les intervenants est comme suit (au 31 décembre 1999) :

- O.E.P: 38 circuits
- ODESYPANO: 16 circuits
- Privés: 26 circuits
- Autres (circuits pris en charge partiellement par les C.S.A: 2 circuits) (OEP, 1999)

Aspect développement et impact sur l'intégration

Collecte

Le réseau national de collecte de lait en Tunisie a joué un très grand rôle dans l'amélioration du secteur laitier en permettant l'évolution de la capacité de collecte ainsi que la création de nouveaux pôles de production (Mahdia, Sfax, Sidi Bouzid). Etant donné qu'il est le maillon le plus important reliant la production et la transformation, il a connu un développement remarquable depuis les années 80. En effet, les quantités collectées sont passées de 22.600 T en 1987 à 358.920 T en 1998, et d'après les prévisions elles atteindront 410.000 T en 2000 (voir figure 2).

En ce qui concerne l'évolution des centres de collecte et leur capacité, en 1999 on compte, 97 centres avec une capacité totale de 317.000 l/j, le nombre est passé à 248 centres avec une capacité totale de 1423000 l/j. La prime de collecte attribuée aux centres de collecte, a augmenté de 15 millimes en 1985 à 40 millimes depuis 1994 (Ministère de l'Agriculture, 1998; Ministère de l'Agriculture: DGPDIA, 1995).

Usinage

La quantité de lait frais transformé a évolué de 170.000 T en 1992 à 426.000 T en 1999 avec des prévisions de 570.000 T en l'an 2000 (GILAIT, 2000).

- *Lait de boisson*: La production du lait de boisson a remarquablement évolué ces dernières années. Elle est passée de 177.600 T en 1987 à 268.000 T en 1999. La transformation à partir du lait regénéré est passée de 177.000 T en 1987 à 4000 T en 1999. Parallèlement a ceci, on note une augmentation de la transformation à partir du lait frais qui est passée de 600 T en 1987 à 264.000 T en 1999 (Ministère de l'Agriculture: DGPDIA, 1995, GILAIT, 2000).
- *Production de yaourt*: La production de yaourt a évolué de 528 millions de pots en 1990 à 644 millions de pots en 1999 (GILAIT 2000).

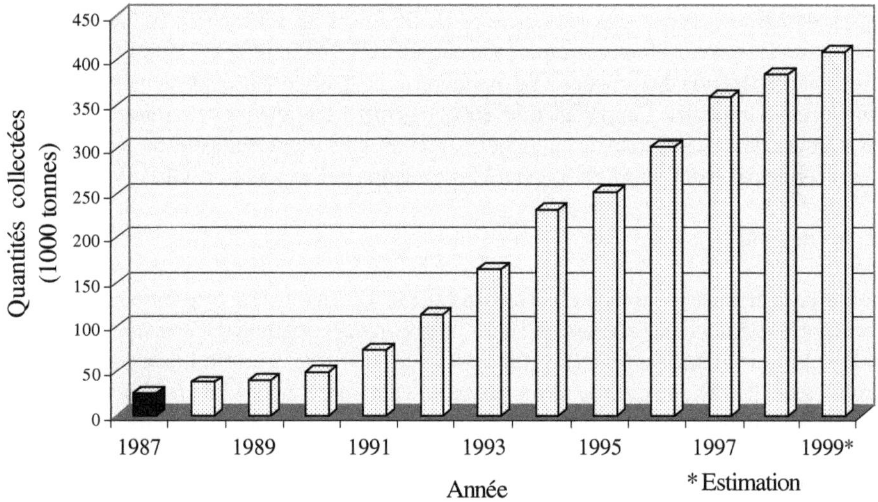

Figure 2. Evolution des quantités collectées (1000 tonnes).

- *Production fromagère*: Durant ces dernières années il y a eu l'émergence d'une industrie fromagère. De ce fait la production fromagère a évolué de 4.400 T en 1992 à 7300 T en 1997 (dont 5000 T proviennent du lait frais et 2.300 T basées sur l'utilisation du fromage importé comme matière première) (Ministère de l'Agriculture, 1998).
- *Production du beurre*: La production du beurre a évolué de 2.930 T en 1992 à 4.600 T en 1998. La production du beurre à partir du lait frais produit localement a évolué de 1230 T en 1992 à 2.700 T en 1996. Cette augmentation de la transformation à partir du lait frais était aux dépens de celle à partir de la matière grasse laitière anhydre qui est passée de 1.700 T en 1992 à 1.600 T en 1996 (Minismtère de l'Agriculture, 1998).

Afin de diminuer les importations de beurre et de matière grasse laitière anhydre (M.G.L.A.) et d'encourager la production locale de beurre à partir du lait frais, un prélèvement douanier de 0,350DT/kg et de 0,500DT/kg a été décidé (en janvier 1995) respectivement sur l'importation de M.G.L.A. et de beurre (Ministère de l'Agriculture DGPDIA, 1995)

Commercialisation

En 1999, la consommation nationale de lait a été de 428 millions de litres en lait frais industrialisé. L'autoconsommation (entendue comme étant tout ce qui ne transite pas par les unités industrielles) a été estimée à 390 millions de litres environ, ce qui porte la consommation globale à 818 millions de litres, soit 85,9 litres / habitant/an. La consommation de yaourt en 1999 a été de 77,2 millions de litres, alors que celles des dérivés frais et de fromage ont été respectivement de 29,6 millions de litres et 65,7 millions de litres (OEP 1999).

La commercialisation extérieure se base surtout sur la recherche d'autres marchés pour le lait et ses dérivés, pour cela nos produits doivent être concurrents et conformes aux normes internationales. Au point de vue de l'emplacement géographique, la Tunisie occupe une place stratégique qui peut aider à l'exportation de nos produits vers les pays voisins dont la couverture de leurs besoins de consommation est encore faible. Il est a signaler que le prix du lait à la production en Tunisie (350 mil/l) est inférieur à celui de la plupart des pays arabes et africains ainsi que celui de quelques pays européens. En ce qui concerne le prix du lait industrialisé à la consommation, nos produits locaux représentent presque la moitié des prix courants en France et en Italie. Le prix de vente public du lait en bouteille pour la Tunisie, la France et l'Italie est respectivement 610 mil/l, 1447 mil/l et 1471 mil/l. Parallèlement à ceci on note que les prix des produits à l'exportation de ces pays restent équivalents à ceux de nos produits locaux. Ceci reflète l'importance des encouragements tout au long de la filière au niveau de ces pays. Pour cela il est impératif de multiplier et de consolider les encouragements tout au long de la filière et principalement ceux liés à l'appui à la promotion de l'exportation (OEP, 1999).

La chaîne de froid

Au niveau de la production, le cheptel est réparti entre le secteur organisé et le secteur privé. En ce qui concerne le secteur organisé (constitué par les grandes fermes étatiques (UCP et Agro-combinats, les SMVDA), qui ont des troupeaux de grande taille (> 100 vaches), le refroidissement du lait est généralisé étant donné que chaque ferme possède ses propres tanks à lait. Il est à noter que le secteur organisé détient 15% de l'effectif total de race pure et contribue de 20% de la production laitière nationale (Ministère de l'Agriculture: DGPDIA 1995).

Concernant le secteur privé caractérisé par des troupeaux de petite et moyenne taille (< 5 vaches), il reste un grand travail à faire pour l'installation du froid à la ferme. On compte actuellement (en décembre 1999) 33 unités installées de capacité totale de 24100 litres et il y a un plan directeur relatif au froid à la ferme, qui est en cours de réalisation. Ce projet va essayer de couvrir les besoins des producteurs du secteur privé.

Au niveau de la collecte, le réseau est constitué (en décembre 1999) de 258 centres de collecte de lait de capacité totale de 1.566.300 litres avec un taux d'utilisation de 67.5%. Au niveau du circuit du transport de lait, on compte (en décembre 1999) 192 camions citernes thermo-isolants de capacité totale de 1.426.832 litres (OEP, 1999). Au niveau de la transformation et du circuit de commercialisation, les industriels assurent la continuité de la chaîne de froid. Ce qui reste à assurer, c'est le contrôle du stockage des produits laitiers au niveau des distributeurs afin de conserver la qualité du produit et de protéger la santé du consommateur. Il est impératif de généraliser la chaîne de froid tout au long de la filière de la production à la commercialisation afin d'assurer un produit de qualité compétitif.

Organisations professionnelles

A la production

- U.T.A.P: Les éleveurs sont représentés à l'échelle locale, régionale et nationale par l'Union Tunisienne de l'Agriculture et de la Pêche. C'est une organisation a but syndical.
  Les structures de l'U.T.A.P sont multiples et englobent entre autre des fédérations locales, régionales et nationales. On compte actuellement 16 fédérations régionales d'éleveurs bovins. Ces fédérations ont comme mission d'organiser les éleveurs, les aider et les encadrer techniquement; d'une manière générale elles s'intéressent à tout ce qui se rapporte au développement de l'élevage bovin (Brahmia A. et Zitouni M. 1999).
- Chambres d'agriculture: Elles sont au nombre de trois implantées par grandes régions (1 au nord, 1 au centre, 1 au sud). Elles ont été créées en 1998 et jouent le rôle de développement dans tout le secteur agricole (Brahmia A. et Zitouni M. 1999)
- Les coopératives de services agricoles: Actuellement on compte 180 coopératives. Parmi leurs activités au niveau de la production, on peut citer la fourniture d'intrants aux éleveurs, des activités d'encadrement technique et d'assistance grâce aux incitations nouvellement instaurées par l'état et ce par le biais de conventions avec les vétérinaires et les conseillers agricoles en vue d'améliorer la qualité du lait et la productivité.
  Nous remarquons parfois le groupement de certaines coopératives de services en coopératives régionales de services agricoles (Brahmia A. et Zitouni M. 1999).
- Autres associations: Il est attendu qu'une nouvelle génération d'éleveurs organisés se développe et se distingue par la spécialisation dans la production et l'élevage des génisses de race pure nées et élevées en Tunisie (Brahmia A. et Zitouni M., 1999).

A la collecte

Actuellement le réseau de collecte comporte 248 C.C.L dont 115 sont gérées par les coopératives de services agricoles et 133 par les privés. L'Office de l'Elevage et des Pâturages a joué un rôle déterminant dans l'équipement des C.C.L. et la distribution de la subvention de collecte aux coopératives. Ces opérateurs sont organisés en fédérations de collecteurs de lait à l'échelle régionale (nouvellement créées) et sont coiffées par une fédération nationale. On compte actuellement 6 fédérations régionales. On note aussi qu'une partie de la production est collectée par des colporteurs dont l'activité sera régie par un cahier des charges dans le souci de les intégrer dans la filière (Brahmia A. et Zitouni M. 1999).

A la transformation

Actuellement le réseau de l'industrie laitière compte 14 centrales laitières mixtes, plus que 27 unités de production de fromage et 7 unités indépendantes de yaourts. Les industriels sont représentés à l'échelle nationale par la chambre syndicale nationale des industries laitières et une autre pour les fromages. Ces organisations relèvent de la fédération nationale de l'agro-alimentaire structure de l'Union Tunisienne de l'Industrie, du Commerce et de l'Artisanat (U.T.I.C.A), qui définit le rôle de la chambre syndicale nationale (Brahmia A. et Zitouni M, 1999).

Organisation interprofessionnelle: Groupement Interprofessionnel du Lait

Le G.I.LAIT a été crée en 1997. Ses missions liées aux aspects organisationnels sont comme suit:

- Elaboration et mise en œuvre des règles organisationnelles et renforcement de la transparence des relations (démarche contractuelle et arbitrage entre C.C.L et Centrales Laitières) ;
- Gestion du système qualité (paiement du lait à la qualité et participation à l'installation des laboratoires interprofessionnels) ;
- Coordination et pilotage des mécanismes de régulation (gestion des excédents et élargissement du marché à l'échelle locale et internationale)
- Suivi de l'évolution de la filière et prospection des horizons (Brahmia. A. et Zitouni M., 1999; GILAIT, 1999).

Conclusion

La stratégie de développement de la filière lait a permis à travers les mesures d'encouragement prises par l'Etat d'atteindre l'autosuffisance en 1999 avec un objectif d'assurer la qualité et de maîtriser les coûts.

La Tunisie est capable, malgré les contraintes pesant sur la production laitière, de développer une production plus fondée sur les ressources nationales au point de vue cheptel (race locale et améliorée) et production fourragère.

Références

APIA, Juillet 1999. Guide du promoteur « Code d'incitations aux investissements (loi93-120 du 27 Décembre 1993), pp.1 et 2

APIA, Octobre, 1999. Incitations aux investissements dans le secteur de l'Agriculture, pp. 2.

Brahmia. A et Zitouni. M, 1999. Lait, qualité et santé. Colloque de l'association des médecins vétérinaires, pp. 8.

GILAIT, 1999 document technique

GILAIT, 2000 document technique

Ministère de l'Agriculture, 1998. Stratégie laitière 1998/2000 (Horizon au dela de l'autosuffisance), Annexex.

Ministère de l'Agriculture: DGPA, 1997. Eutde sur l'amélioration génétique des espèces bovine, ovine et caprine élevées en Tunisie, pp. 5, pp.12, pp. 13 et pp. 14.
Ministère de l'Agriculture: DGPA, 1998 Document technique: Les sources de croissance du lait en Tunisie, pp. 13.
Ministère de l'Agriculture: DGPDIA, 1995. Etude d'impact de la politique agricole sur le secteur bovin laitier.
Ministère de l'Agriculture: DGPDIA, 1996 Enquête sur les structures des exploitations agricoles (1994-1995), pp. 6 et pp. 7.
Ministère de l'Agriculture: OEP, 1999 Stratégie nationale d'élevage des génisses de race pure nées et élevées en Tunisie (Version finale), pp. 1 et pp. 4 et Annexes: tab 3 et 4.
Ministère de l'Agriculture: OEP, 2000. Programme de l'évolution et de la diversification de la production agricole et la gestion de l'excédent de la production, (Annexes).
Ministère de l'Agriculture et INS, 1996. Annuaire des statistiques agricoles, pp.16-19.
OEP, 1999 Rapport d'activités.
Skouri. A, 1999. Le secteur laitier en Tunisie: Du déficit à l'excédent structurel, Rapport de projet de fin d'étude, p 17, 20, 23 et 30.

A short note on the importance and strategic significance of the PDOs, PGIs and TGSs in Europe. A position paper

S. Ventura

Avenue du Vieux Moutier, 18, B – 1640 Rhode-Saint-Genèse, Belgium

Summary

In the modern quality oriented agribusiness, the role of PDOs and PGIs has a strategic significance from the economic as well as from the social point of view. Moreover, the PDOs and PGIs are part of the European cultural heritage, which deserves to be protected. However that can only be achieved if producers, consumers and public institutions will cooperate.

Key words: economic relevance, legal protection, EEC Regulations.

Résumé

Dans l'agro-industrie moderne axée sur la qualité, le rôle de PDOS et de PGIS a une portée stratégique tant du point de vue économique que social. En outre le PDOS et le PGIS font partie de l'héritage culturel européen qui mérite d'être protégé. Cependant cela ne pourra se réaliser que si producteurs, consommateurs et services publiques collaborent.

Mots clés : pertinence économique, protection légale, régulation EEC.

Frame

1. By way of introduction, I should like briefly to review the main stages of the common agricultural policy from its beginnings up to the most recent developments.
   What are the origins of this policy? Why was it reformed? What are its new guidelines? These are three questions which should be addressed.
   The economic and social situation in Europe at the beginning of the 60s was very different from today. The main consideration was to secure food supplies in the six founding Member States, which had suffered severely during the second World War.
   That, together with the other goals laid down by Article 39[1] of the Treaty of Rome, was the reason why the first agricultural regulations adopted in 1962 established a system of guaranteed prices and market protection through export refunds and import levies.

[1]Today art. 33 according to the Amsterdam Treaty of 2 October 1997.

This policy proved highly effective since, by the early 70s, the Community had achieved self-sufficiency in most of the products covered. However, the situation had changed in the meantime and the common agricultural policy had helped create structural surpluses in the best protected sectors, such as milk and cereals. A particularly striking example in this respect is the beef/veal sector, which moved during the 70s from apparent shortage to huge surpluses.
That was why, from the beginning of the 70s, experts, among whom I modestly include myself, warned the politicians that the common agricultural policy required reform, since it could no longer be sustained in its original form.
Indeed, contrary to the theory that public purchases should help balance supply and demand and so ensure price stability, the build up of stocks had the perverse effect of forcing market prices down. Furthermore, the common agricultural policy, which was based primarily on the principle of a single guaranteed price, placed the strongest holdings at an excessive advantage while marginal holdings could barely make a living, although their income could have been increased by implementation of a common structural policy able to deal with the disparities between the various agricultural regions. Accordingly, the gap between the strong holdings and the weak ones, between high incomes and low ones, had tended to widen rather than narrow.
Despite that warning, a number of attempts at reform in the 70s proved unsuccessful and it was not until 1984 that the Community got onto the correct track by undertaking the difficult task of limiting production.
This new direction for the common agricultural policy reduced surpluses and increased market prices through measures to limit supply and encourage demand. At the same time, it was decided to limit agricultural expenditure through the so-called "guideline" stemming from the agreement reached at the Brussels European Council on February 1988 and extended to 1999 by the Edinburgh European Council in December 1992.
The common agricultural policy may be said to have moved in the 80s from the *quantitative* approach which dominated in the 60s and 70s to a *qualitative* approach.

2. In fact, this phenomenon concerns all sectors of the economy, not just agriculture. Up to the end of the 70s, the approach to work was heavily influenced by the pattern established by Henry Ford in the 20s, based on the production line and a sharp division of labour to enable large quantities to be produced rapidly. This approach to work also affected our way of thinking, conditioning the development of large sales areas and, in the food sector, the spread of fast food. However, over the last twenty years or so, industry has rejected this model and adopted new priorities, the first of which stresses quality rather than quantity.
Today we frequently talk of "total quality", a concept which has travelled from Japan to Europe via the United States. We find that consumers use this new approach when considering foodstuffs. Here too, there is an awareness of "quality". This consumer awareness inevitably influences the behaviour of agricultural producers and so also agriculture which, as an economic activity, must respond to new concepts if it is to survive.

3. Agriculture must cease to look only at quantity and, like other sectors, consider quality; it must extend the range of products offered to the food industry and consumers and diversify its roles. The reform of the CAP launched in 1992 laid the basis for following these new principles. This reform buried once and for all the myth of constantly expanding production and reduced the costs to consumers while simultaneously stabilising producers' incomes. It also permitted the CAP to take its place in the new world economic order defined by the final agreements on the Uruguay Round signed in Marrakech on 15 April 1994 and approved by the Community on 22 December

that year. Finally, the reform of the common agricultural policy made our agri-food industry more competitive.
It is absolutely vital for farmers to take on board this fundamental shift in the CAP towards quality, as repeated in December 1995 in the document on agricultural strategy tabled by the Commission at the Madrid European Council and in the Cork Declaration adopted in November 1996.

4. The reform announced in the so-called 'Agenda 2000' package once again confirms this new direction for the CAP of which Regulations (EEC) Nos 2081/92 and 2082/92 form part.
I do not intend to describe the rules governing PDOs, PGIs and TGSs. I would simply like to emphasise that Regulation (EEC) No 2081/92 lays down common rules which guarantee to producers who respect those rules an exclusive right to use designations of origin or geographical indications entered in the Community register. This avoids unfair competition from "imitation" products while at the same time facilitating the free movement of products which are entitled to the protected designations and indications.
It is worthy of note that already about 550 products have been registered, of which about 150 are milk products (notably cheeses).
Regulation (EEC) No 2082/92 is intended to protect the special features of agricultural or food products which have, independently of their origin, certain characteristics setting them apart from other similar products.

5. The legal protection provided by these two regulations is, of course, very important in an economic climate where the production and distribution of agri-food products is increasingly subject to the implacable laws of free competition. The importance of this point is heightened by the fact that, particularly as a result of rising living standards, consumers demand a constantly expanding range of more clearly identified products.
The protection offered by the PDOs and PGIs and, somewhat less directly, the TGSs, also has a vital role to play in the context of measures intended to slow down or even stop completely the abandonment of rural activities in areas which are often classified as disadvantaged. In such areas, PDOs, PGIs and even the TGSs can make a useful contribution to improving producers' incomes and so retaining in existence a worthwhile rural life.

6. Following this brief outline of the importance of Regulations (EEC) Nos 2081/92 and 2082/92, I should like to say a few words about their future.
The first strength underlying the success of these regulations is undoubtedly the *commitment of producers*, in terms both of applications for registration and compliance with the rules. A serious approach, to the assessment of applications for registration, and to the enforcement of "quality", through the effectiveness and uniformity of inspections, will be the best guarantees of the credibility of these rules and hence of their success.
But this success also depends on the *interest shown by consumers* in the products entitled to use these designations. The requirements of food safety and quality, to which consumers pay ever-increasing attention, mean that their interest is undoubtedly caught by the assurance of buying products whose production and marketing are subject to rules which are as rigorous as they are precise. But better knowledge of those rules is necessary, which in turn requires publicity campaigns intended to raise awareness of the "meaning" of these designations and indications reserved for products "which have a past."
The success of the arrangements for PDOs, PGIs and TGSs depends also on the *attitude of the Community institutions and the Member States*. On the one hand, protection of these

designations and indications in the Community itself must be consolidated through increasingly close co-operation between the public authorities. The Member States must resist the temptation to "go it alone" and instead follow resolutely the trail blazed by the Commission to put a stop to the multiplicity of national, regional and local quality signs and marks which offer consumers no real guarantees but threaten to hamper trade to everyone's disadvantage.

On the other hand, the Commission and the Member States must work through international organisations and within bilateral and multilateral agreements to ensure that these arrangements are applied and PDOs, PGIs and TGSs are recognised outside the Community. Article 12 of Regulation (EEC) No 2081/92 and Article 22 of the TRIPS Agreement provide a useful point of departure along the road towards a multilateral system for the registration of protected designations.

7. But, in addition to the economic questions on which I have scarcely touched, the protection of these designations also raises a question of culture.

   The defence of these designations is also the defence of the cultural identity of our regions. The system established by Regulations 2081/92 and 2082/92 is undoubtedly one that protect "labels" but behind these "labels" lie products which constitute real "cultural units", each with its own identity and bearing its own history. These "histories" form part of our civilisation which is, to a great extent, the civilisation of the Mediterranean Sea.

La filière lait au Maroc

A. Bentouhami[1] *& A. Benlekhal*[2]

[1]*Division de la Production Animale, Rabat, Maroc*
[2]*Vétérinaire Chef de Service de l'Amélioration Génétique des Espèces Animale, Rabat, Maroc*

Résumé

La filière lait au Maroc, érigée en priorité dans le cadre de la politique agricole de l'Etat, devrait répondre à une demande croissante en lait et dérivés. Cette dernière nécessite une croissance de la production laitière nationale de 5,8% par an. Pour atteindre cet objectif un plan global de développement de la filière lait a été mis en place. Une priorité est accordée aux zones irriguées, à l'amélioration de la productivité du cheptel et au renforcement du rôle des organisations professionnelles en tant qu'opérateurs et partenaires priveligiés pour le développement de la filière avec l'élaboration d'une «charte-qualité» entre les différents opérateurs de la filière.

Mots clés: filière, lait, productivité, qualité.

Summary

The milk production chain in Morocco is seen as a priority in the national agricultural policy. It faces a constant demand for an increase in the supply of milk and dairy products. The needed increase of milk production was estimated to be around 5.8% per year. To achieve this objective a national plan was established based mainly on irrigated areas, animal productivity improvement and the catalytic role of all the stakeholders within the milk production chain for good quality milk and dairy products.

Keywords: milk, production, quality.

Introduction

Le secteur agricole au Maroc joue un rôle du premier ordre sur le plan économique et social. Avec près de 9 millions d'hectares de SAU dont 1,251 millions d'Ha irrigués (soit 14,4% de la SAU totale), 5 millions d'Ha de forêts et 23 millions d'Ha de parcours (y compris parcours forestier), le secteur agricole (pêches et forêts comprises) contribue au PIB total à hauteur de 12 à 24%, selon les fluctuations climatiques annuelles et occupe environ la moitié de la population totale active. Par ailleurs, le secteur agricole joue un rôle important dans le commerce extérieur national. Au cours de la dernière décennie, les importations agricoles ont représenté entre 14% et 24% de la valeur des importations globales, avec une moyenne de 19%. Les exportations agricoles représentent près de 18% en moyenne de la valeur des exportations globales, avec une fluctuation allant de 15 à 21%.

L'élevage est pratiqué par 1.100.123 exploitations agricoles, soit 74% du total des exploitations agricoles. Ce secteur jour un rôle socio-économique important dans l'économie nationale du fait de son niveau de participation élevé au PIB agricole (20 à 25% selon l'année); ses capacités d'offrir de l'emploi à environ 20% de la population rurale active;son rôle moteur d'autres secteurs de l'agro-industriels et de l'artisanat en offrant les matières premières (lait, peaux, laine...) et deson rôle nutritionnel. Les produits animaux représentent 35% de la consommation alimentaire globale.

La consommation par habitant et par an de toutes viandes et abats est passée d'environ 20 kg en 1980 à 15,6 kg en 1984 enregistrant ainsi une diminution moyenne annuelle de 5,8%. Entre 1986 et 1992, cette consommation a oscillé entre 18 et 20 kg puis elle a baissé pour se situer à un peu moins de 18kg. En 1999, la consommation s'est à nouveau redressé pour atteindre près de 19 kg/hab/an.

En ce qui concerne la consommation du lait, la production laitière nationale a permis de satisfaire la totalité des besoins en lait frais depuis 1982 et à répondre à 87% de la consommation totale en lait et produits laitiers qui est évaluée en 1999 à 42 litres équivalent lait/habitant/an. Cette étude de cas a pour objectif de présenter la filière lait au Maroc.

Genèse de la filière lait au Maroc

La situation de cette FILIERE découle des résultats des programmes d'actions mis en place depuis 1975, date du démarrage du plan laitier au Maroc., dont les principaux axes d'intervention sont rappelés ci-après:

a) Amélioration des niveaux de performances du cheptel par :
   - l'introduction du cheptel performant, l'insémination artificielle et le croisement de la race locale.
   - l'amélioration des conditions d'alimentation
   - l'intensification de l'encadrement sanitaire
b) Implantation, à la charge de l'Etat d'un réseau de centres de collecte du lait.
c) Incitation au développement d'usines de transformation du lait.
d) Garantie d'un prix rémunérateur au producteur et l'institution de mesures incitatives à l'intensification de la production.

Cheptel - production

L'effectif du cheptel bovin a subi durant les 20 dernières années une fluctuation importante due notamment aux effets des conditions climatiques qui constituent encore l'un des facteurs déterminants dans l'évolution de ce secteur. La structure génétique du cheptel a subi une mutation profonde. La part du cheptel local est passée de 90% en 1975 à environ 54% en 1999. Parallèlement, celle du cheptel amélioré est passé de 10% à 46% pendant la même période. Cette situation a favorisé l'émergence d'élevages intensifs spécialisés qui prend de plus en plus de place dans le système global.

Taille des troupeaux et des exploitations

Selon les données du recensement général de l'Agriculture (1997) et sur les 770.000 agriculteurs pratiquant l'élevage bovin, la taille moyenne des troupeaux est de 3 bovins par éleveur. En outre, 38% de bovins sont exploités par des agriculteurs ayant moins de 3 ha, 50,3% par des agriculteurs ayant entre 5 à 20 ha, et 11% sont exploités dans des grandes fermes (plus de 50 ha). Il en ressort que 88% de l'effectif de bovins sont exploités par des agriculteurs ayant moins de 20 ha (Tableau 1).

Par ailleurs, 85% d'éleveurs au Maroc disposent de moins de 2 vaches reproductrices, 14% exploitent un troupeau comprenant entre 3 et 6 femelles reproductrices et 1% d'éleveurs (1751 éleveurs) ont plus de 11 femelles reproductrices. Il ressort que les troupeaux laitiers restent dominés par des unités de faibles tailles dont les implications sur le développement de la FILIERE sont multiples (dispersion, difficulté d'encadrement et d'introduction de nouvelles techniques génératrices de progrès....).

Systèmes de production

Deux systèmes de production laitière prédominent :

- Système laitier intensif en irrigué
- Système mixte

Le système laitier intensif en irrigué est rencontré dans les périmètres d'aménagement hydro-agricole encadrés par les offices régionaux de mise en valeur agricole. Il est caractérisé par l'existence d'une production fourragère qui couvre une part plus ou moins importante des besoins du cheptel allant de 40 à 60% qui constitue l'essentiel de l'alimentation de l'élevage laitier. Ce système est caractérisé par la prédominance des races améliorées (61% de l'effectif) et de l'intégration au réseau de commercialisation du lait (plus de 65% de la production sont commercialisés).

Le système mixte prédomine dans les zones bours favorables et intermédiaires, et dans la périphérie des périmètres irrigués et des grandes agglomérations. Il est caractérisé par la diversification des ressources alimentaires (jachères, pailles, chaumes, sous-produits d'agro-industrie). Les sous produits de l'agro-industrie et les autres aliments concentrés (orge, mais....) sont largement utilisés (30 à 50% des besoins du cheptel). Ce système, comme son nom l'indique est orienté vers la production laitière, mais aussi vers la production de viande.

Les principales actions de développement de l'élevage laitier sont résumées ci-après, sachant que le volet «santé animale» s'inscrit dans le cadre d'une stratégie globale d'assainissement sanitaire du cheptel.

Introduction du cheptel performant par les importations

Cette opération a bénéficié du soutien technique et financier de l'Etat: fixation des normes et qualités génétiques du bétail, encadrement des coopératives et des éleveurs pour l'importation, exonération de l'opération des taxes et droits de douanes et subventions à l'achat de bétail (de 1975 à 1987). De 1975 à 1999, près de 283.609 génisses ont été importées, constituant ainsi un important matériel génétique de base pour l'amélioration de la production laitière.

Insémination artificielle

Cette opération, qui constitue l'une des techniques modernes de développement de l'élevage laitier, a connu une progression très sensible grâce à la mise en place d'une infrastructure appropriée représentée par deux centres d'insémination artificielle, équipés en matériel moderne et dotés de géniteurs d'Elites et de personnel qualifiés pour l'encadrement de l'opération chez les éleveurs. D'autres technologies de pointe ont vu le jour parallèlement à l'IA: il s'agit de technique de sélection des géniteurs d'insémination artificielle sur descendance (Testage) et plus récemment le transfert d'embryons qui ouvriraient d'autres voies vers une amélioration de la productivité globale du cheptel laitier dans l'avenir par la création et la diffusion du progrès génétique.

Tableau 1. Nombre d'exploitations et effectifs des animaux selon les espèces et la taille.

Classe SAU (en ha)	Total exploitations (a)	Total expl. pratiquant l'élevage (b)	% (b) (a)	Bovins		Ovins		
				Nbre expl. concernées	Têtes	Nbre expl. concernées	Têtes	Nb co
Sans SAU	64 716	62 470	96.5%	32 994	90 291	43 169	1 324 573	2
<5 ha	999 702	700 915	70 1%	480 887	1 197 863	470 506	6 090 260	18
5-10 ha	247 766	190 169	76 8%	142 488	496 684	144 834	3 288 286	4
10-20 ha	125 169	99 249	79 3%	75 445	325 517	81 739	2 895 678	2
20-50 ha	47 985	38 868	81 0%	30 291	180 792	33 823	2 056 609	1
50-100 ha	7 829	6 228	79 6%	5 104	53 780	5 511	623 981	[illegible]
> 100 ha	3 182	2 224	69 9	1 751	38 186	1 981	447 287	
TOTAL	1 496 349	1 100 123	73.5%	768 960	2 383 113	781 563	16 726 674	30

Production des génisses

Cette opération a été lancée en 1986 par l'incitation à la constitution de pépinières chez les éleveurs. 580 élevage pépinières ont été constitués disposant d'un effectif de base de 15.000 vaches de races pures ce qui a permis de produire 8540 génisses entre 1986 et 1998 (500 génisses par an, soit 2% en besoin du renouvellement du bétail.). Ce résultat montre que «l'autosuffisance» en génisses de races améliorées pour le renouvellement du cheptel de base est encore loin d'être réalisée. Les causes sont multiples dont les plus importantes sont :

1) La concurrence des pays exportateurs (Union Européenne) due à la subvention de bétail à l'exportation (restitution d'environ 5.000 à 6.000 Dh par génisse).
2) Le niveau technique des éleveurs reste encore limité pour l'élevage du jeune bétail, futur reproducteur (conduite alimentaire...)
3) La concurrence du prix des viandes qui conduit à la vente précoce des produits (velles..)

Alimentation du cheptel

L'analyse de l'évolution du bilan fourrager durant les 10 dernières années fait apparaître globalement, une modification importante de la structure des apports exprimés en UF. Ainsi la participation des cultures fourragères dans ce bilan a progressé de 75%, celle des sous produits de l'agro-industrie de 35%. De même la part des grains a connu une progression de 38%. Cette tendance à l'amélioration de ces ressources alimentaires s'est effectuée au dépend des parcours naturels dont la contribution a connu une diminution progressive. Les superficies des cultures fourragères ont connu une extension passant de 145.000 ha en 1980 à 400.000 ha en 1996/97, dont 150.000 ha dans les périmètres irrigués. Parallèlement à ces transformations, le niveau d'utilisation des aliments composés pour bovins a connu une augmentation régulière. Ainsi, la production totale de ces aliments est passée de 14.000 tonnes en 1983 à plus de 500.000 tonnes en 1996.

Niveaux de performance

Les niveaux de performance du cheptel laitier constitue l'un des indicateurs révélateurs de progrès enregistrés en matière d'élevage laitier. Il constitue la résultante de tous les facteurs intervenant dans la gestion et la conduite rationnelles des troupeaux notamment le type de matériel génétique exploité, la conduite alimentaire, l'hygiène, la stabulation et le «savoir-faire» des producteurs. Les performances laitières moyennes enregistrées chez les éleveurs encadrés par le contrôle laitier des principales régions du pays ont fait toujours apparaître 3 niveaux de production Direction de l'Elevage, 1999):

- niveau «médiocre» (3000-3500 kg): observé dans la plupart des élevages dits «ordinaires». La rentabilité de cette catégorie reste donc compromise et risque demenacer la viabilité de ces élevages.
- niveau moyen (3500-4000 kg)
- niveau satisfaisant (>4000 kg): élevages pépinières

Cette situation montre que les niveaux de performances restent encore en déça du potentiel de production (matériel génétique...) et que de gros efforts restent à déployer pour «sécuriser» ces élevages et rendre la production laitière plus compétitive et plus efficiente.

En outre les niveaux de production atteints dans les unités pépinières (plus de 4000 kg) paraissent relativement satisfaisants et augurent d'une amélioration plus marquée de la productivité du cheptel laitier dans ces élevages. Les niveaux de performances du cheptel «local» et «croisés» demeurent encore très bas; ils avoisinent respectivement 600 et 1500 kg de lait par vache et par an. Ce qui montre que le cheptel laitier qui est constitué de 54% du type local, et qui représente la part dite «traditionnelle», connaît encore des discordances énormes en matière de productivité dont l'un des principaux facteurs de variation est le type génétique exploité.

Organisation des producteurs

Initialement, les producteurs laitiers se sont organisés autour des centres de collecte du lait dont la finalité première était la commercialisation de ce produit. A partir de la fin des années 1980, le lancement du programme d'unités pépinières a donné lieu à l'émergence d'éleveurs de pointe dont les exigences et les préoccupations nécessitent un cadre professionnel approprié. Ainsi fut constituée, sous l'égide et avec le soutien du Ministère d'Agriculture et de la Mise en Valeur Agricole la première Association Nationale des Eleveurs de bovins de races pures dont l'objectif principal est la contribution au développement de ce type d'élevage. Cette Association s'est structurée et compte actuellement 24 associations et coopératives régionales réparties dans les principales zones d'élevage laitier (GHARB, SOUS MASSA, FES, MEKNES, TANGER, CASABLANCA, BENSLIMANE, SETTAT, RABAT...). Elle constitue actuellement, à côté des autres organisations professionnelles, des interlocuteurs des éleveurs envers les différentes instances et des «partenaires» dans la promotion du secteur laitier. A ce titre, la Direction de l'Elevage a confié à ces Associations certaines activités visant l'amélioration de la productivité du cheptel dans le cadre des contrat-programmes. Il s'agit dans une première étape de la participation à l'exécution du programme d'insémination artificielle, l'encadrement technique des troupeaux des adhérents, la sélection et la participation à d'autres actions en liaison avec la production laitière (approvisionnement en intrants et semences animales de haute qualité, commercialisation du bétail reproducteur sélectionné, études économiques diverses: prix du lait...)

Parallèlement aux activités de ces Associations, d'autres coopératives dont la mission initiale était orientée vers la commercialisation et la transformation du lait se tournent de plus en plus vers le développement de l'élevage par les prestations de certains services.

Commercialisation et transformation du lait

Commercialisation du lait

La création d'un circuit organisé de commercialisation du lait se substituant aux activités artisanales d'autrefois soulève encore des problèmes en raison des conditions de production de cette denrée et surtout de son altérabilité rapide; néanmoins, les pouvoirs publics ont entrepris depuis 1975 un certain nombre de mesures incitatives visant l'intensification de cette production et la mise en place d'une infrastructure facilitant sa valorisation.

Les actions entreprises dans ce domaine ont visé notamment l'organisation de la collecte du lait par le lancement d'un vaste programme de construction et d'équipement des centres de collecte et leur mise à la disposition des producteurs organisés en coopératives. Ainsi, le nombre de centres fonctionnels est passé de 10 en 1970 à 923 en 1999, ce qui a permis de drainer vers les usines laitières plus de 541 millions de litres de lait contre 41 en 1970

Transformation

Usines laitières

L'infrastructure industrielle de transformation du lait s'est rapidement développée au cours des dernières années, avec une augmentation de capacité de traitement dépassant 850.000 litres par jour en 1975 à 2,4 millions de litres en 1999. Le nombre d'usines laitières est passé de 7 en 1975 à 35 en 1999 dont 13 sociétés privées et 22 coopératives. En 1999, les quantités du lait transformées représentent 62% de la production totale (Tableau 2).

Le lait traité par les usines de transformation représente actuellement 62% de la production totale contre 10% en 1970. La plus grande partie de ce lait soit 87%, est transformée en lait pasteurisé; le reste est utilisé pour la production des dérivés laitiers de courte et de longue durée de conservations (Yaourt, Raibi, Lben, Beurre, Fromage frais, poudre de lait, lait UHT, lait stérilisé).

En matière de séchage du lait, des sociétés privées ont procédé ces dernières années à l'installation de deux tours de séchage de capacités respectives de 200.000 litres / jour et 60.000 litres/ jour. L'octroi d'une subvention à la fabrication de poudre de lait écrémé entre 1984 et 1989 aux usines laitières ayant procédé au séchage du lait a permis d'assurer prés de 35 % des besoins en cette denrée durant cette période.

Mini-laiteries

La plupart des régions enclavées, qui disposent d'un potentiel laitier appréciable, se heurtaient aux difficultés d'approvisionnement régulier de leur marché en lait pasteurisé en raison de leur éloignement des lieux d'installation des usines de transformation et des coûts élevés de distribution de ces produits. L'ensemble de ces éléments a amené les pouvoirs publics à concevoir un modèle de valorisation de la production laitière spécifique à ces régions basée sur la création des (*mini-laiteries*). Cette organisation a permis, outre la valorisation et l'approvisionnement régulier du marché local en lait et ses dérivés, de jouer un rôle socio-économique important, et de dynamiser la promotion du secteur agricole au niveau local. Les produits fabriqués sont essentiellement le lait pasteurisé, le «babeur» et

Tableau 2. Evolution de la production et la transformation du lait.

Autres dérivées (équivalent millions de litre)	Lait pasteurise (millions de litre)	Lait usiné (millions de litre)	Production total (millions de litre)	Année
5,6	4	47	474	1970
15,19	189	108	581	1975
68,5	325	230	617	1980
68,5	383	370	869	1990
132,4	430	440	920	1992
161,8	415	500	950	1994
175,4	430	490	830	1995
142,2	457	493	850	1996
222	470	510	950	1997
241	490	615	1020	1998
-	-	700	1130	1999

Autres dérivés: Beurre, Fromage, Lait en poudre,Lait stérilisé.

le beurre. Les autres produits dérivés tels que le yaourt, le raibi et le fromage frais ne représentent que des quantités très faibles.

Conclusions

Quoique l'intensification de l'élevage bovin laitier s'amorce sensiblement (environ 20%), les niveaux de performance restent encore en deçà des potentialités existantes, notamment le niveau de matériel génétique de base. Le secteur traditionnel par les types croisés et local demeurent encore prépondérant (80%) et nécessite encore des efforts d'amélioration.

Références

Ministère de l'Agriculture, 1997. Rapport sur le recensement général de l'Agriculture (1997-98).

Direction de l'Elevage, 1999. Résultat du contrôle Laitier National au niveau de quelques Unités Pépinieres.

Session 2. Milk marketing channels and production systems

Posters

Dynamique et fragilités des petits et moyens élevages laitiers en zone intermédiaire au Maroc

B. Legagneux[1], J. Metge[2] & A. Kabbali[3]

[1]Ecole Nationale Supérieure Agronomique, Toulouse, France
[2]Ecole Nationale de Formation Agronomique, Toulouse, France
[3]Ecole Nationale d'Agriculture, Meknès, Maroc

Résumé

Cette recherche a été réalisée dans le but de caractériser et d'étudier le fonctionnement de 12 petits et moyens élevages laitiers de la région de Saïs. Il s'agit d'élevages récents et en croissance, représentatifs de la zone du point de vue de leur dimension, avec un profil d'éleveurs varié (investisseurs issus du milieu citadin, double-actifs, agriculteurs). Les systèmes d'élevage sont intensifs du point de vue du foncier, avec des chargements des surfaces fourragères variables, mais relativement élevés dans la majorité des cas. Les performances de production varient largement selon les exploitations: de 2540 à 5400 kg/vache présente/an. L'intervalle moyen entre 2 vêlages est de l'ordre de 14 mois avec une large plage de variation: de 385 à 474 jours. Les animaux vivent dans de mauvaises conditions, le plus souvent confinés dans des bâtiments fermés.

Ces systèmes demeurent très fragiles car très dépendants de leur environnement: le coût des concentrés (utilisés en grande quantité: de 45 à 62 % de la MST de la ration), la valorisation des jeunes animaux vendus, la valorisation du lait en période de «haute lactation» sont 3 facteurs critiques pour leur avenir. Mais surtout ces systèmes qui reposent sur l'irrigation des surfaces fourragères à partir de puits individuels pourraient être à terme condamnés si les cycles de sécheresse se poursuivaient.

Mots clés: petits élevages, diversité, chargement, fragilités.

Summary

Twelve small and typical dairy farms in the SAIS region were characterized and studied. The study is concerned with new and growing dairy operations which are representative of the zone in size, but with a variable profile of dairymen (investors coming from urban areas, mixed-activities and farmers). Livestock systems are intensive regarding land tenure with variable forage areas which are relatively high in most cases. The production performances differ greatly from farm to farm varying from 2 540 to 5 400 kg/cow per year. The average interval between two calvings is around 14 months with big variation ranging from 385 to 474 days. The level of concentrates fed, which are used in large quantities, varies from 45 to 62 % of the ration's TDM. The price of the young animals sold and the enhancing price for milk in the ''high lactation'' period are three critical factors for the future of these production systems. However those systems that rely upon the irrigation of forage from individual wells could be doomed sooner or later if the drought cycles continue.

Keywords: dairy, farms, diversity, cost, fragility.

Introduction

Au Maroc, l'élevage bovin laitier a connu un réel essor dans les périmètres irrigués qui, avec seulement 10 % de la superficie agricole utile du pays, assurent 50 % environ de la production laitière nationale (MADRPM, 1998). Mais on rencontre également de nombreux petits et moyens élevages dans des zones intermédiaires où il existe des possibilités d'irrigation à partir de stations de pompage et de puits individuels dans les nappes phréatiques. C'est le cas de la région de Saïs, où s'est déroulée cette étude.

Il s'agissait, d'une part de caractériser ces systèmes de production, d'autre part d'analyser leur fonctionnement. A la lumière de ces éléments, cette étude se proposait également de mettre en évidence des éléments clés pour l'avenir de ces petits élevages et de dégager des pistes d'appui technique adaptées à leur situation.

A partir d'une enquête sanitaire réalisée sur 100 élevages de 2 communes de la région (Zaari, 1998), 12 exploitations comportant entre 4 et 30 vaches laitières, commercialisant du lait ont été sélectionnées. Elles ont fait l'objet d'un suivi bi-mensuel sur 2 campagnes agricoles (1998/1999 et 1999/2000). Ce suivi a consisté à enregistrer, outre les données générales sur le «système famille-exploitation», les performances du troupeau (production, reproduction) et les principaux facteurs de production (système fourrager, alimentation, sélection, santé,...).

De petits élevages laitiers dans des exploitations ayant des profils divers

Des unités de petite dimension avec des élevages laitiers récents

Sur les 12 exploitations de l'échantillon, 4 seulement ont plus de 10 ha ; toutes les autres ayant moins de 5 ha, ce qui justifie la recherche d'activités valorisant le foncier. Cette répartition correspond assez bien à celle de la population initiale enquêtée dans la zone qui comporte 77 % d'exploitations de moins de 5 ha.

De même, la taille des troupeaux de l'échantillon (8 sur 12 ont moins de 10 vaches laitières) représente assez bien celle de la population initiale où 80 % ont moins de 10 vaches. Cependant la place des plus grosses unités (entre 20 et 30 vaches) est surestimée puisque celles-ci se retrouvent quasiment en totalité dans l'échantillon.

L'activité laitière est récente, ayant démarré au plus tôt en 1985, avec 2 principales vagues: 1990 et la période 96-98. Sur les 5 dernières années, les effectifs de vaches ont tous augmenté sauf chez un éleveur ayant connu des difficultés familiales. La sécheresse a en fait seulement ralenti leur progression.

Mais masquant des diversités importantes de fonctionnement, notamment par l'existence d'autres ressources que celles du lait

Tableau 1. Principales caractéristiques des exploitations laitières étudiées (campagne 1999/2000).

N° d'exploitations	1	2	3	4	5	6	7	8	9	10	11	12
SAU (Ha)	35	14.5	2	4	1.5	11	12.5	4	5	4	4	0.5
V.L. (nombre)	21	9	2	4	6	7	22	30	5	5	23	4
Variation V.L.[1]	+15	+7	-2	+2	+1	+5	+2	+4	+1	0	+8	+3
Début act. agricole	60	70	85	85	85	94	97	97	98	90	90	65
Début act. laitière	90	90	90	90	85	94	97	97	98	96	90	96
Autres productions agricoles[2]	M/C/O	M/C/O	M	C	-	M	-	-	-	A	-	-
Ressources non agricoles[3]	-	-	-	-	-	Inv	Inv	Inv	Inv	DA	DA	Nég
MO salariée	3	0	0	0	0	1	4	4	1	3	3	0
Age exploitant (ans)	74	50	40	42	40	38	60	32	34	40	50	60

[1]Variation du nombre de vaches laitières depuis 1995 ou l'année d'installation
[2]M: Maraîchage, C: Céréales, O: Ovins, A: Aviculture.
[3]Inv: personnes ayant eu antérieurement une autre activité et qui investissent dans l'agriculture, DA: double-actif, Nég: négociant en bestiaux

Dans l'échantillon de 12 éleveurs, 5 étaient agriculteurs dès l'origine et sont toujours uniquement agriculteurs, sans autres ressources que celles issues de l'activité agricole. Mais la dimension foncière oppose nettement 2 types:

- Le 1° type correspond aux 2 agriculteurs ayant une surface importante, ce qui leur a permis de développer plusieurs productions ; l'activité laitière jouant alors le rôle de complément de revenu et de sécurisation face aux fortes fluctuations de cours des produits maraîchers (notamment pomme de terre, oignon).
- Le 2° type correspond à 3 agriculteurs qui ont des petites structures avec des moyens très limités. Il s'agit pour eux d'améliorer leur revenu. Mais l'investissement dans les vaches laitières représente un effort très important qui ne peut se faire que lentement.

Il faut remarquer que ces 5 agriculteurs ont commencé l'activité laitière plus tôt à un moment où il existait des aides financières et où la coopérative locale, via son président, a joué un rôle d'entraînement, grâce notamment à l'importation de génisses.

Les 7 autres éleveurs ont (ou ont eu) d'autres ressources que l'agriculture. Ils ont démarré leur activité laitière plus récemment et s'appuient sur une main d'œuvre salariée. Ils sont plutôt spécialisés en production laitière. Sur ces 7, 4 ont eu antérieurement une autre activité qui leur a permis de disposer de ressources pour investir dans l'agriculture. Plutôt jeunes, ils se consacrent maintenant totalement à leur nouvelle activité afin d'en tirer un revenu. Les 3 autres cherchent un complément de revenu à leur activité principale non agricole, après avoir repris l'exploitation familiale en la faisant évoluer lentement en fonction de leurs ressources.

Il faut noter que cet échantillon surestime sans doute fortement la proportion des agriculteurs de la zone disposant de ressources extérieures. Pour autant, il permet de représenter la diversité des systèmes s'appuyant sur de petits élevages laitiers dont l'importance économique apparaît ici pour la zone étudiée, en vue d'étudier leur fonctionnement.

Un système d'élevage intensif à la recherche de son équilibre

Le cheptel: composition et renouvellement

Le cheptel est principalement constitué de vaches laitières de race pure (Holstein le plus souvent) ayant un potentiel génétique élevé. Les jeunes sont pour partie élevés et vendus à un âge compris entre 6 et 24 mois en fonction des opportunités offertes par le marché et des besoins financiers de l'exploitant. Le renouvellement du troupeau, qui est faible, se fait essentiellement par l'acquisition de génisses. Les raisons de cette stratégie sont d'ordre financier (possibilité d'obtenir un crédit pour l'achat de la génisse pleine), économique (les faibles surfaces fourragères sont réservées aux vaches laitières), et technique (difficultés pour produire une génisse prête à vêler au moment précis de la réforme de l'adulte).

Potentialités fourragères de l'exploitation et conduite alimentaire du troupeau

L'alimentation des vaches est assurée par des fourrages (principalement luzerne, bersim, et maïs fourrage, parfois ray-grass ou céréale fourragère) cultivés en irrigué de manière à assurer un apport en vert régulier tout au long de l'année, complétés par de la paille provenant de la culture de céréales en sec et surtout par un apport de concentrés achetés à l'extérieur.

Il n'y a pas de lien direct entre la taille du troupeau laitier et la SFP, ce qui se traduit par un chargement (nombre de vaches laitières / ha SFP) très variable: de 1 à 8 (Tableau 2). En fait ces variations s'expliquent par (i) le niveau des ressources financières qui conditionnent le nombre de vaches présentes, (ii) les besoins de revenu attendus du troupeau qui conduisent certains à avoir un chargement très élevé, en récupérant des fourrages par pâture le long des chemins ou par location ponctuelle de surface fourragère, (iii) la mise en place de cultures d'été en dérobé (principalement maïs), (iiii) le temps d'adaptation de la part de ces agriculteurs pour qui l'équilibre entre ressources et besoins fourragers se fait par approximations successives.

Au final, les agriculteurs les plus avancés semblent stabiliser leur système autour d'un chargement situé aux alentours de 4 vaches laitières par ha SFP, niveau qui ne semble pas directement remis en cause par la sécheresse. Il s'agit là d'un niveau d'intensification du foncier très important.

Performances du troupeau laitier

Le niveau de production laitière estimé varie très largement selon les exploitations: de 2540 kg à 5400 kg (Tableau 3). Dans 50 % des exploitations de l'échantillon, il est satisfaisant, sans toutefois atteindre celui de certaines étables importantes des périmètres irrigués (Sraïri, 1998). Ce niveau est sans relation avec la taille du troupeau.

Tableau 2. Chargement des exploitations étudiées.

N° des exploitations	1	2	3	4	5	6	7	8	9	10	11	12
Chargement (ha/ha SFP)	1.8	4.5	4	8	4	4	1.7	7.5	1	2.5	5.7	Horssol

SFP: Surface Fourragère Principale.

La moyenne économique est un critère qui ne fait pas partie du cadre de référence des éleveurs pour évaluer les performances de leur troupeau. Ceux-ci s'intéressent à la production totale du troupeau par jour pour ceux qui vendent le lait aux colporteurs et à la production totale du troupeau par quinzaine pour les adhérents à la coopérative de collecte, donc à des critères étroitement liés au mode de paiement du lait. Il serait indispensable de prendre en compte ces éléments dans la perspective de la mise au point d'une méthode d'appui technique adaptée à ces petits élevages.

Les éleveurs perçoivent très nettement le lien entre le niveau de production et les apports alimentaires qui constituent pour eux le facteur majeur de productivité laitière. Mais, paradoxalement, alors qu'ils peuvent connaître facilement le niveau de production de chaque vache, ils n'adaptent pas l'alimentation aux besoins individuels.

De plus, ils n'ont pas conscience de l'importance de la conduite de la reproduction sur les performances laitières annuelles. C'est ainsi, que dans 10 des 12 troupeaux en suivi, l'intervalle vêlage-vêlage est supérieur à 400 jours avec une plage de variation tout de même importante: de 385 à 474 jours (Tableau 3). Les principales causes de ces mauvais résultats résident dans la mauvaise détection des chaleurs, une fréquence des métrites anormalement élevée et l'efficacité réduite de l'insémination artificielle due aux difficultés de sa mise en œuvre (temps trop long entre détection des chaleurs et intervention de l'inséminateur). Une marge de progrès existe dans ce domaine, qu'on voit ponctuellement prise en considération avec la tenue de cahiers pour l'enregistrement des événements de la reproduction et le développement de la saillie naturelle.

Tableau 3. Performances de production laitière et de reproduction des 12 troupeaux en suivi.

N° des exploitations	1	2	3	4	5	6	7	8	9	10	11	12
Moyenne économique estimée (en kg)	4060	3730	5400	3130	5090	2540	3420	4620	2740	4740	4560	2870
Intervalle vêlage-vêlage (en jours)	425	429	407	411	405	474	466	414	413	396	385	424

Conditions de logement

Les animaux sont attachés, en général dans des bâtiments fermés, et bénéficient d'une aire d'exercice de faible surface se limitant à une cour fermée et souvent bétonnée. Cette situation peut s'expliquer en partie par l'alimentation en vert qui exclue la pâture, mais un tel confinement semble aussi s'expliquer, chez certains éleveurs, par le souci d'éviter le regard extérieur sur leurs animaux. Manque de surface pour l'exercice des animaux, sol dur, bâtiments mal aérés et parfois surchauffés, sont responsables d'un ensemble de problèmes sanitaires dont notamment des boiteries. Une amélioration des conditions de logement et d'exercice aurait des effets positifs sur la production et réduirait en même temps les frais d'élevage.

Un système très fragile du fait d'une forte dépendance par rapport à son environnement

Le poids économique des concentrés

Les apports fourragers totaux couvrent dans les meilleurs des cas les besoins énergétiques d'entretien et la production de 5 l de lait. Les concentrés sont de ce fait distribués en grande quantité puisqu'ils représentent selon les exploitations de 45 à 62 % de la matière sèche totale de la ration (Tableau 4). De ce fait les éleveurs leur accordent une grande importance tant sur le plan technique, en critiquant souvent la variabilité de leur qualité, que sur le plan financier, en établissant des conditions minimales d'équilibre: ils considèrent que le lait doit payer l'ensemble des frais d'élevage, dont les concentrés constituent à peu près la moitié. Dans cette perspective le rapport prix lait / prix du concentré est essentiel. Ce rapport s'est dégradé et a atteint, d'après ces éleveurs, la limite tolérable. Toute nouvelle dégradation de ce rapport conduirait à de sérieuses difficultés de ces élevages.

Tableau 4. Quantités moyennes d'aliments distribués dans les 12 unités de production (en kg de MS/vache laitière) – Période janvier à juin 2000.

N° d'exploitations	1	2	3	4	5	6	7	8	9	10	11	12
Fourrage vert	6.5	5.5	5	4.5	5.5	4.5	6.5	3.5	4.5	3	5	3.5
Paille + (foin)	2.5	4	3.5	4	3.5	3	1.5	3	2.5	3.5	4	2.5
Ration de base totale	9	9.5	8.5	8.5	9	7.5	8	6.5	7	6.5	9	6
Concentrés	8.5	9.5	9.5	7	8	6.5	7	10.5	8	9	11	9.5
MST	17.5	19	18	15.5	17	14	15	17	15	15.5	20	15.5
% concentrés	49	50	53	45	47	46	47	62	53	58	55	61

Valorisation des jeunes animaux

Dans l'esprit des éleveurs, leur revenu est assuré par la vente des animaux. Ainsi la valorisation des animaux nés sur l'exploitation constitue le second facteur clef de l'équilibre financier. Or la très forte diminution de leur prix, du fait de la sécheresse, remet en cause cet équilibre, et ce d'autant plus que ces animaux sont alimentés à base de concentrés, ce qui génère des coûts de production élevés.

Valorisation du lait de «haute lactation»

La question de l'organisation de la commercialisation du lait se pose à 2 niveaux interdépendants :

1) Le type de circuit de commercialisation: Le lait est livré, selon les éleveurs, soit à la coopérative de collecte qui fait aussi office de coopérative d'approvisionnement, soit à des colporteurs.
   Le système coopératif a du mal à se développer face au système traditionnel qui offre globalement des prix supérieurs surtout en période de « basse lactation » ou en périodes de fête où l'on manque de lait. Il se maintient cependant en fidélisant les petits éleveurs sans moyens financiers par une offre de crédits intéressante ainsi que par de meilleures garanties de paiement et

d'écoulement des produits. Par contre, les éleveurs ayant une assise financière supérieure ont en général adopté la vente aux colporteurs qui, compte tenu de la réduction de leur frais de collecte, payent d'autant mieux le lait que la quantité livrée est importante.

2) La période de production: Le lait se vend bien en période de «basse lactation» (15/8 au 15/2) mais, en période de «haute lactation», les prix chutent et parfois le lait n'est même pas collecté. Ce contraste est fort préjudiciable aux exploitations. Aussi, deux voies pourraient-elles être explorées:
   - rechercher une production laitière plus élevée en période de « basse lactation » par une meilleure maîtrise de l'irrigation pour la production fourragère et le contrôle de la reproduction (avec davantage de vêlages d'automne).
   - mieux valoriser le lait produit en « haute lactation » en assurant sa transformation, si possible dans un cadre coopératif renforcé ou dans une structure privée.

Mais c'est la dépendance par rapport à un approvisionnement en eau régulier qui risque de mettre rapidement en grande difficulté ces systèmes. L'irrigation est assurée à partir de puits qui doivent être approfondis chaque année, selon certains agriculteurs, compte tenu des cycles de sécheresses répétés. En outre, le mode d'utilisation de cette eau par voie gravitaire, entraîne un gaspillage important.

Ces systèmes pourraient même être condamnés à terme si la sécheresse persistait et si le mode d'utilisation de l'eau n'était pas modifié.

Conclusion

Ces petits élevages laitiers revêtent une importance économique non négligeable pour la zone étudiée, en permettant de créer des emplois sur de petites unités de production. Il s'agit de systèmes récents et intensifs que les éleveurs doivent apprendre à piloter sur le tas. Ceci contribue à l'émergence d'un certain nombre de professionnels de la production laitière qui cherchent à vivre de cette activité malgré des moyens limités. Il convient donc d'appuyer leur démarche, tout en recherchant avec eux des solutions plus autonomes vis à vis de leur environnement pour réduire leurs fragilités actuelles.

Références

MADRP. 1998. La filière lait. Rabat, Maroc, 36 p.

Sraïri, M.T., & B. Kessab, 1998. Performances et modalités de production laitière dans six étables spécialisées au Maroc. INRA Prod. Anim., 1998, 11 (4), 321-326.

Sraïri, M.T., & A. Ilham, 1998. L'élevage laitier en zone irrigué et sa sensibilité à l'aléa climatique: cas du Maroc. Proceedings of the joint ANPA-EAAP-CIHEAM-FAO symposium on Livestock Production and Climatic Uncertainty in the Mediterranean, EAAP Publication N° 94, Wageningen, Pays-Bas, 321-327.

Zaari, M., 1998. Enquête sanitaire pour la DPA de Meknès.

A stochastic frontier analysis of technical efficiency of dairy production in northern Tunisia

L. Lachaal[1], M. Lahmar[2], F. Gharb[1] & R. Bouraoui[3]

[1]INRAT, Department of Rural Economics, Rue Hédi Karray, 2049 Ariana, Tunisia
[2]INRAT, Department of Animal and Forage Production, Rue Hédi Karray, 2049 Ariana, Tunisia
[3]Ecole Supérieure d'Agriculture de Mateur, 7030 Mateur, Tunisia

Summary

The objectives of this study are twofold. First, a stochastic frontier analysis of technical efficiency for dairy production in northern Tunisia is conducted using cross section data. Second, to help identify factors related to inefficiencies, efficiency scores are subsequently regressed on explanatory variables using a Tobit analysis. Four farm attributes are identified as being potentially related to efficiency. They are farmers' age, education level, production system, and farm size. The importance of these farm attributes variables in explaining technical efficiency scores in dairy production in Tunisia is then discussed.

Keywords: Dairy sector, technical efficiency, stochastic production frontier

Introduction

For the past four decades, the agricultural sector in Tunisia has been undergoing major and complex policy reforms, which call in most cases for trade and market liberalization. Indeed, following the growth crisis of the eighties, the government embarked on a structural adjustment program in order to restore the country's macroeconomic balances, open its economy to international market competition and reach self-sufficiency in the supply of strategic products. Indeed, while having some rationale from a social standpoint, protectionist measures (input subsidization practices, price support programs, heavy border protection...etc.) have become known as the source of considerable technical inefficiencies, which in turn reduce agricultural productivity growth[a]. A new development paradigm calling for private-led growth has been making its way in the country.

The dairy sector is one such good example where the Tunisian government introduced multiple policy reforms to increase the supply of fluid milk products and ensure self-sufficiency. However, given the persistent and substantial variation in dairy farms profitability, it is hypothesized that a room for efficiency gains still exists. To this end, measuring dairy efficiency is important for it could be the

---

[a]Productivity growth can be attributed to efficiency improvements through, for example, farmer education, adequate information and better management or to technical change through the use of new rotation plans, new seed variety or pesticides. Policies required to address these two productivity components are very likely to be different

first logical step in a process that leads to substantial resource savings. It also does have important implications for policy formulation and farm management. Last, it is particularly important because only efficient farmers are likely to stand competitive pressure in the ever-changing world economy.

However, despite the considerable attention that efficiency measurement and its determinants has received since the pioneering work by Farrell (1957) published over 40 years ago, empirical evidence from the Tunisian dairy sector has been very rare or non existent. Are Tunisian dairy farmers efficient? What would one expect to be the determinants of this efficiency? Is there a relationship between dairy farm efficiency scores and farmers' age, education, production systems and farm size...etc? Is the increase in milk production achieved during the last decade the result of the continuous increase in the number of imported dairy cows and the intensive use of concentrate feeds or the result of an improvement in farm efficiency? To the authors' knowledge, only one study has investigated these issues in the public dairy sector.

The objectives of this research were twofold. First, we investigated the hypothesis that a room for improving dairy farm efficiency still exists and provided empirical evidence for that through the estimation of a stochastic dairy production frontier and the estimation of efficiency levels relative to it[b]. Second, using Tobit analysis, we investigated the effects of several explanatory variables such as farmers' age, education, production systems, and farm size on technical efficiency scores of dairy farms.

The rest of the paper is organized as follows. Section II reviews the literature on dairy production and efficiency in Tunisia. Section III presents a review of the literature on theoretical developments and stochastic frontier estimations. Data description and the empirical model are presented in section IV. Results and analysis are presented in section V, and section VI concludes.

Dairy policy environment and efficiency in Tunisia

The dairy sector contributes about 8% to total agricultural production and around 22, 5% to total animal production in Tunisia. During the last decade, milk production strategy and country efforts focused on producing more milk to reach self-sufficiency in milk and dairy products by the year 2000. Numerous measures and decisions were taken in favour of the dairy sector aiming mainly at the development of a dairy industry based on national production. These measures were related particularly to price policy, investment loans, grants to purchase pure breed dairy heifers, and encouragement for creating new milk handling and storage centres. This resulted in an increase in the total cow population, which went from 355.000 head in 1987 to 482.000 in 2000. Meanwhile, the number of pure breed cows increased from 88.000 to 203.000 heads. As a result, milk production increased from 356.000 tonnes in 1987 to 817.000 tonnes in 1999 to cover for the first time total population demand for dairy products (GILAIT, 2000). However, management conditions of dairy herds did not seem to have improved much to benefit from the high genetic potential of imported dairy breeds. Compared to their country of origin, imported dairy cows have low milk production and below average reproductive performances. The national average milk production per cow (all breeds confounded) is about 3.330 kg and that of cows under the national dairy herd record system

---

[b]In this paper, technical efficiency refers to the ability of a farm to obtain maximal output, given the existing technology and the set of input used (Farell, 1957).

(only 13% of the total population) is around 5.800 kg. Average calving interval is often more than 400 days for large and small herds and the number of services per conception is about 2,2.

In a recent review of the dairy sector in Tunisia, Lahmar and Bouraoui (1998) reported that productivity of dairy cows is severely limited by several structural and technical constraints. The structural constraints affect the dairy system before and after the production process. They include feed resources, capital investment, land tenure, milk handling and storage capacity, etc. Technical constraints are basically related to farm management practices, labor skills, feed quality, reproductive management, animal health, etc. However, the importance of these constraints as sources of inefficiency in the Tunisian dairy sector is not well known. Indeed, most of the research conducted dealt with the analysis of production systems and the determination of milk production costs.

Theoretical development and stochastic frontier estimation

The approach used in Farrell's paper to measure efficiency came to be known as the deterministic non-parametric frontier. Contributors to the deterministic frontier literature are legions (Aigner and Chu, 1968; Afriat, 1972; and Schmidt, 1976). However, a deficiency characterizing all the deterministic frontier models is that they all attribute deviations from the frontier to technical efficiency. That is no allowance is made for noise, measurement error and the like. A more recent approach that tries to overcome this problem is the stochastic frontier model introduced by Aigner, Lovell and Schmidt (1977), and Meeusen and van den Broeck (1977). In this model, the error term is composed of two parts: a symmetric component that captures the effects of statistical noise such as luck, weather and other events outside the firm's control, and a one-sided, non positive, component that captures randomness under the firm's control, i.e., inefficiency. That is failure to produce maximum output given the set of inputs used. From an economic standpoint, this specification permits firms to be technically inefficient relative to their own frontier rather than to some sample frontier function. To illustrate, assume that technology follows a Cobb-Douglas specification as indicated below:

$$y = A\prod_{i=1}^{n} X_i^{\alpha_i} \exp\{v+u\} \qquad (1)$$

Where y stands for output, x_i is input i and v is a symmetric error term, whereas the disturbance term $u \leq 0$ is a one-sided disturbance that represents the effects of technical inefficiency relative to the stochastic production frontier.

Econometric estimation of the stochastic frontier parameters and density functions of v and u can be carried out using either the maximum likelihood method (ML) or the corrected least squares estimation (COLS). The latter approach may be preferred given that ML is more computationally demanding and requires numerical solution of the likelihood. Olson, Schmidt and Waldman (1980), investigating the finite sample properties of these estimators in a Monte Carlo experiment, observed no significant differences in the efficiencies of both estimators. They suggested that COLS estimator is preferred in sample sizes smaller than 400.

Estimation by the maximum likelihood method

Following Aigner, Lovell, and Schmidt consider the two-part disturbance term of equation (1) with $v \sim N(0, \Phi_v^2)$, and $u \sim |N(0, \Phi_u^2)|^2$. Assuming we have available a random sample of K observations, the parameters of the frontier function and density function of v and u can be estimated using the following log- likelihood function:

$$Ln\,\ell = K\,Ln\left(\frac{2}{\pi}\right)^{1/2} + K\,Ln\sigma^{-1} + \sum_{k=1}^{k} Ln[1-F(\varepsilon_k \lambda\sigma^{-1})] - \frac{1}{2\sigma^2}\sum_{k=1}^{k}\varepsilon_k^2$$

Where $\Phi^2 = \Phi_u^2 + \Phi_v^2$, 8 = Φ_u/Φ_v, and, = v + u.

Firm-level estimate of technical inefficiency can be obtained by using the distribution of the inefficiency conditional on the estimate of the entire composed error term, (Jondrow *et al.*, 1982). This is given either by the mean or the mode of the conditional distribution as follows :

$$Eff^k = E(u_k|\varepsilon_k) = \left(\frac{\sigma_u\sigma_v}{\sigma}\right)\left[\frac{f(\varepsilon_k\lambda\sigma^{-1})}{1-F(\varepsilon_k\lambda\sigma^{-1})} - (\varepsilon_k\lambda\sigma^{-1})\right], \qquad k=1,\ldots K$$

Where f and F represent the standard normal and the cumulative density function, respectively. The second point estimator for u, the mode of the conditional distribution, is given by :

$$Eff^k = M(u_k|\varepsilon_k) = -\varepsilon_k\left(\frac{\sigma_u^2}{\sigma^2}\right) \qquad if\ \varepsilon_k \le 0$$

$$= 0 \qquad if\ \varepsilon_k > 0$$

For the exponential case, where technical inefficiency error term u is assumed to follow the one-parameter exponential distribution, estimate of firm level efficiency is given either by the mean or the mode of the conditional distribution of u given, as:

$$Eff^k = E(u_k|\varepsilon_k) = \sigma_v\left[\frac{f(A)}{1-F(A)} - A\right], \qquad where\ A = \frac{\varepsilon_k}{\sigma_v} + \frac{\sigma_v}{\sigma_u}, \qquad k=1,\ldots K.$$

$$Eff^k = M(u_k|\varepsilon_k) = -\varepsilon_k - \left(\frac{\sigma_v^2}{\sigma_u}\right) \qquad if\ \varepsilon_k \le -\left(\frac{\sigma_v^2}{\sigma_u}\right)$$

$$= 0 \qquad if\ \varepsilon_k > -\left(\frac{\sigma_v^2}{\sigma_u}\right)$$

Estimation by the corrected ordinary least squares estimators (COLS)

The second estimator we consider is the corrected least square estimator. Again, we assume that technology follows a Cobb-Douglas specification as indicated in equation (1). The parameters of the frontier function can be estimated using OLS regression. Except for the constant term, this gives unbiased and consistent estimates of the parameters "i's. The bias of the constant term is the mean of

$\mu = -\sqrt{2/\pi}\,\sigma_u$. The variances Φ_u^2 and Φ_v^2 can be estimated consistently by:

$$\hat{\sigma}_u^2 = [\sqrt{\pi/2}(\frac{\pi}{\pi-4})\hat{\mu}_3]^{2/3}, \quad and \quad \hat{\sigma}_v^2 = \hat{\mu}_2 - (\frac{\pi-2}{\pi})\sigma_u^2$$

Where $\hat{\mu}_2$ *and* $\hat{\mu}_3$ are consistent estimates of the second and third moments of the OLS residuals.

$$\hat{\mu}_2 = E[(resid)^2], \; and \; \hat{\mu}_3 = E[(resid)^3]$$

Finally, we need to "correct" the constant term by adding to the OLS estimated constant term the negative of the estimated bias, $\sqrt{2/\pi}\,\hat{\sigma}_u$. Technical inefficiency can be derived by estimating either the mean or the mode of the conditional distribution of u given.

Study area, data description and empirical model

A comprehensive survey covering, as many areas of a dairy operation seemed to be of utmost use in planning extension and research efforts at both the local and the national levels. To this objective, cross-sectional data for a sample of 61 farms are collected from surveys conducted in 7 delegations of the governorate of Ariana, northern Tunisia. Herds in this area were selected because it was felt that they could provide a good representative sample of the national herd. Further, the good professional relationship between the research team and the area extension dairy specialists helping in data collection would ensure a good survey response. A particular effort was therefore made to list as many of the options as possible that would be considered by the producers. In addition to farm description and its surrounding environment, the survey addressed 4 major aspects of a dairy operation. These consisted of :

- Feeding practices which were covered by questions that dealt primarily with the types of grains and forages that are fed throughout the year along with questions dealing with methods for dispensing feed for milking cows;
- Management practices commonly in use, such as grouping milking animals, veterinarian programs, heat detection, mastitis control and artificial insemination;
- Production performances;
- Constraints and major problems.

Average age of respondents was 59 years and ranged from 26 to 93 years. Forty four percent (44%) of all farmers were illiterate; the other 56% accumulated at least 6 years of schooling. Land holding or farm size was around 26 ha with an average herd size of 16 cows and ranging from 2 to 189 cows. Finally, a total of 16 farmers (26%) were completely landless, which represents the newly emerging dairy production system relying entirely on purchased feed. Out of the remaining 74%, 55% are integrated farms, having less than 3 cows per hectare of forage. To estimate the production frontier model, we used the Cobb-Douglas specification to represent the milk-production technology of dairy farmers in northern Tunisia.

$$Ln\, y = \alpha_0 + \sum_{i=1}^{i=3} \alpha_i\, Ln\, X_i + \varepsilon \qquad (2)$$

where y is annual milk production per farm measured in hundredweight, the "$_i$'s are parameters to be estimated and, is the composed error term defined earlier. Three broad categories of milk production inputs were assumed. Feed input (F), labor input (L) and material input (M). Feed input included concentrate, hay and silage and other feeds. Labor input included hired labor and family labor. Material input included fuel, electricity dairy supplies and other miscellaneous material inputs. For each input category, a geometric quantity index was computed[c]. The parameter estimation of the stochastic frontier production function in (2) is carried out using the COLS technique and results are reported in table 1. Frequency distribution of dairy farm efficiency, the number of farms as well as the percent of farms for the sample at hand are reported in table 2.

The estimation of production frontier in (2) provides information on the production efficiency of individual farms in the sample and does not imply irrational behavior of non-efficient farmers. Byerlee (1987) noted that failure of farmers to produce potential output could be the result of factors such as property rights, legislative conflicts, non monetary objective ...etc., rather than some irrationality in their decision making. However, from a policy point of view, it is of interest to investigate the sources of inefficiency and to identify farm attributes potentially related to it. In development literature, production efficiency has been linked with a number of socioeconomic variables. The relationship between technical and allocative efficiency and education has been extensively investigated in agriculture (Bravo-Ureta and Rieger, 1991; Kumbhakar *et al.*, 1989). The nature of this relationship, however, has been rather mixed. The efficiency of production may also be related to farm size. Large farms are often considered more efficient than small farms due to economies with respect to organization and technical knowledge. Empirical evidence from a number of studies on the relationship between efficiency and farm size, however, has also been at best mixed (Aly *et al.*, 1987; Garcia *et al.*, 1982; Byrnes *et al.*, 1987).

Another variable thought to be related to efficiency is farmer's age. Older farmers are often considered to have had more time to learn and become more experienced in managing their farms and thus are more efficient. However, the main conclusion that can be drawn is the lack of clear evidence on the relationship of efficiency and these attributes and hence more empirical evidence is needed. In the present analysis, variables reflecting farmers' age, education, production systems and farm size are investigated as sources of efficiency in dairy production. To this end, efficiency scores obtained above are regressed on these farm attributes using the linear Tobit model[d] in (3).

$$Eff = \alpha_0 + \alpha_1 \, Age + \alpha_2 \, Age^2 + \alpha_3 \, ED + \alpha_4 \, SP1 + \alpha_5 \, SP2 + \alpha_6 \, FS + \varepsilon \qquad (3)$$

where:

Eff is efficiency of dairy farmers.

Age is farmers' age.

ED is education dummy variable = 1 if farmer accumulated at least 6 years of schooling, = 0 otherwise.

SP1 is integrated production system dummy variable = 1 if less than 3 cows per ha of forage crop, = 0 otherwise.

[c]See the paper by Diewert (1976) for the methodological linkages between index numbers and the underlying production technology.

[d]Tobit analysis is used here because the dependent variable, technical efficiency, is a censored variable, having an upper limit of one (Maddala, 1992).

Table 1. OLS (COLS) estimates of a C-D production function (frontier) for a sample of dairy farmers in northern Tunisia.

Variables	OLS production function estimates	COLS production frontier estimates
Intercept	4,967*	5,120*
	(7,709)	(7,709)
Feed	0,236*	0,236*
	(3,634)	(3,634)
Material	0,107*	0,107*
	(1,974)	(1,974)
Labor	0,067	0,067
	(1,415)	(1,415)
R2	0,82	0,82
Φ_u^2		0,036
Φ_v^2		0,027

Table notes: One asterisk indicates significance at the 5% level. t-statistics are in parenthesis.

SP2 is landless production system dummy variable = 1 if farmer is landless, = 0 otherwise.
FS is farm size, measured in hectares.
e is error term.

We hypothesize that older and better-educated farmers are more efficient than younger and uneducated farmers are. Education, presumably, allows workers to have better skills, enhance their abilities to produce more with the exact set of resources and facilitates access to information. Further, integrated dairy farming is hypothesized to be positively related to efficiency. The specification also includes a dummy variable for landless dairy farmers to investigate the relation between this newly emerging production system and dairy efficiency in Tunisia. Last, a variable representing total farm acreage is included in an attempt to evaluate the effect of scale economies on efficiency.

Analysis and results

Table 1 presents the COLS estimates of the stochastic production frontier specified above as well as the OLS estimates which are the same as the COLS except for the corrected constant term. All parameter estimates were statistically significant at the 5% level, except for labour, and the regression was found to explain 82% of the total variation in the dependent variable.

Frequency distribution results (table 2) showed that computed average technical efficiency is 75% ranging from a minimum of 54% to a maximum of 84 %. This means that the most technically inefficient farm can increase its milk production by as much as 46% using the same production inputs more efficiently. An analysis of current management practices within these herds suggests that extension programs in reproductive and feeding management are required (Lahmar *et al.*, 2000).

The present average efficiency value is higher than the one reported by Chahtour (1999). Indeed, the latter, investigating the determinants of technical efficiency in a sample of 17 public dairy farms,

Table 2. Frequency distribution of technical efficiency for a sample of dairy farms in northern Tunisia.

Technical efficiency level (%)	Number of farms	Percent of farms
> 80 ≤ 90	15	25,0
> 70 ≤ 80	25	41,0
> 60 ≤ 70	16	26,0
> 50 ≤ 60	5	8,0
Mean efficiency = 75,0		
Min. efficiency = 54,0		
Max. efficiency = 84,0		

reported an average technical efficiency score of 68%. A comparison of these values should be made with caution. Due to differences in sample sizes and the estimation approach of the production frontier, more empirical evidence is needed to conclude that private dairy farms are more efficient than public dairy ones.

To assess factors associated with technical inefficiencies in the dairy farm sample at hand, the Tobit regression in (3) was carried out and results are presented in table 3. In the retained specification, farmers' age showed a significant quadratic relationship with technical efficiency suggesting that efficiency would improve with age, then eventually decreases. Education did have a significant relationship with efficiency. The estimated coefficient was positive, suggesting as we have hypothesized, that better educated farmers produce more using existing resources and hence are more efficient than illiterate ones. The estimated coefficient of the dummy variable representing integrated dairy farming is positive and statistically significant at the 10% level. This indicates that more integration would have positive influence on a farm's productivity level. Finally, a significant statistical relationship between full specialization and farm size with technical efficiency could not be elucidated.

Conclusions

In this paper, parametric analysis of technical efficiency for dairy farmers in northern Tunisia was conducted using a two step procedure framework. The first step, based on Aigner *et al.*'s work (1069), permitted to overcome the noise problem associated with earlier deterministic models. The second step permitted to investigate the sources of technical efficiency in the dairy sector and to identify potential farm attributes related to it. Results showed that significant inefficiencies were found for the dairy farms in the sample. Specifically, 46 out of the 61 farms (75 %) were found to produce below 80 percent of their potential due to technical inefficiency. Indeed, average technical efficiency measure suggests that dairy farmers in northern Tunisia could increase milk production by about 25% through more efficient use of inputs. This stands more in favor of the contention that the increase in milk production over the last decade is the result of an increase in the number of imported dairy cows rather than an improvement in dairy production efficiency.

The relationship between efficiency and five major socioeconomic variables (age, education, production systems, and farm size) was later conducted using Tobit analysis. Empirical results suggested that: Farmers' age showed a significant quadratic relationship with efficiency implying that the latter increases with age, and then eventually declines. In addition, education of dairy farmers is a determining factor of technical efficiency. These results could have important implications as far as the crucial role

Table 3. Tobit analysis testing inefficiency and factors associated to it for a sample of dairy farmers in northern Tunisia.

Variables	Technical efficiency
Intercept	0,925*
	(2,24)
Age	0,026*
	(15,04)
Age^2	-0,0002*
	(-10,22)
Education dummy	0,034**
	(1,62)
Integrated farming dummy	0,040**
	(1,74)
Full specialization dummy	0,048
	(1,06)
Farm size	0,0001
	(0,90)
Log likelihood	61,091

Table notes: One asterisk indicates significance at the 5% level. Two asterisks indicate significance at the 10% level. z-statistics are in parenthesis.

of government policies in targeting, through extension activities, younger and older uneducated farmers, rather than middle aged farmers, to help them improve their technical efficiency and consequently the dairy sector productivity. This also justifies the newly implemented government policies that require future young producers to go through a professional training program before granting them any project agreement.

Integrated farming was found to have a positive effect on efficiency. This result is consistent with what would be expected given transaction costs that would be incurred in a non-integrated production system. However, the contention that larger farms, on average, can produce more output than smaller dairy farms from a given set of inputs could not be verified with the sample of farms at hand.

References

Afriat, S. N., 1972. Efficiency estimation function, International Economic Review, 13, pp. 568-598

Aigner, D. J. & S. F. Chum, 1968. On estimating the industry production function, American Economic Review, 58, pp. 826-839.

Aigner; D. J.; C. A. K. Lovell & P. J. Schmidt, 1977. Formulation and estimation of stochastic frontier production function models, Journal of Econometrics, 6, pp. 21-37.

Aly, H. Y., K. Belbase, R. Grabowski & S. Kraft, 1987. The technical efficiency of Illinois grain farms: An application of a ray homothetic production function, Southern Journal of Agricultural Economics, 19, pp. 69-78.

Bravo-Ureta, B. E. & L. Rieger, 1991. Dairy farm efficiency measurement using stochastic frontiers and neoclassical duality, American Journal of Agricultural Economics, 73, pp. 421-428.

Byerlee, D., 1987. Maintaining the momentum in post-green revolution agriculture: A micro-level perspective from Asia. Department of Agricultural Economics, Michigan State University, East Lansing, Michigan.

Byrnes, P., R. Fare, S. Grosskopt & S. Kraft, 1987. Technical efficiency and size: The case of Illinois grain farmers, European Review of Agricultural Economics, 14, pp. 367-81.

Chahtour.N, 1999. Analyse paramétrique et non paramétrique de l'efficacité technique du secteur laitier, étude de cas: l'Office des Terres Domaniales. Master Thesis, INA Tunis.

Diewert, W. E, 1976. Exact and superlative index numbers, Journal of Econometrics, 4, pp. 114-145.

Farrell, M. J., 1957. The measurement of productive efficiency, Journal of the Royal Statistical Society, A CXX part 3, pp. 253-290.

Garcia, P., S. Sonka & M.Yoo, 1982. Farm size, tenure, and economic efficiency in a sample of Illinois grain farmers, American Journal of Agricultural Economics, 64, pp. 119-23.

Groupement Interprofessionnel de Lait (GILAIT), 2000. Document de Préparation du X Plan sur l'Elevage Bovin, Ministère de l'Agriculture, Tunisia.

Jondrow, J., C. A. K Lovell., I.S. Materov & P. Schmidt, 1982. On the estimation of technical inefficiency in the stochastic frontier production function model, Journal of Econometrics, 19, pp. 233-238.

Kumbhaka, S. G., Biswas (B.) & Bailey (D.), 1989. A study of economic efficiency of Utah dairy farmers: A system approach, Review of Economics and Statistics, 71, pp. 595-604.

Lockheed (M.E.), D. Jamison & L. J. Lau, 1981. Farmer education and farm efficiency: A survey, Economic Development and Cultural Change, 29, pp. 37-76.

Lahmar, M., R. Bouraoui, L. Lachaal & J.Toumi, 2000. Characterization of milk production systems in Tunisia: The case of Ariana region, in: Proceedings of the international symposium on Prospects for a Sustainable Dairy Sector in the Mediterranean, Hammamet, Tunisia (forthcoming).

Lahmar, M. & R. Bouraoui, 1998. L'élevage bovin laitier en Tunisie: Situation actuelle et perspectives de développement, Actes des 5ème Journées Nationales sur les Résultats de la Recherche Agronomique, Nabeul, Tunisia.

Maddala, G. S., 1992. Limited - Dependent and Qualitative Variables in Econometrics, Cambridge University Press, Cambridge.

Meeusen, W. & J. Van den Broeck, 1977. Efficiency estimation from Cobb-Douglas production function with composed error, International Economic Review, 18, pp. 435-444.

Phillips, J. M., 1987. A comment on farmer education and farm efficiency, Economic Development and Cultural Change, 36, pp. 637- 41.

Olson, J. A., P. Schmidt & D. M. Waldman, 1980. A Monte Carlo study of estimators of the stochastic frontier production function, Journal of Econometrics, 13, pp. 67-82.

Schmidt, P. & C. A. K. Lovell, 1979. Estimating technical and allocative inefficiency relative to stochastic and cost frontiers, Journal of Econometrics, 9, pp. 343-366.

Schmidt, P., 1976. On the statistical estimation of parametric frontier production functions, The Review of Economics and Statistics, 58, pp. 238-239

Characterization of milk production systems in Tunisia: the case of the Ariana region

M. Lahmar[1], R. Bouraoui[2], L. Lachaal[3] & J. Toumi[2]

[1]INRAT, Department of Animal and Forage Production, Rue Hédi Karray, 2049 Ariana, Tunisia
[2]ESA Mateur, 7030 Mateur, Tunisia
[3]INRAT, Department of Rural Economics, Rue Hédi Karray, 2049 Ariana, Tunisia

Summary

A comprehensive dairy survey was conducted to evaluate management practices for dairy herds in the governorate of Ariana located in the north of Tunisia. It attempted to cover most classes of farmers and as many areas of a dairy operation which would be of value in describing and analysing dairy production systems. Three major aspects of a dairy production operation were addressed. These consisted of: 1) farm description and its social and economical environment, 2) management practices commonly used today, 3) major constraints as seen by farmers. The stocking rate (SR: number of cows per hectare of forage) was used to define forage production systems. Three main systems were then identified: S1, the fully integrated system where the SR is < 1; S2 a partially integrated system where the SR is > 1 and S3 the non-integrated or confinement system where no forage acreage is available on farms. The effect of production system on studied variables was tested by analysis of variance on data collected during the survey. The stepwise regression technique was used to explain observed variations. Results showed that the production system has significantly (P>0.05) affected both the farm total milk production and milk production per lactating cow. Milk production per cow was higher for S1 compared to S2 and S3 (5 290 *vs* 4 342 and 3 467 kg, respectively for S1, S2 and S3). However, S2 appears to be more profitable as the gross margin per cow was highest for this system (755, 982 and 765 Tunisian dinars for S1, S2 and S3, respectively). The low price of milk was the major common constraint for all systems. However, the absences of skilled labour and of adequate facilities are the dominant problems for S1. The most limiting factors for S3 were the lack of land and the shortage in wheat bran supply.

Keywords: dairy cow, production system, stocking rate, forage

Résumé

Une vue d'ensemble laitière est réalisée pour évaluer les pratiques de conduite des troupeaux laitiers dans le gouvernerat d'Ariana situé dans le nord du pays. C'était une tentative pour englober le plus grand nombre de catégories d'éleveurs et la plupart des régions où les exploitations laitières sont importantes pour décrire et analyser les systèmes de productions laitières. Trois principaux aspects de l'exploitation laitière sont abordés 1) Description de l'élevage et de son environnement social et économique, 2) techniques de conduite couramment utilisées aujourd'hui, 3) principales contraintes du point de vue des éleveurs. Le chargement (SR nombre de vaches par hectare d'herbe) était utilisé pour définir le système de productions fourragères. Trois principaux systèmes furent alors identifiés

S1 un système complètement intégré ou le SR est < 1; S2 un système partiellement intégré avec un SR > 1 et S3 un système non intégré ou confiné où aucune superficie fourragère n'était disponible dans l'exploitation. Les effets du système de production sur les variables étudiées ont été testés par une analyse de variances des résultats collectés lors de l'enquête. La technique de régression était utilisée pour expliquer les variations observées. Les résultats montrent que le système de production a influé significativement ($P > 0.05$) à la fois sur la production totale de lait de l'exploitation et sur la production laitière par vache. La production laitière par vache est plus élevée pour S1 par rapport à S2 et S3 (5290 contre 4342 et 3467 kg respectivement pour S1, S2 et S3) toutefois S2 semble être plus efficace car la marge brute étant plus élevée par ce système (755, 982 et 765 dinars tunisiens pour S1, S2 et S3 respectivement). Le prix bas du lait était la contrainte majeure pour tous les systèmes. Cependant le manque de main-d'œuvre qualifiée et d'équipements adaptés était un problème majeur pour S1. Alors que le facteur le plus limitant pour S3 était le manque de surface fourragère et la pénurie de son de blé.

Mots clés: vache laitière, système de production, chargement, fourrage.

Introduction

The Tunisian government has given high priority to milk production in all its agricultural development plans to increase national production, meet the rising demand for milk and raise stockholders' income. As a result, milk production went from 523 000 tons in 1994 to 817 000 tons in 1999 (Ministry of Agriculture, 2000). However, like most developing countries, dairy farming in Tunisia is generally carried out at the smallholder level. 81% of dairy producers have less than 5 cows and half of them have a farm size less than 5 hectares (Office of Livestock and Pasture, 1999). Consequently, more intensive dairying based on feeding concentrates has been developed to bridge the gap between supply and demand for milk. In recent years we have even seen a new system emerging particularly in areas not suitable for dairy farming. It is almost exclusively based on concentrate feeds. Practical observations reveal that this system appears to be working well compared to existing systems. Recently, there has been an increased interest at the national level to examine these different systems. However, research studies on dairy production systems are lacking in Tunisia. The objective of the present work is to identify and characterize dairy production systems in Tunisia, determine those practices that are associated with production performances and to spot problem areas that need intensive efforts.

Materials and methods

Dairy survey

A survey was developed to collect data on dairy operations. A total of 70 surveys were conducted in seven delegations of the governorate of Ariana. Ariana herds were chosen because the state's extension dairy staff and supervisors were able to help collect the data for the research investigation. Moreover, the region ranks among the top five states for milk production. The survey addressed four major aspects of a dairy operation in addition to farm description and its surrounding environment:

1. Feeding practices which were covered by questions dealing primarily with types of grains and forages that are fed throughout the year along with questions dealing with methods for dispensing feed for milking cows.

2. Management practices commonly in use, such as grouping milking animals, veterinarian programmes, heat detection, mastitis control and artificial insemination.
3. Production performances.
4. Constraints and major problems.

It was felt that a comprehensive survey covering, as many areas of a dairy operation would be of utmost use in planning extension and research efforts both locally and at the national level. An attempt was therefore made to list as many as possible of the answer options.

Data processing

Data were first edited so only those herds with complete information were included in the analyses. This restriction reduced the total number of herds meeting the editing restriction from 70 to 61. The major parameters studied were milk production per cow, average lactation number, age at first parturition, purchased energy units for milk (UFL), on farm produced forages, total forage acreage, stocking rate, and gross margin per cow. Calculated and measured parameters were used plus specific codes were adopted for qualitative parameters.

Statistical analyses

All data were subject to statistical analysis using SAS (1996). A simple analysis (mean, standard error, frequency) and an analysis of variance were performed for major variables. The stepwise regression procedure was used to explain total milk production per farm and milk production and gross margin per cow.

Results and discussion

Typology and major characteristics of dairy systems

Data analysis showed that three major dairy production systems can be defined based on stocking rate. The first system, S1, is the fully integrated system where the SR is < 1. S2 is the partially integrated system where the SR is > 1. Finally, S3 is the confinement or the non- integrated system where the dairy operation has no land and thus the forage is not produced on the farm. This system is commonly referred to by the French term "hors sol". Such classification is close to those proposed by the FAO (1989, 1995).

S1 System

The average herd size is about 35 cows. Herds are relatively young (average age of cows is 4 years and average lactation number is 2.24). Daily rations are composed of approximately 64 kg of forage (as fed) and 6.5 kg of concentrate. Average milk production per lactating cow is 5 290 kg. Peak production is 25 kg. The instruction level of farmers is relatively high which gives better chances for extension to work well. The major limiting factors for this system include the low price of milk and of animal products, the lack of labour and of infrastructure. A better use of available feed resources and improved management practices will result in an increased productivity.

S2 System

The herd size in this system is about 17 cows. The average age of animals is 5 years and the average lactation number is 2.86. Daily rations are composed of approximately 54 kg of forage (as fed) and 3.7 kg of concentrate. Average milk production per lactating cow is 4 342 kg and the peak is 23 kg. The instruction level of farmers is low. The difficulty in getting wheat bran and the lack of equipment and water are the major constraints for this system.

S3 System

The average herd size is 12 cows. Animal feeding is totally based on purchased forages (34 kg per cow per day) and concentrates (3.4 kg). These are usually mixed with oat bran and waste bread. Average milk production per lactating cow is 3 467 kg. The production at the peak is about 21 kg. The lack of land is the major limiting factor in this system. Other constraints include the difficulty in getting wheat bran and the shortage of drinking water.

Production performances and economic results of dairy systems

Data showed that average milk production per cow was 5 290, 4 342 and 3 467 respectively for S1, S2 and S3. Management practices, particularly grouping cows, explained 71% of milk production of farmers in S1. However, the quantity of concentrate per cow per day, the percentage of success at first insemination and produced feed units for milk explained 25, 29 and 20% of the variation observed for milk production in S2, respectively. The variation in milk production observed in S3 was mainly (45%) explained by the lactation length and the daily allowance of concentrate feed per cow (19%).

Calculated gross margins per cow were 755, 982 and 765 Tunisian Dinars for S1, S2, and S3, respectively. Observed differences are explained, in part, by total production charges per cow which were 1 378, 742 and 781 Tunisian Dinars for S1, S2 and S3, respectively. Most farmers in S1 (89%) use hired labour, which generally increases production costs whereas in S2, (70%) of farmers use family labour. Moreover, and contrary to what is expected, farmers in S1 use more concentrate feeds in the rations of their dairy cows, as compared to those in S2 and S3 (6.5 *vs.* 3.72 and 3.41 kg for S1,S2, and S3, respectively). Present results suggest that S2 appears to be more profitable. Having less hectares of forage per cow (SR>1) allowed lower charges per cow compared to S1 and a production level higher than that obtained with S3.

Conclusion

Three major dairy production systems (S1, S2, and S3) were identified in the Ariana region based on stocking rate. S1 is the fully integrated system where the SR is < 1; S2 is the partially integrated system where the SR is > 1 and S3 the non-integrated or confinement system where no forage acreage is available on farms. Results showed that the production system has significantly (P>0.05) affected both the farm total milk production and milk production per lactating cow. Milk production per cow was higher for S1 compared to S2 and S3 (5 290 *vs.* 4 342 and 3 467 kg, respectively for S1, S2 and S3). However, the gross margin per cow was highest for S2, which appears to be more profitable. The low price of milk was the major common constraint for all production systems. The lacks of skilled labour and of adequate facilities are the dominant problems for S1. However, the most limiting factors for S3 were the lack of land and the shortage in wheat bran supply. Additional research work is to be conducted on technical efficiency analysis of dairy operations in order to clearly spot management areas that need more extension and research efforts.

References

FAO, 1989. Programme de développement des productions fourragères et de l'élevage en Tunisie, volume 5 et 6, pp73-81.

FAO, 1995. Etude de l'impact de la politique agricole sur le secteur bovin laitier. pp. 8-66.

Ministry of Agriculture, 2000. Evaluation du secteur bovin laitier. Revue de l'Agriculture (34): 15-24.

Office of Livestock and Pasture, 1999. Situation actuelle du contrôle des performances et de l'amélioration génétique en Tunisie. Atelier sur le contrôle des performances, l'amélioration génétique des animaux et la gestion des troupeaux. Tunisie-Hammamet 12-14 MAI 1999.

SAS User's Guide: Statistics, Edition 1996. SAS Inst., Inc., Cary, N.C.

Caractérisation de systèmes d' élevage bovin laitier intensif et prive dans la région de Zaghouan

S. Snoussi

ESA Mateur 7030 - Tunisie.

Résumé

Le diagnostic d'exploitations privées dans la région de Zaghouan permet de dégager les atouts et les contraintes de ces nouvelles unités de développement où l'activité laitière est encore récente. L'analyse du système d'élevage est basée sur trois études de cas: deux sociétés de mise en valeur et une ferme privée, ayant fait des choix différents concernant les facteurs de production: choix des races, degrés de mécanisation, mode de gestion et d'encadrement technique. Les résultats montrent l'influence déterminante de l'alimentation sur le niveau de production et le prix de revient du litre de lait, ce qui est le cas par exemple de l'introduction de la betterave fourragère ou du ray-grass dans la ration de base. La présence des périmètres irrigués permet une diversification et un étalement des productions fourragères, indépendamment des contraintes climatiques. Les opportunités d'écoulement aval de la production jouent, par ailleurs, un rôle incitatif. Bien que le niveau de production observé soit supérieur au niveau moyen des troupeaux contrôlés de la région, on peut constater que le potentiel laitier des vaches importées est limitée dans son expression, notamment à cause des contraintes internes; et de ce fait, ce ne sont pas nécessairement les exploitations les plus mécanisées qui donnent le meilleur résultat.

Mots Clés: Production laitière intensive, système d'élevage, alimentation, bovin lait.

Summary

The objective of the present work was to characterize and analyze intensive dairy production systems in the Governorate of Zaghouan. Three case studies were reported using three different dairy operations, which differed by production inputs, that is the type of management and technical assistance. The main results showed that feeding had a major effect on the production level and on the cost of milk production per litre. Irrigation allowed not only the diversification of forage production but also its availability regardless of climatic constraints. The production level of imported dairy cows remains low however because of many prevailing constraints. Thus farms that are getting the best results are not necessarily those that are well equipped.

Keywords: intensive dairy production, husbandry system, feeding, dairy cattle

Introduction

Malgré une politique d'introduction de vaches laitières à haut potentiel laitier dès la fin des années 70, la production est demeurée faible dans la plupart des fermes du secteur étatique.

Aussi le transfert de propriétés au domaine privé, soutenu par des mesures et des moyens d'accompagnement incitatifs a été entrepris (crédits, subventions, centre de collecte, industrie de transformation…). Ainsi, pour contribuer à l'élaboration du référentiel technico-économique dans ce secteur, cette étude permet d'avoir un aperçu sur les performances laitières obtenues dans trois exploitations privées, au contexte de création et de fonctionnement assez différent; et qui toutes trois ont fait appel à un cheptel d'importation, dans un but de production intensive. Le choix de la région s'est porté sur le gouvernorat de Zaghouan, où les conditions pédo-climatiques moyennes et contraignantes, exigent une bonne maîtrise des facteurs de production et de conditionnement des productions fourragères, et où l'activité laitière est récente.

Méthodologie

Il s'agit d'une synthèse succincte de trois études de cas réalisées dans le cadre de travaux de mémoire de fin d'études de l'Ecole Supérieure d'Agriculture de Mateur, et basée chacune sur le suivi de troupeaux durant une année. Complété par des observations régulières et de certains contrôles, ces méthodes permettent, comme le confirme Dollé (1984), d' affiner le diagnostic et l'analyse du système d'élevage. L'appréciation de ce dernier est analysée à travers certains indicateurs de fonctionnement. Le premier concerne la relation alimentation – production. Le second indicateur concerne la répartition de la production laitière en fonction de la saison de vêlage, et son niveau global comparé à celui de la région. Les données sont prélevées sur l'exploitation et à partir de celles du contrôle de performances. L'aspect économique sera abordé à partir du calcul du prix de revient du litre de lait. Les données à ce stade ne sont pas toujours accessibles. Enfin la situation globale du système d'élevage intensif et privé, au niveau régional, sera évaluée en terme d'atouts et de contraintes.

Caractéristiques des systèmes de production

Conditions de milieu

Situé au sud de Tunis, dans l'étage bio-climatique semi-aride, le Gouvernorat de Zaghouan est caractérisé par une pluviométrie irrégulière, de 400 à 500 mm/an en moyenne. La température moyenne atteint 18°C avec un minimum de 4,5°C et un maximum de 35°C.

Le sol est en général de nature Argilo- limoneux très profond, propice aux grandes cultures, reste sensible aux fluctuations pluviales. Un effort étatique en matière de retenues d'eau collinaire et de barrages durant ces dernières années, offre la possibilité d'irrigation: gage de garantie et de sécurité face aux aléas pluviométriques..

Facteurs de productions

Les caractéristiques techniques du système de production des trois exploitations étudiées sont présentées au tableau 1.

Evaluation du système d'élevage

Par rapport au constat fait à la fin des années 80 (Kayouli *et al.*,1989), on note une réelle amélioration de la conduite alimentaire, en particulier par: i) une diversification des fourrages dans la ration de base: introduction du ray-grass, du maïs et du sorgho ,du bersim,, et éventuellement de sous-produits

Tableau 1. Caractéristiques du système de production au niveau des 3 exploitations.

Exploitations	Statut juridique	Mode de gestion	Superficie (SAU en ha)	Sup. totale irriguée(%)	Sup. fourragère/SAU (en %)
E 1	SMVDA[1]	Administratif	550	50 %	60 %
E 2	Privé	Familial	70	68 %	100 %
E 3	SMVDA[1]	Familial	621	32 %	24 %

	Degré de mécanisation	Degré d'encadrement	Main d'œuvre
E 1	Très important	Conséquent et Permanent	Peu qualifiée
E 2	Faible	Appel à des Consultants	Peu qualifiée
E 3	Faible	Appel à des Consultants	Peu qualifiée

	Effectif des vaches laitières	Races	Date d'importation	Pays d'origine	Observation Cheptel (Répartition du cheptel % au N° de lactation)
E 1	276	Holstein	1996/97	Allemagne	70% des vaches sont en 1ère lactation, et 30% en 2ème lact.
E 2	70	Pie Rouge	1992	Allemagne	55 % des vaches sont en 1ère et 2 ème lactation.
E 3	100	Holstein	1998	Allemagne	Tous les animaux sont en première lactation. Vêlages regroupés en été.

[1]SMVDA: Société de Mise en Valeur et de Développement Agricole.

de l'industrie; ii) un étalement des périodes de distribution en vert notamment en été avec la betterave fourragère ;iii) une pratique plus courante de l'ensilage en plus du foin de vesce-avoine traditionnel (Tableau 2).

L'analyse du rapport lait/concentré indique que le niveau de production a été maintenu avec du concentré, pendant les périodes où la ration de base était défaillante (surtout exploitation 1). La contribution du concentré dans l'expression des performances demeure donc incontournable, avec des quantités qui peuvent atteindre les 9 à10 kg /VL/j. Les quantités de concentré distribuées au cours de l'année permettent de couvrir environ 16 à 43% des besoins des animaux. Ces valeurs semblent plus raisonnables que celles observées à la fin des années 80, où elles ont atteint 40 à 80% (Bourbouze *et al.*1989, Kayouli *et al.*, 1989).

Analysé au niveau de l'exploitation (1), les vêlages sont répartis sur les quatre saisons comme suit: 40% en été, 33% au printemps, 24% en hiver et 3% à l'automne (Figure 1), résultat contraire à ce qu'on devrait s'attendre et aux résultats trouvés par Miladi (1989), qui confirme que les vaches vêlant en été produisent moins de lait que celles qui vêlent en automne et en début d'hiver. La

Tableau 2. Calendrier alimentaire et résultats périodiques de production.

Exploitation 1 \ MOIS	S	O	N	D	J	F	M	A	M	J	J	A
Foin d'avoine												
Ray-grass												
Ensilage sorgho												
Ensilage maïs												
Bersim												
Betterave												
Ensilage avoine												
Périodes	I	II		III	IV		V		VI		I	
Lait permis par R.B (kg)	5,5	1,7		5	7,5		13,8		15		5,5	
Concentré (kg/VL/j)	8	9		3	4		5		7		8	
Lait produit (kg/VL/j)	19	16		16	16		18		21		19	
Rapport Lait/Concentré	2,4	1,8		5	4,1		3,7		3		2,4	

Exploitation 2 \ MOIS	S	O	N	D	J	F	M	A	M	J	J	A
Paille (blé)												
Foin d'avoine												
Ensilage triticale												
Betterave												
Bersim												
Drèche de brasserie												
Périodes	I		II	III				IV			I	
Lait permis par R.B (kg)			16	8,5				13			20	
Concentré (kg/VL/j)			5	7,5				8			4,5	
Lait produit (kg/VL/j)			21,4	18,3				25			23,4	
Rapport Lait/Concentré			4,3	2,44				3,15			5,83	

Exploitation 3 \ MOIS	S	O	N	D	J	F	M	A	M	J	J	A
Foin d'avoine												
Ensilage triticale												
Ensilage maïs												
Betterave												
Bersim												
Ray-grass												
Périodes	I		II	III		IV	V		VI		I	
Lait permis par R.B (kg)	7,5		8,5	7		8,5	8		8		7,5	
Concentré(kg/VL/J)	10		10	5,5		5	7		6,5		10	
Lait produit (kg/vl/j)	25		25	23		19	17		15		25	
Rapport Lait/Concentré	2,5		2,5	4		4	2,7		2,3		2,5	

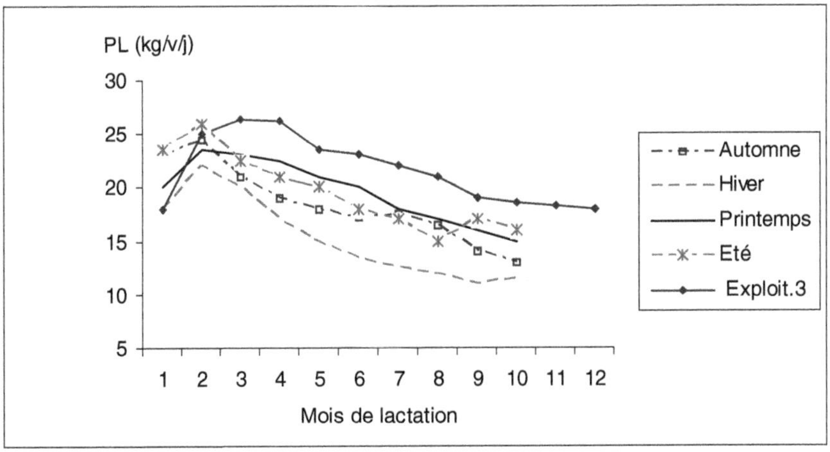

Figure 1. Variation de la courbe de lactation en fonction de la saison de vêlage au sein de l'Exploitation 1 et comparaison avec l'Exploitation 3.

meilleure persistance et le taux de matière grasse le plus élevé sont enregistrés pour les vaches vêlant au printemps (Taux de MG égal à 3,48% contre 3,2% pour les autres saisons). En comparaison avec le troupeau de même race de l'exploitation 3, ce dernier, bien qu'il soit à 100% constitué de primipares, présente de meilleures performances (Figure 1). La stabilité de la persistance de la courbe de lactation, avec un taux situé autour de 95%, exprime une bonne efficacité de la conduite alimentaire et un bon comportement des animaux.

Coût de la production laitière et tendances évolutives par rapport à la consommation

L'évaluation du prix de revient du litre de lait, effectuée sur les exploitations 2 et 3, montre que celui-ci varie, en fonction de la période alimentaire, entre 0,310 et 0,380 D dans l'exploitation 2 avec une moyenne de 0,330D; il atteint une moyenne de 0,390D dans l'exploitation 3. Ce meilleur résultat de l'exploitation 2 résulte de: i) moindres charges d'amortissement en matériel agricoles et bâtiment, ii) d'une meilleure productivité laitière, iii) d'une meilleure valorisation en viande du fait du caractère mixte de la race; les veaux de la race Pie-rouge se vendent à un prix supérieur de 25% environ à celui de la Pie-noire. Il était difficile d'estimer ce facteur dans l'exploitation 1, du fait des données non accessibles.

Outre l'ensemble des facteurs de production, si nous nous attachons principalement à l'alimentation, on constate que le montant du prix est directement lié à l'utilisation du concentré comme le montre la corrélation inverse entre le rapport lait/concentré et prix de revient du litre de lait mesuré dans l'exploitation 2 (Figure 2).

Par ailleurs, dans cette exploitation 2 aux charges fixes maîtrisées, l'alimentation représente en moyenne 65% des charges variables. La part du concentré s'élève à 45% des coûts d'alimentation, avec des extrêmes variant de 30 à 60% selon les périodes.

Cependant, si depuis les années 80, il a eu libéralisation du prix du concentré, qui atteint actuellement 0,300 D, on peut également constater que le prix à la production a connu également une croissance telle, qu'elle reste incitative au niveau de l'éleveur (0,220 D en 1980, 0,240 D en 1987 pour atteindre

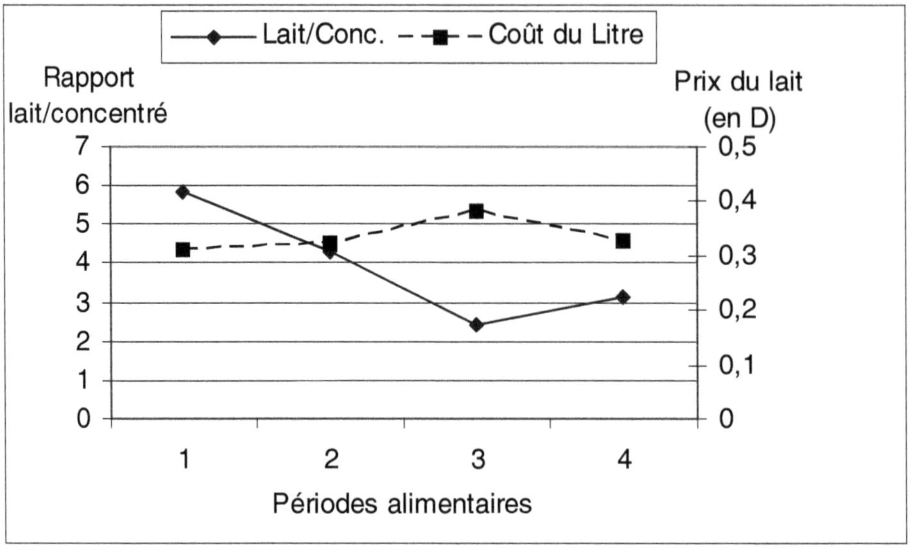

Figure 2. Coût de la production laitière en rapport avec la consommation de concentré au niveau de l'Exploitation 2.

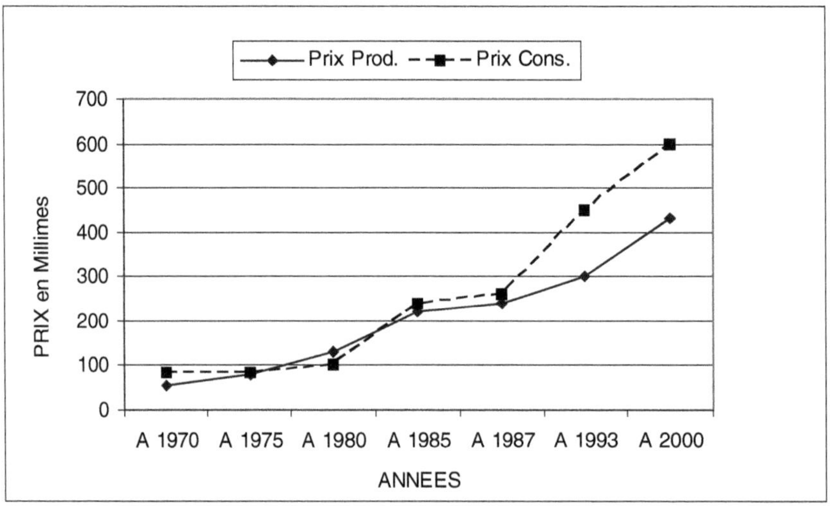

Figure 3. Evolution comparée du prix du litre de lait à la production et à la consommation.

0,430 D en 1998). L'utilisation du concentré demeure dans ces conditions, encore intéressante. A noter qu'à la consommation le prix a enregistré une évolution plus importante se situant actuellement, entre 0,500 et 0,650 D, selon le circuit de commercialisation et de conditionnement (Figure 3).

Conclusion

L'analyse de la situation générale du système d'élevage est résumée en terme d'atouts et de contraintes. Parmi les atouts, on peut citer: i) une progression réelle et significative de la production laitière dans les nouvelles unités de production intensive à caractère privé; ii) la facilité d'écoulement du lait grâce à l'implantation d'industrie laitière dans la région; iii) le rôle de rayonnement et de développement de la filière notamment auprès des petits éleveurs, par la vente de reproducteurs ou de veaux pour l'engraissement; iiii) la viabilité du système d'élevage et son intégration grâce à l'importance des cultures fourragères et irriguées.

Si le changement se fait essentiellement avec l'acquisition d'un nouveau cheptel importé souvent accompagné d'investissements substantiels, d'autres contraintes subsistent et sont souvent amplifiées par la taille des élevages, ce qui nécessite prioritairement une intervention au niveau de: i) la formation et la qualification de la main d'œuvre d'exécution; ii) une meilleure maîtrise des conditions de récolte et de conditionnement des fourrages; iii) et une meilleure adéquation entre le système fourrager et le système d'élevage. Le contexte économique offre cependant une certaine sécurité au système actuel.

Références

Bourbouze A., A., Chouchen, A., Eddebbarh, J., Pluvinage &, H. Yakhlef 1989. Analyse comparée de l'effet des politiques laitières sur les structures de production et de collecte dans les pays du Maghreb. Opt. Med. Série Séminaire [6], 247-258.

Dollé V., 1984. Les outils et méthodes du diagnostic sur les systèmes d'élevage. Cah. Rech. Dév. [3-4], 89-96.

Kayouli Ch., M., Djemali &, M.T. Belhadj 1989. Situation de la production laitière bovine intensive en Tunisie. Opt. Med. Série Séminaire [6], 97-100.

Miladi D., 1989. Caractéristiques productives des souches frisonnes en Tunisie. Calcul des coefficients de correction et estimation des paramètres génétiques. Mém. Cycle de spécialisation INAT.

Evaluation of the factors restricting the development of the dairy industry in Turkey

N. Demirbaº[1] *& Ý. Kaya*[2]

[1]*Ege University, Faculty of Agriculture, Dept. of Agricultural Economics, 35100 Bornova/Izmir/Turkey*
[2]*Ege University, Faculty of Agriculture, Dept. of Animal Science, 35100 Bornova/Izmir/Turkey*

Summary

Some important factors restricting the development of the dairy industry in Turkey are examined in this study. The most important factors are problems in the animal husbandry sector. Therefore, more emphasis has been given to policies concerning the animal husbandry sector and its integration with the dairy processing industry. Since cows' milk represents more than 85 % of all the milk production in Turkey, as is generally the case in the rest of the world, aspects of dairy cattle production have been taken as the main topics. Some other factors which negatively affect the development of the dairy industry and the measures needed to deal with these have also been considered.

Keywords: dairy industry in Turkey, restricting factors for dairy industry.

Résumé

Dans cette étude certains facteurs importants limitant le développement de l'industrie laitière en Turquie sont étudiés. Les plus importants de ces facteurs sont les problèmes de secteur de l'élevage. De ce fait l'accent est mis sur la politique concernant le secteur de l'élevage et les relations entre l'industrie laitière et le secteur de l'élevage. Cependant puisque plus de 85 % de la production laitière en Turquie est du lait de vache comme c'est généralement le cas dans le reste du monde, les thèmes concernant uniquement le lait de vache comme source de matière première ont été pris en considération. Dans cette étude d'autres facteurs influant négativement sur le développement de l'industrie laitière et les mesures à prendre sont discutés.

Mots clés: industrie laitière en Turquie, facteurs limitant pour l'industrie laitière.

Introduction

Natural resources and ecological conditions in Turkey are quite suitable for animal husbandry. However, structural problems in the agricultural sector and insufficiency of policies concerning animal husbandry have delayed the expected increase in animal production. At present, the animal husbandry sector in Turkey is not at the desired level. This condition has also negatively affected development of the dairy industry which has a vital link with the animal husbandry sector in terms of raw material. Furthermore, the weakness of the present integration between the dairy industry and the animal husbandry sector is an important factor restricting the development of the dairy industry. In this study, factors, other than raw material which also restrict the development of the dairy industry in Turkey are considered. These include factors related to the milk marketing system, milk consumption structure and level, and the structure and foreign trade of the dairy industry. In addition, needed measures in various fields for the development of the dairy industry are also considered. Since the purpose of this study is to examine the factors restricting the development of the dairy industry, improvements which have occurred in time over the dairy industry have been excluded.

Factors restricting the development of the dairy industry in Turkey

Factors restricting the development of the dairy industry were examined in view of policies related to animal husbandry, the state of dairy husbandry, the level of integration of dairy husbandry with the industry, and other restricting factors.

Agricultural policies related to the animal husbandry sector and the situation of the dairy husbandry

Agriculture, and animal husbandry as a sub-sector of agriculture, has a very important role in meeting the domestic food requirement, supplying raw materials for the food industry (milk and meat), exports, and providing employment for the Turkish economy. The aims of the policies related to animal husbandry are, briefly, to increase the share of animal production in agricultural production thus eliminating the insufficiency of animal protein for human nutrition, and also to increase animal production and productivity. To achieve these aims animal products and inputs were subsidized in different quantities and forms at different times. Among the subsidies concerning dairy husbandry, some are mentioned: provision of exemption from duty and subsidies in the importation of breeding dairy cattle; and payment of premiums to farmers selling their milk to milk processing plants which have certain technical and hygienic conditions. As for animal inputs in general, subsidies were provided based on mixed feed, medicine, artificial insemination, and credits. Several discounts and credits have been provided for dairy husbandry within the framework of investment incentives. But, some of these subsidies are not in effect at present (Demirbaş and Talim, 1999). In fact, it is not possible to talk about a long term, planned and systematic supporting policy concerning dairy husbandry and the dairy industry in Turkey, as is the case in the European Union (EU). Thus, problems have also occurred in view of marketing policies and the animal husbandry sector has been affected negatively by all these uncertainties. In fact, in Turkey where the number of animals milked is greater than those of many other countries which have rather better developed animal husbandry sectors, milk yield per animal is not only less than the EU countries but also less than the world average. For example, while the number of cows milked in Turkey was 5 489 000 head (DIE, 1999) in 1998, this figure was 4 370 000 for France, 5 024 000 for Germany, 2 110 000 for Italy, 1 611 000* for the Netherlands, 2 002 000 for Australia, and 3 460 000 for New Zealand (FAO, 1999). But, while the average milk yield per cow in Turkey in the same year was 1 609 kg (DIE, 1999), the world average was 2 028 kg, and the respective figures were 5 606 kg, 5 673 kg, 5 155 kg, 6 890 kg, 4 861 kg, and 3 262 kg, respectively, for the countries mentioned above (FAO, 1999).

---

*Unofficial figure

Current situation of the dairy industry and its integration with the animal husbandry sector

In the years 1997-1999, the share of the milk and milk products industry in the production of the food industry in Turkey was 8.8 % (DPT, 1999a). The existing milk processing plants show quite a complex structure in view of their capacities, technologies and the other features. While there are enterprises that have very modern facilities, there are also those that work under very primitive conditions. In 1999, approximately 34 % of the 3840 enterprises that process milk had capacities of 1000 tons/year or more (Yetiþmeyen and Deveci, 2000). Only 6 % of the 1300 enterprises which have this capacity belong to co-operatives (DPT, 1999b), whereas, in the EU, co-operatives are known to be very important in the dairy sector and will continue to be so even though there are differences between the individual member states (Noeme and Agular, 1997). The Dairy Industry Company of Turkey, which is one of the most important enterprises in the processing and marketing of milk and milk products was selected for privatization in 1992, and all of the approximately 40 processing plants were privatized in 1995. But, the fact that only 3 or 4 of the plants privatized are currently working is a negative development for the sector. About 15-20 % of the milk produced in Turkey is processed by the industry. For example, while the amount of milk processed by the industry was 2 078 937 tons in 1996 (DPT, 1999b), the production of sheep, goat, buffalo and cow's milk was 10 760 915 tons (DÝE, 1999) in the same year, which means that only 19.3 % of the milk produced was processed by the industry. The biggest problem of the dairy sector is raw material. Due to the animal husbandry policies implemented so far in Turkey, modern dairy farms could not be established and the majority of those established had to close down because of economic problems. As a result of this, the majority of the dairy cattle farms remain at the level of small family farms in villages. In such a structure, milk generally becomes contaminated during the milking stage since no improvement has been made in providing hygiene during milking and in the dairy barn. This situation complicates the delivery of milk from the farmer to the processing dairy. Furthermore, the fact that a cold chain could not be established during the period from the production of milk to delivery to the processing dairy also affects the quality negatively, thus causing the raw milk arriving at the processing dairies to deteriorate quickly and become unsuitable for processing. This situation causes important economic losses (DPT, 1999b). Another important restricting factor for the sector is the sale of raw milk in the streets.

Other restricting factors

Indeed, the sale of raw milk in the streets of Turkey is quite common. According to the statistics, about 40 % of the raw milk produced is consumed at the place of production and, 60 % is marketed. About 45 % of the milk marketed goes to traditional dairies and 15 % to modern processing plants. The remaining 40 % is sold in the streets. In contrast, more than 90 % of the raw milk produced in developed countries is sold to modern processing plants (DPT, 1999b).

Another restricting factor is that a relatively small part of the total quantity of milk obtained from large and small animals in Turkey is consumed as drinking milk. Rates for the years 1996-1999 are 27.5 %, 16.9 %, 13.2 %, and 14.3 %, respectively (Tan and Ertürk, 1999). The reason for this can be attributed partly to the fact that the nutritive value and the importance of milk for good health is known inadequately and also to the absence of a milk drinking habit. Further, approximately 80 % of the total quantity of the drinking milk consumed is sold to consumers in the streets. This kind of sales without any control prevents the development of enterprises having a high level of technology, and enterprises producing in accordance with the relevant regulations (Binici, 1999).

The absence of an organizing mechanism such as Milk Marketing Associations or Boards bringing together all the parties within the sector is another serious problem. The absence of this kind of an organization leads to instability of prices and problems related to quality of raw material, which are among the factors constraining the development of the sector. Moreover, imports exceed exports in the external trade of milk and milk products. The rates of imports in excess of exports were 47.7 %, 32.9 %, and 48.8 % for the years 1997, 1998 and 1999, respectively (DPT, 1999a).

Measures to be taken

Important developments are not expected in the short term in the production, consumption and export of milk and milk products in Turkey while the existing conditions continue. However, it is possible to ensure important developments with implementing rational policies in consideration of recent developments made towards full membership of the EU and the prevailing optimistic circumstances regarding economic stability in the country. Measures to be taken within this framework are briefly explained below (DPT, 1999b).

Animal production: Production plans should be made, the number of exotic breed cattle increased and emphasis given to policies encouraging the implementation of feed requirements taking into consideration the regional and ecological conditions.

The industry: Attention should be paid to meet EU standards during the processing stage. Milk consumption: It is desirable to promote increasing consumption of milk and milk products by means of campaigns and educational programs, to form a more conscious consumption habit, and to regulate the sale of raw milk in the streets.

Foreign trade: It is necessary to regain the export markets lost and to try to acquire new export markets by encouraging especially the production of traditional products.

Stability in the sector should be ensured, and to do this, policies and strategies concerning dairy husbandry and the dairy industry should be defined and implemented as national policies. The National Milk Council law should be issued urgently, and through this Council, an environment of stability should be ensured by initiating the application of an official minimum price which guarantees farmer incomes for milk, and thus animal husbandry should be transformed into an activity which can be sustained and in which investments can be made.

Dairy farmers should be encouraged to organize. By providing organized farmers with advantages in giving credits, milk encouragement premiums and other supports to be provided by the State, the process of organization could be achieved in a very short time and thus farmers' organizations should be made more powerful and functional.

The integration of the producers with the industrialists should be encouraged. Contract farming should be encouraged. The legal sub-structure of contract farming should be established. Moreover, conformity with the Common Agricultural Policy (CAP) of the EU should be ensured. Turkey should establish its own system and should be ready for integration by following the CAP and its systems which are being implemented in the EU, and the changes being made to these policies.

Conclusion

Animal husbandry has a strategic importance in Turkey in that it meets the nutritional requirements of the people, provides employment possibilities, has a high added value, and provides raw materials for the food industry. However, a national production and marketing policy which recognizes this important status has not been formed so far. Hitches which occur while taking measures to increase productivity in the animal husbandry sector together with insufficient incentives have caused milk production to lose its attraction for the producers. In particular, insufficiencies and delays in the organization of farmers have affected negatively the development of the dairy industry with which the sector has a direct connection with regard to raw material.

For the development of the dairy industry in Turkey, measures should first be taken to assist animal husbandry. Another urgent topic is to prevent the sale of raw milk in the streets, which is currently quite common in the milk marketing system. The increasing of the habit of drinking milk, especially processed milk, should be the target. The eliminating price instability, which creates serious troubles for both the farmer and the industrialist, has high priority for the sector. Furthermore, elimination of the insufficiencies in farmers' organizations is highly important as these bodies could play an effective role in the solution of the majority of the problems mentioned. Most important of all, a system in which the farmer, the industrialist and the consumer are included, similar to the Common Market Organization in the EU, should be established without any delay.

References

Binici, G., 1999. Süt ve Süt Ürünleri Sanayii (Milk and Milk Products Industry). İzmir Chamber of Commerce Publication No: 65, İzmir, Turkey, 30 pp.

Demirbaş, N. & M. Talim, 1999. Türkiye'de Et ve Et Ürünleri Sanayiinde Gelişmeler: AB ile Uyumda Ortaya Çıkabilecek Sorunlar (Recent Developments of the Slaughter and Meat Processing Industry in Turkey and Potential Problems for the EU Integration). İzmir Chamber of Commerce Publication No: 64, İzmir, Turkey, 109 pp.

DİE (State Institute of Statistics), 1999. Tarım İstatistikleri Özeti 1979-1998 (The Summary of Agricultural Statistics, 1979-1998). Publication No: 2275, Ankara, Turkey.

DPT (State Planning Organization), 1999a. VII. BYKP (1996-2000), 1999 Yılı Programı Destek Çalışmaları, Ekonomik ve Sosyal Sektörlerdeki Gelişmeler (7th Five Year Development Plan (1996-2000), Support Studies for the 1999 Program, Developments on Economic and Social Sectors). Ankara, Turkey, 278 pp.

DPT (State Planning Organization), 1999b. VIII. BYKP (2001-2005), Süt ve Süt Mamulleri (8th Five Year Development Plan (2001-2005), Milk and Milk Products). Special Ad Hoc Committee Report (unpublished), Ankara, Turkey.

FAO, 1999. Production Yearbook 1998. Vol. 52, FAO Statistics Series No: 148, Rome.

Noeme, C. & M. Agular, 1997. Recent Evolution and Perspectives of Dairy Co-operatives in Europe Union. In: A Case Study of Structural Change: The EU Dairy Industry, S. Tozanli & J. Gilpin (editors), 198-222.

Tan, S. & Y.E. Ertürk, 1999. Süt ve Süt Mamulleri, Durum ve Tahmin: 1999 (Milk and Milk Products, Situation and Estimate: 1999). Agricultural Economics Research Institute, Publication No: 26, Ankara, Turkey.

Yetişmeyen, A. & O. Deveci, 2000. Üçüncü Bin Yılın Başında Türkiye Süt Sektörünün Durumu ve Avrupa'daki Konumu (Circumstances of Turkey's Milk Sector and Its Location in Europe at the Beginning of the Third Thousand-Year). In: Proc. of 6th Symposium on Milk and Milk Products, M. Demirci (editor), Tekirdağ, Turkey, 1-18.

Evaluation de la qualité du lait a la Nouvelle Utique

H. Abdouli[1], H. Rouissi[1], B. Rekik[1], A. Ben Gara[1] & K. Mechergui[2]

[1]Département des Productions Animales, ESA Mateur, Tunisie
[2]CRDA, Bizerte, Tunisie

Résumé

Une enquête a été menée auprès de 120 éleveurs pour évaluer l'importance de l'élevage laitier dans la région de la Nouvelle Utique (Nord du pays). Des prélèvements d'échantillons ont été réalisés au niveau de 40 éleveurs, 6 colporteurs et 1 centre de collecte durant la période de Mars - Mai. Dans l'ensemble, les exploitations dans la région sont de petites tailles (en moyenne 7,6 ha) et sont exploitées pour des cultures irriguées dominées par les fourrages (63 % de la SAU). Tous les exploitants enquêtés pratiquent l'élevage bovin laitier avec des régimes riches en concentré (50 à 60 % de la ration). Les valeurs des paramètres physico-chimiques du lait au niveau des éleveurs sont assez variables mais restent, en moyenne, comparables à celles de la bibliographie. Alors que la teneur en extrait sec total est plutôt basse (120 g/litre), celles en matières grasses et azotées totales sont assez élevées (37 et 31g/litre, respectivement).

Chez les colporteurs comme au centre de collecte, le lait garde sa composition physico-chimique à l'exception de la teneur en matières grasses qui a tendance à chuter (32 g/litre). Par ailleurs, au centre de collecte, le lait a tendance à s'appauvrir en extrait sec total (passant de 120 à 112 g /litre). Quant à la qualité bactériologique du lait appréciée surtout du test de réductase, elle est assez bonne au niveau des éleveurs mais se détériore au niveau des colporteurs et au centre de collecte. Environ 87% des échantillons prélevés chez les éleveurs sont jugés de qualité 'Bonne à Passable' alors que 70 et 96 % des échantillons, respectivement, des colporteurs et du centre sont de qualité 'Insuffisante'.

Mots clés: Qualité- lait, système d'élevage.

Summary

One hundred and twenty dairy producers were surveyed to assess the importance of dairy production in "Nouvelle Utique" region. Forty of these producers, six milk collectors, and one collecting centre were used for milk sampling during the March-May period. The samples were analyzed for chemical characteristics and bacteriological quality. In the region, the farms were small (7.6 ha), and produced irrigated crops - mainly forages (63% of the total agricultural surface). All the farmers in the survey raised dairy cows on high concentrate diets (50 to 60% of the diet). The milk produced had low total solid extract value (120 g/liter) and fairly high fat (37 g/liter) and crude proteins (31 g/liter). Throughout the collection the milk fat content dropped to 32 g/liter and in the collecting centre the milk had low total solid extract values (112 g/liter). The reductase test showed that milk samples taken from the farmers were of fair to good bacteriological quality. Seventy (70%) to ninety percent (90%) of the samples taken from the collectors and the centre were of unsatisfactory quality.

Key words: milk quality, livestock production system.

Introduction

Le paiement du lait à la qualité est régi par une réglementation basée sur certains paramètres physico-chimiques (densité, teneur en matière grasse etc.) et bactériologiques. Les valeurs de ces paramètres dans le lait entier de vache dépendent du système d'élevage(Wolter, 1992). Ces paramètres conditionnent aussi bien son aptitude à la conservation et à la transformation que sa qualité nutritionnelle et la santé du consommateur.

Ainsi l'objectif de ce travail est-il de: 1) situer l'importance de l'élevage laitier dans la région de la Nouvelle Utique et 2) déterminer au niveau des trois principaux opérateurs (éleveurs, colporteurs et centre de collecte) du circuit de la collecte du lait dans la région, la variabilité des principaux paramètres physico-chimiques et bactériologique du lait.

La connaissance de tels paramètres permettrait de redéfinir éventuellement les seuils adoptés dans la grille de payement du lait sur sa qualité.

Matériels et méthodes

L'étude s'est déroulée à Utique et a été conduite en deux phases: 1) une enquête aux près de 120 éleveurs dans l'objectif de caractériser le système d'élevage et 2) Echantillonnage suivi d'analyse des échantillons au niveau des laboratoires de l' ESA Mateur.

L'échantillonnage a été réalisé durant la période de mars-mai à trois niveaux du circuit de commercialisation: 40 éleveurs, 6 colporteurs et 1 centre de collecte. Ce dernier s'approvisionnait chez d'autres colporteurs non concernés par l'étude.

Le prélèvement du lait est hebdomadaire pour l'éleveur (l'après-midi) et quotidien pour les colporteurs (8h - 11h30') et le centre de collecte (11h à 12h). La densité, le pH, le test de réductase (Beerens et Luquet, 1987) et le dénombrement des germes totaux ont été réalisés sur des échantillons de lait frais alors que la composition chimique a été déterminée sur des échantillons décongelés et chauffés à 38°C.

Résultats et discussion

Caractéristiques du système d'élevage

La région de la nouvelle Utique est caractérisée par des exploitations de petites tailles (7,57 ha en moyenne). En effet, plus des ¾ des éleveurs enquêtés détiennent des exploitations de moins de 10 ha dont 58 à 75 % sont réservés aux cultures fourragères et près de 25 % sont réservés aux cultures maraîchères. Le reste est réservé à l'arboriculture et aux cultures céréalières. Toutes ces superficies sont conduites en irrigué. Les principales cultures fourragères sont le bersim, l'orge exploitée en vert et l'avoine-fenugrec exploitée comme foin.

Le pourcentage des cultures maraîchères dans l'ensemble de la région est de 12,8% de la SAU. Ces cultures laissent des sous-produits qui sont rentabilisés dans l'alimentation des bovins. Presque tous les exploitants enquêtés sont des éleveurs de bovins. Sur leurs exploitations, vivent 268 têtes ovines et 1663 têtes bovines dont 848 vaches laitières La charge à l'ha est très élevée dans les petites exploitations. Celle –ci passe de 3,6 vaches laitières/ha de surface fourragère dans la catégorie de moins de 5 ha à 0,6 vaches laitières/ha de surface fourragère sur les exploitations ayant plus de 15 ha de surface agricole utile.

Caractéristiques physico-chimiques et bactériologiques du lait

Au niveau des éleveurs

La composition chimique du lait au niveau de l'éleveur est présentée dans le tableau 1. Les valeurs de densité et de pH sont comparables aux valeurs bibliographiques alors que les. valeurs moyennes de l'ESTet de l'MAT sont faibles. La teneur moyenne en matière grasse (37,8 g/litre) est relativement bonne et peut être expliquée par la composition de la ration qui est aussi riche en verdure qu'en concentré. La variabilité observée est certainement due à plusieurs facteurs difficiles à contrôler comme l'alimentation, le stade de lactation et la saison ou l'effet jour.

L'aspect de la qualité bactériologique du lait a été abordé par le test de réductase et par le dénombrement des germes totaux. La comparaison des résultats aux durées de décoloration proposées par Beerens et Luquet (1987) pour l'appréciation de la qualité bactériologique du lait montre que 87,5 % des échantillons prélevés présentent des qualités bonnes à passables (durée moyenne de décoloration=203 minutes). Le reste étant de qualité insuffisante.

La confrontation des résultats du dénombrement bactériologique aux valeurs proposées par les mêmes auteurs montre que le pourcentage des échantillons de qualité bonne à passable n'est que de 15 %. Par ailleurs, 30% sont de bonne qualité et 55 % sont de qualité insuffisante

Etude comparative des trois opérateurs

La comparaison des différents paramètres physico-chimiques déterminés sur les échantillons au niveau des trois opérateurs (éleveurs, colporteurs, centre de collecte) est montrée sur le tableau 2. La comparaison des différents paramètres physico-chimiques montre que les valeurs de densité, de PH

Tableau 1. Valeurs des paramètres physico-chimiques du lait chez les éleveurs à Utique.

Paramètre	N	Min	Max	Moyenne	E. type	Données Bibliographiques
Densité	222	1020,40	1034,20	1029,82	2,03	1028 à 1036
PH	222	6,4	6,9	6,7	0,008	6,6 à 6,8
EST en g/l	202	97,1	160,3	120,36	10,5	125 à 130
MG en g/l	193	21,5	58	37,84	2,9	30 à 50
MAT en g/l	203	23	40	31,.02	2,2	32 à 36

Tableau 2. Valeurs moyennes des paramètres physico-chimiques du lait chez les trois Opérateurs.

Opérateur Paramètre	Eleveurs Moyenne (E. Type)	Colporteurs Moyenne (E. Type)	Centre Moyenne (E. Type)
Densité mesurée	1029,82 (2,03)	1029,89 (0,66)	1031,21 (0,6)
PH	6,7 (0,08)	6,65 (0,07)	6,68 (0,09)
EST en g/l	120,36 (10,5)	122,25 (5,4)	112,21 (2,97)
MG en g/l	37,84 (2,9)	32 (2,28)	32,24 (1,16)
MAT en g/l	31,02 (2,2)	30,35 (1,28)	30,5 (1,4)

et des teneurs en MAT restent inchangées alors que celle de la teneur en MG a tendance à chuter en passant de l'éleveur vers le colporteur. La teneur en EST a chuté en passant du colporteur au centre de collecte.

La comparaison de la qualité bactériologique du lait (tableau 3) permet de constater qu'alors que le lait chez l'éleveur est de qualité bonne à passable, cette qualité se détériore en passant chez les colporteurs et d'avantage au centre de collecte. Ceci montre que l'éleveur maîtrise mieux les conditions hygiéniques de la traite et de la conservation du lait que le colporteur. Ce dernier, en passant d'un éleveur à un autre, expose le lait à de multiples manipulations et donc aux sources de contamination. Par ailleurs le lait dans ces conditions peut ne pas être conservé à la bonne température.

Le payement du lait à la qualité en Tunisie est basé essentiellement sur sa densité et sa teneur en matières grasses. Les seuils des paramètres physico-chimiques de la grille du paiement en application peuvent être jugés adaptés à la composition du lait chez les éleveurs. La qualité bactériologique, apprécièe par le test de réductase, a montré que le lait est contaminé. Il incombe aux différents opérateurs du circuit de la filière de doubler d'effort pour produire, ramasser et conserver aussi proprement que possible le lait..

Tableau 3. La qualité bactériologique chez les trois opérateurs selon le test de réductase.

Opérateurs	Bonne D.D[1] ≥ 5H 100.000 à 200.000 germes/ml	Bonne à Passable 2 ≤ D.D ≤ 4 h 200.000 à 2 millions germes /ml	Insuffisante D.D < 2 h 2 à 10 millions germes/ml
Eleveurs	0	87,5	12,5
Colporteurs	0	29,1	70,9
Centre	0	3,57	96,42

[1]D.D: durée de décoloration du bleu de méthylène.

Remerciements

Ce travail a été réalisé dans le cadre d'une convention entre L'ESA Mateur et le CRDA de Bizerte. Les auteurs remercient vivement leurs collègues du CRDA pour leur collaboration.

Références

Beerens, H. & F.M. Luquet, 1987. Guide pratique d'analyse microbiologique des laits et produits laitiers. Ed. Lavoisier, Paris, France, 144 pp.

Wolter, R., 1992. Alimentation de la vache laitière. Ed. France Agricoles, Paris, France, 223 pp.

Essais industriels de fabrication du fromage frais marocain "Jben" à partir du lait recombiné

A. Hamama[1], M. Zahar[1], Y. Mahfoud[1] & M. Loudiyi[2]

[1]*Institut Agronomique et Vétérinaire Hassan II, B.P. 6202, 10101 Rabat, Maroc*
[2]*Société «Pie Noire», Rabat, Maroc*

Résumé

Du *Jben* (fromage frais Marocain) de qualité sensorielle améliorée est préparé à partir du lait recombiné à une échelle industrielle. La procédure utilisée dans la préparation est basée sur l'ensemencement du lait recombiné à température ambiante avec des ferments lactiques mésophiles et l'adjonction du chlorure de calcium et de la présure. Le moulage du caillé est réalisé à pH 5,0. Après démoulage, l'égouttage du caillé (pH 4,6) est poursuivi pendant 24h à 4°C. Pour le fromage salé, le salage est effectué par saupoudrage de la surface à un taux de 1 %. Cette procédure de fabrication du *Jben* à partir du lait recombiné a permis l'obtention de produits dont les caractéristiques physico-chimiques et organoleptiques sont similaires à celles du *Jben* préparé à partir du lait frais pasteurisé. La pasteurisation du lait et le respect des pratiques hygiéniques de fabrication sont à l'origine de la qualité hygiénique satisfaisante des produits préparés.

Mots clés: produits laitiers, fromage frais, lait recombiné, fabrication.

Summary

Jben (Moroccan fresh cheese) with an improved eating quality was made from recombined milk on an industrial scale. The process of cheese making used was based on inoculation of recombined milk with 3% mesophilic lactic starter and the addition of calcium chloride and rennet. Moulding of curd was performed at pH 5.0. Whey draining was continued at 4°C for 24h after curd turning out at pH 4.6. For the salted cheese, 1% salt was added at the cheese surface. This procedure of *Jben* preparation from recombined milk has led to products with physico-chemical and organoleptic characteristics similar to those of *Jben* made from pasteurized fresh milk. Milk pasteurization and good hygiene practices during cheese preparation allowed production of cheeses with satisfactory hygienic quality.

Keywords: dairy products, fresh cheese, recombined milk, cheese making.

Introduction

Au Maroc, la production de lait étant saisonnière, il est difficile d'avoir une rentabilité optimale de la production fromagère, en particulier de celle du fromage frais, à l'échelle industrielle. Afin d'augmenter cette production dans le pays, l'utilisation de la poudre de lait, denrée plus disponible que le lait frais, parait donc être une solution intéressante et prometteuse.

Dans le but d'évaluer les possibilités de préparation du *Jben* (fromage frais Marocain) à partir du lait recombiné, une étude conduite au laboratoire (Hamama *et al.*, 1995) a montré que les produits élaborés à partir du lait recombiné uniquement étaient moins appréciés, sur le plan sensoriel, que ceux préparés à partir de lait recombiné additionné de 25 ou 50% de lait frais. Une autre étude, conduite également au laboratoire (Bendouro, 1996) a souligné l'importance de certains défauts dans le fromage frais provenant de lait recombiné, en particulier la texture granuleuse et la séparation de la matière grasse qui étaient probablement en relation avec une homogénéisation insuffisante du lait recombiné.

En effet, il a été démontré (Zahar *et al.*, 1997) que l'utilisation de moyens appropriés pour le traitement du lait recombiné, particulièrement l'homogénéisation, permet l'obtention de produits finaux de bonne qualité. Dans ce dernier travail, la fermentation du lait a été conduite à la température contrôlée de 35°C. Or, dans les conditions normales de production de ce type de fromage, tout le processus de fabrication est réalisé généralement à température ambiante (15 à 25°C).

Il paraissait donc utile, afin de maîtriser le processus de production du fromage frais à partir du lait recombiné, d'entreprendre des essais de production à une échelle industrielle en se plaçant dans les conditions normales de fabrication courantes.

Matériel et méthodes

Les essais industriels de fabrication du fromage frais à partir du lait recombiné ont été menés en collaboration étroite avec une unité industrielle de fabrication laitière de la ville de Rabat (Société «Pie Noire»).

Matières premières

Pour la préparation du lait recombiné, du lait écrémé en poudre (spray) de type basse température et du beurre industriel d'importation ont été utilisés. L'analyse physico-chimique de ces matières premières montrait pour la poudre de lait un pH de 6,5., une acidité titrable de 0,174 % d'acide lactique et une teneur en cendres de 8,3 %. Les taux d'humidité étaient de 4,1% et 16,1% respectivement pour le lait en poudre et le beurre. La poudre de lait utilisée avait donc une composition physico-chimique conforme à celle recommandée par la Fédération International de Laiterie pour le lait en poudre destiné à la recombinaison (Jensen, 1990).

Préparation du lait recombiné

Pour la reconstitution du lait écrémé à 9% d'extrait sec dégraissé, une quantité de 8,6 kg de poudre de lait écrémé a été mélangée sous agitation modérée à 96 litres d'eau potable préalablement portés à ébullition puis ramenés à 40°C. Le lait ainsi reconstitué a été ensuite entreposé à 4°C pendant toute une nuit en vue d'obtenir une hydratation optimale des micelles de caséines.

Pour la préparation de la crème recombinée à 25% de matière grasse, 10 litres de lait écremé reconstitué ont été mélangés à 3,9 kg de beurre préalablement portés à ébullition puis ramenés à 40°C. Le lait ainsi reconstitué a été ensuite entreposé à 4°C pendant toute une nuit en vue d'obtenir une hydratation optimale des micelles de caséines avant d'être pasteurisé le lendemain.

Pour la préparation de la crème recombinée à 25 % de matière grasse, 10 litres de lait écrémé reconstitué ont été mélangés à 3,9 kg de beurre préalablement portés à ébullition puis ramenés à 40°C. La crème recombinée obtenue a subi ensuite la pasteurisation (75°C/1 min) puis l'homogénéisation à double étage de pression (14 et 3 mpa) à l'aide d'un appareil Rannie, modèle Blue Top.

Pour obtenir 100 litres de lait recombiné à 3,5% de matière grasse, un volume de 14 litres de crème a été ajouté à 86 litres de lait reconstitué. Le lait obtenu a été ensuite pasteurisé à 75°C pendant une minute.

Préparation du fromage frais

Trois essais successifs de fabrication de fromage frais ont été conduits impliquant pour chaque essai un volume de 100 litres de lait recombiné.

Du lait recombiné ramené à 30°C, a été ensemencé à 3% avec un levain lactique industriel composé de bactéries lactiques mésophiles (Lacto-Poulenc, France), puis gardé à température ambiante. Lorsque le pH du lait atteignait 6,1 à 6,2, il a été additionné d'une solution de présure (Mucagel 10) de force 1: 10000 à raison de 1 ml par 10 litres de lait. Du chlorure de calcium en solution à 40% (m/v), a été ajouté à raison de 20g pour 100 l de lait une demi-heure avant l'emprésurage.. Arrivé à pH 5,0-5,1, le coagulum obtenu a été placé dans des moules en plastique afin de faciliter l'égouttage et donner une forme au fromage. A la valeur de pH 4,5 à 4,6., le fromage est retiré des moules puis séparé en deux parties dont l'une était salée à 1% par saupoudrage de sel fin sur les différentes surfaces du fromage. Le fromage était ensuite laissé à 4°C pendant 24h pour compléter son égouttage avant d'être emballé dans du papier de qualité alimentaire puis conservé au froid (4 à 6°C).

Afin de suivre l'évolution de certains paramètres importants lors du processus de fabrication, des fiches technologiques ont été établies sur lesquelles étaient notées pour chaque fabrication, les indices suivants: acidité titrable et pH du lait ou du coagulum à chaque étape de préparation et durées de coagulation, d'égouttage et de moulage.

Parallèlement à ces essais et afin de déterminer l'effet du type de lait (frais ou recombiné) sur la qualité physico-chimique et organoleptique du produit fini, des quantités similaires de lait frais pasteurisé (100 litres de lait pour chacun des trois essais) ont été utilisées pour la fabrication du fromage frais selon le même processus technologique que celui ci-dessus.

Evaluation sensorielle du fromage frais

L'évaluation sensorielle des produits finis a été effectuée par un groupe de dégustateurs composé de 20 personnes compétentes (étudiants ayant reçu une formation en évaluation sensorielle). Des échantillons représentatifs des fromages préparés à partir du lait recombiné et du lait frais pasteurisé ainsi que des fromages frais du commerce de même âge ont été présentés aux dégustateurs pour comparaison.

Le jury de dégustation a été invité, en s'aidant d'une fiche de dégustation appropriée, à évaluer sur une échelle structurée de 9 points, sur un segment de 15 cm, l'intensité de l'acidité et de certains défauts sensoriels (amertume, goût de cuit ou de beurre, texture granuleuse) dans les différents produits présentés. La note 1 (extrémité gauche de l'échelle) correspondait à une sensation non perçue et la note 9 (extrémité droite) à une sensation extrêmement intense. Le jury a eu également à se prononcer sur le degré d'appréciation générale de chaque échantillon en se basant sur une échelle à 7 niveaux d'appréciation: très bonne; bonne; plutôt bonne; ni bonne- ni mauvaise; plutôt mauvaise; mauvaise ou très mauvaise qualité. Dans le but d'analyser statistiquement les résultats, une notation de 7 à 1 a été attribuée, respectivement, à chacun de ces qualificatifs selon la méthode préconisée par Meilgaard *et al.* (1991).

Analyses physico-chimiques

Des échantillons représentatifs de chacun des trois essais de fabrication ont fait l'objet des analyses physico-chimiques suivantes: mesure de pH, détermination de l'acidité titrable et de l'extrait sec total, dosage de la matière grasse, des protéines, et des matières minérales. Toutes ces analyses ont été effectuées selon les méthodes et procédures décrites par Serres *et al.* (1973) pour l'analyse physico-chimique du fromage frais.

Analyses microbiologiques

Ces analyses ont concerné le dénombrement des lactocoques, de la flore de contamination fécale (coliformes totaux et fécaux), de la fongique (levures et moisissures) et de *Staphylococcus aureus*.

Les lactocoques ont été dénombrés sur le milieu M17 (Difco Lab., USA) après incubation de 24h à 30°C. L'appartenance des colonies obtenus sur le milieu M17 aux lactocoques a été vérifiée par le test de la catalase et la coloration de Gram. Le dénombrement des coliformes a été réalisé sur le milieu VRBA (Difco Lab., USA) après 24h d'incubation à 30°C pour les coliformes totaux et à 44°C pour les coliformes fécaux.

Le dénombrement de la flore fongique a été effectué sur le milieu gélosé au chloramphénicol après incubation de 4j à 25°C.

Pour *S.aureus*, le milieu gélosé de Baird-Parker a été utilisé. Après incubation du milieu ensemencé à 37°C pendant 48h, l'identité des colonies est ensuite confirmée par les tests de la coagulase libre et de la thermonucléase selon les méthodes préconisées par Tatini *et al.* (1984).

Analyse statistique

Pour déterminer l'existence ou non de différences significatives concernant la composition physico-chimique et la qualité organoleptique entre les échantillons de fromage frais de lait recombiné et ceux préparés à partir de lait frais, l'analyse de la variance (a = 0,05%) a été effectuée en utilisant le logiciel S.A.S (Statistic Analytical Systems).

Résultats et discussion

La durée globale de fabrication du Jben à partir du lait recombiné est variable selon les essais. Les résultats montrent que du premier au troisième essai, la durée totale de fabrication tend à diminuer passant de 44 h 35 min lors du premier essai à 42 h 35 min au troisième essai. Ce raccourcissement de la durée totale de fabrication est certainement lié à l'augmentation de la température ambiante (19°C au premier essai, 24°C au troisième essai) permettant une meilleure activité fermentaire du levain utilisé.

Evaluation sensorielle

Les résultats de l'évaluation sensorielle des échantillons de fromage frais préparés à partir du lait recombiné et du lait frais selon les critères de qualité considérés sont résumés dans le Tableau 1.

L'analyse de la variance de chacun des attributs sensoriels étudiés et de l'acceptabilité a révélé l'absence d'une différence significative (P>0,05) entre le fromage frais issu du lait recombiné et celui préparé à partir du lait frais ou provenant du commerce. Il faut même noter que le premier, particulièrement lorsqu'il est salé, est relativement le mieux apprécié par les dégustateurs, celui provenant du commerce étant le moins préféré. Ceci serait lié probablement au fait que les défauts souvent relevés dans les produits fabriqués avec du lait recombiné (goûts de cuit et de beurre, amertume, texture granuleuse) n'ont pratiquement pas été perçus dans le *Jben* fait au cours des essais rapportés. Des résultats similaires ont été obtenus par Zahar *et al.*, (1997) lors de la fabrication du fromage frais à partir du lait recombiné sous des conditions de température contrôlée (fermentation à 35°C). Il est évident que certaines conditions telles que la qualité de la poudre de lait, l'homogénéisation adéquate du lait recombiné et la pasteurisation relativement modérée de celui-ci ont permis d'éviter les éventuelles anomalies sensorielles.

Composition physico-chimique

Les valeurs moyennes du pH, de l'acidité titrable et des différents composants chimiques des différents *Jbens* sont présentés dans le Tabeau 2. Il ressort de ces résultats que la composition moyenne du fromage frais préparé avec du lait recombiné n'est pas significativement différente de celles du fromage frais préparé avec du lait frais ou obtenu dans le commerce, particulièrement, en ce qui concerne les teneurs en protéines et en matière grasse. Cependant, les fromages frais de lait recombiné présentent des taux d'extrait sec total relativement plus faibles que ceux des fromages issus de lait frais. Ceci

Tableau 1. Notations relatives aux critères d'appréciation de la qualité sensorielle du fromage frais (Jben).

Jben	Critères de qualité considéré[1]					
	Acidité	Goût amer	Goût de beurre	Goût de cuit	Texture granuleuse	Degré d'appréciation[2]
De lait recombiné						
Non salé	3,3[3]	2,2	3,2	2,1	2,2	5,3
Salé	2,5	2,2	3,1	1,9	1,4	5,6
Frais						
Non salé	3,2	2,0	3,6	1,7	2,3	5,3
Salé	2,9	2,0	3,3	1,8	2,2	5,2
Du commerce (contrôle)						
Non salé	4,1	2,4	3,5	1,6	2,9	5,2
Salé	3,6	2,2	3,1	1,8	3,3	5,0

[1]Echelle de notation à 9 points ; la note 1= attribut non perçu la note 9 = attribut extrêmement intense.
[2]Echelle de notation à 7 points ; la note 1 = très mauvaise appréciation ; la note 7= très bonne appréciation.
[3]Valeur moyenne de 60 jugements (20 jugements par essai).

serait la conséquence d'une plus grande rétention d'eau par le coagulum liée à une certaine dénaturation des protéines lors de la préparation des poudres de lait (Anonyme, 1995). D'un autre côté, tous les fromages frais salés ont des extraits secs totaux toujours supérieurs à ceux du fromage non salés, certainement à cause d'une plus grande exsudation du lactosérum sous l'effet du sel.

Qualité microbiologique

Selon les résultats de l'analyse microbiologique (Tableau 3) il apparaît que le nombre des lactocoques est pratiquement le même dans les différents échantillons de *Jben* non salé ($9,1x10^8$ CFU/g). Des

Tableau 2. Composition physico-chimique moyenne des différents fromages frais étudiés[1].

Composant ou paramètre	Jben recombiné Non salé	Jben recombiné Salé	Jben frais Non salé	Jben frais Salé	Jben du commerce Non salé	Jben du commerce Salé
pH	4,16	4,08	4,13	4,06	4,05	4,02
Acidité titrable (% ac. lactique)	0,98	1,05	1,00	1,08	1,01	1,14
Extrait sec (%)	33,7	35,4	35,6	36,8	36,5	37,9
Matière grasse (%)	15,3	15,4	15,8	16,2	15,8	15,9
Protéines (%)	14,5	14,5	14,7	14,7	15,4	ND[2]
Cendres (%)	1,1	1,1	1,2	1,2	1,2	1,2

[1]Chaque chiffre représente la moyenne des résultats de 3 analyses.
[2]Non déterminé.

taux similaires en lactocoques ont été trouvés par Hamama & Bayi (1991) dans le fromage frais de commerce.

En ce qui concerne la flore de contamination fécale, les échantillons du premier essai étaient relativement assez contaminés par des coliformes ; en revanche ceux des deux autres essais contenaient très peu de coliformes (< 30 CFU/g) en raison de l'adoption de mesures d'hygiène plus strictes dans la salle de préparation. Les valeurs moyennes de la flore fécale montrées dans le Tableau 3 ne reflètent donc pas vraiment la qualité hygiénique de l'ensemble des échantillons des trois essais.

Pour ce qui est de la flore fongique, les taux trouvés sont pratiquement similaires pour les échantillons des trois essais, en moyenne 1 à 9 x10^3 CFU/g pour les levures et 3 à 8 x10^2 CFU/g pour les moisissures. Ces valeurs sont nettement plus faibles que celles rapportées par Hamama & Bayi (1991) pour des fromages frais du commerce, souvent supérieures à 1x10^6 CFU/g.

En général, la flore fongique ayant accès au fromage par voie aérienne, son abondance est dépendante des conditions de conservation du produit. Les faibles taux trouvés peuvent s'expliquer par une conservation courte mais également par les conditions appropriées d'emballage après fabrication.

Enfin, il est important de relever l'absence de *S. aureus* dans tous les échantillons de fromage frais préparés alors que certaines études antérieures (Hamama, 1989; Hamama & Bayi, 1991) relataient des taux plus ou moins élevés de ce germe pathogène dans le fromage frais du commerce.

Conclusion

Les essais de préparation, à l'échelle industrielle, du fromage frais à partir du lait recombiné et à température ambiante ont été concluants. En effet, le fromage frais obtenu est parfaitement similaire sur les plans physico-chimique et organoleptique à celui préparé avec du lait frais. L'utilisation d'un équipement laitier adéquat, en particulier d'un homogénéisateur, a permis de prévenir certains défauts sensoriels liés à la recombinaison du lait. D'un autre côté, la pasteurisation du lait et le respect des règles d'hygiène ont été à l'origine de l'obtention d'un fromage de bonne qualité hygiénique.

Tableau 3. Qualité microbiologique du fromage frais obtenu à partir du lait recombiné.

	Nombre moyen de microorganismes/g[1]	
Flore	Fromage frais non salé	Fromage frais salé
Lactocoques	9,2 x10^8	5,6 x10^8
Coliformes totaux	1,6 x10^4	5,6 x10^3
Coliformes fécaux	1,1 x10^2	1,3 x10^2
Levures	5,7 x10^3	3,8 x10^3
Moisissures	6,5 x10^2	4,6 x10^2
Staphylococcus aureus	<30 [2]	<30 [2]

Chaque valeur représente la moyenne de résultats correspondant à 3 analyses.
[2]Limite de détection.

Remerciements

Les auteurs remercient la Fondation Internationale pour la science (Suède) pour sa contribution financière à la réalisation de ce travail.

Références

Anonyme, 1995. Recombined milk products. In: Dairy Processing Handbook, Tetra Pack Processing Systems, AB. Suède, 375-383.

Bendouro, Y., 1996. Fabrication du fromage frais à partir du lait recombiné.Thèse de Doctorat Vétérinaire. Inst.Agron.Vét.Hassan II, Rabat, Maroc.

Hamama, A., 1989. Qualité bactériologique des fromages frais marocains.Opt. Méd. 6: 223-227.

Hamama, A. & M. Bayi, 1991. Composition and microbiological profile of two Morroccan traditional dairy products: Raïb and Jben. J. Soc. Dairy Technol. 44: 118-120.

Hamama, A., M. Zahar, A. El Marrakchi, F. Aboulala & M. Bent Mohamed Aberrahman, 1995. Préparation du fromage frais à partir du lait recombiné. Actes Inst. Agron. Vét. 15: 21-26.

Jensen, G., 1990. Milk powders: specification in relation to the products to be manufactured. FIL-IDF N° 9001.

Meilgaard, M., G.V. Civille & B.T. Carr, 1991. Sensory Evaluation Techniques (Second edition), CRS Press Inc., Boca Raton, Florida, USA.

Serres, L., S. Amariglio & D. Petransxiene, 1973. Analyse physique et chimique. In: Contrôle de la Qualité des Produits Laitiers. Direction des Services Vétérinaires, Ministère de l'Agriculture, France.

Tatini, S.R., D.G. Hoover & R.F.V. Lachica, 1984. Methods for the isolation and enumeration of *Staphylococcus aureus*. In: The Compendium of Methods for the Microbiological Examination of Foods, M.L. Speck (Editor), Amer. Pub. Hlth. Assoc., Washington, D.C., USA.

Zahar, M., D.E. Smith & A. Hamama, 1997. Manufacture of Jben, Moroccan traditional fresh cheese from recombined milk. Milchwissenschaft, 53: 618-622.

Rennet-curd firmness variability among Italian friesian herds and its relations with the casein content of milk

F. Martuzzi[1], *A. Summer*[1], *A.L. Catalano*[1], *S. Sandri*[2] *& P. Mariani*[1]

[1]*Istituto di Zootecnica Alimentazione e Nutrizione, Università degli Studi, 43100 Parma, Italy*
[2]*Centro Lattiero Caseario, via Torelli 17, 43100 Parma, Italy*

Summary

Rennet-curd firmness is a dairy-technological requisite of primary importance, especially in the manufacturing of cooked, hard and long ripening varieties of cheese. The aim of this research was to study rennet-curd firmness variability among Italian Friesian herds and its relationships with milk casein content in the Parmigiano-Reggiano cheese production. The survey was carried out on 240 bulk milk samples, collected monthly for one year from 20 medium-size herds of Italian Friesian cows. Rennet-coagulation characteristics of milk were determined by Formagraph. Curd firmness, measured 30 minutes after rennet addition, varies very significantly ($P<0.0001$) from herd-to-herd (min. 15.96 and max. 27.96 mm). Mean value (±SD) of a_{30}, equal to 21.91±3.35 mm, appears not quite suitable for milk destined to transformation into Parmigiano-Reggiano cheese. Likewise also the curd firmness (a) adjusted (1/2r) for the clotting time r (mean $a_{1/2r}$ = 19.67±1.88 mm) varies significantly ($P<0.0001$) but to a lesser degree. Values of a_{30} and $a_{1/2r}$ are both positively correlated to milk acidity, the former to a larger degree. Rennet-curd firmness "$a_{1/2r}$" shows a high positive correlation (+ 0.388; $P<0.0001$) to milk casein content.

Keywords: Italian Friesian cattle, herd milks, casein content, rennet-curd firmness, herd variability.

Résumé

La fermeté du caillé emprésuré est un élément de technologie laitière de première importance particulièrement dans la fabrication des variétés de fromage à pâte dure cuite ayant une longue période d'affinage. Le but de cette recherche est d'étudier la variabilité de la fermeté du caillé emprésuré dans les troupeaux frison italien et ses relations avec la teneur en caséine laitière dans la production de Parmesan. L'enquête a porté sur 240 échantillons importants de lait récolté mensuellement durant une année à partir de 20 troupeaux de taille moyenne de vaches Frisones Italiennes. Les caractéristiques de la coagulation par la présure du lait étant déterminées par formagraphie. La fermeté du caillé mesurée 30 minutes après emprésurage varie très significativement ($P < 0.0001$) d'un troupeau à l'autre (min. 15.96 et max. 27.96 mm). La valeur moyenne (±SD) a_{30} de 21.91 ± 3.35 mm ne semble pas tout à fait satisfaisante pour un lait destiné à la production de Parmesan. De même également la fermeté du caillé (a) adapté (1/2) pour un temps de coagulation (valeur moyenne $a_{1/2r}$ = 19.67 ± 1.88 mm) varie significativement mais à un degré moindre. La fermeté du caillé emprésuré $^{2}a_{1/2\,r}{}^{2}$ présente une corrélation très positive (+0.388 ; P < 0.001) avec la teneur en caséine du lait.

Mots clés: bovins frison italien, lait de troupeau, teneur en caséine, fermeté du caillé emprésuré, variation entre troupeaux.

Introduction

In agronomic-zootechnical situations in which it is difficult to obtain objective measures of environmental conditions, in particular in countries with hot climate, "cheese" is the best, the most suitable and sometimes the only technically-economical possibility for milk utilisation and "conservation", as well as a valuable and irreplaceable source of animal protein in human nutrition. Casein content and rennet-coagulation aptitude are two requisites of fundamental importance in dairy quality evaluation of the milk (Pecorari and Mariani, 1990; Lenoir *et al.*, 1997). Cheese yield depends, very strictly, on milk casein content (Gilles and Lawrence, 1985; Vandeweghe, 1997). Rennet-coagulation aptitude of milk plays a basic role, especially in cooked, hard and long ripening varieties of cheese (Mora and Zannoni, 1986; Green and Grandison, 1993; Fossa *et al.*, 1994). This complex property influences, in its turn, yield efficiency of dairy transformation and, above all, affects markedly functional properties and "conservability" of the cheese (Kerjean, 1984; Chiavari *et al.*, 1996). Curd firmness, in particular, is the dairy-technological parameter on which, to a large extent, curd syneresis capacity and rheological properties of the cheese mass depend (Walstra, 1993; Ramet, 1997). The aim of this research was to study the variability of the values of rennet-curd firmness at level of bulk milks of individual dairy herds, and to analyse the relationships of these values with milk casein content in the production of Parmigiano-Reggiano, a very hard cheese.

Materials and methods

The study was carried out on bulk milk samples from 20 medium-size herds of Italian Friesian cows reared in the Parma province (Italy), in the Parmigiano-Reggiano cheese production area. The milk from each herd was collected monthly during one year (from January to December). In total 240 bulk milk samples were collected and analysed. The rennet-coagulation properties (Annibaldi *et al.*, 1977) were determined by Formagraph, recording the following parameters: r = clotting time; k_{20} = curd firming time; a_{30} = curd firmness measured 30 min after rennet addition; $a_{½r}$ = curd firmness adjusted for the clotting time (1/2 r). Total N and soluble N at pH 4.6 (casein N per difference) were determined by Kjeldahl (Aschaffenburg and Drewry, 1959); from which is determined casein (casein N x 6.38). Titratable acidity was determined by titration with 0.25N NaOH according to Soxhlet-Henkel method (Anon., 1963). Statistical significance of the differences among mean values was assayed by ANOVA after testing variances homogeneity (Bartlett test).

Results and discussion

Curd firmness, measured 30 min after rennet addition, results on average equal to 21.91 mm (Table 1). The values of this characteristic differ in a very significant way from herd to herd, from a minimum of 15.96 mm (2nd herd) to a maximum of 27.96 mm (14th herd); the last value results 75% higher than the first. Likewise also curd firmness "adjusted" for the milk clotting time ($a_{½r}$) varies significantly, but to a lesser degree; this parameter represents the curd firmness made partially independent from the

Table 1. Rennet-curd firmness of bulk milk of 20 Italian Friesian herds.

Dairy herds No.	Milk samples No.	Milk acidity °SH/100ml		Milk casein g/100g		Curd firmness[1] a30 mm		Curd firmness[1] a 1/2 r mm	
1	12[2]	6.48	± 0.32[3]	2.36	± 0.08	21.33	± 4.91	19.04	± 3.02
2	12	6.56	± 0.28	2.32	± 0.11	15.96	± 6.48	16.29	± 3.70
3	12	6.36	± 0.43	2.39	± 0.10	18.22	±11.27	16.34	± 6.83
4	12	6.65	± 0.26	2.43	± 0.13	24.92	± 6.98	21.63	± 4.73
5	12	6.24	± 0.25	2.41	± 0.10	20.83	± 5.10	17.83	± 3.14
6	12	6.23	± 0.32	2.43	± 0.24	20.71	± 9.54	18.79	± 4.83
7	12	6.28	± 0.29	2.32	± 0.16	21.75	± 6.41	18.42	± 2.96
8	12	6.34	± 0.19	2.33	± 0.06	24.63	± 6.09	20.13	± 3.10
9	12	5.99	± 0.18	2.36	± 0.08	17.13	± 7.57	20.08	± 3.95
10	12	6.09	± 0.29	2.45	± 0.14	23.58	± 8.98	20.92	± 4.56
11	12	6.16	± 0.19	2.43	± 0.08	18.38	± 7.72	18.42	± 5.10
12	12	6.46	± 0.21	2.47	± 0.09	22.48	± 7.58	19.92	± 4.48
13	12	6.38	± 0.20	2.35	± 0.06	24.25	± 5.04	19.79	± 3.70
14	12	6.63	± 0.32	2.40	± 0.06	27.96	± 5.43	21.54	± 3.17
15	12	6.09	± 0.24	2.31	± 0.07	18.83	± 2.78	18.04	± 3.05
16	12	6.56	± 0.15	2.37	± 0.07	27.08	± 3.78	21.13	± 3.02
17	12	6.49	± 0.18	2.41	± 0.07	21.71	± 4.82	20.13	± 4.07
18	12	6.62	± 0.19	2.55	± 0.10	26.96	± 3.44	24.33	± 3.28
19	12	6.63	± 0.17	2.44	± 0.08	21.13	± 4.60	20.44	± 4.29
20	12	6.39	± 0.31	2.37	± 0.11	20.38	± 6.17	20.17	± 3.21
Mean	(P)[4]	6.38	****	2.39	****	21.91	****	19.67	***
SD[5]		0.20		0.06		3.35		1.88	
Minim.	(n=20)	5.99		2.31		15.96		16.29	
Maxim.	(n=20)	6.65		2.55		27.96		24.33	

[1] a_{30} = curd firmness measured 30 min after rennet addition; $a_{1/2r}$ = curd firmness adjusted for the clotting time.
[2] 12 monthly bulk samples (from January to December) for each dairy herd.
[3] Mean ± standard deviation (SD) calculated for n=12 herd milk samples.
[4] Significance level by ANOVA for 19 and 220 degrees of freedom: *** P<0.001; **** P<0.0001.
[5] Standard deviation (SD) calculated for n=20 dairy herds.

duration of the primary (strictly enzymatic) phase of the rennet-coagulation. The values of this parameter fluctuate between 16.29 mm (2nd herd) and 24.33 mm (18th herd), with a difference of 49 % in favour of the last (Table 1). Both curd firmness values, a_{30} and $a_{½r}$, give positive results and are significantly correlated with casein content of milk, as well as with titratable acidity (Table 2). The correlation value between casein content and curd firmness $a_{½r}$ (coefficient equal to +0.388; P<0.0001) is markedly higher with respect to a_{30} one; this results also making equal the milk titratable acidity (1st order partial correlation coefficient = +0.367). The coefficient results are lower than that found in a former survey, yet carried out at level of individual milks (Mariani *et al.*, 1997). The correlation value between casein content and curd firmness observed in this research are sufficiently in agreement with those reported in the literature, even if there are some contrasting indications (Grandison *et al.*, 1984; Okigbo *et al.*, 1985; Bonato *et al.*, 1987; Martin and Coulon, 1995; Matassino *et al.*, 1995).

Table 2. Values of correlation coefficients (238 degrees of freedom).

	Milk casein	Curd firmness a_{30} (1)	Curd firmness $a_{1/2r}$ (2)
Milk acidity	0.143 *	0.452 ****	0.268 ***
Milk casein		0.232 ***	0.388 ****
Curd firmness, a_{30}			0.700 ****

(1) a_{30} = curd firmness measured 30 min after rennet addition.
(2) $a_{1/2r}$ = curd firmness adjusted for the clotting time (1/2r).
* $P<0.05$; *** $P<0.001$; **** $P<0.0001$.

Conclusions

The firmness values of rennet-curd, obtained by bulk milks of Italian Friesian cows vary from herd to herd. The characteristic of primary interest from the dairy-technology point of view gives results mostly associated with the basic composition of milk. Curd firmness "$a_{1/2r}$" - partially independent by clotting time effect - results are strictly correlated to casein content of milk and, most likely, also to the content of colloidal calcium phosphate, that are the two main constituents to which it is related for the most part.

The results of this research suggest that the unsatisfactory values of curd firmness are, very likely in large measure, due to the unsatisfactory values of casein content of milk; such values are anything but optimal for milk destined to the production of Parmigiano-Reggiano, a very hard cheese.

References

Annibaldi, S., G. Ferri & R. Mora, 1977. Nuovi orientamenti nella valutazione tecnica del latte: tipizzazione lattodinamografica. Sci. Tecn. Latt.-cas. 28: 115-126.

Anon., 1963. Säuregradbestimmung nach Soxhlet-Henkel (SH). Milchwissenschaft 18: 520.

Aschaffenburg, R. & J. Drewry, 1959. New procedure for the routine determination of the various non-casein proteins of milk. XVth Int. Dairy Congr. 3: 1631-1637.

Bonato, P., L. Disegna & D. Spolaor, 1987. Effetto di razza e ambiente sulle caratteristiche chimiche e reologiche dei latti. Sci. Tecn. Latt.-cas. 38: 327-343.

Chiavari, C., G.B. Castagnetti, G. Ferri & G. Gambini, 1996. Composizione ed attitudine casearia del latte di caldaia in zona Parmigiano-Reggiano: fattori di variazione e riflessi sulla tecnologia. Proceedings Soc. Ital. Buiatria 28: 371-388.

Fossa, E., M. Pecorari, S. Sandri, F. Tosi & P. Mariani, 1994. Il ruolo del contenuto in caseina del latte nella produzione del Parmigiano-Reggiano: composizione chimica, caratteristiche di coagulazione e comportamento tecnologico-caseario del latte. Sci. Tecn. Latt.-cas. 45: 519-535.

Gilles, J. & R.C. Lawrence, 1985. The yield of cheese. N.Z.J. Dairy Sci. Techn. 20: 205-214.

Grandison, A.S., G.D. Ford, A.J. Owen & D. Millard, 1984. Chemical composition and coagulating properties of renneted Friesian milk during the transition from winter rations to spring grazing. J. Dairy Res. 51: 69-78.

Green, M.L. & A.S. Grandison, 1993. Secondary (non-enzymatic) phase of rennet coagulation and post-coagulation phenomena. In: Cheese: chemistry, physics and microbiology, P.F. Fox (Editor), second edition, Chapman & Hall, London, United Kingdom. 101-140.

Effet d'un levain mesophile producteur de bacteriocine sur *Listeria monocytogenes* dans le lben Marocain

N. Benkerroum[1] & Y. Ghouati[2]

[1]Institut Agronomique et Vétérinaire Hassan II, Département des Sciences Alimentaires et Nutritionnelles, B.P : 6202, Institut, 10101-Rabat, Maroc
[2]Ecole Nationale d'Agriculture, Meknes, Maroc

Résumé

Dans ce travail, le lben marocain a été préparé à partir de lait de vache pasteurisé et inoculé avec un levain mixte mésophile constitué de deux souches de *Lactococcus* dont l'une produit une bactériocine active contre *Listeria* (*Lc. lactis* subsp. *lactis* LB11) et l'autre (*Lc. lactis* subsp. *lactis* var. *diacetylactis* 66) produit le diacétyle qui donne l'arôme caractéristique à ce produit. Les performances de ce levain (Bac+) ont été comparées avec celles d'un levain Bac- constitué d'un mutant de *Lc. lactis* LB11, non producteur de bactériocine (*Lc. lactis* subsp. *lactis* C31) et de la souche aromatisante. Les résultats ont montré que les deux levains donnent un produit ayant des caractéristiques rhéologiques et physico-chimiques similaires à celles du lben traditionnel. Du fait, ils peuvent être utilisés dans la production de lben de meilleure qualité hygiénique et à plus grande échelle. Concernant l'efficacité de la production *in-situ* de la bactériocine contre *Listeria*, les résultats ont montré que le pathogène disparaît en 24 heures des les échantillons des lots fermentés avec le levain Bac+. En revanche, le pathogène a pu survivre, dans les échantillons témoins, jusqu'à 7 jours de conservation à température de réfrigération.

Mots clés: Iben, bactériocine, Lactococcus lactis subsp. lactis, Listeria monocytogene.s

Summary

In this study, Moroccan lben was prepared from pasteurised cow milk inoculated with a selected, mixed mesophilic starter consisting of an anti-listerial bacteriocin-producing strain (*Lc. lactis* subsp. *lactis* LB11) and an aroma producing strain of *Lc. lactis* subsp. *lactis* var. diacetylactis 66. Performances of this starter (Bac+) were compared to those of a Bac- starter consisting of a combination of a non bacteriocin-producing cured derivative of *Lc. lactis* LB11 (*Lc. lactis* subsp. *lactis* C31) and the diacetyl producing *Lc. diactetylactis* 66. Results showed that both starters cultures gave an lben with chemical and physical characteristics similar to those of the original product. Therefore, they could be adequately used as starters to produce an lben of improved hygienic quality on a larger scale. As for the efficiency of the Bac+ starter to control *Listeria* in lben, results showed that the pathogen was completely eliminated in Bac+ samples within 24 hours, while, in control samples, it could survive for seven days of storage at refrigeration temperature.

Key words: Lben, bacteriocin, Lactococcus lactis subsp. lactis, Listeria monocytogenes.

Introduction

Le lben est une boisson préparée traditionnellement par fermentation spontanée du lait cru jusqu'à coagulation, suivi d'un barattage permettant la récupération d'une quantité variable de beurre. Sa consommation est très répandue dans les pays arabes du bassin méditerranéen où il existe sous différentes appellations et avec quelques variations dans les techniques de préparation.

Le fait que le lben soit préparé à partir du lait cru souvent massivement contaminé en fait un vecteur potentiel de pathogènes plus pou moins dangereux et une cause fréquente d'intoxications alimentaires. Il a été montré dans un travail précédent que la qualité hygiénique du lben marocain préparé de façon artisanale et commercialisé dans les crémeries est douteuse (Benkerroum *et al.* 1984).

Dans plusieurs pays méditerranéens, en particulier, ceux du Maghreb, la consommation du lben connaît un engouement important. Dans cette dernière décennie, des unités laitières industrielles se sont mis à en produire à grande échelle afin de répondre à la demande du consommateur habitué à ce produit. Cependant, ce transfert à l'échelle industrielle a été souvent réalisé sans études scientifiques préalables et en utilisant des levains industriels d'autres produits laitiers tels que ceux du yaourt, du camembert et de fromages blancs. Certaines unités utilisent même le procédé traditionnel en laissant le lait cru s'acidifier spontanément avant de le baratter. De telles pratiques aboutissent à des produits de goût, de consistance et de qualité hygiénique très différents et non standardisés.

Dans ce travail, le lben a été préparé à partir de lait pasteurisé et inoculé avec un levain mésophile constitué de souches isolées du lben marocain traditionnel dont une est productrice d'une bactériocine active contre *Listeria monocytogenes*. L'action de production *in-situ* de la bactériocine par *Lactococcus lactis* subsp. *lactis* LB11 sur *L. monocytogenes* dans le lben a été étudiée.

Matériel et méthodes

Souches bacteriennes

Listeria monocytogenes ATCC7644, utilisée pour contaminer artificiellement les échantillons de Jben, est stockée à 4°C sur le milieu TSA en gélose inclinée.

Lactococcus lactis subsp. *lactis* LB11 productrice d'une bactériocine isolée du lben traditionnel (Benkerroum *et al.* 1993).

Lc. lactis subsp. l*actis* C31; un mutant Bac- obtenu par curage au bromure d'ethidium de *Lc. lactis* LB11 selon la technique décrite par Barefoot et Klaenhammer (1983).

Lc. lactis subsp. *lactis* var. *diacetylactis* 66, de notre collection, a été isolée du lben traditionnel.

Les lactocoques ont été stockés à –20°C dans le milieu MRS glycériné (25%) et activées avant chaque utilisation par transfert sur bouillon MRS (De Man *et al.* 1960). Toutes les incubations ont été faites à 30°C.

Cinétique de production de bactériocine par *Lc. lactis* LB11

La quantité de bactériocine produite a été suivie par la détermination des unités arbitraires après 2, 4, 5, 7, 10, 24 et 48 heures de croissance dans le milieu MRS fortifié d'extrait de levure (MRSY) à 30°C.

Action de *Lc. lactis* LB11 sur *L. monocytogenes* en culture mixte

L'effet de *Lc. lactis* LB 11 sur la croissance de *L. monocytogenes* a été évalué en culture mixte dans le bouillon MRSY et dans le lait écrémé reconstitué (10%).

Un volume de 20 ml de chaque milieu a été inoculé simultanément avec 0,1 ml d'une culture jeune (16 à 18 heures) de *L. monocytogenes* et de *Lc. lactis* LB11.

Des prélèvement ont été effectués après 5, 7, 9, 24 et 48 heures d'incubation pour effectuer le dénombrement de *L. monocytogenes* dans sur le milieu ASLM (Al-Zoreky et Sandine, 1990). Les dénombrement de *Listeria* ont été parallèlement effectués dans des témoins positifs (milieux inoculés avec le pathogène ou la souche productrice) et dans des témoins négatifs (milieux stériles).

Préparation du levain

Les souches utilisées dans les levains ont été activées en inoculant 100 ml de lait reconstitué stérile avec 1 ml d'une culture jeune de *Lc. lactis* LB11, de *Lc. lactis* C31 ou de *Lc. lactis* var. *diacetylactis* 66. Le lait ainsi inoculé est incubé pendant 16 à 18 heures. Deux types de levains mixtes à caractère mésophile obtenus par mélange (1:1) de ces cultures ont été utilisés :

- un levain producteur de bactériocine (Bac+) constitué de *Lc. lactis* LB11 et *Lc. diacetylactis* 66,
- un levain non producteur de bactériocine (Bac-) constitué *Lc. lactis* C31 et de *Lc. diacetylactis* 66.

Lc. lactis subsp. *diacetylactis* 66 a été utilisée dans les deux levains pour donner l'arôme de diacétyle caractéristique du lben.

Préparation du lben

le lben, le lait de vache entier a été pasteurisé dans un bain-Marie à 80°C pendant 30 min, refroidi aux environs de 30°C puis ensemencé par le levain actif (3%, v/v). Ensuite, il est abandonné à température ambiante jusqu'à coagulation. Le caillé est alors baratté pour séparer le beurre du lben. Ce dernier est récupéré dans des erlenmeyers stériles et stocké au réfrigérateur pour analyse.

Deux séries d'échantillons ont été préparées simultanément. Dans la première, le lait pasteurisé a été inoculé avec le levain Bac+ et dans la seconde, il a été inoculé avec le levain Bac-.

Dans chaque série, deux lots ont été préparés dont un artificiellement contaminé par *L. monocytogenes* à des taux d'inoculum d'environ 10^7. Le deuxième n'ayant pas été contaminé a servi de témoin négatif.

Le lot contaminé de la série à levain Bac- a servi de témoin positif.

Chaque essai a été réalisé en trois répétitions.

Analyses

Des prélèvements ont été effectués au cours de la préparation à 0, 2, 4, 6, 8, 10 et 24 heures, et après 2, 3 et 7 jours de conservation à la température de réfrigération. Chaque prélèvement a servi pour les analyses physico-chimiques et microbiologiques.

Analyse physico-chimique

Le pH a été déterminé à l'aide d'un pH-mètre du type Crison 2000 à électrode combinée.

L'acidité a été dosée par titrimétrie avec une solution de soude N/9 sur un échantillon de 10 ml en présence de phénolphtaléine. Elle est exprimée en pourcentage d'acide lactique.

Analyse bactériologique

L'évolution du nombre des bactéries lactiques et de *L. monocytogenes* a été suivi au cours da la préparation et de l'entreposage du lben. Les

bactéries lactiques ont été dénombrées sur MRS agar additionné de streptomycine (600 µg/ml). Une dizaine de colonies prises au hasard ont été soumises au test de catalase pour ne tenir compte dans le résultat final que des colonies à catalase négative.

Par ailleurs, la résistances à la streptomycine a été induite chez les bactéries du levain pour les séparer de *L. monocytogenes* sensible à cet antibiotique. L'induction de la résistance a été réalisée par cultures successives sur MRS agar contenant des concentration croissantes de streptomycine: 100, 200, 300, 400, 500 et 600 µg/ml. Les colonies ayant résistées à 600 µg/ml ont été retenues pour la suite du travail.

L'évolution du nombre de *L. monocytogenes* a été suivie sur le milieu ASLM.

Résultats

Obtention de mutant Bac-

La figure 1 montre des mutants non producteurs de bactériocine obtenus par curage de la souche sauvage, *Lc. lactis* LB11, au bromure d'éthidium. La souche C31 a été utilisée dans les lots témoins à levain Bac-.

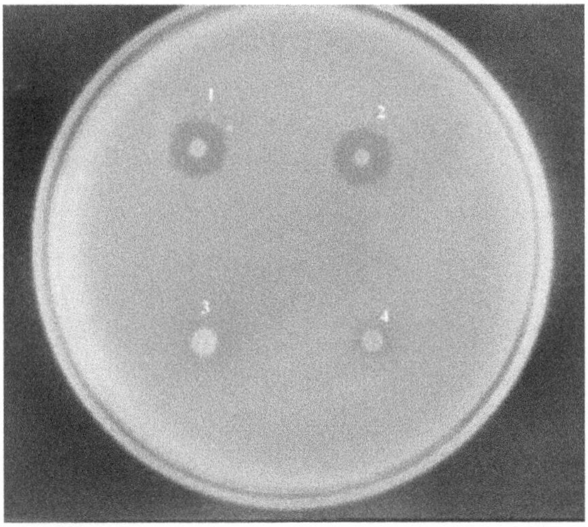

Figure 1. Production de bactériocine par Lactococcus lactis subsp. lactis LB11 et par ces mutants après exposition au bromure d'éthidium.. Zone 1, souche sauvage ; zone 2, mutant C1 (Bac+) ; 3, mutant C31 (Bac-) et 4, mutant C101 (Bac-).

Ce genre de travaux est confronté à la difficulté de trouver le levain témoin adéquat qui ne diffèrent du levain à tester que par la production de bactériocine. Pour ce faire, on a souvent recours au curage pour l'obtention de mutants Bac-. Cependant, certaines souches ne sont pas facilement curables, surtout si le gène de production de la bactériocine est chromosomal. De plus, l'utilisation d'agents mutagènes peut induire la perte d'autres caractères génétiques tels que la fermentation du lactose, la production de substances aromatiques ou le pouvoir protéolytique qui diminuent leurs performances technologiques.

Cinétique de production de la bactériocine

La figure 2 montre que *Lc. lactis* LB11 produit la bactériocine à un niveau détectable à partir 5 heures d'incubation. Les deux tiers de quantité de bactériocine sont produits dans la phase de croissance stationnaire suggérant qu'il s'agit un métabolite secondaire comme c'est le cas de la nisine (Hurst, 1981) et de la pédiocine AcH (Biswas *et al.* 1991).

Culture mixte

En culture mixte avec *Lc. lactis* LB 11, le nombre de *L. monocytogenes* a subi une réduction d'environ 4 unités logarithmiques en 9 heures d'incubation. En revanche, dans les témoins (milieux non inoculés avec *Lc. lactis* LB 11) la croissance du pathogène s'est déroulée normalement pour atteindre un nombre supérieur à 10^8 ufc/ml en 24 heures (Figure 3).

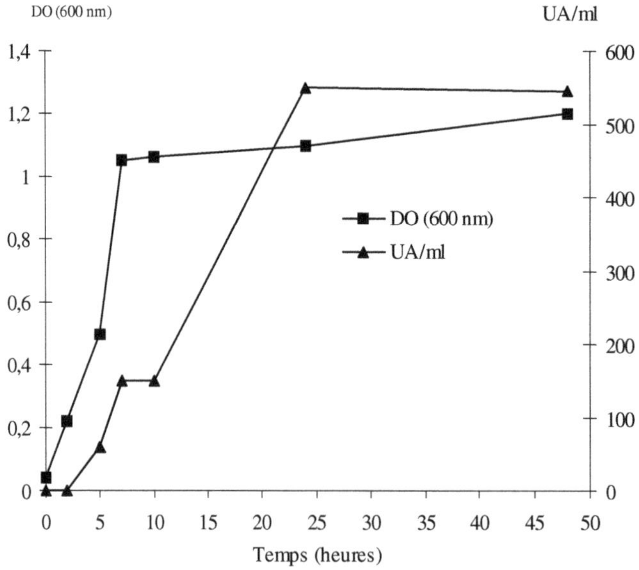

Figure 2. Cinétique de croissance et de production de la bactériocine par Lc. lactis subsp. lactis LB 11.

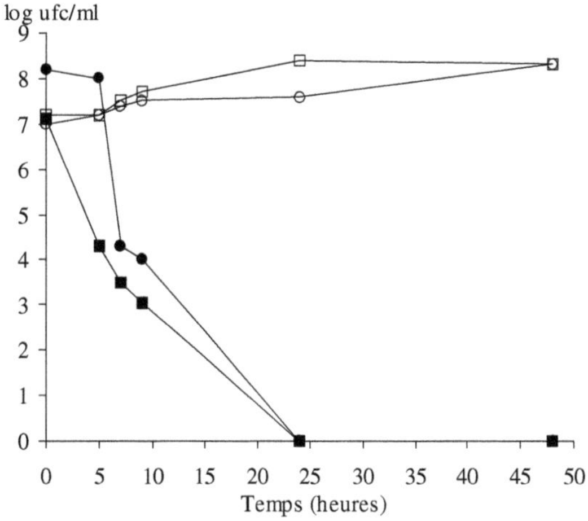

Figure 3. Croissance de Listeria monocytogenes en présence (symboles fermés) ou en absence (symboles ouverts) de Lactococcus lactis subsp. lactis LB11 dans MRS (carrés) et dans le lait écrémé en poudre reconstitué (cercles).

Préparation du lben

Au cours de la fermentation, l'acidification a évoluée de façon similaire dans les échantillons à levain Bac+ et dans ceux à levain Bac-. En effet, dans les deux cas, le pH et l'acidité ont atteint des valeurs finales respectives d'environ 4,3 et 0,7 (Figure 4). Ces valeurs sont conformes à celles du lben traditionnel (Boubekri *et al.* 1984) et témoignent du fait que le levain utilisé dans cette étude serait approprié pour la production du lben à une échelle industrielle ou semi-industrielle.

Effet de la production *in-situ* de la bactériocine sur *L. monocytogenes*

La Figure 5 présente les résultats de l'évolution du nombre de *Listeria* dans les échantillons du lben. On constate d'après ces résultats que le nombre du pathogène a été réduit dans tous les échantillons. Cependant, cette réduction a été nettement plus prononcée dans les échantillons à levain Bac+ que dans ceux à levain Bac-. En fait, *L. monocytogenes* a été complètement éliminée des échantillons Bac+ en 24 alors que dans les échantillons à levain Bac-, elle a survécu plus de 7 jours de conservation à température de réfrigération. De tels résultats suggèrent que la production *in-situ* de la bactériocine joue un rôle actif dans l'élimination du pathogène et dans « l'épuration » du lben.

La diminution du nombre de *Listeria* dans les échantillons à levain Bac-, peut s'expliquer par l'effet du pH et d'autres substances antimicrobiennes produites par les bactéries du levain, notamment l'acide lactique et le diacétyle. De telles conditions hostiles à *L. monocytogenes* agiraient en synergie avec la production de la bactériocine pour accélérer la destruction du pathogène même en cas de contamination massive. Ceci est bien illustré dans le cas des échantillons à levain Bac+ (Figure 5).

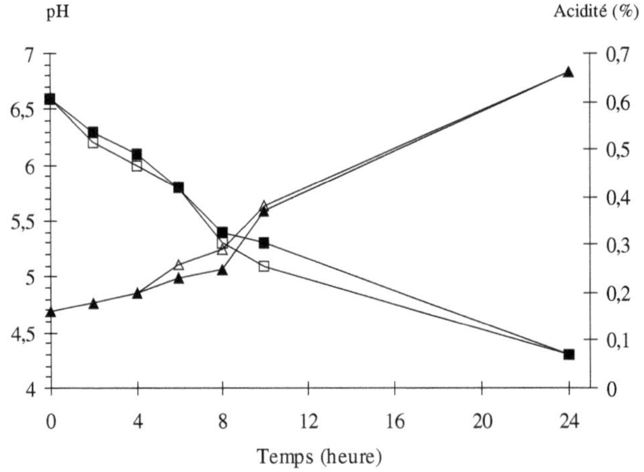

Figure 4. Evolution du Ph (carres) et de l'acidite (triangles) au cours de la fermentation du lben par un levain bac+ (symboles fermes) ou un levain bac- (symboles ouverts).

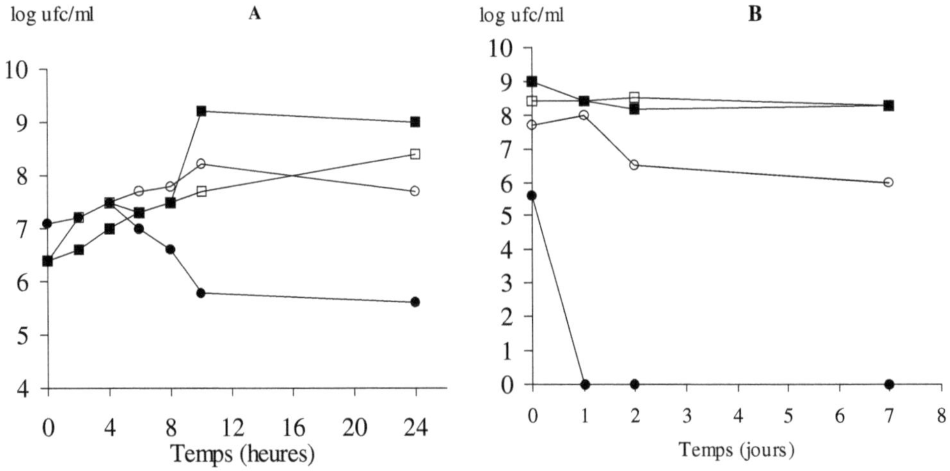

Figure 5 .Evolution du nombre des bactérie lactiques (carrés) et de Listeria monocytogenes (cercles) dans le lben à levain Bac+ (symboles fermés) ou à levain Bac- (symboles couverts) au cours de la fermentation (A) et du stockage (B)

Conclusion

Les résultats de cette étude montrent que la production *in-situ* de la bactériocine permet d'augmenter l'effet inhibiteur contre *L. monocytogenes* en agissant en synergie avec l'acidité et le diacétyle. Ceci permet d'offrir une meilleure garantie quant à la salubrité du produit et même une protection contre d'éventuelles post-contaminations.

L'utilisation de la souche de *Lc. lactis* LB 11 dans les levains lactiques est donc fortement conseillé comme moyen de lutte contre la présence de pathogènes dans les produits laitiers. A condition, cependant, que cette espèce intervienne normalement dans le processus de fermentation du produit considéré pour ne pas modifier sa qualité gustative.

L'emploi de souches bactériocinogènes dans les ferments constitue un moyen d'autant plus judicieux qu'une bactériocine purifiée ne peut être autorisée comme additif alimentaire qu'après plusieurs années d'études et de démarches administratives. En revanche, l'emploi d'une ou de plusieurs bactéries lactiques productrices de bactériocines ne nécessite aucune démarche puisqu'elles sont connues pour leur salubrité et leurs vertus sanitaires et sont autorisées *de facto*.

Références

Al-Zoreky, N., W.E. Sandine, 1990. Highly selective medium for isolation of *Listeria monocytogenes* from food. Appl. Environ. Microbiol. 56: 30154-3157.

Benkerroum, N., A. Tantaoui-Elaraki, A. El Marrakchi. 1984. Hygienic quality of Moroccan lben. Microbiologie-Aliment-Nutrition. 2: 199-206

Benkerroum, N., Y. Ghouati, W.E. Sandine A. Tantaoui-Elaraki, 1993. Simple techniques to demonstrate the bacteriocidal mode of action of bacteriocins. Let. Appl. Microbiol. 17: 78-81.

Barefoot, S.F. T.R. Klaenhammer.1983. Detection and activity of lacticin b, a bacteriocin produced by *Lactobacillus acidophilus*. Appl. Environ. Microbiol. 45: 1808-1815.

Boubekri, C., A. Tantaoui-Elaraki, A. El Marrakchi, M. Berrada, N. Benkerroum, 1984. Physico-chemical characterization of Moroccan lben. Le Lait, 64: 436-447.

Biswas, S.R., P. Ray, M.C. Johnson B. Ray 1991. Influence of growth conditions on the production of a bacteriocin pediocin AcH, by *Pediococcus acidilactici*. Appl. Environ. Microbiol. 57: 1265-1267

De Man, J.C., M. Rogosa, M.E. Sharpe, 1960. A medium for cultivation of *Lactobacilli*. J.Appl. Bacteriol. 23:130,

Hurst, A 1981. Nisin. In: Advances in Applied Microbiology, Vol 27. Academic Press. New York, 85-123.

Tantaoui-Elaraki A. N. Benkerroum. Maîtrise des fermentations des produits laitiers traditionnels - cas des lbens- Colloque ALECSO. 13-16 Mai 1985. IAV Hassan II (Rabat).

Session 3. Alternatives offered by technology for improving the sustainability of systems

Main Papers

Evaluation de la productivité de la vache laitière importée par les petits éleveurs du sud de la Méditerranée et possibilités d'amélioration du rendement du système

A. Guerouali, & S. Benaich

Département de Physiologie Animale. Institut Agronomique et Vétérinaire Hassan II. B.P. 6202, Rabat, Maroc

Summary

The present study was designed to identify problems that depress the productivity of imported dairy cattle to the countries of the southern Mediterranean area. A comprehensive survey, carried out on 8 smallholder farms, was conducted for a period of two years. The analysis of the collected data indicate that most of the herds show adequate reproductive performance but were in difficulty to meet the feeding standards for milk production and their variation with respect to the level of production. Feeds, rich in proteins and energy, for supplementation are needed. However, some of the feed supplements are expensive and others are not available at the right time in the region.

Keywords: imported milking cows, nutrition, reproduction, productivity.

Résumé

L'urbanisation rapide autour des grandes villes du Maghreb a conduit à une demande élevée de lait à partir des petits éleveurs des bovins laitiers dans les régions périurbaines. Ceci a déterminé le développement d'un nouveau système de production laitière. A l'intérieur de ce système; les éleveurs, encouragés par les Départements d'Agriculture, ont remplacé leurs bovins de races locales à faible potentiel de production par les races Frisonne et Holstein, importées d'Europe, à haute production. Cependant, il y a des indications que la production laitière est encore faible et que les performances de reproduction sont très limitées. A cet effet, la présente étude a été conçue pour identifier les problèmes qui limitent la productivité des bovins importés et une enquête descriptive a été conduite dans huit fermes de la région de Temara-Skhirat (sud de Rabat) durant deux cycles successifs de production. Un effectif de 115 vaches a été suivi chaque semaine et des échantillons du lait ont été prélevés pour le dosage de la progestérone permettant ainsi le contrôle de la fonction de reproduction. Les vaches sélectionnées ont été visitées mensuellement dans le but de mesurer les paramètres de production tels que la prise alimentaire, la production laitière et l'état des réserves corporelles (le score des conditions corporelles). Des échantillons d'aliment ont été collectés pour les analyses chimiques des rations alimentaires distribuées. Les données de l'étude ont montré que certaines fermes ont des performances de reproduction limitées mais la plupart ont été souvent en difficulté pour faire face aux besoins nutritionnels de leurs animaux. Certains éleveurs manquent d'information au sujet de la quantité alimentaire et l'importance d'alimenter les bovins laitiers en fonction des besoins et leur variation avec le niveau de la production. Cependant, d'autres éleveurs qui sont conscients de l'importance de la supplémentation alimentaire, souffrent du prix élevé et de la non disponibilité dans le marché des aliments riches en protéines et en énergie nécessaires pour une bonne supplémentation.

Mots clés: Vache laitière importée, nutrition, reproduction, productivité.

Introduction

L'urbanisation rapide autour des grandes villes du Maghreb a conduit à une demande élevée du lait à partir des petits éleveurs des bovins laitiers dans les régions périurbaines et a déterminé le développement d'un nouveau système de production du lait. A l'intérieur de ce système, les petits éleveurs, encouragés par les Départements d'Agriculture, ont remplacé leurs bovins de race locales de faible production laitière par les races Frisone et Holstein importé d'Europe. Aussi, plusieurs centres de production de semences d'Holstein pour l'Insémination Artificielle ont été crées pour maintenir l'amélioration génétique des bovins laitiers. L'irrigation est pratiquée chez les éleveurs qui possèdent des puits et la production du fourrage vert contribue pour moins de 10% dans la ration alimentaire totale. Il y a des indications que la production laitière moyenne est de 4000 kg pour 305 jours à partir des bovins importés, lesquels sont supposés produire presque le double, et des performances de reproduction très limitées, spécialement une durée prolongée du post-partum durant la saison sèche. La présente étude a été conçue pour identifier les problèmes qui limitent la productivité des bovins importés et une enquête descriptive a été conduite dans huit fermes de la région de Temara-Skhirat (sud de Rabat, Maroc) durant deux cycles successifs de production

Matériel et méthodes

Plus que 20 élevages laitiers ont été visités et huit parmi eux ont été retenues selon quelques critères de sélection (race des bovins, système de production et flexibilité et la bonne volonté des éleveurs à coopérer). Les fermes sélectionnées sont localisées dans une région de plaine à environ 40 km au sud de Rabat (Maroc). La région de l'étude est caractérisée par un climat tempéré et humide (à côté de l'Océan Atlantique) avec des températures variant de 10°C en Hiver à 30°C durant l'été. Les fermes sélectionnées ont des troupeaux composés de bovins Frisons importés. L'insémination artificielle est pratiquée et le lait est transporté quotidiennement à la ville pour commercialisation. Une moyenne de 115 vaches ont été sélectionnées à partir des huit différentes fermes qui ont été sujetes à la collection des données. Les vaches laitières ont été visitées chaque semaine et des échantillons du lait ont été prélevés pour le dosage de la progestérone. Les vaches sélectionnées ont été visitées mensuellement dans le but d'enregistrer les paramètres de production et de reproduction. L'information sur l'âge, la race, le statut sanitaire, la parité, la date de vêlage et la date d'insémination, a été collectée sur chaque vache sélectionnée pour l'étude. Durant la visite mensuelle, la prise alimentaire, la production laitière et les réserves corporelles (évaluation du poids du corps par la détermination du tour de poitrine et le score des conditions corporelles) des vaches sélectionnées ont été évalués et des échantillons d'aliment ont été collectés pour les analyses chimiques. Les prélèvements du lait pour le dosage de progestérone ont été collectés une fois par semaine pour les vaches du vêlage jusqu'à la confirmation de la gestation par palpation rectale. Des tablettes de bichromate de potassium ont été utilisées comme conservateur du lait et les échantillons du lait collectés ont été centrifugés pendant dix minutes et le lait écrémé a été réfrigéré jusqu'au moment du dosage de la progestérone. La production laitière de chaque vache a été mesurée par les fermiers, à l'aide d'un récipient de mesure, durant les jours qui précèdent notre visite mensuelle. Pour les fermes où le tétée de la mamelle par le nouveau-né a été permise, habituellement, un quartier de la mamelle a été réservé au veau et sa production a été estimée. Pour la prise alimentaire, l'inventaire des aliments (concentré, foin et fourrage vert) et leur taux de distribution, en kg par vache, ont été enregistrés et estimés chaque mois pour le troupeau de la même ferme. Les échantillons des aliments ont été collectés à partir de chaque ferme et la matière sèche a été déterminée quand l'échantillon a été séché à 105°C pendant 24 heures. La quantité des minéraux contenue dans la ration alimentaire a été déterminée par la calcination de 1g pendant une nuit à 550 C et la technique de Kjeldhal a été utilisée pour déterminer la quantité d'azote alimentaire (Braun *et al.*, 1987). La valeur en énergie nette des rations alimentaires utilisées aux différentes fermes a été estimée à partir des tableaux des valeurs énergétiques des denrées alimentaires rapportés par NRC (Butler and Smith, 1987). Les données collectées ont été introduites dans un logiciel des statistiques, Dbase (IV), ensuite utilisées pour examiner les effets de la ferme, la saison et la composition de la ration sur les paramètres étudies. Les données des différents tableaux sont présentées comme moyennes et standards de déviation.

Résultats et discussion

La composition moyenne du régime et les analyses chimiques des rations alimentaires pour les deux cycles successifs de production sont présentées au tableau 1.

Les concentrés alimentaires, composés de grains et des sous-produits agricoles, ont contribués pour plus de 50% de la ration, tandis que le pourcentage du fourrage a varié d'une moyenne de 0,2% dans la saison sèche (Juillet à Décembre) à 8,7% dans la saison pluvieuse (Janvier à Juin). Bien que, quelques fermes (fermes 4 et 7) ont une surface considérable pour la production du fourrage,

Tableau 1. Compositions physique et chimique de la ration alimentaire et sa variation avec la saison pour les deux successifs cycles de production.

	Cycle de production 1995		Cycle de production 1996	
	Saison sèche	Saison pluvieuse	Saison sèche	Saison pluvieuse
Composition du régime (%)				
Concentré	49.8±15.05	51.9±8.2	63.4±11.06	57.4±12.3
Foin	51.0±9.6	39.4±5.3	36.1±7.14	34.7±7.4
Fourage vert	0.2±0.12	8.7±2.0	0.5±0.31	7.9±3.0
Analyses chimique				
Prise de MS (% P.C.)	3.61±1.08	3.30±0.87	3.56±0.68	3.28±0.63
Minéraux (% MS)	7.53±1.55	7.16±1.44	7.69±1.88	7.61±2.05
Protéines brutes (% MS)	11.98±2.27	12.82±2.4	12.14±3.2	13.65±3.71
Énergie nette (MJ/ kg MS)	3.66±1.43	3.66±1.40	4.71±1.06	4.38±1.19

*Les données sont des moyennes et standards de déviation collectées durant la visite mensuelle de chaque ferme. De Janvier au Juin a été considérée comme saison pluvieuse, alors que de juillet au décembre a été considérée comme saison sèche dans la région étudiée.

l'eau d'irrigation est très limitée, spécialement dans la saison sèche. Pendant la saison pluvieuse, la prise alimentaire, en matière sèche, a été légèrement plus basse et le contenu en protéines brutes de la ration a été plus haute comparée à la saison sèche, ce qui suppose que les vaches ont reçu une ration plus équilibrée pour la production du lait durant la saison pluvieuse. Les minéraux et la quantité d'énergie nette des rations ont été similaires pour les deux saisons. Cependant, durant le deuxième cycle de production, les vaches ont reçu plus de concentré avec une quantité plus élevée en énergie et en protéines due aux conditions climatiques plus favorables pendant ce cycle.

Les données de la prise alimentaire en matière sèche, en protéines brutes et en énergie nette avec la production du lait en pic de lactation pour les fermes étudiées sont présentés au tableau 2. La moyenne de la prise de matière sèche par ferme mesurée au pic de lactation a varié de 14,1 kg pour la ferme 4 au 16.0 kg pour la ferme 6. Bien que les bovins laitiers des fermes étudiées ont le même génotype, un poids corporel et une parité comparables, des différences considérables en production

Tableau 2. La prise alimentaire (matière sèche, protéines brutes et énergie nette) et la production laitière au pic de lactation pour les fermes étudiées.

Fermes	1	2	3	4	5	6	7	8
Prise alimentaire (MS, kg)	15.1±0.6	14.3±O.6	15.1±0.7	14.1±0.5	15.8±1.16	16.0±0.9	15.1±0.8	15.9±1.0
Protéines brutes (g/kg MS)	129±0.5	124±0.4	126±0.5	116±0.4	99±0.5	106±0.6	153±0.6	139±0.4
Énergie nette (MJ/kg MS)	5.1±1.9	4.2±0.8	3.9±0.9	4.6±1.3	3.8±1.4	3.5±0.9	4.4±0.6	4.4±0.9
Production laitière(kg)	18.9±1.3	15.8±0.8	19.0±0.9	14.4±0.4	13.6±1.6	14.6±1.4	22.8±0.6	21.1±0.9

*les données dessus sont des moyennes et standards de déviation de 24 déterminations de la prise alimentaire en matière sèche (MS) et en protéines brutes. L'énergie nette des aliments a été estimée (4) et la production du lait au pic de la lactation a été mesurée pour toutes les vaches sélectionnées pour l'étude.

laitière ont été observées, et semblent être le résultat de la qualité des aliments reçus par les animaux. Les plus haut pics de production du lait ont été observés dans les fermes 7 et 8 avec une moyenne de 22 kg de lait par jour chez les vaches recevant une ration contenant une moyenne de 4.4 MJ d'énergie nette et 145g de protéines brutes par kg de matière sèche. Les plus bas pics de production du lait ont été obtenus dans les fermes 5 et 6 avec une moyenne de 14 kg de lait par jour chez les vaches du même génotype recevant une ration contenant une moyenne de 3,6 MJ d'énergie nette et 103g de protéines brutes par kg de matière sèche. Les performances obtenues dans les fermes 1 et 3 ont été intermédiaires. La production du lait au pic de la lactation a été positivement corrélée avec la quantité des protéines des régimes alimentaires utilisées dans les huis fermes étudiées ($r= 0.947$, $P >0.01$). La présente étude montre que les vaches importées ont le potentiel génétique pour une production plus élevée de lait et que les fermes qui ont appliqué les standards alimentaires pour les élevages laitiers ont montré une meilleure production.

Les variations dans le poids vif des animaux et le score des conditions corporelles durant l'intervalle du post-partum de 105 jours sont présentées dans le tableau 3. Il a été considéré que 105 jours est le temps nécessaire et suffisant pour toute mobilisation d'énergie maternelle pour la production du lait et après cette période, les bovins laitiers en général commencent à gagner du poids et à montrer des bilans énergétiques positifs. Les variations dans le poids vif et le score des conditions corporelles des animaux ont été positivement corrélées pour toutes les fermes. Une fois encore, les vaches des fermes 7 et 8 ont montré moins de mobilisation des réserves corporelles et moins de variations dans le score des conditions corporelles durant la période post-partum, tandis que les vaches des fermes 1 et 5 ont montré plus de mobilisation des réserves corporelles pour la production du lait. La quantité et le dégrée des réserves maternelles mobilisées pour la production du lait par les vaches dans différentes fermes ont été comparables aux valeurs observées chez autres races des bovins laitiers (Enjalbert, 1993).

Les données des intervalles post-partum et le nombre des services par conception sont données au tableau 4. L'intervalle du vêlage au retour de la cyclicité ovarienne à montré des variations avec un minimum de 29,4 jours pour la ferme 2 et un maximum de 107 jours pour la ferme 6 avec une moyenne de 52 jours pour toutes les fermes étudiées. L'intervalle du vêlage à la première insémination a atteint une valeur moyenne de 94 jours pour les différentes fermes indiquant un retard moyen de 42 jours à partir du premier cycle ovarien post-partum à la saillie suivante. Les intervalles du vêlage à la conception et les intervalles vêlage-vêlage enregistrées pour toutes les fermes ont atteint respectivement les valeurs moyennes de 109 jours et 383 jours lesquelles sont comparables aux valeurs observées dans les système de production laitière les plus favorables (Sutton, 1989). Cependant, il faut noté que l'intervalle vêlage-vêlage a été significativement ($p<0.05$) plus long pour les fermes 5 et 6 et plus court pour les fermes 7 et 8. Le nombre des services par conception a atteint la valeur moyenne de 1,45 et a été plus élevé pour la ferme 5 et plus faible pour les fermes 7 et 8.

Tableau 3. Variations du poids vif des animaux et du score des conditions corporelles durant 105 jours de la période du post-partum pour les vaches laitières des fermes étudiées.

Fermes	1	2	3	4	5	6	7	8
Poids vif des animaux								
J 0	480±17	478±10	482±10	468±6	468±18	495±15	470±9	465±14
J 15	477±15	475±9	477±12	464±7	466±15	493±15	466±10	463±13
J 45	454±14	462±9	469±12	459±6	450±13	490±16	461±12	460±10
J 75	450±16	465±8	464±13	461±6	452±13	484±14	462±12	459±14
J 105	458±17	467±8	460±12	464±8	449±13	481±15	459±11	457±13
*Variation du poids vif des animaux**								
-30 kg	-16 kg	-22 kg	-9 kg	-19 kg	-14 kg	-11 kg	-8 kg	
Score des conditions corporelles								
J 0	3.8±o.2	4.3±0.2	5.0±0.2	3.8±0.1	4.4±o.3	3.9±0.3	4.2±0.2	4.5±0.2
J 15	3.7±0.1	4.2±0.1	4.9±0.3	3.6±0.2	4.3±0.2	3.8±0.4	4.1±0.1	4.4±0.3
J 45	3.4±0.1	3.8±0.2	4.6±0.3	3.5±0.1	3.8±0.2	4.0±0.3	4.0±0.1	4.3±0.2
J 75	3.3±0.2	3.9±0.3	4.7±0.2	3.6±0.1	3.8±0.2	3.8±0.3	4.0±0.2	4.4±0.2
J 105	3.3±0.2	3.7±0.2	4.6±0.2	3.7±0.2	3.8±0.3	3.6±0.4	4.1±0.1	4.3±0.1
*Variation des conditions corporelles**								
	-0.5	-0.6-	0.4	-0.3	-0.6	-0.4	-0.2	-0.2

*Les variations du poids vif et du score des conditions corporelles (1 à 9 échelle) ont été calculées comme la différence entre le poids vif et le score des conditions au vêlage et après 105 jours du post-partum.

Tableau 4. Les performances de reproduction et leurs variations pour les différentes fermes étudiées.

Fermes	Nombre d'observations	Vêlage à l' ↑ P4 (jours)	Vêlage à la saillie (jours)	Vêlage à la conception (jours)	Intervalle entre vêlage (jours)	Nombre de services par conception
1	12	49.3±13.2	104.8±18.1	110.1±18.5	380.1±23.2	1.17±0.11
2	20	29.4±4.5	85.5±7.3	103.9±10.9	373.8±15.8	1.45±0.17
3	18	40.2±5.2	78.9±6.1	102.2±10.8	372.1±15.5	1.39±0.11
4	66	43.7±8.2	96.2±7.7	125.9±8.9	395.9±14.5	1.46±0.09
5	9	65.1±0.3	94.3±6.8	142.6±22.9	412.6±27.8	1.78±0.31
6	11	107.8±14.2	112.3±21.5	150.4±26.4	420.4±31.3	1.91±0.30
7	33	41.7±6.2	88.2±6.8	102.9±7.9	372.9±13.1	1.33±0.13
8	7	37.6±3.9	62.2±9.2	68.1±6.3	338.1±11.4	1.14±0.13
Moyen et SD		51.8±8.2	93.8±6.5	109.1±8.8	383.2±8.6	1.45±0.09

**Pour les mêmes fermes, le nombre d'observations est plus élevé que le nombre d'animaux, car les performances de reproduction de la plupart des vaches ont été étudiées pour deux cycles successifs de production. Le nombre faible des observations dans la ferme 8 est du à la participation de cette dernière à l'étude pour une année seulement.*

Une fois encore, une corrélation négative a été obtenue entre la durée du vêlage à la conception et la richesse de la ration alimentaire en protéines pour toutes les fermes ($r=0.914$, $P>0.01$) indiquant que les animaux des fermes ayant reçu une ration alimentaire de bonne qualité (fermes 7 et 8) ont montré une meilleure performance de reproduction en comparaison avec les animaux des fermes 5 et 6 recevant une ration alimentaire de qualité moindre.

Conclusion

Les données de l'enquête et des analyses du laboratoire ont montré que certaines fermes ont des performances de reproduction limitées mais la plupart ont été souvent en difficulté pour faire face aux besoins nutritionnels de leurs animaux. Certains éleveurs manquent d'information au sujet de la qualité alimentaire et l'importance d'alimenter les bovins laitiers en fonction des besoins et leur variation avec le niveau de la production. Cependant, d'autres éleveurs qui sont conscients de l'importance de la supplémentation alimentaire, souffrent du prix élevé et de la non disponibilité dans le marché de la plupart des suppléments alimentaires.

Références bibliographiques

AOAC. 1984. Official Methods of dairy cattle. Association of Official Analytical Chemists, Arlington, VA.

NRC. 1989. Nutritients requirements of dairy cattle. National Academy of Science. Washington. D.C. USA.

Braun, R.K., Donovan, G.A., Trant, T.Q., & Mohammed, H.O. 1987. Importance of body condition scoring in dairy cattle, Bovine Proc. 19 (1987) 122-126.

Butler, W.R., Smith, R.D. 1987. Interrelationship between energy balance and postpartum reproductive function in dairy cattle. J. Dairy Sci. 72 : 767-783.
Enjalbert, F. 1993. Alimentation et composition du lait de vache. Point Vétérinaire. vol. 25, No. 156 : 769-778.
Sutton, J.D. 1989. Altering milk composition by feeding. J. Dairy Sci. 72 : 2801-2814.

Supplementing high producing cows in early lactation with soybean oil. Effects on milk production and composition

M. Lahmar[1], A. Majdoub[2] & F. Mensi[2]

[1]Institut National de la Recherche Agronomique de Tunisie, Laboratoire de Nutrition Animale, Rue Hédi Karray, 2049 Ariana, Tunisia
[2]Institut National Agronomique de Tunisie, 43 Av. Charles Nicolle, Cité Mahrajène, 1082 Tunis, Tunisia

Summary

Fourteen multiparous high producing Holstein cows in early lactation were used in a completely randomized design to investigate the effects of supplementing soybean oil in the diet on total tract dry matter digestibility (DMD), milk production, and milk composition during weeks 2 through 18 postpartum. Cows were fed diets consisting of corn silage and ensiled beet pulps and differing only by the nature of concentrates: concentrate only (C) and concentrate + fat (CF). The fat supplement used was soybean oil. Treatments were: 1) control (C), 2) control plus 200g of soybean oil/cow/day (CF). Soybean oil supplementation did not affect dry matter intake (DMI) and diet digestibility, but resulted in an increased energy intake (+1.3 feed unit for milk (UFL)). Milk production and 4% fat corrected milk (FCM) were higher for cows fed the supplemental fat (36.89 *vs.* 38.98 and 37.96 *vs.* 36.63 kg/day for milk production and 4% FCM, respectively). Percentage of milk fat was significantly lower for cows fed the supplemental fat (3.99 *vs.* 3.86). However, protein content of milk was similar for both treatments (3.15 and 3.10). Milk protein yield was higher for cows fed fat (1 208 *vs.* 1 162 g/day), whereas milk fat yield was similar for both groups (1 471 and 1 504 g/day). Results suggest that the use of 200 g of soybean oil/cow/day in the concentrate supplement improves milk yield of high producing dairy cows during early lactation by 5.6%. However, longer term, continuous trials should be conducted to better evaluate entire lactation responses to added dietary soya oil.

Keywords: soybean oil, milk yield, milk composition, early lactation, cow.

Résumé

Quatorze vaches multipares Holstein à haut niveau de production en début de lactation ont été utilisées dans un schéma complètement randomisé pour étudier les effets d'une supplémentation d'huile de soja dans la ration sur la digestibilité de la matière sèche dans la totalité du tube digestif (DMD) la production laitière et sa composition de 2 à 18 semaines après la mise bas. Les vaches recevaient une ration d'ensilage de maïs et de pulpes de betteraves ensilées qui différait uniquement par la nature du concentré : concentré seul © et concentré + graisse (CF), la graisse ajoutée étant de l'huile de soja. Les traitements étaient 1) contrôle (C), 2) contrôle + 200 g d'huile de soja/vache/jour (CF). La complémentation en huile de soja ne modifie ni l'ingestion de matière sèche (DMI) ni sa digestibilité mais entraîne une augmentation de l'énergie ingérée (+1.3 Unité fourragère lait UFL). La production laitière et celle ramenée à 4 % de matière grasse (FCM) étaient plus élevées pour les vaches supplémentées en graisse (36.89 contre 39.98 et 36.63 contre 37.96 kg /jour pour la production laitière et ramenée à 4 % de matière grasse respectivement). Le pourcentage de matière grasse était significativement plus faible pour les vaches supplémentées (3.99 contre 3.86). Cependant la teneur en protéine du lait était semblable pour les deux traitements (3.15 et 33.1) la production de protéine de lait était plus élevée pour les vaches recevant de la graisse (1208 contre 1162 g/jour). Alors que celle de matière grasse était semblable pour les deux groupes (1271 et 1504 g/jour). Les résultats montrent que l'addition de 200 g d'huile de soja dans le concentré par vache et par jour augmente le rendement laitier de vaches à haut niveau de production en début de lactation dès 5.6 %. Cependant une étude à plus long terme doit permettre de mieux évaluer la réponse de l'addition d'huile de soja alimentaire sur l'ensemble de la lactation.

Mots clés: huile de soja, rendement laitier, composition du lait, vache en début de lactation.

Introduction

High yielding dairy cows require tremendous energy to achieve milk yield equivalent to their genetic potential. Limited feed intake of the cow in early lactation and the prevailing poor forage quality in Tunisia make this a big challenge to dairy producers. An attempt should therefore be made to increase the energy density of the diet. Increasing the proportion of concentrate relative to forage in the diet can increase energy density of the diet and allow for higher energy intake if DMI intake is not depressed. However, when cereal grains are fed in large amounts to increase the energy density of the diet, fermentation may exceed the buffering capacity of the rumen, which can lead to acidosis, decreased fibre digestion and low milk fat. There has been considerable interest in feeding fat to high yielding dairy cows as an alternative for increasing energy density of dairy rations. Research abroad and recently in Tunisia has demonstrated that adding fat to dairy diets improves milk production and increases persistency of lactation (Casper *et al.*, 1990; Kim *et al.*, 1991; Schingoethe & Casper, 1991; Majdoub and Ounalli, 1995). In many studies, increases in milk production from 2 to 10% were reported in cows fed concentrates containing fat than with controls containing no fat. However, fat has seldom been used in feeding cows in Tunisia and data to determine its effects on lactating dairy cows are lacking, especially the effects on milk production and composition. The objective of this study is to determine the effects of supplementing soybean oil to the concentrate of high producing dairy cows on total DMD, milk production and composition during early lactation.

Material and methods

Cows, experimental design, diets, and treatments

Fourteen high producing Holstein dairy cows in their third lactation were used in a completely randomized design to study the effect of supplementing soybean oil to the concentrate on DMI, total DMD, milk yield and milk composition during week 2 through 18 postpartum. Cows were fed a basal diet consisting of corn silage 3 times a day for ad libitum intake plus 25 kg of ensiled beet pulps. They were supplemented with 10 Kg of concentrate offered in three equal meals. Treatments were: 1) concentrate only, no added fat (control); 2) concentrate plus 200 g of soybean oil/cow/day (Control + fat). Fat was mixed in the concentrate. Ingredient and nutrient composition of the feed are shown in table 1. At two weeks before calving, cows were assigned to one of the two treatments. Individual DMI and milk production were recorded daily.

Sampling, measurements, and analysis

Orts were weighed daily before the morning feeding. They were periodically sampled and dried (110°C) to determine the mean DM. The DMI was calculated from feed offered, orts, and the appropriate DM percentages. Feed samples were obtained weekly throughout the experiment. They were analyzed for contents of DM, CP, CF, ether extract, and minerals according to AOAC (1990). In vivo DMD was measured by total collection of faeces over a 7-day period during the last week of the experiment using 6 cows (3 per treatment).

Table 1. Ingredient, chemical composition and nutritive values of feeds.

	Corn silage	Beet pulp	Concentrate	Conc. +fat
Composition (%)				
Barley	-	-	26.5	26.5
Corn	-	-	24	24
Wheat bran	-	-	33	33
Soybean meal	-	-	9.5	9.5
Mineral-vitamin mix	-	-	5.0	5.0
Soy-oil	-	-	0	2.0
Chemical Composition				
DM	27.28	12.85	88.17	88.53
Crude Protein (%DM)	7.18	12.86	15.91	15.64
Crude Fiber (%DM)	26.39	29.34	6.7	6.95
Ash (%DM)	7.89	7.47	8.34	7.83
Ca (%DM)	0.55	0.41	0.83	1.18
P (%DM)	0.41	0.10	0.65	0.75
Nutritive values (kg/DM)				
UFL[1]	0.95	1.01	0.90	1.04
PDIE (g)[2]	65.39	91.64	107	105
PDIN (g)[3(	46.4	83.13	100.6	100.3

[1]UFL, feed unit for lactation
[2]PDIE, true protein truly digested in the small intestine when degraded nitrogen in the rumen is not limiting.
[3]PDIN, true protein truly digested in the small intestine when energy in the rumen is not limiting.

Cows were milked three times daily at 06:00, 14:00, and 22:00 hours and milk yield of individual cows was recorded once a week using true tests. Milk was sampled weekly from three consecutive milkings, preserved with potassium dichromate, and composited as a percentage of the amount of milk produced at each milking. Composite milk samples were analyzed for contents of crude protein and fat using a Foss 4000 Milko Scan (Foss electronic, France) at the central milk testing laboratory and for total solids by drying at 110°C for 24 h.

All data were subject to least square analysis of variance for a completely randomized design by the general linear models of SAS (1988). Differences were considered to be significant at $P < 0.05$, unless otherwise indicated.

Results and discussion

DMI, milk yield, and milk composition

Additional 1% soya oil did not significantly (P> 0.05) affect both DMI and DMD digestibility. However, both parameters tended to be higher for the control than for the experimental cows (table 2). Such findings confirm previously reported results (Salfer *et al.*, 1995; Markus *et al.*, 1996; Rebecca *et al.*, 1997) which have showed no difference in DMI when fat was fed as a part of the concentrate mixtures. However, Mandbridg *et al.* (1997) observed a decreased DMI when oil was added to dairy rations. The additional 200 g of soya oil/cow/day used in the present study increased the energy density of the diet which resulted in a higher energy intake (+ 1.4 UFL/cow/day).

Cows fed supplemental fat produced more (P<.05) milk and 4% FCM than the control ones (38.98 and 36.89 *vs.* 37.96 and 36.63 Kg/cow /d for milk and 4% FCM and the experimental and control cows, respectively). Clapperton & Steele (1983) reported a 5 to 10% increase in milk production when cows received additional fat in their diet. However, Schingoethe & Casper (1991) and Dohorty & Mayne (1996) indicated lower increases in both milk production and 4% FCM. In this trial the use of additional soya oil resulted in about 6% increase in milk production, compared to the control treatment. This relatively low response could be attributed to the similarity in energy intakes and to the low level (1%) of additional fat.

Table 2. Mean dry matter intake, milk production and composition, and yields of milk fat and protein of cows given concentrate either alone or containing soybean oil.

	Control	Control + fat	Significance of difference (p< 0.05)
Body weight (kg)	638	635	NS
DMI, kg/d	24.42	24.15	NS
Milk yield, kg/d	36.89	38.98	***
4% FCM, kg/d	36.63	37.96	***
Fat, %	3.99	3.86	***
Fat, kg/d	1.471	1.504	NS
Crude protein, %	3.15	3.10	NS
Crude protein, kg/d	1.162	1.208	***
Change in BW (kg)	-40	-25	NS

Increased energy density of the diet reduced body weight loss during early lactation. Body weight changes from week 2 to 18 postpartum were -40 and -25 kg for the control and experimental cows, respectively.

Milk fat % was lower (P<0.05) for cows fed added fat (3.86 *vs.* 3.99). Similar results were reported by Keady & Mayne (1998), Schingoethe & Casper (1991) and Dohorty & Mayne (1996). This decrease in milk fat may have been due to a lower C_2/C_3 ratio in the rumen as a result of a lower fiber digestion due to an altered fermentation pattern (Schingoethe & Casper, 1991; Doreau & Ferlay, 1995). Reduction in milk fat percentage does not always occur whenever cows are fed added fat. Indeed, Clapperton and Steele (1983) reported increased milk fat percentage when tallow was added to the concentrate mix. Milk fat yields were similar for both treatments (1471 and 1504 g/cow/day for the control and experimental groups, respectively).

Crude protein % in milk were similar (P>0.05) for both treatments (3.15 and 3.10). This is in agreement with the findings of Keady & Mayne (1998), but contradictory with major published results which indicate that increasing fat content of diets has generally decreased milk protein concentrations (Wu & Huber, 1994; Elliott *et al.*, 1995). However, it should be indicated that for most of these trials, fat content in supplemented diets ranged from 5 to 8%, such levels are much higher than the 1% fat content used in the present study. Moreover, total DMI was not decreased by fat in our study. Indeed, Wu & Huber (1994) proposed that the decrease in milk protein concentration during fat supplementation could be attributed to an inadequacy of critical AA available to the mammary gland for milk protein synthesis as milk yield increases during fat supplementation probably as a result of a decreased feed intake. Increased milk yield during fat supplementation will increase the requirement for AA just to maintain constant milk protein concentrations. Additional soybean oil in the diet resulted in a significantly higher (P> 0.05) milk crude protein yield (1208 *vs*. 1162 g/cow/day) which confirms most previously published results. This high protein yield for the experimental cows resulted from the greater milk yield of these cows compared to those fed the non-fat added concentrate.

Conclusions

Additional soybean oil at 1% level improved production of milk and 4% FCM of high producing dairy cows during early lactation without affecting total DMI and milk protein. It appeared that in this study, the negative effect of fat on protein content of milk did not occur in early lactation. Longer term continuous research trials are needed to confirm and evaluate entire lactation responses to added dietary fat.

References

Association of Official Analytical Chemists. 1990. Official methods of analysis. 14th ed AOAC, Washington, DC.

Casper, D.P., D.J. Schingoethe & W.A. Eisenbeisz, 1990. Responses of early lactation cows to diets that vary in rumen degradability of carbohydrates and amount of fat. J. Dairy Sci. 73: 425-444

Clapperton, J.L. & W. Steele, 1983. Effects on concentrate with beef tallow on food intake and milk production of cows fed grass silage. J. Dairy Sci. 66: 1032-1038.

Dohorty, J.G & C.S. Mayne, 1996. The effect of concentrate type and supplementing lactic acid or soya oil on milk production characteristics in dairy cows offered grass silage of contrasting fermentation type. Anim. Sci. 62:187

Doreau, M. & A. Ferlay, 1995. Effect of dietary lipids on nitrogen metabolism in the rumen: a review. Livest. Prod. Sci.43:97-110

Elliot, J.P, J.K. Drackley, G.C. Fahey, JR. & R.D Shanks. 1995. Utilization of supplemental fat by dairy cows fed diets varying in content of nonstructural carbohydrates. J. Dairy Sci.78: 1512-1525

Keady, T.W.J. 1 C.S. Mayne, 1998. An examination of the effects of fish oil inclusion in the diet of forage intake, milk yield and composition of lactating dairy cattle offered two levels of concentrates. British. Anim. Sci: 20:56.

Kim, Y.K., D.J Schingoethe, D.P. Casper & F.C. Ludens, 1991. Lactational response of dairy cows to increased dietary crude protein with added fat. J. Dairy Sci. 74: 3891-3899.

Mandbridg, R.J., S. J. Blake & C. Collins, 1997. The effect of feeding high levels of fish oil and additional vitamin E on intake, milk yield composition and fatty acid content in high yielding dairy cows. Anim. Sci. 64: 221.

Markus, S.B., K.M Wittenberg, J.R Ingalls & M. Udini, 1996. Production responses by early lactation cow to whole sunflower seed or tallow supplementation of a diet based on barley. J. Dairy Sci. 79: 1817.

Majdoub, A. & T. Ounalli, 1995. Effet de l'utilisation de matière grasse protégée sur les performances de production et de reproduction de la vache laitière haute productrice au cours des 100 premiers jours de lactation. Mémoire du cycle de spécialisation de l'INAT.

Rebecca, J., D. Mdison-Anderson, J. Schingoethe, M.J Brouk, R.J.Bean & R. Lentsch. Matthew, 1997. Response of lactating cows to supplemental unsaturated fat and niacin. J. Dairy Sci. 80: 1329.

Salfer, J.A., J.G Linn, D.E Otterby & W.P Hansen, 1995. Early lactation responses of Holstein cows fed a rumen-inert fat prepartum, postpartum or both. J. Dairy Sci. 78: 386

SAS Institute Inc, 1988. SAS User's guide: Statistics. SAS Institute Inc, Cary, NC, USA

Schingoethe, D.J. & D.P. Casper, 1991. Total lactational response to added fat during early lactation. J. Dairy Sci. 74: 2617-2622.

Wu, Z. & J.T. Huber, 1994. Relationship between dietary fat supplementation and with protein concentrate in lactating cows: A review. Livest. Prod. Sci. 62:187

The MAST-O-TEST® and MASTOP-H® in identification and treatment of sub-clinical bovine mastitis in dairy herds

S.Q. Lafi

Department of Veterinary Clinical Sciences, Faculty of Veterinary Medicine, Jordan University of Science and Technology, P. O. Box 3030, Irbid 22110, Jordan

Summary

Two hundred dairy cows from 10 dairy farms were examined between June 1st to August 31st, 1999 in Irbid governorate of Jordan by MAST-O-TEST® (a Sub-Clinical Mastitis Detector) to detect sub-clinical mastitis in dairy cows. This instrument was designed to measure the changes in electrical resistance in milk reflecting the udder health status of the cow. Only 47 quarters in 16 cows were positive and were used to study the therapeutic effect of MASTOP-H®, which is a new natural product manufactured for mastitis treatment. Milk samples were collected from all quarters that were positive on the MAST-O-TEST® and examined for Somatic Cell Counts (SCC), bacterial isolation and in-vitro antibiotic sensitivity. Out of all positive quarters, 32 had SCC more than 283.000/ml and 12 had low SCC but were bacteria positive. MAST-O-TEST® was able to detect 94 % of all sub-clinical mastitic quarters. Each of these quarters was infused by MASTOP-H® once daily for 2 consecutive days. Twelve hours post treatment, SCC was increased significantly ($P<0.05$) in all quarters infused by MASTOP-H®. Out of 47 positive quarters, 23 and 6 samples had bacterial isolates before and after treatment, respectively. This decrease in the number (74 %) of infected quarters after infusion by MASTOP-H® was statistically significant ($P< 0.05$). The most common organisms isolated from sub-clinical mastitis cases were *Staphylococcus aureus* (25.53%), Streptococcus sp. (12.76%) and *E. coli* (8.51%).

Keywords: mastitis, somatic cell counts, Jordan

Résumé

Deux cent vaches laitières de dix fermes laitières sont étudiées entre le 1er juin et le 31 avril 1999 dans le gouvernerat d'Irbid en Jordanie à l'aide du MAST-O-TEST (un détecteur de mammites sub cliniques) pour détecter les mammites sub cliniques chez les vaches laitières. Cet appareil est conçu pour mesurer les variations de résistance électrique du lait reflétant l'état de santé de la mamelle de la vache, Seulement 47 quartiers de 16 vaches ont été positifs et ont servi pur étudier les effets thérapeutiques du MASTOP-H qui est un nouveau produit naturel manufacturé pour le traitement des mammites. Les échantillons de lait ont été collectés du tout les quartiers qui étaient positifs au MAST-O-TEST pour y étudier le nombre de cellules somatiques (SCC) l'isolation bactérienne et la sensibilité aux antibiotiques *in vitro*. En dehors de tous les quartiers positifs 32 avaient plus de 283 000 SCC par ml et 12 avaient de faibles SCC mais étaient bactériologiquement positifs. Le MAST O TEST permettait de détecter 94 % de tous les quartiers atteints de mammites sub cliniques chacun de ces quartiers a été traité par MASTOP H une fois par jour pendant deux jours consécutifs. Douze heures après le traitement le SCC était augmenté significativement ($P<0.05$) dans tous les quartiers traités par MASTOP H. En dehors des 47 quartiers positifs 23 et 6 échantillons avaient des bactéries isolées avant et après traitement respectivement. La diminution du nombre de quartiers infectés (74 %) après infusion de MASTOP H était statistiquement significatif (P<0.05). Les organismes les plus communs isolés des cas de mammites sub cliniques étaient: *Staphylococcus aureus* (25.53 %) *Steptococcus* sp (12.76 %) et *E. coli* (8.51 %).

Mots clés: mammites, dénombrement des cellules stomatiques, Jordanie.

Introduction

The inflammation of the mammary gland (mastitis) is known to be a complex and costly disease of dairy cows (Blosser, 1979: Radostitis *et al.*, 1994). This disease is considered to be the most frequent disease of dairy cattle in Jordan with an incidence rate of 5.6 cases per 100 cow months (Lafi, *et al.*, 1994). The degree of inflammation is classified according to those forms that are diagnosed visually or palpably (clinical) and those forms that are diagnosed via assessment of somatic cell count and or bacterial isolation in the milk (i.e., sub-clinical). The disease causes a decrease in milk production, an increase of veterinary services, labour costs and culling (Dobbins, 1977: Blosser, 1979). The estimated loss to producers is approximately $ 2 billion in the United States alone. This figure includes the additional and total losses from altered milk quality and composition and the effects on dairy products (Harmon, 1994). It is generally agreed that the major economic impact of mastitis comes from sub-clinical mastitis, which amounts to 70% of the losses in the form of decreased production. (Timms & Schultz, 1984; Morin *et al.*, 1993).

In order to reduce the losses associated with the occurrence of this disease, scientists developed many methods such as Direct Microscopic Somatic Cell Count (DMSCC), California Mastitis Test (CMT) and Wisconsin Mastitis Test (WMT) to assess the degree of inflammation and to detect indirectly this disease at its early stages. The DMSCC provides the most accurate means of assessing the degree of inflammation, but the procedure is slow and confined to laboratory procedures. Alternatively, CMT and WMT were developed to provide dairy cattle producers a rapid means of subjectively assessing the degree of inflammation in a given cow (Batra & McAllister, 1984). Recently, some hand-held or in-milkline instruments such as Draminski Mastitis Detector (Draminski, 1989) and MAST-O-TEST®, have been developed for early and rapid detection of sub-clinical mastitis in dairy cows. These instruments measure the electrical resistance of milk, which decreases during mastitis due to increases in Na^+ and Cl^- and decreases in K^+ and lactose (Chamings *et al.*, 1984). During the last decade many products have been marketed for the treatment of bovine mastitis, most of which are antibiotics.

The treatment of bovine mastitis is expensive, time consuming, and in many cases not specific, especially in the third world countries, such as Jordan, where the use of antibiotics is not regulated. Since antibiotic residues in milk have unfavorable effects on human health and milk manufacturing (yogurt), milk obtained from antibiotic treated mastitic cows is discarded during and for a short term after the course of treatment. Therefore, products, which treat bovine mastitis, without affecting human health and/or interfering in milk manufacturing, will save money and time and will be highly needed for the dairy industry in Jordan.

The primary aim of this study was to evaluate the ability of MAST-O-TEST® in the detection of sub-clinical mastitis and the efficiency of MASTOP-H® for the treatment of bovine mastitis.

Materials and methods

MAST-O-TEST®

The MAST-O-TEST® (Durotec Ltd, RSA) is an apparatus developed to detect sub-clinical mastitis in dairy animals. The instrument consists of a measurement cup with 2 electrodes, an electronic unit with integrated circuits, a switch and a handle. The unit operates on a 9-volt battery. It is made of compact ABS, resistant to atmospheric conditions, most chemicals, and shock. The MAST-O-TEST® measures the electrical resistance of milk, after an electrical impulse has been given through the milk sample. The resistance is lowered whenever an inflammatory process is developing in the udder. Inflammation causes the rupture of cells and spillage of the contents, increase in concentration of ionic salts in the extra-cellular fluid and thus in the milk resulting increased electrical conductivity in milk. Decreases in electric resistance and consequent increase in electrical conductivity are related to changes in salts and hence to the degree of inflammatory reactions. The reading is obtained by taking milk sample, pushing the button, a digital reading by 2 LED-numbers is obtained. Three fields of results have been calibrated on the instrument, correlated to three light indicators: Green for healthy quarter; Yellow-Orange for a suspected quarter and a Red light confirming a sub-clinical mastitis.

MASTOP-H®

MASTOP-H® (Durotec Ltd., RSA) is an intramammary formulation in a form of gel, containing homeopathic substances from 2 of the 3 homeopathic kingdoms, namely from the mineral and the plant kingdom. Its composition is as follows: Hepar Sulfur, Silicea, Hahneman causticum, Sepla officinalis, Thuya occidentalis, Calcarea phosphorica, Echinacea nagustifolia, Arnica montana, Iodium, Pulsatilla, Phosphorus, Cantharsis, Baptlisa tinctoria, Nitricum acidum, Phellendrium aquaticum, Bryonia dioica, Excipient q. s. p 1 ml. Presented in a 30 ml intramammary tube, MASTOP-H®, has anti-inflammatory, anti-infectious, anti-pyretic and anti-hemorrhage characteristics. This natural product is indicated in acute and sub-acute, clinical and sub-clinical forms of mastitis and acts as a non-specific, immunity enhancing treatment in bacterial infections. After an intramammary infusion of MASTOP-H®, the number of leukocytes in the affected quarter increases dramatically, proving immuno-stimulating properties of the product. As the product acts as a stimulator of the local immune system and not directly or specifically against bacteria, the problem of resistance, as currently found to be one of the most important problems in antibiotic therapy, are not present when using MASTOP-H®. The most cited important advantage of MASTOP-H® is that there is no residue problem and it offers a considerable economic benefit to the dairy industry. Compared to classic antibiotic therapy, with an average of 2 to 7 tubes per quarter.

Herd selection

Ten dairy herds were selected by convenience and willingness of the farmers to participate in this study. These herds comprised of 484 dairy cows. Selected herds were sorted into three herd-size strata according to the number of cows which were < 30, 30-50 and > 50 cows. Overall, the herd sizes ranged from 12- 200 cows with a median of 23 (Table 1). All cows were Holstein-Friesian and had individual identification number with calving occurring throughout the year. Breeding was mainly by natural services. All herds were housed in brick stanchion barns and milked twice daily using a pipeline milking system. Concentrate feeds were prepared and mixed at some of these farms and the

Table 1. Summary statistics of mastitis by herd size for 10 dairy herds, Irbid, 1999.

Herd size	No. of herds	No. of lactating cows[1]	Positive cows[2]	Positive quarters[2]
< 30	7	77	13	40
30-50	2	67	1	1
>50	1	65	2	6
Total	10	200	16	47

[1]Age ranged between 1 to7 lactations.
[2]Positive using the MAST-O-TEST®

rest purchased their feeds from the local Dairy Herd Cooperation (DHC) mills. The other general husbandry practices applied in these farms were similar.

Sample collection

Udder quarters of all lactating cows at each selected farm were palpated and milk from each quarter was examined by MAST-O-TEST® to assess the electrical resistance. All quarters that gave Yellow-Orange or Red light were considered positive and were identified. Milk samples were collected individually from all these quarters and put in sterile, sealed separate containers after udders were cleaned, teats dried, swabbed with 70% alcohol and stripped several times. The samples were chilled and transported to the laboratory at Faculty of Veterinary Medicine, within 6 hours of collection. This process was repeated two days after the course of treatment by MASTOP-H®.

Treatment by MASTOP-H®

The 47 positive quarters, by the MAST-O-TEST®, were completely evacuated from milk, washed and dried using individual paper towels and then an intramammary ointment of 30ml of MASTOP-H® was administered via the teat canal. This procedure and treatment was repeated after 24 hours.

Somatic cell counts (SCC) and bacterial isolation

Collected milk samples were shaken thoroughly and a 0.01ml from each sample was spread over an area of 1cm^2 on a glass slide, air dried on a flat surface, stained using the Newman-Lambert stain and examined microscopically using the procedure outlined by Embert (1986). This procedure was repeated after the course of treatment by MASTOP -H®. The absolute SCC obtained was categorized into three groups to indicate the degree of severity of mastitis; Low <283.000, Medium 283.000-1.130.000 and High >1.130.000 (Hueston and Heider, 1985). All collected milk samples were centrifuged at 3 000 round per minute for ten minutes. The supernatant was discarded then a sterile swab was immersed in the sediment, one quadrant of each plat inoculated with the swab and the inoculum spread by a loop, and then was cultured at 5% blood agar (BA) with tryptic soy agar base and MacConkey agar plates, which were incubated aerobically at 37°C for 48 hrs. These plates were examined at 24hrs and at 48hrs after incubation. The significant groups were cultured on suitable media and identified by colony morphology, Gram stain and by the use of standard biochemical methods (Clark *et al.*, 1984; Lennette *et al.*, 1985; Baron and Finegold, 1990). Samples that had SCC more than 283.000 and/or had pathgenic bacterial isolates were considered as sub-clinical mastitic case.

Table 2. Summary of SCC results before and after udder infusion by MASTOP-H® for 47 quarters from the 10 selected dairy herds, Irbid-Jordan, 1999.

SCC per ml	Before infusion	After infusion
Low (<283.000)	15	5
Medium (283.000-1,130,000)	3	8
High (>1,130,000)	29	34
Total	47	47

***In vitro* antibiotic sensitivity test**

Bacterial isolates were inoculated in nutrient broth and incubated at 37°C for different time periods to presume turbidity equal to Mcfarland tube turbidity standard. A 0.1ml of the cultured nutrient broth was spread on the surface of Muller-Hinton agar. Sensitivity discs contained different types of antibiotics were distributed equally on the surface of the agar and incubated for 24 hrs at 37°C. The antibiotics used were streptomycin (S), penicillin G (P), colistin sulphate (CT), enrofluxacin (Enr), lincomycin (MY), cloxacillin (OB), tetracycline (TE), gentamecin (GN), ampicillin (AMP), and sulphamethaxazole with trimethoprim (STX 25). All plates were re-examined after 24hrs of incubation. The inhibition zones around the discs were measured to determine the most effective antibiotic(s) against different isolates.

Results

Two hundred lactating cows were examined using the MAST-O-TEST®. Forty-seven quarters in 16 cows gave Yellow-Orange or Red light and were classified as positive (Table 1). Of all these positive quarters 32 had SCC more than 283.000/ml (bacteria positive = 11, bacteria negative = 21) and 12 had SCC less than 283.000/ml and were bacteria positive. Three samples had SCC less than 283.000/ml but were bacteria negative.

Twelve hours post treatment, SCC was increased significantly (Chi square test = 7.66, df = 2, $P < 0.05$) in all quarters infused by MASTOP-H® (Table 2). Of the 47 cultured milk samples, 23 and 6 samples had bacterial isolates before and after treatment respectively. This decrease in the number of infected quarters (74%) [(23-6)/23] was statistically significant (McNemar's paired chi square test = 9.63, df = 1, $P < 0.05$). *S. aureus* was the most common isolate (25.53%), No Bacterial Growth (NBG) was encountered in 24 samples (51.06%), (Table 3).

Farmers observed signs of inflammation, hotness, redness, pain and reduction in milk production, occurred in some of the treated quarters 12hrs after the first intramammary infusion. These signs gradually disappeared in 12-24 hours after the treatment and milk became normal. Milk production resumed to normal levels in all treated cows.

Sensitivity pattern of isolates against the commonly available antibiotics for cows is presented in Table 4. Enrofluxacin and gentamecin were the most effective antibiotics against bacteria recovered from infected quarters.

Table 3. Summary of bacterial isolates before and after udder infusion by MASTOP-H® for 47 quarters from the 10 selected dairy herds, Irbid-Jordan, 1999.

	Before Infusion		After Infusion	
Microorganisms	No.	%	No.	%
S. aureus	12	25.53	4	08.51
E. coli	6	12.76	1	02.13
Streptococcus spp. (non-groupable)	4	08.51	1	02.13
Pseudomonas aeruginosa	1	02.13	0	00.00
No bacterial growth	24	51.06	41	87.24
Total	47	100.00	47	100.00

Discussion

Mastitis is one of the most important and most costly problems in dairy farming. Sub-clinical mastitis has particularly importance. In this state, milk has a normal appearance, and the udder and quarter(s) affected appear normal as well. Sub-clinical mastitis may rapidly become clinical mastitis or can continue at sub-clinical levels, affecting milk production, quality of the milk and spreading infection to other quarters and to other cows in the herd. Research carried out over many years, has established that the development of sub-clinical mastitis is accompanied by a rise in the Na^+ and Cl^- together with the decrease of K^+ and lactose, which immediately lowers its electrical resistance. Since the discovery of this relationship, electronic methods of detecting sub-clinical mastitis have become widely accepted and practiced (Chamings, *et al.*, 1984).

The MAST-O-TEST® proved to be a useful instrument that enables both veterinarians and farmers to detect cows with sub-clinical mastitis before inflammatory changes appear in the udder or in milk composition. Results of this study revealed that from 47 positive milk samples, 32 had SCC more than 283.000/ml and 12 had bacterial isolates. Samples with high SCC and /or had bacterial isolates, i.e. sub-clinical, were 44, giving a sensitivity of 93.6% for the MAST-O-TEST®. These results are higher than the results published previously by Chamings (1984) using a similar instrument. The number of leukocytes in the affected quarter increases dramatically 12 hours after first infusion by MASTOP-H® and lasted for few days after the end of the treatment. It appears that the natural substances of this product have a synergistic effect that stimulated locally the udder immune system and in particular the white blood cells (WBC) counts and consequently, increasing the phagocytosis processes of the pathogenic bacteria that causes mastitis and eliminate the infection. MASTOP-H® acts specifically on the immune system and not on bacteria itself. This was clear from the fact that it did not interfere with the processing of dairy products especially yogurt, which needs fermentation

Table 4.Summary of in vitro antibiotic sensitivity for the different bacterial isolates in farms in Irbid governorate of Jordan, 1999.

Microorganisms	Antibiotics
S. aureus	GN, Enr, TE, MY, OB
E. coli	GN, Enr, SXT 25
Streptococcus spp. (non-groupable)	Enr, TE, MY, S, P
Pseudomonas aeruginosa	Enr, GN, S

by certain types of bacteria. The 74% reduction in bacteria isolation before and after treatment indicates a significant efficiency of MASTOP-H® in the treatment of sub-clinical mastitis. The course of treatment by MASTOP-H® for only 2 days (1 tube each day) was not enough to eliminate infection from 26% quarters (6 out of the 23), which were bacteria positive. This suggests that a 3-4 day treatment course might be needed in some cases. Recently, Lafi *et al.* (1994) reported that the prevalence of *S. aureus* in sub-clinical mastitis was the most common isolate (9.2-12.1%) in the Irbid governorate. This prevalence is lower than that found in this study which reached 25.53%. No Bacterial Growth (NBG) was encountered in 24 milk samples. From these 20 had a high SCC which indicated infection of the udder. This might be due to the unregulated use of antibiotics by farmers and herdsmen for the treatment of mastitis, which inhibits the growth of bacteria in culture and in many instances farmer denied the use of antibiotics before samples were taken to take advantage of the use of this product. Furthermore, there are other causes of mastitis including anaerobic bacteria, mycoplasma, brucella, viruses and fungus, which are not isolated by using the routine laboratory work for bacterial isolation from mastitic milk. Different bacterial isolates appear to be resistant against the commonly available antibiotics used in the treatment of mastitis in cows. The ability of the bacteria in building up resistance to different antibiotics will limit the choices available for mastitis treatment, and on the other hand will increase the cost of treatment. The resistance problem is quite acute and will continue to progress in the future. The use of non-resistance inducing drugs such as MASTOP-H® would be recommended.

Conclusion and recommendation

MAST-O-TEST® is a useful instrument, which can help farmers as well as veterinarians to detect sub-clinical mastitis in their dairy herds before it becomes clinical and so decrease the economic loses associated with sub-clinical mastitis. MASTOP-H® was found highly effective natural product in the treatment of sub-clinical mastitis. Enrofluxacin and gentamecin were highly effective (*in vitro*) against different bacterial isolates, which cause mastitis in dairy cows. Further research need to be conducted to test the efficacy of this natural product in the treatment of clinical and chronic mastitis in cows. In addition, SCC should be monitored after the treatment for few weeks to investigate the time needed for the SCC to resume normal levels.

Acknowledgements

The authors thank Dr. Arwa Y. Shatat and Mr. Jafar M. Alawneh for their help with the laboratory work. This project was funded by a grant from the Takamul National Agriculture and Trading Est., Amman, Jordan. We would like also to thank Vetagro International for the MAST-O-TESTâ and MASTOP-Hâ, which they provided for this research project.

References

Baron, E.J. & S. M. Finegold, 1990. Bailey and Scott's Diagnostic Microbiology. 8thed. The CV Mosby Company, St Louis, Missouri, USA.

Batra, T.R. & A.J. McAllister, 1984. A comparison of mastitis detection methods in dairy cattle. Can. J. Anim. Sci. 64: 305.

Blosser, T.H., 1979. Economic losses from and the national research program on mastitis in the United States, J. Dairy Sci., 62: 119-127.

Chamings R. J., Murray G. & J. M. Booth, 1984. Use of a conductivity meter for the detection of sub-clinical mastitis. Vet. Rec. 114 (10): 243-245.
Clark, W. A., Hollis, D. G., Weaver, R. E. & P. Riley, 1984. Identification of Unusual Pathogenic Gram-negative Aerobic and Facultative Anaerobic Bacteria. US Department of Health and Human Services, Public Health Services, Centers of Disease Control, Atlanta, Georgia, USA.
Dobbins, C. N., 1977. Mastitis losses. J. Am. Vet. Med. Assoc., 170: 1129-1132.
Draminski, J., 1989. University of Agriculture & Technology, Olsztyn, Poland.
Embert, H. C., 1986. Veterinary Clinical Pathology. 4th ed. W. B. Saunders Company, pp. 263-264.
Harmon, R. J., 1994. Physiology of mastitis and factors affecting somatic cell count. J. Dairy Sci., 77: 2103 - 2112.
Hueston, D. William, & E. L. Heider, 1985. Use of Individual Cow Somatic Cell Counts and Bulk Tank samples to Monitor Herd Mastitis Status. 17th Annual Proceedings, American Association of Bovine Practitioners, USA, pp 119-122.
Lafi, S. Q., Al-Rawashdeh, O. F., Ereifej, K. I. & N. Hailat, 1994. Incidence of clinical mastitis and prevalence of sub clinical udder infections in Jordanian dairy cattle. Prev. Vet. Med., 18: 89-98.
Lennette, E. H., A. Balows, Hausler, Jr, W. & H. Shadomy (editors) 1985. Manual of Clinical Microbiology. 4th ed. American Society for Microbiology, Washington, USA.
Morin, D. E., G. D. Peterson, H. L.Whitmore, L. L. Hungerford, & R. A. Hilton, 1993. Economic analysis of mastitis monitoring and control program in four dairy herds. J. Am. Vet. Med. Assoc. 202:540.
Radostits, O. M., D. C. Blood, & C. C. Gay (editors), 1994. Veterinary Medicine. 8th ed. Bailliere Tindall, London, pp: 563-614.
Timms L.L., L. H. Schultz, 1984. Mastitis therapy for cows with elevated somatic cell counts or clinical mastitis. J. Dairy Sci., 67:367-371, 1984.

Role and evolution of dual-purpose breeds in Mediterranean areas. The case of the Central Pyrenees

A. Gibon[1] & R. Revilla[2]

[1]*INRA URSAD Toulouse, B.P. 27 31 326 Castanet- Tolosan, France*
[2]*SIA- DGA Zaragoza, Aptdo 727, 50080 Zaragoza, Spain*

Summary

During the 20th century, cattle production systems in the Central Pyrenees experienced continuous changes in their orientations. Brown cattle were introduced at the beginning of the century on both sides of the Pyrenees for improving the local mountain breeds. The adaptive capacity of this dual-purpose breed for production in harsh environments constituted a core element in these changes. In the Spanish side, Brown cattle became the prevailing breed since the 1950s and 1960s in systems benefiting both their meat and milk production capacities. Dairy production was intensified afterwards, before the later abandonment of milking practices, subsequent to the integration of Spain in the European Community. The Brown breed is now used for meat production. It competes successfully, at least in terms of suckler cow numbers, with other breeds better prepared for calf production. In the French side, Brown cattle, introduced with the aim of developing milk production for butter and cheese industry, became the prevailing breed in dairy areas located in the foothills and some valleys, where it was used in systems associating veal and milk production. Following the milk quotas policy in 1984 which accelerated both the decline in farm numbers and the intensification of milk yield, dairy production was maintained even better in the foothills, than in mountain valleys. In most of the farms in the foothills, Brown cows were replaced by specialised dairy cows (Holstein Friesian). By contrast, Brown cattle remain the main breed in use on the few dairy farms in mountain valleys where milk is mainly processed into home-made cheese. The factors involved in these contrasted changes are examined. The current interest in Brown cattle rather than the local breed selected for calf production in suckler herds on the Spanish Pyrenees conditions is discussed from a comparative analysis of their performance traits (greater sexual precocity, higher intake capacity, quicker growth rates of the calves consequence of their higher birth weight and milk yield). The current interest of Brown cattle rather than the specialised dairy Holstein breed under the French Pyrenees conditions is discussed as an analysis of current projects for change in dairy production in the region (development of high quality cheese production). In conclusion, we address the interesting possibility of using a dual-purpose breed rather than a specialised meat or dairy breed in the current conditions of farming in Mediterranean harsh environments.

Keywords: cattle, production, system, environment.

Résumé

Au cours du 20ème siècle, l'évolution des systèmes d'élevage bovin dans les Pyrénées a été marquée par des changements permanents d'orientations productives. La capacité d'adaptation des races mixtes à produire en milieu difficile a été un pivot de ces changements. La race Brune, utilisée en

Espagne depuis le début du siècle pour absorber les populations locales exploitées dans les zones de montagne, est devenue la race prédominante à partir des années 1950- 1960 sur le versant Sud des Pyrénées. Elle y a été au départ exploitée dans ses aptitudes mixtes, pour le lait comme pour la viande. Par la suite elle s'est trouvée au cœur d'un processus d'intensification de la production laitière. Depuis la disparition de la traite consécutive à l'entrée de l'Espagne dans l'Union Européenne, elle est utilisée principalement comme race allaitante. Dans les troupeaux de la région, elle rivalise à son large avantage, du moins en termes d'effectifs exploités, avec d'autres races mieux prédisposées à la production de veaux. Sur le versant Nord des Pyrénées, l'évolution des systèmes d'élevage bovin a été dans ses grandes lignes très semblable à celle du versant Sud jusqu'aux années 1950-1960. La race Brune y a été introduite à la même époque qu'en Espagne dans l'objectif de développer une industrie laitière locale. A partir des années 1960- 1970, la production laitière s'est cantonnée à de petits bassins de production dispersés dans la montagne et dans le piedmont. Suite à un déclin accéléré par l'instauration des quotas laitiers en 1984 la race Brune ne s'est maintenue que dans les rares élevages laitiers des vallées hautes, où son utilisation est associé à la fabrication locale de fromage fermiers ou artisanaux, et dans quelques fermes laitières de piedmont, région où elle a été remplacée massivement par la race spécialisée Holstein. Les raisons de ces évolutions contrastées sont évoquées. On étudie l'intérêt d'utiliser la race Brune plutôt que la race locale spécialisée en production de veaux dans les troupeaux allaitants au moyen d'une analyse comparative de leurs performances dans les conditions des Pyrénées espagnoles: précocité sexuelle plus forte, capacité d'ingestion supérieure, et vitesse de croissance des veaux plus élevée, en raison de leur poids à la naissance plus élevé et de la production laitière des vaches plus importante. On analyse l'intérêt de la race Brune par rapport aux races laitières spécialisées dans les conditions des Pyrénées françaises par l'observation des tendances d'évolution de la production laitière locale (production de fromage de qualité). L'article se termine par une analyse de l'intérêt que peut présenter l'utilisation d'une race mixte plutôt qu'une race spécialisée lait ou viande dans les conditions actuelles de l'élevage en milieu méditerranéen.

Mots clé: bovins, production, systèmes, environnement.

Introduction

Brown cattle are the dual-purpose cattle breed of main importance on both the Northern and Southern sides of the central part of the Pyrenees where they were introduced at the beginning of the 20th century. Changing breeds to improve cattle production has been a recurrent objective of the agriculture elites in the Central Pyrenees as in many other regions for a long time. Many attempts at introducing various breeds were made throughout the 19th century (Chevalier, 1980), but the introduction of Brown cattle from Switzerland at the very beginning of the 20th century was the first introduction which resulted in a widespread and long-term change in the local cattle composition. Past similarities but important divergences over the last twenty years can be observed in the place and the role of this breed on each side of the border. Brown animals are still nowadays a major component of cattle husbandry on the Spanish side, whilst their number has declined markedly on the French side. The breed is currently used as a suckler cow in the Spain whilst maintained as a dairy cow on very few farms on the Northern side. The assessment of this contrasted evolution appeared to be of value for enlightening the question of the future for dual-cattle purpose breeds.

In the first section of the paper we propose an overview of the evolution of use of the Brown breed over the 20th century on both sides of the central part of the Pyrenean Mountains. In the following sections, we emphasise some specific issues linked to current use and the prospects for the breed on each side of the border. In the concluding section, we discuss changes in the qualities expected from these dual- purpose cattle with the evolution of local livestock farming systems and we address the potential of dual-purpose cattle for sustaining further development of cattle husbandry in harsh Mediterranean environments.

The evolution in the role of the brown dual- purpose breeds in central Pyrenean Mountains

The Spanish side

Historically, sheep production has been the main livestock activity in the Spanish Pyrenees. Cattle were exploited for meat, milk and draft, although the number of cows was very small. Nevertheless, since the fifties, the number of cows has increased remarkably and cattle farming systems have replaced other established activities such as the breeding of equines and the transhumant sheep herds (Revilla, 1987).

Since the beginning of the 20th century, Brown cattle were used in most mountain areas in Spain to “improve” and finally absorb the local breed populations. This process was promoted by the Government, the objective of this policy being to increase the production and consumption of cow milk. After the nineteen fifties and sixties, Brown cattle were already the main breed in the south side of the Pyrenees. These animals were exploited for both meat and milk production (Sierra, 1973).

Later, the breed experienced a process of intensification towards milk production with animals imported from Austria and Germany. However, as a consequence of the Common Agricultural Policy of the EU, milking activities nearly disappeared in the area and Brown cows are now only exploited for meat production. This breed, at least in numbers of animals, is competing well with other breeds specialized in meat production. Just before Spain became a member of the EU, Brown cattle represented 78.5% of the bovine census in the Central Spanish Pyrenees. Brown cows were present in all systems of production. They amounted 87.5% of the cow numbers in dual-purpose systems, 92.5% in suckler cows systems and also 20.1% in specialised dairy systems. Other dual-purpose breeds such as the Simmental represented only 1.2% of the total census (Manrique *et al.*, 1992). On the other hand, 61% of the bulls were Charolais, which indicated the interest of farmers in the specialization towards meat production (Revilla & Manrique, 1988). The authors estimated that in the nineteen eighties, 54, 3% of animals were milked (in 67% of the farms), with an average production of 1 750 litres of commercial milk per cow and per year (Table 1). Most of these farms (75%) were traditional mountain farms, characterised by a winter housing period and a grazing period on high altitude pastures during the summer, according to a livestock management pattern very similar to the one described on the French side (Gibon, 1981). Most of these farmers were still using Brown cows as traditional dual-purpose animals and they did not use bulls to increase the production of milk.

After Spain became a member of the EU, the milk quota and the policies promoting the abandonment of milk production caused the disappearance of nearly all milking activities in the Spanish Pyrenees. Only 8.8% of cows were milked in 1999 (DGA, 2000). Nevertheless, this change in orientation did not cause a change in the breed used and Brown cows currently represent 92 % of the total number of cattle, while Charolais 4% and the local breed Pirenaica and Simmental 3, 5% (Herrero, 1996).

The French side

On the Northern side of the Central Pyrenees, the main changes in livestock production systems were similar to the ones of the Southern side until the 1950s-1960s. During the first half of the century, an industrial dairy production was developed in favoured valleys and uplands, where Brown cows prevailed rapidly over other breeds (Chevalier, 1980). In higher and harsher valleys, Brown cattle cross- breeding has been the main use in these valleys since the 70's, a practice that expanded when artificial insemination developed (Gibon, 1981). Brown cattle were mainly used for absorbing a small size draft breed renowned for the richness of its milk, the Aure et Saint Girons breed (named also Casta), and producing first cross cows from the Gasconne breed, another local breed devoted to meat and draft production.

Purebred and crossbred Brown cows were used in dual purpose livestock farming systems till the seventies. Farmers used them for producing both fattened veal calves (120 to 150 kg live weight at slaughter) and milk processed into local home made cheese at farm and small artisans, or again delivered to small dairy enterprises. Cows were milked after calf sale. This type of dual purpose systems was widespread throughout the foothills, whilst in the mountain areas it developed in parts of the valleys only, constituting scattered dairy pockets.

During the nineteen seventies, the intensification process in the dairy industry led large dairy enterprises to abandon milk collection from small producers. Dairy production disappeared consequently in most of the higher valley farms, and in parts of the foothill farms. Most of the remaining dairy farmers intensified dairy production. Specialised dairy breeds progressively replaced the Brown breed in the foothills, and the very few mountain farms delivering milk to dairy plants. Brown cattle

Table 1. Production of milk of different types of farms in the Northern Pyrenees in the 1980s.

	Specialized milk farms	Specialized dual-purpose farms	Dual- purpose farms	Total
Milk production: mean	1 395	825	3554	1 747
Standard Deviation	999	703	992	1 478

Table 2. Changes in cattle production orientations in the French central Pyrenees after the milk quota regulation.

	Ariège	Hte Garonne	Htes Pyrénées	Total
Dairy cows				
1979	9 098	3 355	3497	15 950
1988	5 167	2 051	2666	9884
1979-88 evolution	-43%	-39%	-24%	-38%
Suckler cows				
1979	16 600	4 805	21 572	42 977
1988	21 923	5 773	22 192	49 888
1979-88 evolution	32%	20%	3%	16%

Source: Recencements Généraux de l'Agriculture 1979 and 1988

use was restricted to mountain situations where farmers and artisan enterprises produced local mountain home-made cheese (Faugère, 1973). By contrast with the Spanish situation, mountain farmers who abandoned dairy production progressively lost interest in the Brown breed, despite its valuable milk yield for veal calf production. By the end of the 1970s, a large part of the local Brown cattle was absorbed by other breeds such as Charolais and Limousine and also Gasconne (Gibon, 1981). After milk quotas were established in 1984, the dairy cow share decreased markedly in the cow population of the mountain area (less than 18 % in 1988; Table 2). In the dairy cows population, the Brown cow share declined more rapidly than the quota regulation leading most the older farmers still using it to abandon dairy production (Viviani-Rossi, 1991).

The dual-purpose aptitudes of the Brown cattle had advantages in the traditional mountain systems producing both veal calves and cheese. Farmers used its high lactation persistency for practising very long lactation lengths, and for balancing veal calf and milk production while making maximum use of the grass and a very limited resort to concentrates in the herd feeding. When specialisation occurred in the early 1970s, Brown cattle were maintained in the few mountain farms where meat production was abandoned for home-made cheese production. In this region of small scale farms, the relatively high economic return generated by cheese processing on farm and specific marketing at purchasers valuating homemade cheese (direct sales to consumers, groceries and restaurants) was an important factor in the maintenance of such systems (Gibon, 1981).

Several phenomena can be called upon to explain the fact that Brown cows appeared progressively unable to compete with other breeds at the farms which specialised in meat production in the French valleys. Firstly butchers and animal traders applied increasingly differential prices to Brown purebred and crossbred veal calves with regard to those produced from specialised meat breeds, justifying their lower prices by their poorer conformation and also their stronger bone structure (Harting, 1982). Additionally many farmers who tried to improve Brown animal performance by terminal crossbreeding with meat breeds faced calving difficulties and animal losses from an inadequate resort to AI Charolais bulls (Gibon, 1981). Last but not least for the Brown cattle census in the French valleys, veal calf production was progressively abandoned during the 1970s for the production of store calves sold at the end of the grazing season. The Gasconne breed imposed itself as the adequate breed in these systems where calves where grown on high pastoral lands.

Important overall changes in cattle production on the Northern side of the Pyrenees since the 1960s modified deeply the genetic composition of its cattle population. Due to the current predominance of suckler cow herds, the Gasconne, and also the Limousine breed in more favoured valleys, became the main breeds in use in the region. The current share of Brown cows in the region dairy population is 5 %, whilst Prim'Holstein amounts 86 % of the dairy cow population (Ruellan, 1997). The move towards this last breed was massive in the lower valleys and the foothills as a result of the intensification period and comparatively more limited in the "residuary" dairy herds of the high valleys. The resort to dual-purpose breeds remains especially frequent for mountain home-made cheese producers.

An attempt at a comparative analysis of the changes in Spain and France

As a result of the divergent changes which occurred during the second part of the 20th century, the current genetic composition of the cattle herd differs greatly between the Southern and the Northern sides of the Central Pyrenean Mountains. Despite the fact that the Brown breed was introduced successfully a century ago with the same objectives and despite the similarities we point out in the dual-purpose cattle farming systems developed until the 1970s differential changes have occurred. Brown cattle are still very numerous in the Southern valleys, where it has become a specialised beef producer whilst it has become a marginal component in the marginalized dairy production in the Northern valleys.

The disappearance of milking activities on the Spanish side of the Pyrenees could be explained as a result of the low productive performance obtained by most farms. But also, the non-existence of a tradition of cheese production in the area prevented farmers from moving towards the production of high quality products as has happened in some places in the Northern valleys and in other regions of Spain and France, or again in other countries.

The disappearance of Brown cattle as a meat producer in the French side of the Pyrenees during the specialisation towards beef cattle production can be explained by the emphasis France has given to the genetic improvement of animal breeds since the middle of the 1960's. A big effort was invested in the selection of beef breeds, such as the Charolaise, the Limousine and the Blonde d'Aquitaine, and from the beginning of the 1970's, in the improvement of local hardy breeds, such as Gasconne. This provided farmers with suckler cows whose aptitudes matched closely the objectives of extensive cattle farming from grass in harsh environments. Another possible factor could be found in the difference in the fattening and market conditions for the products. For a long time, calves from the Spanish suckler herds have been fattened and slaughtered at an advanced age while the French herds were producing veal calves slaughtered at 3 to 5 months. Since the 1970s French farmers turned to the production of store calves of 6-7 months of age. Most of these calves are sold to fattening units in Italy or Spain. They compete on the international market with calves of other breeds produced in other regions, whilst the calves from the Spanish farms enter fattening units located in the regions close to the Pyrenees. All these differences may also have played a role in the increasing divergence in the appreciation of the Brown as a meat breed.

The recent changes in the agricultural policy may possibly reshape again the cattle breed map in the Pyrenean region. That is a good reason to develop some considerations in support of the current prospects for the future of Brown cattle in the Pyrenean Mountains.

Current prospects for the brown cattle in the Pyrenean Mountains

It is clear that the productive characteristics of dual-purpose breeds will never match the potential of the specialized meat breeds to produce calves under non-restrictive conditions. But certain circumstances such as a harsh environment, situations of feeding restrictions, etc. will considerably limit the possibilities of using specialized breeds. In the case of the Spanish Pyrenees, the change from Brown cattle towards more specialized meat production breeds would mainly involve French breeds such as Charolaise and Limousine or the local breed called Pirenaica. This breed is closely related to the Blonde d'Aquitaine and has been selected towards meat production in recent years (Aranguren *et al.*, 2000). Nevertheless, farmers continued using Brown animals, justifying their decision by the adequate productive performance and the adaptation of the breed to the local farming conditions.

Brown cattle on the French side of the Central Pyrenees were given recently a renewed interest. Its use appears first as a valuable answer to the "dis-intensifying" process of dairy production promoted by the Common Agricultural Policy. The new expectations in society towards agriculture and the consequent change in agricultural policy also emphasise the production of animal products meeting the recent requirements of consumers with respect to the certification of the products of origin and the resort to more "natural" production methods. Home-made cheese can meet such requirements and appears therefore to have potential for contributing to a sustainable rural development in mountain areas. Dairy plants are also trying to adapt to the new trends in consumer behaviour and put an increasing interest into matching the market segmentation it induces.

In the mid 1990's the possibility for defining a Protected Designation Origin (PDO) "Tomme des Pyrénées" for cow cheese produced in the Pyrenees was investigated by the different stakeholders in local dairy production. For the promoters of this project, the PDO must address both home-made cheese production and the production of industrial high quality cheese at the dairy plants. As yet applied in a number of French existing PDO cheese, the regulations would include a breed specification in favour of Brown cattle. This specification appears as a guarantee for milk quality, from the data collected in the frame of the regional dairy farm monitoring network OPTILAIT (Table 3).

This project was the occasion for making forecasts about the change in dairy systems in the Pyrenees. The advisory services in the region (Etablissements Départementaux de l'Elevage), the regional monitoring network OPTILAIT and the Institut de l'Elevage (IE) made a careful study of the potential consequences on farm economics of turning from Holstein to Brown cattle in various environmental conditions, from the plain at the foot of the Western Pyrenees to the dry foothills and the valleys in the Central Pyrenees (Cherouat *et al.*, 1997). The results of a simulation for an average farm in each region indicate that such a change, without even changing the forage system, would lead to a small decrease in cow milk yield of little consequence on the economic return (Table 4).

The PDO project " Tomme des Pyrénées" has not yet been put into action. Nevertheless in a recent prospective study, the Institut de l'Elevage (2000) considers that the strategy currently (re)developed by some upland farmers, which consists in producing both milk and high quality veal calves using Brown (or Montbeliarde) cows yielding about 5 000 l. of milk per lactation, is a solution of potential interest for the future at farms where milk quotas and herd sizes are rather small (260 000 l. average milk quota and 25 to 65 dairy cows). In mountain and piedmont situations, where most of

Table 3. Current traits of dairy production according to cow breed at the dairy farms in the OPTILAIT network (source: Cherouat et al., 1997)

a) Geographic area of concern for the PDO "Tomme des Pyrénées" (Pyrénées Atlantiques, Hautes Pyrénées, Haute Garonne and Ariège)

	Number of farms	Mean herd size (Dairy cows)	Lactation yield (l)	Milk fat contents (g/kg)	Milk protein contents (g/kg)	Milk price (FF/l)
Brown	37	34	5248	42,2	33,6	2,04
Holstein	1127	35	6467	41,9	32,1	1,97

b) Foothills and mountain area in Haute Garonne and Ariège

	Brown			Holstein		
	Number of farms	Mean herd size (Dairy cows)	Lactation yield (l)	Number of farms	Mean herd size (Dairy cows)	Lactation yield (l)
Ariège	20	36	5740	97	43	5923
Hte Garonne	15	31	4600	167	37	6389

Table 4. Simulated results of a change from Holstein to Brown cows in average dairy farms delivering milk to a dairy plant, without change in forage system (from Cherouat et al., 1997)

	Mountain farm		Dry foothills farm	
	Holstein	Brown	Holstein	Brown
Farm acreage (Ha)	32	32	70	70
Commercial Crops (Ha)	2	1	28	25
Permanent Grassland (Ha)	15	15	18	18
Temporary grassland (Ha)	11	12	13	15
Forage crops (Ha)	4	4	11	12
Dairy cows (number)	35	37	42	45
Lactation yield (l)	5500	5200	6200	5700
Herd Gross Margin (FF)	230 944	235 035	319 204	326 194
Farm Gross Income (FF)	125 234	126 126	137 024	134 304

the farms have milk quotas less than 120 000 l., the future of dairy production appears to the authors of this study to be linked to on-farm production of high quality local cheese, from Brown cows yielding 5 000 l.

The CAP orientations and the current conditions of dairy farms in the French Pyrenees appear thus as the opening of a new era, in which dual-purpose breeds such as Brown cattle could find again an important role.

Final considerations

The case of the Pyrenees highlights the potential of adaptation and adjustment of the dual-purpose breeds, especially when they are located in harsh environments. On the Spanish side, Brown cattle are generally exploited as suckler cows and have become a local beef breed, nowadays subject to local improvement schemes matching this objective. On the French side, Brown cattle are maintained in few numbers as a dairy breed. Farmers who maintain its use put more interest in a moderate increase in the milk yield of their animals in order to reach an efficient dairy performance in grass-based systems than in maintaining their dual aptitude. A similar attitude towards the Brown breed is found in the Greece regional case study made by Georgioudis *et al.* (2001).

From these trends it can be concluded that the resort to dual-purpose breeds in various Mediterranean mountain areas that was undertaken in times when farming systems were aimed at producing a diversity of products (including draft power), offered not only the possibility of increasing the performance of the local livestock farming systems, but also a facility for a further specialisation on either dairy or beef production. The major question that arises from such changes is how to maintain in the long run the comparative advantages of dual-purpose breeds with respect to specialised breeds when, as in the case studies reported here, they have entered a process of genetic improvement on only one of their initial aptitudes.

This question appears to be an issue of the past in the Mediterranean regions in the European Union. The new orientations of the Common Agricultural Policy can boost again the interest in dual-purpose cattle to contribute to "multi- function" agriculture. In harsh environments a sustainable future for cattle farming is increasingly researched from the dual objectives of ecologically sound land use and economically viable production at farm level. The high grazing aptitudes of these breeds can be an important value in such objectives. Some French rural development programmes based on high quality PDO cheese demonstrated the advantage of the dual-purpose breeds not only for the quality of their milk but also for their capacity to contribute to a sustainable pastoral land use (for instance in the Beaufort area; Hauwy *et al.*, 2000). But the current trends for change on the French side of the Pyrenees, where the dual aptitudes of the Brown cattle are appearing again as an advantage, suggest that the new conditions for agriculture in Europe can also create a renewed interest for their use into livestock farming systems combining again meat and dairy production.

In support of the new prospects for the future of dual-purpose breed that are arising from the new trends in cattle husbandry development, an effort should be devoted to a whole farm level comparative analysis of their efficiency with the specialised breeds in order to assess the "real life" cattle farming systems of potential interest for the future.

Acknowledments

The authors thank warmly Jean Christophe Moreau from the Institut de l'Elevage (Toulouse division) and Vincent Ruellan (EDE 09) for the information provided and the fruitful exchanges which helped them to improve this paper. They are also very grateful to Alberto Bernues Jal for his careful revision of the paper.

References

Aranguren, P., Pastor, F., Vijil.E., Alberti, P., Sañudo, C., Olleta, J.L., Altarriba, J. 2000. "Nueva línea de mejora genética en la raza bovina Pirenaica". Surcos de Aragón, 69: 34-36.

Cherouat G., Dupont, J., Ruellan, V. and Moreau, J.C.. 1997. Composition raciale et intérêt du changement de race dans les exploitations laitères de la zone IPG « Tomme des Pyrénées » (simulation économiques dans 3 types de systèmes distincts. Chambres d'Agriculture 64, 31 et 09, Institut de l'Elevage, Réseau Elevage Optilait. 33 p.

Chevalier, M. 1980. La vie humaine dans les Pyrénées Ariégeoises. Ed. Résonances, Tarascon/Ariège, France, 1060 pp.

DGA, 2000. Anuario Estadístico Agrario de Aragón 1999. Departamento de Agricultura, Gobierno de Aragón, Zaragoza, 171p.

Georgioudis, A., Ligda, C., Fragos, K., Baltas, A., Boyazoglu, J. 2001. The role of dual purpose breeds in the evolution of the cattle milk production sector in Greece (this book).

Faugéaugère, R. 1973. Fromages des Pyrénées. Contribution à la définition d'une «qualité montagne» des produits agricoles. Institut d'Etudes Rurales Montagnardes-CTGREF Grenoble, France. 102 pp.

Gibon, A. 1981. "Pratiques d'éleveurs et résultats d'élevage dans les Pyrénées Centrales". These INA- PG: 106 pp.

Harting, G. de. 1982. Systèmes d'élevage et stratégies de commercialisation des viandes ovines et bovines de montagne. L'exemple de trois vallées pyrénéennes. DEA Géographie, Université de Toulouse le Mirail, 60 pp.

Hauwuy, A., Coulon, J. B., Chamba, J. F., Ballot, N. 2000. Adaptations aux questions techniques des AOC fromagères dans deux dispositifs de Recherche- Développement. Paris, Institut de l'Elevage- INRA. Rencontres Recherches Ruminants 2000, 281- 287.

Herrero, J., 1996. El vacuno extensivo, principal recursos ganadero del Pirineo. Surcos 48, 24-27.

Institut de l'Elevage, 2000. L'élevage de Midi-Pyrénées. Situation et perspectives à l'horizon 2005. Le Dossier Economie de l'Elevage N° 298 A, B, C.

Manrique, E., Revilla, R., Olaizola, A., Bernues, A. 1992.Los sistemas de producción de vacuno en montaña y su dependencia de los condicionantes del entorno. Bovis: 46. 9-42.

Revilla, R., Manrique, E. 1988. Los Pirineos Centrales. En "Sistemas ganaderos de Montaña". Agricultura y Sociedad, 46: 138- 146.

Revilla, R. 1987. Las zonas de montaña y su entorno económico. Análisis estructural y bases técnicas para la planificación de las actividades ganaderas en los Altos Valles de Sobrarbe (Pirineo oscense).Tesis Doctoral. Universidad de Zaragoza.550 pp.

Ruellan, V., 1997. Etude statistique sur la composition raciale du troupeau laitier sur la zone IPG. In Cherouat *et al.*, 1997 (ibid), 18-23.

Sierra, I. 1973. Técnicas de producción bovina. In "Ensayo de Planificación Ganadera en Aragón". Institución Fernando el Católico, M.Ocaña, editor: 165- 240.

Viviani Rossi, E.M., 1991. L'enquête pour le diagnostic de la gestion des systèmes fourragers: Elaboration d'une méthode sur le cas des exploitations d'élevage du Couserans (Pyrénées Centrales). INP de Toulouse, Thèse de Docteur Ingénieur, 115 pp.

The role of dual purpose breeds in the evolution of the cattle milk production sector in Greece

A. Georgoudis[1], Ch. Ligda[1], K. Fragos[2], A. Baltas[2] & J. Boyazoglu[1]

[1]Aristotle University, Faculty of Agriculture, Dept. of Animal Science, Thessaloniki
[2]Ministry of Agriculture, Directorate of Inputs for Animal Production, Athens

Summary

Immediately after the World War II the Greek authorities and also individual farmers and companies, imported on a large scale dual-purpose type breeds either as semen or as live animals. This was due to the xyrothermic climatic conditions, the lack of tradition in producing milk from cows and the need to meet the increased demands in bovine meat of the urban population. Later on, the increasing demand of milk and dairy products motivated the import of dairy-type breeds, mainly Holstein. The available data from the existing milk recording and genetic improvement scheme show the better production capability of the Holstein breed under the better husbandry conditions of recorded dairy farms. This has resulted in a prevalence of this breed over the existed Schwyz and Simmental breeds especially in the lowlands, while in the upper land areas the dual-purpose breeds showed milk yields comparable to the purebred Holstein animals and maintained a relatively high percentage until the beginning of the nineties. From the end of the 1980s dairy cattle units concentrated more around the big cities of the country and in areas where the feed production, especially maize silage as a second crop, is favorable. This concentration of the dairy cattle industry and the constraints of the quota system have given to the Holstein animals advantages in the competition with dual-purpose breeds and explains their predominance in the dairy population. Nevertheless, there is a lack of reliable information regarding the characteristics of the breeds for longevity or reproduction traits under the Greek conditions.

Key words: breed, cattle, dairy, meat, industry, demand, quota.

Résumé

Immédiatement après la Deuxième Guerre Mondiale les autorités grecques mais aussi des fermiers individuels et des sociétés, ont importé à une grande échelle des races mixtes sous forme de sperme ou d'animaux vivants. C'était en raison des conditions climatiques xérothermiques, de manque de tradition dans la production du lait de vaches et la nécessité de couvrir les demandes accrues en viande bovine de la population urbaine. Plus tard, la demande croissante de lait et des produits laitiers a motivée l'importation de races de type laitières, surtout la race Holstein. Les données disponibles du contrôle laitier montrent une meilleure capacité de production de la race de Holstein, dans les meilleures conditions d'agriculture des fermes laitières contrôlées. Il en est résulté une prédominance de cette race sur les animaux de la race de Simmental et le Schwyz, spécialement dans les plaines, quand sur les montagnes les races mixtes présentaient des performances comparables avec celles de la race Holstein et maintenaient des pourcentages élevés jusqu'au début des 90s. De la fin des années 80 les unités de bétail laitiers ont été concentrées plus autour des grandes villes du pays et dans des secteurs où la production d'alimentation, particulièrement l'ensilage de maïs comme une culture secondaire, était favorable. La concentration de l'industrie laitière et les contraints du système de quotas a donné aux animaux de la race Holstein des avantages, en compétition avec des races mixtes et explique leur prédominance dans la population laitière. Néanmoins, il y a un manque d'information fiable sur les caractéristiques des races, comme la longévité ou des aptitudes à la reproduction, dans les conditions grecques.

Mots clés: race, bovin, lait, viande, demande, quotas.

Inroduction

The cattle population in Greece has changed rapidly over the last 50 years. At the beginning of this period, starting after the end of the World War II, the existed local cattle breeds were crossbred to a great extent with foreign breeds, mainly with Schwyz, aiming at an increase in body conformation traits and milk production. Later foreign dual-purpose or meat breeds, mainly Schwyz, Simmental, Charolais and Limousin were introduced and used for industrial crossing.

As a result of this uncontrolled crossing a non-defined population of suckling cows grazing in herds on the semi- and mountain pastures has formed. This population nowadays is bred with males originating from the same population, purebred animals of meat breeds and seldom with bulls of dairy breeds (Boyazoglu and Flamant, 1990).

During the years from the beginning of the 1950s to the end of the 1970s several massive imports of dual-purpose and dairy cattle breeds, mainly Schwyz, Simmental and Holstein took place. Besides their use on commercial farms, a number of these animals have been kept in state farms to study their potential for milk and meat production with the aim of meeting the increasing demand for animal products in the developing Greek economy (Baltas and Georgoudis, 1997). In the late 1970s and

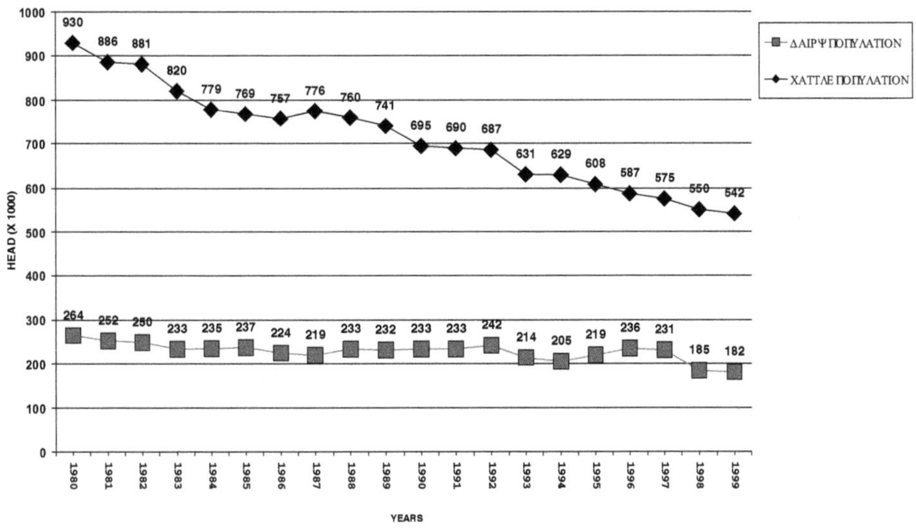

Figure 1. Evolution of dairy and suckling cattle population in Greece.

Table 1. Evolution of the 305d and total milk production.

	Breeds					
	Schwyz		Holstein		Simmental	
Years	305d	Total	305d	Total	305d	Total
78	4135	4267	4425	4582	4278	4432
79	4090	4190	4381	4505	4005	4124
80	3886	4020	4231	4341	4091	4227
81	3965	4083	4436	4560	3838	3918
82	3934	4019	4540	4650	3945	4021
83	4109	4197	4623	4742	3877	3891
84	4175	4264	4714	4830	4200	4310
85	4167	4369	4852	4981	4437	4563
86	4213	4304	4860	4994	4446	4546
87	4266	4371	4813	4948	4419	4489
88	4285	4398	4952	5094	4578	4691
89	4501	4587	5134	5267	4667	4774
90	4738	4828	5263	5394	4703	4796
91	4450	4509	5194	5334	4789	4952
92	4685	4728	5362	5469	4956	5052

the 1980s, two types of farms were established forming a milk producing cattle population aiming to cover the increasing demand of the growing big city centers. These were either farms which kept only Holstein animals (unmixed herds) or farms that kept a mixed population of Holstein animals together with representatives of the Schwyz and/or Simmental breed. Some of these latest animals were actually crossbreds of the local population with the imported breeds. The contribution of these crossbreds to the total population kept for milk production is difficult to assess. During this period and until recently, the number of cattle has decreased; from 1,131,000 animals in 1965 to 608,000 in 1993. In 1999 the number of cattle decreased further to 542,000 animals. The number of cows regularly kept for dairy production was 182,000, of which 94.0% belongs to the Holstein Friesian breed. 28.6% of these dairy cows are recorded (Figure 1).

The purpose of this case study is to investigate the reasons for the predominance of the Holstein breed over the dual-purpose breeds as the almost exclusive supplier of cattle milk in Greece, taking into consideration the production conditions in the country.

The cattle production environment in Greece

In Greece differences in climate, topography and soil lead to a great diversity in the agricultural potential of the different regions of the country. On better lands, intensive or semi-intensive ruminant (e.g. dairying and intensive fattening) and non-ruminant (poultry, pigs) production has been integrated with the other agricultural sectors, whereas on the poorer lands extensive ruminant production, forestry and tourism developed in complementary ways to answer the existing needs.

For many decades, the bovine nucleus population of the country underwent a population change with the introduction from abroad of improved and purebred cows and bulls. However, the real alteration took place after World War II, with the extensive application of the artificial insemination, using sperm of pure breeds, mainly Schwyz, aiming at upgrading the indigenous bovine populations.

Table 2. Breeds proportion (%) in mixed dairy herds in Greece.

Number of lactations	Year	Schwyz	Holstein	Simmental	Total
372	78	21.77	72.04	6.18	100
1413	79	19.04	77.57	3.40	100
1593	80	16.57	80.29	3.14	100
2015	81	16.33	80.79	2.88	100
2417	82	15.43	82.29	2.28	100
2655	83	15.74	82.30	1.96	100
2779	84	12.49	85.53	1.98	100
2863	85	12.05	86.38	1.57	100
3093	86	9.96	88.55	1.49	100
4454	87	9.77	88.80	1.44	100
6457	88	9.57	89.07	1.36	100
7312	89	8.59	89.82	1.59	100
8577	90	7.83	90.65	1.52	100
8839	91	8.56	90.17	1.27	100
7231	92	7.72	91.40	0.89	100
62070		10.31	88.07	1.62	100

As a consequence, cattle in Greece were genetically stratified as follows: indigenous breeds (used mainly for meat production and draft), crossbred animals (meat and dual-purpose), and purebreds of foreign origin (dairy or dual purpose type animals) (Simon and Buchenauer, 1993).

The only way to trace back the history of the introduction and the impact of the imported cattle and especially dairy and dual purpose type cattle in Greece, is to combine this with the history of the recording and genetic improvement scheme of the country which, together with some performance data from state experimental agricultural farms, is the main and the only reliable source of information. The official animal performance and especially milk recording is applied in Greece for about 50 years and it can be divided in four periods.

Immediately after the end of the World War II, but to a small extend before it started the existed local cattle breeds were crossbred to a great extent with foreign breeds, mainly with Schwyz. The purpose was the upgrading of the local breeds by increasing the body conformation traits and the milk production. These crossbred animals subsequently were used either as dual purpose breeds for milk production or as meat breeds for industrial crossing mainly with Schwyz, Simmental, Charolais and Limousin imported purebred sires (Baltas, 1995; Georgoudis and Baltas, 1996).

The first period, which could be characterized as an introductory one, covers the years between 1952 and 1962, when milk recording was planned by the regional services of the Ministry of Agriculture and intended to identify only the variability of milk yield of cattle raised in farms, without being an integral part in the frame of a genetic improvement programme of the known breeds. Generally, this period could be characterized as an introductory one, without a well-founded organization and with a lot of omissions in milk recording and data processing. An exception to this was the recording applied in Livestock Research Institutes, though these Institutes did not and still do not participate in the official recording and genetic improvement scheme (Baltas and Georgoudis, 1997).

The second period covers the years from 1963 to 1977 and is characterized by the Ministry of Agriculture issuing relevant decisions and regulations for the organization and operation of the herd book and milk recording of the common bovine, sheep and goat dairy breeds. Milk recorders were employed by the regional services of the Ministry of Agriculture in order to carry out milk and fat content recording, body conformation measurements, collection of feed intake information and processing of the data. Generally, the performance recording scheme was well and systematically organized, but the number of recorded animals was limited and the collected data have not been evaluated and used properly, mainly due to the lack of scientific and technical personnel.

A survey carried out from 1952 to 1971, included 1306 lactation periods of 343 cows in state experimental farms (152 Schwyz, 131 Holstein and 59 Jersey). Of these, 60 were imported and the remaining 271 were born in the state farms as progeny of the imported animals.

The average actual milk production of the Schwyz breed was 3492±1169 kg and of the Holstein 4265±1265 kg. The maximum observed milk yields were 7093 and 8818 kg, respectively. The average fat milk content was 3.85±0.27 for the Schwyz breed and 3.80±0.46 for the Holstein. The figures show the high production capability of the two breeds under the husbandry conditions in Greece during the period of 1952 to 1971, but also show clearly the higher capability for production of the Holstein breed. Both breeds have shown reproduction difficulties resulting in prolonged open days (Baltas and Georgoudis, 1997).

As Baltas and Georgoudis (1997) reported, the Holstein breed has produced more than the Schwyz breed in all consequent lactations. The average total milk production of each breed for all lactations was higher for the Holstein than the Schwyz. The imported animals of the Schwyz breed showed higher average total milk production during the first lactations and a longer productive life. The animals of the Holstein breed showed higher average total milk production during their maturity. The explanation for these differences is the better adaptability of the Schwyz breed to the conditions in Greece, but the Holstein breed showed an ability to adapt to a wide range of environmental conditions. These results can explain, to a certain degree, the preference of the farmers to the Holstein breed and their participation up to a 95% to the contemporary dairy cattle population in Greece.

The third period covers the years from 1978 to 1992 and is characterized by the establishment within the Ministry of Agriculture of the Directorate of Animal Genetic Improvement (later renamed

Table 3. Breeds proportion (%) in mixed dairy herds in lowland areas.

Year	Schwyz	Holstein	Simmental
78	18.81	80.20	0.99
79	15.09	82.97	1.94
80	12.77	83.99	3.24
81	11.67	85.45	2.88
82	10.55	87.65	1.80
83	8.64	89.87	1.49
84	6.83	91.20	1.97
85	7.08	91.64	1.28
86	5.22	93.60	1.19
87	5.50	93.24	1.25
88	4.66	93.93	1.41
89	4.83	93.92	1.25
90	4.44	94.51	1.05
91	3.98	95.20	0.81
92	4.00	95.67	0.33

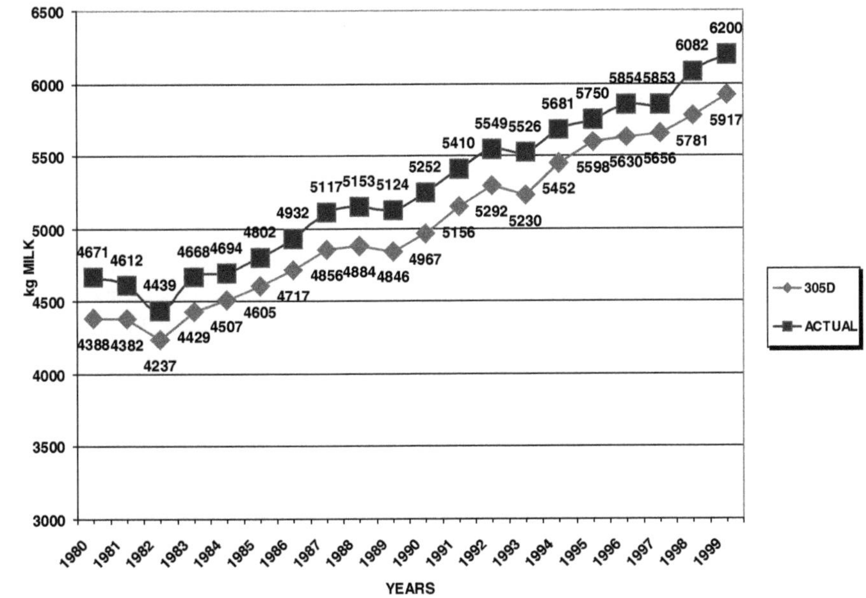

Figure 2. Evolution of the actual and 305d milk production of the holstein cattle breed in Greece.

Table 4. Milk production (305d) in mixed dairy herds in lowland areas.

Year	Schwyz	Holstein	Simmental
78	4097	4106	4106
79	4039	4461	4390
80	4172	4284	4277
81	4541	4470	4474
82	4192	4584	4542
83	4441	4789	4751
84	4681	5035	5013
85	4395	4993	4953
86	4608	5068	5040
87	4638	4994	4969
88	4698	5126	5101
89	4806	5172	5151
90	5095	5308	5297
91	5064	5302	5294
92	5220	5520	5509

as Directorate for Inputs to Animal Production) and of five Regional Animal Genetic Improvement Centres (Drama, Thessaloniki, Karditsa, Ioannina, Athens), which monitor the milk recording and genetic improvement scheme, process and evaluate the collected data. In 1978 and 1982 the regulation of animal milk recording of 1963 was amended, as well as the relevant decision concerning the organization and operation of herd books.

The genetic improvement scheme, which was introduced in 1978 and also applied during the period that followed, was based on the use of imported frozen semen from progeny tested bulls. This semen is used by the A.I. to service only cows participating in the milk recording scheme. Bulls, born by the best of these recorded cows, are bought by the A.I. service in order to cover the frozen semen needs for the rest of the dairy cow population. In 1987 the Department of Animal Production of the Faculty of Agriculture of the Aristotle University of Thessaloniki started to evaluate the imported progeny tested sires with a BLUP model. In 1992 the evaluations extended to cover also the recorded cow population with an Individual Animal Model based solely on milk yield and performed twice per year.

For cattle, no progeny testing or family selection has been applied until now. The lactation data collected by recorders are processed by computers and the information on the 305-day and total lactation is sent to the farmers who use them for selection. The A.I. bulls, which are all imported and progeny tested in other countries (USA, France, Germany, etc.), are chosen by the farmers according to their breeding value calculated abroad. Models for the calculation of the breeding value of the recorded cows and their progenies, by BLUP-Animal Model methodology are already prepared, but not yet fully introduced in the every day practice. The milk recording method is the Official A system, once a month two milkings per day. The collected data with a sample for measuring the milk contents are delivered immediately after the visit to the responsible Animal Genetic Improvement Centre (Figure 2).

The fourth period, which is a continuation of the previous, has started in 1993. In this period, also, the Ministry of Agriculture is still in charge of the organization and operation of milk recording and

Table 5. Breeds proportion (%) in mixed dairy herds in upper land areas.

Year	Schwyz	Holstein	Simmental
78	57.14	34.29	8.57
79	47.77	47.77	4.46
80	42.62	57.38	0.00
81	42.62	54.92	2.46
82	39.47	59.21	1.32
83	35.84	62.43	1.73
84	34.59	63.78	1.62
85	36.76	63.24	0.00
86	28.30	69.81	1.89
87	32.27	66.14	1.59
88	31.53	68.47	0.00
89	28.25	71.75	0.00
90	32.58	66.67	0.75
91	36.23	61.98	1.80
92	29.63	70.03	0.34

herd book keeping, but there is the intention to totally involve co-operative organizations or other type of organizations, under the supervision of the Ministry.

Taking into consideration the results of the milk recording scheme the production of the dual purpose and dairy cattle breeds during the years 1978 to 1992 is shown in Table 1. The milk yield of the Schwyz and Simmental breeds is almost the same but significantly lower than the milk produced from the Holstein breed. As mentioned previously, in the milk producing cattle population two types of farms were established, either farms which kept only purebred Holstein cattle (unmixed herds) or farms which kept together Holstein and purebred or crossbred Schwyz and/or Simmental animals (mixed herds). The figures of the Holstein breed in Table 1 include animals kept in mixed and unmixed dairy herds, as the milk yield of these animals does not differ between the two types of herd.

Taking into account only the mixed herds, where Schwyz and/or Simmental are kept together with Holstein animals, the Holstein breed generally shows higher milk yields than the other two, for all the years from 1977 to 1992, while the Schwyz and Simmental breeds do not differ significantly.

The percentages of the Schwyz and Simmental breeds in the mixed dairy herds from 21.8 and 6.2, respectively in 1978, have decreased to 7.7 and 0.9 in 1992. This trend was not the same in the entire dairy producing parts of the country. In lowland areas the percentage of the Schwyz and Simmental breeds in the mixed dairy herds was 18.81 and 0.99 in 1978 and decreased to 4.00 and 0.33 in 1992. The respective percentages of these breeds in the upper land areas were 57.14 and 8.57, in 1978 and 29.63 and 0.34, in 1992 (Tables 3 and 5). In the lowland areas the milk production of all breeds in the mixed herds has increased, with the Holstein breed producing higher yield, while the production of all breeds in the upper land areas does not differ significantly (Tables 4 and 6). The percentages of the Holstein breed are generally risen from 72.00 in 1972 to 91.4 in 1992 (Table 2), while a higher percentage of double purpose breeds remain in upper land areas (Table 5).

Conclusions

The available data from the existing milk recording and genetic improvement scheme show a better production capability of the Holstein breed, under the better husbandry conditions in the controlled

Table 6. Milk production (305d) in mixed dairy herds in upper land areas.

Year	Schwyz	Holstein	Simmental
78	4059	4059	3630
79	4043	4178	4201
80	3824	3638	n. av.
81	3581	3717	3130
82	4336	4427	3912
83	4433	4575	4133
84	4245	4726	4370
85	4406	4428	n. av.
86	4117	4568	3214
87	4014	4242	3256
88	4199	4507	n. av.
89	4537	4829	n. av.
90	5161	5195	4131
91	4243	4502	5561
92	4425	4563	2860

dairy farms. This resulted in a prevalence of this breed against the existed animals of the Schwyz and Simmental breed. From the end of the 1980s dairy cattle units have been concentrated more around the big cities of the country and in areas where the feed production, especially maize silage as a second culture, is favourable. However, in the upper land areas the dual purpose breeds showed milk yields comparable to the purebred Holstein animals and retained a relatively high percentage in the mixed farms, until the beginning of the nineties. In the following period the concentration of the dairy cattle industry around the bigger cities and the high production yield of the Holstein cows under the constraints of the quota system, has given them an additional advantage in the competition with dual-purpose breeds. Nevertheless, there is a lack of information regarding characteristic of the breeds, as longevity or reproduction traits, under the Greek conditions.

References

Baltas, A. 1995. Current situation, problems and perspectives of Animal Performance Recording in Greece. Proceedings of the Symposium on Animal Performance Recording, Thessaloniki, Greece.

Baltas, A. and A. Georgoudis, 1997.The production ability of the cattle breeds imported to Greece before the implementation of the National Genetic Improvement scheme. Animal Science Review, 19:35-36 (in Greek).

Boyazoglu, J. and J.C. Flamant, 1990. Mediterranean Systems of Animal Production. The World of Pastoralism, Chapter 12, 353-393.

Georgoudis, A. and A. Baltas, 1996. Situation and Perspectives of Milk Production and Milk Recording in Greece. Proceedings of the 33rd ICAR Conference, June 23- 38, Veldhoven, the Netherlands.

Simon D.L. and D. Buchenauer. 1993. Genetic Diversity of European Livestock Breeds. EAAP (European Association for Animal Production) Publication No. 66.

Alternatives offered by technology for improving the sustainability of Mediterranean dairy sheep systems

L. Oregui[1], S. Sanna[2] & F. Barillet[3]

[1]NEIKER-Arkaute, Basque Institute of Agricultural Research and Development, Apdo. 46, E-01080 Vitoria-Gasteiz, Spain
[2]IZCS, Istituto Zootecnico e Caseario per la Sardegna, Reg. Bonassai, I-07040 Olmedo (SS), Italy
[3]INRA-SAGA, Station d'Amélioration Génétique des Animaux Domestiques, Centre de Recherches de Toulouse, B.P. 27, F-31326 Castanet Tolosan, France

Summary

The introduction of new technologies in the dairy sheep production systems in the Mediterranean area must take into account the delicate balances on which their durability is based, because of their permanent impact upon the resources used. Application of inadequate technologies in areas of genetics, reproduction or animal nutrition, for example, could endanger these ovine milking systems. For this reason, the selection of local breeds in their respective locations of historic use is almost always found to be the preferred choice for increasing milk production because it minimizes the problems of adaptation to the environmental limits and to the increase in the demands of nutrition. Actually, the introduction of exotic genotypes with higher milking potentials has had success only in some situations with intensive or semi-intensive systems for example in Israel and Spain. In the area of reproduction, artificial insemination (AI) remains the most important technical innovation as it allows the spread of ram semen in different production systems, thus permitting tests and controlled use in field conditions. Linking this technology to the synchronization of oestrus is also an asset in dairy sheep production systems by matching the productive cycle of animals with the available resources. In the area of nutrition, in addition to the essential role of adapting feeding systems to the management of feedstuffs, the development and use of better systemic models permits a greater improvement in feed resources in grasslands and range areas supplemented by appropriate management.

Keywords: Sustainability, dairy ewes, genetic improvement, feeding, reproduction.

Résumé

L'introduction de nouvelles technologies dans les systèmes de production d'ovins laitiers dans la zone méditerranéenne doit prendre en considération l'équilibre fragile sur lequel sa durabilité est basée à cause de l'utilisation des ressources. L'emploi de technologie inappropriée dans les domaines de la génétique de la reproduction ou de la nutrition animale par exemple peut mettre en danger le système ovins laitiers. Dans ce contexte la sélection de races locales dans leur bassin respectif de production s'avère presque toujours être la technologie la mieux adaptée pour augmenter la production laitière. Elle réduit le problème de l'adaptation aux limites de l'environnement et à l'augmentation des besoins alimentaires. En réalité l'introduction de génotypes exogènes avec un haut potentiel laitier est seulement valable dans des systèmes d'élevage intensif ou semi intensif en Israël ou en Espagne.

Concernant la reproduction l'insémination artificielle (IA) est la plus importante innovation technique assurant la diffusion du sperme de bélier dans différents systèmes de production qui permet de tester et d'utiliser les reproducteurs dans de réelles conditions d'élevage. Cette technique ainsi que la synchronisation de l'œstrus est aussi un atout dans les systèmes de production d'ovins laitiers permettant l'harmonisation du cycle de production avec les ressources disponibles. Pour ce qui est de la nutrition en plus du rôle essentiel du système d'alimentation le développement et l'utilisation de modèles plus améliorés rendent possibles une plus grande valorisation des ressources alimentaires des prairies et des parcours avec une complémentation appropriée.

Mots clés : durabilité, brebis laitières, amélioration génétique, alimentation, reproduction.

Introduction

Dairy sheep have traditionally been raised in harsh or small areas of Mediterranean countries. The challenge for Mediterranean dairy sheep systems arises from (i) the standardization of consumers´ demands and (ii) the globalisation of milk sheep production. If unsuitable technological tools are introduced with the aim of increasing milk yield, then the sustainability of dairy sheep production systems in Mediterranean areas could be threatened. Consequently, the inclusion of new technology can be a paradox relative to sustainability.

Thessier (1979) defined technology as the ordered joining of operations which, based on scientific or empirical knowledge or both of them in most cases, facilitates a specific objective in a production system. This relationship between scientific knowledge and technology has characterized change in recent times. As a result, it has been assumed that technology is able to offer a production system which will provide specific solutions in existing situations.

Consequently, a new technology can be introduced without paying enough attention to the system. This approach could lead to standardization of production and consequently to possible exploitation of resources and risks to the environment.

The traditional systems of production, which are often more attractive to the consumer, have maintained and often improved the resources such as the soil or the livestock. These more natural systems have maintained the sustainability concept – namely to continue permanently without compromising future means of production (Brundtland report). Nevertheless, the sustainability of animal production systems does not imply ceasing their development. The relationship between the production systems and rural society requires an adaptation of the former to the changes in society. Consequently, production systems must adapted to integrate the new technological alternatives retain sustainability and its distinctive characteristics.

Integration of new technologies needs the dedication of people concerned with the production systems, as opposed to the liberal, individualistic development based on the activity of individuals (Boyazoglu, 1998). To reach this objective, appropriate available technology must be adapted to a particular way of production, that is to say, it must be translated into practice (Thessier, 1978). In turn, this requires:

- Training professionals working in the system, especially the livestock breeders (Alderman, 1991);
- Organizing these livestock breeders and the other professionals involved to make continuous assessments of the effects of new technologies.

Although the introduction of new technologies in some dairy sheep systems in the Mediterranean area has led to major modification of the production system with environmental and sociological consequences (Lavin, 1996), this is not the general situation. In most cases the new technologies are added to the sustainability of the historic production system.

Genetic improvement technologies

Unsuitable technological tools, if introduced into fragile dairy sheep production systems in Mediterranean areas, can severely endanger their sustainability, especially if possible higher demands and costs are not directly related to higher outputs.

In this sense, the use of exotic genotypes or careless selection programs could jeopardize the functional integrity and/or the resource sufficiency of grazing-based production systems. In the past, in dairy cattle, pig and poultry production systems, specialised and improved genotypes were introduced which required a substantial increase in the available resources of the farms. This was sustainable in the long term only in a few cases. Instead of improving stock performances in the local conditions, the use of these improved genotypes involving adapting the environment to the newly selected stock which approach can endanger the economic balance on which dairy sheep farms depend.

The need for improved stock suited to Mediterranean production systems has been amply discussed in the past, both for beef cattle and sheep production (Bibé & Vissac, 1979), as substantial modifications of livestock production lead to greater control or intensification. Specific crossbreeding schemes for dairy sheep production were studied in many Mediterranean countries, relying mainly on crosses between East Friesian and local breeds.

This kind of genetic improvement by introducing genes that directly influence milk yield while neglecting their interaction with the production environment reduces the capacity to cope with temporary decreases of available resources and other stresses which frequently occur in Mediterranean grazing-based systems. In fact, overlooking the animals´ adaptation to local farming systems could possibly lead to genotypes with an increased environmental sensitivity. Due to poor adaptation to local conditions or to higher requirements, these crosses were successfully introduced into only a few intensive or semi-intensive systems, such as those of Israel and Spain (Epstein, 1985; Ugarte *et al.*, 2000).

Pure-breed selection programs of local breeds, carried out across all environments in which the offspring are expected to produce milk, anticipates possible genotype by environment interactions (Sanna et al., 2000), though it can reduce the theoretical genetic gain of the selection programmes. In fact, selection activities can improve the sustainability of dairy sheep systems by means of the increased yields of the best local genotypes suited to their production environment on the one hand and by reducing the danger of uncontrolled introductions of exogenous genotypes on the other. Exotic breeds should be used with great care in dairy sheep systems to preserve the functional integrity of the system.

The assessment of the average capability to perform in different production conditions in Mediterranean dairy sheep systems can be estimated through a careful use of semen across all possible environments, using BLUP genetic evaluation (Gabiña & Barillet, 1991; Barillet *et al.*, 1992; Sanna *et al.*, 1994). In this situation, breeders could further improve the phenotypic response to selection by raising young rams for natural service that will sire within a peculiar environment, among the sons of the proven AI sires and ewes that expressed their genotype best in that environment (Sanna *et al.*, 2000). All these factors lead to consideration of pure-breed selection of local dairy sheep breeds in their respective area of production as the more suitable genetic technology for most of the Mediterranean breeding conditions (Barillet, 1997).

Technologies related to reproduction

Concerning reproduction, several techniques have been proposed in the last decades to increase sheep production, but only a few of them can actually be used in Mediterranean dairy sheep flocks. The reproductive technologies used to improve, or to grant, the sustainability of dairy sheep systems can be classified as: i) means which directly improve production or, ii) tools required to achieve any genetic improvement of breeds. Of course, some techniques proposed as genetic tools could also have an effect in increasing reproduction rates and production.

i) In Mediterranean dairy sheep systems, seasonal availability of pastures and the lamb market often demand out-of-season breeding. In this situation, oestrus synchronisation with FGA or MAP, with or without PMSG injection at withdrawal, can provide earlier and more grouped lambings than those achieved by exposing ewes only to the ram effect (Bodin, 1997; Matos *et al.*, 1997). Fertility rates obtained after synchronisation, especially on ewe lambs mated at 8-9 months of age, can provide a higher fitness of the sheep production cycle compared with that on pasture. Hence, a better exploitation of pastures can increase the overall sustainability of dairy sheep systems, both in terms of functional integrity and resource sufficiency (Thompson & Nardone, 1999). Higher production has also been observed in flocks with the most concentrated lambing season. This result may be related to the advantages that these flocks have when the feeding management is the same for all milking ewes (Fraysse *et al.,* 1996; Ruiz, 2000).

ii) In selection programs carried out on field conditions, the use of some reproductive techniques, such as AI, is crucial for genetic improvement. As pointed out by a number of authors (see Bodin, 1997 for detailed references), the space dissociation between production and utilisation of semen is the simplest and most efficient way to set up a reliable genetic evaluation and to perform the best assortative matings. Nowadays, it is obvious that there is no chance of producing sound and stable genetic gain within a specific environment of production without reliable genetic evaluation.

Experiences in Mediterranean breeding programs reveal different levels of utilization of AI, related to different production systems. The Lacaune breeding scheme in France shows an annual genetic gain close to 2,5 % of the average yield with 80% of registered ewes inseminated (Barillet *et al.*, 1996). French and Spanish Pyrenean breeding schemes and the Sarda program in Sardinia reveal an annual genetic gain between 1,5 and 2 %of the respective average yields with an AI utilization rate ranging between 20 and 40% on registered ewes (Sanna *et al.*, 1995; Ugarte *et al.*, 1995; Barillet, 1997). These experiences show that using AI on a large number of sheep can dramatically increase pair-wise or multiple comparisons between sires, providing a considerable improvement of the accuracy of natural mating sire proofs. Thus, careful use of AI together with natural service techniques can be an efficient way to improve the sustainability of dairy sheep systems.

Field experiences in several countries (Perret *et al.*, 1997) clearly indicate that AI provides the best results if associated with oestrus synchronization. Fertility rates are higher and costs can be reduced by inseminating 50-100 ewes at the same time. In most schemes fresh semen is preferred because of its simplicity and low cost. On the contrary, an extensive utilization of laparoscopy, both for AI with frozen semen or for embryo transfer, is not justified in sheep production systems. In some circumstances, though, it can be used efficiently. For instance, the use of this technique in Sardinia has shown sceptical breeders the advantages of Sarda selected lines and has allow to incorporate them into co-operative selection activities.

Table 1. Residual Standard deviation (RSD) for the organic matter digestibility estimation (OMD) according to different laboratory methods (Hvelpund et al., 1995; Andrieu &, Guerin, 1996)

Method of OMD estimation	RSD (Perceptual unites)
From cell wall composition (CB, FAD, LAD)	2.0-6.0
In vitro digestibility, with ruminal liquid or purified enzymes	2.0-3.0
In situ digestibility method	2.0-3.0
NIRS (Near Infrared Reflectance Spectrometry)	1.5-2.5

Technologies related to nutrition, feeding, and management

One of the most important outcomes of the huge growth in knowledge on ruminant nutrition in the second half of the 20th century has been the development of different feeding evaluation systems (AAT-PBC; ARC; CNPCS; INRA; ...) that are used at present. These systems can be considered as technologies because they permit organization of feeding operations including the optimum utilization of feeds.

All these methodologies have two main elements, the estimation of nutritive requirements, maintenance and production requirements of animals on the one hand and the estimation of nutritional value of feeds for this given category of animals on the other. These nutritional systems, however, have been developed in intensive production conditions, with the aim of obtaining a maximal production, in conditions of abundance and high nutrient density feeds availability (Jasiorowski, 1991). In these conditions, the estimation of nutritive value of feeds is founded on energy and protein values. For the estimation of these values, and taking into account the improvement in ruminant digestion knowledge, a series of evaluation techniques with increasing precision has been developed. Table 1, for example, records the precision of organic matter digestibility estimation, according to different laboratory methods.

Most small ruminant production systems in the Mediterranean area, however, are based on different features. Their objective is to obtain sufficient production to assure their feasibility, using local resources - a great part of which are pastoral resources limited in quantity or quality, and irregular in time and space.

Under these conditions, securing regular feed intake per animal (Landais & Lasseur, 1995) is as important as improving the quality of forages (Jasiorowski, 1991) or knowing their nutritive value. Consequently, the ingestibility of feeds plays a major role in the estimation of the feeding value. The precision in the estimation of this characteristic is, however, well below the previously cited one (RSD=5.0-6.0) (Demarquilly *et al.*, 1981), probably due to the limited past interest in studying this aspect. Only in the recent years has interest increased, due to the difficulty of dealing with the nutritional needs of high milk yield dairy cows (Forbes, 1995). But this interest mainly focuses on high quality and conventional roughages.

This and other aspects, such as the effect of anti-nutritive factors related to the utilization of some forages (Hervás *et al.*, 2000), open new criteria to account for adapting the nutritional systems to

Mediterranean production conditions. Within this framework, the use of limited and irregular resources can be improved by:

Grazing management practices: to favour proper daily use of grazing zones, differing in species composition and forage availability, to optimize feed intake (Meuret, 1995) and to avoid the concentration of animals in the best zones (Marijuan, 1996) with detrimental effects on soil and vegetable cover.

Pasture supplementation: not only for production purposes, but also as a tool of grazing management. Casu *et al.* (1996) pointed out the possibility of using supplementation to save grass and to enlarge the period of use in situations of limited resources, as in the milking period.

The use of forage conservation as a complement of grazing. The new technologies of conservation, big-ball dehydration or silage, provide good quality products which are well adapted to forage production and animal needs.

However, the implementation of these technologies in extensive or semi-extensive systems will be favoured by the use of complex models, such as Decision Support Systems (DSS) (Dent, 1996), which can take into account the great number of variables involved. These include systems related to feed and ratio characteristics or to the flock management, as well as to the forage availability and its spatial and temporal distribution. (Lecomte *et al.*, 1996; Sauvant, 1996). In addition to their interest as a management tool, the elaboration or adaptation of these models to a concrete situation implies the possibility of identifying the importance of different elements in the system and of directing the work towards those more important and less known components of the production system. Moreover, in the conception or adaptation of these models, promoting the collaboration of farmers with experts and researchers, with the aim of identifying and introducing priorities and needs is very important (Leaver *et al.*, 1998).

To achieve these objectives the development of computer technologies is useful, as it integrates and treats a wide range of information of different origins even in an interactive way with the livestock producer.

Conclusion

Finally, it is relevant to use a global approach including simultaneous genetic, reproductive, nutrition and feeding technologies or others not described in this paper, such as milking machines, hygiene monitoring or product technologies. Such a comprehensive approach combined with training professionals (especially livestock producers) appears suitable for the choice and adaptation of technologies compatible with the sustainability of Mediterranean dairy sheep systems. The successful development of this approach in several countries indicates that the decision to select local breeds within the area of production seems to be essential in this strategy.

References

Alderman, J., 1991. Dynamics and diversity of animal production enterprises. In On the eve of the 3rd millenium, the European challenge for animal production, E. Rossier (Editor). EAAP Public. No 48. Pudoc, Wageninga, The Netherlands, 91-104

Andrieu, J. & H. Guerin, 1996. Critical review of chemical aand enzimatic methods for the estimation of nutritive value of roughages. Ann. Zootech. 45, Suppl. 21-38.

Barillet F., D. Boichard, A. Barbat, J.M. Astruc & B.Bonaïti, 1992. Use of an animal model for genetic evaluation of the Lacaune dairy sheep. Livestock Production Science., 31, 287-299.

Barillet F., D. Boichard, J.M. Astruc & B.Bonaïti, 1996. Validation of estimated genetic trend in French Lacaune dairy sheep evaluation. Proc. 30th biennial Session of ICAR, Veldhoven, The Netherlands, 23-28 June 1996, EAAP Publication N° 87, Pudoc, Wageningen, 291-298.

Barillet F., 1997. Genetics of milk production, In: The Genetics of Sheep, I. Piper and A. Ruvinsky (Editors), CAB International, Wallingford, UK, 535-560.

Boyazoglu, J., 1998. Livestock farming as a factor of environmental, social, and economic stability with special reference to research. Livest. Prod. Sci. 57: 1-14

Bibé B. & Vissac B., 1979. Amélioration génétique et utilisation du territoire. In Utilisation par les ruminants des paturages d'altitude et parcours mediterraneens: 481-491, INRA Publications Versailles, 10èmes Journées du Grenier de Theix, juin 1978.

Bodin L., 1997. Use of AI in sheep production and genetics. 48th meeting of the EAAP, Vienna, Austria, Abstract Book p. 317.

Casu, S., S. Ligios, G. Molle, R. Olivieri, N. Fois & M. Decandia, 1996. Influence de la hauteur d'herbe offerté sur les caracteristiques de la prairie, les performances et la composition corporelle des brebis laitieres avec ou sans complemention. Rapport scentifique final Contrat CAMAR N° 8001-CT 91-0113. 39 pp

Demarquilly, C., J. Andrieu & Ph.Weiss, 1981. L'ingestibilité des fourrages verts et foins et sa prévision. In: Prévision de la valeur nutritive des aliments des ruminants, J. Andrieu, C. Demarquilly, & E. Wegat-Litre (Editors). INRA Editions, Versailles, France: 155-167.

Dent, J.B. 1996. Towards a general paradigm for decision making. Ciencias Veterinarias, Spec. Issue, 17-22.

Epstein H., 1985. The Awassi sheep with special reference to the improved dairy type. Animal Production and Health Paper No. 57, FAO, Rome.

Forbes, J.M., 1995. Voluntary food intake: a limiting fator to production in high-yielding dairy cows?. In: Breeding and feeding the high genetic merit dairy cows, T.L.J. Lawrance, F.G., Gordon & A. Carson (Editors). BSAS Occ. Public. N°19: 13-19

Fraysse J., G. Lagriffoul, F. Bocquier & F. Barillet, 1996. Brebis laitières: impact de la structure du troupeau et autres facteurs d'élevage sur la composition chimique du lait livré. INRA, Prod. Anim., 9, 201-210.

Gabiña D. & F. Barillet, 1991. Tendencias actuales en la seleccion del ovino de leche en la Europa communitaria. Informacion Tecnica Economica Agraria, Vol. 87 A. N° 2-3, 227-234.

Hervás, G., P. Frutos, G. Ramos, F.J. Giraldez, M.C. Álvarez del Pino, A.R. Mantecón, 2000. Use of the gas production technique to estimate the nutritive value of condensed tannins- containing shrubs species from a mountain area in northern of Spain. Proceedings of the Symposium: Gas Production: Fermentation kinetics for feed evaluation and to assess microbial activity. 18-19 August, 2000, Wageningen, The Netherlands, 76:77.

Hvelplund, T., J. Andrieu, M.R. Weisbjerg & M. Vermorel, 1995. Prediction of the energy and protein value of forages for ruminants. In: Recent advances in the nutrition of herbivores, M. Journet, E. Grenet, M-H. Farce, M . Theriez & C. Demarquilly (Editors). INRA Editions, Versailles, France, 205-227.

Jasiorowski, H., 1991. European animal husbandry: a model to adopt or reject by developing countries? In: On the eve of the 3rd millennium, the European challenge for animal production. Ed. E. Rossier (Editor). EAAP Public. No 48. Pudoc Wageninga, The Netherlands, 127-141

Landais, E. & J. Lasseur, 1995. Idées de troupeau. Pratiques et conceptions d'éleveurs preálpins. In: Pratiques d'élevage extenssif. Identifier, modéliser, évaluer, E. Landais (Editor). INRA Etudes et Recherches sur les Systèmes Agraires et Developpement. N° 27, INRA Editions, Versailles, France, 37-51.

Lavin, M.P., 1996. Los sistemas de producción ovina en la provincia de León: Factores condicionantes de su distribución y estructura. Tesis Doctoral. Universidad de León. León, Spain, 688 pp.

Leaver, J.D., J. Santos Flores & S. Anderson, 1998. Meting consumer demands for milk and identifying research priorities. In: Food lands and livelihoods- Setting research agendas animal science. Ed. M. Gill, T. Smith, G.E. Pollt, E. Owen & T.L.J. Lawrence (Editors). Occas. Public. No. 21. B.S.A.S. Edinburgh, U.K., 43-51.

Lecomte, Ph., A. Buldgen, Ph. Hellemans & R. Compere, 1996. Ranching systems in woodland savannah of the guinean zone of Africa – Monitoring of grass regrowth and potential stocking rate through climatic models and GIS (Ádélé ranch, Togo). In Livestock farming systems: research, development socio-economics and the land manager, J.B. Dent, M.J. McGregor & A.R. Sibbald (Editors). EAAP Public. No. 79. Wageningen Pers. Wageninga, The Netherlands, 301-304.

Marijuán, S., 1996. El pastoreo en comunales. Estudio del comportamiento de las ovejas y al utilización de los recursos disponibles. Tesis Master CIHEAM-IAMZ. Zaragoza, Spain, 165 pp.

Matos C.A.P., C.M.V. Bettencourt, J.P.C., Simoes & J.B.R. Fialho, 1997. Efficiency of AI on fertility and prolificacy in a Portuguese Merino flock. 48th meeting of the EAAP, Vienna, Austria, Abstract Book p. 318.

Meuret, M., 1995. Piloter l'ingestion au pâturage. In: Pratiques d'élevage extenssif. Identifier, modéliser, évaluer. E. Landais (Editor), INRA Etudes et Recherches sur les Systèmes Agraires et Developpement. Nº 27. INRA Editions, Versailles, France, 161-198.

Perret G., G. Brice & J. Folch, 1997. Review of AI use and limiting factors in small ruminants in Europe. 48th meeting of the EAAP, Vienna, Austria, Abstract Book p. 316.

Ruiz, R., 2000. Análisis de los factores de explotación que afectan a la producción lechera en los rebaños de raza Latxa de la CAPV. Tesis Doctoral. Univ. Zaragoza 328 pp.

Sanna S.R., A. Carta, S. Casu A.M. Pilla & G. Pagnacco, 1994. Valutazione genetica della razza ovina Sarda. 3.- Indici e andamenti genetici ed ambientali. Zootecnica e Nutrizione Animale, 20, 313-318.

Sanna S.R, Carta A., Casu S., 1995. L'utilizzazione dell'inseminazione strumentale nella razza ovina Sarda. (The use of artificail insemination in the Sarda dairy sheep breed). Proc. Symp. SIPAOC: Miglioramento genetico degli ovini e dei caprini : aspetti scientifici e problemi applicativi 7 December 1995, Perugia, Italy.

Sanna S.R., Carta A., Casu S., 2000. Genotype by environment interaction for milk yield in Sarda dairy sheep. 51st meeting of the EAAP, The Hague, The Netherlands, Abstract Book p.59.

Sauvant, D., 1996. Use of systems modelling in animal nutrition linked to livestock farming systems. In: Livestock farming systems: research, development socio-economics and the land manger, J.B. Dent, M.J. McGregor & A.R. Sibbald (Editors). EAAP Public. No. 79. Wageningen Pers. Wageninga, The Netherlands, 235-251.

Thessier, J.H., 1979. Relations entre pratiques et techniques. Conséquences pour la formation et la recherche. Bull. INRAP, 38: 19 pp

Thompson P.B. & A. Nardone, 1999. Sustainable livestock production: methodological and ethical challenges. Livest. Prod. Sci., 61: 111-119.

Ugarte E., E. Urarte F. Arrese, J. Arranz, I. Beltran de Heredia, & D.Gabina, 1995. Technical organization and economic needs of the breeding programme of Latxa and Carranzana dairy sheep in the Spanish Basque Country. in. Strategies for Sheep and Goat Breeding. Cahiers Options Mediterranéennes, Vol. 11, 155-164.

Ugarte E., R. Ruiz, D. Gabina & I. Beltran de Heredia, 2000. Impact of high-yielding foreign breeds on the Spanish dairy sheep industry. 51st meeting of the EAAP, The Hague, The Netherlands, Abstract Book p.287.

A review on goat production in the East and South Mediterranean region

A.P. Mavrogenis[1] *& E. Sinapis*[2]

[1]*Agricultural Research Institute, POBox 22016, 1516 Nicosia, Cyprus*
[2]*Aristotle University of Thessaloniki, 54006 Thessaloniki, Greece*

Summary

This paper provides an historic, cultural and socio-economic background of goat production in the south and east of the Mediterranean region. Goat numbers and distribution are provided together with milk and output of milk products. The large variety of breeds of goats is identified together with the production systems and breeding policies. The whole picture is integrated to offer the reader an overview of this very important livestock resource. Conclusions and recommendations for future development are also given together with a useful selection of key references.

Key words: goats, milk, products, breeds, systems.

Historical, cultural and socio economic background

Goats were domesticated in the same period as sheep (around 7500 BC) in the birthplace of ancient civilisation (to-days middle and near east). the ancestor of modern breeds was probably *Carpa Hircus Aegagrus*, hence the Greek name *aega* (goat).

Goats were subsequently introduced to Europe and Asia with human migration. Since the beginning of domestication, natural and artificial selection operated towards the preservation of adaptability and survival characteristics.

The possession of large herds signified the social status and wealth of the owner. Goats were also used in the ancient era for religious rituals (sacrifices) or were worshiped as sacred. The goat was and is still considered the cow of the poor, providing family security from famine. Its products, meat milk and skin (or hair) and manure are also sources of income.

Goats have also faced anti-goat legislation by which they were banned from grazing in forests (Greece, 1937; Israel, 1950; Yugoslavia, 1953; Morocco and Tunisia, 1959) and they had been generally considered as a threat to the environment.

Goat numbers and distribution

Goat numbers in most Mediterranean countries have increased over the past 30 years (Table 1), with the exception of Israel and mainly morocco and turkey, where a dramatic decrease has taken place. Nevertheless, population numbers steadily increase in all five continents, notably in Africa and Asia, where they have almost doubled in 30-years time (Table 2). It is worth noting that Asia alone has almost 63% of the goat population of the world, while the Mediterranean countries have a share of about 5.4% of the world population (Table 3), as much as the Americas (5.5%). The share of

Table 1. Goat numbers by country (Mt).

Country	Year 1970	1980	1990	1999	Percent of total
World	376 398 126	462 506 469	580 572 982	709 933 699	100.00
Algeria	2 580 780	2 723 250	2 471 990	3 400 000	0.48
Cyprus	335 000	220 000	208 000	300 000	0.04
Egypt	1 155 000	1 451 211	2 400 000	3 260 990	0.46
France	925 200	1 125 206	1 226 000	1 198 649	0.17
Greece	4 054 359	4 531 988	5 347 827	5 520 000	0.78
Israel	135 500	145 000	120 000	73 000	0.01
Italy	1 030 700	977 800	1 246 000	1 365 000	0.19
Jordan	349 554	453 000	600 000	795 000	0.11
Lebanon	366 182	444 480	435 000	460 000	0.06
Libyan Arab Jamahiriya	1 234 400	1 500 000	1 100 000	2 200 000	0.31
Morocco	8 500 000	6 153 500	5 335 093	5 114 400	0.72
Portugal	664 500	733 000	857 000	793 000	0.11
Spain	2 570 422	2 100 000	3 780 000	2 600 000	0.37
Syrian Arab Republic	774 013	1 025 541	999 677	1 200 000	0.17
Tunisia	630 000	922 000	1 279 200	1 300 000	0.18
Turkey	20 267 008	18 775 008	11 942 000	8 376 000	1.18

Table 2. Goat numbers by continent.

Continent	Year 1970	1980	1990	1999	Percent of total
Africa	113 630 223	139 018 497	170 453 865	205 639 454	28.97
Asia	213 079 141	274 325 276	349 064 336	446 626 070	62.91
Europe				17 952 566	2.53
America	32 618 855	31 468 206	37 164 149	39 000 060	5.49
Oceania	277 530	403 830	1 869 564	715 549	0.10
World	376 398 126	462 506 469	580 572 982	709 933 699	100.00

Table 3. Goat numbers by sub-region.

Region	N	%
North Africa	15 274	2.15
Near East	11 204	1.58
South Europe	11 478	1.62
Mediterranean Region	37 956	5.35
World	709 934	100.00

North Africa, Near East and south European countries is 2.15, 1.58 and 1.62% of the world population, respectively (Table 3).

Meat and milk output

With regard to milk and meat production (although hair and skins are important commodities in a number of counties) both commodities had a steady increase in all continents except for milk production in the Americas that remained at the same level (Tables 4 and 5). As with population numbers, Asia has the largest share on meat (71.2%) and milk production (57.6%) from goats of the world production of the two commodities.

Meat production in the countries of the Mediterranean region shows an overall increase (Table 6) although in some countries, such as Israel, Italy and Turkey a small decline was observed, probably due to the reduction in goat numbers.

Meat production in the three sub areas of the Mediterranean basin (North Africa, Near East and South Europe) is directly related to the population number of goats. Of the 265, 411 million tons of goat meat produced (6.94% of world production) they produce 114, 74 and 77 million tons, respectively (representing 3, 2 and 2% of the world production, Table 7).

Milk production has also showed a remarkable increase (Table 8), except for a few cases, where the decline in total milk production was caused by a marked decline in population numbers (as was the case of Turkey).

With respect to the production of milk, the relationship of milk output to population numbers is inversely related. This is because of two main reasons. The first reason pertains to the utility of the breeds in each sub region and the second to the composition of breeds in each sub-region.

The main utility of breeds in North Africa is meat production, in the Near East is both meat and milk and in South Europe mostly milk production. The production in the three sub areas amounts to 220, 406 and 1432 million tons (NA, ME and EE, respectively) and comprise almost 17% of the word production (Table 7), a much higher share, in comparison with meat production.

Breeds

Goat breeds in the Mediterranean region can be arbitrarily classified into three large groups based on the three prevailing production (farming) systems.

1. Goats raised on rangeland are mostly light with a live weight ranging between 20 and 40 kg. They are traditional breeds well adapted to extensive systems (Corsica, Atlas, Serrana, Angora).
2. Goats raised in semi-extensive systems, characterised by mixed range and concentrate feeding, are mostly of the dairy type with average body size 40 to 60 kg. (Skopelos, Saanen, Alpine, Murciana, Damascus, Killis). Milk production varies from 130 to 450 kg and kids are marketed at about 3 or less months of age (10 to 15 kg carcass weight).
3. Breeds raised in intensive systems are similar to those of the second group. Feeding relies mostly on concentrates. Other breeds are found in special environments (D' Man and the Oasis).

Production systems

Extensive production systems are mostly variations of range systems and are located in harsh Mediterranean environments. Examples of such environments are Andalucia, north-eastern Portugal, the high atlas, kabylia, the high altitudes (>800 m) in northern Greece, the Negev valley, etc.

Table 4. Goat meat production by continent (Mt).

	Year				
Continent	1970	1980	1990	1999	Percent of total
World	1 294 544	1 710 206	2 661 510	3 820 651	100.00
Africa	377 219	484 349	652 143	840 334	22.00
Asia	716 046	1 004 229	1 739 092	2 718 663	71.16
Europe				121 328	3.16
America	89 418	96 985	117 305	133 916	3.51
Oceania	1 527	8 660	16 178	6 409	0.17

Goat breeding aims at maximal utilisation of natural vegetation. Sylvo-pastoral resources are either grazed directly or collected and fed to goats. Another practice consists of providing limited concentrates in periods of high nutritional demands.

Goats are herded and brought back to pen to protect them from predators and to harvest the offspring or occasionally to milk them.

In most Mediterranean countries goats are mainly oriented towards meat production. Occasionally milk from goats is used for home consumption with a production of 100 to 150 kg of milk within 3 to 6 months. The previously described system (range system) aims at the maximum utilisation of spontaneous vegetation.

On the other hand, production systems in Southern France, Cyprus and elsewhere are directed towards the production of milk under better environments (mixed range and concentrate feeding systems).

In these systems, grazing on range is considered as one of the feed sources. Supplementary feeding of concentrates aims at maximising performance as best economically. Pastures are either natural or artificial and grazing is limited to few hours daily. In other words we are talking about a milk production oriented goat farming system, where goats are mostly dual purpose oriented. Meat and milk are usually the components of income. The transition from range goat production systems to mixed range and concentrate feeding systems is probably the result of several factors.

Increases in the standard of living requiring higher income. Changes, therefore, may occur either in feeding and management in an attempt to maximise the native goat potential, or through the

Table 5. Goat milk production by continent (Mt).

	Year				
Continent	1970	1980	1990	1999	Percent of total
World	6 475 743	7 718 178	9 962 289	12 160 802	100.00
Africa	1 499 478	1 874 577	1 993 319	2 596 340	21.35
Asia	2 588 642	3 530 202	5 478 992	7 000 126	57.56
Europe				2 226 301	18.30
America	328 513	456 614	327 261	338 008	2.77
Oceania	11	18	25	27	0.22

Table 6. Goat meat production by country (Mt).

	Year			
Country	1970	1980	1990	1999
World	1 294 544	1 710 206	2 661 510	3 820 651
Algeria	9 000	9 259	8 405	12 251
Cyprus	3 607	2 200	4 200	5 650
Egypt	16 000	21 000	35 000	57 000
France	6 400	8 000	9 104	8 000
Greece	30 981	41 984	50 715	46 000
Israel	1 450	1 120	1 120	820
Italy	3 700	5 110	3 972	3 400
Jordan	1 600	1 980	1 900	3 500
Lebanon	4 554	3 679	3 150	7 290
Libyan Arab Jamahiriya	4 893	5 050	5 250	15 600
Morocco	24 500	19 000	21 500	21 000
Portugal	3 055	3 844	2 911	2 900
Spain	12 689	13 682	16 417	17 000
Syrian Arab Republic	5 115	6 544	5 976	6 000
Tunisia	1 740	3 130	7 300	8 000
Turkey	59 000	52 600	66 000	57 000

introduction of more productive genotypes and the employment of selection and / or crossbreeding strategies for the utilisation of a new more productive genotype.

Production systems

In the first type of goat production system, milk is not marketed. The primary source of income is the sale of kids at variable weights depending on tradition, market demand, feed availability, opportunity etc. The most common practice is to allow kids an extended suckling period and a growing period that would allow the kid to grow to a live weight between 18 and 25 kg (depending on the region).

To switch from meat production only to both meat and milk production requires the slaughter of kids at a younger age as milk-fed kids, which is a practice that enables the stock keeper to refrain the kids from grazing together with their dams in a poor environment concerning feed resources.

Slaughter weights are much lower (10 to 14 kg) in countries where early breeding (a new method) is practised, in order to satisfy specific needs such as market demands at religious or other occasions. It results from the practise of the mixed farming system, where early weaning enables the start of the milking period and milk is available for the market.

A more recent practise is to fatten kids with concentrates, instead of turning them to pasture following weaning for the production of heavy kids.

Goat milk is very seldom sold as fresh. It is generally processed into cheese either alone or in mixture with sheep milk (feta, kasseri, ladotiri, and broccino). Cheeses are marketed either directly from the farm or through dairies on the local markets.

Table 7. Goat meat and milk production in Sub-regions.

	Meat (Mt)	Percent	Milk (Mt)	Percent
North Africa	113 851	2.98	220 120	1.81
Near East	74 260	1.94	406 500	3.34
South Europe	77 300	2.02	1 432 440	11.78
Mediterranean Region	265 411	6.94	2 059 060	16.93

Table 8. Goat milk production by country (Mt).

	Year			
Country	1970	1980	1990	1999
World	6 475 743	7 718 178	9 962 289	12 160 802
Algeria	121 100	135 000	128 700	143 000
Cyprus	27 432	21 692	21 500	27 000
Egypt	6 000	8 000	15 000	15 000
France	279 000	453 000	430 832	482 800
Greece	347 367	414 380	498 614	460 000
Israel	29 250	23 800	15 700	14 000
Italy	143 184	118 400	128 600	130 640
Jordan	9 400	11 112	12 099	15 000
Lebanon	21 000	39 324	25 000	37 500
Libyan Arab Jamahiriya	12 961	15 000	13 000	15 120
Morocco	25 500	25 500	36 500	35 000
Portugal	26 183	37 979	43 818	42 000
Spain	314 500	298 890	487 663	317 000
Syrian Arab Republic	54 448	70 102	62 819	80 000
Tunisia	14 000	17 000	10 300	12 000
Turkey	481 600	483 000	337 535	233 000

In some production systems, mainly the extensive and semi extensive hair is a valuable by- product. Dung is also used as a source of heat or as fertiliser and provides a small income to goat keepers. The specialised production of mohair has given rise to a large industry and is the main goat operation in some areas of Turkey.

Breeding policies

The most important considerations that affect any breeding policy regardless of the production type are:

1. Improvement of output (milk, meat, hair, skin)
2. Sustainability of production
3. Maintenance of adaptation qualities
4. Availability of feed resources
5. Cultural and ethical issues

Although the above list is not exhaustive, some or all of the above considerations are important in formulating a breeding program.

There are several options at our disposal to improve production. The choice must be such that will maintain some if not all given opportunities. For example, the introduction of an exotic to a given environment breed may require drastic changes in the feeding and management system (production system). The adoption of early weaning techniques requires milking facilities and extra labour. If such and/or other prerequisites can be fulfilled then policy changes can work to the advantage of the farmers. It goes without saying that such changes emerge from the actual needs of the farmers who are dictating changes and not from the administrator who may think that certain changes may be beneficial.

In the relatively short history of goat breeding we have witnessed many different approaches to improving production.

We recognise a large number of different production (husbandry) systems in the dry Mediterranean area, such as the extensive, semi extensive (with or without grain or concentrate supplementation), variations of nomadic and trans-human systems, sedentary (oasis), etc.

Flock size is also variable ranging from the small holder flock (Egypt) to large units of 500 or more (Greece).

However, with very few exceptions local breeds or crossbreeds are mainly used. The predominant utility of these breeds in all countries is meat production with the exception of Turkey where meat

Table 9. Production of meat in various countries under different types of farming.

Country	Meat production	Breeds used	Type of farming
Greece	Sucklers (3 mos)	Local	Extensive with min. suppl.
	Sucklers (7 Kg carcass)	Local	Extensive – transhum. + suppl.
Italy	Sucklers (8 – 10 Kg LWT)	Local	Extensive no suppl.
	Weaners (10 –13 Kg LWT)	Local	Extensive some suppl.
Egypt	Weaners (16 Kg LWT)		Trans-human
Tunisia	Low carcass (7 – 8 Kg carcass)	Local	Pastoral Agro-pastoral (small flocks)
	Weaning carcass (10 –12 Kg)	Local	Improved environment
Algeria	Light carcasses		Arid areas teases + desert
	Light carcasses		Mountains
	Heavier carcasses		Forest vegetation
Morocco	Heavy carcasses (castrated males)	Local	Extensive (min. suppl.)
Turkey	By-product Hair mohair	Local	Extensive

Table 10. Production of milk in various countries under different types of farming.

Country	Milk production	Type of farming
Greece	Local breeds	Extensive + supplement
	Exotics and crossbreeds	Semi intensive
Italy	Imported and crossbreeds	Improved environment
Egypt	Alpine + Anglo crossbreeding	Intensive (small holders)
Tunisia	Local breeds (70 Kg)	Oasis (large flower)
	Local + Imported + crossbreeds (150 – 200 –400)	Improved environment
Algeria	Local breeds (home consumption)	Arid sases desert
	Introduced breeds	Small holders
	(home + crosses) (Saanen)	Small herds
Morocco	Local breeds low yield (40 – 150 Kg)	Extensive
	Introductions	Better environment
Turkey	Foreign breeds	Better environment
	Local breeds (90% of production)	Exten. + supplement

production is a by-product of hair and mohair production. Milk production is always considered as a by-product and is mostly utilised by the family numbers either row or in the form of cheese.

Light carcass is the most frequently marketed commodity (between 5 and 8 kg) from suckling kids, although weaners (7 to 12 kg) are not an exception. Few heavier carcasses are marketed, under systems that utilise vegetation in forests (Algeria) or elsewhere (Table 9).

Milk production from Native breeds is mostly a by-product, with some exceptions (Greece) where goat milk constitutes a substantial amount of the family income. However, the bulk of milk production is oriented towards home consumption, although it represents in some cases, almost 90% of the national production of milk (Table 10).

Foreign breeds (Saanen, Maltese, Anglo-Nubian, Damascus, Alpine, German faun, Toggenburg, etc) have been and are still introduced to a number of countries of the region, and are used as pure-breds, but mostly in crossbreeding systems to improve milk production. It is the general consensus that the production of milk from pure-breds, but also from crossbreeds requires smaller or larger changes in the traditional production system, with feed supplementation being the major input item. The introduction of foreign breeds has been frequently associated with problems of adaptation of these genotypes to the prevailing harsh environment of the region.

Conclusions and recommendations

Meat production is and will continue to be the major source of income of the goat production systems in the extensive systems of husbandry that prevail in the area.

Milk production will remain an important contributor to the individual breeder, but also to the national economy. Both the local and imported breeds will be used either as pure-breds or as crossbreeds. In all cases some improvements need to be made in the system to allow these improved animals to produce economically, expressing their potential to a desired level.

Regardless of the goat farming system (trans-human, sedentary, etc) the need for changes in the management and feeding systems has been recognised and efforts are being made towards that goal.

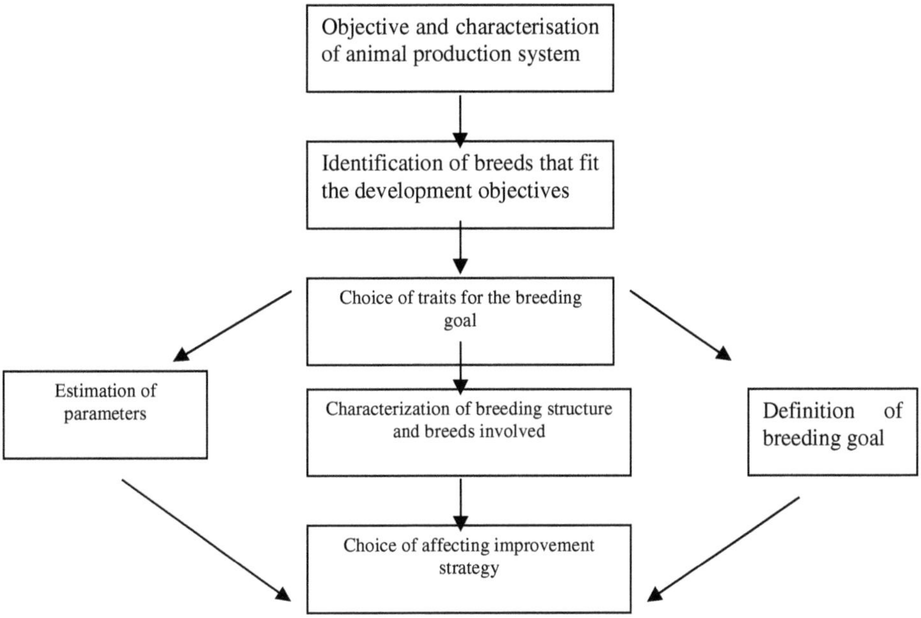

Figure 1. Considerations required in developing a strategy for production in low input production environments.

Changes in the cultural and socio-economic status, however slow, are being made, allowing the adoption of new technologies.

Any system structure straight-breeding or crossbreeding, whether utilising only local breeds or only foreign breeds or both, must be based on certain principles.

The principles of development of breeding strategies for low input production environments are similar for both sheep and goats. The objectives are similar and most breeding goals are also similar. Specific differences of course will always exist but more or less the two species have similarities.

Sheep will be used in certain areas for mostly milk production, whereas goat milk will be the choice in other situations.

In any case some procedure must be followed in planning genetic improvement strategies, whether we talk about sheep or goats. Figure 1 depicts some of the considerations required in developing such a strategy.

References

El Aich, A.,1995; Goat farming systems in Morocco. In goat production system in the Mediterranean. EAAP publication No 71: 202-220.

FAO, 1999; FAO Statistical Databases. FAOSTAT agricultural data.

Galal, E.S.E, 1995; Goat production in Egypt. In goat production systems in the Mediterranean. EAAP publication No 71:161-165.

Hadjiminaoglu, J., N.P. Zervas & J. Boyazoglu, 1995; Goat production systems in the Mediterranean: the case of Greece. EAAP publication No 71: 82-110.
Nefzaouri, A. & H. Abdouli, 1995; Les systemes d' alevage caprins en Tunisie. In goat production systems in the Mediterranean. EAAP publication No 71: 166-183.
Rubino, R. & S. Claps, 1995; Goat husbandry systems in Southern Italy. In goat production systems in the Mediterranean, EAAP publication No 71: 68-81.
Shalaby, A.S., S.M. Sharawy, W.H. Sadem & M.S. Medan, 2000; Reproductive performance of Damascus goats in Semi-arid areas in Egypt. Proceedings 7th International Conference on Goats. May 15-21, 2000 France.
Taferrant, H., H.T. Ben Yousef & E. Khennici, 1995; Goat production systems in Algeria and particularly in the kabylie region. In goat production systems in the Mediterranean. EAAP publication No 71: 184-201.
Tuncel, E. & E. Rehber, 1995; Goat production systems in Turkey. In Goat production systems in the Mediterranean. EAAP publication No 71: 111-135.

Développement durable des systèmes laitiers ovins et caprins dans le bassin méditerranéen: des besoins identifiés d'innovation et d'information

J.-P. Dubeuf

INRA-SAD; CIRVAL, Campus Colombo, BP5, F-20250 Corte, France

Résumé

Les conditions d'un développement durable des systèmes laitiers ovins et caprins dans le bassin méditerranéen sont analysées en relation avec le besoin d'innovation. Des références sur le fonctionnement et les performances technico - économiques de différents systèmes de production sont comparées. La spécificité et la diversité caractérisent le secteur vis à vis du marché laitier mondial dominé par le lait de vache standardisé. D'autre part les opérateurs (éleveurs, industriels) ont logiquement des objectifs de rentabilité qui orientent leurs décisions. Or il n'y a pas forcément de convergence entre cette logique à court terme et un développement durable de l'activité. Un compromis doit être construit pour préserver les atouts à long terme de cette activité avec les innovations adéquates. Pour atteindre cet objectif, une organisation collective du secteur laitier ovin et doit être mise en place avec de nouveaux dispositifs locaux, nationaux et internationaux. La création de Centres de Ressources, de réseaux de références inter-régionaux et des dispositifs de veille, pourrait favoriser l'innovation. Pour obtenir les ressources financières requises, il est nécessaire de sensibiliser les décideurs sur l'impact de cette activité pour le développement local des zones rurales les moins favorisées de la Méditerranée.

Mots-clés: ovin, caprin, système de production, innovation, lait, développement durable, Méditerranée.

Summary

The conditions for the sustainable development of sheep and goat dairy production systems are analysed and related to the type of innovation needed. Functional and economic results are compared. Specificity and diversity are two main characteristics of this sector relative to the world dairy sector where standardized cow milk now dominates. On the other hand, the operators (processors and producers) have an obvious objective of profitability. These data show that short-term competitiveness is not necessarily consistent with a sustainable development of the sector. A compromise between these two approaches can be built to preserve the long-term potentialities with the accurate required innovations.

To achieve this objective, collective structuring of the sheep and goat dairy sector has to be set up with new local, national and international organisations. The creation of Resource Centres, Inter-Regional Networks of References and Technological Surveys could favour innovation. To obtain the financial resources needed, promoters must be aware of the impact of this activity on local development of the less-favoured rural areas of the Mediterranean basin.

Key words: goat, sheep, production system, innovation, milk, sustainable development, Mediterranean.

Introduction

Le secteur laitier ovin et caprin autour de la Méditerranée occupe une place à part dans le contexte laitier mondial. C'est la seule zone au monde où son poids économique est aussi fort vis à vis du lait de vache. Il est même prépondérant dans certains pays comme la Grèce ou certaines régions comme la Sardaigne ou la Sicile.

Cette situation résulte conjointement des mouvements de l'Histoire, de contextes socio-culturels particuliers et des caractéristiques géo-morphologiques intangibles de la zone méditerranéenne (Boyazoglu. et Flamant, 1990).

Par ailleurs, les situations sont très contrastées entre les rives Nord et Est du bassin et la rive Sud. En France, Italie, Espagne, Grèce, Portugal, Chypre, Israël, Turquie, Jordanie, il existe une tradition forte de production et de transformation du lait de brebis et de chèvre en fromage. Des types de fromages et des savoir-faire très diversifiés ont été développés qui permettent de proposer aujourd'hui une gamme de produits le plus souvent liés à leur lieu d'origine. Au Maghreb, Libye, Egypte, l'élevage ovin et caprin est plus orienté vers la viande et le lait, surtout utilisé pour la consommation domestique des éleveurs est encore fréquemment considéré comme un sous-produit de la production d'agneaux ou de chevreaux (Boyazoglu et Flamant, 1990, El Aïch *et al.*, 1994).

Un autre élément de contexte à souligner est l'influence prédominante du secteur lait de vache au niveau mondial. Sa dynamique industrielle affirmée, impose aujourd'hui des orientations lourdes liées à la globalisation des marchés et à la suppression progressive des frontières commerciales: standardisation et industrialisation des produits, rationalisation des conditions de collecte avec abandon des zones les moins rentables, maîtrise et intensification continue des facteurs de production. Cette logique a abouti après plusieurs décennies à une forte amélioration de la productivité dans les systèmes de production intensifs laitiers bovins permise par la généralisation des techniques d'alimentation raisonnée, l'organisation de la sélection, la prévention des maladies du bétail, etc., y compris dans les pays en développement. Ce modèle de production a également prouvé son efficacité en production caprine (autour de la filière caprine française) comme en production ovine autour des modèles de Roquefort ou de Sardaigne,... (Morand-Fehr et Boyazoglu, 1998). Cette tendance est-elle un mouvement de fond qui va orienter définitivement l'évolution des systèmes de production ovine et caprine? Est-il possible de proposer des alternatives technologiques, qui prennent en compte durablement d'autres enjeux territoriaux et environnementaux, d'autres logiques de production voire d'autres fonctions complémentaires (Bonnemaire et Landais, 1996).

En réponse à ces questions, la mise en œuvre de stratégies de développement du secteur laitier ovin et caprin implique le renforcement de moyens collectifs d'information et d'innovation, nécessaires pour construire sur des bases objectives et durables le caractère spécifique des différents systèmes laitiers ovins caprins.

Les points de vue des opérateurs et spécialistes des secteurs laitiers ovins et caprins sont confrontés aux informations rassemblées dans le cadre de l'Observatoire des systèmes de production ovine et caprine du réseau FAO/CIHEAM. Ces résultats permettent de situer les enjeux du secteur laitier ovin et caprin en termes de développement durable. Celui ci passe par la valorisation d' une différence en terme d'avantage concurrentiel par rapport au lait de vache. Les conditions de mise en œuvre des dispositifs et initiatives proposées doivent prendre également en compte la sensibilisation des décideurs financiers.

L'innovation, un processus pour le développement durable

Notre propos se situe dans une perspective de développement durable. Ce concept largement utilisé désigne les modalités de croissance économique qui permettent d'utiliser tout en les préservant toutes ressources de l'environnement nécessaires à la vie humaine (Buntland Commission, 1987). Il est souvent associé à celui d'Agriculture soutenable, traduit en Anglais par «Sustainable Agriculture». Associé initialement à l'Agriculture biologique, il peut couvrir des champs techniques et idéologiques plus ou moins étendus. Ceux ci englobent tantôt des facteurs biologiques, agronomiques et environnementaux, tantôt des aspects socio-économiques plus larges allant jusqu'à la remise en cause des systèmes de production et des systèmes sociaux. Il désigne *l'aptitude d'un système à durer et à se maintenir* (Lockeretz,1990 cité par De Bonneval, 1993). C'est ce sens qui est ici privilégié.

Avec cette approche, l'innovation n'est plus la conséquence pure et simple du progrès technique. C'est le résultat de mises en réseaux qui supposent des actions délibérées et opiniâtres (Callon, 1996). Processus long qui mobilise des objets divers, l'innovation est une mise en relation et pas seulement un réservoir de possibilités offertes par la science pour améliorer des processus de production. On s'intéressera donc autant au besoin des opérateurs pour définir leurs objectifs, aux manières de gérer leurs relations qu'aux technologies elles-mêmes.

Confrontation du point de vue des opérateurs avec les données sur les systèmes

Nous utilisons les données de l'Observatoire des systèmes de production ovine et caprine, créé et animé par le réseau de recherches coopératives FAO/CIHEAM. Ce dispositif fournit des indicateurs harmonisés sur l'organisation, le fonctionnement et les performances technico - économiques des systèmes de production laitiers. Ceux ci sont mis en relation avec des données générales sur les produits (quantité et prix des produits, inventaire des modes de rémunération du lait) et la caractérisation des bassins de production. Le recueil d'information limité actuellement aux pays méditerranéens de l' Union européenne est complété ici par des références et des travaux concernant les autres pays. Ces données sont ensuite confrontées aux points de vue et perceptions des opérateurs du secteur. On considère ici plus particulièrement le contenu des échanges entre industriels laitiers, représentants des organisations professionnelles et institutionnelles, qui se sont rencontrés à Chypre en avril 2000 pour analyser les perspectives de la filière (Bulletin IDF n°354, 2000).

Des systèmes laitiers ovins et caprins liés à des valorisations spécifiques

Les prix du lait de chèvre et surtout du lait de chèvre toujours sont plus élevés que ceux du lait de vache y compris si on tient compte de la composition du lait (Tableau 1). Cette valorisation élevée et diversifiée est la conséquence d'une utilisation exclusive du lait pour la fabrication fromagère mais aussi de l'absence d'organisation européenne commune du marché ni d'un véritable marché mondial des fromages au lait de brebis et de chèvres.

La viabilité de nombreux systèmes de production paraît conditionné à ce niveau de valorisation. En effet, un prix du lait élevé n'est pas forcément synonyme de revenu élevé comme le montre le tableau 2. Dans de nombreux systèmes, la faible taille des troupeaux liée à de médiocres performances techniques ne favorisent pas la rentabilité des élevages. Cette réalité tient aux conditions socio-économiques et aux potentialités agronomiques de l'implantation des élevages mais aussi aux

Tableau 1a. Prix moyen des laits de vache de brebis et de chèvre collectés en Europe.

Région (Pays)	Taux moyen (g/litre)	Prix/litre (E/litre)	Prix/g MSU (E/100g)	Année	Source
Vache					
Europe du nord	70	0,30	0,435	1998	Prix moyen sources diverses
Espagne	70	0,292	0,442	1999	IE/GEB
Grèce (Epire)	70	0,39	0,55	2000/2001	ELOG
Chèvre					
Prix moyen (E)	80	0,41	0,51	1999	GEB
Canarias (E)	68	0,4-0,61	0,59- 735	2000	J. Capote
Murcia (E))	90	0,405	0,405	1998	SRS et DDA
Prix moyen (F)	63	0,471	0,747	1999	GEB Filère
Corse (F)	90	0,69	0,76	2000	ILOCC
Epire (Gr)	90	0,,53- 0,55	0,59	2000	ELOG.
Basilicate Puglia (I)	90	0,454	0,005	1998	S. di Sviluppo
Sardaigne (I)	90	0,439	0,48	1999	AIA
Prix moyen (Israël)	70- 90	0,66	0,73- 0,94	2000	Breeders Ass.
Algarve (P)	80	0,224/290	0,3	1998	DRA - Inloco
Minho (P)	80	0,3374 -0,399	0,46-0,50	2000	DRAEDM
Prix moyen (Tunisie)	80-90	0,35-0,39	0,28-0,34	2000	OEP
Brebis					
Prix moyen (E)	140	0,786	0,573	1999	GEB/filière
Corse (F)	132	0,99	0,76	2000	ILOCC
Pyrénées-Atl (F)	130	0,92	0,72	2000	Interprofessio n
Roquefort (F)	123	0,83	0,67	1999	Confédération
Prix Moyen (Israël)	130	0,92	0,71	2000	Breeders Ass.
Epire(Gr)	120-130	0,96-1,04	0,73- 0,83	2000	Min Agric.
Sardaigne (I)	125	0,593	0,475	1999	Guerreî- AIA
Abruzzo (I)	125	0,825	0,66	2000	AIA
Emilia -(I)	125	0,759	0,607	2000	AIA
Prix moyen (Tunisie)	125	0,67-0,74	0,53-0,59	1999	OEP

bases biologiques et alimentaires de la production de lait de ces espèces (Vallerand, 1996). Le prix de revient du lait en système caprin intensif au Maroc est estimé à 2,4 FF soit 0,36 E (Bennis, 1996) ce qui est en cohérence avec les niveaux de valorisation observés aujourd'hui en Tunisie avec des conditions d'exploitation identiques (0,35-0,39 E/litre).

Tableau 1b. Le prix moyen du fromage au lait de brebis ou de chèvre en Europe prix départ (d) ou à la consommation (c).

Région (Pays)	Fromage	Prix/kg (E/kg)	Année	Source
Extrémadura (E)	Serena	9,5	1998	CTA Badajoz d
Pais vasco (E)	Idiazabal	9,5/11,4	1998	C. regulador d
P. moyen France	Chèvre	10,6	1997	CNIEL c
Grèce	Brebis	6,41	1995	Min agric. d
Grèce	Feta	4,82	1995	Min agric. d
Sardaigne (I)	P. Romano	4,02/4,28	1997	Marchés italiens d' export
Basilicate (I)	P. di Filiano	8,39	1999	Amato d
Portugal	Chèvre	2,7 frais 7,5 affiné	1998	EE PA/Pujol/DRAALG-d
Portugal	Brebis	12/20	1993/1998	ANPQT/Gulbenkian c-d

NB: les rendements fromagers sont différents selon les produits.

Une partie importante de la production hors des circuits de commercialisation

Dans de nombreuses régions du bassin méditerranéen, Balkans, Moyen-Orient, Afrique du nord, les brebis et les chèvres à doubles fins sont principalement destinées à l'autoconsommation (viande et lait) et la part du lait commercialisé et très faible. Des projets récents comme ceux du Maroc ou de Tunisie visent à organiser la collecte et la commercialisation du lait excédentaire mais ils ont surtout concerné la création d'élevages plus intensifs autour des zones de consommation péri-urbaine (El Aïch, 1996; Jemali et Villemot, 1996). Les difficultés de ces projets témoignent à la fois des réticences des acteurs à organiser en filière une activité considérée comme marginale et du temps nécessaire pour changer les états d'esprits et créer une dynamique.

Dans les autres pays, la part de l'autoconsommation est beaucoup plus faible. Mais la transformation fermière dans des circuits de commercialisation courts, est souvent assimilée à de l'autoconsommation et sa spécificité n'est pas reconnue sauf en France et partiellement en Italie. La prise en compte de la qualité biochimique et microbiologique comme critère de paiement du lait ne se développe que lentement. Ceci est autant la conséquence de la faiblesse des concertations entre les acteurs de la production laitière ovine et caprine que d'une implantation encore forte dans une économie domestique et de proximité pour laquelle introduire des procédures de contrôle est souvent mal perçu (groupe d'animation de l'Observatoire des systèmes de production ovine et caprine, 1999).

Un secteur porté par l'image de produits naturels et patrimoniaux qui doivent rester spécifiques

Malgré le manque d'informations fiables pour préciser et différencier les situations, les données disponibles sont suffisantes pour affirmer que l'avenir du secteur laitier ovin et caprin dépendra largement de sa capacité à assurer une valorisation spécifique plus élevée que pour le lait de vache (groupe d'animation de l'Observatoire des systèmes de production ovine et caprine, 1999).

Actuellement cette dynamique est portée par une image forte de produits patrimoniaux (référence à l'héritage culturel), typiques (liés à un lieu), et spécifiques (dont les conditions de production sont particulières et non reproductibles). Cet attrait du consommateur pour les produits typiques et différentiés semble profond et durable. Mais l'image ne pourra être réservée que dans la mesure où les risques d'usurpation d'image, déjà palpables, sont maîtrisés.

Le séminaire FIL/EDA/CIRVAL/CMIO/EAAP de Nicosie a insisté sur la nécessité de promouvoir les caractéristiques distinctives des fromages au lait de brebis et de chèvre tout en améliorant la qualité hygiénique des laits:

- Il paraît urgent d'éviter tout risque de confusion pour le consommateur; l'étiquetage doit clairement différencier le fromage 100% brebis ou chèvre de celui qui contient une part variable de lait de vaches ou d'additifs non lactés.
- La certification des fromages traditionnels doit être encouragée pour prévenir la substitution de tout ou partie du lait de la région d'origine par des laits extérieurs.
- La valorisation des produits typiques passe plus par des innovations commerciales que par de véritables innovations produits.

Cette recommandation a une conséquence immédiate. Les opérateurs, qu'ils soient éleveurs ou industriels doivent être en mesure de montrer que l'image de leurs produits repose sur des caractères spécifiques construits sur des bases objectives.

Or on peut craindre aujourd'hui un *décalage grandissant entre l'image des produits et la réalité des conditions de production*. Si la standardisation des processus de fabrication fromagères tendent à uniformiser les produits, les résultats technico-économiques présentés dans le tableau 2 nous informent sur les systèmes de production.. Dans tous les systèmes, la quantité de concentrés distribués aux animaux est, par différence, un indicateur de la contribution réelle du fourrage (foin ou pâturage) à la production laitière. La quantité de concentrés distribués varie ici de 350 g à 3150 g/l (!) pour les brebis et de 129 à 410 g/l pour les chèvres. Dans de nombreux systèmes, les animaux sont quelquefois élevés dans des conditions réelles pratiquement hors-sols. Ces résultats sont concordants avec ceux de Pierre Osty et Sylvie Lardon (1998) qui, en France, constatent que les contraintes récentes de la production fromagère sont déterminantes sur le mode de conduite au cours de l'année fourragère. Ils estiment que les systèmes laitiers qu'ils étudient montrent un niveau d'utilisation des pâturages plus faible que dans les systèmes viandes même si une gestion attentive et rationnée des ressources fourragères est compatible avec un élevage moderne. En absence d'organisation opérationnelle de la sélection pour les races locales, les éleveurs sont de plus en plus tentés par le recours aux races améliorées extérieures (Alpine, Saanen, Damascus pour les chèvres, Lacaune, Frisonnes, Sardes, Awassi ou Assaf pour les brebis) pour augmenter leurs performances

Des besoins de structuration collective, d'organisation et d'interactions pour articuler développement durable et développement des filières

Nous avons confirmé que le développement durable des systèmes laitiers de production est fondé sur des produits typés et traditionnels qui permettent à la fois un ancrage territorial fort et une valorisation économique plus élevé que le secteur lait de vache.

Cette réalité concerne l'ensemble du bassin méditerranéen, que ce soit pour le développement local des zones à fortes contraintes des régions les plus septentrionales ou pour créer des revenus monétaires aux populations pastorales des régions plus méridionales.

Tableau 2. Quelques indicateurs technico-économiques comparés des systèmes de production. Moyenne ou cas-type.

Système	Mères présentes	Lait/mère présente (l)	Lait total (l)	Prix (E) unitaire par jeune	Concentrés (g/litre)	Marge brute/litre (E/l)	Marge brute/UTA	Disponibilité nette/UTA
Ovins								
EOPV	501	48	23 870	-	1 500	1.1	24 591	15.166
EOFN	324	72	23 373	-	2 197	1.5	35 059	15.340
EOCAI	482	244	115 946	29	1 650	0.48	26 603	6.700
EOCCE	648	82	52 534	30	3 160	0.98	21 907	5.812
IOS	301	202	62 874	27.6*	600	0.6	20 554	12.625
IOSPI	600	190	95 000	27.6*	473	0.71	31 950	18.800
IOSII	180	170	25 500	27.6*	352	0.73	18 615	9.400
IOFB	144	95	14 400	81*	868	0.97	-	2.217
FROL	357	250	87 800	41	600	0.75	33 468	-
FCOL	210	102	17 736	33.5*	1 100	1.31	20 479	13.546
FCOF	230	113	21 207	33.5*	700	-	-	34.701
Caprins								
FCFP	100	700	70 000	10.8**	360	0.36	-	-
FCFPHS	43	750	32 750	10.65**	333	0.92	29 597	-
FCFPH	45	600	27 000	10.65**	380	1.18	31 845	-
FCFPP	50/90	575/280	28 750/25200	10.65**	340/350	0.98/1.06	28 256/26 809	-
FCP	160	732	118 221	5.96**	411	0.32	29 861	-
PCLM	85	346	294 44	39.9***	139	0.32	9 332	7.881
ECM	183	400	734 00	34.22***	129	0.46	25 949	-

Legend du tableau 2.

EOPV: Espagne, ovin fromager, Pays basque, Neiker Vittoria
EOFN : Espagne, ovin fromager fermier, Navarre, ITGV Pamplona
EOCAI: Espagne,, ovin lait intensif Assaf, Castilla, Coop de cerrato, 1999
EOCCE: Espagne, ovin lait extensif, Churra, Castilla, Coope de Cerrato, 1999
IOS: Italie, ovin lait, Sardaigne, prix du lait 1998: 0,7 Euros/litre enquête IZCS, ARA,CIRVAL
IOSPI : Italie, ovin lait, Sardaigne, plaine, prix du lait 1998: 0,7 Euros/litre, Simulation Furesi
IOSCI : Italie, ovin lait, Sardaigne, colline, prix du lait 1998: 0,7 Euros/litre, Simulation Furesi
IOFB : Italie, ovin caprin fromager, Basilicate enquête IZCS, ARA,CIRVAL
FROL : France, Roquefort, ovin lait, moyenne réseau OPTISUD, 1996, base 2 UTA
FCOL : France, ovin lait, Corse, enquête CA2A, CIRVAL
FCOF: France, ovin fermier, Corse, enquête CA2A, CIRVAL
FCLP : France, caprin lait, Provence, réseaux de référence
FCFPHS: France, caprin fromager, Provence, hors sols, réseaux de référence
FCFPH : France, caprins fromager, Provence, herbager, réseaux de référence
FCFPP: France, caprin fromager, Provence, pastoral, réseaux de référence
FCP: France, caprins lait, Poitou, Optichèvre, BTPL
PCLM: Portugal, caprin lait, Minho, DRAEDM
ECM : Espagne, caprin lait, Murcia, CIDA

*agneau sevré non engraissé
**chevreau 8 jours
***chevreau sevré
[1]Unités Travail Année

Cette logique, qui privilégie le renouvellement des ressources n'est pas a priori articulée avec la logique industrielle des filières laitières qui ont pour objectifs principal la rentabilité immédiate (Vallerand, 2000). L'évolution constatée vers des systèmes de plus en plus découplés de leur lien territorial et fourrager procède à la fois de ce besoin de rentabilité et d'une commodité de mise en œuvre.

Des compromis et des ajustements doivent être trouvés entre d'une part, les exigences de la filières par rapport à ses marchés (sécurité alimentaire et qualité hygiénique des produits, traçabilité des produits, maîtrise de l'offre, compétitivité des élevages), d'autre part l'objectif de maintien dans des zones rurales à faible potentiel.

Ceci implique de proposer de véritables modèles techniques alternatifs dont la mise au point, complexe, doit également mobiliser la recherche :

- création et diffusion de références techniques pour la conduite non intensive d'animaux au pâturage,
- assistance à la gestion technique et économique et à l'organisation du travail en élevage pastoral,
- mise en place de centres de sélection et amélioration génétique des races locales,
- mise en place de plans de prophylaxie adaptés,
- organisation de la collecte en zone isolée, et compatibilité des réglementations et des équipements avec la traite en estive
- adaptation des techniques de maîtrise de la qualité du lait aux conditions structurelles des élevages (comme par exemple le système lactopéroxydase en zones isolées pour la consommation locale)
- etc..

Le développement durable des systèmes laitiers de production ovine et caprine implique l'existence de services techniques d'assistance et de conseil aux éleveurs et aux filières pour accompagner la mise en œuvre des changements nécessaires évoqués ci-dessus. Pour susciter de véritables dynamiques, il est indispensable d'instaurer un dialogue entre les éleveurs, les transformateurs, les distributeurs et les institutions qui définissent le cadre réglementaire. Ce dialogue devrait particulièrement prendre en compte la logique et les préoccupations des éleveurs (Darré, 1993)

Or actuellement, les structure de développement, souvent inexistantes ou de petite taille ont des moyens financiers et humains limités. Les techniciens sont souvent accaparés par des taches administratives. Les cloisonnement entre les structures est important y compris aux échelons régionaux (Rubino et Morand-Fehr,1999). Cette situation permet difficilement une approche globale efficace des questions à résoudre.

Pour remédier à cette situation, la création de Centres de Ressources pourrait permettre l'instauration d'une concertation régulière et d'échanges d'informations entre opérateurs des filières et entre techniciens eux-mêmes. Ces Centres peuvent avoir des cadres juridiques différents (Convention de partenariat, plate - forme de discussion, Associations,…). Des exemples de telles initiatives, encore peu nombreuses existent («Mesa technica» au Pays basque espagnol, P.E.P caprin en Rhône-Alpes (France), Centre de Ressources et de Documentation Caprine en Poitou-Charentes (France) qui montrent la nécessité d'efforts particuliers de concertation.

Par ailleurs, les connaissances locales gagnent à s'enrichir d'apports extérieurs. La gestion collective de l'information au niveau local doit s'alimenter par l'échange avec d'autres régions. Le CIRVAL est un exemple de dispositif opérationnel associant organismes régionaux et nationaux, institutions de recherches, organisations internationales) les Services d'information qu'il propose ont également pour but de mettre en relation expériences et dynamiques locales par des échanges transnationaux. Ce renforcement d'échanges est nécessaire pour susciter l'innovation technologique :

- Création de *fiches techniques et de manuels didactiques*, et mise à niveau de l'information technique,
- Organisation de *réseaux de références multilocales* permettant d'identifier les marges de progrès et d'évaluer l'impact des changements,

- *Renforcement des fonctions de veille et des Observatoires* pour soutenir la prise de décision sur les actions à privilégier et les recherches à développer.

Conclusion: la nécessité d'une sensibilisation des décideurs

Le secteur laitier ovin et caprin offre des perspectives de développement durable dans un grand nombre de régions du bassin méditerranéen. Des actions lourdes pour susciter ce développement sont nécessaires pour les filières souvent peu structurées. Elles doivent s'inscrire dans la durée et la continuité avec une perception claire des enjeux et des objectifs à atteindre.

Mais la sensibilisation des décideurs sur ces enjeux n'est pas immédiate. Le bassin méditerranéen est une zone géopolitique complexe dans laquelle un pourcentage de plus en plus élevé de la population se concentre dans des métropoles surpeuplées le long de la zone littorale; de plus l'élevage ovin caprin a toujours une image rétrograde et passéiste. Les décideurs politiques orientent plus volontiers et plus logiquement leurs priorités vers ces réalités immédiates alors que la population agricole a de moins en moins de poids démographique.

En proposant des alternatives technologiques négociées, avec une information de qualité de l'éleveur jusqu'au consommateur, il est possible de créer les conditions d'un développement durable du secteur laitier ovin et caprin. Les moyens affectés au développement des systèmes de production laitiers pastoraux et semi-extensifs créent inévitablement des retombées positives pour l'ensemble du collectif: création d'emploi en zone rurale direct ou induit par d'autres activités, protection et accessibilité des espaces naturels.

Bibliographie

Boyazoglu, J. et Flamant, J.-Cl., 1990. Mediterranean systems of animal production. In J. G. Galaty and D. L. Johnson (Eds), The world of Pastoralism, Guilford Press, New York, USA, 353-393

Bonnemaire, J., Landais, E., 1996, La zootechnie, art ou science? Entre nature et société, l'histoire exemplaire d'une discipline finalisée, Le Courrier de l'Environnement de l'INRA, avril 1996, Paris, France, n°27, 23-44

Bennis, M., 1996. Un système intensif: la production laitière caprine au domaine de Douiet - Fes - Maroc. In L., Thomas, "Les perspectives de développement de la filière lait de chèvre dans le bassin méditerranéen". FAO, Rome, Italie, 61.

Bulletin of the International Dairy Federation, 2000. Proceedings of the Symposium on Development Strategyfor the sheep and goat dairy sector. 13-14 April 2000, Nicosia. N° 354. IDF, Bruxelles, Belgium. 44 p.

Callon, M. 1996. L'évolution du rapport de l'homme à la Connaissance. Pour de nouvelles approches de la Science, de l'innovation et du marché. Le rôle des réseaux socio -techniques In J-P Dubeuf, (Ed.) Information et innovation pour les filières dispersées, Les Dossiers du CIRVAL n°1, CIRVAL, Corte, France, 153 p.

De Bonneval, L. 1993, Systèmes agraires, Systèmes de Production; vocabulaire français-anglais. INRA Editions, Paris, France, 285 p

Darré J-P, 1993. Du sens aux actes; comment transformer en idées neuves le dialogue de tous les jours,; GERDAL, document de travail; 47 pages.

El Aïch, A., Morand-Fehr, P., Landau, S., Napoleone, M., Bourbouze, A., 1994. Goat production systems in the Mediterranean region. CIHEAM, Paris, France.

El Aïch, A., 1996. La problématique caprine laitière, le cas de Maroc. In L., Thomas, "Les perspectives de développement de la filière lait de chèvre dans le bassin méditerranéen". FAO, Rome, Italie, 9,19.

Jemali, M., Villemot, J-M., 1996. L'expérience tunisienne en matière de filière laitière caprine: l'expérience d'intensification de l'Elevage caprin dans les oasis tunisiennes. In L., Thomas, "Les perspectives de développement de la filière lait de chèvre dans le bassin méditerranéen". FAO, Rome, Italie, 51,60

Groupe d'animation de l'Observatoire des systèmes de production 1999. Situation et perspectives des systèmes de production ovine et caprine; Résultats 1997, 1998 de l'Observatoire des Systèmes de production ovine et caprine. Les dossiers du CIRVAL, n°5, septembre 1999.

Morand -Fehr, P., Boyazogu, J. 1998. Present state and future outlook of the small ruminant sector. Small. Rum. Res. 34,175-188

Rubino, R., Morand-Fehr, P. (éditeurs). 1999. Systems of sheep and goat production: organisation of husbandry and role of extension services; Options méditerranéennes, n°38; septembre 1999; CIHEAM, 401 pp.

Vallerand, F., 1996. Quelques éléments d'efficacité comparée de la production laitière entre brebis, chèvres et vaches. In Production and utilisation of ewe and goat milk, IDF, Bruxelles, Belgique 81-85

Vallerand, F., 2000. Innovation and technology in the sheep and cow dairy sector. In Proceedings of the Symposium on Development Strategy for the sheep and goat dairy sector. N° 354. IDF, Bruxelles, Belgium. 23-29.

World Commission on Environment and Development, dite «Buntland Commission» 1987. Our common future, the report of the World Commission on Environment and Development. London. Oxford University Press for WCED, 400 pp.

Systèmes de production de lait de chèvre dans le bassin Méditerranéenne

P. Morand-Fehr[1], J.P. Dubeuf[2], A. Falagan[3], J.C. Le Jaouen[4] & J. Boyazoglu[5]

[1]Laboratoire de Nutrition et Alimentation (INRA) de l'INAPG, 16, rue Claude Bernard, 75231 Paris Cedex 05, France
[2]CIRVAL, Quartier Grossetti, BP 5, 20250 Corte, France
[3]INIA-CIDA, Consejeria de Agricultura, Cria Emega, La Alberca, Murcia, Espagne
[4]Institut de l'Elevage, 149, rue de Bercy, 75595 Paris Cedex 12
[5]FEZ, Villa Del Ragno, Via Nomentana, 134, 00161 Roma, Italie

Résume

Trois grands types de production de lait de chèvre peuvent être distingués dans le bassin méditerranéen: les systèmes traditionnels extensifs où les intrants sont très réduits, les systèmes intensifs présents notamment dans le Sud de la France et en Israël qui essayent de valoriser au mieux le litre de lait en le transformant sous forme de fromages, les systèmes en voie d'intensification observés dans le Sud de l'Espagne, en Italie et plus ponctuellement dans d'autres pays méditerranéens qui recherchent à garder l'image de marque de l'élevage traditionnel en intensifiant plus ou moins certains facteurs de production. Mais certaines difficultés se posent actuellement à ces trois types d'élevage. Les systèmes extensifs même s'ils possèdent une grande capacité de résistance risquent d'avoir des difficultés à se maintenir. Le système intensif doit maintenir une bonne image de marque de l'élevage caprin et lutter contre les autres produits concurrents et pour éviter que le fromage de chèvre devienne un produit banalisé de grande consommation. Les systèmes en voie d'intensification ont eu un développement favorable dans le Sud de l'Espagne alors qu'en Corse, ce type de systèmes s'est heurté à de fortes traditions culturelles. Des projets d'intensification ont aussi vu le jour, notamment au Maghreb. La sensibilisation réduite des éleveurs pour s'organiser et établir une filière et la faible mobilisation des consommateurs pour le fromage de chèvre explique le succès partiel du projet tunisien. Pour développer une production de lait de chèvre de façon solide, il semble nécessaire de disposer d'un marché et d'une filière satisfaisante permettant de payer le litre de lait de chèvre plutôt plus cher que celui de vache, et surtout d'une organisation des éleveurs et de structures de développement bien adaptées. En réalité, c'est le troisième type de système, semi-intensif ou en voie d'intensification, qui a le plus de chances de se développer en Méditerranée s'il sait équilibrer son niveau d'intensification tout en gardant une certaine typicité aux fromages produits, et en développant une bonne organisation des producteurs et des filières.

Summary

Three different goat milk production systems are considered in the Mediterranean Basin:
1. very reduced inputs traditional extensive systems;
2. intensive systems in areas such as Southern France and Israel which are attempting to add value to milk by producing cheeses;

3. systems in process of intensification in Southern Spain, in Italy and less often in other Mediterranean countries willing to keep a genuine traditional husbandry by intensifying more or less some production factors.

But these three husbandry systems now have to face some difficulties. Extensive systems, despite their important strength, are likely to encounter some problems. Intensive systems must aim to maintain an authentic goat system of good husbandry in order to compete with other products. This approach will avoid goat milk cheese standardization within the frame-work of the market for mass-consumption products. Systems in process of intensification have had a favourable development in Southern Spain. Meanwhile, in Corsica, this kind of system has had to face very strong cultural traditions. Intensification projects have started, particularly in Maghreb. The reluctance shown by the breeders to organize a production processing network plus the lack of consumers' concerns for goat cheese have reduced the Tunisian project to a level of partial success. Development of steady production of goat milk with a satisfied market depends upon identifying more expensive goat milk and products compared with cow's milk. Moreover, a breeders' organization and appropriate development frame are required for that objective. Actually, this is the third system type: semi-intensive or in process of intensification which is more likely to develop in Mediterranean. To reach this aim, this system should be able to balance intensification with the requirements of specific cheese types. This subject is appropriate for a breeders' organization and processing network.

Introduction

A l'orée du 21ème siècle, la production caprine vit dans une contradiction dont les responsables de cette filière n'ont peut-être pas encore pris conscience. Souvent, l'élevage de chèvres conserve son image d'activité traditionnelle, voir marginale. Mais dans certains cas, il a bénéficié de nombreuses innovations technologiques et de bouleversements structurels. Comme l'ont montré Morand-Fehr et Boyazoglu (1999), le cheptel caprin est celui qui, parmi les espèces d'animaux domestiques, a connu la plus forte croissance d'effectifs depuis 20 ans à l'échelle méditerranéenne comme mondiale: ce qui montre un dynamisme certain.

Jusqu'aux années 1960-1970, la chèvre a été fortement combattue en Méditerranée parce qu'elle était accusée d'être à l'origine de la dégradation du tissu végétal (déforestation, désertification, etc...) sans analyse rigoureuse des phénomènes en cause. Cet animal attirait beaucoup de préjugés et d'ostracisme. Rubino (1995) a d'ailleurs opportunément rappelé qu'on utilise, depuis l'antiquité, le terme de bouc émissaire qui s'applique à la chèvre pour détourner la responsabilité de l'homme sur des phénomènes dont il est en grande partie la cause.

Or, depuis 20 ou 30 ans, deux éléments importants ont modifié la perception de l'élevage caprin. D'une part, la recherche scientifique a mis en évidence le potentiel productif laitier de certains génotypes caprins qui ne demande qu'à s'exprimer si les conditions d'élevage lui sont favorables. Simultanément, les recherches sur le lait et les produits laitiers caprins se sont intensifiées (Morand-Fehr et Lamboley 2000). D'autre part, l'évolution favorable du marché des produits laitiers caprins a permis de considérer le lait de chèvre comme une source de valeur ajoutée et de développement économique intéressante pour de nombreuses zones rurales.

Par ailleurs, comme dans de nombreuses régions la chèvre fait partie du patrimoine local, son développement peut être complémentaire du développement touristique ou artisanal, associé à la pluri-actvité. Il est également démontré aujourd'hui que le pâturage des chèvres peut avoir un rôle très positif de préservation de l'espace, y compris dans des zones difficiles.

Au cours de ces dernières années, de nombreux pays en développement se sont intéressés de nouveau à la chèvre, et notamment à la chèvre laitière. C'est une des conséquences du changement d'attitude vis à vis de l'activité caprine. Mais cet intérêt résulte aussi de pressions démographiques toujours plus fortes qui font exploser la demande de produits agro-alimentaires, en particulier laitiers. L'objectif est alors d'augmenter les rendements et d'intensifier les facteurs de production, l'animal ou la surface fourragère. Ainsi la production caprine, traditionnellement orientée vers la viande et secondairement vers le lait dans le cadre de systèmes de conduite pastorale extensive a, dans de nombreux cas, évolué vers une intensification avec toutes les conséquences que ceci implique sur l'organisation, la cohérence et la viabilité des systèmes. Cette tendance est confirmée par le nombre et la nature des projets de développement et de coopération déposés dans le cadre de demandes de financement. Or ces projets d'intensification de la production laitière caprine sur la rive sud de la Méditerranée ont été conduits depuis 15 ans avec des succès variables (Chiche *et al.* 2000). Le symposium satellite qui a été organisé sur ce sujet (Poitiers, Fr, 21 Mai 2000) lors de la VIIème Conférence Internationale sur les caprins témoigne des interrogations qui se manifestent sur la cohérence de certains projets.

Devant ces tendances contradictoires, il paraît nécessaire de faciliter les décisions relatives aux politiques de développement par une réflexion argumentée sur l'avenir des systèmes de production caprine malgré la difficulté de l'entreprise. Après avoir explicité le caractère relatif, voire subjectif, du concept même d'intensification, les différents systèmes de production de lait de chèvre présents autour du bassin méditerranéen sont décrits en relation avec les contextes socio-économiques dans lesquels ils s'inscrivent. C'est à partir de cas concrets et de résultats de recherches formalisées qu'on tentera d'élucider les conditions d'un développement durable de filières caprines diversifiées, ceci en fonction des demandes réelles du marché et des nécessités du développement rural.

Relativité de la notion d'intensification en production caprine

Il est admis qu'un des atouts de l'espèce caprine est une grande capacité d'adaptation à des conditions d'élevage beaucoup plus diversifiées que les ovins et les bovins (Morand-Fehr et Le Jaouen 1990). La productivité très élevée de l'espèce caprine dans les systèmes laitiers à base de rations sèches du Centre - Ouest français est l'aboutissement d'une logique d'hyperintensivité et d'optimisation de tous les facteurs de production. Mais la chèvre valorise aussi des zones désertiques extrêmes comme, à titre d'exemple, le Sinaï où les autres espèces de ruminants ont beaucoup plus de mal à survivre (Shkolnik et Silanikove 1981). Entre ces extrêmes, il existe un continuum de systèmes d'élevage présentant des formes d'intensification très variées.

Chaque système de production caprine ne peut être évalué à partir d'indicateurs techniques comparés à un référentiel unique. Plus encore que pour l'espèce bovine, l'étude des systèmes ovins et surtout caprins doit intégrer la réalité agro-climatique et socio-économique de leur environnement. C'est à partir de ce constat que, dans le cadre du sous-réseau FAO/CIHEAM sur les systèmes de production ovine et caprine, a été créé l'Observatoire des Systèmes de production ovine et caprine (Dubeuf 2000). Dans une première étape, la publication d'un recueil d'indicateurs permet de comparer les différentes données techniques disponibles de manière cohérente. A partir de ce recueil (Dubeuf *et al.* 1999) et des données fournies par l'Observatoire et au cours de deux séminaires sur ce thème (Bella, 1997; Murcia, 1999), nous avons tenté d'identifier les paramètres principaux des systèmes d'élevage caprin. La figure 1, bien que ce travail ne soit pas terminé, rassemble les paramètres qui semblent les plus discriminants.

Un des atouts de l'espèce caprine mis en valeur dans de nombreux systèmes méditerranéens est sa grande souplesse au cours de l'année, notamment vis à vis de longues périodes de sous-alimentation alternant avec des phases d'alimentation pléthorique. On retrouve ainsi cette grande capacité d'adaptation vis à vis des fluctuations climatiques interannuelles. Tous ces éléments confirment la difficulté d'estimer le niveau d'intensification d'un système d'élevage caprin en Méditerranée.

L'importance relative de l'orientation technico-économique laitière de l'élevage détermine l'évolution des systèmes caprins parce qu'elle oblige à maîtriser les facteurs d'élevage et généralement à intensifier certains d'entre eux. Le potentiel laitier du génotype et les méthodes de reproduction doivent être bien définis afin que la courbe annuelle des besoins maximaux coïncident avec la période de l'année pendant laquelle la production fourragère est maximale ou lorsque le prix du litre du lait est optimal. La stratégie alimentaire doit établir la proportion de fourrages et d'aliments concentrés achetés à l'extérieur pour rendre le système plus ou moins indépendant des aléas agro-climatiques selon que les prix du lait vendu ou des de ses dérivés pendant ces périodes de moindre production permettent de valoriser l'achat de ces intrants.

Des tentatives se développent pour organiser des systèmes laitiers ou mixtes reposant sur des races adaptées aux conditions locales et sur des savoir-faire existants. En valorisant la différenciation et la certification de produits locaux, de tels systèmes pourraient probablement mieux correspondre aux exigences de durabilité de l'élevage caprin et à ses potentialités (Dubeuf, 2000). Malheureusement, on doit admettre qu'aujourd'hui encore, le principal modèle de référence bien raisonné reste encore pour les décideurs, pour les formateurs en charge des programmes d'éducation et aussi pour les éleveurs eux-mêmes, le modèle intensif d'optimisation des performances économiques, même si ce système n'est pas dominant en élevage caprin méditerranéen.

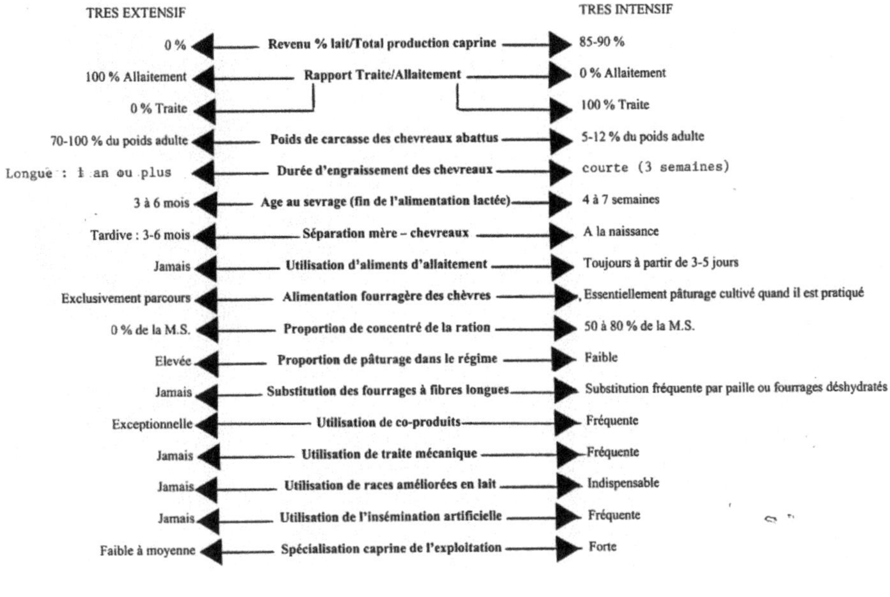

Figure 1. Facteurs permettant d'évaluer le niveau d'intensification d'un système d'élevages caprin.

Les principaux systèmes de production caprine en Méditerranée

Compte tenu des conditions socio-économiques et agro-climatiques très variables dans le bassin Méditerranéen, tout particulièrement entre la rive nord et sud, il serait arbitraire de procéder à une typologie des systèmes de production caprine qui risque d'apparaître comme réductrice. Toutefois, on peut distinguer les systèmes intensifs dont la logique s'inspire des systèmes vaches laitières du Nord de l'Europe et les systèmes traditionnels de type extensif orientés selon les situations, exclusivement sur la production de viande (ou de poils) que nous ne traiterons pas ici ou vers une production mixte/viande lait. Entre ces deux systèmes extrêmes, existent tout un éventail de systèmes semi-extensifs ou semi-intensifs qui, soit ont légèrement intensifiés un ou plusieurs facteurs de production, soit sont en voie d'intensification et adoptent une dynamique pour évoluer vers des systèmes intensifs maîtrisés

Systèmes traditionnels extensifs

Ce sont des systèmes dont l'objectif est de réduire au maximum les intrants et de ce fait les coûts de production, ce qui, malgré leur diversité, leur permet d'avoir des caractéristiques communes. Au Sud, ce sont généralement des systèmes pastoraux ou agro-pastoraux où les chèvres appartiennent assez souvent à des troupeaux mixtes ovins-caprins (Nefzaoui et Abdouli, 1995). L'apport des concentrés est rare ou faible. En réalité, les produits cultivés (fourrages, grains) ou sous-produits issus des récoltes sont plutôt réservés aux autres animaux: bovins, ovins ou équidés. Les apports hors pâturage en élevage caprin extensif dans les conditions du Sud Méditerranéen ne sont pas utilisés avec un objectif de production mais pour maintenir une ration minimum en cas d'aléas climatiques - sécheresse, fortes chaleurs (Morand-Fehr et Doreau, 2000). L'objectif de l'éleveur est principalement la production de viande. La production de lait toujours trait à la main dépend surtout des besoins de la famille (ou des voisins); en effet, le lait ou le caillé récoltés sont assez rarement commercialisés.

En Europe méditerranéenne, ce type de système est en régression mais subsiste dans la plupart des pays et notamment en Albanie, en ex-Yougoslavie, en Grèce, au Portugal et en Espagne (Sud et Ouest de la Castille-Léon et Ouest de la Castille-La Mancha). Ce sont des troupeaux caprins ou mixtes ovins-caprins, sédentaires ou pratiquant dans certains cas encore, la transhumance. L'objectif est toujours d'avoir de faibles coûts de production. Mais le plus souvent, le lait est systématiquement trait après le sevrage des chevreaux et parfois partiellement avant le sevrage afin d'être commercialisé sous forme de caillé frais ou de fromages. Les productions de lait trait varient de 50 à 250 kg de lait par chèvre et par an. La traite s'effectue toujours à la main et souvent les chèvres ne sont traites qu'une fois par jour. Les chèvres sont généralement logées de façon rudimentaire, parfois dans de simples abris. Le système repose sur un gardiennage continu, peu de concentrés des traitements sanitaires limités, et aucun dispositif de réfrigération; en conséquence le lait doit être traité chaque jour. Dans ce type de systèmes, il y a peu d'intervention de l'homme sur le sol, notamment au niveau des cultures destinées à l'élevage caprin (Santucci, 1995). Ce système de type traditionnel se retrouve aussi en Israël (Galilée, hauteurs du Golan, Landau *et al.*, 1995).

Dans tous ces systèmes, au Nord comme au Sud, l'utilisation des races locales (Baladi au Sud, chèvres communes au Nord, Mambrine en Israël) s'est maintenue en raison de leur grande aptitude à la marche et à leur capacité d'adaptation aux aléas climatiques, à des sous-alimentations importantes et parfois à des manques d'eau.

Systèmes intensifs

Les systèmes intensifs de production de lait de chèvre se sont développés en Méditerranée dans les zones où, traditionnellement, existe une demande importante de produits laitiers caprins, et par là même des possibilités de bien valoriser le lait de chèvre (prix souvent égal ou supérieur à celui du lait de vache). C'est le cas bien évidemment du Sud-Est de la France (Santucci, 1995) et d'Israël (kibbutz, mochavs ou fermes privées Landau *et al.*, 1995) mais aussi de certaines zones de Grèce (Hatziminaoglou *et al*, 1995), d'Espagne et du Nord de l'Italie. Des cas isolés également peuvent s'observer dans les autres pays méditerranéens. L'objectif est de valoriser au mieux le litre de lait produit dans le cadre d'une production moyenne de 500 à 1000 kg de lait par chèvre et par an; ce qui conduit tout naturellement à rechercher la quantité optimale produite et quand c'est possible, le prix du lait optimal au cours de l'année. Cela implique en premier lieu un régime couvrant totalement les besoins des chèvres et surtout une stratégie alimentaire au cours de l'année permettant d'exprimer tout leur potentiel laitier (Morand-Fehr et Sauvant, 1987, Hadjipanayiotou et Morand-Fehr, 1991). En zone méditerranéenne, le régime est souvent à base de sous-produits agricoles de qualité (sous-produits de fruits ou de brasserie et même pulpes de betteraves) et d'aliments concentrés. Dans les conditions de la pratique, la quantité de concentrés apportés varie de 300 à 400 g par litre de lait et parfois plus (Napoleone et Gillet, 1990).

Ce type de système exige l'utilisation de génotypes améliorés en production laitière, soit de potentiel très élevé, Alpine, Saanen comme en France et en Israël notamment, soit de potentiel légèrement moindre mais gardant une bonne capacité d'adaptation: Murciana-Granadina, Malaguena (Espagne), Maltaise, Dérivée de la Syrienne (Italie du Sud), Anglo-Nubienne et Damasquine (Pays de l'Est méditerranéen).

Ce système est, à l'exception de quelques systèmes montagnards utilisant l'alpage, le plus souvent sédentaire. Lorsqu'il utilise du pâturage, généralement c'est sur des terres proches de la chèvrerie. En effet, il tend à limiter les efforts de marche des animaux. Il bénéficie dans la plupart des cas, d'un logement confortable pour éviter les stress défavorables à la production laitière. Dans les systèmes les plus intensifs, un équipement de traite mécanique qui permette le passage à la traite au moins deux fois par jour.

L'insémination artificielle est encore assez peu utilisée, sauf en France, mais souvent les éleveurs cherchent à faire saillir leurs chèvres pour que le maximum de production coïncide avec le prix du lait ou du fromage le plus élevé de la saison, ou bien avec la période de commercialisation la plus favorable pour l'éleveur, comme par exemple la saison touristique. Il faut remarquer qu'en général, ce système ne s'est développé qu'en présence d'un environnement économique favorable (demande commerciale bien identifiée, prix du lait élevé), de structures de transformation du lait et de développement offrant des services adaptés aux éleveurs dans le domaine de l'amélioration génétique, de la reproduction, du transfert de technologie et du contrôle sanitaire, et enfin des organisations professionnelles, en particulier dans le domaine de la commercialisation avec, dans certains cas, la mise en place de filières organisées et des structures interprofessionnelles.

Systèmes semi-extensifs ou en voie d'intensification

Entre les deux systèmes: intensif et traditionnel-extensif, il existe tout un éventail de systèmes plus ou moins intensifs. On trouve en particulier les systèmes de l'Europe du Sud qui culturellement cherchent à garder une base pastorale et l'exploitation de la race locale, comme en Corse (Santucci, 1995) mais qui profitent d'un environnement favorable (demande des consommateurs en fromages de chèvre, structures de développement) et qui peuvent intensifier un ou plusieurs facteurs de production comme l'apport de concentrés pour atteindre une production de 250 à 450 kg de lait par chèvre et par an et dans certains cas, même plus.

Il est intéressant, dans ce type de systèmes, d'analyser la stratégie d'évolution des éleveurs et leur dynamique dans la voie de l'intensification. Falagan *et al.* (1995) et Falagan (1998) les ont bien analysées dans le Sud de l'Espagne. Les systèmes extensifs sont en régression en raison de la prise de conscience de certains éleveurs enclins à introduire des innovations dans leur système pour améliorer leurs revenus et réduire les contraintes, et ainsi à adopter des systèmes plus intensifs. Cette prise de conscience sur les potentialités économiques du secteur laitier caprin peut s'expliquer par divers facteurs favorables :

- L'administration espagnole a subventionné des organisations de défense sanitaire, le matériel de traite mécanique, la rénovation des bâtiments d'élevage et l'installation du froid à la ferme.
- Le renouvellement important des éleveurs a permis aux jeunes qui reprenaient les fermes d'investir pour intensifier les troupeaux traditionnels cédés par des éleveurs âgés.
- Le pourvoir d'achat ayant sensiblement progressé en Espagne au cours de ces dernières années, le prix du litre de lait a évolué favorablement en suivant la progression de la demande malgré plusieurs crises conjoncturelles.
- L'augmentation des résultats financiers des ateliers caprins a pu être réinvestiz en aliments concentrés achetés et en animaux de meilleure productivité qui sont venus augmenter la taille des troupeaux.

L'élévation très sensible de la production laitière dans la province de Murcia et d'Almeria dans les années 1980-1990 permet ainsi de décrire un processus d'évolution vers l'intensification des systèmes de production de lait de chèvre.

- Augmentation de la taille (l'effectif est passé de 80 à 130 chèvres en moyenne en 10 ans) et spécialisation du troupeau laitier; ce qui a été possible par l'introduction de la traite mécanique qui est le premier investissement des jeunes éleveurs dans la région de Murcia.
- Augmentation des apports alimentaires, surtout concentrés pour répondre au potentiel laitier. Cela a été possible parce que le grain (maïs) bénéficiait d'un prix relativement peu élevé à cette époque en Espagne. En outre, un plan d'assistance des éleveurs en alimentation caprine a permis, dans la région de Murcia, de mieux rationaliser les programmes alimentaires des chèvres au cours de l'année.
- Meilleure organisation de la reproduction (regroupement des chaleurs, effet bouc); ce qui a permis de concentrer les mises bas en automne, de bénéficier de meilleurs prix pour le lait et le chevreau, et d'allonger les lactations afin qu'il n'y ait plus qu'une mise bas par an.
- Amélioration génétique: mise en place d'un schéma de sélection mais surtout vente de reproducteurs et développement d'un contrôle laitier fiable.
- Aspiration des éleveurs à une meilleure qualité de vie: ce qui les incitait à réduire certaines contraintes, en particulier au niveau de la main d'œuvre.
- Installation de tanks à lait réfrigéré; ce qui a permis un ramassage de lait moins onéreux et une meilleure qualité du lait pour les laiteries dont l'incitation vis à vis des éleveurs a été déterminante.
- Installation de laiteries industrielles (17 actuellement en région de Murcia) et progression depuis 30 ans des volumes de fromage du chèvre fabriqué en laiteries (en 1970: 15% de la production, en 1997: 52%).

Des évolutions du même type, mais parfois de moindre ampleur, ont pu se développer dans d'autres pays comme l'Italie. Mais dans certains cas, la réussite n'a pas été aussi spectaculaire pour des raisons d'environnement socio-économique ou culturel. En Sardaigne et dans une moindre mesure en Corse, cette dynamique n'a pu se mettre en place en raison de la priorité accordée à l abrebis laitière, à laquelle sont consacrées les meilleures terres et la plupart des efforts d'amélioration technique.

Il existe aussi des cas relativement limités dans d'autres pays, comme le Sud-Est de la France, qui s'apparentent à ce système: production de chevreaux lourds bien valorisés dans un système pastoral à dominante lait (Santucci, 1995).

Questions auxquelles les systèmes laitiers caprins en Méditerranée doivent repondre

Actuellement tous ces systèmes de production de lait de chèvre en Méditerranée sont parfois confrontées à des difficultés qu'ils doivent résoudre pour leur pérennité et leur développement.

Systèmes extensifs

Les systèmes extensifs de production de lait de chèvre de la rive Sud de la Méditerranée sont assez peu intégrés dans l'économie de marché au niveau national, il sont donc protégés en partie des fluctuations importantes des cours. Ils bénéficient plutôt de marchés de proximité assez stables. C'est la raison pour laquelle en réalité, ils possèdent une capacité importante de résistance. Mais les populations même traditionnelles, notamment au Maghreb semblent avoir une préférence plutôt pour le lait de vache dont la production s'est développée (Nefzaoui et Abdouli 1995); ce phénomène risque de s'accélérer avec l'urbanisation qui se développe dans certains pays méditerranéens. A court terme, il paraît donc difficile que ces types de systèmes se développent dans des proportions importantes. Pour cela, il faudrait dans un premier temps, améliorer la qualité sanitaire des produits puisque par exemple, la population citadine du Nord du Maroc, pourtant région traditionnelle de consommation de lait de chèvre, est très prudente pour consommer les fromages frais de chèvre proposés le long des routes en raison du risque de troubles digestifs. Marrachi et Hamana (1995) ont bien confirmé que la qualité hygiénique des fromages de chèvre était le problème prioritaire à régler dans ce type de système.

En outre, ces systèmes extensifs sont souvent confrontés à une pénurie de main d'œuvre due à la difficulté d'accepter pour des jeunes, une vie de pasteur sur parcours. Ceci est un problème bien réel dans nombreux pays méditerranéens, notamment au Maghreb et en Espagne (Chiche *et al.*, 2000, Anon,1999).

Dans les pays méditerranéens du Sud, ce type de système continuera de diminuer en raison du développement des infrastructures, du tourisme, des clôtures, de la privatisation rampante des meilleures terres communales et de l'exploitation non maîtrisée de ces terres communales comme à titre d'exemple, dans l'arganeraie au Maroc (El Aich et Bourbouze, 2000).

En outre, excepté dans le cas d'une très bonne valorisation du produit et de consommateurs prêts à l'acheter à un prix élevé, une partie de ces éleveurs n'auront plus de revenus suffisants et seront obligés d'intensifier partiellement ou de rationaliser leur élevage alors que les autres devront abandonner leurs troupeaux.

Systèmes intensifs

Actuellement la demande et le marché des fromages de chèvre se développent régulièrement depuis 20 ans de 2,5 à 5% environ par an en France. Des parts de marché ont été acquises grâce au dynamisme du secteur industriel, en forte croissance, qui a su attirer une nouvelle clientèle (jeunes ménages, consommateurs rebutés auparavant par les goûts très prononcés des fromages affinés, …) vers des produits nouveaux (produits frais bénéficiant d'une présentation de qualité). L'Europe du

Nord passant de plus en plus ses vacances en Méditerranée demande pour son marché intérieur des produits comme le fromage de chèvre rappelant les vacances aux consommateurs qui associe ce produits aux systèmes pastoraux extensifs même si la réalisation des systèmes est différente. Enfin la chèvre étant souvent considérée comme un animal écologique, le consommateur n'a généralement pas de réticences pour consommer les produits caprins qui bénéficient d'une image positive. Ainsi la situation semble favorable actuellement pour cette production intensive de lait de chèvre qui a cependant de nombreux problèmes à résoudre.

Elle doit tout à la fois se conformer aux normes de sécurité alimentaire et en même temps maintenir son image de marque de produit artisanal, festif, d'excellente qualité gastronomique et qui rappelle au consommateur l'élevage de chèvres traditionnel qu'il a connu il y a 30 ou 40 ans à la campagne, c'est-à-dire les petits troupeaux de chèvre gardés au bord des routes par des personnes âgées.

L'Union Européenne a publié les directives 92/46 et 93/43 sur les normes que doivent respecter les produits et les ateliers de transformation du lait à vocation fermière ou traditionnelle. Ces nouvelles contraintes risquent d'être une des principales causes d'abandon d'éleveurs qui ne souhaitent ou ne peuvent investir dans de nouvelles installations (Forte, 2000).

D'autre part, depuis quelques années, le prix du lait de chèvre payé par les laiteries progressent beaucoup moins vite qu'auparavant. Ces laiteries exercent une pression pour que les coûts de production diminuent afin que les fromages de chèvre maintiennent des prix concurrentiels par rapport aux produits concurrents (fromages ou yogourts de vache...) et séduisent des nouveaux consommateurs. Ces contraintes économiques expliquent, en particulier en France au cours de ces dernières années, l'augmentation très marquée des effectifs par troupeau et la simplification des techniques (ration sèches à base de moins de fourrages et plus de fourrages déshydratés et de concentrés, automatisation de la distribution des aliments, suppression de la repasse à la traite) ainsi que la réduction de la main-d'œuvre, etc... On risque donc une atteinte à l'image de marque et à la qualité du fromage de chèvre si le lait est produit dans des grandes unités industrialisées. En effet, en France, les ventes en grandes et moyennes surfaces (GMS) représentent déjà 84% du total des ventes de fromages de chèvre. (Anon, 1999); ainsi le fromage de chèvre risque de se banaliser. Sur divers types de fromages de tradition, certains consommateurs commencent à reprocher un manque de goût chèvre et de finesse de la pâte (Morand-Fehr et Le Jaouen, 1998) alors que les inversions de taux apparaissent depuis quelques années (taux protéique supérieur au taux butyreux), conséquences des progrès génétiques et des techniques intensives d'alimentation; ces inversions pouvant être à l'origine de la détérioration de la qualité des fromages. Donc certaines voix se font de plus en plus entendre pour préconiser un niveau optimal d'intensification à ne pas dépasser pour ne pas détériorer la qualité et l'image des produits. Un débat réel existe entre 2 logiques. La logiques de maîtrise des coûts de production, d'une part, conduit à l'accroissement de la productivité des troupeaux avec un recours toujours plus important aux aliments concentrés mais au détriment de la qualité technologique et sensorielle des laits. L'autre logique, de qualité, propose que les professionnels se fixent des règles collectives et des limites qui préservent l'utilisation d'une alimentation minimum au pâturage et en fourrages verts.

Santucci (1995) se posait la question de savoir s'il existe une spécificité de ces systèmes caprins intensifs en Méditerranée, en prenant pour exemple la région du Sud-Est de la France où les systèmes caprins intensifs en plaine manquent d'espace pour le pâturage et sont en compétition avec les autres formes d'agriculture approvisionnant les grands centres urbains (Napoleone et Hubert, 1989). Il en conclut qu'il n'existe pas de spécificité et que la production intensive de lait de chèvre a les mêmes problèmes à résoudre en Méditerranée qu'en Europe du Nord. Toutefois, dans les pays méditerranéens, il existe une particularité bien réelle puisqu'il se révèle souvent plus difficile de motiver une communauté d'éleveurs pour organiser une filière ou une stratégie de défense d'un produit qu'ailleurs; cela représente un handicap pour la réussite d'un système intensif de production de lait de chèvre.

En définitive, ces systèmes intensifs en comparaison aux systèmes extensifs sont plus fragiles parce qu'ils reposent sur la production d'un seul produit et sont tributaires du marché du lait ou du fromage qui dépend de nombreux facteurs extérieurs (Ouin, 1995).

Les systèmes semi-extensifs ou en voie d'intensification et réflexions sur les projets de développement qui les concernent

Il existe de nombreux exemples de projets individuels et ponctuels de créations d'élevage de chèvre autour des agglomérations urbaines de la Méditerranée. Ces initiatives, plutôt spéculatives, développent des systèmes plutôt hors sol avec recours à du matériel génétique important. Elles visent à atteindre les marchés de niche des classes moyennes consommatrices de fromages. Ces projets ne s'insèrent généralement pas dans une organisation collective de filière, plus porteuse de durabilité.

A l'inverse, de nombreux projets de développement local s'appuient sur l'élevage de chèvres comme support d'activité en zones rurales.

On peut identifier quelques caractéristiques sur les dynamiques de changements impulsées par ces projets qui concernent surtout les systèmes en voie d'intensification.

Cas de la rive Nord de la Méditerranée

Il existe dans la plupart des régions concernées (comme par exemple en Corse, en Algarve, en Grèce, en Sardaigne etc...) des populations d'éleveurs attachés à mode de conduite traditionnel de leur troupeau (race locales, pratiques d'utilisation du parcours, ...).Ce savoir-faire peut d'autant plus constituer un frein au changement qu'il s'insère dans un système plus rationnel de valorisation du territoire (Vallerand, *et al.*, 1991). Dans le même temps, la faible valorisation économique de l'activité, la pénibilité du travail éloignent un grand nombre de jeunes éleveurs du métier qui se retrouve alors d'autant plus dans une spirale de marginalisation qu'il n'existe pas d'alternatives techniques à la situation de départ (manque de surfaces fourragères par exemple). Dans ces conditions, les projets de développement caprin tentent généralement de créer les conditions d'une meilleure valorisation des produits (à travers la formation des éleveurs, des opérations de promotion voire de certification, des actions de couplage entre l'élevage et des activités agro-touristiques). Ces projets (souvent consruits en Europe autour des projets LEADER) peuvent constituer la base d'une structuration collective nécessaire, s'ils s'inscrivent dans la durée, s'ils associent étroitement les éleveurs et leurs préoccupations et s'ils s'accompagnent d'un encadrement technique de qualité et d'un environnement suffisant de structures de développement.

Cas de la Tunisie et du Maroc

Les évolutions vers une production plus organisée et plus intensive ont aussi été proposées sur la rive sud de la Méditerranée au Maroc et en Tunisie dans deux zones où l'élevage caprin laitier avait un historique: la zone Nord du Maroc autour de Chef-Chaouen et la région des oasis du Sud de la Tunisie. Chiche *et al.* (2000) et Rekik (2000) ont récemment fait l'analyse critique de ces deux projets, le projet du MARA au Maroc et le projet PICO en Tunisie qui ont bénéficié de coopérations internationales et bilatérales.

Ces deux projets avaient en commun d'apporter du sang de race intensive (race Alpine) sous forme de distribution de reproducteurs ou de saillie des femelles locales par des boucs Alpins dans des centres de saillie. Parallèlement ont été mis en place un ou des centres de développement où les techniques améliorées étaient diffusées et où les éleveurs pouvaient recevoir de l'aide technique. Chacun de ces projets possédait un centre de sélection de race Alpine devant développer la production de femelles et surtout de mâles améliorateurs. L'objectif était de mettre en commun des quantités de lait produit par différents éleveurs pour alimenter un atelier de transformation du lait en fromages financé par la FAO au Maroc ou des ateliers gérés par la coopérative régionale dans chaque oasis qui participait au projet dans le Sud Tunisien.

Ces projets ont également été confrontés à un certain nombre de difficultés. Ils ont été initiés par des organismes d'état qui n'ont pas pris en compte suffisamment les problèmes que posent les besoins réels, les motivations, le niveau technique des éleveurs, leur prise de conscience pour s'organiser entre eux, la situation du marché des produits laitiers, le type de fromages à produire pour avoir une chance de sensibiliser une fraction suffisante de consommateur, etc... A titre d'exemple, il n'était pas évident que l'éleveur de l'oasis de Douz ou de Médénine en Tunisie ait comme première priorité d'intensifier sa production de lait de chèvre pour la commercialiser alors que le caprin, depuis des décennies, a une fonction précise dans l'équilibre du système oasien. Est-ce que, comme le notent CHICHE *et al.* (2000), les coopératives implantées dans chaque oasis avaient les moyens suffisants pour gérer la production de lait et sa transformation. Les efforts en investissements humains et matériels ont-ils été suffisants au niveau de la commercialisation et du marché ? Compte tenu de la situation des éleveurs, la nécessité d'investissement grâce à une organisation bien adaptée du crédit a-t-elle été bien pris en compte ? La répartition, tout au long de la filière, de la valeur ajoutée du produit, pouvait-elle être équitable en fonction du travail fourni et du risque commercial, sans une organisation des éleveurs et de l'interprofession ? Au Maroc, certaines difficultés du même ordre ainsi que des problèmes techniques sont apparus.

Toutefois ces projets ont eu des aspects positifs tels que la prise conscience des éleveurs de l'intérêt de s'organiser entre eux, des atouts de la chèvre en terme de revenu laitier intéressant sans réduire celui de la production de viande de chevreau. La production de fromages de chèvre en zone méditerranéenne demande un niveau de technicité important (stratégie alimentaire, traite, qualité du lait...) dont la maîtrise est nécessairement progressive et nécessite beaucoup d'efforts de formation. En outre, ces projets, par leur caractère défricheur, ont en réalité été très précieux. En Tunisie, notamment dans d'autres régions que le Sud, des éleveurs privés disposant de financement ont pu utiliser le progrès génétique créé par le projet et mettre en place des troupeaux commerciaux à vocation laitière qui bénéficient de débouchés intéressants. Au Maroc, l'association nationale des éleveurs d'ovins et de caprins (ANOC) a repris le projet du Ministère de l'Agriculture en mettant en priorité l'organisation des éleveurs en deux groupements professionnels (Chef-Chaouen, Tétouan), l'expression de leurs besoins et l'appui technique et en instaurant la confiance entre les éleveurs partenaires du projet et les structures de développement.

En conclusion il semble que de tels projets, même si les objectifs sont tout à fait louables, ne puissent se développer qu'à un moment où les conditions de réussite sont réunies, et en premier lieu si les éleveurs ont pris conscience de l'intérêt d'exprimer leurs objectifs et de s'organiser et ensuite si les conditions socio-économiques et techniques sont bien adaptées (organisation du crédit, structure de développement et organisation de la filière). Mieux vaut préparer le terrain en organisant la sensibilisation des éleveurs et la formation des développeurs que de démarrer un projet dans des conditions non optimales.

Pour arriver à ce résultat, il est essentiel de chercher à réduire les contraintes sociologiques d'un milieu rural très fermé. Pour cela, il faut que le responsable du projet soit crédible vis à vis des éleveurs, comme un fils d'éleveurs ayant fait des études agricoles; l'exemple de Peraza-Castro (1977) au Mexique qui vit parmi les éleveurs du projet est probant. Il faut éviter que ce responsable vienne d'une structure administrative et d'une région éloignée.

Conclusion

Au cours des vingt dernières années, il semble bien que dans les pays méditerranéens, la production de lait de vache a eu tendance à plus se développer de façon intensive que celle du lait de chèvre car elle était plus apte à réduire quantitativement le déficit global de la production de lait. Mais d'autres explications peuvent aussi être avancées comme souvent le niveau technique et la capacité financière moindres des éleveurs de chèvre, la plus grande atomisation de la production, la plus grande difficulté de faire accepter le goût chèvre à tous les types de consommateurs, etc...

Toutefois, la production de lait de chèvre a connu certaines réussites non seulement en France mais aussi en Israël, en Espagne et en Italie et de façon plus limitée dans d'autres pays. Il ne semble pas que ce soit une question de niveau d'intensification mais plutôt, comme nous venons de le voir, de la prise de conscience des éleveurs de la nécessité de s'organiser pour que leurs besoins et leur objectifs soient pris en compte dans les projets de développement de la production caprine, pour qu'un dialogue permanent se développe au sein de l'interprofession de chaque filière, entre éleveurs et responsables du développement et de la recherche appliquée. En réalité en France, même la production traditionnelle est organisée en filière. Ce type d'organisation a permis d'amortir le choc des crises qu'a pu connaître le marché du fromage de chèvre, en raison du déséquilibre entre les évolutions respectives de la production de lait ou de fromages et la consommation. Cette organisation a permis d'éviter des situations dramatiques chez les producteurs et les autres opérateurs de la filière.

Outre une filière organisée et des structures de développement bien adaptées, il faut aussi la présence d'une demande soutenue permettant une bonne valorisation du lait de chèvre; ce qui signifie un prix du lait de chèvre tendant à être supérieure à celui du lait de vache.

On peut se poser la question de savoir si pour atteindre cet objectif en particulier en Méditerranée, il n'est pas nécessaire de passer par le cheminement suivant: déclin de la production traditionnelle de lait de chèvre, développement de la production de lait de vache à dominante industrielle pour couvrir le besoin basique de lait, ensuite redéploiement de la production de lait de chèvre en positionnant le fromage de chèvre comme un produit haut de gamme à vocation festive.

Mais, pour réussir une telle démarche, il faut résoudre les difficultés qui actuellement empêchent un tel processus. Il faut en particulier améliorer la qualité sanitaire du lait de chèvre pour que le consommateur puisse retrouver une confiance dans la consommation de ce lait et produire un fromage répondant au goût du consommateur.

Dans le monde actuel, en particulier en Méditerranée, on se résout difficilement à investir dans la communication pour faire acquérir au fromage de chèvre une bonne image de marque alors que dans le même cas, une part importante des investissements (jusqu'à 50 %) peut aller à la communication aux Etats-Unis. Dans certains pays, il faudrait communiquer sur les efforts réalisés pour que les fromages de chèvre atteignent un excellent niveau de qualité sanitaire.

Par ailleurs sur le plan technique en Méditerranée, les principales difficultés restent les disponibilités alimentaires au cours de l'année et l'utilisation de génotypes plus productifs mais qui garderaient d'excellentes aptitudes d'adaptation au milieu.

En Méditerranée, une solution de facilité consiste à critiquer les systèmes qui utilisent beaucoup de céréales. Mais la réalité du milieu s'exprime par de faibles disponibilités en fourrages souvent de médiocre qualité et un coût plus faible des unités énergétiques (UFL) fournies par les aliments concentrés que par les fourrages cultivés. De plus, l'activité de marche sur les parcours est généralement contradictoire avec la production laitière. Les solutions passent par une prise de conscience de l'intérêt de mieux gérer les parcours, par une meilleure utilisation des fourrages disponibles, par le développement d'arbustes fourragers bien intégrés dans le programme fourrager et par une meilleure stratégie d'utilisation des sous-produits disponibles et des aliments non conventionnels avec bien entendu, un minimum de céréales fourragères.

Sur le plan génétique, l'introduction de races exotiques à potentiel laitier élevé a souvent été un échec parce que le choix des animaux ne correspondait pas aux besoins réels de la production du pays receveur et, qu'étant donné le prix très élevé des reproducteurs importés, aucune sélection sur l'adaptation n'était entreprise sur ces animaux de race exotique. D'autre part, il est bien admis que la sélection sur les races locales est très longue, très onéreuse et parfois irréaliste compte tenu de l'organisation à mettre en place. Une solution à ce problème pourrait venir des techniques nouvelles de génie génétique. On a souvent cru que les caractères d'adaptation et de production étaient antagonistes au niveau de la sélection. Or quelques génotypes comme la chèvre Bédouine élevée en conditions désertiques, ne buvant qu'une fois tous les deux jours peut produire par jour 1.5 kg de lait et même plus avec des taux de matière utile élevés (Shkolnik et Silanikove, 1981); ce qui signifie que certains caractères d'adaptation sont présents sur des animaux à niveau de production satisfaisant. Ne pourrait-on pas développer une recherche sur l'expression des gènes d'adaptation pour essayer d'en incorporer sur des génotypes à bon niveau de production ?

Cela met en évidence qu'une telle production a aussi besoin d'une recherche rénovée dont les objectifs sont définis, non seulement avec les groupes industriels laitiers qui peuvent financer des recherches, mais aussi à la lumière d'une stratégie de production issue d'une analyse approfondie des motivations des éleveurs et des responsables du développement.

Nous avons vu dans ce qui précède que les différents types de systèmes de production de lait de chèvre dans les pays méditerranéens ont des problèmes importants à résoudre et qu'il leur faudra évoluer dans un proche avenir. Il ne semble pas que les systèmes les plus extrêmes, soit les systèmes très intensifs dont la logique est comparable à celle des systèmes lait de vache d'Europe du Nord, soit les systèmes extensifs traditionnels non évolués aient les meilleures perspectives de développement. En revanche, les systèmes qui ont intensifié certains facteurs de production (traite mécanique, alimentation rationnelle, reproduction raisonnée) mais dont la conduite d'élevage et les techniques de fabrication de fromages permettent de garder une certaine typicité du produit ont de meilleures perspectives d'avenir. Dans cette troisième voie, une diversité des systèmes devra très probablement être maintenue pour répondre aux besoins variés des consommateurs, pour produire des fromages de type différents et aussi pour contribuer au maintien du caractère durable de ces systèmes. La gestion de ces systèmes et plus généralement la politique de production devra être à l'écoute des moindres évolutions des souhaits des consommateurs. Cela ne pourra se réaliser qu'avec une structuration de la production (syndicats d'éleveurs...) et de la filière (comité interprofessionnel, comité de défense des produits) comme les exemples cités dans ce texte l'ont mis en évidence.

References

Anonyme, 1999, 1998: l'année économique caprine, Institut de l'Elevage CNE. Le dossier Economie de l'Elevage, N°279 A, Mars 1999, 33 pp. Technipel (IE) Paris 12, France.

Chiche J., El Aich A., Outmani A., 2000. Emergence d'un élevage de chèvres au Maghreb. Perspectives et expériences. 7th Intern. Conf. on Goats, Tours-Poitiers 15-21 May 2000, 311-316.

El Aich A., Bourbouze A., 2001. Systems of goat husbandry in argan forest in the South of Morocco, Small Rum. Res. (submitted publ.).

Falagan A., 1998. Note sur les changements récents des systèmes de production caprine de lait en Espagne :cas de Murcia. Rencontres franco-espagnoles sur la production caprine Méditerranéenne, SIA, Paris, 2 mars 1998, Doc, pp. 12.
Falagan A., Guerrero J.E., Serrano A., 1995. Systèmes d'élevage caprins dans le Sud de l'Espagne. In: Goat production systems in the Mediterranean, ed by El Aich A. *et al.*, EAAP Publ. N°71, 38-50.
Forte R., 2000. Influence des réglementations sanitaires européennes relatives au lait et aux produits laitiers sur les élevages et la fromagerie traditionnelle. Proc. Intern. Conf. on Goats, Tours (Fr), 15-21 May 2000, Vol 2, 969-971.
Hadjipanayiotou M., Morand-Fehr P., 1991. Intensive feeding of dairy goats. In: Goat Nutrition ed. by Morand-Fehr P, p. 197-203, Pudoc, Wageningen.
Hatziminaoglou J., Zervas N.P., Boyazoglu J., 1995. Goat production systems in the Mediterranean area: the case of Greece. In Goat production systems in the Mediterranean ed. by EL Aich A. *et al.*, EAAP Publ N°71, Wageningen Pers, The Netherland, 82-109.
Landau S., Perevolotsky A., Carasso Y., Rattner D., 1995. Goat husbandry and production systems in Israël in Goat production systems in the Mediterranean ed. by EL AICH A. *et al.*, EAAP Prod. N°71, Wageningen Pers, The Netherland, 136-159,
Marracki A., Hamana A., 1995. Aspects hygiéniques du fromage frais de chèvre: perspectives d'amélioration de la qualité. In: Les perspectives de développement de la filière de lait de chèvre dans le bassin méditerranéen ed. by Thomas L. and Dubeuf J.P. Etude FAO Prod. Santé Anim. N° 131 p. 24-32, FAO ed. Roma, Italy.
Morand-Fehr P., Sauvant D., 1987. Feeding strategies. In: goats. Proc. 4th Intern. Conf. on Goats, March 8-13 1987, Brasilia, Vol 2, 1275-1303.
Morand-Fehr P., Le Jaouen J.C., 1990. La production de lait et de chevreaux issus de l'élevage des chèvres laitières dans les pays développés. In: Proc. Intern. Dairy Congress, Montréal, 7-12 Oct. 1990, Vol. 1, 352-364.
Morand-Fehr P., Le Jaouen J.C., 1998. Position des restaurateurs vis à vis d'un produit festif: le fromage de chèvre. In: Basis of the quality op typical mediterranean animal products (Flamant J.C. *et al.* ed.), EAAP Publ. N°90, 220-223.
Morand-Fehr P., Boyazoglu J., 1999. Present state and future outlook at the small ruminant sector. In: Small Rum. Res., 34: 175-188.
Morand-Fehr P., Lamboley B., 2000. Characteritics and evolution of the papers published in goat sector. Cited by Morand-Fehr P. In: Characteristics of goat research in Europe. Proc. 7th Conf. on Goats, Tours (Fr) 15-21 May 2000, Vol. 2, 897-899.
Morand-Fehr P., Doreau M., 2000. Ingestion et digestion par les ruminants soumis à un stress de chaleur. INRA. In: Prod. Anim. 13 (6) (in press).
Napoleone M., Hubert B., 1989. Caractériser et évaluer les systèmes de production caprins fortement utilisateurs de parcours: un exemple dans le Sud-Est de la France. In L'évaluation des ovins et des caprins méditerranéens. ed. by J.C. Flamant et P. Morand-Fehr eds. Symposium Philoetios, Fonte Boa Portugal, 23-25 Sept. 1987, Rapport UER-11893 FR-EN OPOCE, Luxembourg, 72-84.
Napoleone M., Gillet T., 1990. Profil de production du troupeau et système d'élevage caprin dans la région de Provence Côte d'Azur. INRA. Prod. Anim. 3 (5), 347-354.
Nefzaoui A., Abdouli H., 1995. Les systèmes d'élevage caprin en Tunisie. In Goat production systems in the Mediterranean, ed. by El Aich A. et. Al. EAAP Publ. N°71, Wageningen Pers, The Netherland, 166-183.

Ouin S., 1995. Elevages caprins en Poitou-Charentes: évolution des résultats techniques et économiques de 1989 à 1992. INRA. Prod. Anim. 8 (5), 321-330.
Peraza-Castro C., 1997. Organization of goat milk production in the semi-arid region of Centre Mexico. Proc. Séminaire Djerba 2-5 April 1997. OEP, UCARDEC. 39-44.
Rekik M., 2000. Le projet PICO du Sud de la Tunisie. In: Satellite Symp. T3 on goat projects. 7th Intern. Conf. on goats. Poitiers (Fr), 20 May 2000, in the Proceedings (in press).
Rubino R., 1995. L'Italie: une filière caprine en croissance. Proc Colloque Paris 2 Mars 1995: Réalités économiques et techniques des filières caprines européennes, UCARDEC, 59-73.
Santucci P.M., 1995. Goat farming systems in the French Mediterranean. In: Goat production systems in the Mediterranean, ed. by El Aich A. *et al.*, EAAP Publ. N°71, 51-67.
Shkolnik A., Silanikove N., 1981. Water economy, energy metabolism and productivity in desert ruminants. In: Nutrition and system of goats feeding. Ed. by P. Morand-Fehr, A. Bourbouze, de Simiane M., Tours, (Fr) 13-15 May 1981, Vol. 1, 236-246.
Vallerand F., Choisis J.P., Diaz A., 1991. Les filières laitières ovine et caprine corses, INRA: Cahiers de la recherche sur l'élevage en Corse, N°24, pp. 136.

Session 3. Alternatives offered by technology for improving the sustainability of systems

Posters

Effet du stress thermique sur certains paramètres de reproduction chez la vache frisonne conduite dans les conditions tunisiennes

R. Bouraoui[1], A. Majdoub[2], M. Djemali[2] & M. Lahmar[3]

[1]*Ecole Supérieure d'Agriculture de Mateur, 7030 Mateur, Tunisia*
[2]*Institut National Agronomique de Tunisie, 1082 Tunis, Tunisia*
[3]*Institut National de la Recherche Agronomique de Tunisie, 2049 Ariana, Tunisia*

Résumé

Pour étudier l'effet du stress thermique sur les performances reproductives chez la vache frisonne sous les conditions tunisiennes, 4 sites bioclimatiques différents ont été considérés: Kairouan (semi-aride inférieur à été sec), Jendouba (semi-aride supérieur sur périmètre irrigué), Enfidha (semi-aride inférieur avec influence côtière) et Mateur (sub-humide à été sec). Des données de reproduction sur un effectif de 200 vaches par site et pour 7 campagnes (91-92 à 97-98) ont été analysées en relation avec 4 classes de Température-Humidité-Index (THI). Les taux de réussite en première insémination (TRI1) ont été déterminés pour chaque mois. Une régression liant ce taux à la valeur de THI du même mois a été établie. Les résultats obtenus montrent que pour tous les sites, le mois d'Août présente la valeur TRI1 la plus faible (25.8%). Par contre, la valeur la plus élevée a été observée pour le mois de Février (58.9%). Une telle tendance est maintenue pour les sites de Kairouan et Jendouba avec des valeurs de TRI1 de 10 et 67.1% ; 17.2 et 64.1 % et pour les mois d'Août et Février respectivement. Pour les 2 autres sites, l'écart des valeurs TRI1 entre les deux mois d'Août et Février n'est pas aussi marqué. Les équations établissant les variations du TRI1 en fonction du THI sont établies TRI1=121-1,2*THI (R2=0,7), TRI1=139-1,5*THI (R2=0,55), TRI1=110-1*THI (R2=0,62) et TRI1=97-0,9*THI (R2=0,41) pour les sites confondus et les sites de Kairouan, Jendouba et Mateur respectivement. Pour le site d'Enfidha, malgré la valeur de THI de 78, cette dernière n'a pas pu expliquer que 14% de la variation totale du TRI1 et ceci pourrait être du à l'effet de proximité de la mer. Les intervalles vêlage-vêlage (IVV) et vêlage insémination fécondante (IVIF) ont une tendance à être plus longs pour les vaches vêlant en Mai-Juin et plus courts pour celles vêlant en Décembre-Janvier.

Mots–Clés: étage bioclimatique, THI, vache laitière, reproduction.

Summary

Four different arid agro-ecological sites were chosen to measure the effect of heat stress on reproductive traits of Friesian dairy cattle in Tunisia. The lowest first conception rate was observed in August (25.8%) and the highest conception rate was recorded in February (58.9%). Regression equations were established by site between first conception rate and the THI. The latter index combines both temperatures and humidity information. Heat stress affected Days Open and Calving Interval. Predicted First Conception Rate could be obtained based on THI

Key words: THI, conception rate, reproduction, dairy.

Introduction

Les performances de la vache laitière sont influencées par les facteurs climatiques (Bianca, 1970 ; Yousef, 1985). Parmi ces facteurs, la température a l'effet le plus marqué. En outre toute augmentation de l'humidité peut aggraver d'avantage la situation (Hahn, 1976). Afin de prendre en considération cette action combinée de la température et de l'humidité relative, l'index température humidité (THI) constitue un excellent outil pour évaluer l'impact du stress thermique sur les performances reproductives de la vache laitière (Du bois & Williams ,1980 ; Du Preez et *al.*, 1991). En effet Tuker (1982) a signalé un allongement de plus de 25 jours de la durée du cycle sexuel et une réduction de la durée des chaleurs chez la vache laitière lorsque la température ambiante dépasse les 25°C. Quant à Cavestany et *al.* (1985), ils indiquent que le taux de réussite à la première insémination (TRI_1) passe de 33 à 7% lorsque la température maximale passe de 24 à 34°c. Du Preez et *al.* (1991) ont trouvé, en établissant une régression du TRI_1 en fonction du THI du mois, $TRI_1=173,45-1,7*THI$ avec $R^2=0.576$. En outre Du bois & Williams (1980) ont constaté des taux de non délivrances plus élevés pour les mois les plus chauds que pour les mois les plus froids (24 *vs* 12%) et un allongement de l'intervalle vêlage insémination fécondante, de 24 jours pour les vaches vêlant au cours des mois les plus chauds. Weller & Folman (1990) ont rapporté un allongement de l'intervalle vêlage-insémination fécondante allant jusqu'à 140 jours pour les vaches vêlant pendant la période estivale. C'est dans ce cadre que le présent travail vise à établir les relations entre les valeurs TRI_1 et THI, le mois du vêlage et les intervalles vêlage-insémination fécondante (IVIF) et vêlage-vêlage (IVV).

Matériel et méthodes

Afin de minimiser au maximum les sources connues de variation et mieux estimer l'effet du THI sur les performances reproductives, quatre unités laitières appartenant toutes à l'Office des Terres Domaniales, ayant à peu prés les mêmes degré d'intégration et mode de conduite, ont été choisies sur la base de l'étage bioclimatique de leur localisation à savoir les unités El Alem à Kairouan (semi-aride inférieur à été sec), Badrouna à Jendouba (semi-aride supérieur sur périmètre irrigué), Enfidha à Sousse (semi-aride inférieur avec influence côtière) et Ghézala à Mateur (sub-humide à été sec).

Les données relatives aux dates des vêlages et des inséminations portant sur un effectif de 200 vaches laitières par site et sur la période allant de 91-92 à 97-98 ont été collectées. Elles ont servi à déterminer les TRI_1 les IVVet les IVIF. Les données mensuelles de température et d'humidité relative pour chaque site et pour la période 91-98 ont été collectées et ont servi pour déterminer le THI selon les méthodes de Johson et *al.* (1962) & Berry et *al.* (1964).

Les valeurs TRI_1 et THI calculées par mois et par site ont servi pour étudier en fonction des différents mois de l'année. Une régression liant ces valeurs a été par la suite établie. En outre les valeurs de l'IVV et de l'IVIF ont été déterminées pour chaque site et pour la période 91-98.

Résultats et discussion

Taux de réussite à la première insémination (TRI_1)

Les résultats des figures 1, 2, 3 et 4 montrent que pour des valeurs de THI de 54 (Janvier) à 79 (Août), les valeurs TRI_1 ont varié de 67,1 (Février) à 10% (Septembre) pour El Alem. Quant à Badrouna, pour des valeurs THI de 54 (Janvier) à 77 (Août), celles de TRI_1 ont été de 64,1 (Février) à 17,2 (Août). Quant aux deux autres sites, la variation des valeurs THI quoique similaire, elle présente une tendance moins atténuée.

Ces résultats confirment ceux rapportés par Cavestany et *al.* (1985) qui ont observé une diminution du TRI_1 avec toute augmentation de la température ambiante. En effet, dans la présente étude au niveau des sites El Alem et Badrouna les valeurs de TRI_1 les plus faibles ont été enregistrées au cours de l'été où les valeurs THI sont les plus élevées. Cependant pour les deux autres sites Enfidha et Ghézala, les valeurs TRI_1 les plus faibles ne correspondent pas nécessairement à la période estivale. Ceci pourrait être attribué à l'effet de la proximité de la mer ou du lac qui pourrait atténuer l'effet du stress thermique.

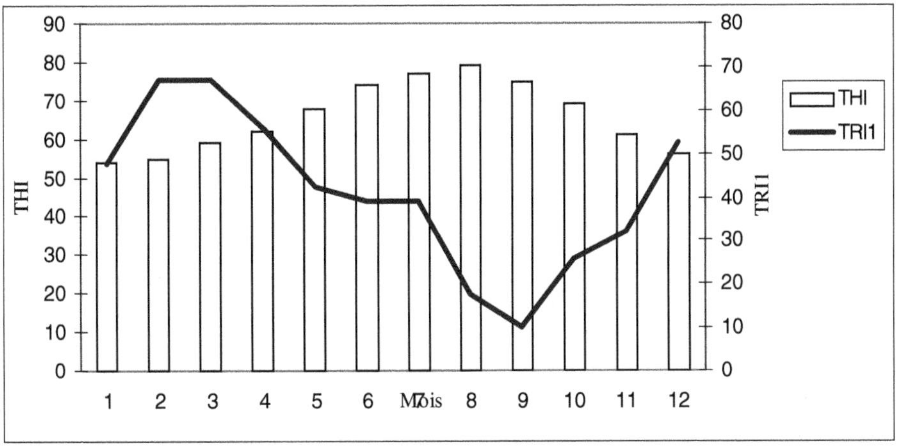

Figure 1. Variation du THI et du TRI1 à El Alem de 91/92 à 97/98.

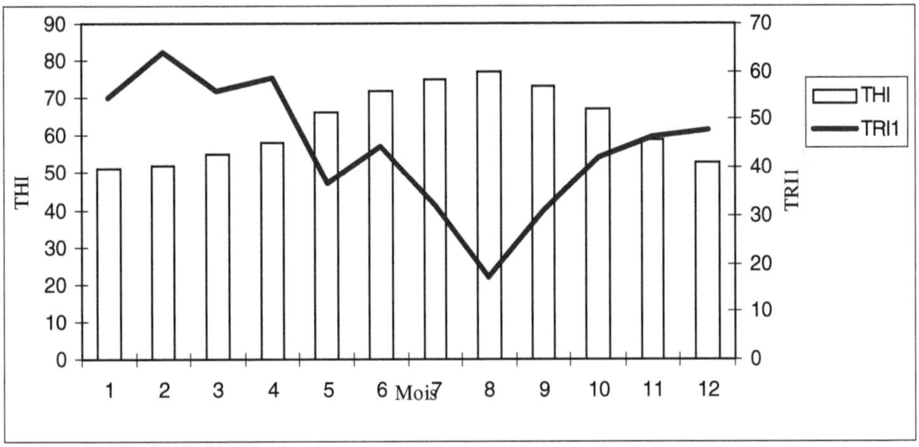

Figure 2. Variation du THI et de TRI1 à Badrouna de 91/92 à 97/98.

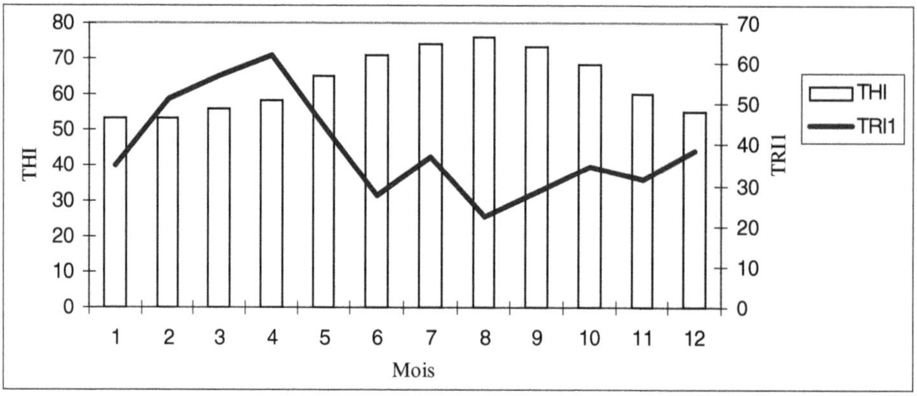

Figure 3. Variation du THI et deTRI1 à Ghézala de 91/92 à 97/98.

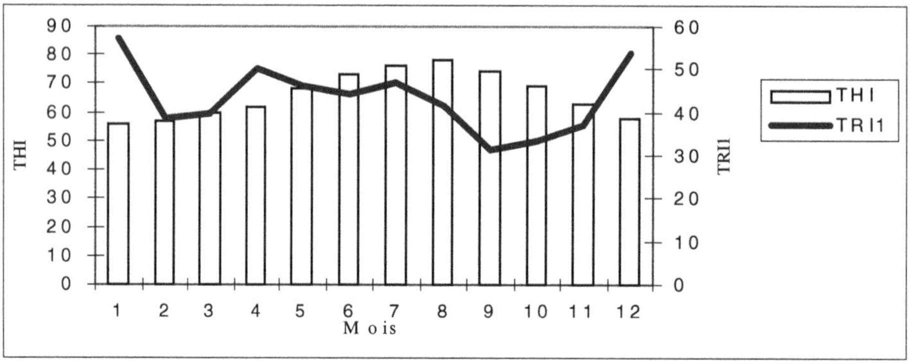

Figure 4. Variation du THI et deTRI1 à Enfidha de 91/ 92 à 97/98.

Relation entre THI et TRI_1

L'étude de l'équation de régression liant les valeurs TRI_1 aux valeurs THI du mois pour les sites confondus et qui est de la forme TRI_1=121-1,2*THI avec R^2=0,7 montre que les valeurs THI expliquent 70% de la variation des valeurs TRI_1. Quant à la même équation établie pour El Alem et qui est de la forme TRI_1=139-1,5*THI avec R^2=0,55, elle indique que les valeurs THI expliquent à elles seules 55% de la variation des valeurs TRI_1. Pour Badrouna, TRI_1=110-1*THI et R^2=0,62 d'où 62% de la variation de TRI_1 sont expliquées par les valeurs THI. Quant à Ghézala la valeur THI n'explique que 41% seulement des valeurs TRI_1 (TRI_1=97-0.9*THI avec R^2=0,41). Par contre à Enfidha où l'effet maritime est plus prononcé, le THI n'a pas affecté significativement le TRI_1. Ces modèles ont la même tendance que ceux rapportés par Du Preez et *al.* (1991) en Afrique du Sud.

Tableau 1. Moyenne de l'IVIF par site et par mois de vêlage.

Mois	El Alem	Badrouna	Enfidha	Mateur
1	77	94	115	106
2	124	106	96	98
3	98	120	109	143
4	121	127	130	133
5	135	152	100	167
6	151	136	132	126
7	137	118	111	116
8	112	112	116	118
9	100	112	106	122
10	113	112	105	98
11	95	118	113	98
12	80	97	114	111

Effet du mois de vêlage sur l'IVIF et l'IVIF

Les résultats relatifs à la variation de l'IVIF et l'IVV présentés dans les tableaux 1 et 2 montrent qu'au niveau des 4 sites les IVV et les IVIF les plus longs sont observés au cours des mois Mai, Juin et Juillet. Ces résultats confirment ceux déjà rapportés par Du Bois et Williams (1980) et Weller et Folman (1990) qui indiquent un allongement de l'IVIF pour les vaches vêlant au cours des mois chauds. Ceci pourrait être expliqué par une remise à la reproduction des vaches au cours de la période estivale caractérisée comme c'est déjà indiqué par les TRI_1 les plus faibles.

Tableau 2. Moyenne de l'IVV par site et par mois de vêlage.

Mois	El Alem	Badrouna	Enfidha	Mateur
1	355	367	386	367
2	365	353	373	364
3	373	372	386	394
4	373	385	391	383
5	386	409	377	404
6	420	402	384	392
7	404	387	380	393
8	382	374	380	390
9	369	389	374	391
10	382	386	372	369
11	362	379	386	368
12	359	370	388	384

Conclusion

Le stress thermique affecte négativement les performances reproductives de la Frisonne en Tunisie. Cet effet est d'autant plus marqué que le site est plus continental (El Alem et Badrouna). L'établissement d'équation de régression des critères de fertilité en fonction du THI peut être un outil de conduite des troupeaux.

Références

Berry, I. L., M. D. Shanklin & H. D. Johnson, 1964. Dairy shelter design based on milk production decline as affected by temperature and humidity. Trans. ASEA, 7:329.

Bianca, w., 1970. Animal response to meteorological stress as a function of age. Biometeorology, 4, 119-131.

Cavestany, D., El Wishy A. B. & R. H. Foote, 1985. Effect of season and high environmental temperature on fertility of holstein cattle. J. Dairy Sci, 68: 1471-1478.

Du bois, P. R. & D. J. Williams, 1980. Increased incidence of retained placenta associated with heat stress in dairy cows. Theriogenology, 13: 115-121.

Du Preez, J. H., Terblanche S. J., Giesecke W. H. & M. C. Welding, 1991. Effect of heat stress on conception in a dairy herd model under South African conditions. Theriogenology, vol 35, n°5: 1039-1047.

Hahn, G. L., 1976. Shelter engineering for cattle and other domestic animals. In: Johnson H.D. (Ed.). Progress in animal biometeorology, vol. 1 Amesterdam: Swets and Zeitlinger.

Johson, H. D., A. C. Ragsdale, I. L. Berry & M. D. Shanklin, 1962. Effet of various temperature-humidity combinations on milk production of Holstein cattle. Missouri Agri. Exp. Sta. Res. Bull. 791.

Tucker, H. A., 1982. Seasonality in cattle. Theriogenology, 17: 53-59.

Weller, J. I. & Y. Folman, 1990. Effects of calf value and reproductive management on optimum days to first breeding. J. Dairy Sci: 73: 1318.

Yousef, M. K., 1985. Stress physiology: Definition and terminology. In: Yousef, M. K. (Ed). Stress physiology in livestock, Basic principles, vol. 1, 3-8 Boca Raton, Florida: CRC press.

L'élevage laitier dans la région de Mahdia: caractéristiques techniques

K. Kraïem & R. Aloulou

E.S.H.E. de Chott-Mariem, B.P. 47, 4042, Sousse, Tunisia

Résumé

Des enquêtes réalisées chez 100 éleveurs répartis dans quatre zones de la région de Mahdia (Tunisie), ont été utilisées afin d'identifier les caractéristiques techniques de l'élevage bovin laitier dans cette région. Les informations recueillies portent sur l'exploitant, l'exploitation et l'élevage bovin laitier. Le dépouillement et l'analyse des informations collectées confirment que dans la région de Mahdia, l'élevage est du type familial de faible taille. Il s'agit rarement d'un élevage hors sol. Les cultures fourragères sont faiblement intégrées dans les assolements pratiqués. Uniquement 8% des éleveurs utilisent exclusivement l'insémination artificielle comme mode de reproduction et 56% l'utilisent simultanément avec la saillie naturelle. D'autre part, l'hygiène de la traite, qui est à 73% manuelle, est moyennement maîtrisée. Enfin la quasi-totalité des exploitants utilisent les concentrés, la paille et le son de blé dans l'alimentation de leurs vaches laitières.

Mots clés: enquête, Mahdia, élevage laitier, caractéristiques techniques.

Summary

We conducted a study to identify technical characteristics of dairy husbandry in the region of Mahdia (Tunisia). To achieve our objectives, we conducted a survey in 100 dairy producers in the region. We collected information on the producers, the farm and the techniques used in the dairy husbandry. The results show that in this region, dairy production is carried out in small family farms. Most of them use green forages produced on their farms but in low quantities; however almost all of them feed wheat straw, wheat bran and concentrates in large quantities. Only 8% of producers exclusively use artificial insemination whereas 56% use either artificial or natural insemination. 73% of the producers practice hand milking and more than half of them neglect two important operations in the milking procedure.

Keywords: survey, Mahdia, dairy husbandry, technical characteristics.

Introduction

Durant les dernières années on a assisté à un développement important du cheptel laitier et de la production laitière en Tunisie (Revue de l'agriculture, 2000). La zone du Sahel, qui ne possède pas à priori une vocation "lait" et qui était autrefois pratiquement absente des statistiques (FAO, 1995), est devenue actuellement un bassin laitier (Ministère de l'Agriculture, 1996). Beaucoup d'interrogations ont été formulées quant à la rentabilité et la pérennité de cet élevage dans de telle région. En effet, en plus du coût très élevé des aliments achetés, la productivité des vaches laitières de race pure a resté relativement faible malgré la présence d'animaux à potentiel génétique élevé (FAO, 1995). On se propose dans cette étude d'identifier les caractéristiques techniques de ce type d'élevage dans la région de Mahdia pour servir comme base à des études approfondies des techniques d'élevage.

Matériel et méthodes

Préparation du questionnaire d'enquête

Identification de l'exploitant et de l'exploitation

Il s'agit de: âge de l'exploitant, niveau d'instruction, activité principale et ancienneté dans l'élevage laitier, type de propriété, les superficies agricoles, types de cultures pratiquées,...

Identification de l'élevage

Il concerne essentiellement: les effectifs bovins par catégorie, les bâtiments d'élevage, la traite, la reproduction, l'alimentation des vaches,...

Choix des éleveurs et déroulement de l'enquête

100 éleveurs parmi 614 (16,3 %) adhérents à la Coopérative des Services Agricoles El Houda dans 4 zones de la délégation de Mahdia: 12 éleveurs à Chiba (C), 18 éleveurs à Dkhila (D), 20 éleveurs à Mahdia (M) et 50 éleveurs à Rejiche (R). L'enquête a été réalisée durant les mois de février, mars et avril 2000, avec une ou plusieurs visites par éleveur.

Dépouillement et analyse des données

L'ensemble des informations a été saisi sur un fichier central. Par la suite, différentes opérations de calcul et d'analyse ont été réalisées en se basant sur le logiciel SAS, (1989).

Résultats et discussion

Identification des exploitants

Age et niveau d'instruction

L'âge moyen des éleveurs enquêtés est de 49,6 ans allant de 24 à 78 ans. Plus des 3/4 de ces éleveurs sont âgés de plus de 40 ans. Le niveau d'instruction est en général bas: 82 % des exploitants ont le niveau primaire au plus et 2 % uniquement ont le niveau supérieur. Un effort important de formation de ces éleveurs reste toujours manquant (FAO, 1995).

Activité principale et ancienneté dans l'élevage laitier

76% des exploitants font de l'agriculture leur activité principale. L'ancienneté de ces exploitants dans l'élevage est très variable. 45 % des éleveurs de la zone de Mahdia ont une ancienneté £ 5 ans, ceci reflète l'introduction récente de cet d'élevage dans cette zone (Tableau 1).

Identification de l'exploitation

Type de propriété et les superficies agricoles

Environ ¾ des exploitants sont propriétaires de leur terre. La propriété familiale est également fréquente: 14,5%. Le tableau 2 illustre la faible taille des exploitations de cette région et par conséquent leur caractère familial, ceci confirme des résultats antérieurs (FAO, 1995; Ministère de l'Agriculture,1996). La répartition des exploitations selon la surface agricole utile et les surfaces des cultures fourragères est illustrée sur les figures 1 et 2.

On note, également, que 73% des éleveurs pratiquent les cultures fourragères et 83% des éleveurs pratiquent l'engraissement des veaux nés à la ferme.

Tableau 1. Répartition des exploitants selon l'ancienneté dans l'élevage laitier (%).

Ancienneté	Zone C	Zone D	Zone M	Zone R	Global
≤ 5 ans	33,3	16,7	45	10	21
6 à 10 ans	16,7	66,7	25	38	38
11 à 15 ans	33,3	16,7	15	22	21
> 15 ans	16,7	0	15	30	20

Tableau 2. Superficies agricoles moyennes.

	Zone C	Zone D	Zone M	Zone R	Global
SAT (ha)	6,92	1,09	1,79	1,85	2,31 (3,72)
SAU (ha)	6,52	1,08	1,65	1,85	2,23 (3,67)
SI (ha)	2,18	0,3	1,09	1,47	1,27 (1,71)
SCF (ha)	0,67	0,42	0,95	1,16	0,96 (0,77)

( ) Ecart type, SAT: Surface Agricole Totale, SAU: Surface Agricole Utile,
SI: Surface Irriguée, SCF: Superficie des cultures fourragères.

Caractéristiques de l'élevage laitier

Bâtiments d'élevage

91 % des exploitants ont des bâtiments pour loger leurs animaux. Le type de bâtiments varie d'un simple abri à des étables avec des murs, une toiture en dalle et le sol cimenté (figure 3). 91,7% des exploitants attachent leurs animaux et seulement 8,3 % pratiquent la stabulation libre. Ceci est souvent à l'origine de quelques problèmes de reproduction (chaleurs ratés).

Effectif des bovins

Le nombre moyen de vaches présentes est de 3,14 variant de 2,11 pour Dkhila à 3,64 pour Rejiche (tableau 3). Ceci confirme la faible taille des troupeaux bovins laitiers en Tunisie littorale (FAO,

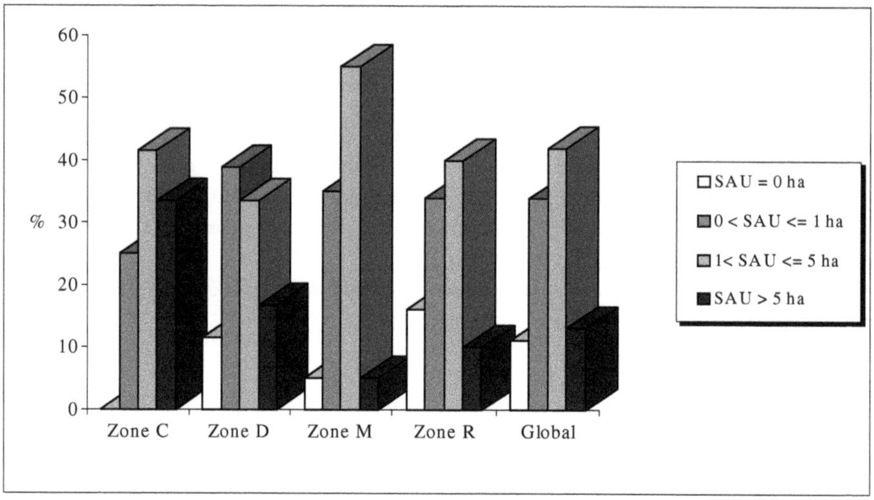

Figure 1. Répartition des exploitations selon la SAU.

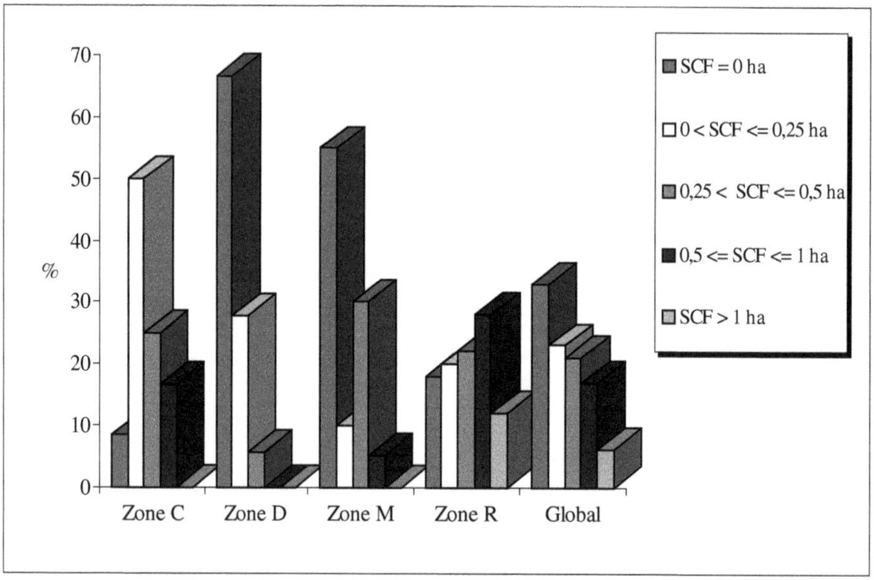

Figure 2. Répartition des exploitations selon les surfaces des cultures fourragères.

1995; Lahmar et Zitouni, 1998). 53 % des exploitants possèdent 1 à 2 vaches et seulement 6 % ont un effectif supérieur ou égal à 10 vaches (Figure 4)

Age des vaches

75,4 % des vaches ont un âge inférieur ou égal à 5 ans dont plus que la moitié (38,1%) ont un âge inférieur ou égal à 3 ans (Figure 5). Ce jeune âge des vaches pourrait être du à la réforme relativement

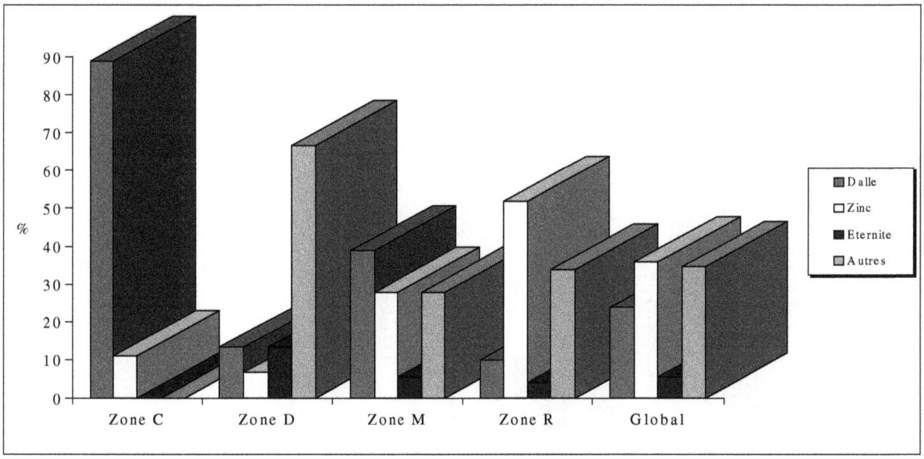

Figure 3. Répartition des exploitations selon le type de toiture des étables.

précoce à cause de la faible productivité en raison des problèmes alimentaires, reproductifs et sanitaires (FAO, 1995), ainsi qu'à l'augmentation des effectifs.

Mode de reproduction

8 % utilisent l'insémination artificielle (IA) exclusivement, 36 % utilisent uniquement la saillie naturelle alors que 56 % utilisent les 2 modes de reproduction simultanément selon la disponibilité (Tableau 4). En fait, ils utilisent le plus souvent la saillie naturelle par leur propre taureau ou celui du voisin alors que l'inséminateur n'est pas toujours disponible. Ces résultats sont préoccupants, ils peuvent être à l'origine d'une régression du potentiel génétique dans le futur en plus du problème de consanguinité liée à l'utilisation des taureaux auto-produits. Ce risque est accepté par l'éleveur contre de meilleurs résultats de reproduction (Le Cann, 2001).

La traite

Tous les exploitants pratiquent 2 traites par jour. 73 % des exploitants pratiquent la traite manuelle contre 27 % qui pratiquent la traite mécanique (Tableau 5). Ce résultat corrobore celui trouvé par Lahmar et Zitouni, (1998) dans cette même zone.

Tableau 3. Effectifs des bovins par catégorie.

Catégorie	Zone C	Zone D	Zone M	Zone R	Global
Vaches présentes	2,91	2,11	2,95	3,64	3,14 (2,27)*
Vaches en lactation	2,41	1,72	2,55	3,02	2,62 (2,14)
Génisses	1,25	0,66	1,4	1,44	1,27 (1,54)
Veaux	1,75	1,44	2,2	2,46	2,14 (1,92)
Taurillons	0,75	0,22	0,25	0,38	0,37 (0,69)
Taureaux	0,08	0	0	0,02	0,02 (0,14)

( ) Ecart type

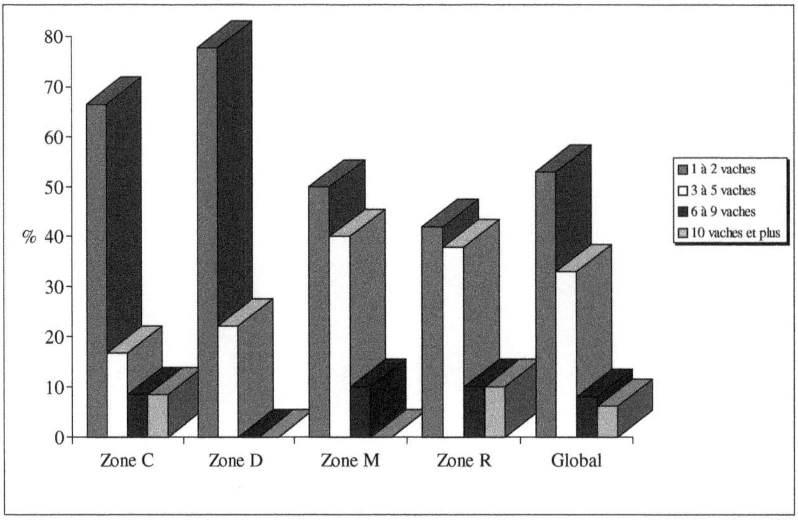

Figure 4. Répartition des exploitations selon le nombre des vaches.

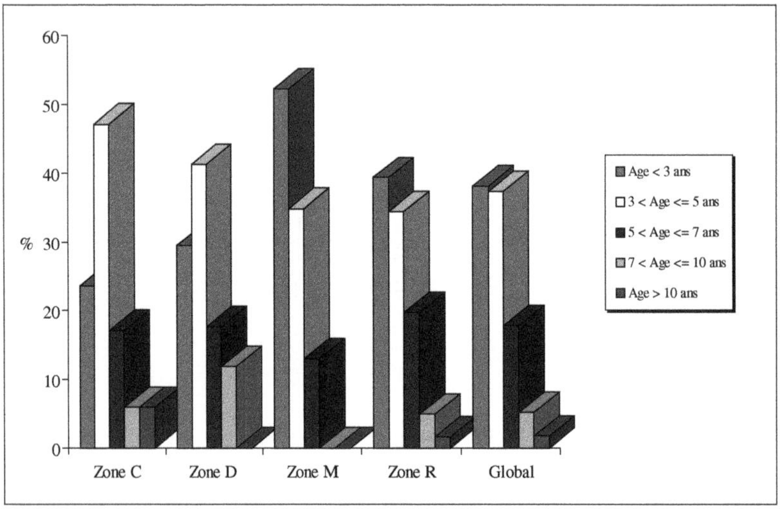

Figure 5. Répartition des vaches selon l'âge.

Tableau 4. Répartition des exploitants selon le mode de reproduction (%).

Types d'insémination	Zone C	Zone D	Zone M	Zone R	Global
Saillie naturelle	75	23,5	30	34	36
Insémination Artificielle	0	23,5	5	4	8
Les deux à la fois	25	53	65	62	56

Concernant l'hygiène de la traite, et d'après le tableau 6, on remarque que 33 % pratiquent les 4 opérations de la préparation de la mamelle avant la traite, la désinfection des trayons (trempage) à la fin de la traite n'est pratiquée que par le 1/3 des exploitants et 18 % pratiquent le trempage des trayons en plus des 4 opérations de la préparation de la mamelle. Ces résultats pourraient être à l'origine de la mauvaise qualité bactériologique du lait (FAO, 1995; Zitouni, 2001).

Alimentation

Tous les exploitants utilisent le concentré N° 7 pour les vaches en lactation. De même, 84 % des exploitants utilisent le son de blé et/ou le remoulage. D'autre part, 93 % des exploitants utilisent la paille et 23 %, uniquement, utilisent le foin. Il s'agit dans les deux cas d'aliments achetés à prix élevés. Le pain est utilisé rarement et les quantités distribuées des aliments concentrés sont importantes (Tableau 7).

Dans l'ensemble des systèmes de production en Tunisie, à l'exception du système extensif, le régime alimentaire du troupeau laitier est caractérisé par l'importance relative de la part du concentré dans la ration que l'on soit en système hors sol ou en système intégré (FAO, 1995). Les fourrages verts les plus utilisés sont l'herbe spontanée, la carotte fourragère et la luzerne. Les quantités de fourrage vert distribué sont faibles (Tableau 7).

Conclusion

En conclusion, on peut dire que l'élevage dans la délégation de Mahdia est un élevage familial de faible taille. La plupart des exploitants ne pratique pas un élevage hors sol. Les superficies fourragères et les quantités distribuées de fourrages sont limitées. D'autre part, on note, particulièrement, le problème de l'utilisation limitée de l'insémination artificielle. Concernant l'hygiène de la traite, quoique

Tableau 5. Répartition des exploitants selon le type de traite (%).

Type de traite	Zone C	Zone D	Zone M	Zone R	Global
Traite manuelle	91,7	94,4	70	62	73
Traite mécanique	8,3	5,6	30	38	27

Tableau 6. Les opérations de la préparation de la mamelle et leur fréquence d'utilisation par les exploitants (%).

Opérations	Zone C	Zone D	Zone M	Zone R	Global
Lavage (L)	100	100	100	100	100
Massage (M)	100	100	100	100	100
Essuyage (E)	16,7	27,8	65	84	62
Contrôle 1ers jets (C)	16,7	11,1	50	54	41
Trempage (T)	8,3	5,6	40	46	33
L + M + E +C	8,3	11,1	45	42	33
L+ M +E +C +T	8,3	0	15	28	18

plusieurs exploitants pratiquent toutes les opérations de préparation de la mamelle et de désinfection, plus que la moitié continue à négliger certaines opérations importantes. Enfin tous les éleveurs utilisent des quantités élevées de concentrés et la quasi-totalité de ces éleveurs utilisent la paille et le son de blé dans l'alimentation de leurs vaches laitières.

Cette étude a permis d'identifier les caractéristiques techniques de l'élevage bovin laitier dans la région de Mahdia. Elle servira comme base à des études approfondies des techniques d'élevage (reproduction, alimentation,...).

Tableau 7. Quantités des aliments utilisés et fréquence de leur utilisation.

Aliments	Moyenne	Minimum	Maximum	Ecart – type	Fréquence (%)
Fourrages secs					
Foin	5,00	3,00	12,0	3,5	23
Paille	5,59	2,00	10,0	2,01	93
Bouchon de luzerne	2,15	0,75	4,0	1,13	11
Aliments concentrés					
Concentrés	9,60	3,00	12,00	1,81	100
Son de blé	4,43	1,25	8,0	1,58	84
Pain	2,06	1,50	3,0	0,62	8
Fourrages verts					
Luzerne	11,51	5	20	4,10	43
Sorgho	19,03	5	30	7,68	31
Orge, avoine	22,81	10	40	7,74	16
Carotte fourragère	25,38	10	40	7,78	52
Herbes spontanées	23,24	10	40	6,16	54
Les sous produits					
Feuilles d'olive	2,25	2	3	0,46	8

Références

FAO, 1995. Etude d'impact de la politique sur le secteur bovin laitier en Tunisie. Rapport de Mission, mai 1995.

Lahmar, M., & M., Zitouni, 1998. L'élevage laitier dans les petites et moyennes exploitations. Journée d'étude sur l'élevage bovin laitier à Mahdia. Le 20 mai 1998 à Mahdia (Tunisie).

Le Cann, P., 2001. La monte naturelle: risque génétique contre avantages pratiques. La revue de l'éleveur laitier. N°81, mai 2001, pp 50-51.

Ministère de l'Agriculture, 1996. Enquête sur les structures des exploitations agricoles 1994-1995. Direction Générale de la Planification, du Développement et des Investissements Agricoles.

Revue de l'Agriculture, 2000. Dossier de la production laitière: Evaluation de la productivité laitière de la production à la transformation. N°34, février 2000, pp 15-24.

SAS: Statistical Analysis Systems Institute.1989. SAS/QC software: reference, version6. SAS Institute, Inc., Cary, NC.

Zitouni, M., 2001. Analyse de la situation actuelle de la qualité du lait en Tunisie. Cours international d'hygiène alimentaire: mise en place d'un système HACCP dans la filière lait. Du 30 janvier 2001 au 2 février 2001 à Sousse (Tunisie).

Devenir et performances de génisses laitières importées au Maroc

M.T. Sraïri[1] *& M. Baqasse*[2]

[1]*Département des Productions Animales, Institut Agronomique et Vétérinaire Hassan II, B.P. 6202, Rabat, 10101, Maroc*
[2]*Société INAAM, 149, route des Ouled Ziane, Casablanca 05, Maroc.*

Summary

The main objective was to study the longevity of imported dairy heifers in Moroccan herds. Data on a total of 1,024 imported heifers located in different regions were used. The main results show that, within a period of three years, 41% of the imported heifers left the herd of the first owner with 7% dying and 34% culled. Region and management effects were significant sources of variation. Actual production and reproduction performances were lower than expected.

Key words: heifer, dairy, production, reproduction.

Résumé

Ce travail a visé à caractériser la viabilité et les niveaux de performances de génisses laitières de type pie-noir importées au Maroc, dans trois régions irriguées (Doukkala, Haouz et Tadla). Les résultats d'enquête pour 1024 de ces femelles ont montré que 41% ne réalisaient pas une carrière complète dans les étables initiales d'importation, car décédées (7%) ou réformées et abattues (34%) dans les trois années après l'acquisition par les éleveurs. Un test c^2 a révélé que le sort des génisses est lié aux zones d'acquisition: dans le Tadla, région traditionnellement versée dans la production, les primipares importées sont écartées pour faible productivité, tandis qu'au Haouz, les réformes sont surtout motivées par les affections de la reproduction. Dans les Doukkala, la proximité de la mégalopole de Casablanca favorise les ventes des vaches d'importation pour pallier une demande croissante en viande. Un suivi d'élevage avec contrôle laitier a confirmé la sous-exploitation du potentiel de production de ces femelles, avec un rendement moyen en 305 j de 3560 kg. Ceci ne correspond qu'à près de la moitié des exigences formulées dans le cahier des charges des importateurs de bétail laitier au Maroc. Par ailleurs, 40% des primipares suivies n'ont pas été fécondées après deux inséminations, ce qui a donné un intervalle moyen vêlage-saillie fécondante de 136 j. Un taux de 45% de renouvellement par les produits de ces vaches d'importation a été trouvé, ce qui ne contribue pas totalement à l'accroissement de la taille du cheptel laitier de race pure dans le pays, et s'oppose à la réalisation des objectifs escomptés de ces importations.

Mots clés: génisse, production, reproduction.

Introduction

La création d'un noyau de vaches à haut potentiel laitier adaptées aux conditions d'élevage prévalant au Maroc a été un des principaux points constituant la politique des pouvoirs publiques pour la satisfaction d'une demande croissante en lait. A cet égard, un ambitieux plan d'importation de génisses pleines a démarré depuis 1975 et il prévoyait l'injection dans le cheptel bovin de 5000 femelles par an jusqu'à l'horizon 2000. Or, avec la libéralisation progressive qu'a connue l'économie du pays, ce sont en moyenne plus de 25000 génisses qui ont franchi les frontières du Maroc à partir de 1988. Il semblerait qu'un tel effectif ait réellement contribué à l'augmentation de la production en lait, qui a plus que doublé de 1975 à 1998. Mais à l'instar de la situation dans nombre d'autres pays en développement, les performances des vaches importées sont peu connues et généralement faibles par rapport à leurs potentialités génétiques (Mbap et Ngere, 1989; Ørskov, 1993). Au Maroc, même si des essais en stations et des diagnostics en exploitations privées à haut niveau de capitalisation ont prouvé que les vaches de type frison atteignaient des niveaux de productivité intéressants avec des rendements laitiers supérieurs à 5000 kg par lactation (Lakhdissi et *al.*, 1988; Sraïri et Kessab, 1998), le sort et les performances des génisses d'importation placées dans les conditions des petits élevages demeurent mal évalués. Or, ces élevages de moins de 5 vaches détiennent plus de 74,8% des bovins du pays et représentent plus de 85% de la population des éleveurs, constituant le pilier de l'amont de la filière lait (MADRPM, 1999).

Dans ces conditions, cette étude vise à caractériser le devenir, la production laitière et les performances de reproduction de vaches importées, afin de procéder à un diagnostic zootechnique préliminaire à ce volet particulièrement touffu de l'élevage au Maroc.

Méthodologie

Le choix des régions irriguées des Doukkala, du Haouz et du Tadla se justifie par le fait qu'elles représentent plus de 75% de la production marocaine en lait, et qu'elles aient reçu plus de 80% de l'effectif total de génisses importées en 1998 (MADRPM, 1999). La conduite du travail a été scindé en deux volets distincts: enquêtes de type rétrospectif et suivi d'élevage. En effet, dans le domaine des travaux sur le fonctionnement des élevages, la combinaison de suivis et d'enquêtes basées sur la mémoire des éleveurs permet d'aboutir à des résultats plus précis (Roeleveld et Van den Broek, 1999).

Les enquêtes rétrospectives ont été menées au gré des rencontres avec les éleveurs des trois zones. Elles ont porté sur un total de 1024 génisses acquises par 184 étables, entre janvier 1996 et novembre 1998. Leur but était de préciser, à travers un questionnaire détaillé, le devenir des génisses pleines importées (mortalité, réforme, abattage ou conservation) et le sort de leur descendance.

Le suivi d'élevage a été instauré au titre de la campagne 98/99 et a visé l'évaluation des performances de production laitière moyennant le contrôle laitier partiel (3 passages par étable sur les trois zones). Cent trente génisses ont été ainsi contrôlées et leurs rendements laitiers en 305 j ont été calculés à partir des lactations partielles selon des formules de régression établies par Boujenane et Ayari (1997) dans le contexte de l'élevage bovin au Maroc. Ces formules se présentent comme suit:

$$Y = 1089 + 2,34\ X_3 + 4,71\ X_4 \qquad R^2 = 79,6\ \%$$
$$Y = 1050 + 3,51\ X_4 + 4,14\ X_5 \qquad R^2 = 81,5\ \%$$
$$Y = 733 + 4,07\ X_2 - 3,27\ X_2 + 6,72\ X_4 \qquad R^2 = 84,3\ \%$$

Y représente la production laitière de référence (305 j), X_2, X_3, X_4, et X_5 les productions laitières mensuelles simples (en kg) des 2ème, 3ème, 4ème, et 5ème mois de lactation. R^2 est le degré de précision de prédiction de la production laitière de référence.

Par ailleurs, le suivi a aussi cerné le comportement reproductif post-partum des primipares, par la détermination des intervalles vêlage-première saillie et vêlage - saillie fécondante.

Les données brutes des enquêtes et du suivi ont été saisies et exploitées pour faire ressortir les paramètres zootechniques les plus probants en élevage laitier: production de lait à 305 j, intervalles vêlage - vêlage, vêlage-première saillie et vêlage - saillie fécondante, mortalité des vaches et des veaux, et causes de réforme des primipares. Un test c^2 a été appliqué pour tester l'indépendance entre régions d'importation et devenir des génisses, d'une part, et les causes de réforme d'autre part. En cas de dépendance entre ces variables, elles ont été soumises à une analyse factorielle des correspondances pour préciser les relations les liant grâce à la procédure PROC FACTOR du logiciel SAS (SAS, 1991).

Résultats et discussion

Les exploitations concernées par les enquêtes rétrospectives ont une superficie agricole utile (SAU) de 10,3 ± 1,3 ha. Les superficies fourragères (maïs, bersim, orge en déprimage et luzerne) y représentent 35,6 % de la SAU. Les éleveurs dont la SAU est inférieure à 10 ha ont bénéficié de 55,5 % des effectifs de génisses importées, alors qu'ils n'exploitent que 30,2 % de la SAU. Cette tendance des petites exploitations à plus s'investir dans l'élevage est mentionnée dans diverses études au Maroc et dans d'autres pays en développement (Sraïri et Medkouri, 1999; Schiere, 1995). Moins de 60% des génisses importées ne réalisent pas une carrière «normale», car vendues ou décédées avant d'avoir passé trois ans sur l'exploitation où elles ont été initialement reçues (Tableau 1). Cette «réforme» est de très loin supérieure aux normes pour un élevage laitier rentable, surtout qu'elle concerne uniquement des primipares (Van Arendonk, 1985). Au delà, l'analyse des taux annuels de décès révèle une adaptation progressive de ces bovins à leur milieu d'élevage. En effet, 54 % de l'effectif total décédé succombe à la première année, pour seulement 33 et 13 % à la deuxième et à la troisième année.

L'analyse des causes de disparition des génisses montre l'importance des réformes (34 %) par rapport aux décès (7 %). Ceci peut être expliqué par le mode de financement adopté par les agriculteurs pour les acquérir: ils les paient sans aucun intérêt, moyennant un prélèvement quotidien sur le lait. L'achat d'une génisse représente ainsi une sorte de crédit monétaire facile à obtenir, dans un contexte où les institutions bancaires sont loin d'être accessibles aux éleveurs (Mc Dowell, 1981). Aussi, plusieurs acquisitions de génisses s'expliquent-elles par la volonté des éleveurs de profiter des

Tableau 1. Résultats du test χ^2 appliqué au devenir des génisses et à la zone d'importation.

	Devenir des génisses (en %)			
Zone	Revendues	Décédées	Gardées	Total
Doukkala	12,4	2,2	19,0	33,6
Haouz	16,7	3,2	24,3	44,2
Tadla	4,5	1,4	16,3	22,2
Total	33,6	6,8	59,6	100,0

sommes d'argent provenant d'un capital animal rapide à écouler sur le marché, que par une volonté réelle de renforcer leur cheptel laitier.

L'AFC confirme qu'au Tadla les primipares sont les plus gardées, et que dans le Haouz, périmètre tout récemment irrigué, les réformes sont plus intenses, à cause d'une moins bonne maîtrise de l'élevage laitier intensif. D'ailleurs, même les motifs de réforme varient significativement selon les trois régions (Tableau 2).

Tableau 2. Résultats du test χ^2 appliqué au motifs de vente des génisses et à la zone d'importation.

	Motif de vente (en % des génisses vendues)				
Zone	Trésorerie	Sous-production	Affections de la reproduction	Maladie	Total
Doukkala	14,8	8,7	8,5	4,9	36,9
Haouz	14,2	18,0	6,2	11,3	49,7
Tadla	2,4	3,5	5,2	2,3	13,4
Total	31,4	30,2	19,9	18,5	100,0

Dans les Doukkala, périmètre proche de la mégalopole de Casablanca, c'est surtout les besoins de trésorerie qui déterminent les réformes. En effet, la longue tradition des éleveurs de cette zone dans l'approvisionnement de Casablanca en viande peut expliquer les ventes massives. Dans le Haouz, la réforme est surtout déterminée par les déboires de la reproduction et les affections pathologiques. Ici, tout porte à croire qu'outre la nouveauté de l'élevage laitier synonyme d'une insuffisante assimilation technique, le stress thermique estival exerce un effet néfaste sur les aptitudes de reproduction comme cela a été indiqué par Berbigier (1988).

Le taux de mortalité des descendants des primipares est de 12 %, ce qui est très largement supérieur aux normes d'élevage pour cet atelier. Ceci illustre l'accumulation de tous les stress que subissent les bovins d'origine étrangère: microbisme nouveau, changement climatique, sous-alimentation, ... (Vacaro, 1990). Seules 45,2 % des descendants femelles des vaches d'importation sont conservés pour accroître la taille du cheptel, constituant un sérieux camouflet à l'objectif même des importations (De Jong, 1996).

Le suivi d'élevage montre une moyenne de production laitière en 305 j de 3562 ± 167 kg (Tableau 3). Au delà des différences régionales qui confirment les observations de l'enquête rétrospective, ce résultat traduit clairement la sous-exploitation du potentiel de production. Cette performance est ainsi proche des résultats relatifs à la production laitière des bovins d'origine européenne en zone tropicale (Msanga *et al.*, 2000). Elle prouve que de nombreuses limitations environnementales (alimentaires et sanitaires notamment) s'opposent à une productivité optimale des vaches d'importation dans les conditions des petits élevages. De même, l'évaluation de la reproduction prouve une mauvaise conduite des génisses d'importation (Tableau 3). Ainsi, en moyenne, plus de 43% des femelles ont nécessité plus de 3 inséminations pour être fécondées, ce qui aboutit à un intervalle vêlage-saillie fécondante de 136,3 j, très supérieur aux 90 j optimaux. Il faut en outre préciser que ce paramètre n'a été calculé que pour les génisses gardées et il ne reflète donc que par défaut l'ampleur du problème. En effet, pour les cas de retard les plus flagrants (au delà de 150 j), les éleveurs procèdent à la réforme, ce qui explique les 16 % de génisses disparues au cours du suivi. De semblables conclusions sont dressées par de nombreuses évaluations des performances de reproduction du bétail laitier de type pie-noir dans les pays en développement. Elles mettent en exergue la part prépondérante des échecs de la reproduction dans les contre-performances de ce type de bétail (Parmar et Gill, 1988; De Jong, 1996).

Conclusion

Ce travail prouve que près de 40 % des génisses laitières importées au Maroc afin de constituer dans le pays un noyau à de femelles à performances élevées n'achève pas une carrière normale. Outre les 7 % qui décèdent dans les 3 premières années, 34 % sont réformées précocement, entre autre pour des problèmes de mauvaise conduite alimentaire, de pathologies, et aussi en raison de leur mode de financement avantageux qui en fait un capital monétaire flexible pour les éleveurs. Pour celles qui sont conservées, les performances de production sont modestes (aux alentours de 3560 kg en 305 j), et demeurent très inférieures aux potentialités génétiques de ce type de bétail. Au delà des

Tableau 3. Performances de production et reproduction des primipares importées suivies.

Zone	Production en 305 j	Intervalle v-1s*	N**	Intervalle v-s.f***	N**	Indice coïtal
Doukkala	3724,6 ± 483,3	97,0 ± 30,4	41	132,4 ± 30,1	32	2,32 ± 1,15
Haouz	3292,2 ± 506,9	113,9 ± 34,1	47	140,6 ± 22,0	41	2,51 ± 1,36
Tadla	3810,1 ± 560,4	100,1 ± 30,6	36	134,0 ± 21,1	22	2,36 ± 1,18
Moyenne	3562,0 ± 561,7	104,3 ± 32,7	124	136,3 ± 24,8	95	2,41 ± 1,24

Intervalle v-1 s*: Intervalle vêlage-1ère insémination (en jours)
Intervalle v- s.f**: Intervalle vêlage-saillie fécondante (en jours)
N***: Nombre d'observations

différences régionales qui témoignent des niveaux de technicité des éleveurs et d'avantages comparatifs liés à la position géographique (effet de la proximité vis-à-vis d'une grande agglomération, effets des températures estivales plus élevées, ...), ces résultats devraient susciter une réaction de l'ensemble des intervenants de la filière lait au Maroc. En effet, avec des prix à l'importation de ces génisses fort attrayants par rapport au coût de revient de mêmes femelles produites localement, la demande est structurellement établie. Mais sans l'intégration du coût économique de leurs difficultés d'adaptation (mortalité, avortement, réformes précoces, anoestrus post-partum, ...) et sans l'instauration de la traçabilité de leur sort après leur débarquement au Maroc, la comparaison avec les génisses laitières locales risque de ne jamais être équitable. Ceci ne pourra que retarder la constitution d'un noyau de bovins adaptés aux conditions d'élevage du Maroc et disposant d'un potentiel laitier meilleur que celui des animaux de races marocaines (Brune de l'Atlas et Blonde d'Oulmès-Zaër).

Références

Berbigier, P. 1988. Bioclimatologie des ruminants domestiques en zone tropicale. INRA, Paris, pp. 237.

Boujenane, I & Ayari, N. 1997. Prédiction de la production laitière par lactation de référence des vaches à partir des lactations partielles. Actes Inst. Agron. Vet (Maroc).18: 23 - 29.

De Jong, R. 1996. Dairy stock development and milk production with smallholders. Doctoral Thesis. Wageningen University. The Netherlands. 308 p.

Lakhdissi, H. Lahlou Kassi, A. & Thibier M. 1988. Conduite de la reproduction en grands troupeaux laitiers dans les conditions marocaines. I. Influence du programme d'action vétérinaire intégré de reproduction (PAVIR) sur les bilans de fertilité. Rev. Elev. Méd. vét. pays Trop. 41: 293-299.

MADRPM (Ministère de l'Agriculture, du Développement Rural et des Pêches Maritimes). 1999. Résultats du recensement général de l'agriculture. Direction de la Planification et des Affaires Economiques. Rabat. Maroc. 186 p.

Mbap, S.T. & Ngere, L.O. 1989. Productivity of friesian cattle in a subtropical environment. Tropic. Agric. 66: 121- 124.

Mc Dowell, R.E. 1981. Limitations for dairy production in developing countries. J. Anim. Sci. 64: 2463-2475.

Msanga, Y.N., Bryant, M.J., Rutam, I.B., Minja, F.N & Zylstra L. 2000. Effect of environmental factors and of the proportion of Holstein blood on the milk yield and the lactation length of crossbred dairy cattle on smallholder farms in north-east Tanzania. Tropic. Anim. Health and Prod. 32: 23-31.

Orskov, E.R. 1993. Reality in rural development with emphasis on livestock. Ed. Rowett Research Services, Ltd. Aberdeen, UK.

Parmar, O.S. & Gill, G.S. 1988. Comparative performances of imported and farmbred Holstein heifers during first lacation. J. Res. Punjab Agric. University. 25: 619 - 620.

Roeleveld, A.C.W. & Van Den Broek, A. 1999. Les systèmes d'élevage: orienter la recherche. Institut Royal des Tropiques. Amsterdam, 165 p.

SAS. 1991. SAS User's Guide. Statistics, version 6.03. Edition 1988.

Schiere, J.B. 1995. Cattle, straw and system control. Doctoral Thesis. Wageningen University. The Netherlands. 268 p.

Sraïri M.T. & Medkouri H. 1999. Production et écoulement du lait en région d'agriculture pluviale au Maroc. Tropicultura 16-17 (4). 201-206.

Sraïri M.T. & Kessab B. 1998. Performances et modalités de production laitière dans six étables spécialisées au Maroc. INRA Prod. Anim. 11: 321-326.

Vacaro, L.P. 1990. Survival of European dairy breeds and their crosses with zebus in the tropics. Anim. Breed. Abstracts. 58: 475-494.

Van Arendonk, J.A.M. 1985. Studies on the replacement policies in dairy cattle. IV. Influence of seasonal variation in performances and prices. Livest. Prod. Sci. 14: 15-28.

Future prospects of goats as a source of milk to decrease the milk gap in Egypt. Two potential advantages of dairy goats

K.A. Soryal[1] & H.R. Metawi[2]

[1]Desert Research Center, Animal Breeding Department, Dairy Unit, Cairo, Egypt
[2]Animal production research institute, Dokki, Giza, Egypt

Summary

In Egypt, the total milk production and its annual increase neither satisfy consumption requirements nor the annual growth of human population which results in a dairy food gap. To face this gap, about two thirds of the needed dairy products have been imported since 1993. The main sources of milk production are buffaloes and cows, while goat milk represents not more than 0.45 % of the total supply. Since, the natural vegetation and the geophysical properties, in arid and semi–arid areas are not suitable for livestock other than small ruminants there is a great interest in improving the milk yield from goats. This could be achieved by introducing intensive production systems on the newly reclaimed land which could supply goats with fodder crops and crop residues. A second change would be to improve the milk producing ability of local goats through crossbreeding programs using the improved Zariebi breed or the exotic breeds especially the heat tolerant breeds. Milk collecting centres and the small-scale goat cheese industries in every community are important to overcome the constraints facing production of goat milk. Further such facilities could carryout technology research of goats' milk.

This paper also discusses the potential advantages of buffaloes and goats as dairy animals and their reproductive performance on some governmental farms of Egypt. Goats have proved to be more efficient in utilizing feeds for the production of milk or meat.

Key words: milk gap, Egypt, goat's milk production, consumption, Zaraiebi goats, buffaloes.

Résumé

En Egypte la production totale de lait et son augmentation annuelle ne satisfont nullement les besoins de la consommation ni la croissance de la population humaine, il en résulte un manque de produits laitiers. Pour faire face à ce manque environ 2/3 des produits laitiers nécessaires étaient importés jusqu'en 1993. Les principales sources de lait produit sont les bufflonnes et les vaches alors que le lait de chèvre ne représente pas plus de 0.88 % du total. Depuis que la végétation naturelle et les caractéristiques géophysiques dans les zones arides et semi arides ne sont pas appropriées à l'élevage autre que celui des petits ruminants, il semble d'un grand intérêt d'augmenter le rendement laitier des chèvres avec des cultures fourragères et des sous produits végétaux et d'augmenter la capacité de production des chèvres locales par un programme de croisement avec la race zaraiebi améliorée ou des races exotiques spécialement celles qui sont thermotolérantes. Des centres de collecte du lait et des unités de fabrication de fromage de chèvre dans chaque communauté sont importants pour réduire les facteurs limitant la production de lait de chèvre ainsi que la conduite de recherches sur la technologie du lait de chèvre. Les problèmes sociaux et économiques des chèvres sont discutés comme la mise à disposition des petits éleveurs d'aliment et de facilité d'argent, la diminution de la pauvreté et des risques et un programme de croisement pour accroître le revenu des petits éleveurs de chèvres. D'autres aspects sociaux sont développés comme les extraits de viande caprine consommés en tant que médicaments et la mise en place d'un groupement centré sur un programme de santé animale avec une réflexion sur le développement économique et social.

Mots clés: déficit laitier, Egypte, production de lait de chèvre, consommation, aspects économiques et sociaux.

Introduction

According to Shehata *et al* (1995) milk production reached 1 865 million tons in 1980 which increased to 2 014 million tons in 1985 with an annual increase of 29.5 thousand tons (annual increase of 1.6%) while in 1990, milk production reached 2 204 million tons which was increased to 2 286 million tons in 1993 with an annual increase of 27.3 thousand tons (annual increase of 1.24%). A pronounced annual increase of 130 thousand tons was seen between 1989-1991 and 1998 as a result of implementing some governmental projects with cows dairy breeds (Table 1). Milk production is of great importance to the Egyptian agricultural sector where it represents about 34% of total animal production value. The annual increase of milk production does not satisfy the rate of dairy products required nor the annual growth in human population over the previous period which has resulted in a dairy food gap between production and consumption volumes.

Sources of milk production in Egypt

The main milk source produced is from buffaloes, its quantity representing 58.9%, 55.04% and 53.9% of total milk production during the years 1983, 1990 and 1993 respectively. Cows' milk is considered a second source and its quantity represented 40.55%, 44.19% and 44.79% of total milk production during the same years respectively (Shehata *et al.*, 1995). The increased production of cow's milk was an outcome of dairy projects to import high yielding cows. During 1996, 1997 and 1998, buffalo milk showed a slight increase compared to cow milk. The respective figures are 53.67%, 56.93% and 56.45 % (buffalo); and 42.90%, 39.88% and 40.32% (cow).

Buffalo (Type Beheri of genera *Bubalis*) are considered to be the principal milk- yielding species in Egypt and they provide milk and milk products that are important sources of proteins, energy, vitamins and minerals for the diet of the Egyptian peoples. A better understanding of factors influencing yield of buffalo is needed to increase the total amount of milk produced in Egypt. Animal health, feeding and reproductive programs and their management accounted for 75% of variation in herd yield and the remaining 25% is due to genetic factors (Brackett *et al*, 1981). Some lactations are terminated or truncated before the desired time (usually 305 days) because of low persistency (Gilmore, 1952). Farm, parity and season of calving influence the shape of lactation curve of Egyptian buffalo (Ragab *et al*, 1973)

A Zaraiebi flock is raised in El Serro Station belonging to the Ministry of Agriculture which consists of over 500 head of goats. The average milk yield is about 230 kg/season/head with some individuals reaching about 500 kg/season/head. The flock was collected from the area of Domiatt Governorate and the surrounding areas which are considered the original territory of the breed.

Table 1. Production and consumption of milk and its products in Egypt.

Production 1000 MT					Consumption						
					1996		1997		1998		
989-1991	1996	1997	1998	Item	1000 MT	Million $	1000 MT	Million $	1000 MT	Million $	Kg / y (Av
2303	3026	3320	3348		3026	-	3320	-	3348	-	(Mi
79	84	91	91		84	-	91	-	91	-	
268	371	400	402		371	-	400		402	-	
				The remainder of milk Production is consumed as milk fresh							
				II The imports (excluding exports) dairy products :							
				Milk fresh	0.081	0.125	0.102	0.262	0.065	0.096	
				Butter and Ghee	50.036	91.689	37.47	58.007	35.224	60.184	
				Cheeses	11.836	31.529	12.953	32.771	12.108	31.631	
				Milk Dry	23.239	51.178	25.504	50.830	27.89	50.65	
				Whey + concen.	1.645	1.701	1.743	1.468	1.777	1.394	
				Cond. + Evap.	0.293	0.412	0.496	0.595	0.418	0.518	

Source: F.A O., 1998 Production and trade Yearbooks.

Goat's milk in Egypt and the world

Goat milk in Egypt represented 0.55% of total milk yield during 1983 which increased to 0.77% and 0.88% during years 1990 and 1993 respectively and which decreased to 0.46%, 0.45% and 0.45 % during 1996, 1997 and 1998 respectively. It is clear that goat milk represents a very low quantity compared to total milk production. The world total milk production reached 520 million tons in 1986 with an average annual increase of 1.94 percent since 1970. This figure is slightly behind the average annual growth in human population of 2.07 percent over the same period. It recorded 544 million tons during 1998 with an increase of 4.62 %over 12 years. World goat milk production in 1986 was about 7.7 million tons with an annual increase of 1.65 percent and constituted 1.5 percent of the world total milk production. It increased to 11.8, 12.09 and 12.21 million tons to become 2.2%, 2.23% and 2.24%of the world total milk production during 1996, 1997 and 1998, respectively (Table 2).

With the development of the government programs for breed improvement, better management, input supply, control of infectious diseases, milk collection, processing and marketing, the income of the goat keepers may be increased.

Future of goat's milk production in Egypt

In Egypt, there are plans for large projects for land reclamation. These future projects of irrigated agriculture would supply goats with fodder crops and the residues of the crops and would be a suitable environment for goat production development. In Egypt goats are raised in various systems of production although the majority of the population follows the extensive system in the Egyptian deserts. Though the intensive system is absent generally, an example of intensive production is the Sannen breed farm which for the last ten years has consisted of about 700 head with average daily milk yield of 2.7 Kg. From this is produced a very high quality semi-hard cheese ripened by fungi. In addition there are a few flocks on the semi-intensive system mainly in the Ministry of Agriculture which has flocks of improved Zariebi goats, Damascus goats and their crosses with Baladi goats. The average recorded milk production in Baladi goats of Egypt is 52.92 Kg (Soryal and El-Sayed, 1994) and in another study it was 60 Kg (Abdel Rahman *et al.*, 1998) during a lactation period of 12-16 weeks in a semi-intensive system.

The practical solution is to improve the milk producing ability of Baladi goats through crossbreeding programmes. The improved Zariebi breed is suitable for that approach and the Ministry of Agriculture has a flock with a general mean of 230 litres in a lactation period of 6-7 months. Some government programs for genetic improvement were carried out by distribution of Damascus and F1 bucks (with Baladi) to selected producers in the North-Western Coastal desert. Galal (1987) recommended distribution of Anglo-Nubian or Anglo-Nubian crossbreed bucks to small holders in Upper Egypt. Experiments should be carried out for introducing high milk yielding exotic breeds to the newly reclaimed areas in Egypt like the Spanish breed Murciano Granadina, the Agropacion Caprina Canaria goats, Sannen and the French Alpine breed especially the heat tolerant breeds. In Turkey, a successful crossbreeding program using the local breed kilis with Sannen breed resulted in a dairy goat called AK Keci and has become the most popular improver genotype (Yener, 1989).

One of the major constraints in the development of milk production especially in extensive production systems is the marketing of milk and milk products. Thus, milk collection and processing centres must service every village or large community in the Egyptian desert.

Table 2. Trends in goat milk production

Country	Milk production (1000 MT)					Goat milk production (1000 MT)					Goat milk in %	
	(1)	(2)	(3)	(4)	(5)	(1)	(2)	(3)	(4)	(5)	(1)	(2)
World	463.325	533.918	537.403	543.159	544.180	7.781	9.571	11.800	12.093	12.211	1.68	1.7
Africa	15.963	19.898	22.811	23.631	23.967	1.872	2.002	2.48	2.569	2.599	11.73	10.
Egypt	1.908	2.303	3.026	3.320	3.348	0.008	0.015	0.014	0.015	0.015	0.42	0.6

(1) 1979 – 81 (2) 1989 – 91 (3) 1996 (4) 1997 (5) 1998.
Source: F.A.O., 1994, 1998 production Yearbooks.

Table 3. Milk yield and reproductive performance of dairy buffaloes and goats.

Goats	Buffaloes	Item
376	505.3	Parturition interval, days.
1.7	0.87	No. of weaned / parturition
10.3	84.3	Weaning weight, kgs.*
1.0	6.0	Daily milk yield, kgs.
92	209	Dry period, days
150.4	1182.5	Commercial milk yield, kgs.
36.4	446.5	Female mature weight, kgs.
16.9	53.0	Kgs. weaned /breeding female/year
0.47	0.12	Kgs. weaned /1 kg of breeding female/year.
146	854.3	Kgs. commercial milk yield /breeding female/year.
4.10	1.91	Kgs. commercial milk yield /1kg breeding female/year

*Weaning ages are 105 and 90 days for buffaloes and goats, respectively.

All over the world, cheese is the primary dairy product obtained from goat milk. Loewenstein *et al.* (1980) reported that in 1979 a large portion of the world production of goat milk was made into cheese. Thus, in Egypt efforts must be concentrated on establishing a small-scale cheese industry in every village for cheese making from goat milk in addition to the milk collection center. Soryal (private communication) processed a white soft cheese from two types of goat milk, Baladi and Syrian Gabaly in Egypt. The resultant cheese was characterized by good flavour and appearance also body and texture received higher scores.

Comparative study between goats and buffaloes as dairy animals and their reproductive performance.

Data were collected from flocks of buffaloes and Zaraiebi goats which are raised at the Ministry of Agriculture of Animal Production Experimental Stations in Egypt under the intensive management system over 12 years. Flocks were maintained according to feeding and management standards adopted by the institute. Records for 4000 of goats and buffaloes were available to estimate milk yield and reproductive performance. Data were analyzed using least square analysis of variance (SAS, 1992); the model used to determine the reproductive performance included fixed effects of age, season, year and all possible interactions. Data are presented in Table 3.

Results indicate that despite the higher commercial milk yield (kg) per breeding buffalo female per year compared with a female goat (854.30 *vs.* 146.00), the commercial milk yield per weight (kg) of breeding goat per year was more than twice that of buffalo (4.01 *vs.* 1.91). This comparison indicates that goats are more efficient in utilizing feeds to produce 1 kg of milk. The same conclusion is obtained for goat meat production, 0.47 kg meat weaned per year per one kg weight of breeding goat female compared with 0.12 kg meat weaned per one kg weight of breeding buffalo female - which also means that goats are more efficient in utilizing feeds to produce one kg of meat.

Conclusions

It can be concluded that to increase the amounts of goat milk in order to help reduce the gap between milk production and consumption in Egypt, the following steps could be carried out:

1. Since livestock pressure on land is very high, it is urgent to introduce high yielding breeds of goats to replace inferior livestock especially the local Zaraiebi breed.
2. The local high milk yield Zaraiebi breed proved that it is more efficient in utilizing feeds to produce one kg of milk or meat when compared to buffaloes which are currently the main milk-yielding species in Egypt.
3. Introduction of intensive production systems especially in the newly reclaimed areas and in the future large projects using the Zaraiebi breed and the exotic dairy goat breeds and their crossbreeds with the local breeds would be effective using optimal management and veterinary care.
4. Improvement of the extensive production system by decreasing the limitations facing its development.
5. The optimal use of natural and economic resources by polices and programs to eliminate any constraints.
6. Installation of milk collection centres in every village or community.
7. Instruction for on-farm small scale goat cheese industries in every village.

References

Abdel-Rahman, H., K. A. Soryal, & I. M. Ismail, 1998. Effect of stage of lactation and type of birth on: 1. Milk production, composition and some blood parameters in hand-milked Barki goats, Proc. 6th International Symposium on the milking of small ruminants, Athens, Greece, 240-242

Brackett, B. G., G. E. Seidel, Jr., & S. M. Seidel 1981. New Technologies in Animal Breeding. Academic Press, New York, NY.

Galal, E. S. E. 1987. Sheep and goat milk production and research in Egypt. In: A.W. Qureshi and H. A. Fitzhugh (Tech. Ed). Small ruminants in the Near East Volume I FAO, pp. 117-155.

Gilmore, L. O. 1952. Environmental factors affecting production. Dairy Cattle Breeding. R. W. GreJory, ed. J. B. Lippincott Co., Philadelphia, PA.

Loewenstein, M., S. J. Speck, H. M. Barnhart, & F. Frank, 1980. Research on goat milk products. A review. J. Dairy Sci. 63: pp. 1.631-1.648.

Ragab, M. T., A. S. Abdel-Aziz, and A. Kamal. 1973. Effect of farm, parity and season of calving on the lactation curve in buffaloes. Egypt. J. Anim. Prod. 13:123.

SAS User Guide: Statistics, 1992. SAS Inst., Inc., Cary, NC.

Shehata, A., G. Mahran, M. Magdoub, M. Abd-El-Salam, M. Girgis, A. Rayan, & A.Belal, 1995. A vision about dairy industry in Egypt. Proceeding 6th Egypt. Conf. of Dairy Sci. and Technol.

Soryal, K. A. & N. A. El-Sayed, 1994. Milk yield, reproduction and growth rate of local goats and their kids in North Western Coastal desert of Egypt. Egypt Appl. Sci., 9 (8): 136-148.

Yener, S. M. 1989. Milk production from goats. Options Méditerranéennes-Série Séminaires- n. 6: 149-157.

Systeme d'elevage et performances technico-economiques de la race laitiere lacaune en Tunisie

S. Snoussi

ESA MATEUR, 7030 Mateur, Tunisie

Résumé

L'introduction en 1988 de la race ovine laitière Lacaune dans la région de Mateur, offre l'opportunité d'analyser l'évolution de ses performances, depuis cette période, et de comparer celles ci, notamment au regard de celles de la race Sicilo-Sarde, traditionnellement élevée dans la région. La production laitière a atteint les 180 litres par brebis et par lactation pour une durée de traite de 212 jours, avec cependant des fluctuations annuelles. La production de viande dépasse même celle des races à viande locales, avec des agneaux atteignant les 18 kg à 45 jours. Le maintien de ces bonnes performances nécessite en contre partie, une meilleure maîtrise des conditions d'élevage.

Mots clés: lait, ovins, lacaune, Système d'élevage.

Summary

The objective of this study was to monitor milk and meat production of the Lacaune breed imported to Tunisia in 1988. Average milk yield was 180 l/ewe/lactation. Days in milk were 212 d with some annual variations. Lacaune lambs grew faster and heavier than local Sicilo- Sarde local lambs. They reached 18 kg at 45 d of age. To sustain such a level of production good management and health care are needed.

Key words: Lacuane, milk, lamb, ewe.

Introduction

La race ovine laitière Lacaune a été introduite en 1988, à l'initiative d'une société de développement privée, située dans la région de Mateur, en vue d'améliorer la production laitière face aux faibles performances de la race Sicilo-Sarde, qui ne dépassent pas en moyenne 72 kg pour 124 jours de traite (Djemali *et al.*, 1995). Cette étude présente une synthèse de l'évolution des performances technico-économiques, des conditions d'élevage de cette race et des contraintes inhérentes à son développement.

Méthodologie

Les résultats ont pu être obtenus grâce au suivi régulier de cet élevage depuis son introduction. Ils concernent les paramètres de la reproduction, la productuion laitière, les performances pondérales et la marge brute. Ils résultent de l'analyse des données enregistrées sur l'exploitation, tels que l'inventaire du troupeau ou les bilans d'agnelage pour les résultats de reproduction, le cahier des charges pour les données économiques par exemple. Auxquels s'ajoutent certains contrôles tels que celui de la croissance des agneaux réalisés momentanément par le contrôle de performances. N'étant pas suivis par le contrôle laitier, les niveaux de production laitière sont estimés à partir des quantités de lait commercialisé, et par rapport aux effectifs de brebis en lactation qui sont enregistrés au jour le jour. Ces données permettent une aproche globale de la tendence évolutive de cette production. Dans certains cas, l'expérimentation sur un échantillon de brebis vient compléter ces informations, comme pour la production laitière en phase d'allaitement. Ces méthodes font partie des outils de base du diagnostic et d'analyse des systèmes de production et permettent de contribuer à l'élaboration du référentiel technico- économique sur l'élevage, comme le confirme Dollé (1984).

Caractéristiques du système d'élevage

Situé dans une grande structure de production, dans un environnement favorable à l'intensification fourragère (plus de 600 mm de pluie/an), et à l'écoulement du lait pour la fabrication du fromage, le troupeau comporte un effectif qui oscille autour de 350 unités femelles. Il est conduit en système semi-intensif et reçoit une alimentation basée sur l'ensilage, la verdure (bersim, betterave fourragère, fétuque...), le concentré et le foin. Au niveau de la reproduction, il est pratiqué une lutte de printemps. Les agneaux subissent un semi sevrage et le "creep feeding". La traite des brebis est mécanique, mais le contrôle laitier individuel est absent. Cet élevage bénéficie d'un encadrement technique suffisant et d'une gestion hiérarchisée et administrative.

Résultats: Evaluation des performances

Reproduction

L'évaluation des paramètres technico-économiques et en particulier, de la reproduction est estimée à travers leur évolution sur une période de sept ans (Tableau 1). Le taux de fertilité moyen est relativement plus faible que celui de la race Sicilo-Sarde et se situe autour de 90%, avec une tendance à la baisse les trois dernières années (63% en 1998/99 et 81% les deux autres années). Le taux de prolificité est dans l'ensemble plus intéressant, avec une moyen de 140%. La mortalité des agneaux est fluctuante et atteint parfois un niveau très élevé: elle varie de 6 à 24%.

Production laitière

En phase d'allaitement

Estimée par la méthode directe, après injection d'ocytocine,, la production laitière moyenne est égale à 2,41 ± 0,54 kg, pour une période d'allaitement égale à 45 ±1,38 jours. On observe cependant, des variations individuelles, avec un niveau maximum supérieur à 4 kg par brebis et par jour. Le pic de lactation est obtenu au cours de la 3ème semaine (Snoussi et Khaldi., 2001).

Tableau 1. Evolution des paramètres de reproduction et de mortalité du troupeau.

Paramètres	93/94	94/95	95/96	96/97	97/98	98/99	99/00
Fertilité (%)	89	90	91	89	82	63	81
Prolificité (%)	121	150	148	139	123	127	140
Avortement (%)	2,5	2	10	5	-	-	1
Mortalité agneaux	25	5	6	11	24	20	13
Mortalité brebis	3,3	2	3,3	14	17	13	7

Tableau 2. Evolution de la production laitière par brebis en lactation (en litres).

Années	89	90	91	92	93	94	95	96	97	98	99
P L (liltres)	55	159	133	108	107	115	180	134	95	90	80
Durée de traite (j)	75	175	220	143	184	196	212	183	155	152	170

En phase de traite

Les fluctuations annuelles de la production laitière en période de traite, permettent de distiguer deux périodes (Tableau 2) :

- De 1989/90 à 1995/96: production laitière supérieure à 100 litres.

Après une période d'adaptation, notamment pour permettre de décycler les brebis pour un agnelage d'automne, la première lactation a atteint 160 litres en moyenne par brebis en lactation. La chute de production constatée les années suivantes résulte d'effets externes (pluviomètrie) ou internes (conditions de conduite du troupeau plus aléatoires...). A noter cependant, que la campagne 94/95 a été caractérisée par: d'une part une bonne pluviomètrie qui a permis d'atteindre 180 litres, pour une durée de traite de 212 jours; d'autre part le recrutement d'un nouveau berger sous contrat avec intéressement.

- A partir de 1996/97: production laitière inférieure à 100 litres.

Un changement stratégique au niveau de la gestion du troupeau en faveur de la production de viande (sevrage plus tardif des agneaux), ainsi qu'une conduite encore aléatoire nécessitant un tarissement plus précoce, expliquent une réduction de la durée de traite.

La fluctuation saisonnière (Figure 1) reflète bien la différence de gestion entre ces deux périodes, notamment en matière alimentaire. En période de verdure, on observe un maintien de la lactation en 1ère période (excepté la campagne 95/96 où l'excès de pluie a contrarié le pâturage), alors qu'elle régresse rapidement durant la 2ème période.

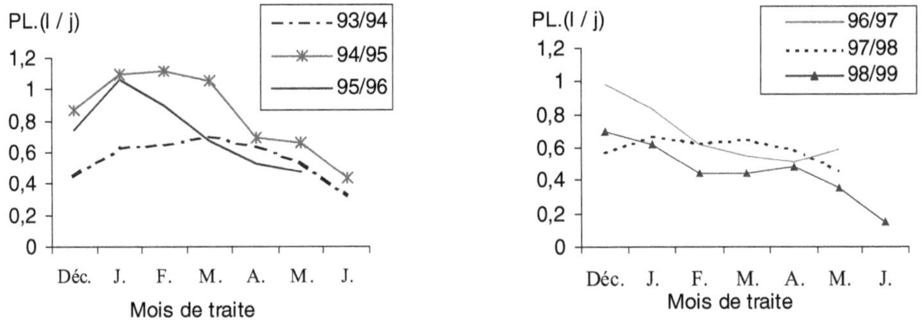

a) 1ère période *b) 2èmepériode*

Figure 1. Variations saisonnières de la poduction laitière (en litres/brebis en lactation/j)

Production de viande

Poids des agneaux à la naissance

Malgré une légère variabilité annuelle (Tableau 3), ces résultats reflètent un bon potentiel de la production de viande, avec des poids moyens de l'ordre de 4,4 kg; 3,5 kg; 3,4 kg et 2,8 kg respectivement pour les mâles simples, les mâles doubles, les femelles simples et les femelles doubles.

Croissance des agneaux

La croissance des agneaux, enregistrée les premières années, reflète un niveau intéressant (Figure 2). Avec un GMQ (10-30j) moyen de 266g/j et un GMQ (30-70j) moyen de 220g/j, ces performances dépassent même celles des races à viande locales, dont les meilleurs GMQ(10-30j) sont de 187g/j et 156g/j respectivement pour les agneaux barbarins et noire de thibar et 142g/j pour la sicilo-sarde (Ben Hamouda M., 1999).

Tableau 3. Evolution des poids à la naissance des agneaux (en kg).

Campagnes	93/94	94/95	95/96
Mâle Simple	4,2	4,56	4,45
Mâle Double	4,56	3,6	3,54
Femelle Simple	3,45	3,42	3,25
Femelle Double	2,87	2,72	2,83

Tableau 4. Evolution du poids moyen des agneaux à la vente (en kg).

Campagnes	89/90	93/94	94/95	95/96	96/97	97/98	98/99	99/2000
Poids (kg)	25	19,4	20,6	21,6	22	24	25	21

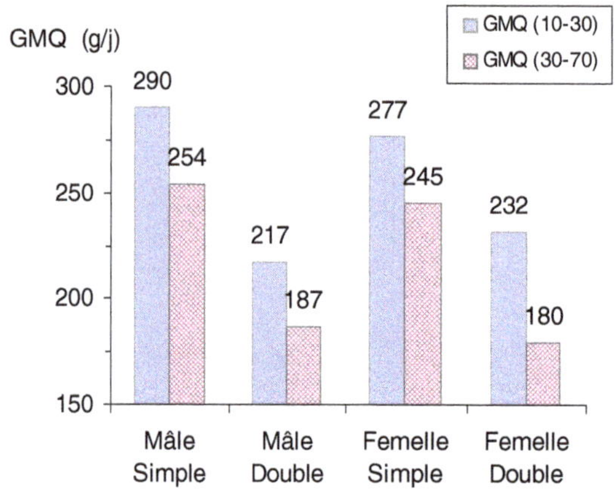

Figure 2. Croissance des agneaux au cours de 1989/90.

Avec ce potentiel de croissance, les agneaux mâles et femelles simples ont atteint dès la 1ère année les 18 kg à 45 jours. Ces résultats sont comparables à ceux obtenus en France avec un GMQ (10-30j) moyen, égal à 280g/j (UPRA, 1988).

Poids à la vente

Faute de continuité du contrôle de performances pour le critère pondéral, le seul critère qui permet de décrire l'évolution du potentiel de production de viande est le poids à la vente des agneaux. Celui-ci se situe entre 20 et 25 kg pour un âge de 2 à 3 mois (Tableau 4). Ces données montrent, malgré les fluctuations annuelles, un maintien d'un bon résultat, stimulé par le prix de la viande qui connaît une croissance continue.

Aspect économique

L'analyse de la marge brute et de ses composantes (Tableau 5) reflète de nouveau les deux périodes de gestion; caractérisées par des niveaux différents de charges variables (d'alimentation en particulier). Pendant les deux périodes, la marge brute a pu dépasser les 100D/brebis/an, avec des chutes brutales surtout en 1998/99, à la suite d'un taux de naissance très bas et une mortalité élevée des agneaux.

- Au cours de la 1ère période, à charges variables élevées, la baisse du produit brut en 1995/96 est expliquée par la chute déjà constatée de la production laitière, accentuée par une diminution du prix du litre de lait, qui est passé de 1,150D en 1994/95 à 0,850D en 1995/96 ! Par contre, le prix de la viande est passé de 3,400D à plus de 4,000D au cours de la même période. Ainsi, pour une productivité pondérale presque identique, le changement de tendance se fait en faveur du produit viande (Figure 3).
- Au cours de la 2ème période, à charges variables plus faibles, le maintien d'une marge brute supérieure à 100D en 1996/97 et 1997/98, malgré de mauvaises performances laitières et un prix fluctuant entre 0,900 D et 0,950D le litre, est expliqué par:

a) la baisse des charges d'alimentation reflètée par une réduction des quantités distribuées notamment en concentré;
b) une tendance encore accentuée vers la production de viande (Figure 3), stimulée par le prix qui ne cesse d'augmenter au détriment du consommateur. Ce qui reflète une tendance à l'extensification du système.

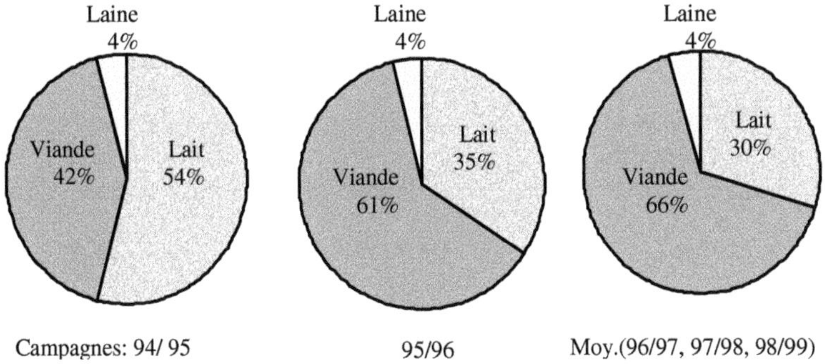

Figure 3. Varition des produits lait et viande dans le produit brut (en % par brebis/an).

Tableau 5. Evolution de la marge brute et de ses composantes (valeurs en Dinars/brebis/an).

Année	94/95	95/96	96/97	97/98	98/99
Produit brut	225,6	169,2	186	170,2	99,9
Charges variables	116,8	106,5	71,4	66,1	71,59
(dont alimentation)	(108)	(98,5)	(63)	(54,6)	(65,6)
Marge brute	108,8	62,7	114,6	104,1	28,4

Conclusion

Au cours de cette période, la race Lacaune a fait preuve d'adaptabilité aux conditions d'élevage en Tunisie. Malgé les fluctuations observées, ses performances sont meilleures que celles des races locales, aussi bien en lait qu'en viande. Cependant, elles restent inférieures aux résultats atteints en France, surtout pour la production laitière, où le niveau de production a évolué de 217 litres à 248 litres/an pour 165j de traite entre la période 1990/95, niveau qui a été multiplié par 2,5 en 25 ans (Bougler 1990, UPRA 1995). Pour un meilleur développement de cet élevage, il est nécessaire d'avoir une meilleure maîtrise des conditions d'élevage: hygiène, traite, alimentation. . .Par ailleurs, le milieu environnemental présente des facteurs aléatoires tant internes qu'externes:

- Comment par exemple appliquer la sélection individuelle sans le contrôle laitier ? Un contrôle simplifié pourrait-il constituer une solution intermédiaire, et moins coûteuse ?

- Si le prix de la viande connaît en Tunisie une croissance continue, celui du lait subit de fortes variations dans un marché caractérisé par une situation de monopsole. Comment dans ces conditions orienter la sélection et la conduite de cette race à caractère mixte ?
- L'introduction de nouveau sang dans le troupeau devrait permettre d'éviter le problème de consanguinité et la chute des performances …

Enfin se pose en général le problème d'encadrement et d'organisation du développement de cette nouvelle race.

Références

Ben Hamouda H., 1999. Bilan des recherches sur l'amélioration génétique des petits ruminants. Atelier de travail ESA Mateur, 30-42.

Bougler, 1990. Confrontation internationale de races de brebis laitières méditerranéennes. Opt. Méd. Sér. A N°12, 9-18.

Djemali M., I., Ben M'Sallem & R. Bouraoui, 1995. Effet du mois, mode et âge d'agnelage sur la production laitière des brebis sicilo-sarde en Tunisie. Opt.Med., 111-117.

Dollé V., 1984. Les outils et méthodes du diagnostic sur les systèmes d'élevage. Cah. Rech. Dév. [3-4], 89-96.

Snoussi S. & G. Khaldi, 2001. Estimation de la production laitière en phase d'allaitement des brebis de race Lacaune. Rev. INAT.

UPRA Lacaune France 1988.

UPRA Lacaune France 1995.

A sustainable feed resource for dairy buffaloes, milk yield and quality

S.A. Attia-Ismail

Dept. Animal & Poultry Nutrition, Desert Research Center, P.O. Box 11753 Matareya, Cairo, Egypt

Summary

Broiler litter (BL) is available in huge amounts in Egypt. The continuous production of such material makes it a sustainable ingredient resource if recycled properly. This study was conducted to evaluate the effect of including BL in rations for lactating buffaloes on their milk production and quality.

Nine lactating buffaloes were randomly selected just after parturition and divided into three groups of three animals each. Three different diets were formulated to arrange 3X3 Latin Square design with three periods of a month each. Diets were 40% roughage and 60% concentrates. Broiler litter replaced 10%, 20%, and 30% of total nitrogen requirements.

Dry matter intakes ($h^{-1}.d^{-1}$, Kg) was not influenced as the BL level increased. The second animal group showed higher ($P<0.05$) DMI than the other groups. Values of DMI (Kg $BW^{0.075}$, $h^{-1}.d^{-1}$) were similar for both treatment levels and animal group variations. Milk yield ($h^{-1}.d^{-1}$, Kg) was similar among BL levels, yet first animal group had the lowest (3.6 Kg, $h^{-1}.d^{-1}$) milk production. Fat corrected milk followed the same trend. Milk fat was higher for 10% BL level and second animal group. Milk protein was similar among different levels and buffalo groups. Mineral element contents of both buffaloes' milk and serum showed no abnormal values.

It is concluded that including BL in rations for lactating animals may represent a source of nitrogen. Broiler litter may be a sustainable feed resource because it did not affect animal performance negatively and it is cheap and available in huge amounts.

Résumé

Les fientes de poulet (BL) sont disponibles en très grande quantité en Egypte. La production régulière de cette matière en fait une ressource pérenne si elle est recyclée convenablement. Cette étude a pour but d'évaluer les effets de l'incorporation de BL dans la ration des bufflonnes laitières sur leur production de lait et sa qualité. Neuf bufflonnes laitières étaient choisies au hasard après la mise bas et réparties en trois groupes de trois sujets chacun. Trois régimes différents sont constitués pour un dispositif de carré latin 3 x 3 avec trois périodes d'un mois chacune. Le régime était composé de 40 % de fourrage et 60 % de concentré. Les fientes de poulet représentaient 10 %, 20 % et 30 % des besoins totaux d'azote.

L'ingestion de matière sèche (a-1, j-1 kg) n'a pas été modifiée par l'augmentation du taux de BL. Le deuxième lot d'animaux avait une DMI plus élevée (P< P0,075) que les autres groupes. Les valeurs de DMI par kg de poids métabolique (kg. P0.0075, a-1, j-1) étaient les mêmes à la fois pour les taux de BL et les lots d'animaux. La production de lait (a-1, j-1 kg) était la même quelque soit le taux de BL encore que le premier lot d'animaux avait la plus faible production laitière. 53.6 kg a-1, j-1). Le lait corrigé pour la matière grasse allait dans le même sens. La teneur en matière grasse du lait était plus élevée pour le taux de10 % de BL et le deuxième lot d'animaux. La teneur en protéine du lait était la même quelque soit le taux ou le lot d'animaux.

La teneur en éléments minéraux du lait comme du sérum ne présentait pas de valeurs anormales.

En conclusion l'introduction de BL dans les rations d'animaux laitiers peut constituer une source d'azote. Les fientes de poulet peuvent être une ressource alimentaire pérenne puisqu'elle n'affectait pas la production laitière négativement et sont disponibles en très grande quantité.

Introduction

Awareness of environmental pollution has been growing extensively recently. Recycling of polluting materials is an ideal solution to the problems generated from such materials. Recycling turns waste materials into useful ones. This results in feed resources which if utilized efficiently could be sustainable. The annual amount of broiler litter (BL) resulting from broiler houses in Egypt is about 900 million tons in addition to almost equal amount from layer manure. If treated properly, BL could be a sustainable feed resource for ruminants (FAO, 1982). However, there is a unanimous agreement that BL can be used successfully as a nitrogen source in ruminant rations.

Efficient methodologies of recycling BL include dehydration (Attia-Ismail, 1992), and ensiling (EL Shaer *et al.*, 1994). Drying BL resulted in complete eradication of pathogenic bacteria (Fontenot *et al.*, 1971) and excellent acceptability of BL as a feed component. Controversial hazards resulting from feeding BL proved to be merely fears. No pathogens, if treated properly, (Fontenot *et al.*, 1971), or toxicity resulting from mineral content of BL (Westing *et al* 1985) were found in BL.

This study was conducted to study the effect of BL (as a sustainable feed ingredient resource) on milk yield and quality of lactating buffaloes.

Materials and methods

Nine lactating buffaloes were randomly selected just after parturition. Animals were then divided into three groups of three each. Three types of diets were formulated in order to arrange a 3X3 Latin

Table 1. Chemical composition and feed ingredients† of diets fed to lactating buffaloes.

Feed		CP	CF	EE	Ash
ingredient	Moisture	DM basis			
CFM*	11.54	11.48	16.85	1.74	10.91
Hay	11.08	12.31	18.05	1.10	14.18
Wheat flour	15.59	12.08	4.99	4.19	2.48
Broiler litter	12.18	24.06	13.66	1.12	26.94
Rations					
10% BL	9.75	18.25	16.31	2.44	10.78
20% BL	9.53	18.03	15.08	2.60	11.11
30% BL	9.53	18.03	13.83	3.44	11.82

**CFM composed of: 35% undecorticated cotton seed mreal, 33% wheat bran, 22% yellow corn, 4% rice bran, 3% molasses, 2% limestone and 1% salt*

†Vitamin-mineral premix consisted of: 26% Ca, 17% P, 5% K, 0.1% Cu, 0.75% Mn, 0.05% Co, 0.015% Se, 9% Nacl, 8% Mg, 7% S, 0.9% Fe, 0.92% Zn, 0.03% I, 6000 IU of vit. A, 6000 IU of vit. D3 and 250 IU of vit. E

Square design. The total experimental period was three months during which different levels of BL were offered according to the array of Latin square (Gill, 1978). Animal groups were, randomly, allotted to experimental rations. Animals were fed on an individual basis. Each experimental period was one month. Experimental periods were separated by 15 day-intervals. This was to let animals adapt to the new BL level and to avoid the carry-over effect. Broiler litter was spread over a roof and left to sun-dry to about 12% moisture. It was then collected in plastic and burlap bags and stored till time of feeding. Rations were formulated to be 40% roughage and 60% concentrates. The concentrate portion of the diet consisted of 17-20% disposable wheat flour and the rest was concentrate feed mix (CFM). Mineral premix as well as water was left free choice to animals. The ration was offered twice daily at 700 and 1500 hours. Nitrogen requirements (Shehata, 1972) were replaced by the different levels of BL (10%, 20%, and 30%). Chemical composition and feed ingredients are shown in Table 1. Milk yield was recorded daily. Milk samples were taken at bi-weekly intervals (twice a day at morning and evening milking) and once at biweekly intervals. Morning and evening samples were composited into one sample and then analyzed. Blood samples were withdrawn once at the end of each experimental period, centrifuged at 3000_{rpm} x15 minutes and frozen till analysis. Animals in this trial were subjected to a 3X3 Latin Square design and so were the data which was therefore analyzed accordingly (Gill, 1978).

Results and discussion

Treatment effects were statistically separated (Table 2) from those of animal group variations. This was to examine, separately, the consequences of feeding dehydrated BL. However, treatment levels of BL did not show any significant differences in dry matter intake ($h^{-1}.d^{-1}$, Kg) either as absolute values or on basis of metabolic body size (Table 2). Values were almost identical. The second buffalo group had higher DMI (13.18 Kg, $h^{-1}.d^{-1}$) than the other two groups which had similar values. Dry matter intakes on basis of metabolic body size ($BW^{0.75}$) were similar for the three animal groups.

Milk yield (Kg, $h^{-1}.d^{-1}$) as affected by treatment level (Table 2) followed the same pattern as DMI where there was no improvement in milk production of buffaloes as the BL level increased. Fat

Table 2. Performance of buffalo groups as fed different levels of BL.

	Treatment levels			Animal groups			
Criteria	10%	20%	30%	1	2	3	±SE
DMI ($h^{-1}.d^{-1}$), Kg	11.95^a	12.01^a	11.95^a	11.69^b	13.18^a	11.08^b	0.227
DMI/Kg $BW^{0.75}$ ($h^{-1}.d^{-1}$), g	106.6^a	106.9^a	106.9^a	107.6^a	105.3^a	106.9^a	0.311
Milk yield ($h^{-1}.d^{-1}$), Kg	5.30^a	5.60^a	5.30^a	3.60^b	6.10^a	6.40^a	0.400
Milk yield/$BW^{0.75}$ $h^{-1}.d^{-1}$), g	48.30^a	49.50^a	47.90^a	34.30^b	49.50^a	61.90^a	3.576
FCM ($h^{-1}.d^{-1}$), Kg	7.91^a	8.25^a	7.80^a	5.45^b	9.38^a	9.13^a	0.571
Feed efficiency (Kg DMI/Kg FCM)	1.54a	1.65^a	1.73^a	2.26^a	1.46^b	1.21^b	0.144
Persistency	93.90^b	95.00^a	90.20^b	86.30^b	93.80^a	93.30^a	1.246

a,b,c values of treatment levels or animal groups with different superscripts differ (P<0.05).

Table 3. Mean values of milk constituents (%) of animals fed different levels of BL.

Milk constituents	Treatment levels 10%	20%	30%	Animal groups 1	2	3	±SE
Fat, %	7.36^{a}	7.05^{b}	7.00^{b}	6.92^{b}	7.56^{a}	6.81^{b}	0.101
Protein, %	4.17^{a}	4.33^{a}	4.16^{a}	4.20^{a}	4.19^{a}	4.27^{a}	0.009
Ash, %	0.65^{a}	0.65^{a}	0.64^{a}	0.66^{a}	0.66^{a}	0.66^{a}	0.061
Total solids, %	17.28^{ab}	17.94^{a}	16.94^{a}	17.40^{b}	16.86^{a}	16.93^{ab}	0.190

a,b,c values of treatment levels or animal groups with different superscripts differ (P<0.05).

Table 4. Mean values of milk and serum minerals of lactating buffaloes as fed different levels of BL.

Mineral element	Treatment levels 10%	20%	30%	Animal groups 1	2	3	±SE
Ca, mg%	190.20	190.55	191.30	10.64	10.74	10.75	0.256
P, mg%	120.44	117.62	131.87	5.08	5.07	5.13	0.038
Mg, mg%	12.29	12.41	14.32	8.14	8.68	8.48	0.311
Fe, mg%	3.57	3.25	3.25	0.700	0.687	0.695	0.012
Cu, mg%	0.35	0.36	0.36	0.938	1.034	1.015	1.019
Zn, mg%	4.17	4.05	3.84	1.074	1.134	1.237	0.062

corrected milk (FCM) yield (Kg, $h^{-1}.d^{-1}$) was not affected by level of BL. The first animal group had significantly (P<0.05) lowest milk production and FCM yield. Feed efficiency (Kg DMI/Kg FCM) of this group was the lowest (P<0.0.5). It consumed 2.26 Kg DMI to produce one kilogram of FCM. The other groups consumed 55% and 87% less feed to produce the same amount of FCM. Persistency of first animal group was the lowest (P<0.05) as well. It seems that this group should have been culled out of the lactating herd as it presented no economic efficiency in milk production. Post-experimental examination of the records of this group showed that it was in late production season. However, there seemed to be an increment in milk production as the level of BL increased from 10% to 20%, yet not significantly.

Increasing BL levels did not affect the protein content of buffaloes' milk significantly. However, there were little variations among different levels with 20% BL level being higher than other levels. The effect of animal group variation on milk protein was a little lower than the effect of treatment levels. The 10% BL level had a positive significant effect on milk fat content. This might due to increased roughage intake at the expense of BL intake. However, further investigation in this respect is warranted. On the other hand, second animal group had the highest (P<0.05) milk fat content (7.56%). Values of different milk constituents are in agreement with those reported by Fouad (1992) when lactating buffaloes were fed BL.

Secretory cells of the udder are the well in which minerals from blood drain. Since BL has a high mineral contents (Westing *et al.*, 1985), fears emerged least this could affect mineral contents of milk and consequently, the amount of ash in milk. However, none of the treatment levels affected milk ash

(Table 3). This makes clear that BL (up to 30% of N requirements) does not influence milk ash. Examination of milk and serum mineral contents revealed no abusive concentration of heavy metals (Table 4). Westing *et al.*, (1985) found no signs of toxicity or inferiority of the performance of heifers fed 30% of dry matter BL.

Analysis of mineral contents of BL (data not shown) revealed high levels of Ca and P. These high levels of Ca, and P in BL might be taken into consideration when formulating diets (Huber *et al.*, 1983) in order to avoid mineral imbalance. The high Ca and P contents of BL would contribute to its nutritive value (Bhattacharya and Fontenot, 1966). Much of the copper and arsenic contents of BL is unavailable for ruminants (Lowman and Knight, 1970). Therefore, no abnormal value of any examined mineral was detected in buffaloes' serum.

Conclusion

It is concluded that huge amounts of BL can be recycled to be a ruminant feed ingredient. The availability and continuous production of this material is a solid criterion for a sustainable and cheap feed resource for ruminants. No adverse effects appeared when including BL in diets for ruminants.

References

Attia-Ismail, S.A. 1992. Comparative study on the effect of poultry waste on the performance of lactating buffaloes and goats. Ph.D. Thesis, Ain-Shams Univ., Cairo, Egypt.

Bhattacharya, A.N. and Fontenot, J.P. 1966. Protein and energy value of protein hull and wood shaving poultry litter. J. Anim. Sci., 15: 367.

El-Shaer, H,M,; Attia-Ismail, S.A. and Kandil, H.M. 1994. Processing and feeding value of poultry manure as a feed ingredient for sheep. Egyptian Journal of Animal Production 31: 121-133.

FAO 1982. Feed from animal waste: Feeding manual. FAO Animal Production and Health paper No. 28, FAO, UN, Rome.

Fontenot, J. P. ;Webb Jr, E; Harman, B. W. ;Tucker, R. E and Moore, W.E.C. 1971. Studies on processing, nutritional value and palatability of broiler litter for ruminants. Proc. International System on livestock wastes. A.S.A.E. Publ. Proc. 27: 301-304.

Fouad, A.F. 1992. The effect of the inclusion of poultry waste in the rations for lactating farm animals on their milk yield and composition. Ph.D. Thesis, Ain-Shams Univ., Cairo, Egypt.

Gill, J.L. 1978. Design and Analysis of experiments in the Animal and Medical Sciences. The Iowa State Univ. Press, Ames.

Huber, J.T.; Hargreaus, A.; Johnson, C.O.L.E. and Shanan, A. 1983. Upgrading residues and by-products for ruminants. Wood and Agric. Residues, pp. 203.

Lowman, B.G. and Knight, D.W. 1970. A note the apparent digestibility of energy and protein in dried poultry excreta. Anim. Prod., 12: 525.

Shehata, O. 1972. Lectures in animal nutrition. Ain-Shams Univ., Cairo, Egypt.

Westing, T.W.; Fontenot, J. P.; Mclure, W.H.; Kelly, R.P. and Webb Jr., K.E. 1985. Characterization of mineral element profiles in animal waste and tissues from cattle fed animal waste. I. Heifers fed broiler. J. Animal Sci. 61(3): 670.

Relation entre la prolificite et la production laitiere dans la race ovine Churra

M. Kaabi[1], J.C. Boixo[3], M. Alvarez[1], L.F. de la Fuente[2], E. Anel[1] & L. Anel[1]

[1]Dépt. Reproduction Animale, Faculté Vétérinaire, Université de Leon 24071, Espagne
[2]Dépt. Production Animale I, Faculté Vétérinaire, Université de Leon 24071, Espagne
[3]Centre National de Sélection et Reproduction Animales (Junta Castilla y Leon), Espagne

Résumé

La rentabilité des élevages ovins dépend fondamentalement des paramètres reproductifs. Le revenu de ces élevages se base sur la vente de lait et d'agneaux. L'augmentation de la prolificité permet d'augmenter la rentabilité puisqu'on obtient plus d'agneaux. L'objectif de ce présent travail est l'étude de l'effet du nombre d'agneaux nés/mise-bas sur le niveau de production laitière de la brebis Churra, race espagnole d'aptitude laitière, dont les agneaux sont destinés pour la production d'agneau de lait (9 à 11 kg de PV) suite à un sevrage précoce entre 20 et 30 jours d'âge. Ainsi, 64.488 lactations standardisées à 120 jours, de 125 troupeaux de la région de "Castilla y Leon" (Nord de l'Espagne), ont été analysées dans un modèle linéaire (GLM, SASÔ) pour les facteurs troupeau, année, saison et prolificité. La production laitière moyenne a été de 118 kg/lactation de 120 jours avec une prolificité de 137%. Pour l'étude de la prolificité, les productions laitières de différentes classes (1, 2, 3, 4 ou plus agneaux par agnelage) ont été comparées moyennant la technique des moindres carrées (LSMEANS). Les résultats montrent que le niveau de production augmente significativement (p<0,05) avec le nombre d'agneaux par mise-bas, exception faite pour la classe de 4 agneaux ou plus, qui a un nombre d'observations très réduit; (n=44). L'augmentation de la production laitière des brebis des doubles et triples par rapport à la production moyenne de celles ayant des simples (109,78 kg), a été de 10,64 et 13,50% respectivement.

Mots clé: brebis, ovin laitier, production laitière, prolificité, agneau de lait.

Summary

Productivity of sheep flocks is markedly influenced by reproductive traits. The objective of this study was to evaluate the effect of number of lambs born/lambing on the milk production of the Churra breed. A total of 64 488 lactations from 125 flocks in the Castilla region were studied. Lactation records were standardized to 120 days. Average milk yield was 118 kg with a prolificacy rate of 137%. Milk yield increased with the number of lambs. Milk production of ewes with double and triplets was greater by 10.64% and 13.5% respectively than milk produced by ewes with single lambs (109.78 kg).

Key words: churra, ewe, milk, lamb, prolificacy.

Introduction

Dans les exploitations ovines, la fertilité et la prolificité se considèrent comme deux paramètres qui ont un poids important sur la rentabilité de ce secteur. En effet, l'amélioration de ces indices reproductifs se traduit par une augmentation de la marge brute puisque l'augmentation du produit brut, dans ce cas, ne suppose pas un accroissement proportionnel dans les charges d'alimentation (Manrique *et al.,* 1996). Ces considérations technico-économiques sont plus importantes quand il s'agit de races de double aptitude comme le cas pour la brebis de race "Churra". En réalité la race Churra est une race laitière dont les agneaux sont sevrés précocement (à un âge compris entre 20 et 30 jours) pour la production de l'agneau de lait (ayant entre 9 et 11 kg de poids vif), mais en tenant compte de la valeur de sa production, on peut considérer cette race comme une race mixte (Olmedo, 1992).

Chez les ruminants, un des facteurs impliqués dans la préparation de la glande mammaire, est l'hormone placentaire lactogène (HPL) qui a des propriétés similaires à la prolactine (Prl) et qui permet la prolifération lobulo-alvéolaire durant la gestation (Cowie et Buttlee, 1987). Dans le contexte d'étudier la relation entre la gestation et la production du lait chez les ovins, on a réalisé le présent travail pour déterminer l'influence du nombre d'agneaux par gestation sur la quantité de lait produite durant la lactation concernée.

Matériel et méthodes

Sur 64.488 lactations standards (normalisées à 120 jours: méthode AT) de brebis de race Churra, de 125 élevages situés dans la région de "Castilla y Leon" (Espagne), on a fait une analyse de variance de la production laitière en fonction des facteurs suivants: Troupeau (n=125), année (4 ans; 1996, 1997, 1998 et 1999), saison et y nombre d'agneaux nés. Pour ce dernier, 4 classes de prolificité ont été faites (1, 2, 3 et 4 ou plus agneaux/mise-bas).

L'étude statistique a été réalisée en utilisant le programme SAS et la procédure GLM

pour l'analyse de la variance et le calcule des moyennes de moindres carrées (LSMEAN). En parallèle, on a déterminé le coefficient de corrélation phénotypique (Coefficient de Pearson) entre la production laitière et la prolificité en considérant cette fois la prolificité comme une variable continue comme le cas d'autres travaux (Jurado y Espinosa, 1996; Valdemoros *et al.,* 1999).

Résultats et discussion

La production laitière moyenne a été de 118,66 kg/ lactation de 120 jours. Les facteurs de variation considérés dans l'analyse de la variance (troupeau, année, saison et prolificité) ont eu des effets significatifs sur la variation de la production laitière de la race Churra et expliquent en totalité 32,80% de la variabilité totale. La prolificité moyenne a été de 137 %, valeur qui coincide avec celle trouvée sur toute la base de données de sélection et amélioration génétique de cette race (de la Fuente, 2000). L'analyse de l'effet de la prolificité sur la production du lait montre que la production laitière augmente significativement ($p<0,001$) quand le nombre d'agneaux nés passe de 1 à 2 et de 1 à 3 (Tableau 1). Ainsi, les lactations des brebis qui ont eu des agnelages double et triple ont, respectivement, une moyenne de production supérieure de 10,64 % el et 13,50% que celle des brebis avec agnelage simple. La production moyenne de la 4ème classe de prolificité ne montre pas aucune différence significative avec les autres classes, ceci peut être expliqué par le faible nombre d'observations de la 4ème classe de prolificité (n=44).

Tableau 1. Variation de la production laitière 120 jours en fonction du nombre d'agneaux nés chez la race ovine churra (moyenne ± E.S).

Agneaux/mise bas	kg de lait (lactation 120 j)	n (%)
1	$109,78 \pm 0,79^{a}$	41.469 (64,3)
2	$121,46 \pm 0,81^{b}$	22.258 (34,5)
3	$124,60 \pm 1,58^{c}$	717 (1,1)
4 ou plus	$119,28 \pm 5,62^{abc}$	44 (0,1)

Superindices différents dans la même colonne indiquent les différences significatives (p<0,05).

Le coefficient de corrélation entre la production laitière et la prolificité est de 0,17 avec une haute signification (p<0,001). Cette corrélation positive coincide avec celle avancée par Kominakis *et al.* (1998) qui ont trouvé une valeur de 0,19. Bien que le degré de relation est très variable, pour les différences raciales et des systèmes de production d'un pays à un autre, la relation positive entre la prolificité et la production laitière a été observée chez d'autres races ovines (Manchega: Molina et Gallego, 1992); Boutsico: Kominakis *et al.*, 1998; Serrai: Ploumi et Emmanouilidis, 1999; Chios: Ligda *et al.*, 1999) où la production laitière a augmenté significativement quand le nombre d'agneaux nés est supérieur à un.

La supériorité de production laitière observée chez les brebis avec agnelages doubles et triples s'explique en grande partie par l'effet qu'exerce le placenta sur le développement et la croissance de la glande mammaire durant la période de gestation (Cowie et Buttle, 1987; Aceves *et al.*, 1998; Ploumi et Emmanouilidis, 1999). En effet, les extraits placentaires lactogènes (HPL) ont des propriétés similaires à la prolactine (Prl, hormone hypophysaire), et agissent durant la gestation sur la prolifération lobulo-aleolaire de la glande mammaire (Cowie et Buttlee, 1987). Etant donné que les sécrétions placentaires sont fonction du nombre de foetus (Jenkinson *et al.*, 1995) et que l'activité métabolique de synthèse de lait est en relation avec la taille de la portée et le type d'allaitement (simple ou double) (Rhind *et al.*, 1991), la production de lait sera, physiologiquement, en fonction de la prolificité.

Conclusion

Du point de vue pratique l'augmentation de la prolificité et de la production laitière en même temps provoque un épuisement des femelles qui peut altérer négativement leur vie productive et que dans quelques cas la relation entre la prolificité et la production laitière pourrait être négative surtout quand il s'agit des exploitations qui ont de mauvais systèmes de conduite surtout alimentaire.

Références bibliographiques

Aceves L., Buntinex D., Aguirre G., Paniagua V., Rosiles M., Lopez A., Dios S., Garcia M., Vazquez J. et Martinez R. (1998). Efecto de la raza y el tipo de parto en la concentracion de cobre y cinc en sangre, leche y lana de ovejas en confinamiento bajo restriccion alimenticia. Veterinaria Mexico, 29:4; 313-321.

Cowie A.T. et Buttle H.L. (1987). Lactacion: Capitulo 14 en Reproduccion e inseminacion artificial en animales. 270-288. Nueva Editorial interamericana, S. A- Mexique.

De La Fuente F. (2000). Dépt. Production Animale I, Faculté Vétérinaire, Université de Leon. Communication Personnelle.

Jenkinson C., Peterson S., Mcdonald M. et Mccutcheon S. (1995). Seasonal effects on birth weight in sheep are associated with changes in placental development. New Zealand Journal of Agricultural Research. 38:3, 337-345.

Jurado J.J. et Espinosa M.J. (1996). Problem?tica del desarrollo de un programa de mejora genética en prolificidad en la raza Aragonesa. ITEA (IAMZ, Espagne), Vol. 92 A, n. 3, 44-56.

Kominakis A., Rogdakis E. et Koutsotolis K. (1998). Genetic parameters for milk yield and litter size in Boutsico dairy sheep. Canadien Journal of Animal Science. 78:4; 525-532.

Ligda C., Gabrielidis G., Papadopoulos T., Georgoudis A., Barillet F. et Zervas N.P. (1999). Estimation of the lactation curve of Chios ewes using a non linear model. Proceedings of the Sixth international Symposium on the milking o small ruminants, Athenas, Greece. EAAP publication n. 95; 447-449.

Manrique E., Olaizola A., Bernues A., Revilla R. et Zervas NP. (1996). Economic diversity of mountain sheep farms and complementarity strategies in land use. The optimal explotation of marginal medterranean areas by extensive ruminant production systems. Proceedings of international symposium organized by HSAP and EAAP. 61-66, Thessaloniki, Greece.

Molina A. et Gallego L. (1992). Efecto del peso vivo y de la condicion corporal sobre la produccion y composicion de la leche de ovejas de raza Manchega. XVI Jornadas Cientificas de la SEOC, Pamplona; Espagne. 191-199.

Olmedo J.A. (1992). Sistema de explotacion de la raza Churra. Ovis, 18: 53.

Ploumi K. et Emmanouilidis P. (1999). Lamb and milk production traits of Serrai sheep in Greece. Small Ruminant Research; Vol. 33:3; 289-292.

Rhind S., Bass J., Doney J. et Hunter E. (1991). Effect of litter size on milk production, blood metabolite profiles and endocrine status of ewes lambing in January and April. Animal Production, 53:1, 71-80.

Valdemoros F., Fantova E, Ciudad M.A., Jurado J.J. et Cea R. (1999). Influencia del valor genético y del efecto rebaio en la prolificidad de las ovejas raza Aragonesa incluidas en el programa de mejora genética de la UPRA-Carne. XXIV Jornadas Cientificas y Internacionales de la SEOC, 205-209; Soria, Espagne.

The influences on somatic cell count in goat milk in Slovenia

A. Komprej & D. Kompan

University of Ljubljana, Biotechnical Faculty, Department of Animal Science, Groblje 3, SI-1230 Domzale, Slovenia

Summary

Milk recording in Slovenia is performed according to the ICAR method A4. Daily milk production in Saanen and Alpine goats was measured once a month using the following parameters: milk yield, somatic cell count (SCC), percentage of fat, protein and lactose. 3030 observations between March 1998 and November 1999 were obtained from 12 goat flocks participating in the national goat breeding program in Slovenia. The somatic cell count data were transformed to their logarithmic form (LSCC) to obtain the normal distribution. A mixed statistical model was used to test various effects on LSCC. Parity, stage of lactation and daily milk yield were independent variables. Year was included as a fixed effect, flock and animal (additive genetic effect) were treated randomly. The average daily milk yield was 1.94 kg. The average contents of milk fat, protein and lactose were 3.26%, 2.97% and 4.07%, respectively. Goat milk samples contained high LSCC and exceeded 6.00 ($1x10^6$ SCC ml^{-1}) in 37%. The average LSCC was 5.85. LSCC was statistically affected by parity, stage of lactation and daily milk yield ($P<0.01$). Furthermore, the effects of flock ($P<0.05$) and animal ($P<0.001$) on LSCC were statistically significant.

Keywords: goats, milk, somatic cell count

Résumé

Les performances laitières en Slovénie sont enregistrées selon la méthode A4 de l'ICAR. La production laitière journalière des chèvres Saanen et alpine ainsi que le rendement en lait, le nombre de cellules somatiques (SCC) le pourcentage de graisse, de protéines et de lactose sont mesurés une fois par mois. 3030 observations entre mars 1998 et novembre 1999 sont réalisées sur douze troupeaux de chèvres participant à un programme national d'élevage caprin en Slovénie. Le nombre de cellules somatiques est présenté sous forme logarithmique (LSCC) pour avoir une distribution normale. Un modèle statistique est utilisé pour teste les divers effets sur le LSCC. Le rang de portée, le stade de lactation et la production laitière journalière sont des variables indépendantes. L'année était considérée comme un facteur fixe. Le troupeau et l'animal (sélection) étaient traités au hasard. La production laitière journalière moyenne était de 1.94 kg. Les teneurs moyennes du lait en graisse, protéines et lactose étaient 3.26 %, 2.97 % et 4.07 % respectivement. Les échantillons de lait de chèvre avaient un LSCC élevé et 37 % excédait 6.00 ($1x10^6$ SCC ml^{-1}). La moyenne était 5.85 LSCC. Le LSCC était statistiquement dépendant du rang de lactation, du stade de lactation et du rendement journalier ($P< 0.01$). En outre le troupeau ($P < 0.05$) l'animal ($P < 0.001$) étaient statistiquement significatifs sur le LSCC.

Mots clés: chèvres, lait, nombre de cellules somatiques.

Introduction

Somatic cell count (SCC) has been accepted as the most indicative index of inflammation of the bovine mammary gland and is used both to evaluate the quality of milk and to predict udder infection (Poutrel and Rainard, 1982, cited by Poutrel and Lerondelle, 1983). In goat milk the SCC values were found to be higher than in cow milk even from healthy milk gland (Jelinek *et al.*, 1993). Different authors obtained different SCC in dairy goat milk (0.36×10^6 ml^{-1} - 0.88×10^6 ml^{-1} by Poutrel and Lerondelle, 1983, 0.80×10^6 ml^{-1} – 3.30×10^6 ml^{-1} by Sung *et al.*, 1999, 1.20×10^6 ml^{-1} by Zeng and Escobar, 1995 and 1.92×10^6 ml^{-1} by Rota *et al.*, 1993). Due to higher values, the SCC in goat milk cannot be referred to as a diagnostic method for the health of the udder, nor it can be used as a criterion to ascertain the milk quality (Calderini *et al.*, 1993). Dulin *et al.* (1982) reported about numerous factors such as flock, breed, age, stage of lactation, oestrus, milk production, management condition, and intramammary infections (IMI) which affect SCC in goat milk.

The aim of the study was to identify the main factors influencing variation of some variables; year, parity, stage of lactation, daily milk yield, flock and animals (additive genetic effect) on SCC in goat milk in Slovenia during milking period.

Material and methods

Data used in the study were obtained from the central database of the national goat breeding program in Slovenia (Drobnic and Kompan, 1995). Test day records of milk yield and milk components were collected and evaluated by the ICAR method A4. SCC (in 1000 cells ml^{-1}) was determined by Bentley somacount 150 cell counter. The maximum detected value for SCC was 9.99×10^6 ml^{-1} because of limitations of the cell counter. Data were collected between March 1998 and November 1999 from 12 goat flocks. 3030 observations from 411 milking does were used. To obtain the normal distribution, SCC data was transformed to its logarithmic form similarly as was done by Emanuelson *et al.*, 1988. This trait was abbreviated as LSCC.

Data were analysed with the statistical package SAS/STAT using MIXED procedure (Littell *et al.*, 1996). General means, standard deviations (sd) and number of observations were computed for all parameters. The following model was used to test some various effects on LSCC. Parity (x_{ijk}), stage of lactation (z_{ijk}) in days and daily milk yield (w_{ijk}) in grams have been included as independent variables. Furthermore, year of recording (S_i) has been included as a fixed effect. Flock (f_j) and additive genetic effect of animal (a_k) were considered random. As all the data were obtained on the basis of seasonal kiddings, lactations coincide with the season. Therefore any seasonal effect is shown as the effect of stage of lactation.

$$y_{ijkl} = \mu + S_i + b_I x_{ijkl} + b_{II}(z_{ijkl} - \bar{z}) + b_{II}(z_{ijkl} - \bar{z})^2 + b_{III}(w_{ijkl} - \bar{w}) + f_j + a_k + e_{ijkl}$$

Dependent variable, animals and residuals were assumed to be normally and independently distributed with mean zero and variances σ_a^2 and σ_e^2.

Results and discussion

Overall means for daily milk production, SCC and LSCC are summarized in Table 1. The mean for LSCC was 5.85. LSCC for an individual record ranged from 3.48 to 7.00, and the standard deviation was 0.57. LSCC exceeded 6.00 (i.e. 1.000.000 SCC) in 37% of analysed records. Compared to other studies, the obtained average LSCC was slightly lower (6.09 by Zeng and Escobar, 1995, and 5.9 by Sung *et al.*, 1999) but the variability was generally higher than Zeng and Escobar (1995) obtained. As some authors (Hinckley (1990), Sung *et al.* (1999)) concluded, milk of individual does, infected or non-infected, often contained LSCC more than 6.00.

Statistical analysis showed significant effects of the variation factors on LSCC, except for the year of recording ($P>0.05$) (Table 2). LSCC slightly linearly tended to increase with parity. LSCC in goat milk increased from 5.66 in parity one to 5.96 in parity seven. Results are in accordance with the study by Rota *et al.* (1993). Analysis of variance showed that LSCC was statistically significantly affected by parity ($P<0.01$). Furthermore, stage of lactation significantly affected LSCC ($P<0.05$). LSCC was more frequently higher particularly in late stages of lactation. Aquadratic regression of lactation day on LSCC showed that LSCC increased from 5.49 at the beginning of lactation to 6.33 at the end of lactation. Similar results were obtained by Rota *et al.* (1993). As Zeng and Escobar (1995) reported, high SCC in goat milk appeared to be natural, particularly in late stages of lactation. Daily milk yield effect was significant ($P<0.01$) for LSCC (Table 2).

The effect of flock on LSCC was statistically significant ($P<0.05$). Similar findings were reported for sheep by Gonzalo *et al.*, 1994. Also, the animal effect was statistically significant ($P<0.01$).

Conclusion

In conclusion, the results obtained in the study are generally in accordance with findings reported in the literature. Although the variability of the somatic cell count in the goat milk was extremely high, it clearly increased with parity and stage of lactation. The somatic cell count also increased when daily

Table 1. Mean values and standard deviations for daily milk production, SCC and LSCC.

Trait	N	Overall mean	S.D.
Milk yield, kg/day	3030	1.94	0.97
SCC x 10^6 ml^{-1}	3030	1.63	2.37
LSCC	3030	5.85	0.57
Fat, %	3025	3.26	0.89
Proteins, %	3025	2.97	0.62
Lactose, %	3022	4.07	0.38

Table 2. Analysis of variance of the effects on LSCC from mixed model with method REML.

Source of variation	LSCC	
	F	P
Year	2.50	0.1140
Parity	31.45	<0,0001
Milk yield	121.42	<0,0001
Stage of lactation	6.62	0.0101
Stage of lactation^2	11.62	0.0007

Table 3. Estimates for covariance parameters from mixed model with method REML.

	Estimate ± Std Error	P
Flock	0.01458 ± 0.008648	0.0459
Animal	0.09210 ± 0.008824	<0.0001
Residual	0.1969 ± 0.005437	<0.0001

milk yield was low. The variability of LSCC was detected between flocks and likewise between animals.

Acknowledgements

The author of this paper (A. Komprej) acknowledge the statistical assistance of Mr. Sci. Klemen Potocnik. The encouragement in the preparation of the paper of Mr. Sci. Marjana Drobnic is appreciated. The author wishes to thank also Dr. Silvester Zgur for the consultation.

References

Aleandri, M., Fagiolo, P., Calderini, P., Colafrancesco, R., Giangolini, G., Rosati, R. & De Michelis, F., 1993. Studies conducted on somatic cells count of goat milk. In: Somatic cells and milk of small ruminants. Proceedings of an International Symposium, Bella, Italy, 25-27 September 1993, R. Rubino (Editor). EAAP Publication No. 77. Wageningen Pers, Wageningen, The Netherlands, 65-70.

Calderini, P., Colafrancesco, R., Fagiolo, A., Reitano, M.E. & De Michelis, F., 1993. Somatic cell counts in milk from mastitis-free goats intensively reared and controlled until the sixth lactation. In: Somatic cell and milk of small ruminants. Proceedings of an International Symposium, Bella, Italy, 25-27 September 1993, R. Rubino (Editor). EAAP Publication No. 77. Wageningen Pers, Wageningen, The Netherlands, 177-180.

Drobnic, M. & Kompan, D. 1995. An information system for small ruminants. In: 45th Annual Meeting of the European Association for Animal Production, Edinburgh, 5-8 September 1994. University of Edinburgh, Venue, 270pp.

Dulin, A. M., Paape, M. J. & Wergin, W. P., 1982. Differentiation and enumeration of somatic cells in goat milk. J. Food Prot. 45: 435-439.

Emanuelson, U., Danell, B., & Philipsson, J., 1988. Genetic parameters for clinical mastitis, somatic cell counts, and milk production estimated by multiple-trait restricted maximum likelihood. J. Dairy Sci. 71: 467-476.

Gonzalo, C., Carriedo, J. A., Baro, J. A.& San Primitivo, F., 1994. Factors Influencing Variation of test Day Milk Yield, Somatic Cell Count, Fat and Protein in Dairy Sheep. J. Dairy Sci. 77: 1537-1542.

Hinckley, L. S., 1990. Revision of the Somatic Cell Count Standard for Goat Milk. Dairy Food Environ. Sanit. 9: 548-549.

Jelinek, P., Gajdusek, A. & Hampl, A., 1993. Correlations between the somatic cell count and the composition of goat milk. In: Somatic cell and milk of small ruminants. Proceedings of an International Symposium, Bella, Italy, 25-27 September 1993, R. Rubino (Editor). EAAP Publication No. 77. Wageningen Pers, Wageningen, The Netherlands, 291-293.

Littell, R. C., Milliken, G. A., Stroup, W. W. & Wolfinger, R. D., 1996. SAS System for Mixed Models. SAS Institute Inc., SAS Campus Drive, Cary, North Carolina, 633 pp.

Poutrel, B. & Lerondell, C., 1983. Cell content of goat milk: California Mastitis test, Coulter Counter, and Fossomatic for Predicting half infection. J. Dairy Sci. 66: 2575-2579.

Rota, A. M., Gonzalo, C., Rodriguez, P. L., Rojas, A. I., Martin, L. & Tovar, J.J., 1993. Effects of stage of lactation and parity on somatic cell counts in milk of Verata goats and algebraic models of their lactation curves. Small Rumin. Res. 12(2): 211-219.

Sung, Y.Y., Wu, T. I. & Wang, P. H., 1999. Evaluation of milk quality of Alpine, Nubian, Saanen and Toggenburg breeds in Taiwan. Small Rumin. Res. 33(1): 17-23.

Zeng, S.S. & Escobar, E.N., 1995. Effect of parity and milk production on somatic cell count, standard plate count and composition of goat milk. Small Rumin. Res. 17(3): 269-274.

Contribution à l'etude de la matière grasse du lait de dromadaire

N. Kherouatou[1], *M. Hammami*[2] *& H. Attia*[1]

[1]*Ecole Nationale d'Ingénieurs de Sfax, BP W. 3038 Sfax, Tunisie*
[2]*Faculté de médecine de Monastir, BP W. 5000 Monastir, Tunisie*

Résumé

Des caractéristiques structurales et physico-chimiques de la matière grasse du lait de dromadaire ont été étudiées selon des approches différentes. Comparée à la matière grasse du lait de vache, diverses spécificités ont été révélées. Ainsi, sur le plan biochimique, sa composition en acides gras a surtout montré une pauvreté en acides gras à courtes chaînes et une teneur plus importante en acides gras insaturés et en C18 :0. L'étude microscopique a visualisé une phase discontinue constituée de globules de taille relativement plus faible mais présentant un film membranaire relativement plus épais. Lors des opérations de crémage, l'intégrité de ces globules paraît mieux se préserver que celle des globules du lait bovin. L'étude rhéologique a permis de suivre, les transformations macroscopiques au cours d'une déformation mécanique et a montré que la matière grasse du lait camelin présente une viscosité apparente relativement élevée. Ces diverses caractéristiques ont été corrélées aux résultats obtenus par le biais de la microscopie et de la chromatographie.

Mots clés: lait de dromadaire, matière grasse, microstructure, rhéologie.

Summary

The structure and physical-chemical characteristics of fat in the milk of dromedaries have been studied by many different approaches. Compared to the fat of cows' milk, many specific points of difference have been shown. Thus, in biochemical terms, the short chain fatty acid levels have been found lacking, in unsaturated acids and in C18:0. Microscopic study shows a discontinuous phase made of relatively weak globules in a film. In cream-making, the structure of these globules seems to be preserved better than the globules in cows' milk. Rheological studies have shown the mechanical breakdown and reveal that camels' milk has an apparently higher viscosity. These various traits have been correlated with the results obtained by microscopy and chromatography.

Key words: dromedary milk, fat content, microstructure, rheology.

Introduction

Certains auteurs ont rapporté l'impossibilité de la transformation de la composante lipidique du lait camelin en beurre (Dickson, 1951). D'autres ont révélé la feasabilité de l'opération d'inversion de phase de cette émulsion (Knœss *et al.*, 1986), la lenteur du crémage spontané (Farah & Rüegg, 1991) et la difficulté de l'écrémage centrifuge (Farah *et al.*,1989).

Pour essayer d'acquérir des informations sur cette matière grasse, nous avons essayé de chercher des liens entre sa microstructure, sa composition et certaines de ses propriétés physiques. L'ensemble des résultats a été présenté comparativement avec la matière grasse du lait de vache pour essayer de dégager certaines spécificités de cette composante du lait de dromadaire.

Matériels et méthodes

Matières grasses (M.G.) étudiées

Origine des laits

Le lait de dromadaire provient de la traite d'un troupeau de 18 chamelles (*Camelus dromedarius*) de race Maghrabi appartenant à l'Institut des Régions Arides (Médenine, Tunisie). Le lait de vache (race Holstein) est un lait de grand mélange prélevé chez un producteur.

Écrémage du lait

Il est réalisé par centrifugation à 10°C et à 3000 *g*. Les teneurs en M.G. des laits et des crèmes sont déterminées par la méthode acido-butyrométrique (Afnor, 1993).

Extraction de la matière grasse

La crème est, tout d'abord, traitée à l'acide chlorhydrique à 25 % (poids/poids) de concentration finale puis la M.G. est extraite à l'éther de pétrole, en continu, avec le système Soxhlet

Étude chromatographique

La composition en acides gras (A.G.) des graisses extraites a été effectuée par chromatographie en phase gazeuse (CPG) de leurs esters méthyliques. L'analyse est réalisée à l'aide d'un chromatographe H.P. 5890 série II (Hewlett Packard Company, Amsterdam, Hollande). La colonne utilisée est de type capillaire polaire (HP Innowax cross linked P.E.G.type Carbowax 20 M).

Étude microscopique

Microscopie à contraste de phase

Les échantillons de crème, étalés entre lame et lamelle, sont observés sur un microscope à contraste de phase, Olympus BX 50 (Olympus Optical Co., Tokyo, Japon).

Microscopie électronique

Les échantillons sont préparés selon la méthode décrite par Attia *et al.* (1993), et les observations sont effectuées sur un microscope électronique à balayage, Philips XL30 (Philips, Limeil-Brevannes, France). La distribution de la taille des globules gras (G.G.) et de celle de l'épaisseur de leur membrane a été déterminée grâce à des mesures directes sur 500 particules.

Étude rhéologique

Des propriétés rhéologiques de la M.G. ont été suivies sur un rhéomètre informatisé StressTech Reologica (Reologica Instruments, Lund, Suède).

Résultats et discussion

Microstructure comparative

Aspect des globules gras (G.G.)

Les empruntes de cette phase discontinue parait sous forme de vacuoles résiduelles de différents diamètres et enveloppées par une membrane de protection. La distribution du diamètre des G.G. et de celle de l'épaisseur relative de leurs membranes sont données, respectivement, sur les Figures 1a et 1b. Comparé au lait de vache, le lait de dromadaire est beaucoup plus riche en globules de faible diamètre et présente un rapport : épaisseur membranaire/diamètre globulaire, beaucoup plus élevé.

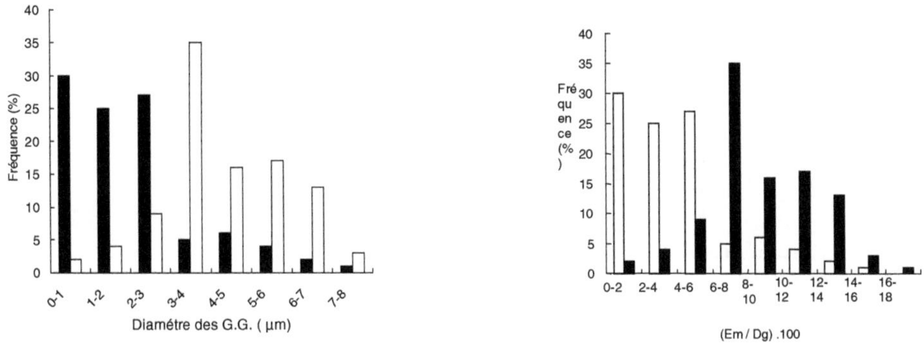

Figure 1. Distribution de la taille des globules gras (a) et de l'épaisseur relative des membranes globulaires (b) du lait de dromadaire (■) et de vache (□). Em: épaisseur membranaire. Dg: diamètre total du globule.

Ces caractéristiques impliquent un intérêt métabolique évident puisque, plus la particule grasse est fine, plus efficace sera son hydrolyse par les enzymes du tractus intestinal et plus l' épaisseur membranaire est relativement importante plus la stabilité de l'émulsion cameline serait meilleure. D'ailleurs, c'est la richesse présumée en cet «agent tensioactif» associée au faible diamètre des gouttelettes qui expliqueraient en partie la difficulté de l'écrémage du lait camelin.

Aspect des crèmes

Après une séparation spontané les crèmes camelines et bovines ont présenté des structures différentes. En effet, les globules de lait de dromadaire restent individualisés alors que ceux du lait bovin présentent une structure en grappes. Les membranes globulaires des gouttelettes lipidiques camelines présenteraient donc, malgré leur nature lipidique, une hydrophilie très marquée leurs permettant de contracter des sortes de ponts entre la phase aqueuse du lait et sa phase grasse.

Composition comparative en A.G. et propriétés rhéologiques.

La Figure 2 donne la teneur en principaux A.G. identifiés dans les chromatogrammes des deux types de M.G. Celles-ci présentent des rapports caractéristiques différents. Ainsi, le lait de dromadaire est relativement pauvre en A.G. de courtes chaînes (C4 - C12). Il contient, par contre, relativement, plus d'A.G. insaturés ce qui revêt un grand intérêt nutritionnel. Les A.G. majoritaires sont les mêmes pour les deux types de lait. Il s'agit du C18:1, dont la proportion est pratiquement la même dans les deux types de lait, et du C16 : 0 qui est moins représenté dans le lait de dromadaire et caractérisé par une digestibilité faible. Ce dernier est également caractérisé par une teneur relativement élevée en C18 : 0 dont l'effet bénéfique sur la réduction du cholestérol plasmatique est désormais établi (Jensen *et al.*, 1991). Les analyses chromatographiques (*Figure 2*) ont montré qu'on a affaire à deux M.G. différentes. Ce résultat est attendu puisque cette composante du lait est dépendante de nombreux

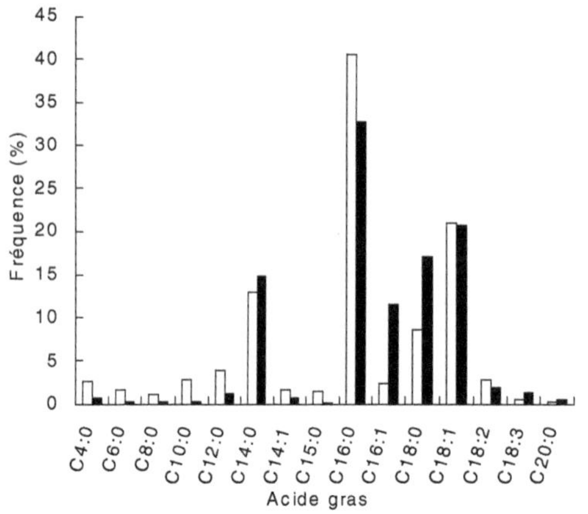

Figure 2. Composition en acides gras du lait frais de dromadaire (■) et de vache (□).

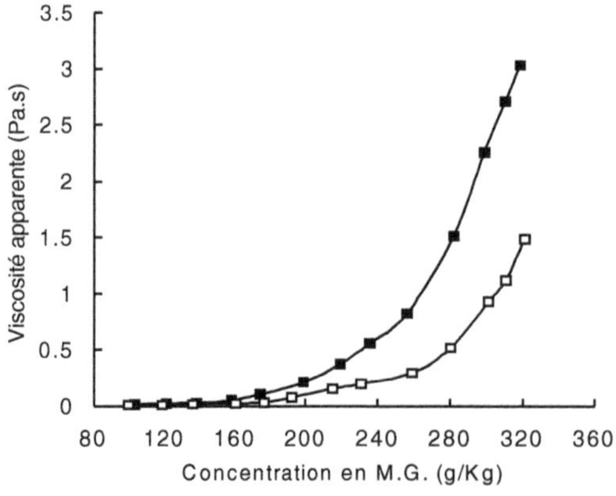

Figure 3. Evolution, à 10 °C et à 100 s^{-1}, de la viscosité apparente de la crème du lait frais de dromadaire (■) et de vache (□) en fonction de la teneur en matières grasses (M.G.).

facteurs dont notamment les voies de synthèse des A.G. (Jenkins, 1993) et l'alimentation (Collomb *et al.,* 1999) de l'espèce laitière.

Le suivi de l'évolution de la viscosité apparente du lait en fonction de la teneur en M.G., montre que, à taux butyreux identique, la crème du lait de dromadaire est plus visqueuse que celle du lait de vache (Figure 3). L'écart devient très prononcé vers les hautes concentrations confirmant le fait que la rhéologie des émulsions concentrées est sensible à la taille des gouttelettes et aux propriétés des films qui les entourent (Dickinson, 1996). Ainsi, de nombreux facteurs contribuent à cette forte viscosité de la crème cameline: un diamètre de collision effectif relativement plus élevé, une fraction volumique globale relativement plus marquée et, éventuellement, une richesse relativement plus importante phospholipides, connus par leur consistance.

Références

Afnor, 1993. Contrôle de la qualité des produits alimentaires. Lait et produits laitiers, Afnor, Paris, France.

Attia, H., M. Bennasar, A. Lagaude, B. Hugudot, J. Rouviére & Tarodo De La Fuente B, 1993. Ultrafiltration with a microfiltration membrane of acid skimmed and fat-enriched milk coagula: hydrodynamic, microscopic and rheological approaches. J. Dairy Res., 60: 161-174.

Collomb, M., U. Bütikofer, M. Spahini, B. Jeangros & J.O Bosset, 1999. Composition en acides gras et en glycérides de la matière grasse du lait vache en zones de montagne et de plaine. Sci. Aliments, 19: 97-110

Dickson, H.R.P., 1951. The arab of the desert. George Allan and Unwin (editors). Ltd., London, 409.

Dickinson, E., 1996. Les émulsions. in : Les colloïdes alimentaires, masson, Paris, France, 85-125.

Farah, Z. & M.W. Rüegg, 1991. The creaming properties and size distribution of fat globules in camel milk. J. Dairy Sci., 74: 2901-2904.

Farah, Z., T. Streiff & M.R. Bachman 1989. Manufacture and characterization of camel milk butter. Milchwissenschaft, 44 (7): 412-414.

Jenkins, T.C., 1993. Lipid metabolism in the rumen. J. Dairy Sci., 76: 3851-3863.

Jensen, R.G., A.M. Ferris & C.J. Lammi-Keefe, 1991. Symposium on Milk fat composition, function and potential for change. J. Dairy Sci., 74: 3228-3243.

Knœss, K.H, Q.M. Makhudum, Q.M. Rofi & M. Hafex., 1986. Milk production potential of the dromedary with reference to the province of Punjab, Pakistan. World animal rev., (57): 11-21.

Session 4. Milk consumption, market and regulations, policies to support

Main papers

Consommation des produits laitiers dans le bassin méditerranéen. Variabilité, contraintes et perspectives

N. Benkerroum

Institut Agronomique et Vétérinaire Hassan II, Département des sciences alimentaires et nutritionnelles, B.P: 6202, Instituts, 10101-Rabat, Maroc

Résumé

Le présent travail est une mise au point sur les niveaux de production et de consommation de produits laitiers dans 16 pays méditerranéens. Une analyse des contraintes qui ralentissent le développement de cette filière dans les pays en développement a été faite.

Selon les niveaux de production et de consommation des produits laitiers, on peut distinguer deux grandes régions méditerranéennes: 1) le Nord, où se trouvent les pays développés, caractérisé par une abondance dans la production et une grande quantité disponible à la consommation, et 2) le Sud, où se situent les pays en développement et où on note une faible production et un taux de consommation souvent inférieur au seuil de 90 à 100 Kg/ha/an recommandé par l'organisation mondiale de la santé (OMS).

Les pays méditerranéens en développement sont appelés à rehausser les niveaux de production et de consommation des produits laitiers et d'assurer une mise à niveau. Pour ce faire, plusieurs défis d'ordre technique, climatologique et organisationnel doivent être relevés dans le cadre d'une coopération équilibrée entre tous les pays de la méditerranée.

Mots clés: Méditerranée, produits laitiers, production, consommation, technologie

Summary

This paper provides an overview of recent data on the level of production and consumption of dairy products in 16 Mediterranean countries. Handicaps which impede the development of this sector in Mediterranean developing countries are analysed. Dairy production and consumption in the Mediterranean cost are unevenly distributed. Two major groups of countries are distinguished: 1) North, including developed countries; the most productive and with the highest consumption level; and 2) South, including developing countries where production is weak and consumption is usually below the minimal level of 90 to 100 Kg/cap/year recommended by the Word Health Organization (WHO).

Dairy production and consumption in developing countries of the Mediterranean coast should be significantly increased for better economic and social equilibrium in the region. Therefore, the various problems of technical, climatic and organizational nature have to be solved in a balanced partnership between all Mediterranean countries.

Key words: Mediterranean, dairy products, production, consumption, technology

Introduction

Le lait a toujours constitué un aliment de toute première importance dans le bassin méditerranéen au point d'être considéré sacré dans les zones rurales de certains pays. Le caractère hautement périssable de cette denrée a poussé les habitants des pays méditerranéens depuis l'antiquité à développer des techniques de transformation plus ou moins élaborées pour obtenir des dérivés capables de se conserver le plus longtemps possible afin de subvenir à leurs besoins nutritionnels en périodes de pénurie. Ainsi, des centaines de fromages et laits fermentés ont-ils été mis au point et fabriqués artisanalement.

Dans les 40 dernières années, la production laitière a augmenté de façon spectaculaire avec le développement de la technologie laitière et la croissance de la consommation du lait et de ses dérivés. Le lait est de plus en plus transformé dans de grandes usines spécialisées au lieu de petites unités utilisant des techniques peu élaborées et des méthodes artisanales. Le lait pasteurisé, le lait stérilisé «ultra haute température» (UHT), les crèmes glacées et de nouveaux types de fromages n'ont été introduits que récemment dans le marché international. Il est à signaler, à ce propos, qu'au moins quatre-vingt types de fromages d'origine méditerranéenne sont actuellement connus dans le monde entier et produits à l'échelle industrielle (Ramet, 1985).

Le transfert de technologie d'un produit laitier du stade artisanal au stade industriel suppose la maîtrise de plusieurs paramètres technologiques, économiques et sociaux. Or, il est bien connu que les pays méditerranéens ne connaissent pas les mêmes contraintes et n'ont pas le même niveau de développement industriel. Pour cette raison, la grande majorité des produits artisanaux dont la production a été transférée à l'échelle industrielle sont originaires des pays développés de la côte Nord de la méditerranée (France, Italie, Espagne). En revanche, les produits laitiers traditionnels des pays de la côte sud demeurent préparés localement et de façon artisanale.

La consommation de produits laitiers est à encourager dans tous les pays, particulièrement ceux en développement, en raison de leurs bienfaits indéniables sur la santé humaine. Cependant, il existe de nombreuses barrières techniques, climatiques, économiques et sociales qui ralentissent le développement de la filière lait dans ces pays et qui doivent être levées.

Production laitière et consommation de produits laitiers

Production

Le tableau 1 donne la moyenne triennale de la production laitière totale et par espèce dans 16 pays méditerranéens durant la période de 1997 à 1999. Ces données montrent que la production laitière est très variable selon les pays. Grossièrement, on peut distinguer deux grandes régions de la méditerranée selon le niveau de production: le Nord où sont situés les plus grands pays producteurs et le Sud où se trouvent pays à faible niveau de production. Parmi les pays du Nord, la France, l'Italie et la Turquie produisent 80.6 % de la production laitière totale des 16 pays étudiés. La France est le premier producteur laitier avec une production annuelle moyenne de 25.5 milliards de tonnes (soit 37.7 %).

Par ailleurs, on constate que le lait de vache occupe une place prépondérante dans la production laitière dans tous les pays de la méditerranée à l'exception de l'Egypte où il se situe au deuxième rang après le lait de bufflonne. Outre le lait de vache et de bufflonne, les pays méditerranéens produisent des quantités relativement importantes de lait de chèvre et de brebis. Les pays du Maghreb se distinguent, quant à eux, par la production du lait de chamelle.

La faible production du lait dans les pays du sud de la méditerranée et du moyen orient s'explique par les diverses contraintes auxquelles fait face la filière lait dans la région. Parmi ces contraintes, on peut citer :

- Les aléas climatiques marqués par une faible pluviométrie et par la survenue plus ou moins fréquente de périodes de sécheresse. Ces conditions retentissent directement sur l'élevage, de là, sur la production et la consommation laitière. A titre d'exemple, au cours des deux dernières décennies, le Maroc trois périodes de sécheresse (de 1981 à 1983, de 1993 à 1995 et de 1998 à 2000) qui ont provoqué une diminution de 30% du taux annuel moyen de progression de la production laitière et ont eu un impact négatif sur un plan de redressement de la filière mis en exécution depuis 1975 (El Bada, 1997).
- La dominance des techniques traditionnelles d'élevage.
- La saisonnalité de la production laitière caractérisée par une abondance dans la période du vêlage et une pénurie le reste de l'année. La période de vêlage dite de " haute lactation " ne dépasse pas trois mois. La saisonnalité affecte la régularité de la production et induit des pertes importantes en lait dans les périodes de haute lactation.
- Le faible niveau de maîtrise de la technologie laitière.
- Manque d'organisations professionnelles opérationnelles et efficaces.

Consommation

Dans la plupart des pays méditerranéens, notamment les pays en développement, la consommation réelle du lait et de ses dérivés est difficile à évaluer. En effet, à côté des circuits de distribution organisés, il existe d'autres circuits non organisés (colportage, vente sur place dans les fermes, petits crémiers, etc.) non contrôlés et qui absorbe une quantité relativement importante de produits laitiers

Tableau 1. Production laitière moyenne(Millions de tonnes), totale et par espèce de femelle laitière, dans 16 pays méditerranéens au cours du triennal 1997-1999.

	Par espèce						
Pays	Vache	Chèvre	Brebis	Bufflonne	Chamelle	Total	Pourcentage[1]
Albanie	730.02	71.52	70.94	0.01	-[2]	872.49	1.3
Algérie	957.95	152.57	191.67	-	6.2	1,308.38	1.9
Chypre	132.067	26.167	19.7	-	-	177.93	0.3
Égypte	1342.75	14.62	92.17	1987.45	-	3,436.10	5.1
Espagne	6080.41	338.50	313.13	-	-	6,732.05	9.9
France	24,755.6	487.97	243.1	-	-	25,486.67	37.7
Grèce	764.67	460	663.33	0.05	-	1,888.05	2.8
Israël	1,176.87	13.483	18.43	-	-	1,208.78	1.8
Italie	11,263.77	131.33	772.83	107.3	-	12,275.23	18.1
Jordanie	120.96	17.01	30.36	-	-	168.34	0.2
Liban	180.36	35.46	29.84	-	-	245.67	0.4
Libye	129	14.88	52.42	-	1.73	198.03	0.3
Maroc	1,053.03	34.67	27.3	-	3.8	1,118.8	1.7
Syrie	1,082.50	78.50	563.56	0.77	-	1,725.33	2.5
Tunisie	732.33	11.67	16.33	-	1	761.33	1.1
Turquie	8,971.39	238.43	779.45	76.5	-	10,065.78	14.9

Source FAOSTAT

[1]Pourcentage par rapport à la production totale des 16 pays

[2]Aucune donnée enregistrée

qu'il est difficile de quantifier avec précision. Selon El Bada, (1997), la part du lait commercialisé par colportage au Maroc a été comprise entre 20 à 30% de la production totale. Pour cette raison, et par commodité, on a souvent recours à la consommation apparente[1] ou «quantité disponible» exprimée en équivalent-lait par personne et par an. Cette grandeur qui ne constitue qu'une approximation de la consommation réelle, permet, néanmoins, de faire des comparaisons entre différents pays à un moment donné ou une étude chronologique pour un même pays.

A l'instar de la production, on constate une grande variabilité dans la consommation apparente des produits laitiers dans les pays méditerranéens (Figure 1). Dans les pays du Nord, notamment la France, l'Italie, l'Espagne et la Grèce, la consommation apparente dépasse de loin le seuil de 90 à 100 équivalent-lait/ha/an recommandé par l'OMS (FAO, 1995). En revanche dans la plupart des pays du Sud et de l'Orient, elle arrive à peine au seuil recommandé. Selon la consommation apparente au cours du dernier triennal (1996-1998) on peut distinguer quatre groupes de pays :

1) Les pays où la consommation apparente est supérieure à 200 kg/ha/an. Ce sont les pays dont les produits laitiers font partie de leurs traditions alimentaires séculaires.
2) Les pays où la consommation apparente est comprise entre 100 et 200 Kg/ha/an où se situent la plupart des pays du Nord de la méditerranée.
3) Les pays où la consommation arrive à peine à celle recommandée par l'OMS: Algérie, Liban et Syrie.
4) Les pays où la consommation est nettement plus faible que la recommandation de l'OMS et où on trouve les pays du Nord Afrique à l'exception de l'Algérie.

La consommation en produits laitiers dans les pays de la méditerranée a certes évolué dans les deux dernière décennies, mais cette évolution a eu différentes tendances selon les pays. La figure 1 retrace l'évolution de la consommation apparente dans 16 pays sur la base des moyennes triennales durant les périodes de 1975 à 1977, de 1983 à 1985, de 1996 à 1998. D'après cette figure on peut distinguer 5 groupes de pays méditerranéens:

1) Pays où la quantité disponible augmente régulièrement depuis 1975: Albanie et Grèce.
2) Pays où la quantité disponible augmente dans la décennie de 1975-1985 puis régresse: France, Libye, Italie et Liban.
3) Pays où la quantité disponible diminue régulièrement depuis 1975: Turquie et Jordanie.
4) Pays où la quantité disponible s'accroît pour se stabiliser dans un palier: Algérie, Chypre,
5) Pays où la quantité disponible n'a enregistré que de faibles fluctuations: le reste.

Le niveau de consommation est, généralement liée à la production mais il peut être influencée par d'autres facteurs sociaux et politiques tels que les troubles civiles, les guerres et l'embargo. Ceci s'explique dans le cas de l'Algérie et de la Libye qui ont connu récemment, des troubles civiles et l'embargo, respectivement. De même, l'influence du climat politique est clairement illustré dans le cas du Liban où on constate une baisse sensible dans la consommation apparente après 1985 au moment de la guerre civile suivie par une reprise dans le dernier triennal qui coïncide avec la réconciliation au pays. L'Albanie, par contre, constitue une exception dans la mesure où sa production laitière est faible (tableau 1) et elle a connu de graves troubles civiles récemment. Pourtant, la quantité disponible en produits laitiers y a augmenté régulièrement depuis 1975 pour se placer en tête au cours du triennal 1996-98. Ce cas est d'autant plus difficile à expliquer que même la part des produits laitiers dans les aides alimentaires internationales dont ce pays a bénéficié au cours de cette période est très faible. Elle s'est limitée à 2,000 et à 17,000 tonnes de lait écrémé en poudre (LEP) pour les années 1997 et 1998, respectivement (FAOSTAT).

---

[1]Quantité disponible = Production + importations + stock au début – exportation – stock à la fin/population

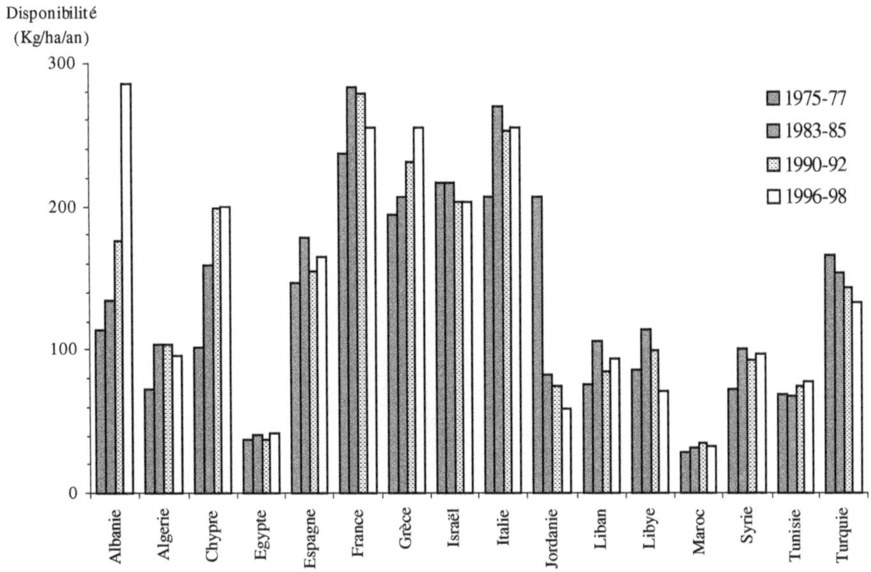

Figure 1. Evolution de la disponibilité des produits laitiers (beurre exclu) dans les pays méditerranéens durant les périodes triennales de 1975 à 1977, de 1985-87, de 1990 à 1992 et de 1996 à 1998.

Au plan qualitatif, il convient de signaler que la consommation apparente présentée par la Figure 1 regroupe le lait et ses dérivés et celle d'un produit spécifique peut évoluer en sens inverse. En effet, la consommation apparente des fromages en Albanie (Figure 2) n'a pas suivie la même évolution que celle des produits laitiers pris globalement (Figure 1). Elle était instable au cours de la période étudiée et est restée faible par rapport aux autres pays ayant un niveau comparable de disponibilité de produits laitiers.

D'une manière générale, dans les pays méditerranéens en développement, les produits laitiers sont consommés surtout sous forme liquide (lait pasteurisé, stérilisé ou bouilli). La part des produits fermentés riches en protéines et de plus haute valeur nutritionnelle, reste très faible. En effet, la consommation apparente du lait entier, par exemple, a représenté en 1998 de 30 à 87% de la disponibilité totale en produits laitiers (beurre exclu) dans ces pays. Celle du fromage est, par contre, a été comprise entre 0.4 et 3.1 à l'exception de l'Egypte où elle avoisine 14% (FAOSTAT). La figure 2 montre également que la consommation apparente en fromage dans les pays méditerranéens en développement, est inférieure à 5 Kg/ha/an à l'exception de Chypre et du Liban où elle avoisine 10 Kg/ha/an (Figure 2). Dans les pays développés, à l'exception de l'Espagne, cette consommation est nettement plus importante et se situe entre 15 et 25 Kg/ha/an.

Cette disparité dans la consommation des produits laitiers entre les pays développés et ceux en développement s'explique essentiellement par le coût élevé des produits laitiers transformés par rapport au revenu moyen des citoyens, par le faible niveau de la technologie laitière et par les habitudes alimentaires propres à ces pays. Par ailleurs, on constate que cette consommation n'a augmenté de façon significative que dans les pays où elle est importante au départ. Dans les autres pays, elle est restée stable ou n'a enregistré qu'une timide augmentation. En Jordanie, elle a même accusé une

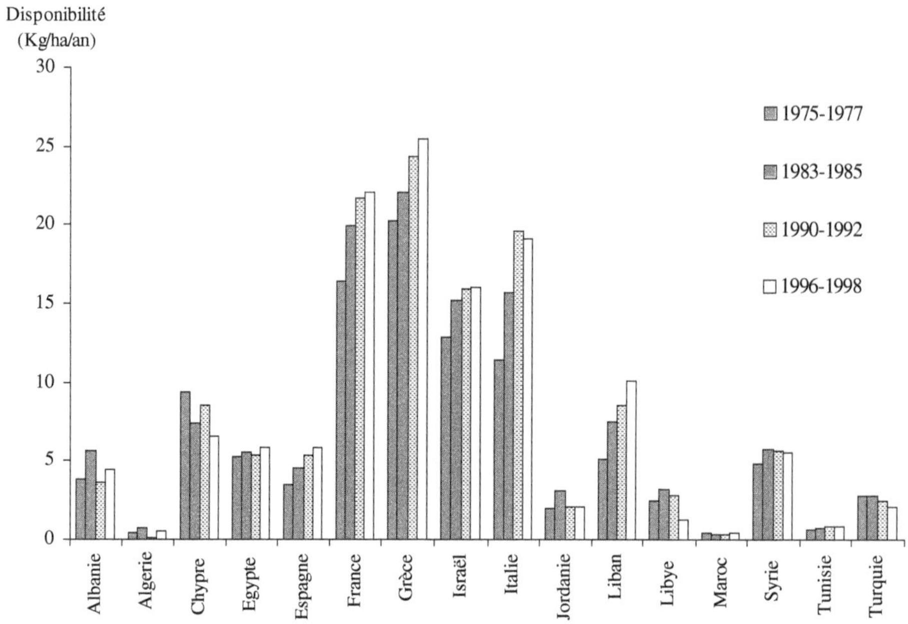

Figure 2. Evolution de la disponibilité du fromage dans les pays méditerranéens durant les périodes de 1975 à 1977, de 1985-87, de 1990 à 1992 et de 1996 à 1998.

nette régression dans la dernière décennie. La quantité disponible y est passée d'un niveau supérieur à 200 kg/ha/an, qui la place parmi les plus grands consommateurs, à un niveau inférieur au seuil recommandé par l'OMS.

Technologie laitière et développement de produits nouveaux

On peut classer les procédés transformation du lait qu'on trouve dans les pays de la méditerranée en trois catégories :

1) Des procédés artisanaux utilisant des transformations simples et des moyens peu élaborés en s'inspirant de technologies empiriques très anciennes. Ce type de procédés est généralement utilisé par un personnel non qualifiés; des éleveurs, des fermiers ou des crémiers. Il aboutit à des produits dits "traditionnels" ou "artisanaux" caractérisés par une qualité nutritionnelle et hygiénique très irrégulière. De tels procédés prédominent dans les pays méditerranéens en développement et on en trouve une grande diversité. Ils ont l'avantage d'être facile à mettre en œuvre, de permettre de diversifier la production et d'être peu onéreux pour le consommateur. Cependant, ils ont comme inconvénient majeur d'être de qualité hygiénique incertaine.
2) Des procédés industriels nécessitant des usines souvent de grande capacité et un matériel sophistiqué et de plus en plus informatisé. Ils aboutissent à des produits standardisés de qualité nutritionnelle, gustative et hygiénique régulière. Ces procédés prédominent dans les pays développés de la méditerranée. Ceci s'explique aisément par le niveau de développement industriel, le niveau

de production et de consommation du lait et des produits laitiers de ces pays. Il faut signaler, cependant, que dans cette dernière décennie, un net regain d'intérêt pour les produits laitiers fabriqués par les techniques traditionnelles a été enregistré tantôt sous l'étiquette de produits "Bio" tantôt sous celle des produits aux propriétés probiotiques.

3) Il existe un type intermédiaire de procédés qu'on peut qualifier de semi-industriel et qui consiste en une adaptation de techniques traditionnelles à une échelle un peu plus grande avec des moyens plus appropriés en essayant de conserver les caractéristiques organoleptiques originales du produit.

Ce type de procédés devrait être encouragé dans les pays en développement car il peut constituer un tremplin pour le transfert des technologies purement artisanales à un stade plus avancé qui peut donner des produits de qualité stable et plus adaptés à leur mode de vie. Ces procédés peuvent également être orienté vers la valorisation des laits de femelles laitières adaptées au climat sub-aride de cette région, en l'occurrence le lait de chamelle dans les pays du maghreb.

La promotion de cette technologie dans les pays en développement peut générer des produits nouveaux compétitifs et adaptés au marché local. De plus, elle peut contribuer à l'amélioration du revenu des éleveurs et à la promotion de l'emploi en favorisant l'installation de petites et moyennes entreprises.

Dès lors, il est nécessaire de renforcer la mise en place des structures appropriées pour la production, la collecte et la transformation. Parallèlement, il faut encourager la recherche scientifique sur des produits laitiers spécifiques en vue de maîtriser leur technologie et de mieux connaître la flore microbienne responsable de leur fermentation. Il est, de ce fait, nécessaire de promouvoir l'implantation d'industries de production de levains lactiques; véritable levier pour la diversification et l'innovation dans la production. Cette technologie est jusqu'à présent l'apanage des pays développés.

Conclusion

Le niveau de production et de consommation du lait et des produits laitiers est très variable dans le bassin méditerranéen. D'une manière générale, ce niveau est très élevé dans les pays du Nord, en particulier ceux de l'Europe occidentale et faible dans les pays du sud où qui connaissent plusieurs problèmes climatologiques, techniques et sociaux-économiques.

Actuellement, avec la mondialisation, une mise à niveau s'avère nécessaire et impose un redressement significatif de cette filière dans les pays méditerranéens à faible niveau de production et de consommation. Un tel redressement doit prendre en considération toutes les composantes de la filière, depuis la production jusqu'à la distribution de manière à encourager la consommation par la diversification des produits et leur disponibilité sur le marché intérieur à un coût raisonnable.

Il est également important, pour des raisons économiques et nutritionnelles, de diversifier la production de produits laitiers transformés et d'augmenter la consommation en produits laitiers fermentés (fromage et lait fermentés) qui se conservent plus longtemps, et qui sont de meilleure qualité nutritionnelle et de haute valeur ajoutée. Pour ce faire, il faut promouvoir une technologie laitière adaptée aux moyens de production et au mode de vie de chaque pays. Il faut également innover des produits nouveaux en sur la base de procédés traditionnels bien maîtrisés et aboutissant à un produit de qualité hygiénique conforme.

Une coopération étroite entre les pays méditerranéens s'avère plus que jamais nécessaire afin d'assurer un transfert de technologie efficient, adapté aux spécificités de chaque région ou de chaque pays et profitable pour tous les partenaires afin de créer un espace équilibré et stable pouvant faire face à la mondialisation avec sérénité. En effet, la coopération entre pays développés et pays en développement devrait faciliter la mise à niveau et encourager les échanges commerciaux sans supprimer la diversité et la spécificité.

Références bibliographiques

El Bada, D., 1997. Impact des mesures d'ajustement sur la filière de l'élevage au Maroc. In L'impact des programmes d'ajustement structurel sur le développement du secteur agricole: Analyse des filières. Rapport FAO., Tome 3, 90-120.

FAO, 1995. Le lait et les produits laitiers dans la nutrition humaine. Collection FAO: Alimentation et nutrition. N° 28, 271 pp.

FAOSTAT, 2000. Online data base.

MADRPM., 1998. Ministère de l'Agriculture, du Développement Rural et des Pêches Maritimes (Maroc).

Ramet J.P., 1985. La fromagerie et les variétés de fromages du bassin méditerranéen. Etude FAO: Production et santé. Volume 48, 187 pp.

An overview on technological trends and hygienic issues

R. Giangiacomo

Istituto Sperimentale Lattiero Caseario, 26900 Lodi, Italy

Summary

This paper provides an overview of dairy production and consumption in the world apart from the Mediterranean countries. Sustained growth of milk production in the last few years in some areas of the world, mainly Asia and Oceania, is highlighted. Also, the decrease in the proportion of cows' milk compared to that of other species, mainly buffalo milk is discussed.

Processing of milk collected by dairies, noted as the "informal milk market" in several areas of the world, is discussed as well as the pertinence to integrated development of small-scale milk collection and processing in developing countries.

The main technological innovations of the last few years and the new trends in dairy products are summarised.

Quality insurance, which is one of the most important concerns in dairy technology, is also addressed. Increased hygiene in processing induces a better process of standardization and control of key parameters reduces the potential risks associated with dairy products consumption.

Since process standardization involves a wider use of starter cultures, the issue of starter preparation and utilization is addressed.

Key words: milk, consumption, world supply, trends, dairy products, new products, new technologies, safety, starters.

Résumé

La présente communication est un panorama de la production et de la consommation des produits laitiers dans le monde en dehors des pays méditerranéens. L'expansion soutenue de la production laitière dans les dernières années dans certaines zones du monde surtout en Asie et Océanie est soulignée. Egalement la diminution de la part du lait de vache comparé aux autres espèces principalement les buffles est discutée.

La transformation du lait collecté par les laitiers, la nature des marchés officieux dans plusieurs zones ainsi que la pertinence des petites unités de collecte et de transformation dans les pays en développement pour tenir compte du développement sont discutés.

Les principales innovations techniques dans les dernières années et les nouvelles tendances des produits laitiers sont récapitulées.

La garantie qualité en tant que plus importante préoccupation dans l'industrie laitière est aussi abordée. L'augmentation de l'hygiène dans la transformation induit un meilleur procédé de standardisation, un contrôle des paramètres clés pour réduire les risques potentiels lors de la consommation des produits laitiers.

La standardisation des procédés implique une utilisation plus large des ferments par conséquent le problème des préparations des ferments est abordé.

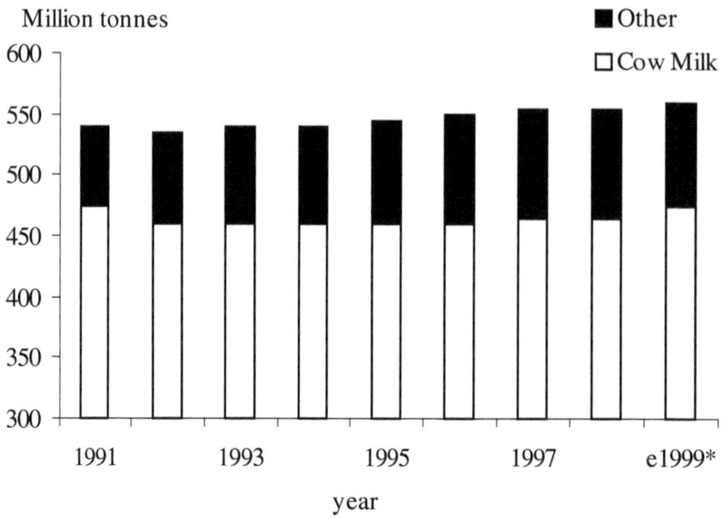

Figure 1. Evolution of of milk production of the world since 1991.
**e = estimated*

Mots clés: lait, consommation, stocks mondiaux, tendance, produits laitiers, nouveaux produits, nouvelles technologies, sécurité, ferments.

World milk production in 1999

Data on milk production and processing presented in this contribution are derived from Bulletin No. 339/1999 of the International Dairy Federation (IDF) "World Dairy Situation 1999". This Bulletin, issued yearly, collects the data provided by each member country member and should therefore, represent the most accurate situation in each country.

Since the IDF does not include every country in the world, the figures indicated per continent are estimates in some cases. Nonetheless, the actual situation should not be significantly different from the one reported herein.

For cow milk, production in 1999 increased by 6 million tonnes, which represents an increase of 1.3% compared to 1998. This is a significant acceleration in contrast to the growth in the last two years. The exception is Europe, due to implementation of the quota system. Since April 2000, an increase of quota production has been agreed for the Mediterranean countries, Ireland and Northern Ireland. This increase, however, will be modest compared to the growth rate in other parts of the world.

The situation in Central and Eastern Europe varies among countries depending on the specific difficulties and the state of local currencies devaluation, which do not permit farmer's incentives. Important gains in milk production are anticipated for all countries of the Asian continent with the exception of Japan. For example, in China and India, an increase of 8% in cow milk, and in combined cow and buffalo milk, respectively, is expected. In Oceania, Australia's milk production will increase by 6% while New Zealand will recover the 4% depletion recorded in 1998.

In Northern America, the expected increase will be of 3% in the United States and less in Canada. In Latin America, milk production is also expected to continue to grow at different rates depending

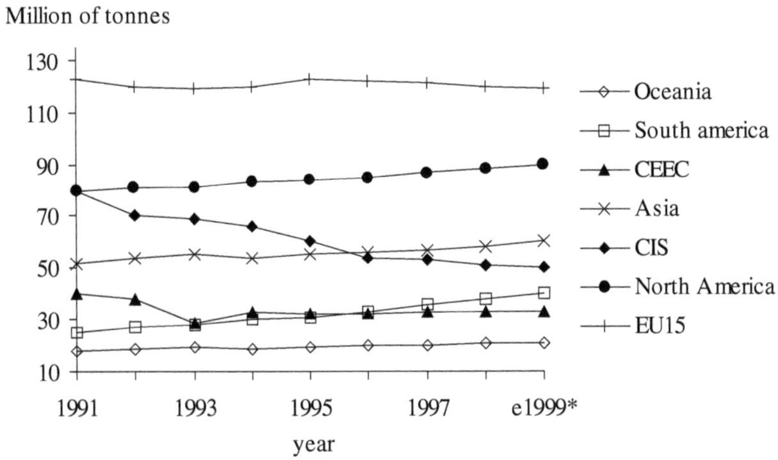

Figure 2. Evolution of milk production per region since 1991.

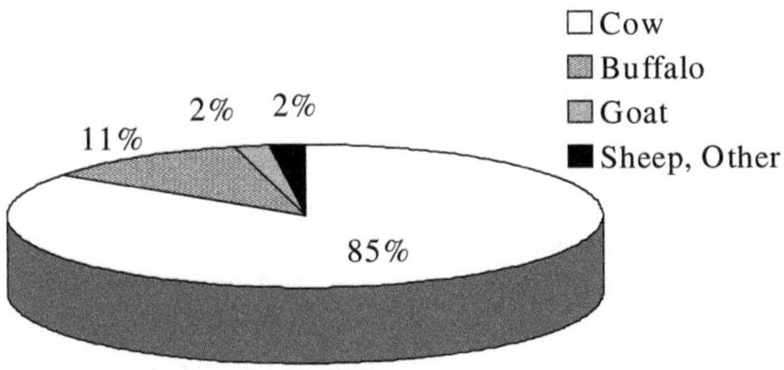

Figure 3. Share of milk types in 1999.

on the countries. Brazil and Mexico should have the highest rate increases. Figure 1 presents a scheme of the world milk production in the last decade. Figure 2 shows the changes per Region.

Concerning buffalo milk production, India is expected to have the greatest increase due to efforts that this country has made over the last years to improve animal feeding and small farmer cooperation system. In fact, a significant increase in individual buffalo production has been achieved. As result, India is now holding 75% of the world buffalo milk production.

It is noteworthy that the Region, including Pakistan, produces 93% of total production of buffalo milk. As for sheep and goat milk, no growth of the production is expected in 1999 after the good increase recorded in earlier years. It should be pointed out, however, that the figures, in this case, are mere approximates, due to the large diffusion of small farmers producing this goat and sheep milk in quantities difficult to accurately estimate. Figure 3 summarises the share of milk types on the basis of available data.

Milk utilisation and processing

For this section, the reader is referred to the above-mentioned IDF bulletin where the situation in 1999 is summarized in more comprehensive and clear manner.

On average, around two-thirds of all cow milk produced is collected by dairy plants for processing and the sale of heat-treated liquid milk. The high shares in developed countries are the result of high performance dairy farming while lower shares in other countries are the expression of mixed structures composed of highly specialised dairy farming and extensive forms of animal holdings with lower yields. In many countries, the milk not delivered to modern dairy plants is denominated "informal milk". The limit between official and informal milk processing is not quite clear.

The utilisation of milk follows, to some extent, the long-term trends. For the coming years, most of the additional milk supply is expected to be marketed as liquid forms, as fermented milk and milk drinks, and as ingredients for other dairy products. The usual expansion of the cheese output will slow down, essentially because of the expected decline in cheese output in the European Union in 1999. Consequently, the output of butter and skim milk powder (SMP) will not follow the long-term declining trend in 1999. Their production is expected to increase at the rates of 1.4 and 3%, to reach 4.1 and 2.7 million of tonnes, respectively. However, whole milk powder production is likely decline somewhat.

Such changes in milk utilisation trends result, mainly, from the lower demand for some products in several countries, particularly those experiencing financial and economic crisis. This tendency had already started in 1998, but the annual figures of the global production of those items still show the underlying long-term trends with declining butter and SMP and increasing whole milk powder and cheese production. Nonetheless, this is very likely to be only a temporary phenomenon and cheese output, whole milk powder, fermented milk and milk drinks and ingredients will grow again in the forthcoming years. In such case, the additional milk produced should be totally absorbed; otherwise, butter and SMP production may also increase and no longer follow the declining trend of the 1990s.

The shares of the different utilisations vary among countries, and reflect the overall supply-and-demand situation, consumer habits and trade relations. The proportion of liquid milk, milk drinks and yoghurt is dependent on the overall supply situation and the level of per capita consumption. More than half of the milk supply is reserved for the liquid market in countries like Japan, Brazil and the United Kingdom. It is significantly below 10% in New Zealand, where the major part of the milk is still processed into butter, anhydrous milk fat (AMF), SMP and casein, consisting of the country's main export products.

Whole milk powder and other dried milk products are increasingly produced to cover the demand for ingredients, but also to be available for reconstitution in remote areas within a given country or in various export destinations. Countries with a short dairy tradition have only small shares of milk being utilised for cheese and butter; most of the milk is used for liquid and dried products.

The figures on the production of milk for liquid consumption show a more or less stable trend in general, but in countries with a high level of consumption a slightly declining trend is observed. This trend can mainly be attributed to the fact that milk is supplied to the consumer in other forms and in a more attractive way, be it in the form of fermented milks, flavoured milks or in the form of a dairy ingredient incorporated in convenience food products.

The cheese production will reach 13 million tonnes in 1999. This further increase follows the long-term trend. The growth of cheese output was for many years concentrated in the European Union and the United States. Now, the EU is excluded, because their export opportunities have declined significantly, and also increasing imports of cheese have forced the cheese output to be curbed. A return to the former trend cannot be excluded for the EU, but in any event it is likely to be weaker than in previous years. In the United States, Oceania and Japan further growth of cheese output is still expected. It may also be the case in Central and Eastern Europe, depending on milk availability.

The availability of liquid whey as a by-product of the manufacture of cheese and casein is increasing at the same pace as those products. In the European Union, expected dramatic increase in the output of casein will offset, to some extent, the reduction in cheese manufacture in 1999. Therefore the liquid whey supplies will be around 53 million tonnes, which is practically unchanged compared to the previous year. More than 33 million tonnes are generated in the United States from cheese production, 5 million tonnes in New Zealand and around 3 million tonnes in Canada and Australia. With increasing cheese production in large factories in other parts of the world, the utilisation of the liquid whey for other purposes than feeding animals will become increasingly necessary. As consequence, whey powder, lactose and whey protein concentrates will be produced in increasing quantities.

Development will be characterised by further increases in the liquid milk market in developing and transition countries, and more or less unchanged patterns in the already well-developed markets. The expected increase will concern the following products:

- Fresh dairy products, fermented products, milk drinks. Growth of these products, in countries with high consumption levels, will take place, in part, at the expense of the ordinary liquid milk.
- Cheese
- Whole milk powder.
- Tailor-made dairy ingredients.

On the other hand, production of butter and skim milk powder will stagnate or slightly increase.

As mentioned above, milk of the so-called "informal market" is obviously outside any statistics. The issue of the relevance of the informal market and its significance to the economy of developing countries has been raised in the course of the latest FAO e-mail conference on "Small scale milk collection and processing in developing countries" held from 29 May to 28 July 2000. The Conference has been attended by 566 members from 97 different countries with around 200 contributions.

Participants have discussed the statement that "small scale milk processing is irrelevant as the bulk of milk in developing countries is sold raw through informal markets". This statement raised concerns reservations from several participants of different countries. They were claiming that processing of this milk, even at small scale, contributes significantly to the rural development by promoting traditional practices, increasing the community income, reducing milk waste, etc. No doubt that some risks are associated to the consumption of such milk and its derivative products because of their poor hygienic quality and the fact that they are totally outside any official control. However, it is generally admitted that the development of a small-scale industry is the necessary basis for the any development of formal standardised food chain. From this standpoint, contributions from Nepal, India, Egypt, Mauritania and other counties concerned with the issue were indeed pertinent.

Difficulties encountered for the promotion of a small-scale dairy industry in developing countries are mainly inherent to transportation in impervious areas, to the high-energy cost and to the insufficient mastery of processing devices and technology.

Innovation

The most significant field in which innovation is ready to move from the experimental stage to the industrial scale is definitely the micro filtration of milk by filtering membranes.

Tangential filtration is now on the rise and has numerous innovative applications, some of which may be immediately transferred to industry. Different types of membranes are used for this purpose:

Mineral membranes with variable porosity supports

This is a modification of the classic tubular multi-canal ceramic membranes used so far. The macro porous support of the filtering membrane bears a longitudinal porosity gradient creating a gradient of resistance to the permeation f1ux that compensates the drop in pressure along the canals in classic ceramic membranes. It can, therefore, be assumed that it is possible to substitute the "concept" of constant trans-membrane pressure driven micro filtration created through the re-circulation of the permeate, and thus, simplify plant engineering.

Flat ceramic membranes

Like mineral membranes ceramic membranes are tubular with a multi-canal configuration. F1at ceramic membranes are presented in an adjustable cassette configuration. They are characterised by a reduced hydraulic diameter that increases the turbulence of fluids thereby reducing the fouling phenomenon, which determines and limits the industrial application of membranes, and saving energy. In this regard, milk treatment with flat ceramic membranes was reported to save up to 30% of energy when the protein content of the milk is standardised.

Ionic exchange chromatography on membrane

This technique is widely used in the purification of proteins, in general. In dairy industry, application of such membranes was developed to produce lactoferricin B; a bioactive peptide obtained by pepsin hydrolysis of whey lactoferrin. The lactoferrin is first adsorbed to the chromatography membrane by passage of the whey through the membrane, and then digested by subsequent passage of a pepsin solution. Finally, the membrane is eluted with a sodium chloride solution to recover the active peptide along with purified lactoferrin.

Fractionation of milk components

- **Fat**: Micro filtration can also be applied to the fractionation of milk fat, based on the size of the fat corpuscle. In such a way, it is possible to act on the consistency of the product (milk, butter, yoghurt or cheese) as well as on the transformation yield. According to the type of product, it can be convenient to use the fraction containing a majority of large (>5 microns) corpuscles rather than small ones (<2 microns).
- **ß Casein**: by micro filtering milk with 0.2 mm-porosity-membranes, it is possible to produce milk with unbalanced α_s casein/β casein ratio in favour of the latter. Modification of the constitutive equilibrium between casein fractions of milk impacts the rheological properties of cheeses obtained from the modified milk. For instance, the modification of cow milk can be used to obtain a soft cheese with a texture similar to that obtained from goat milk.
- **Modification of the casein/whey protein ratio**: by reducing the content of whey proteins it is possible to produce powdered milks with increased disposition towards transformation into cheeses: the reduction in the content of whey proteins, through their partial removal with a combined micro and ultra filtration process before thermal treatment, makes it possible, to minimise the interactions between ß-macroglobulin and –casein, thus, yielding dried milk that can be adequately used for

cheese production. These powders are destined to developing countries where the production of cheeses from reconstituted milk is a common practice.

Applications of Nan filtration techniques

- **Whey proteins:** the separation of peptides derived from the hydrolysis of whey proteins through Nan filtration allowed to develop projects aiming at "managing" raw milk in order to obtain products with targeted functional properties.
- **Fresh Quark type cheeses**: through the partial preconcentration of milk by Nan filtration it is possible to obtain a concentrate suitable for the production of fresh Quark type cheeses. This type of cheese is characterised by the fact that it contains only natural sugars found in milk at a concentration greater than 6%, and calcium at a concentration of 0.2%, without the bitter taste. Generally the sustained evolution and specialisation in the field of separation by tangential filtration will make the fractionation of milk into its components ipso-*facto* more concrete and more widely used. In industry, this fractionation makes it, and will make it, possible to diversify and improve production processes, at the same time reducing production costs, thanks to the economics of scale made possible by large productive concentrations. The importance of the connection between process innovation and product, on one side, and industrial structure on the other, is obvious in the field of membrane filtration. The role of research, both public and private, in an associated form as is the case for the Dutch NIZO, is fundamental in gathering and determining the important development in dairy industry.

Another changing sector of the dairy industry is the transformation of whey: the production of whey protein concentrates (WPC, whey protein concentrates and WPI, whey protein isolates) is now considered an established technique, which can only be innovated by "functionalising" the products, thus making them specific for the applications to which they are destined: this functionalising can be done through the improvement of the process stages before (like demineralisation, clarification) or after ultra filtration (targeted thermal treatments that take advantage of the different behaviour of whey proteins to optimise freezing, for example).

The second International Whey Conference held in Chicago (USA) in October 1997 identified as areas of development those dedicated to evidencing the interactions between compounds present in or obtainable by whey and human health, both in a general sense of well being and in a more therapeutic sense. In this sense, activities concerning antioxidants and the reduction of free radicals on behalf of whey components, as well as hypothetical anti-tumour effects (seen in mice) on behalf of whey proteins and / or proteins associated with the membrane of the fat corpuscle have been created. Milk and whey are considered a source of compounds of elevated nutraceutical value, that is nutritional with important uses in the field of pharmaceuticals: the fractionation of milk components and their production in pure state requires a constant development of separation techniques, among which separation on membrane and chromatography play key roles.

The link between milk components and whey on one hand, and human health on the other hand, was emphasised at the latest International Convention of the dairy industry organised by FIL-IDF in 1998 at Aarhus (Denmark). In fact, the main task of new technologies is now responding to the changing life-styles through the development of new products or the improvement of existing ones with respect to their sensory properties, nutritional value, and safety. The safety concept has two meanings: hygienic-sanitary safety for the consumer and safety for the environment. The new technologies have to be environmentally friendly.

Improvement of the sensory properties of dairy products is being studied through the search for processes that can substitute or reduce the thermal treatment of milk, such as high-pressure or application of electric fields, etc.

The field in which process innovation, though extremely promising, is still on a prototype level is the in-line control of the productive process through sensors operating in the field of near- and medium-infrared or through biosensors.

In conclusion, it is possible to affirm that the development of new technologies, along with the diversification of the applications of such technologies, offer a wide range of options for proceeding with the transformation of milk while adhering to targeted production objectives; creating products designed and defined by market demand. All this widens the gap between those who preach tradition and those who desire innovation without understanding the profound relationship that binds the two.

Starter cultures

Use of starter cultures in dairy fermentations is a relatively recent innovation. The main objective of such use was to standardise industrial dairy products with respect to their sensory, nutritional and hygienic quality. Before that, milk coagulation relied solely on lactic acid bacteria naturally present in raw milk or on addition of the so-called natural or "artisan" starter cultures consisting of whey or soured milk derived from a previous fermentation.

Although natural starters are still used in some specialty cheeses (Grana, Provolone, Mozzarella di Bufala, Fior di Latte, Crescenza, Asiago, etc.), they are characterized by inconsistent performances leading to products with variable quality, which need a peer standardisation. Such need has led to the emergence of independent industry, specialized in starter cultures manufacture now widely distributed in developed countries and supplying various types of starters. Availability of well-characterized and defined starter cultures has encouraged, recently, the development of a wide range of new dairy products.

Different types of industrial starters are available in the market based on their optimum growth temperature, their composition and their use in milk fermentation.

On the basis of growth temperature, two types are defined:

- Thermophilic starters with an optimum growth temperature ranging between 40 and 45°C. One of the most famous thermophilic starters is yoghurt's consisting of a combination of *Streptococcus salivarius* subsp. *thermophilus* and *Lactobacillus delbrueckii* subsp. *bulgaricus*. Other thermophilic starters are used in various hard or semi-hard cheese types and fermented milks.
- Mesophilic starters with an optimum growth temperature between 20 and 25°C. This type of starter cultures is used in wide variety of cheeses including Camembert, Brie, etc. and has received the most attention from researchers.

With regard to the starter composition, two types are distinguished:

- Single-strain starters containing a pure culture.
- Mixed-strain starter cultures consisting of a combination of two or more strains belonging to the same (e.g. starters for Crescenza or Mozzarella) or to different (e.g. starters for yoghurt, Cheddar or Gorgonzola cheese) bacterial species or genera.

Table 1. Different types of starter cultures based on their composition; advantages and disadvantages .

Type of culture	Advantages	Disadvantages
Single-strain	Easy to prepare; purity and activity check Standardisation of the activity	Marked bacteriophage sensitivity: peer culture rotation program; peer control in case of continuous use of the same cultures; Lack of flexibility of the system; unsuitable for traditional cheeses
Mixed-strain (strains of the same species)	Lower phage sensitivity Better adaptability to vat milk quality	Difficulties in case of choosing less competitive strains. Control of the effective presence of each strain in the culture is needed: higher costs to perform such controls
Mixed-strain (strains of different species and/or genera)	Symbiotic effects: better sensory quality Need to standardise the process of starter and cheese making: innovation is stimulated.	Control of the stability of the strains within the culture: higher costs to perform such controls Variability: costs to standardise the process of starter and cheese making

Some advantages and disadvantages of mixed-strain and single-strain cultures are summarised in Table 1.

The industrial starter cultures are supplied either lyophilised or frozen and are used in different ways:

- Direct-vat-set where the starter is directly added to the bulk milk in the fermentation tank. Lyophilised or frozen concentrates of the starter are the most suitable forms for such use because of their high cell contents.
- Semi-direct-vat-set where a specific vat is used to prepare the requested amount of the starter for cheese making by inoculation of bulk milk or reconstituted powder milk prior to inoculation of the fermentation tank.

Lyophilised starter cultures are generally used to prepare "mother cultures" from which, after a number of sub-cultures, the starter culture to be used in cheese making is obtained.

A *sui generis* category of milk (or whey) starter in liquid form is also available. Such starters are produced from manufacturers by standardising traditional technique for specialty type cheeses. Addition of buffering agents to the culture medium has extended the shelf life of these starters by few days, thereby compensating the high of their handling and distribution.

Hygiene and safety

In the last decade, increasing effort was made worldwide to control food borne diseases. WHO and FAO were involved in many programs aiming at monitoring these diseases and minimising their impact on human health (FAO/WHO Food Standards Program). However, such effort is limited by the poor knowledge of many aspects related to the problem such as the type of diseases, the causing agents, the epidemiology, the type of products involved and the appropriate technologies to minimise the risks associated to their consumption, etc.

EU has issued provisions concerning hygiene in milk production, collecting and processing. Raw milk from cows and buffalo must be produced by animals officially free from tuberculosis and brucellosis, which do not present symptoms of infectious diseases transmissible to humans through milk and in good general sanitary conditions. Cows should produce at least 2 litres of milk per day. Raw milk from sheep and goat must be produced by animals officially free from brucellosis, unless destined to the production of cheese with over 60 days ripening.

Milk must be free from residual substances like drugs and detergents. The Directive provides also the maximum limit of total bacterial count for the milk of the various species marketed in EU.

The combination of hygienic provisions for the animals, of environmental characteristics in the milking areas, in the milk collecting points and during transportation, of heat treatment, of hygienic processing and of a self-monitoring programme by the factory minimises the risk of marketing contaminated products potentially hazardous to the consumers.

Other mico-organisms are emerging, capturing the attention of scientists and analysts. Research often shows in dairy products the presence of bacteria that have never been detected before, though, very likely, present in the past. The development of modern and reliable taxonomical tools revealed the presence of an unexpected number of different biotypes of the same species. In recent years, a significant increase in reported cases of food borne outbreaks associated to dairy products consumption was noticed. This is due to the increased capacity of monitoring and keeping record of infections transmitted through food products and to the changes in the behaviour of pathogenic mico-organisms which became more virulent and more resistant to drugs. In developing countries, where information is available, the incidence of pathogenic microrganisms in raw milk is impressive. Highly pathogenic mico-organisms such as *Escherichia coli* O157:H7, *Brucella melitensis*, *Bacillus cereus*, *Yersinia enterocolitica*, *Aeromonas hydrophila*, *Pseudomonas pseudomallei*, *Listeria monocytogenes*, *Staphylococcus aureus*, etc. were reported to be present in 10 to 20% of analysed samples of cow, sheep, goat, camel or buffalo milk, or their transformation products. It is clearly appears, therefore, that the high risk of contracting diseases by consumption of these products is obvious. Nonetheless this statement is made from the standpoint of Europeans, through experiences carried out in a totally different environment, on a different population with specific food consumption habits, probably isolating different biotypes of strains from products having the same name but obtained by a different technology, in very different general sanitary conditions, etc. Therefore, the situation should be interpreted carefully taking into account the life style and environment concerned.

There is no evidence that the same number of a bacterial species can induce disease independently of the biotype, of the product in which it is present, of the characteristics of the population consuming that product.

For the adoption of sanitary provisions to be effective, it is necessary to consider the specificities of each country, or each homogenous geographical area, the real incidence of food borne diseases, the type of diseases transmitted through dairy products, the products where virulent agents may survive the technological process, in order to establish the adequate provisions to minimise the risk of the presence of hazardous mico-organisms and/or their toxins. In fact, this issue warrants a specific paper.

Another issue that would need special attention and discussion is the presence of toxins in dairy products including aflatoxins, in particular aflatoxin M1. These toxins are quite often found in milk and milk products, as consequence of the growth of fungi on feed, a phenomenon encouraged by the environmental conditions in several developing countries. Due to the carcinogenic properties of some toxins their control is highly advisable for the benefit of the consumer health.

Adéquation de l'offre et de la demande des produits laitiers en Tunisie: une analyse micro-econometrique

M. S. Bachta & A. Laajimi

Département d'Economie et de Développement Rural, Institut National Agronomique de Tunisie, 43, Avenue Charles Nicolle, 1082 Tunis. Tunisie

Résumé

Le présent travail a été réalisé dans l'objectif d'analyser l'adéquation de l'offre et de la demande des produits laitiers en Tunisie, en vue d'une meilleure gestion de la surproduction laitière. L'étude a porté sur deux volets. Le premier a concerné: d'une part, l'analyse de la réponse de l'offre du lait frais, moyennant l'estimation d'un premier modèle pour le rendement et d'un deuxième pour l'estimation de l'effectif selon le modèle d'ajustement partiel, et d'autre part, l'analyse de la sensibilité par rapport aux prix et aux dépenses de la demande alimentaire en produits laitiers moyennant la spécification et l'estimation d'un modèle synthétique, qui combine trois systèmes complets d'équations de demande. Finalement, en se basant sur les résultats d'estimation des différents modèles, divers scénarios de prix à l'échelle de l'offre et de la demande on été évalués, afin d'apprécier l'importance des excédents.

Mots clés: lait, offre, demande, scénario, excédent laitier.

Summary

The objective of this study was to analyse demand and supply of dairy products in Tunisia in order to better manage milk surplus recorded during recent years. The study was carried out in two parts. First, analysis was made of consumers' responses to the offer of fresh milk. Then, using a partially adjusted model which included variable price, demand and costs at several levels a synthetic model was used to measure consumers' responses. Finally, based upon these estimates the sensitivity of the market for dairy products to a number of supply / demand scenarios was investigated.

Keywords: dairy, supply, demand, scenarios, surplus

Introduction

Le secteur laitier occupe une place stratégique dans l'économie nationale. Outre ses contributions importantes dans la valeur totale de la production agricole (8%) et dans la valeur totale de l'industrie agro-alimentaire (7%), le secteur laitier vient d'entamer une phase de surproduction laitière par la réalisation d'un excédent laitier saisonnier pendant les deux dernières années. Cette conjoncture est la résultante de plusieurs efforts employés qui ont abouti à l'extension du cheptel bovin laitier, à la multiplication du nombre des centres de collecte, et à l'accroissement de la production totale avec un taux annuel moyen de 8%, durant la dernière décennie.

Les prévisions effectuées par le Ministère de l'Agriculture estiment que la surproduction laitière passera de 21 millions de litres en 2000 à 153 millions de litres en 2006, en absence de prise de mesures adéquates[1]. Ceci met en relief l'importance de mettre en place des mécanismes efficaces permettant une meilleure gestion de la surproduction laitière.

L'accroissement de la production laitière qui avoisine les 12% en 1999 (Tableau 1) a dépassé les prévisions de la stratégie de développement du secteur laitier. Ceci a permis d'atteindre l'autosuffisance et même un excédent saisonnier.

En matière de régulation, il y a lieu de signaler que la politique des prix est d'importance primordiale pour l'évolution de la production laitière, des industries laitières et de l'approvisionnement du pays en produits laitiers. Les principaux volets de cette politique sont les suivants:

- Au niveau de la production, un prix plancher est fixé garantissant une protection du producteur.
- Au niveau de l'opération de collecte, une subvention est accordée et ce en vue de développer le réseau national de la collecte.
- Les prix de détail sont homologués pour les produits subventionnés, à savoir le lait régénéré et le lait frais stérilisé. Les subventions sont versées au profit des industriels laitiers pour la commercialisation du lait demi- écrémé, et ce pour une part qui avoisine 7% du total des charges de la Caisse Générale de Compensation. En ce qui concerne les yaourts et les fromages, l'Etat a supprimé le contrôle des prix et des marges depuis 1988.

Tableau 1. Evolution de la production laitière (en milliers de tonnes).

Année	1990	1991	1992	1993	1994	1995	1996	1997	1998	1999	Taa%[1]
Production	400	420	450	486	510	565	618	657	734	817	8,17

Source: Ministère de l'Agriculture. DG/PDIA. Annuaire de Statistiques Agricoles (1990-1999).
[1]Taa: Taux d'accroissement annuel.

Etant donné cette conjoncture, qui caractérise la production laitière avec un rythme d'évolution rapide, dépassant les niveaux prévisibles de la consommation, et compte tenu des éléments cités antérieurement en matière de politique de régulation du sous-secteur, ce travail se propose d'analyser la situation actuelle, tout en distinguant les deux côtés production et consommation. Etant donné les différents mécanismes de régulation appliqués aussi bien à l'échelle de la production qu'à l'échelle de la consommation, on se propose de mener la modélisation du marché sur deux volets: d'une part, l'analyse de la réponse de l'offre du lait frais, et d'autre part, l'analyse de la sensibilité par rapport aux prix et aux dépenses de la demande alimentaire en produits laitiers, et ce en vue de voir dans quelle mesure les changements de politiques de régulation sont capables d'affecter l'excédent laitier en Tunisie.

Analyse de la réponse de l'offre du lait en Tunisie

L'objet de cette partie de travail consiste à présenter un cadre conceptuel permettant de modélisation l'offre du lait à un niveau agrégé.

[1]Ministère de l'Agriculture (2000). Programme de développement, de diversification des produits agricoles et de gestion du surplus

Modélisation du rendement

La spécification utilisée pour le modèle de rendements est la suivante:

$$Y_t = a_0 + a_1 PL_t + a_2 PC_t + a_3 T_t + u_t \qquad (1)$$

où ,
Y_t est le rendement laitier par tête;
PL_t est le prix du lait;
PC_t est le prix du concentré;
T_t est une variable tendancielle rendant compte de l' évolution du progrès technique dans le secteur laitier;
u_t est un terme d'erreur.

Il s'agit d'une spécification *ad hoc* simple, qui ne suppose aucune restriction sur les paramètres. Cette spécification a été utilisée dans le même cadre par Chavas et Klemme (1986), et Fezzani et Thabet (1995).

Modélisation de l'effectif bovin laitier

Dans l'analyse de l'offre agricole, la modélisation moyennant l'hypothèse d'anticipations sur les prix ou bien sur le niveau de production est un aspect important et ce essentiellement pour deux raisons:

a) le processus biologique de production animale fait qu'il y ait une période de décalage entre la prise de décision et le moment de vente dans le marché et,
b) le producteur anticipe souvent son niveau de production en fonction de son expérience passée et de son apprentissage compte tenu d'un certain degré d'incertitude.

L'hypothèse d'anticipations utilisée dans ce cas pour l'estimation de l'effectif est celle d'un modèle d'ajustement partiel,

$$Eff_t^e = b_0 + b_1 PL_t^a + b_2 Z_t + b_3 T + \varepsilon_t \qquad (2)$$

où:
Eff^e_t est l'effectif "désiré" de long terme;
PL^a_t est le prix du lait anticipé;
T_t est une variable tendancielle;
Z_t est un ensemble de variables pouvant intervenir dans la détermination du niveau d'équilibre des effectifs *(prix du concentré, quantité collectée)*
ε_t est une terme d'erreur.

Le concept d'ajustement partiel signifie que la variation effective de l'effectif est une proportion de l'écart entre le niveau d'équilibre de l'effectif et l'effectif réellement présent au cours de la période précédente.

$$Eff_t = Eff_{t-1} + \delta(Eff_t^e - Eff_{t-1})$$

L'hypothèse de comportement selon le modèle d'ajustement partiel s'exprime comme suit (Askari et Cummings, 1976). Par simple substitution, on obtient la forme réduite suivante:

$$Eff_t = b_0\delta + (1-\delta)Eff_{t-1} + b_1\delta \; P_t^a + b_2\delta Z_t + \delta\varepsilon_t \qquad (4)$$

Or, le prix anticipé n'est autre que le prix de la période précédente, s'agissant d'un secteur où le prix reste encore fixé à l'avance (*prix plancher*). De plus, jusqu'à présent, il n'existe pas de système de paiement du lait à la qualité exhaustivement appliqué et qui pourrait faire varier considérablement le prix. Néanmoins, les variations ont lieu uniquement entre les périodes de haute lactation et de basse lactation et ceci ne peut être tenu compte par le modèle, étant donné que l'on a affaire à un modèle agrégé, et avec des observations annuelles.

Modélisation de la demande des produits laitiers en Tunisie

L'objet de cette partie de travail consiste à présenter un cadre conceptuel permettant la modélisation de la demande des produits laitiers selon un système complet d'équations de demande.

L'analyse économétrique a été menée moyennant la spécification et l'estimation d'un modèle synthétique construit par la combinaison linéaire d'un modèle de Rotterdam en une version à niveau (Barten, 1989), d'un modèle CBS (Keller et Van Driel, 1985), et d'un modèle équivalent au système AIDS (W-system)[2]. Des données chronologiques sur quatre produits (lait, yaourt, fromage et beurre) ont été utilisées pour la période 1978-1998.

En ajoutant un terme d'erreur pour la spécification économétrique, le modèle synthétique exprime la part du budget sous la forme:

$$w_i \ln q_i = \alpha_{0i} + (e_i + w_i(\lambda_2 + \lambda_3)) \ln Q + \sum_j (e_{ij} - \lambda_3 w_i(\delta_{ij} - w_j)) \ln p_j + u \qquad (5)$$

où p_j et q_j sont respectivement le prix et la quantité du bien j, Q est un indice de Stone calculé sur la base de quantités, λ_2 et λ_3 sont des variables de contrôle, et δ_{ij} est le delta de Kronecker.

Les trois modèles originaux sont ainsi combinés sous une forme synthétique. Chacun d'eux peut être obtenu en imposant des restrictions sur les paramètres λ_2 et λ_3.

$\lambda_2 = 0, \lambda_3 = 0$ modèle de Rotterdam
$\lambda_2 = 1, \lambda_3 = 0$ CBS
$\lambda_2 = 0, \lambda_3 = 1$ W-system

Le nouveau modèle synthétique offre l'avantage de permettre aux élasticités de changer si les parts de budget changent, ce qui constitue beaucoup plus de flexibilité par rapport aux autres modèles.

Estimation et résultats

La fonction de rendement en lait

L'équation spécifiée pour le rendement en lait (1) a été estimée par MCO. Tous les coefficients ont été statistiquement significatifs et ayant des signes conformes à ce que l'on attendait à priori. Les variables dépendantes étant exprimées en logarithmes. Les prix exprimés en dinars constants (1990=100). L'équation retenue est la suivante:

$$Y_t = -0{,}7078 + 1{,}2247PL_t - 0{,}3976PC_t + 0{,}0966T_t$$
$$(-1{,}62)\ (3{,}22)\ (-4{,}72)\ (11{,}18)$$

R^2 ajusté = 0,98 F=358,17 D.W.=2,22

[2]Pour plus d'approfondissement concernant le développement du modèle de demande, le lecteur peut s'adresser aux auteurs de l'article

Le coefficient associé à la variable PL_t (prix du lait) est positif indiquant une réponse positive de l'offre face à une augmentation dans le prix du lait, contrairement à la variable PC_t (prix du concentré), dont le coefficient s'avère négatif, dénotant ainsi qu'une hausse dans le prix de la ration fait baisser le rendement. La variable tendance introduite comme étant une *proxy* au progrès technologique a un coefficient de signe positif, indiquant ainsi que l'amélioration dans la performance des vaches est aussi le résultat de l'avancement dans les modes de conduite de l'élevage bovin laitier.

Les élasticités du rendement en lait par rapport à son prix (ε_{pl}) et par rapport au prix de la ration (ε_{pc}), calculées au point moyen de l'échantillon sont, respectivement, 1,04 et –0,23. Ainsi, une augmentation du prix du lait frais de 1% pourrait engendrer une augmentation de l'ordre de 1,04% du rendement en lait par vache présente, contrairement au prix du concentré dont une possible hausse de 1%, conduirait à une baisse du rendement de 0,23%. Quoique cette élasticité ne soit pas trop élevée elle dénote encore une sensibilité de la rentabilité par rapport au coût de la ration.

Estimation de la taille du troupeau

Les résultats correspondant à l'estimation de la taille du troupeau figurent dans le tableau 2. Il y a lieu de distinguer entre l'effectif total, celui formé par les races locales et celui formé par les races pures, étant donné que le comportement décisionnel ne peut être le même pour les deux types.

Tous les coefficients estimés dans l'équation taille du troupeau national (Effectif total), ont les signes attendus à priori, quoique, certains d'entre eux ne soient pas statistiquement significatifs. La taille de l'effectif répond positivement aux variations du prix du lait et négativement à celles du prix du concentré, bien que ce dernier ne soit pas significatif. En effet, l'augmentation de la taille du troupeau a une portée de longue durée, et la décision d'investir pour l'amélioration de l'effectif n'est pas uniquement tributaire du coût de l'alimentation, mais aussi, du prix d'achat des génisses, du coût d'usage du capital, de la profitabilité du dit investissement, du taux d'intérêt, des mesures d'incitations mises en place par l'Etat (subventions à l'achat des génisses), etc. Cependant, toutes ces informations ne peuvent être disponibles, à un niveau agrégé, et sur un horizon temporel relativement long, en vue de pouvoir mener les travaux d'estimation.

L'effet dynamique représenté moyennant la variable dépendante retardée, permet d'estimer le coefficient d'ajustement (δ), mesurant la vitesse d'ajustement qui a lieu en passant d'une période à une autre. Le coefficient calculé est de l'ordre de 0,18, indiquant que la taille de l'effectif des bovins laitiers ne s'ajuste pas rapidement dans le temps.

La variable tendance a un coefficient positif et significatif, ce qui reflète l'introduction du progrès technologique dans l'élevage bovin laitier, bien que, en termes d'amélioration génétique, l'impact de la nouvelle technologie soit encore limité, car le troupeau reste majoritairement formé par des races locales et croisées.

Les élasticités de la taille du troupeau par rapport au prix du lait et par rapport au prix du concentré, mettent en évidence l'importance de la réponse face au prix du lait surtout à long terme, avec une élasticité de l'ordre de 2,58.

Dans le cas des effectifs de race locale, l'équation estimée donne en général des coefficients avec des signes attendus, comparables à ceux de l'effectif total. La variable quantité collectée a un coefficient estimé positif mais non significatif. En effet, le maintien de la subvention à la collecte, contribue aussi à augmenter cette quantité dont l'effet ne peut être dissocié dans le modèle du montant de la subvention.

L'élasticité de la taille du troupeau de race locale, eu égard au prix du lait, est de 0,82 pour le court terme et 2,85 pour le long terme. Pour ce qui est du prix de l'aliment, l'élasticité est de –0,08 et –0,27 pour le court terme et le long terme, respectivement. Ces valeurs sont légèrement supérieures à celles calculées pour l'effectif total, ce qui corrobore la différence du comportement décisionnel en

Tableau 2. Résultats de l'estimation de la taille du troupeau[1]*.*

Variables	Effectif total	Effectif de race locale
Constante	1,6836	2,7333
	(0,60)	(1,13)
Eff_{t-1}	0,8179	0,6823
	(3,53)**	(3,08)**
PLt	0,5264	0,8215
	(1,79)*	(2,85)**
PCt	-0,0465	-0,0857
	(-0,61)	(-1,24)
$Coll_t$		0,0281
		(0,76)
T	0,0173	0,0146
	(1,72)*	(1,68)*
R^2	0,94	0,81
R^2 ajusté	0,92	0,71
Coef d'ajustement	0,1821	0,3177
ε_{pl} court terme / long terme	0,52 / 2,85	0,82 / 2,58
ε_{pc} court terme / long terme	-0,04 / -0,25	-0,08 /-0,27

N.B.: - $coll_t$: Quantité collectée.
- Les valeurs de t de Student sont représentées entre parenthèses.
- *: valeur significative au seuil 10%; **: valeur significative au seuil 5 %
- Toutes les équations ont été estimées par la technique itérative Cochrane-Orcutt, pour corriger le problème d'autocorrélation dû à la présence de la variable dépendante retardée dans le modèle.

[1]Une troisième équation a été estimée pour le cas des races pure. Les paramètres obtenus présentent des signes attendus, mais n'ont pas été significatifs, et ce en raison de l'absence d'information sur des variables importantes dans l'explication de la décision d'augmentation de la taille du troupeau (coût d'usage du capital, prix d'achat des génisses, subvenions, etc).

fonction des races, quoique, à long terme les valeurs se rapprochent, ce qui dénote une légère persistance dans le comportement de l'éleveur au fur et à mesure que l'on avance dans le temps.

Le coefficient d'ajustement est de l'ordre de 0,32, ce qui indique que près de 32% de l'ajustement survient dans une année. Cette hypothèse montre moins de durabilité dans le comportement des éleveurs, qui tendent à investir dans l'achat de nouvelles génisses et permettre par conséquent l'augmentation de la production.

Résultats de l'estimation du système de demande

Le modèle spécifié dans l'équation (5) a été estimé par la méthode FIML (*Full Information Maximum Likelihood*), en imposant les propriétés théoriques d'homogénéité et de symétrie, ce qui permet d'obtenir des élasticités prix et dépense consistantes avec la théorie néoclassique de la demande. Pour éviter la singularité de la matrice de variances-covariances, du à la contraintes d'additivité, le modèle général a été estimé pour n-1 équations, en éliminant dans ce cas l'équation correspondant au beurre. L'interprétation se limitera aux élasticités, étant donné leur importance dans le cas de systèmes complets de demande.

Sur le plan statistique, à l'exception du paramètre d'élasticité correspondant au beurre, toutes les élasticités dépense sont significatives au seuil 5%. Le lait, le yaourt et le fromage ont le même comportement; les élasticités correspondantes sont toutes supérieures à l'unité, ce qui les classe dans la catégorie de biens supérieurs, contrairement au beurre considéré comme un bien de première nécessité. Ainsi, les produits considérés comme biens supérieurs augmentent leurs parts budgétaires au fur et à mesure que la dépense totale en produits laitiers augmente (Tableau 3).

Les élasticités prix directes *hicksiennes* indiquent que la demande est inélastique dans le cas du lait et du yaourt. En effet, étant donné que la tendance est vers l'autosuffisance en matière d'approvisionnement, cela permet d'expliquer en partie qu'une élévation du prix entraînerait une baisse de la quantité moins que proportionnelle. Néanmoins, pour le fromage et le beurre, la demande est élastique, et se révèle de ce fait plus sensible aux variations du prix.

La nette régression dans la part de dépenses allouée à la consommation du beurre, indique l'existence d'une réaction plus que proportionnelle face à des variations dans les prix, compte tenu de la hausse du prix du beurre dans les dernières années, en plus de la tendance vers la substitution par la margarine végétale. Quant au fromage, en dépit de la légère augmentation de sa part de dépenses, la consommation s'avère toujours ralentie en raison des prix élevés, d'où la réponse élastique de la demande face à un changement dans les prix.

L'examen du tableau 7 permet de constater que l'ensemble des relations entre les produits définissent des liens de substitution. En effet, pour cette catégorie de produits, une hausse du prix de l'un des produits fait déplacer la demande vers d'autres produits substituts dans la même famille.

Evaluation de scénarios

Au niveau de l'offre

L'objectif des scénarios d'ajustement de l'offre consiste à montrer que celle-ci peut être modulée suivant la demande, et ce en agissant sur le prix du lait, ou sur le prix de la ration, ce qui aurait son impact sur la taille de l'effectif et par conséquent sur le niveau de production. Lors de ces scénarios, on suppose que les niveaux de rendement et les tailles du troupeau sont ceux enregistrés en 1999.

Scénario 1: absence de la subvention accordée à la collecte, les centres seraient ramenés à payer un prix inférieur, avec une réduction de près de 11% sur le prix payé. Compte tenu de l'élasticité

Tableau 3. Elasticités-prix hicksiennes et élasticités-dépense totale conditionnelles.

	Lait	Yaourt	Fromage	Beurre
Dépense	1,1100	1,0432	1,0277	0,3548
	(15,34)	(17,25)	(4,96)	(0,53)
Elasticités prix hicksiennes				
Lait	-0,4660	0,2810	0,1616	0,0269
	(-4,47)	(4,84)	(2,02)	(6,35)
Yaourt	0,3275	-0,5803	0,1391	0,1137
	(4,84)	(-9,04)	(2,20)	(1,60)
Fromage	0,1098	0,2981	-1,1731	0,4714
	(6,35)	(2,20)	(-3,67)	(1,71)
Beurre	0,1098	0,2981	0,4714	-1,2626
	(6,35)	(2,20)	(1,71)	(-1,42)

Les valeurs de t de Student sont représentées entre parenthèses.

du rendement en lait par rapport au prix (1,04), le rendement baisserait de 11,44%, ce qui engendrerait une baisse de la production totale de 93,454 millions de litres.

Au niveau des effectifs, une telle baisse réduirait l'effectif de 26226 têtes, ce qui correspondrait à une baisse de la production de 46,732 millions de litres, pour le court terme. A long terme, la baisse de l'effectif total serait de 130122 têtes, ce qui pourrait diminuer la production de 231,864 millions de litres.

Scénario 2: Ce scénario suppose la réduction du coût de la ration de 15%. A court terme, une telle compression du coût de la ration, pourrait augmenter la taille du troupeau de 2751 têtes, ce qui engendrerait une augmentation de la production de 4,9 millions de tonnes. A long terme, la taille du troupeau augmenterait de 4585 têtes, ce qui correspondrait à une 8,17 millions de litres de production en plus.

Les deux scénarios montrent que les effets d'une baisse du prix du lait et d'une baisse du prix du concentré sont antagonistes, quoique l'impact de chacune diffère selon la degré de la réponse de l'offre face aux variations des prix, autrement dit de l'ampleur des élasticités, à court terme et à long terme.

Au niveau de la demande

L'un des principaux moyens permettant d'agir sur l'excédent laitier consiste à inciter la consommation des produits laitiers, en agissant essentiellement sur les prix, vu que ces derniers, constituent un motif de ralentissement de la consommation, en raison de leur niveau élevé surtout pour les yaourts et les fromages. Les prix élevés des produits laitiers sont dus en partie à la taxation, soit une taxe sur la valeur ajoutée (TVA) de 18% sur les yaourts et les fromages. Les scénarios désormais proposés sont envisagés dans le but d'augmenter la consommation, en créant un effet revenu permettant d'augmenter le pouvoir d'achat.

Scénario 1: Dans ce cas on suppose l'élimination de la taxe du lait frais stérilisé. L'élasticité prix du lait de boisson est –0,466. La valeur de la taxe est de 20 millimes, ce qui représente 3,27% du prix de détail du lait frais stérilisé demi-écrémé. Cette élimination engendrerait une augmentation de la demande de 1,52%, soit près de 3,9 millions de litres.

Scénario 2: Dans ce scénario on se propose de réduire la taxe à la valeur ajoutée des yaourts à 6%, en l'alignant avec celle d'autres produits alimentaires, ce qui diminuerait le prix moyen de détail de 12%. L'élasticité prix de la demande des yaourts étant de -0,5803. Une telle réduction engendrerait une augmentation de la demande de 41,111 millions de pots, soit 5,139 millions de litres.

Scénario 3: Ce scénario envisage la création d'un effet revenu en réduisant la taxe à la valeur ajoutée des fromages à 6%, ce qui entraînerait une diminution du prix moyen de détail de 12%. En considérant une élasticité-prix de -1,1731, l'élimination de la taxe permettrait d'augmenter la demande de 971,333 tonnes, soit 9,58 millions de litres.

Conclusions

L'état actuel du secteur laitier se caractérise par une évolution remarquable de la production, non seulement au niveau du lait frais mais aussi au niveau de la production des produits laitiers traités. Cette conjoncture vient d'être accompagnée durant les deux dernières années par un excédent structurel, dont la nécessité de gérer s'impose, s'agissant d'un secteur où la régulation en matière de politique de prix persiste encore.

Les résultats économétriques présentés suggèrent que les variables prix du lait et prix du concentré sont déterminants au niveau du rendement. Les scénarios établis ont permis de voir que l'ajustement de l'offre peut être représenté dans le cadre d'une politique de l'Etat visant l'action sur le prix du lait ou bien à travers le prix de l'aliment et ce via les subventions accordées, ou bien à travers les taxes imputées selon le cas.

Le principe des scénarios envisagés dans le cadre de l'analyse de la demande, vise l'augmentation du pouvoir d'achat des consommateurs, moyennant l'alignement des taxes avec d'autres produits alimentaires. Ceci permettrait une augmentation de la demande, capable d'absorber, même en partie, l'excédent laitier.

Ce travail présente une initiative contribuant à donner des résultats empiriques et à quantifier des réactions face à des variations dans des variables de la politique économique, suivant un cadre basé sur la théorie économique. Néanmoins, d'autres horizons de recherche et d'application, moyennant d'autres modèles ou employant plus de variables peuvent être testés pour une meilleure comparaison des résultats.

Références

Askari, H. & J.H. Cummings, 1976. Agricultural Supply Response: A survey of Econometric Evidence. Praeger Publishers.

Barten, A. P., 1989. Towards a level version of the Rotterdam and related demand systems. In: Contributions to Operations Research an Economics: The Twentieth Anniversary of CORE, Cornet and H. Tulkens (editors), MIT Press, Cambridge MA, 441-65.

Chavas, J.P. & R.M. Klemme, 1986. Aggregate milk supply response and investment: behaviour on US dairy farms. American Journal of Agricultural Economics, 68: 55-66.

Deaton A. & J, Muelbauer, 1980. An Almost Ideal Demand System. The American Economic Review. 70: 312-326.

DG/PDIA. (Ministère de l'Agriculture) Annuaire de Statistiques Agricoles (1990-1999).

Fezzani, A. & B. Thabet, 1995. Le secteur laitier en Tunisie et ses perspectives de relance. Otpions Méditerranéennes, Série B / n°14, 219-228.

Keller, W. J. & J. Van Driel, 1985. Differential consumer demand systems. European Economic Review. 27: 375-90.

Institut National de la Statistique (plusieurs années). Enquête Nationale sur le budget, la consommation et le niveau de vie des ménages. Ministère du Développement Economique. Tunis.

Ministère de l'Agriculture (2000). Programme de développement, de diversification des produits agricoles et de gestion du surplus. Tunisie.

Les marchés internationaux des produits laitiers: évolution passée et perspectives

M. Padilla[1]

[1]*Centre International de Hautes Etudes Méditerranéennes/Institut Agronomique Méditerranéen, 3191, Route de Mende, 34093 Montpellier Cedex 5, France*

Résumé

Le marché du lait et des produits laitiers, toujours dominé par l'Union Européenne, est très sensible aux aléas de l'offre et de la demande; il est important en masse consommée dans le Monde mais très faible au niveau des transactions internationales, avec seulement 7% de la production. La Méditerranée sud pèse pour 8% du marché mais 17% des transactions. Un certain nombre de facteurs expliquent ce faible montant des échanges mondiaux: les prix, l'évolution de la demande, les produits de substitution, les politiques volontaristes. Actuellement, les perspectives sont nébuleuses étant donné la poussée des productions des pays importateurs, les normes contraignantes du GATT concomitantes à une crise économique mondiale qui a affecté la demande; enfin les cartes des marchés se modifient.

Mots clés: marché mondial, produits laitiers, Méditerranée, commerce international

Summary

The market for milk and dairy products, always dominated by the European Union, is very sensitive to supply risk which is a highly significant factor in parts of the world with large-scale consumption, but is of lower significance at the level of international trade which accounts for 7% of the production.

The southern Mediterranean accounts for 8% of the market but 17% of the trade. Factors which explain this weak situation in world trade include: prices, growth in demand, substitute products and voluntary policies.

Currently, the prospects are huge given the growth in production in importing countries, the constraining standards of GATT accompanying a world economic crisis which has affected demand and finally modifications in the distribution of markets.

Introduction

Compte tenu des espoirs des libéraux mis dans une négociation internationale supposée rééquilibrer les chances économiques de tout pays dans le cadre de l'Organisation Mondiale du Commerce et de l'échec que l'on sait de la rencontre de Seattle, l'étude du marché et des échanges de produits laitiers revêt un intérêt tout particulier.

L'ensemble méditerranéen présente un clivage important entre son nord qui reste ancré à la politique communautaire et son sud qui grâce à ses traditions d'élevage, espère pourvoir son marché et gagner du terrain sur la place internationale notamment pour certains produits typiques.

Assistons nous à un marché figé ou évolutif et dans quel sens ? Pour répondre à cette question, nous verrons d'abord ce que pèse ce marché laitier en termes de demande et de transactions, notamment en Méditerranée, quelles en sont les modifications récentes et les causalités, pour terminer sur les perspectives de ce marché.

Le poids du marché laitier dans le Monde

Un marché à évolution variable

Le marché mondial des produits laitiers, après une période de stagnation sur les années 1990-1995, progresserait au rythme de 1 à 2 % par an d'ici 2005, certains estimant même la progression jusqu'à 2 à 3 % par an sur les dix prochaines années. Ce marché pèse 551 millions de tonnes en 1998, soit une consommation moyenne de 80 Kg par personne. Toutefois les disparités de consommation sont élevées: de 300 kg équivalent lait environ en Europe, elle est quasiment nulle en Chine.

Produit bénéficiant d'une image positive auprès du consommateur, la production mondiale de lait, bien qu'en expansion, serait insuffisante pour répondre à l'augmentation de la demande à moyen et long termes. Le marché est bipolaire: l'Europe de l'Ouest et les USA dominent très largement avec un tiers de la consommation mondiale alors qu'ils ne représentent que 10 % de la population mondiale; toutefois ce marché semble s'essouffler pour des raisons que l'on évoquera plus loin. Les pays économiquement moins développés ont une tradition laitière souvent faible, mais semblent s'éveiller à cette nouvelle alimentation: on attend les plus fortes croissances en Asie et en Amérique Latine (entre 3 et 5 % par an entre 1995 et 2005) (Rabobank, 1998).

Les débouchés du lait

L'ensemble des segments (Figure 1) de marché bénéficierait de cette croissance à l'exception de la poudre de lait écrémé et du lait concentré. Dans les pays non traditionnellement laitiers, c'est le lait liquide qui sera en forte expansion, alors que dans les pays de tradition laitière, ce sont les produits transformés qui progresseront, essentiellement en tant qu'ingrédient de l'industrie alimentaire.

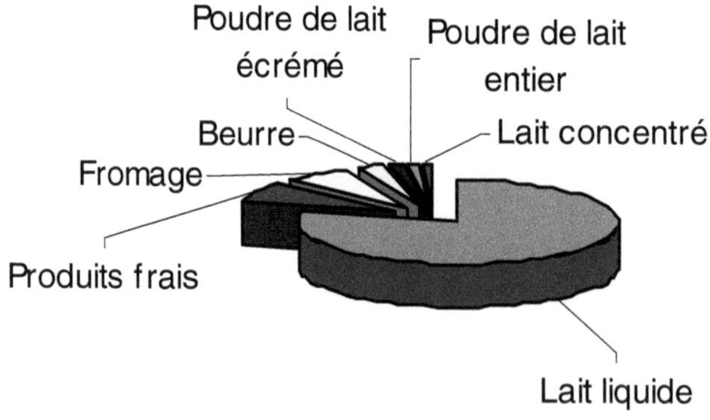

Figure 1. Répartition mondiale de la consommation par produits, 1995.

Sur les 564 millions de tonnes de lait produites en 1999, 85 % proviennent de la vache, 11 % de la bufflonne et 4 % des brebis et chèvres. Seule 58 % de la production totale est transformée, le reste étant vendu directement par les exploitations laitières sur le marché domestique ou utilisé pour l'alimentation des animaux. Bien entendu les variations sont grandes entre les pays: ce sont seulement 10 % de la production qui sont transformés en Inde, contre 98 % aux USA ou 94 % dans les pays d'Europe Occidentale. Leurs débouchés sont les suivants (Figure 2):

Ventes directes lait liquide et produits laitiers, autoconsommation, Alimentation animale	Livraison du lait aux industriels pour la transformation					
47 %	20,3 % Fromage	16,5 % Lait liquide	15 % Beurre PLDE* Caséine	2,6 % Produits fermentés Desserts	2,4 % PLE**	0,7 % Lait concentré

PLDE*: Poudre de lait demi-écrémé
PLE**: Poudre de lait entier
Source: FIL/FAO

Figure 2. Utilisations du lait dans le Monde, 1996.

La place de la Méditerranée dans ce marché

Les pays nord-méditerranéens sont de forte tradition laitière: fromages, laits fermentés, desserts lactés y sont largement consommés. La consommation humaine en équivalent lait entier est de 170 kg par habitant (Portugal) à 400 kg (France). Les pays du Moyen-Orient et d'Afrique du Nord représentent quant à eux une part limitée du marché mondial de consommation: seulement 8 % ! et les niveaux de consommation restent modestes: 50 kg par habitant (Yémen) à 170 kg (Turquie) (CNIEL, 2000).

Toutefois, on peut s'interroger sur le crédit que l'on peut accorder aux chiffres de volume consommé concernant les pays du sud quand l'on sait que la moitié environ de la production circule par des voies informelles difficiles à saisir.

Au cours des dix dernières années, on constate une progression modeste de la demande dans les pays nord-méditerranéens et une stagnation de la production expliquée essentiellement par l'instauration des quotas laitiers. Alors que ce schéma est totalement inverse dans les pays sud méditerranéens: la consommation a diminué alors que la production par habitant a presque partout augmenté. Les variables d'un environnement socio-économique difficile expliquent ce recul chez les consommateurs alors que les politiques d'encouragement de la production ont eu des répercussions positives Jusqu'alors très tributaires des importations, et malgré les progrès de la production (Tableau 1), un déficit d'approvisionnement national persiste dans nombre de pays.

Un flux international très limité et évoluant peu

En 1998, les échanges de produits laitiers ont porté sur 65 millions de tonnes équivalent lait. Si l'on exclut les échanges intra-communautaires, ce sont seulement 7 % de la production mondiale qui font

Tableau 1 . Evolution de la consommation humaine apparente et de la production de produits laitiers en équivalent lait entier en Méditerranée, 1988-1998.

Pays/Années	Consommation totale Kg/Hab		Production totale de lait (Kg/Hab)	
	1988	1998	1988	1998
Albanie	165	281	138	276
Espagne	147	189	166	168
France	419	404	486	434
Grèce	199	198	175	180
Italie	279	298	203	213
Portugal	132	168	147	194
Algérie	141	101	39	44
Egypte	95	84	41	53
Jordanie	98	73	22	36
Liban	106	118	36	85
Libye	137	81	32	38
Maroc	69	64	41	41
Syrie	159	125	113	116
Tunisie	82	80	49	75
Turquie	197	172	183	156
Yémen	67	53	17	13
Monde	80	79	104	95

Source : CNIEL/FAO, 1999.

l'objet d'un échange international ! L'Union Européenne et l'Océanie assurent 93 % des exportations (FAO, 1998).

C'est un produit de consommation de proximité, essentiellement en frais. Seuls rentrent dans le commerce international, les produits transformés qui ne perdent pas leurs qualités nutritionnelles et organoleptiques lors du transport et de la distribution (Cyclope, 1999).

Toutefois, cette très faible part de la production négociée sur le marché international a une forte influence sur les prix et notamment celui de la denrée la plus négociée: le lait en poudre.

Un marché international encore dominé par l'Union Européenne, mais pour combien de temps ?

L'UE est toujours le premier exportateur de produits laitiers mais sa part de marché ne cesse de diminuer depuis les Accords de Marrakech entrés en vigueur en juillet 1995. Sa part de marché qui était de 55% en 1990, n'est plus que de 35% en 1998 (ONILAIT, 2000). L'Océanie est la grande bénéficiaire de la libéralisation des échanges.

Le Proche et Moyen-Orient ainsi que l'Afrique du nord sont des régions non négligeables dans le commerce international des produits laitiers avec environ 17% du total; cependant ce commerce est en déclin relatif puisqu'il comptait pour 30% du marché mondial en 1985 (Griffin, 1997).

La région sud-méditerranéenne est toujours un importateur net. Un marché régional, très modeste mais croissant, existe. L'Algérie est de loin le principal client de ce marché puisque la facture laitière représente 1/5 ème de sa facture d'importations alimentaires. L'Egypte et l'Arabie Saoudite comptent aussi pour une grande part mais leur demande internationale est en déclin. Part contre d'autres pays comme le Liban ou le Maroc ont considérablement augmenté leurs importations entre 1985 et 1995 (Griffin, 1997).

Le marché international du *fromage* est très nettement dominé par l'UE et l'Océanie (Figure 3). Il porte sur 1,2 millions de tonnes, soit 8% de la production mondiale. La Méditerranée sud compte pour 17% du marché international de fromage. Le Proche et Moyen-Orient sont concernés par 12% de ces échanges en 1998 et l'Arabie Saoudite absorbe à elle seule la moitié de ces importations.

Les échanges mondiaux de *beurre* (Figure 4)ont porté sur 700 000 tonnes/an sur la période 1995-1998, soit un peu plus de 10% de la production mondiale. C'est un marché en nette régression depuis l'instauration des quotas laitiers dans l'UE. Le marché sud-méditerranéen est la troisième plus grosse destination avec environ 85000 tonnes (Onilait/FAO/Eurostat); il concerne près de 30% du marché mondial (Griffin, 1997).

Pour la *poudre de lait écrémé*, les échanges mondiaux portent sur environ 700 à 800 000 tonnes par an, soit moins du tiers de la production (Figure 5). Ce marché est en baisse, concurrencé par la poudre grasse. La Méditerranée représente 11% des transactions internationales avec une nette prédominance de l'Algérie et l'Arabie Saoudite. Si les importations de cette dernière sont stables à environ 20 000 tonnes, celles de l'Algérie sont très variables: 100 000 tonnes en 1990, 30 000 tonnes en 1998. Il est vrai que le phénomène de substitution de la poudre grasse à la poudre écrémée y a été pour une grande part au cours de ces dernières années.

La poudre grasse, produit intermédiaire par excellence de l'industrie, est un produit très présent sur les marchés internationaux puisque les échanges touchent la moitié de la production mondiale, soit 1,2 millions de tonnes (Figure 6)! Contrairement aux autres, ce marché est à la hausse de 4 à 5 % par an. Le Maghreb et en particulier l'Algérie représentent 80 000 à 135 000 tonnes en

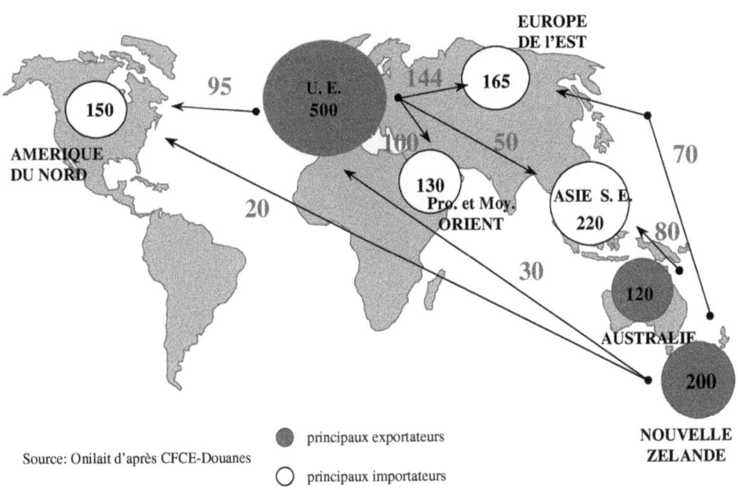

Figure 3. Echanges internationaux de fromages (1995-1997).

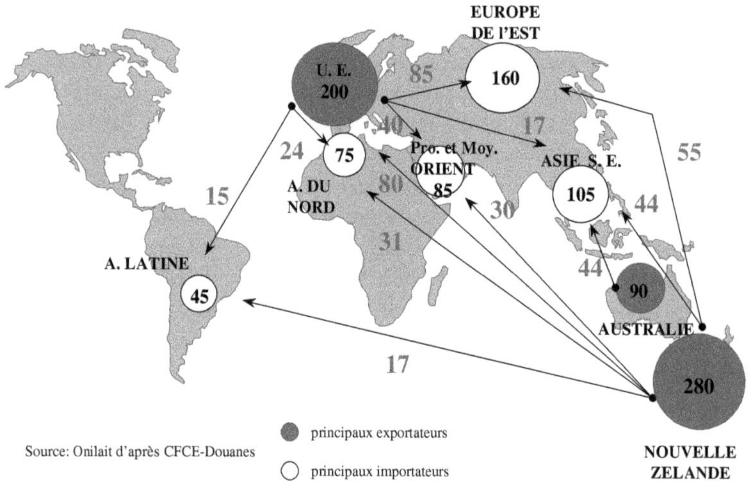

Figure 4. Echanges internationaux de beurre et butteroil (1995-1997).

1995-1998 (CFCE-Douanes) et le Proche et Moyen-Orient environ 150 000 tonnes (Arabie Saoudite et Emirats Arabes Unis essentiellement), soit pour toute la région sud-méditerranéenne, 28% du marché mondial (Onilait, 2000).

Enfin le *lait concentré*, qui devient un marché marginal après des heures de gloire, est encore demandé par la Méditerranée sud avec 24% du marché international (Griffin, 1997).

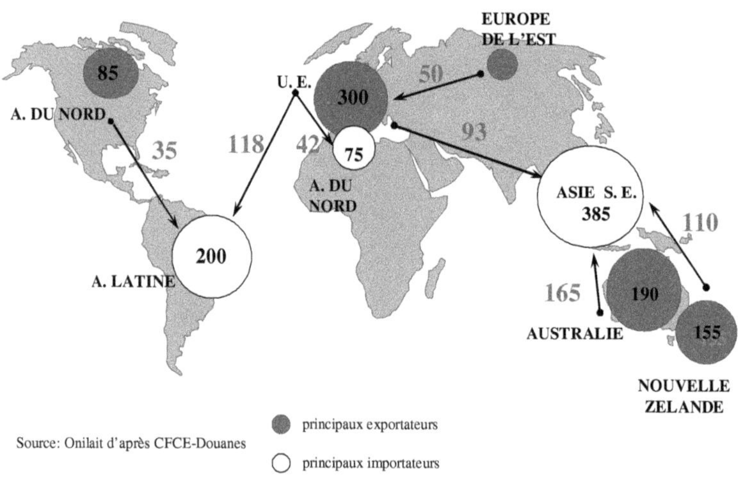

Figure 5. Echanges internationaux de poudre de lait écrémé (1995-1997).

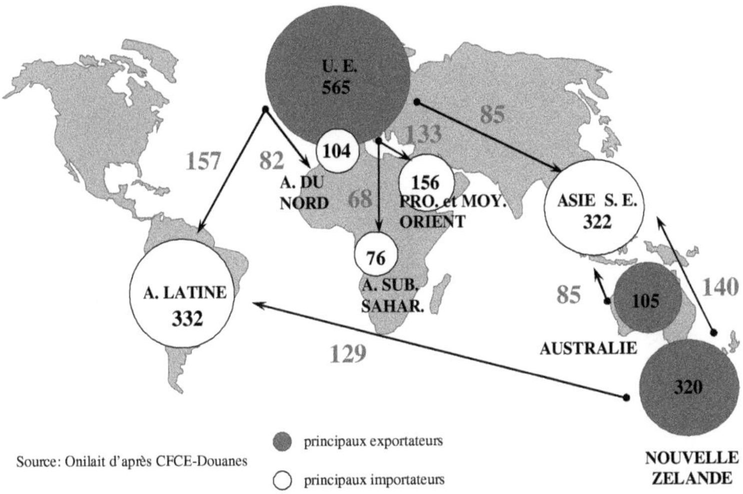

Figure 6. Echanges internationaux de poudres grasses de lait (1995-1997).

Pourquoi des transactions mondiales aussi limitées ?

On peut discerner quatre raisons majeures à la faiblesse du montant des transactions et à leur stagnations . Une succession d'évènements parfois concomitants se sont produits.

La flambée des prix

Les quotas laitiers imposés dès 1984 au niveau de la production européenne, ont gravement marqué les prix internationaux à la hausse (Figure 7). Face à une offre internationale limitée et coûteuse, les pays importateurs ont mis en place des politiques favorables à leur production locale qui ont permis à certains d'atteindre l'autosuffisance (Tableau 2).

Une baisse de la demande mondiale

En 1998, deux crises économiques se sont superposées: la crise asiatique qui représente 40 % de la demande mondiale de lait en poudre; la crise russe qui a profondément affecté les exportations de fromage et de beurre.

Ces crises successives et la demande affaiblie des autres pays ont affecté les prix qui sont tombés à leur niveau le plus bas depuis quatre ans (Cyclope, 1999).

Enfin les dévaluations des monnaies en Australie et Nouvelle-Zélande en 1998, ont permis à ces deux producteurs d'écouler leurs stocks de beurre et de fromage sur les marchés d'Afrique du nord.

En Méditerranée sud, un certain nombre d'évènements au cours des années 90 ont profondément modifié l'organisation des marchés: la guerre civile ou militaire, la réduction des prix du pétrole, la

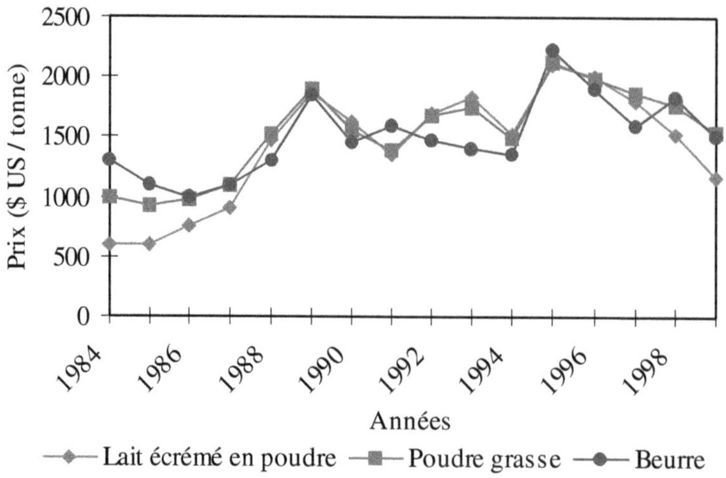

Figure 7. Evolution des prix internationaux des produits laitiers, 1988-1998.

stagnation économique, les programmes de réforme économique, les embargos. A cela s'est ajoutée une volonté politique de réduire leur dépendance en produits laitiers; des politiques incitatives ont eu un effet très positif sur les niveaux de production. Restent toutefois les problèmes de transport, stockage et distribution dans de bonnes conditions pour un produit fragile. Ces contraintes font que les ventes principales se font essentiellement sous forme de lait en poudre, beurre ou fromage en mottes, lait UHT.

Un produit " politique "

Compte tenu du rôle essentiel que joue la production laitière dans le revenu des agriculteurs, c'est un produit qui reste très contrôlé et très politique. Il s'agit aussi d'un négoce technique et risqué, qui réclame une technologie très avancée et un contrôle rigoureux pour garantir la sécurité des aliments.

Un autre marché

Aujourd'hui au niveau des produits transformés, la technologie laitière du premier producteur mondial, l'Europe, ne favorise plus le secteur de production. On risque de voir se développer un échange de savoir-faire techniques plus qu'un échange de produits. En effet, la substitution de matières grasses animales par des matières grasses végétales dans les laits, fromages ou desserts lactés, a beaucoup contribué à la déflation des produits laitiers. Cela s'ajoute à la baisse des prix du lait dans le cadre de l'Agenda 2000, prévue à hauteur de 10 à 13 %. Il faut signaler aussi les nouvelles technologies européennes qui permettent de transformer de la poudre de lait en fromages. Ceci permet dans le cadre de l'accord de l'Organisation Mondiale du Commerce et en particulier de la clause " de l'accès minimum ", l'utilisation par les industriels européens de poudre de lait des PECO (peu cher et échappant aux taxes), transformée en fromages ensuite exportés vers les pays d'Afrique et du Moyen-Orient.

Perspectives des échanges mondiaux

Un océan blanc

Les perspectives des échanges mondiaux ne sont guère optimistes car on se trouve face à une demande mondiale faible, une offre qui ne se réduit pas (les pays traditionnellement fort producteurs s'inquiètent de cette évolution car ils risquent de se trouver face à un " océan blanc "), un environnement économique incertain dans les régions importatrices; donc les prix devraient rester bas.

Les perspectives des marchés doivent toutefois être différenciées selon les produits: si la demande et les échanges de fromages et poudre grasse ont tendance à augmenter, ceux du beurre et de la poudre écrémée sont en perte de vitesse.

Un avenir opaque

Du fait de la libéralisation les cartes changent de main au profit de l'Océanie et de nouveaux opérateurs apparaissent sur le marché: l'Argentine, l'Uruguay ou certains PECO. L'avenir est opaque étant donné que la baisse importante de la demande mondiale masque pour le moment les effets des mesures contraignantes du GATT et de l'OMC. L'ouverture des marchés européens dans le cadre de l'accès minimum a eu des répercussions importantes puisque l'UE a multiplié ses importations de 30 %(beurre) à 200% (poudre de lait écrémé) selon les produits entre 1995 et 1999.

Les nouvelles négociations relatives à l'OMC se sont engagées avec une volonté d'accélérer la libéralisation des échanges dans le secteur laitier (Onilait, 2000). Selon l'OCDE, malgré une hausse prévisible de la production mondiale, le raffermissement de la demande asiatique devrait se traduire par une hausse des prix d'ici 2004.

La crise passée montre les limites de la politique de libéralisation. C'était sans compter sur les capacités d'expansion des productions dans des zones habituellement importatrices (Méditerranée sud).

Le mouvement de libéralisation des échanges pourrait se heurter aux exigences de plus en plus fortes des consommateurs quant aux systèmes de production (hormones, OGM, bien-être des animaux, respect de l'environnement...).

Un esprit nouveau au sud

La libéralisation a eu l'avantage de faire prendre conscience aux industriels du sud jusqu'alors protégés, qu'il y avait un sérieux risque de concurrence et les a poussés à s'engager dans la voie de la normalisation mondiale. Si cela est bénéfique pour la sécurité des aliments, cela reste négatif sur le plan social (fermeture de nombreuses entreprises, normalisation très coûteuse) et a conduit à la multiplicité de l'informel insaisissable sur le plan de la sécurité des aliments. L'engagement dans la voie d'un système de distribution moderne risque aussi de multiplier les capacités de distribution par chaîne de froid et donc permettre la diffusion de produits différenciés (margarine, desserts lactés). Par exemple, en Arabie Saoudite, si les supermarchés étaient inexistants il y a 15 ans, ils sont aujourd'hui 230 (Griffin, 1997). Par ailleurs les récents investissements de multinationales dans la région peuvent faire évoluer les modes de production. On y trouve déjà le New Zealand Dairy Board, Nestlé, Levers, MD Foods, Gerber, Sodiaal et bientôt Danone.

Enfin les nouvelles technologies permettront-elles de résoudre les problèmes d'altération des produits lors du transport et de la distribution ? Le Comité du Codex Alimentarius a déjà approuvé en 1991, l'utilisation de lactopéroxidase qui permet de stabiliser le lait pendant 5 heures; la FAO a

Tableau 2. Evolution des importations de produits laitiers en Méditerranée, 1995 à 1998 (en tonnes).

	1995	1996	1997	1998	Evolution 98/95	
					en volume	en %
FROMAGE						
Monde	910 288	961 552	1 059 899	1 010 335	100 047	11
Maghreb (a)	13 769	16 030	21 019	19 151	5 382	39
Algérie	9 051	12 260	16 733	15 862	6 811	75
Autre Afr Nord (b)	26 139	19 518	20 011	21 726	-4 413	-17
Proche Moyen Orient (c)	139 175	127 531	117 931	119 801	-19 374	-14
Arabie Saoudite	58 392	59 544	55 293	57 633	-759	-1
Emirats Arabes Unis	8 736	11 620	12 058	11 553	2 817	32
Liban	14 137	14 689	16 730	15 954	1 817	13
BEURRE/BUTTEROIL						
Monde	692 871	617 816	711 013	602 082	-90 789	-13
Maghreb (a)	37 970	43 700	27 876	28 906	-9 064	-24
Algérie	13 794	17 271	10 851	8 933	-4 861	-35
Autre Afr Nord (b)	32 167	58 472	28 642	46 777	14 610	45
Proche Moyen Orient (c)	75 083	90 350	83 380	88 924	13 841	18
Arabie Saoudite	24 518	24 661	26 692	26 805	2 287	9
Emirats Arabes Unis	8 935	13 962	17 464	13 510	4 575	51
Liban	5 774	6 218	5 902	6 217	443	8
POUDRE de LAIT ECREME						
Monde	815 289	716 796	826 061	704 252	-111 037	-14
Maghreb (a)	79 252	55 125	40 816	37 125	-42 127	-53
Algérie	61 713	42 829	29 845	27 030	-34 683	-56
Autre Afr Nord (b)	11 319	19 875	17 483	31 040	19 721	174
Proche Moyen Orient (c)	31 252	29 081	42 103	40 919	9 667	31
Arabie Saoudite	18 525	16 946	23 209	21 888	3 363	18
Emirats Arabes Unis	1 995	1 631	2 161	2 553	558	28
Liban	1 669	554	931	1 200	-469	-28
POUDRES GRASSES						
Monde	1 021 395	990 057	1 151 403	1 142 579	121 184	12
Maghreb (a)	75 839	82 116	96 294	135 867	60 028	79
Algérie	69 022	78 765	91 428	133 138	64 116	93
Autre Afr Nord (b)	18 614	19 434	20 609	22 208	3 594	19
Proche Moyen Orient (c)	156 378	159 088	153 341	165 753	9 375	6
Arabie Saoudite	63 296	68 467	63 205	65 810	2 514	4
Emirats Arabes Unis	21 185	19 956	19 539	24 054	2 869	14
Liban	10 540	9 186	13 366	9 478	-1 062	-10

(a) = Maroc, Algérie, Tunisie; (b) = Libye, Egypte, Soudan; (c) = Chypre, Liban, Syrie, Irak, Iran, Israël, Gaza et Jéricho, Jordanie, Arabie Saoudite, Koweït, Bahreïn, Qatar, Emirats Arabes Unis, Oman, Yémen
Source: CFCE, Données douanières des principaux pays exportateurs

tenté de vulgariser cette méthode en Egypte. Ce pourrait être une révolution à coût faible. La Banque Mondiale estime à 5 milliards de litres jetés chaque année en Afrique, faute de préservation pendant le transport vers les centres de collecte ou les industries laitières (FAO, 1998).

Conclusion

Compte tenu des évolutions observées du marché international du lait et produits laitiers et des très fortes improbabilités qui pèsent pour les années à venir, on peut se demander s'il est nécessaire d'accélérer le démantèlement des politiques laitières actuelles (comme le souhaitent le groupe Cairns et les USA) pour permettre la libéralisation des marchés. Les pays sud méditerranéens ne l'ont-ils pas compris en limitant la déprotection, en favorisant la production nationale pour se prémunir d'un marché toujours plus limité et capricieux dominé par de grandes entreprises multinationales ? Le marché des technologies et les accords inter-entreprises risquent de modifier considérablement les flux de transactions de produits.

Références

Chalmin Ph (Ed), 1999. Les marchés mondiaux. Paris: Economica. Cyclope.

FAO, 1998. Grâce à une méthode de préservation sûre et simple, le lait pourrait être commercialisé en plus grandes quantités. L'actualité, juin 1998.

Griffin M, 1997. Trends in demand for dairy products: the Middle East and North Africa. International Dairy Federation Conference. Reykjavik, Iceland, 27/08/1977.

Jachnik Ph, 1999. World Dairy situation: a world of challenge for the dairy industry. Bulletin of the international Dairy Federation N°339/1999.

Onilait, 2000. Evolution des échanges mondiaux des quatre grandes familles de produits laitiers de 1995 à 1998. Les Cahiers de l'Onilait N°21, février 2000.

USDA, 2000. Livestock, dairy and poultry situation and outlook. Economic Research Service. LDP-M669, march 28, 2000.

Les politiques d'appui au développement de la filière lait en Tunisie

A. Brahmia[1], M.Guellouz[2] & B. Zitouni[2]

[2]Office de l'Elevage et des Pâturages, Tunisie
[1]Groupement Interprofessionnel du Lait, Tunisie

Résumé

Durant ces dernières années, le secteur laitier a connu un développement spectaculaire par le biais de différentes politiques d'appui qui sont relatives à l'appui financier et fiscal. Concernant l'appui financier, il y a eu des encouragements qui consistent en des facilités spécifiques pour l'investissement agricole et zootechnique (crédits pour l'achat d'animaux et pour les cultures fourragères, crédits et subventions pour les infrastructures d'élevage). Il y a eu des avantages financiers et fiscaux relatifs aux services liés à l'élevage (inséminations artificielle, collecte de lait, transport du lait frais….) et des activités de premières transformations du lait. Au même temps, il y a eu la taxation du lait en poudre et la subvention du lait UHT. En ce qui concerne la politique des prix l'Etat a procédé à la révision périodique du prix du lait à la production. Toutes ces mesures d'incitations ont permis un développement harmonieux de tout le secteur et d'atteindre l'autosuffisance. Actuellement le mot d'ordre du jour de la politique laitière en Tunisie est la qualité en assurant la maîtrise des coûts. Au niveau de la production, elle s'intéresse à l'incitation d'élevage des génisses de race pure produites localement et des races mixtes, à la continuité du programme d'amélioration génétique, au renforcement de l'encadrement des éleveurs. Il y a eu aussi, la généralisation de la chaîne de froid tout au long de la filière ainsi que l'élaboration des contrats entre les différents intervenants. Au futur, le paiement du lait à la qualité s'imposera et il y aura aussi le démarrage de l'industrie de séchage du lait. Afin d'assurer la durabilité du secteur laitier, le Gouvernement s'est intéressé à l'organisation des structures professionnelles.

Mots clés: Secteur laitier, développement, politiques, profession, crédits, qualité

Summary

In recent years the milk sector has seen spectacular development which has occurred as a result of various political policies with financial and fiscal changes. In the area of finance there has been encouragement for investment in agriculture and animal production such as credit for buying animals, for forage production, and for support in building livestock infrastructures. There have also been financial and fiscal advantages for supporting services to livestock (artificial insemination, milk collection, transport of fresh milk…) and primary activities for processing milk. Taxation of milk powder and support for UHT milk have also favoured the sector. The government has also periodically revised the price of milk to producers. At the start of these changes there was a duty on imported milk powder and a subsidy for fresh milk used for processing into half-cream. These steps have allowed the harmonious development of all the steps leading to self-sufficiency. The principle underlying milk politics in Tunisia is to attain self-sufficiency associated with low costs. It is interesting that this policy at first resulted in the use of pure-bred local animals, the encouragement of crossbreds and an ongoing programme of genetic improvement of specialized high-performing breeds leading to technical progress among breeders and the development of forage resources by scale and intensification.

Accompanying the changes for collection has been an increase in milk quality at the farm level, more attention to supply contracts between producers and milk processors and the organization of collection routines. Payment for milk on a quality basis has also occurred. Consequently there has been a better integration of activities of production, supply and use. At the commercial level, the market has had an effect upon the system. In order to ensure the sustainability of the milk sector, the government is interested in organizing a professional branch to facilitate economic and technical stability..

Key words: milk sector, development, politics, finance, fiscal, credit, support, market quality, professional organization.

Introduction

L'autosuffisance en lait en Tunisie prévue initialement pour 2010 puis pour 2000 dans le 8ème plan a été atteinte en 1999. Ce développement spectaculaire a été rendu possible grâce aux différentes mesures d'appui prises par le gouvernement en faveur de ce secteur et l'harmonisation de plus en plus poussée de ces mesures.

Appui financier

Afin de promouvoir le secteur laitier, le Gouvernement a accordé dans le cadre de la réforme du code des investissements certaines mesures incitatives relatives à l'appui financier. Ces encouragements se résument par des facilités spécifiques pour l'investissement agricole et zootechnique et par des traitements en faveur du secteur laitier agro-industriel. En ce qui concerne les facilités, le Gouvernement a prévu, mis à part les crédits pour l'achat d'animaux et les cultures fourragères, des crédits et des subventions pour les infrastructures d'élevage (étable, salle de traite, magasins de stockage...). Parallèlement à ceci, il y a eu les crédits FOSDA qui ont concerné en moyenne environ 5000 personnes par an, avec un montant moyen d'environ 900DT par personne et par an. Les crédits ont été octroyés pour 67% du montant pour l'achat des bovins et pour 20% pour les étables (Ministère de l'Agriculture: DGPDIA,1995).

Achat et élevage des génisses

Les mesures prises pour encourager l'achat des génisses ont joué un rôle important dans l'évolution des importations (Ministère de l'Agriculture: D.G.P.D.I.A,1995). Ces encouragements sont surtout des crédits à moyen terme (crédits spécifiques, bancaires et ceux à travers des projets de développement) et des subventions selon les catégories (Catégorie "A" 25%, Catégorie "B" 20%, Catégorie "C" 7%) (A.P.I.A, juillet 1999).

Entre 1989 et 1994, les crédits FOSDA (destinés aux petits agriculteurs) pour l'achat des bovins ont concerné environ 12000 bénéficiaires pour un montant global d'environ 6Millions de dinars, soit en moyenne 2000 bénéficiaires et 1,2 millions de dinars par an (ils ont représenté 67% des crédits octroyés par le FOSDA) (Ministère de l'Agriculture: D.G.P.D.I.A,1995).

La stratégie formulée en 1997, a permis un crédit de 1200 DT par génisse (400 DT à l'achat de la velle, 400DT à l'âge de 9 mois et 400 DT après l'insémination tout en s'assurant qu'elle est pleine). Les efforts sont actuellement orientés vers la création et le développement des centres d'élevage à partir des reproductrices nées en Tunisie et ceci par l'attribution des subventions que ce soit du côté de l'éleveur vendeur des velles (40 DT par tête) ou du côté de l'acheteur (20 DT par tête) qui doit être un centre d'élevage. Ces centres reçoivent actuellement une subvention qui varie entre 100 et 300 DT à la vente de chaque génisse (selon la race, la qualité génétique, l'inscription au herd-book...) (Ministère de l'Agriculture,1999).

Ressources fourragères

Durant ces dernières années il y a eu un développement considérable des surfaces fourragères suite à un certains nombre de mesures d'incitation (de 270.384 ha durant la campagne 1991-1992 à 284.697 (ha durant la campagne 1997-1998) (Ministère de l'Agriculture: D.G.P.A, 1998). Ces encouragements correspondent à des crédits à moyen terme et à des primes spécifiques (selon les catégories d'investissement...) Les primes correspondent à la multiplication et à la production de semences fourragères (30% d'investissement toutes catégories confondues) et à la création des prairies et la plantation d'espèces d'arbustes fourragers et forestiers (Catégories " A " et " B ": 50%, catégorie "C" 30%) (APIA, Octobre 1999) et (APIA, juillet 1999).

Il y a eu aussi extension des périmètres irrigués suite aux avantages financiers relatifs à la réalisation d'investissement permettant l'économie d'eau (catégorie " A ": 60%, Catégorie " B ": 50%, Catégorie " C ": 40%), à la reconnaissance et la prospection des points d'eau (40% dans le cas positif et 70% dans le cas négatif) et aux travaux de conservation des eaux et des sols (catégorie " A " et " B " 50% et catégorie " C " 30%) (APIA, juillet 1999)). Les surfaces fourragères en irrigué ont évolué de 30229 ha durant la compagne 1991-1992 à 49053 ha durant la compagne 1997-1998 (DGPA, 1998).

Equipements et bâtiments d'élevage

Les encouragements concernant les équipements sont des crédits à moyen terme et des primes (15% du montant des investissements). Pour les bâtiments d'élevage ce sont des crédits à long terme et des primes selon les catégories (Catégorie "A" 25%, Catégorie "B" 20%, Catégorie "C" 71%) (APIA, juillet 1999).

Services liés à l'élevage (secteur laitier)

Les activités concernées par ces avantages sont les suivantes:
- Valorisation des sous produits d'origine végétale ou animale,
- Insémination artificielle,
- Services de cabinets et cliniques vétérinaires,
- Services de laboratoires d'analyse vétérinaires et agricoles,
- Collecte de lait,
- Transport du lait frais

Ces activités sont classées dans la catégorie " C ". Les avantages se résument principalement par une prime d'étude se limitant à 1% du montant d'investissement avec un plafond de 5000 DT, par une prime d'investissement de l'ordre de 7% ainsi qu'une prime en faveur des coopératives de services agricoles égale à 20% du montant total (APIA, Octobre 1999).

Transformations

L'état a accordé un traitement de faveur pour la transformation du lait (à l'exclusion de la production de yaourt) dans les zones de production ainsi qu'à sa réfrigération. Ces activités sont classées dans le catégorie "C". Ce traitement de faveur se résume par la participation aux frais d'étude dans la limite de 1% du montant d'investissement (avec un plafond de 5000DT), par une prime d'investissement de 7% (avec un plafond de 300.000DT) et par une prime de 8% du montant global à titre de développement régional pour les projets installés dans les zones régionales (APIA, Octobre 1999).

Appui fiscal

Les avantages fiscaux accordés aux investissements relatifs aux activités de premières transformations du lait et celles de services liés à l'élevage sont les mêmes, et ce comme suit:

- La souscription au capital initial de l'entreprise ou à son augmentation donne lieu à la déduction des revenus ou bénéfices investis, des revenus ou bénéfices nets soumis à l'impôt sur le revenu des personnes physiques ou à l'impôt sur les sociétés;
- Les investissements réalisés par ces entreprises donnent également lieu à la déduction des bénéfices investis au sein même de l'entreprise, des bénéfices nets soumis à l'impôt sur les sociétés;
- Suspension de la taxe sur la valeur ajoutée et du droit de consommation dus à l'importation des équipements n'ayant pas de similaires fabriqués localement;
- Déduction des revenus provenant des investissements de l'assiette de l'impôt sur le revenu des personnes physiques et de l'impôt sur les sociétés durant les 10 premières années, à partir de la date d'entrée en activité effective;
- Remboursement du droit de mutation des terres agricoles destinées à l'investissement sur demande de l'acheteur, présentée au plus tard un an après la déclaration de l'investissement;
- Les entreprises peuvent opter pour le régime de l'amortissement dégressif au titre du matériel et des équipements de production dont la durée d'utilisation dépasse 7 ans (APIA, Juillet 1999).

Politique des prix

Concernant la politique des prix l'Etat s'est intéressé au niveau de la production à la révision périodique du prix du lait. Au niveau de la transformation, il continue d'une part la politique des prélèvement douaniers sur la poudre de lait importée et d'autre part la subvention d'usinage du lait frais (réservé au lait de boisson demi-écrémé) (Ministère de l'Agriculture: DGPDIA, 1995).

Révision périodique du prix du lait au niveau de la production

La révision du prix du lait à la production se fait en tenant compte du coût de la production. Elle incite les producteurs à améliorer la productivité et la qualité du lait. Actuellement, le prix du lait à la production pour le lait refroidi est de 350 mil/l alors que celui qui ne l'est pas est de 340 mil/l (Ministère de l'Agriculture, 1998).

Afin d'encourager la production nationale, l'Etat à instauré en 1990 la politique des prélèvements douaniers qui sont actuellement de l'ordre de 800 millimes/kg et 680 millimes/kg respectivement sur la poudre 0% MG et 26% MG fortement subventionnée par les européens (Ministère de l'Agriculture: DGPDIA, 1995).

A partir d'avril 1990, il y a eu la subvention d'usinage du lait frais. Cette subvention est actuellement de 40mil/l et est réservée au lait de boisson demi-écrémé. Cette subvention a pour objectif de protéger la production nationale et d'inciter à la production de lait de qualité pour les consommateurs Tunisiens (Ministère de l'Agriculture: DGPDIA, 1995).

Perspectives d'avenir

Les mesures incitatives accordées par le Gouvernement ont permis un développement spectaculaire de la filière. Ainsi on a atteint l'autosuffisance en 1999. Actuellement, on est en face d'un autre défi qui est la qualité et il est impératif de le surmonter afin de pouvoir concurrencer les produits provenant des autres pays à la suite de l'ouverture des frontières et la mondialisation. Pour cela, il y a eu l'établissement d'une démarche qualité qui régit la qualité tout au long de la filière.

Au niveau de la production, La démarche qualité au niveau de la production se résume comme suit:

- L'évolution du secteur d'élevage des génisses de race pure produites localement (nées et élevées en Tunisie);
- La diminution progressive de l'importation des génisses (sera étalée sur 5 ans);
- L'incitation à l'élevage des races mixtes par le biais de l'orientation progressive dans le sens de l'importation des races mixtes et d'amélioration génétique par le croisement des races locales avec des races mixtes;
- La continuité du programme d'amélioration génétique des vaches de race pure;
- Le renforcement de l'encadrement des éleveurs au point de vue technique (conduite de l'alimentation et de la reproduction, santé de l'animal, hygiène de la traite ...);
- L'évolution des ressources alimentaires (ressources fourragères) pour faire face à l'augmentation accrue des besoins du cheptel. Ceci est fait grâce à l'augmentation des surfaces fourragères et l'amélioration des surfaces pastorales;
- Continuité des actions des programmes spécialisés pour la protection du cheptel pendant les périodes de sécheresse.

Ces actions se basent sur la disponibilité des ressources fourragères et la bonne gestion de leur distribution et aussi sur la valorisation de l'utilisation des sous produits alimentaires,

- Renforcement de la qualité du lait au niveau de la production par l'encouragement de l'installation du froid à la ferme;
- La révision périodique du prix du lait à la production pour inciter les éleveurs à améliorer la productivité et la qualité du lait produit (Ministère de l'Agriculture, 1998).

Au niveau de la collecte, la démarche qualité au niveau de la collecte de lait se base sur les activités qui suivent:

- L'évolution du réseau de la collecte par l'augmentation du nombre de centres et le rapprochement des moyens de collecte;
- Révision du cahier des charges relatif au centre de collecte tout en tenant compte de l'acquisition des camions citernes thermoisolants et de l'augmentation de la capacité des centres;
- Elaboration des contrats entre les centres de collecte et les producteurs;
- Elaboration des contrats entre les centres de collecte de lait et les centrales laitières;
- La création d'une relation entre la prime de collecte et la conformité du centre au cahier des charges, tout en s'assurant du contrôle de lait collecté (par les analyses);

- Paiement du lait à la qualité selon des normes bien déterminés. Il doit être appliqué entre les centres de collecte et les usines de transformation d'une part et les centres et les producteurs d'autre part;
- Gestion du système qualité par le Groupement Interprofessionnel du lait avec l'appui logistique de l'OEP et avec l'aide des laboratoires interprofessionnels publics et privés;
- Organisation du colportage par la création d'un cahier des charges qui organise cette action par l'attribution de carte professionnelle et par l'élaboration des contrats avec les autres intervenants de la filière (Ministère de l'Agriculture, 1998).

Au niveau de la transformation La démarche qualité au niveau de la transformation est principalement comme suit:

- Le démarrage de l'industrie de séchage du lait à court terme (1999-2001) (Ministère de l'Agriculture, 1998)
- L'encouragement de l'industrie du séchage du lait par les prélèvements douanièrs de l'ordre de 800 millimes / kg et 680 millimes /kg respectivement pour l'importation de la poudre de 0% MG et de 26% MG (Ministère de l'Agriculture: DGPDIA, 1998) - La continuité de la politique de stockage en période d'excédent pour faire face au déficit saisonnier. Ceci est réalisé par la continuité de l'attribution de la prime d'encouragement pour la participation au coût de stockage (Ministère de l'Agriculture, 1998);

Au niveau de la commercialisation, La démarche qualité au niveau de la commercialisation se base surtout sur la recherche des marchés extérieurs pour le lait et ses dérivés avec l'appui à la promotion de l'exportation. Il y a aussi l'encouragement des coopérations afin d'ouvrir de nouveaux marchés (Ministère de l'Agriculture, 1998).

Organisation

L'organisation de la structure du secteur de l'élevage se réalisera de la manière suivante:

- La promulgation d'une loi organisant le secteur de l'élevage tout en permettant de fixer la manière et les moyens de gestion de ce secteur et en définissant les responsabilités des différents intervenants;
- L'organisation et la détermination des conditions de la complémentarité des différents intervenants (OEP, GILAIT, la profession);
- L'encouragement de la formation et l'animation des associations d'éleveurs;
- Continuité du programme des services attribués à ce secteur par les organismes publics (insémination artificielle, identification, amélioration génétique...); tout en encourageant les jeunes techniciens et vétérinaires pour travailler pour leur propre profit (Ministère de l'Agriculture, 1998).

Au niveau de l'appui à la consolidation foncière, l'accent est mis en 1999 sur la mise en œuvre d'une stratégie visant l'amélioration des structures foncières sur la base des résultats de la consultation nationale organisée en septembre 1998 en vue d'identifier les meilleurs moyens de faire face aux problèmes de morcellement des terres agricoles (Ministère de l'Agriculture, 1998).

Au niveau de l'appui à la consolidation fiscale, L'appui fiscal se résume principalement par:

- L'orientation de l'appui fiscal et financier relatif à l'importation des génisses vers les nouvelles régions et les nouveaux projets de développement;
- Continuité de l'exonération fiscale et douanière pour l'importation des aliments pour le bétail durant les périodes difficiles;
- Attribution des encouragements pour les équipements importés au niveau des différents intervenants de la chaîne (dans le cadre des investissements) (APIA, Juillet 1999).

Au niveau du circuit de commercialisation, l'année 1999 a connu la poursuite de la préparation des textes de la loi sur l'élevage et la promulgation de textes d'application portant l'organisation de ces circuits et relatifs au cahier des charges qui fixera les conditions d'organisation et de gestion des marchés et les conditions de création de ces marchés. Il est impératif de généraliser la chaîne de froid à toutes les étapes de la filière (Ministère de l'Agriculture, 1998).

Références

APIA, Juillet 1999. Guide du promoteur " Code d'incitations aux investissements (Loi 93-120 du 27 décembre 1993) ".

APIA, Octobre 1999. Incitations aux investissements dans le secteur de l'agriculture et de la pêche.

Ministère de l'Agriculture: DGPA, 1998. Les sources de la croissance du lait en Tunisie

Ministère de l'Agriculture: DGPDIA, 1995. Etude d'impact de la politique agricole sur le secteur bovin laitier.

Ministère de l'Agriculture: DGPDIA, 1998. Budget économique, agriculture et pêche.

Ministère de l'Agriculture, 1998. Stratégie laitière 1998/2000. Horizon au delà de l'autosuffisance.

Session 4. Milk consumption, market and regulations, policies to support

Posters

Note sur les ossibilités de réduction des coûts dans la filière tunisienne de lait

A. Aoun & C. Thabet

Ecole Supérieure d'Horticulture et d'Elevage de Chatt Mariem, Département d'Economie, de Développement Rural et d'Analyse des données, 4042 Chatt Mariem, Tunisie

Résumé

Durant la dernière décennie, la filière lait a réalisé des performances considérables. Cependant, le lait qui est un produit de première nécessité reste relativement cher pour le consommateur tunisien. En se basant sur une étude faite sur l'Agro-Combinat El Alem (Gouvernorat de Kairouan, Tunisie) et sur des statistiques offertes par Tunisie-lait de Sidi Bou Ali, ce travail propose une analyse économique dans le but d'identifier les possibilités en matière de réduction de coûts aux différents stades de la filière. L'analyse révèle des possibilités non négligeables de compression des coûts moyennant d'une part, la recherche d'une taille optimale du troupeau et d'autre part, l'action sur le conditionnement du lait.

Mots clés: filière lait, coût du lait, conditionnement

Summary

During the last decade the dairy sector has achieved considerable performance. However milk, which is a priority product, remains relatively expensive for the Tunisian consumer. Based on a survey made on the Agro-Combinat El Alem (Gouvernorat of Kairouan, Tunisia) and on some statistical data offered by Tunisie Lait of Sidi Bou Ali, this study proposes an economical analysis with the aim of identifying possibilities for cost reduction in the different stages of the dairy sector. The analysis reveals some not-insignificant options for cost reduction by researching an optimal size of herd on one hand and actions for the processing and marketing of milk on the other.

Keywords: dairy sector, cost of milk, milk processing

Introduction

Durant la dernière décennie, la filière lait a réalisé des performances considérables (la production laitière totale est passée de 400 mille tonnes en 1990 à 740 mille tonnes en 1998). De plus, l'objectif d'autosuffisance en produits laitiers, qui était initialement programmé pour l'année 2011, a été ramené à l'horizon de l'an 2000. Ce progrès dans la performance du secteur pourrait résulter d'un certain nombre de changements au niveau de la politique économique qui ont touché plusieurs aspects du secteur. Ces politiques concernent d'abord l'exonération des éleveurs nationaux de la TVA sur les importations des vaches laitières de race pure, sur les équipements agricoles destinés au traitement du fourrage et de la paille, sur les équipements spéciaux d'élevage et ceux destinés en particulier à la production laitière, ainsi que lors de l'importation de semences animales et fourragères. Les nouvelles politiques concernent aussi la révision périodique de la prime d'incitation à la collecte de lait, une des opérations les plus contraignantes au développement du secteur. Cette dernière a plus que doublé durant cette dernière décennie (Ministère de l'Agriculture, 1994). Il y a aussi l'adoption du principe de la révision périodique des prix à la production du lait (Tableau 1) et leur diversification en fonction de la qualité du produit livré.

Par ailleurs, le lait qui est un produit de première nécessité reste relativement cher pour le consommateur tunisien. Ce travail, propose une analyse technico-économique dans le but d'identifier les possibilités en matière de réduction de coût aux différents stades de la filière lait. Notons que par filière, on désigne l'ensemble des activités, étroitement imbriquées, liées verticalement par l'appartenance à un seul produit et dont la finalité consiste à satisfaire un besoin (le consommateur en règle générale). Dans le cas de la production laitière, la filière désigne l'ensemble des relations techniques et économiques qui s'établissent entre les différents niveaux de la filière (stade de la production jusqu'au stade de la consommation finale).

Tableau 1. Evolution du prix du lait à la production (D/T).

Année	1990	1991	1992	1993	1994	1995	1996	1997	1998
Prix	290	295	300	310	310	330	340	350	350

Source: Fezzani & Thabet (1995).

Cadre de l'étude: Dans ce contexte, il est important de signaler que nous nous plaçons aux stades de la production laitière et de l'agro-industrie et que le cadre d'application porte sur l'élevage bovin de l'Agro-Combinat El Alem (Gouvernorat de Kairouan, Tunisie).

La principale question à laquelle ce travail tente d'apporter une réponse est la suivante.

Produire autant de lait avec moins de charge: Est-ce possible? Pour répondre à cette question, nous examinons dans une première section les principaux postes de charge aux niveaux des différents stades de production. La deuxième section est consacrée à l'analyse des possibilités de réduction du coût du lait au niveau de l'agro-industrie et plus particulièrement au stade de conditionnement. La conclusion de ce travail fait l'objet de la troisième section.

Stade de la production

L'alimentation

L'alimentation est la charge la plus importante. Elle est estimée à 54% du prix de revient du lait. Le taux d'incorporation du concentré est élevé, soit 8 à 12,5 kg/tête/jour. Pour améliorer la rentabilité de l'élevage, il est recommandé de distribuer le concentré en fonction du stade physiologique et du niveau de lactation de la vache (Kay, 1986). Une des solutions rapidement disponible et sans risque est l'utilisation des légumineuses fourragères dans les systèmes fourragers couramment utilisés en Tunisie. Ces plantes fourragères qui n'ont jamais été abandonnées par les grands pays d'élevage tels que les USA et la Nouvelle-Zélande, méritent qu'on se penche sur leur rentabilité économique. Les économies qui peuvent être réalisées au niveau du concentré et de la fumure azotée grâce à l'utilisation de légumineuses fourragères peuvent atteindre jusqu'à 15%: cas de la France (Toukabri et Aoun, 1988).

Longévité et santé de la vache

Bien que le coût de production du lait diminue avec une grande longévité et une santé adéquate, la qualité du lait produite commence à diminuer à partir de la troisième lactation, c'est alors qu'au-delà de ce seuil, les charges sont supérieures aux recettes.

Hygiène

Il faut donner le maximum de soins à la vache pour ne pas nuire aux efforts d'une bonne sélection et d'une bonne alimentation.

Main d'œuvre

La main d'œuvre doit bénéficier de primes d'encouragement en fonction de la rentabilité de l'élevage. Cette forme d'incitation est de nature à améliorer la productivité de cette dernière.

Intervalle vêlage-vêlage

La moyenne enregistrée varie de 13 à 14 mois alors que l'idéal se situe à 365 j. Le délai de mise à la reproduction après vêlage est l'élément le plus déterminant de cet intervalle. En effet, les inséminations précoces ne réussissent pas toujours, ce qui se répercute sur le coût des saillies.

Amortissement

Ce poste représente une charge considérable estimée à plus de 12% du prix de revient. Dans ce contexte, il y a lieu de signaler que des économies d'échelle pourraient être réalisées. En d'autres termes, si l'on veut retirer de son troupeau laitier le maximum de revenu, celui-ci doit être d'une taille optimale, compte tenu de la capacité de production de l'exploitation en question (De Lauwe *et al.*, 1963; Cordonnier, 1985).

Agro-industrie: Le conditionnement

On définit le conditionnement comme l'ensemble des activités liées à la conception et à la fabrication de l'emballage du produit. On identifie jusqu'à trois niveaux de conditionnement: Le conditionnement primaire correspond à ce qui contient le produit (par exemple, la bouteille du lait est un conditionnement primaire). Le conditionnement secondaire comprend tout ce qui protège le conditionnement primaire et est jeté lorsque le produit va être utilisé (par exemple, le plastique qui relie les bouteilles de lait est un conditionnement secondaire). Le conditionnement d'expédition est l'emballage nécessaire au stockage et au transport. En Tunisie, des économies peuvent être réalisées dans l'ensemble des activités liées à la conception et à la fabrication. En effet, si le conditionnement représente 8% du prix sortie-usine en France, il est estimé à 14% dans le cas de l'entreprise Tunisie-Lait de Sidi Bou Ali.

Conclusion

Le long de la filière lait, la réduction du coût de production est possible moyennant:

- La recherche d'une taille optimale du troupeau compte tenu des contraintes liées à la capacité de production, permet une certaine spécialisation qui devrait inciter l'éleveur à suivre davantage la gestion au jour le jour de sa production principale. Ce suivi inciterait l'exploitant à reconsidérer ses techniques en l'obligeant de s'améliorer sur tous les niveaux. En d'autres termes, l'exploitant pourrait utiliser moins de concentré tout en valorisant mieux son lait (en jouant sur la date de vêlage, par exemple).
- En ce qui concerne les aspects relatifs à l'agro-industrie, qui contribuent d'une manière importante au développement de la filière lait, il est souhaitable d'agir sur le conditionnement pour qu'il apporte:
  - protection (préservation de la qualité nutritive).
  - Economie (envisager une conception de conditionnement primaire permettant des économies d'échelle).
  - Commodité (pour que le conditionnement soit un outil de promotion).

Références bibliographiques

Cordonnier, P., 1985. La gestion technico-économique de l'exploitation laitière: Techniques agricoles.

De Lauwe, C., Poitevin, J. Tirel, J.C., 1963. Nouvelle gestion des exploitations agricoles. Deuxième édition. Dunod, Paris.

Fezzani, A. & Thabet, B., 1995. Secteur laitier en Tunisie et perspectives de relance. Options Méditerranéennes. Série B: Etudes et recherches n°14.

Kay Ronald D., 1986. Farm management: Planning Control and Implementation. Second edition. McGraw-Hill.

Ministère de l'Agriculture (OEP), 1994. L'élevage bovin laitier: Manuel du vulgarisateur.

Toukabri, H. Aoun, A., 1988. Calcul du prix de revient du lait à l'Agro-Combinat el Alem. Echos des Recherches Agricoles. Vol. 2, n°1.

Table Ronde

Quelle coopération pour quel développement durable des filières laitières en Méditerranée ?

Table - Ronde.
Quelle coopération pour quel développement durable des filières laitières en Méditerranée ?

Pendant deux heures, la discussion, animée par Jean Boyazoglu, s'est déroulée autour de quelques interventions courtes qui ont permis de poser clairement les enjeux de la coopération en Méditerranée dans le secteur laitier: le Professeur Santi, président de la Société d'Oncologie a rappelé le rôle bénéfique du lait pour la Santé. Gérard Sidot, Directeur du Bureau technique de promotion laitière (BTPL) a illustré par la description de l'exemple tunisien, une forme de coopération et d'échanges professionnels Nord-Sud. Jean-Claude Lambert de la FAO et Dunixi Gabiòa de l'Institut Agronomique Méditerranéen de Saragosse (CIHEAM) ont présenté l'action de leurs institutions respectives. Puis Sergio Ventura, s'appuyant sur son expérience des institutions européennes a fait part de ses réflexions sur le bilan de 30 ans de coopération Nord-Sud.

Peut on produire durablement du lait en Méditerranée?

Un préalable avant tout débat sur les formes de coopération souhaitable pour le développement du secteur laitier en Méditerranée est de déterminer s'il est possible de faire du lait durablement en Méditerranée. Cette question fondamentale a été présente tout au long du Symposium et est de nouveau centrale au cours du débat.

L'existence d'une demande laitière à satisfaire puis à stimuler

Les effets positifs du lait pour la santé humaine dans la prévention des cancers (Prof. Santi) mais aussi dans la satisfaction des besoins minéraux et vitaminiques (Z. Kallal) témoignent de son statut d'aliment stratégique (F. Guessous). Si les pays de la rive nord de la Méditerranée ont à la fois une production et une consommation élevée (France, Italie, Grèce) ou en forte croissance (Espagne, Portugal) les pays de la rive sud ont encore des niveaux de consommation laitière inférieurs aux recommandations de l'OMS. Dans ces conditions, parler d'autosuffisance laitière, ce n'est pas seulement ajuster l'offre à la demande, c'est aussi se donner les moyens coordonnés de stimuler la demande et de la satisfaire (M.T. Ben Youssef).

La filière laitière tunisienne, un cas révélateur des enjeux laitiers en Méditerranée

L'exemple tunisien est révélateur des enjeux de développement durable du secteur laitier. Il est largement commenté au cours du débat et suscite, controverses et débats internes.

Depuis plus de 15 ans, les pouvoirs publics tunisiens ont conduit une stratégie laitière explicite: approvisionner la population en lait et simultanément, maintenir une population importante en zone rurale en lui assurant un revenu et une trésorerie. L'objectif affiché a été atteint. Depuis 2 ans, grâce à une politique très volontariste de soutien financier à l'organisation de la filière, la Tunisie est autosuffisante en lait quoique cette autosuffisance repose sur une consommation par habitant faible dû au prix relativement élevé du lait pour le pouvoir d'achat des tunisiens. De plus, une infrastructure cohérente d'assistance technique aux éleveurs, d'organisation de la collecte, d'investissements pour la transformation a été créée. Cette démarche a intégré les fonctions sociales et territoriales de la production puisque ce développement a largement concerné de petits élevages paysans en zones rurales. En ne s'appuyant pas sur de grandes unités proches des lieux de consommation, les coûts supplémentaires engendrés par le développement des petits élevages (coûts de collecte et de formation) ont été assumés.

La polémique porte plus sur la nature du système de production, hors sol, mis en place. Comme le rappelle M. Skourri, la révolution fourragère a été un échec et reprenant la remarque de J.-L. Tisserand, on a aujourd'hui transformé le ruminant en monogastrique. Pour remédier au manque de fourrages, les élevages, qu'ils soient de grande taille ou de quelques vaches, sont complètement dépendants de leur approvisionnement en concentrés. Le recours à du matériel génétique exogène non adapté aux zones sèches et chaudes (Holstein) suscite de nombreuses réserves quant à la cohérence technique du modèle. Le choix d'un modèle unique de développement a négligé par ailleurs l'élevage laitier ovin qui pré-éxistait pourtant dans le Nord du pays (Ben Hammouda) et les projets caprins n'ont pas eu les soutiens ou les succès du projet bovin.

Les objectifs initiaux ayant été atteints, on pressent bien que la filière laitière tunisienne est à un virage. Comment aujourd'hui commercialiser le surplus de lait sans trop pénaliser les cours ce qui risquerait de déstructurer la filière. Le développement quantitatif, accompagné par une politique volontariste de formation, sensibilisation et participation des éleveurs a eu un effet indirect positif très important: créer une dynamique, une «ambiance laitière» (G. Sidot) qui constitue un atout et des conditions favorables pour les adaptations et les évolutions prochaines vers la maîtrise de la qualité.

La durabilité d'une filière doit être raisonnée par rapport à la cohérence des stratégies vis à vis de chaque situation locale

La Méditerranée est un ensemble complexe dont la cohérence tient justement à la diversité. Il faut donc en finir avec l'idée d'un ou de modèles laitiers méditerranéens (F. Guessous). On a eu tendance à opposer schématiquement la rive nord de la Méditerranée qui conviendrait bien aux vaches laitières et la rive sud aux brebis et aux chèvres laitières ou mixtes lait/viande. Nous savons bien, et les statistiques en attestent, que cette réalité doit largement être nuancée. Les petits ruminants ont leur place pour une diversification des systèmes; mais ils permettent difficilement d'atteindre aussi rapidement des objectifs quantitatifs que les vaches laitières (ressource génétique moins accessible et formation des troupeaux difficile, maîtrise des systèmes moins facile à transmettre, production fromagère difficile à exporter).

La durabilité d'une filière laitière qui se développe dans une large gamme de situations, va ainsi dépendre de sa capacité à gérer des points critiques identifiés:

- génétique: compromis entre le rendement à court terme et l'adaptation des races
- ressources en eau/aridité/ utilisation de l'eau d'irrigation
- disponibilités fourragères et raisonnement de l'alimentation dans un triptyque santé/ cohérence écologique/rendement
- développement des petits élevages et organisation de la collecte

Dans un monde en mutation rapide aux contraintes sociales, démographiques et environnementales fortes, la durabilité des systèmes a tendance à diminuer «spontanément» avec des remises en causes plus fréquentes. Le lait doit se placer dans un contexte plus général qui dépasse les logiques de filière. Produire du lait n'est plus un fait acquis et J-Cl. Flamant rappelle que la durabilité doit intégrer la dimension macro-économique (qui prévoit par exemple une baisse des cours mondiaux du lait), les objectifs de développement rural, la préservation des ressources naturelles. Dans ces conditions, l'existence d'un dispositif technico-organisationnel est un immense atout. Le besoin de coopérer, de travailler ensemble doit alors être considéré comme un moyen pour faire fructifier ces dispositifs

Structurer l'information et les échanges, un défi à relever pour la coopération dans le secteur laitier autour de la Méditerranée

Le besoin de repenser la coopération

Depuis des décennies, la coopération a d'abord été une Coopération Nord/Sud basée sur le concept de transfert de technologie. Cette voie était probablement une erreur affirment S. Ventura et M. Skourri. Les aides accordées par l'Europe pour l'importation de génisses le plus souvent de race Holstein, en témoignent.

J-Cl. Lambert précise que la FAO a orienté aujourd'hui la notion de transfert de technologie vers l'information et la formation le long d'une chaîne continue du producteur au consommateur. Il considère qu'aujourd'hui un élément devient manquant car il manque souvent les structures et les ressources humaines pour relayer sur le terrain les actions entreprises. Cette réalité, générale dans les pays de la rive sud, existe aussi largement dans de nombreuses régions européennes isolées de la rive nord. Les propositions pédagogiques doivent également mieux prendre en compte les préoccupations et les besoins spécifiques. Les exemples de la mise au point de la méthode de conservation du lait en zone chaude et isolée par le lactopéroxydase ou de la technologie de transformation fromagère du lait de chamelle en attestent

D. Gabiòa précise le point de vue du CIHEAM, organisation intergouvernementale qui assure la promotion de la recherche coopérative et de la formation en Méditerranée. Face aux besoins changeants de la région, sa démarche de formation, basée sur des conférenciers invités permet d'aborder des matières diverses en relation avec beaucoup de disciplines depuis la technique jusqu'à l'économie agricole, le Marketing et le développement rural. Cette activité de formation vise à assurer la qualification d'experts dans les différentes instances du secteur agricole (administration, formation, recherche, développement, entreprises privées). La promotion de la Recherche coopérative qui vise les mêmes cibles permet l'échange d'information et la connaissance de technologies performantes qui sont susceptibles d'être utilisées ainsi que la réalisation de projets en commun.

La généralisation et la parité des échanges d'information sont un thème récurrent pour une coopération renouvelée et nécessaire au développement durable du secteur laitier en Méditerranée.

Construire le système d'information du secteur pour créer un espace laitier méditerranéen d'échanges et de dialogues

Il est largement rappelé que l'identité laitière de la Méditerranée est spécifique. De nombreuses populations ont une faible aptitude à digérer le lait liquide et sa consommation reste faible. Par contre, il existe des fromages nombreux et divers (depuis les Jbem du Maghreb, jusqu'aux fetas grecs et aux pecorini et aux pâtes filées italiens) souvent à la base des régimes alimentaires. G. Licitra propose de fonder les échanges en Méditerranée sur cette valorisation des produits locaux et sur la préservation du lien entre le produit et son lieu d'origine. La valorisation des races locales, évoquées par S. Ventura doit être également aux centre des coopérations et des échanges.

D. Gabiòa note le faible nombre de chercheurs dans le secteur laitier bovin en Méditerranée. Il constate le dynamisme des réseaux euroméditerranéens constitués autour du secteur ovin et caprin (réseaux FAO/CIHEAM ovins caprins et pâturage). Il note également que le CIRVAL a été créé également par le secteur laitier des petits ruminants.

En effet la problématique du secteur ovin caprin est révélatrice des enjeux complexes de l'ensemble du secteur laitier en Méditerranée, évoqués précédemment (diversification, valorisation des ressources, commercialisation et qualification des produits, maîtrise de la qualité des produits) dépassant même largement son importance économique.

Face à cette complexité, la coopération a comme préalable et comme finalité des échanges structurés d'information. P. Morand-Fehr rappelle que face au trop plein d'informations, souvent non validées et hors de leur contexte, il faut mettre à plat l'information ce qu' a entrepris le CIRVAL. Il considère avec J-Cl. Lambert qu'avant tout projet de coopération ou de recherche, cette démarche préalable de mise à niveau et de confrontation de l'information est nécessaire. La difficulté d'accéder à une information non institutionnelle (littérature grise) est également évoquée. M. Georgoudis propose d'explorer les potentialités des nouvelles technologies de l'information comme support d'information des «nouveaux agriculteurs».

La structuration du système d'information est nécessaire pour construire des stratégies durables du secteur laitier en Méditerranée. Ceci implique de construire des actions dans lesquelles les barrières entre coopérations institutionnelles et coopérations professionnelles s'estompent. En atténuant les rapports de force, en associant tous les opérateurs de l'amont à l'aval afin qu'ils construisent ensemble progressivement et dans la durée les innovations nécessaires à leur développement commun on crée les conditions du succès(G. Sidot). Un dialogue entre les bailleurs de fond et les maîtres d'œuvre des projets s'avère nécessaire pour intégrer ces nouvelles perspectives. La coopération doit s'organiser autour d'une véritable approche participative faisant une large place à la formation et au dialogue (Mme Zitouni) et surtout sans négliger les filières technologiques de formation longtemps méprisées au bénéfice des filières scientifiques et académiques.

Conclusion

Au cours du symposium, J-CL. Flamant se demandait si depuis 10 ans, il y avait quelque chose à dire de nouveau sur le secteur laitier en Méditerranée tant certaines réalités semblent immuables: les besoins toujours plus importants des populations urbaines, une production laitière méditerranéenne qui contribue toujours dans des proportions plus ou moins identiques au fleuve mondial de lait; la difficile compétitivité des secteurs laitiers sans l'aide financière des pouvoirs publics.

En 10 ans, c'est plutôt un état d'esprit qui a changé. Les oppositions dogmatiques et académiques se sont atténuées, les certitudes idéologiques sur le modèle technique à mettre en place ont quasiment disparu. Dans l'ensemble du bassin, on a pris conscience que l'organisation était devenue la véritable ressource à gérer. La diversité n'est pas seulement possible; c'est une richesse potentielle. On peut produire du lait dans des régions très différentes dans des conditions contrastées. Il faut pour cela une stratégie claire avec des acteurs qui ont la capacité de dialoguer entre eux et qui disposent d'une information de qualité pour évaluer leur réalité et la confronter à leur environnement. En Méditerranée, le manque de réserves en eaux, l'aridité du climat et la croissance démographique sont des réalités lourdes qui influenceront fortement les stratégies laitières de la prochaine décennie. Parmi les propositions émises, Bel Hadj suggère la mise en place d'un programme interrégional dans ce sens. Il répondrait à ce besoin de partenariat équitable et de dialogue euroméditerranéen conforme par ailleurs aux déclarations générales de la Conférence de Barcelone en 1995.

Jean-Paul Dubeuf

Round Table

What Co-operation for what sustainable development of the dairy sectors in the Mediterranean area?

Round Table.
What Co-operation for what sustainable development of the dairy sectors in the Mediterranean area?

The discussion moderated by Jean Boyazoglu lasted two hours and included short communications. The discussion showed clearly the nature of the stakes for co-operation in the dairy sector in the Mediterranean Area: Professor Santi, President of the Society of Oncology recalled the Positive effect of milk for human health. Gérard Sidot, Directeur of BTPL[1] described some Tunisian examples as a model of professional co-operation between the North and the South. Jean-Claude Lambert (FAO) and Dunixi Gabiña (IAM Saragoza-CIHEAM) presented activities of their respective institutions. Then, Sergio Ventura, mobilising his own experience in European Institutions evaluated 30 Years of South-North Co-operation.

Is it possible to produce milk in sustainable conditions in the Mediterranean Basin?

This basic question was present during the whole Symposium and is basic to any debate on the type of co-operation needed to promote development of the dairy sector in the Mediterranean.

The demand for milk has to be both satisfied and stimulated

The positive effects of milk for human health as a cancer preventative (Prof. santi) but also to meet mineral and vitamin requirements (Z. Kallal) testify that milk is a strategic food (F. Guessous). While the Northern Mediterranean countries have either high consumption and production (France, Italy, Greece) or a growth of consumption (Spain, Portugal), the Southern countries still have levels of dairy consumption below the WHO[2] standards. So milk self-sufficiency is not only needed to fit production and demand. It is also to increase simultaneously this demand and the supplies with co-ordinated means (M.T. Ben youssef).

The Tunisian dairy sector, a characteristic example of the dairy stakes in the Mediterranean area

The Tunisian case shows us what are the stakes for sustainable development of the dairy sector. It was widely discussed during the round-table with controversial and internal debates.

For more than 15 years, Tunisia has been self-sufficient for milk thanks to positive political policies and financial support to organise the sector. But this situation is based on low consumption per inhabitant and the price of milk is rather high for the standards of living in the country. Furthermore, good extension services for breeders and an organisation to collect milk have been set up and heavy investments for dairy industry have been achieved.

The land-based and social functions of agriculture have been integrated in this project because development mainly involves small and intermediate producers in rural zones. Priority was given to

[1]Bureau Technique de Promotion laitière
[2]World Health Organisation

these smaller farms rather than to the big units nearest the towns resulting in added costs (milk collecting and training) for consumers.

The production away from land is more polemical. As pointed out by M. Skourri, the green forage revolution was a failure. Further, in the words of J.-L. Tisserand, ruminants are now being changed in monogastric animals. Because of forage shortages producers, whether they have a few cows or large herds, are dependent on supplies in concentrates. To choose to use foreign cattle which are unadapted to dry and warm zones (Holstein breed) led to many comments on the technical coherence of this model. This unique model did not take into account dairy sheep farming which earlier existed in the north of the country (Ben Hammouda); further, the goat projects did not get as much official support and success as the bovine dairy projects.

The initial objectives having been achieved, we feel that the dairy sector in Tunisia is at the cross-roads. Today the question is how to sell the milk surplus without lowering prices that could lead to a de-structuring of the young sector? The development of large volumes of milk, associated with training, awareness of producers has had an indirect positive effect creating a dynamic "milky ambience" (G. Sidot) with positive conditions for adaptation and changes for quality controls.

Coherence of local strategies determines sustainability of the dairy sectors

The Mediterranean area is a complex zone where coherence is linked with local diversity. We have to get over the idea of several Mediterranean models (F. Guessous). The Northern coast that is well adapted for cows was often compared superficially against a Southern coast supposed to be more suitable for dairy or meat oriented sheep and goats. We know well, as proved by statistics, that this affirmation has to be moderated. Small ruminants have a role to play in the diversification of systems. But they cannot reach quantitative objectives as quickly as dairy cows. The genetic resources are less available and the growth of the flocks and herds are harder to manage, the know-how for pastoral management less easy to share than for intensive systems, and traditional cheese production in a niche market is not so easy to export or sell as milk

Sustainability of the dairy sector which could develop in many diverse situations will depend of the ability to control some critical points:

- Genetics: a compromise between the short-term yield and adaptation to harsh conditions;
- Water resources/aridity/use of irrigation for animal production;
- Forage availability and food management (taking in account health/ecological balances/productivity);
- Development of small farms and organisation of farm milk collection.

In a fast changing world with specific social, demographic and environmental limits, "spontaneous" sustainability becomes lower with more frequent questions. Milk production has to go beyond the simple logic of economics. The decision to produce milk is not an obvious with established evidence. J-Cl. Flamant recalled that sustainability has to take into account macro-economical aspects (as for example, the anticipation of a drop in world dairy prices), objectives of rural development, preservation of natural resources (pastures and mountain zones). To be reactive in the face of these changes, it would be a real advantage to have a technical and professional organisation. The need to co-operate and to work together has to be considered as a means of strengthening these organisations.

To organise information and networking, a challenge for cooperation in the dairy sector of the Mediterranean area

The need to visualize new Co-operation

For decades, co-operation has been between North and South first, in the sense that it was based on the concept of Technology Transfer. This methodology was probably a mistake as S. Ventura and M. Skourri saw the situation. European subsidies to import heifers (generally of Holstein breed) are an example of this situation.

J-Cl. Lambert explained that FAO today has changed its vision of technology transfer as information and training are priorities along a continuous line from the producer to the consumer. He thinks that frequently, an element is missing and blocked when, as often, there are no human resources and structures to apply recommendations and proposals on the field. And this is a general reality in the southern countries which can also be extended to many isolated European regions of low favour. Teaching and training proposals have to take in account the specific problems and needs. The LPS[3] method to store and conserve milk in warm and isolated[4] areas and the innovation of the camel cheese technology are two examples of specific requirements and solutions.

D. Gabiòa clarified the position of CIHEAM the intergovernmental organisation for promotion of co-operative research and training in the Mediterranean basin. Facing up to changing situations in the region, the CIHEAM training policy is based on invited lecturers who make it possible to tackle very diverse subjects related to many disciplines from techniques to agricultural economic, marketing or rural development. This training activity aims to equip and qualify experts for all the activities concerned by agricultural development (administration, training, research, extension, and private companies).

The promotion of co-operative research has the same targets: exchanges of information and efficient and operative technologies, implementation of common projects of research. Generalisation and equity of information are a permanent preoccupation for a renewed co-operation that seems necessary for the sustainable development of the Mediterranean Area.

To build the information system of the sector to create a Mediterranean space for dialogue and innovation

During the round-table, the specificity of the Mediterranean identity was underlined several times. Many human populations can hardly digest liquid milk and therefore consumption remains low. Simultaneously, cheese making is diverse with many different types (From Jbem fresh cheeses in Maghreb to the Greek feta, the Italian *"pecorini"* and *"pasta filata"*). These often lie at heart of local nutritional regimes.. G. Licitra suggests that adding value to local products and preserving the links between local products and their origin could be the base of the future exchanges in the Mediterranean. S. Ventura, as another priority for co-operation and exchanges mentioned adding value to local breeds.

D. Gabiòa remarked on the low number of scientists working in cow dairy sector in the Mediterranean area. He observed the dynamism of the Euro-Mediterranean sheep and goat networks

[3]Lacto-Peroxydase System

[4]Without power

(Pasture and Sheep and Goat FAO/CIHEAM Networks) and that CIRVAL was created also for the small ruminants dairy sector.

Actually, the problems of the sheep and goat sector indicates the complex stakes of the dairy sector in the Mediterranean and highlights the areas of concern - diversification, added value to resources, marketing and certification of products and quality control. These factors are more significant than solely economical importance.

Facing up such a complexity, the main target of co-operation should be structured exchange of information before anything else. P. Morand-Fehr specified that, nowadays, when so much unauthentic and irrelevant information is available, all information should be looked at from all sides and clarified in the way that CIRVAL does this. With J-Cl. Lambert, he thinks that prior to any co-operation or research project, a preliminary review and discussion on recent information and analysis is necessary. Furthermore, it is still difficult to have easy access to non-institutional information (grey literature)

For M. Georgoudis, the New Technologies of Information could be a good medium for new types of "modern farmers" and the extension services. Their potential could be studied more carefully that has been done yet. Organisation of the Information System is necessary to build sustainable strategies for the dairy sector in the Mediterranean. This means that actions and projects have to fill the gaps between institutional co-operation and professional co-operation. By reducing misunderstanding, by associating all the operators from production to consumers, it should be possible to build together and step by step introduce necessary and long-lasting innovations that are a key for success and a common development (G. Sidot). A dialogue between financial backers and project managers is necessary to take into account these new prospects. Training and open dialogue are priorities in the organisation of Co-operation with a true participative approach (Mme Zitouni). It has to promote technological training that was often scorned in favour of academic science.

Conclusion

During the whole symposium, J-CL. Flamant was wondering if for ten years, there could have been something new in the Mediterranean dairy sector when so many facts seem to be immutable: The constantly increasing requirements of urban populations; the unchanging proportion of the Mediterranean milk production in the world milky river; the low competitiveness of the dairy sector without the support of public subsidies;

But in ten years the state of mind has changed. The dogmatic and academic opposition is fading, the ideological certitudes on some technical models are vanishing. In the whole region we become aware that organisation is the true resource to manage and to promote. Diversity is not only possible, it is a potential wealth.

We can produce milk in very different regions, under contrasted conditions. To achieve this, a clear strategy is necessary between actors that have the capacity to discuss and can use to good purpose high quality information and evaluate their own situation in relation to their own Mediterranean environment. Shortage of water resources, aridity of the climate and the human demography are huge realities that will influence deeply the dairy strategies of the next decade. As Bel Hadj suggested an inter-regional program on milk could answer the need for an equitable partnership and a Euro-Mediterranean dialogue. This proposal would in accordance with the general declaration of the Barcelona Conference in 1995.

Report of the round-table written by Jean-Paul Dubeuf

Conclusions and recommendations

The Symposium reviewed the historical development of the dairy sector in the Mediterranean, its present status and achievements in satisfying the needs of the growing population and changes in market conditions as well as challenges and prospects for the future.

The basic purpose of the Symposium has been fully met:

It identified a variety of technically viable and scientifically sound policy options, as well as major fields requiring more in depth scientific research and development of new sustainable technologies. It confirmed the readiness of the scientific community of the Region to continue serving the sector and providing it with new solutions and horisons.

During the last decade, the dairy sector of the Mediterranean Basin representing 1/6 of the global cow, ½ of sheep and ¼ of goat milk production was marked by a slight decrease in the total production in the northern part of the basin, mainly due to the saturation of the market and measures undertaken within the EU Common Agricultural Policy and a dynamic growth in the South. A number of countries of the South of the basin have obtained the self sufficiency in milk production, while some countries are still importing milk and dairy products. The Symposium noted with satisfaction the contribution of researches, technicians and farmers of the countries from the South and East banks of the Mediterranean in increasing dairy production and thus contributing to the welfare of farmers and consumers in their respective countries. These achievements have been obtained within the framework of the national agricultural policies which were supportive to the positive developments in the dairy sector. Participants at the Symposium underlined the need for the continuous exchange of experience and information among professionals and policy makers from all countries of the Region. In this respect, they commended their Tunisian colleagues for their role in contributing to the achievement of self-sufficiency in dairy products in Tunisia.

In reviewing prospects for future developments, the Symposium analysed production potential, socio-economic factors, including trends in demand for dairy products and the capacity of the sector to contribute to the sustainable rural development, as well as available technologies, institutional framework and human resources.

In spite of problems connected with the shortage of water, the Region is endowed with production potential sufficient to meet all or almost all future demand for the major part of dairy products stemming from population growth, urbanisation and changes in nutritional habits.

The role of dairy products in the Mediterranean diet, the healthiest in the world, should be maintained by improving quality and safety of typical local products (such as ....) These products should be registered and protected in order to safeguard their place in the future markets and their role in producing income to farming population by linking these products with local breeds and traditional technologies. Science and research were called to contribute to the improvements in productivity of local breeds and in quality of these products.

The available technologies for intensive, semi-intensive and extensive production systems and the existing institutional framework - research education, extension systems, organisation of the sector – although requiring continuous adjustments and improvements have proved to be in a position to meet variety of demands and challenges for the future development. In this respect, the Symposium called for an increase in research for the semi-intensive farming systems in the South (e.g. local feed base, productivity of local breeds of cattle, sheep, goats, quality of local products) and emerging issues connected with changes in agricultural policies in the North. It emphasised the importance of producers' associations as representatives of interests of the sector and partners in the policy dialogue and in identification of research needs.

The Symposium confirmed the capacity of the dairy sector in the Region to contribute to the sustainable rural development, to the creation of new employment opportunities and to the sustainable and harmonious management of natural resources.

Participants requested MR. M. Guelouz, Director, OEP, to transmit to H.E. Minister of Agriculture; members of the Organising Committee, OEP staff and to all co-sponsors their sincere thanks for the excellent organisation, friendship and warm hospitality.

Report prepared by Milan Zjalic

www.ingramcontent.com/pod-product-compliance
Ingram Content Group UK Ltd.
Pitfield, Milton Keynes, MK11 3LW, UK
UKHW051022091026
15624UKWH00012B/624

9 789074 134927